新版物探综合数据处理软件系统 RGIS

黄金明　刘　玲　张明华　乔计花　王成锡　等 编著

地质出版社

· 北　京 ·

内 容 简 介

本书结合使用操作，汇编了新版物探综合数据处理软件系统 RGIS（2021 版）的功能模块、方法原理、使用范围等内容，结合软件功能，对基于 GIS 平台的物探重、磁、电（电磁）专业数据整理、数据管理、数据预处理、数据处理、二三维正反演计算、异常解释的方法技术进行了较为全面的介绍，同时介绍了空间数据管理、数据转换、专题制图、多专业融合、矿产资源评价等应用功能。

本书可供地球物理、地质调查、资源勘查等领域科研工作人员、RGIS 用户及大专院校师生参阅。

图书在版编目（CIP）数据

新版物探综合数据处理软件系统 RGIS / 黄金明等编著. -- 北京 : 地质出版社, 2024. 10.

ISBN 978-7-116-14328-9

Ⅰ. P631-39

中国国家版本馆 CIP 数据核字第 2024LK2883 号

XINBAN WUTAN ZONGHE SHUJU CHULI RUANJIAN XITONG RGIS

责任编辑：田　野
责任校对：王　瑛
出版发行：地质出版社
社址邮编：北京市海淀区学院路 31 号，100083
电　　话：（010）66554528（邮购部）；（010）66554631（编辑室）
网　　址：https://www.gph.clmpg.com
传　　真：（010）66554686
印　　刷：北京地大彩印有限公司
开　　本：889mm×1194mm　1/16
印　　张：23
字　　数：670 千字
版　　次：2024 年 10 月北京第 1 版
印　　次：2024 年 10 月北京第 1 次印刷
定　　价：198.00 元
书　　号：ISBN 978－7－116－14328－9

RGIS 版本及说明

物探综合数据处理软件系统 RGIS 是基于 MapWindow 二次开发技术和 Windows 平台，利用混合语言编程技术开发的具有重力、磁力和电法勘查数据可视化管理、数据预处理、数据处理、重磁电正反演解释、图表图形图像处理及制作的一套多功能的资源勘查综合地球物理信息处理系统软件（Resource Geophysical Information System，缩写为 RGIS）。该软件系统在重、磁、电数据处理及成果表达方面的功能基本可以满足基层物探工作与普通科研工作对物探数据资料进行处理与反演解释的需求。

系统主要功能：①基于 GIS 功能管理空间点位、图形、区域重磁数据及电阻率、极化率、大地电磁、瞬变电磁数据；②数据投影转换与预处理；③重、磁面积测量数据的频率域和空间域转换处理；④重、磁剖面测量数据的频率域和空间域转换处理；⑤重、磁异常正反演解释；⑥电法数据处理与解释；⑦重力基础图件和重、磁处理解释成果图件制作与输出；⑧电法拟断面图制作与输出。

重磁数据处理、反演与分析方法包括位场分离、滤波、延拓、导数换算、分量转换、化极、解析信号、梯度模、曲化平、异常分离、界面反演、磁源深度计算、伪重或伪磁异常计算、2.5 维可视化重磁联合反演（包括 Δg、ΔT、Z_a、H_a）、三维重磁异常形体反演、三维重磁异常物性反演、相关分析、趋势分析、回归分析等。

电（磁）法数据处理与反演包括一维电阻率、极化率正反演，2.5 维电阻率、极化率正反演，三维电阻率、极化率正反演，一维 TEM 正反演，2.5 维 TEM 正反演，一维 CSAMT 正反演，2.5 维 CSAMT 正反演，二维 MT 正反演和三维 MT 正反演等。

RGIS 的数据处理功能基本涵盖了当前物探重、磁、电专业数据处理通常所使用的方法。各种处理方法的计算与处理皆具有结果预览功能，处理结果所见即所得。用户可在同一处理方法界面上变换参数、反复计算、预览结果，直到满意为止。系统提供了方便的布格异常等值线图、点位实际材料图等基础图件绘制和打印功能，符合《区域重力调查规范》（DZ/T 0082—2006）的要求。用户还可以利用 GIS 功能方便地绘制重、磁异常图件、处理解释成果专题图件，以及工作程度、工作部署等专题图件。

RGIS 适用于 Windows 操作系统（涵盖 Windows 2000/XP/7/10），界面简洁，使用方便。具有一定计算机基础和重、磁、电资料处理解释基础的人员，略加熟悉即可熟练使用。

相关说明：由于物探数据处理与资料解释工作涉及处理解释人员的物探理论知识、对研究区的地质认识和实际工作经验，RGIS 程序模块于理论上的正确性，并不能保证用户使用软件所做解释推断成果与客观真实情况的一致性。

RGIS 版本及升级情况：

RGIS 2014 在 RGIS 2011 基础上，增加了重磁异常模型库、1∶5 万重力测量中区地形改正计算、有效磁化强度计算、网格数据提取、退磁剩磁异常正反演、三维人机交互正反演、三维重磁模型编辑、迭代法向下延拓、优化滤波、三维重磁相关成像等功能，同时对已有功能进行了完善。

RGIS 2016 增加了重磁二三维一体化正反演解释、地面和井中激电数据 2.5 维联合反演解释、地面和井中激电数据三维联合反演解释、物探数据网格化制图、重磁场源边缘识别、二维重磁物性界面正反演和三维重磁物性界面正反演等功能模块。

RGIS 2021 的系统底层从 MapInfo 和 MapGIS 升级为开源的 MapWindow 平台上，增加了一维 CSAMT 正反演，2.5 维 CSAMT 正反演，二维 MT 正反演和三维 MT 正反演等功能模块。RGIS 2021 系统研建使用了新的地理信息系统平台，称为新版 RGIS。

联系信息：

1. 地址：中国地质调查局发展研究中心，北京市西城区阜外大街 45 号
2. QQ 群：262311698
3. Email：zminghua@mail.cgs.gov.cn

前　　言

随着国家经济社会的快速发展，尤其对资源需求的加大和地质勘探与找矿投入的增加，利用地球物理方法进行矿产和油气资源的勘探与评价工作也得到了加强。相应地，适应现代计算机技术的物探数据资料处理解释软件也应运而生并发挥重要作用。但是，不少使用人员，尤其缺乏物探基础理论知识的使用者，往往对各类物探方法的使用前提和注意事项不够清楚，容易出现处理解释方法使用上的不到位，甚至偏差和错误，造成工作上的被动和低效，这是因为，物探数据处理与资料解释工作涉及处理解释人员的物探理论知识、对研究区的地质认识和实际处理解释的工作经验等诸多方面。使用软件程序模块与理论上的正确性，并不能保证用户使用软件所做解释推断成果与客观真实情况的一致性。为此，本书结合目前广泛使用的《重磁电数据处理与解释软件系统 RGIS》的使用操作和新版 RGIS 平台的特点，给出了具体处理解释方法的使用指导和注意事项，以使软件用户和从事物探数据处理及资料解释的人员更好地用好物探方法软件，高质量完成相应的地质工作和资源勘查任务。

物探综合数据处理软件系统 RGIS 由中国地质调查局发展研究中心组织研发，在全国基层应用实践中得到了完善和大规模推广。该系统于 2004 年提供使用，2006 年作为国家地质调查公益成果在全国推广使用，2007 年被全国矿产资源潜力评价专项工作指定为专用物探软件。此后，中国科学院地质地球物理研究所、广西地球物理勘查院、东华理工大学、中国地质大学（北京）、中国地质大学（武汉）、长江大学、吉林大学、长安大学、西安石油大学、成都理工大学、同济大学、浙江大学等十几家单位和高校相继在教学与科研中使用了 RGIS 网络版。RGIS 自推广使用以来得到了全国各省广大基层物探工作者、地学高校及科研院所物探研究人员的使用和关于修改、完善与补充的意见反馈。因此，目前的 RGIS 软件系统既是国家地质调查公益项目成果，也是广大重、磁、电物探工作者共同的劳动成果。该软件系统 2010 年荣获“中国地理信息学会和国家测绘局科技进步三等奖”，2011 年支撑全国重力数据库建设与应用获得“国土资源科学技术二等奖”，2018 年和全国矿产资源潜力评价重力数据应用成果一起获得“国土资源科学技术一等奖”。RGIS 成为我国重磁电综合性方法软件模块最齐全、最先进，应用最为广泛，覆盖面和用户群体规模最大的专业软件系统。

RGIS 软件经过应用反馈与完善，多次升级。目前主要版本包括具有重力数据规范整理功能的 2006 版和具有重、磁、电数据处理与解释功能的 2010 版及后续各版本。2021 年进行系统平台升级，成为具有全面自主版权的专业软件系统，即新版 RGIS 系统。

本书共分十六章，按照 RGIS 软件方法模块使用的顺序介绍，将相应方法使用的问题和注意事项予以说明，并给出了相关方法原理介绍和重要的理论计算公式。这样便于用户使用和查询。对 RGIS 软件使用中的技巧与需要注意的问题，使用带下划线的文字进行表述；对方法技术应用上需要注意的问题和经验，以“注意”进行专门标注。第1、2章主要介绍了以工程形式进行的RGIS数据集成管理、系统设置。第3、4、5章主要介绍了二维平台、查询统计和数据变换等基础功能。第6、7章介绍了遥感手段等获取的栅格和影像数据的转换、融合等处理。第8章介绍了矿产资源潜力评价的处理应用。第9章介绍了数据网格化与物化探专题制图。第10章叙述了重磁数据预处理方法。第11章介绍了剖面重磁数据处理方法技术。第12章给出了物探面积性网格数据处理方法技术，包括空间域、频率域方法和边界识别技术。第13章叙述了重磁正反演方法技术，包括二维、三维、二三维一体化反演及相关成像。第14章描述了通常使用的电法和电磁法正反演方法技术。第15章给出了RGIS各方法模块涉及的数据格式。第16章列出了RGIS软件数据处理与正反演方法原理。

本书由黄金明、刘玲、张明华、乔计花、王成锡等人编写。

参与过RGIS研发和本书编写的工作人员还有：姚长利（低纬度化极、重磁三维物性反演及频率域重磁数据转换）、谭捍东（二维MT反演和地形改正）、孟永良和肖明顺（二维电阻率激化率人机交互正反演与TEM正反演）、吴文鹂和陈少强（重磁三维形体反演）、阮百尧和吕玉增（二维电阻率激化率人机交互正反演）、刘坤良（重磁三维物性反演和形体反演成果数据可视化）、翁爱华（电法断面绘图）等。此外，贺占勇参加了系统的模块集成工作，于国明、杨亚斌、励宝恒、吴清平等提供了Fortran代码程序或参与了软件系统研制工作。卓中文、吴龙华等编制了系统平台内容，程宏君、刘鑫、王天娇等参与了重磁模型研究。张盛、任伟、余海龙、刘荣梅、赵林林、杨燕等参与了系统集成测试及应用研究等工作。

刘士毅、曾华霖、谭捍东、李金铭等专家提供了宝贵和重要的修改意见。孙文珂、黄绪钊、范正国、许德树、兰学毅、寇玉才、张滨生、董杰、兰学毅、苏美霞、刘宽厚、冯治汉、孙中任、赵更新等专家对软件研发给予了指导，并进行了大量实际应用测试，提出了修改与完善的指导意见，作者在此表示感谢！

还要感谢全国各省从事中国地质调查局2006—2013年组织开展的全国矿产资源潜力评价工作的物探工作者！感谢东华理工大学、中国地质大学、长江大学、吉林大学、长安大学、西安石油大学等高校的物探专业师生，中国科学院地质与地球物理研究所的有关物探科研人员，以及RGIS的QQ群里500多名用户！广大用户在使用过程中提出了许多重要的反馈意见，使得研发人员能够对软件进行修改、完善。

需要说明的是，软件的先进与否，与使用其进行解释应用的成果质量并没有直接关系。软件应用水平与解释成果的优劣，主要取决于使用软件的人员。RGIS系统的应用需要一定的重、磁、电方法理论基础，重、磁、电数据处理基础与解释经验，以及计算机和数据库基础知识。用户负有自己使用软件系统进行重、磁、电数据处理所产生的成果的全部责任。

由于RGIS涉及内容广泛，尤其新版软件进行系统平台升级后尚未进行大规模应用测试，作为专业应用软件，会像其他系统软件一样存在许多开发人员预想不到的问题，敬请使用者及时批评指正，给予反馈意见，以便研发者及时完善与进一步提供使用。

关于软件使用方面的注意事项和问题的认识，由于作者水平所限，肯定存在这样或那样的问题，恳请读者批评指正！我们将十分感谢！

目　　录

第 1 章　数据集成管理

1.1　工程管理

工程管理是新版 RGIS 运行的必要条件，要想进入系统就必须先新建或者打开工程才能进入系统的功能模块。工程管理主要是对工程的相关操作或者快捷方式的操作（图 1.1.1；表 1.1.1）。

表 1.1.1　工程管理功能列表

视图	功能模块	功能描述
工程管理	新建	新建工程
	打开	打开之前建好的工程文件
	最近的工程	快速打开最近打开过的工程
	最近的文件	快速打开最近打开过的工程文件
	退出	退出系统

1.1.1　新建

【说明】

系统的所有操作都是要在打开工程的情况下才能操作，数据的管理等都是在工程中进行管理的，所以工程是系统操作的必要条件。新建实现新建工程的功能（图 1.1.2）。

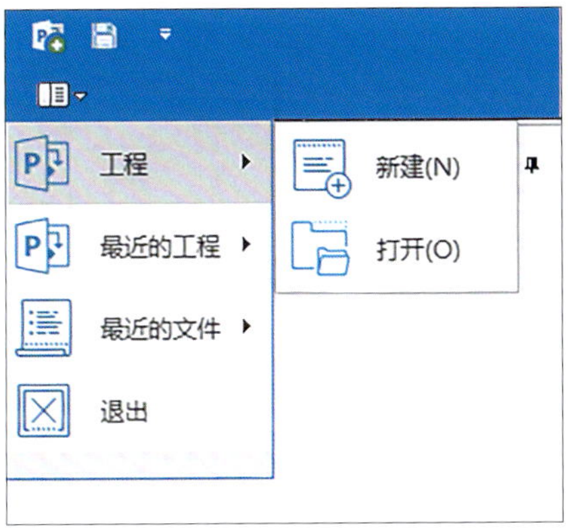

图 1.1.1　工程管理界面展示

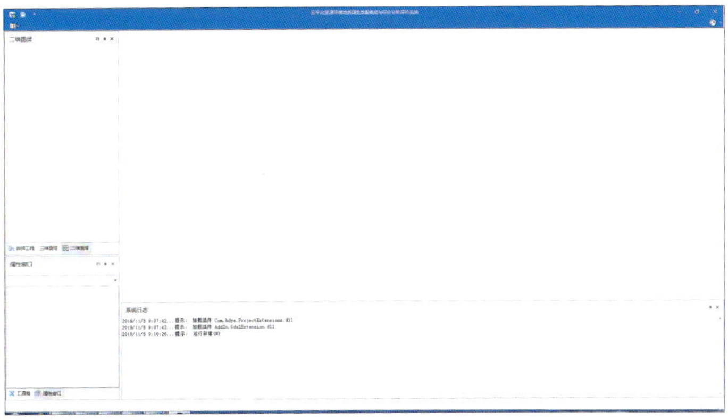

图 1.1.2　系统初始界面

【操作】

①点击初始界面左上角的文本图标，出现下拉框，如图 1.1.3 所示。

②将鼠标放在“工程”上，右边出现弹出一个列表框，点击“新建”按钮，然后弹出新建工程界面，如图 1.1.4 所示。

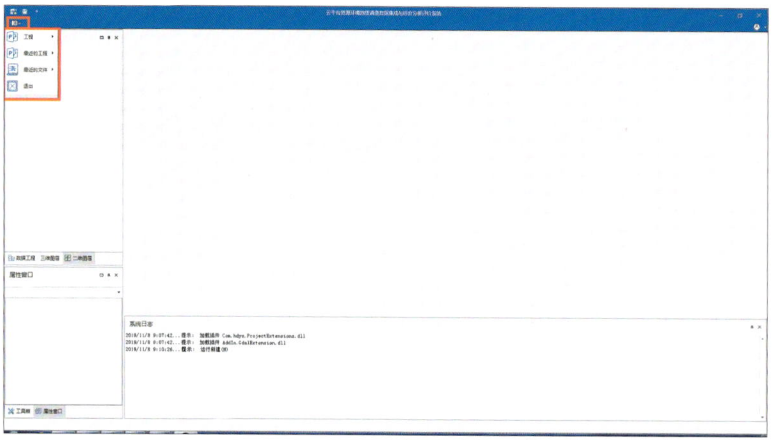

图 1.1.3　工程管理界面

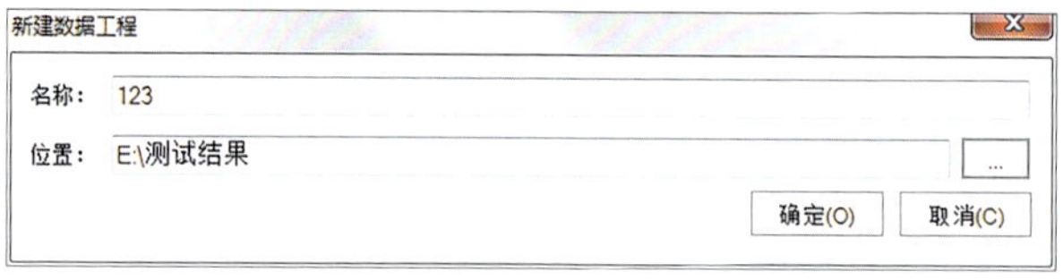

图 1.1.4　新建数据工程

③输入工程名称以及选择好工程保存路径后，点击“确定”，工程新建完成，进入系统界面，如图 1.1.5 所示。

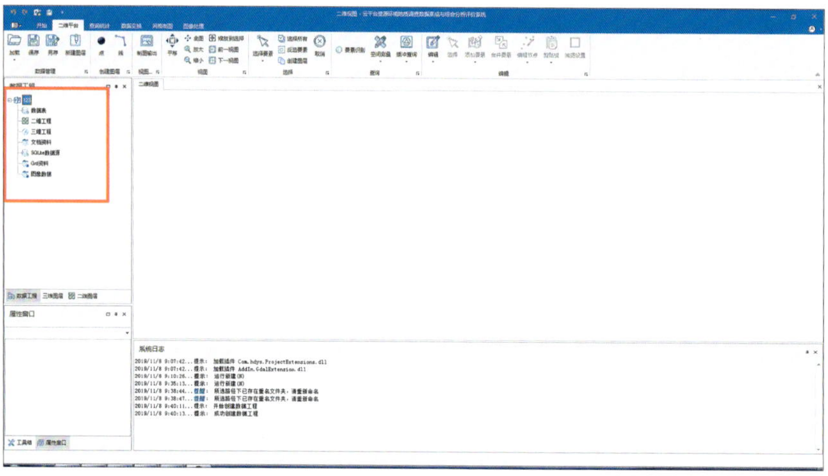

图 1.1.5　新建数据工程完成

1.1.2　打开

【说明】

打开功能是打开之前已经创建好的工程。

【操作】

①点击初始界面左上角的文本图标，出现下拉框，如图 1.1.6 所示。

②将鼠标放在“工程”上，右边出现弹出一个列表框，点击“打开”按钮，然后弹出打开工程界面，选择已经创建好的工程文件并双击工程文件打开该工程，如图 1.1.7 所示。

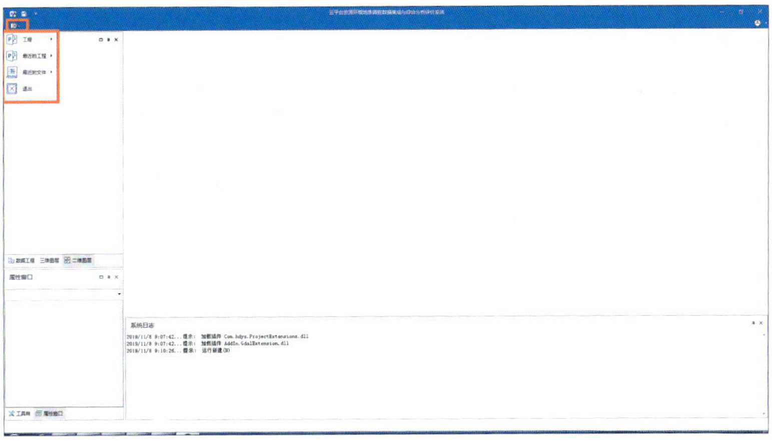

图 1.1.6　工程管理界面

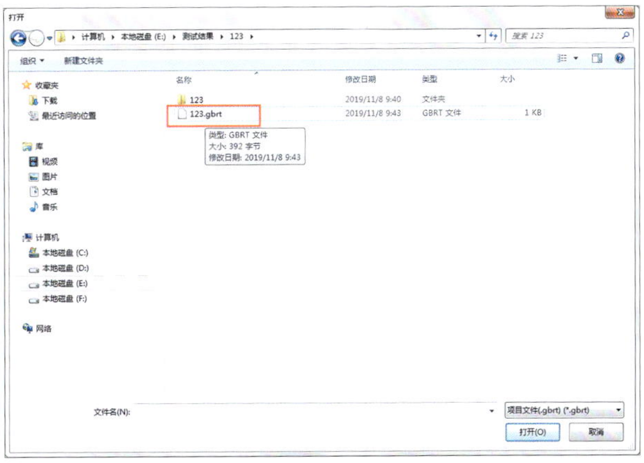

图 1.1.7　新建数据工程

1.1.3　最近的工程

【说明】

最近的工程功能是打开最近打开过的工程文件的快捷方式。

【操作】

①点击初始界面左上角的文本图标，出现下拉框，如图 1.1.8 所示。

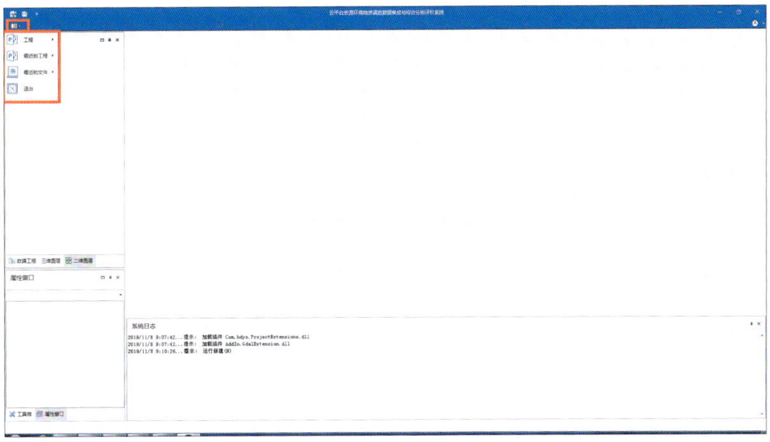

图 1.1.8　工程管理界面

②将鼠标放在“最近的工程”上，右边出现弹出一个列表框，列表框中列举了最近打开的工程文件的全路径列表，鼠标移到目标工程文件，左击鼠标直接打开该工程，如图 1.1.9 所示。

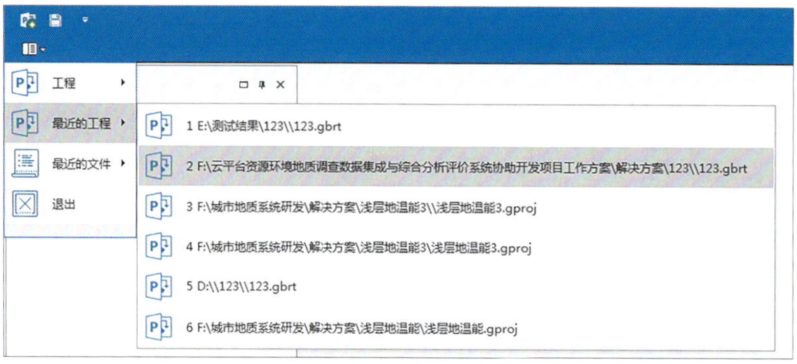

图 1.1.9　最近的工程

1.1.4　最近的文件

【说明】

最近的文件功能是打开最近打开过的文件的快捷方式。

【操作】

①点击初始界面左上角的文本图标，出现下拉框，如图 1.1.10 所示。

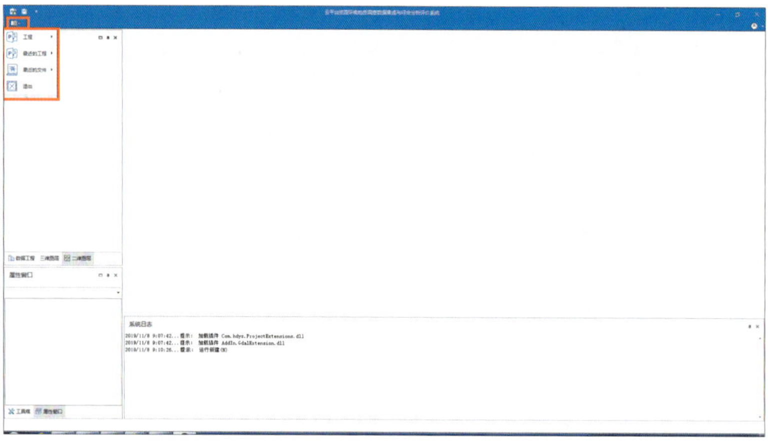

图 1.1.10　工程管理界面

②将鼠标放在“最近的文件”上，右边出现弹出一个列表框，列表框中列举了最近打开的文件的全路径列表，鼠标移到目标文件，左击鼠标直接打开该文件，如图 1.1.11 和图 1.1.12 所示。

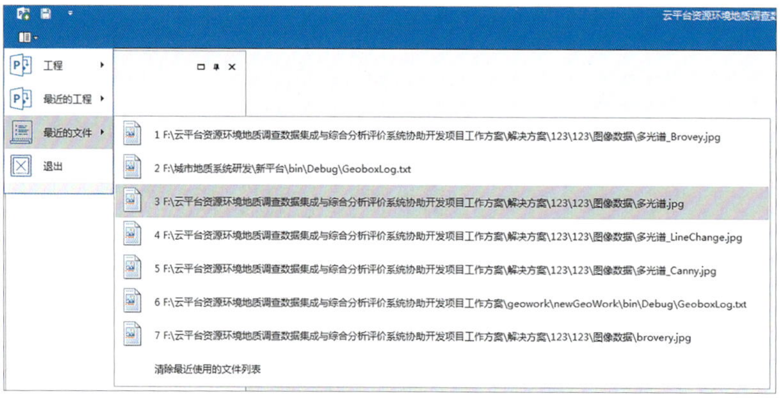

图 1.1.11　最近的文件

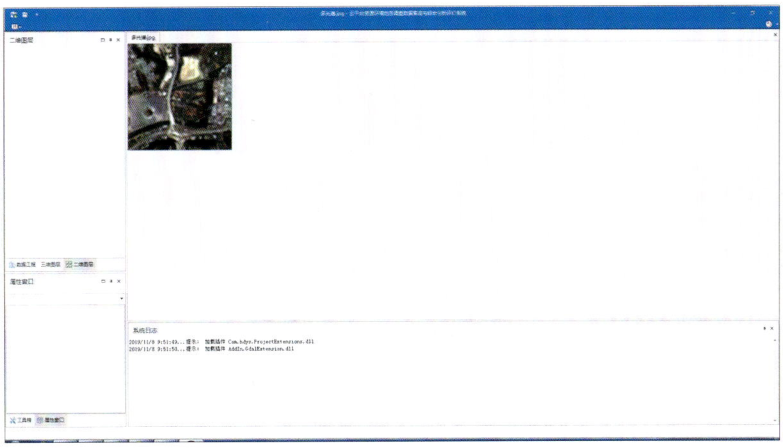

图 1.1.12　最近的文件结果

1.1.5　退出

【说明】

退出功能是实现关闭系统的功能。

【操作】

①点击初始界面左上角的文本图标，出现下拉框，如图 1.1.13 所示。

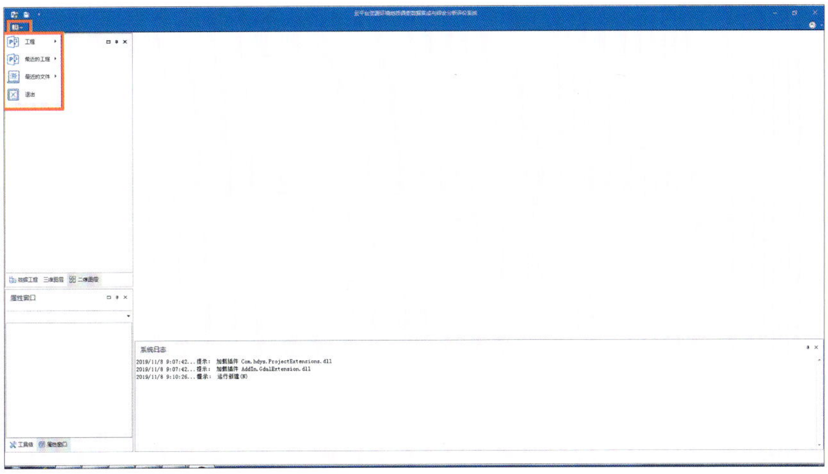

图 1.1.13　工程管理界面

②将鼠标放在“退出”上，点击“退出”按钮，系统关闭。

1.2　数据工程

数据工程是为了让用户能够对工程的所有数据文件、文档资料、二维图件以及三维模型进行统一的管理（图 1.2.1）。

1.2.1　二维工程管理

二维工程节点中的 mxf 工程文件是在二维平台中对地图进行操作的时候关闭时保存下来的，在本节不多描述，在后面二维平台中会提到。二维工程管理是对二维地图进行管理，其中包括打开、删除以及另存等功能。

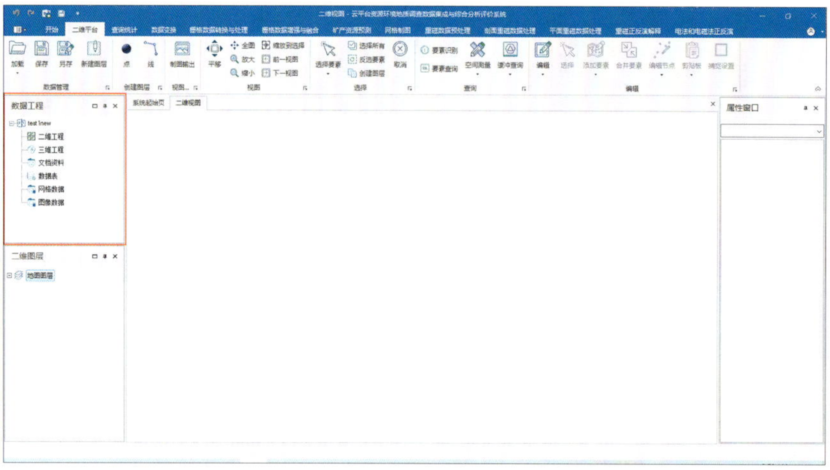

图 1.2.1　数据工程节点展示

1.2.1.1　打开

【说明】

打开功能实现将二维工程中的工程文件打开，为后续的地图处理做准备。

【操作】

①选择二维工程下要打开的工程文件节点，右击该节点，弹出功能列表，如图 1.2.2 所示。

②选择“打开”按钮并点击，系统视图中打开这个地图工程，或者使用快捷键直接双击该节点打开该地图，如图 1.2.3 所示。

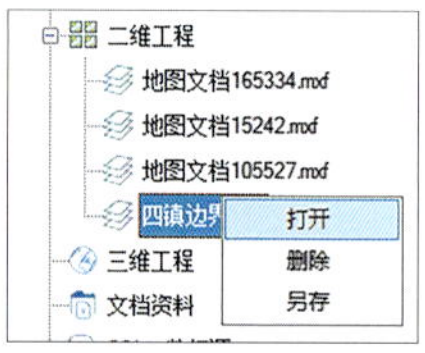

图 1.2.2　二维工程功能展示

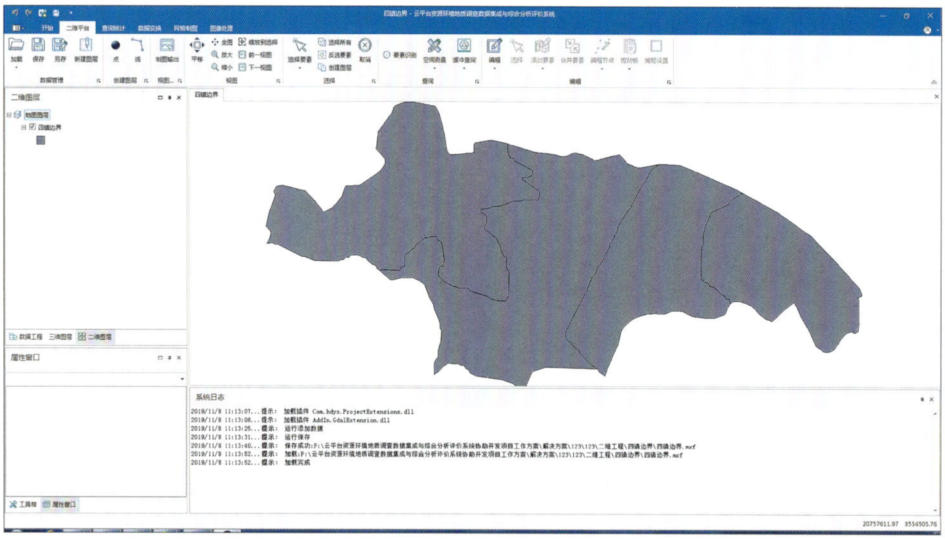

图 1.2.3　打开地图

1.2.1.2　删除

【说明】

删除功能实现将二维工程中的工程文件从该工程中删除，并删除节点。

【操作】

①选择二维工程下要删除的工程文件节点，右击该节点，弹出功能列表，如图 1.2.4 所示。

②选择“删除”按钮并点击，系统将该地图从该工程中删除，并删除节点，如图 1.2.5 所示。

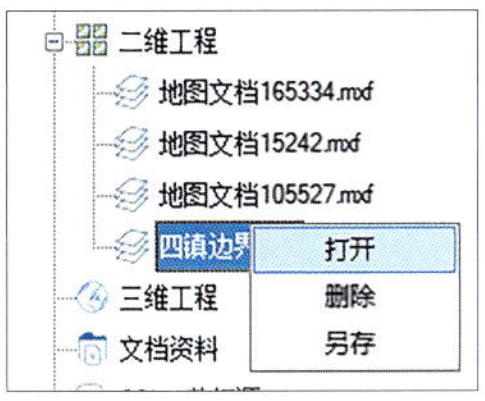

图 1.2.4　二维工程功能展示

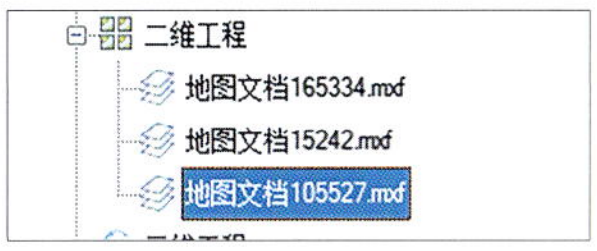

图 1.2.5　删除地图

1.2.1.3　另存

【说明】

另存功能实现工程中地图工程另存到任意位置，方便用户获得该地图数据。

【操作】

①选择二维工程下要另存的工程文件节点，右击该节点，弹出功能列表，如图 1.2.6 所示。

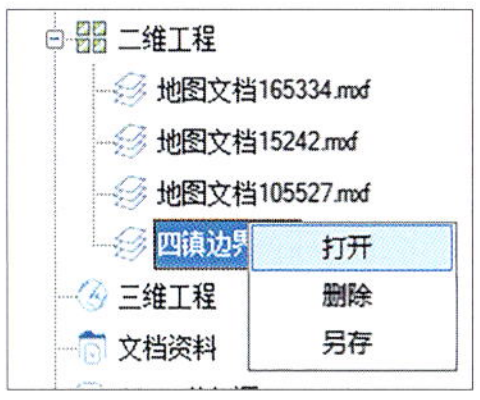

图 1.2.6　二维工程功能展示

②选择“另存”按钮并点击，系统弹出另存界面，选择另存文件路径并点击“保存”按钮，如图 1.2.7 所示。

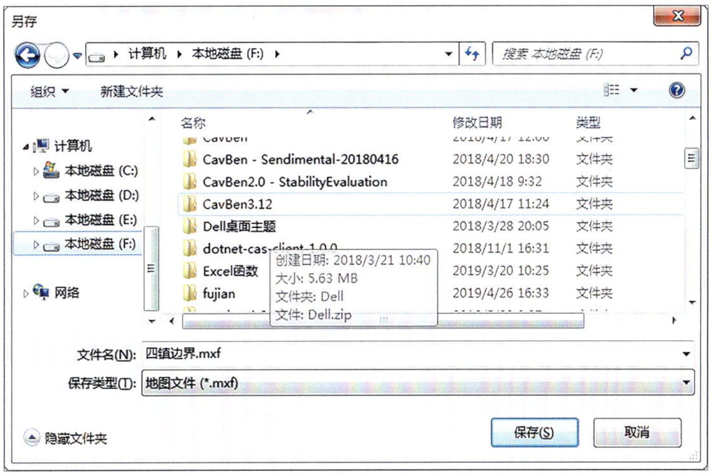

图 1.2.7　另存地图

1.2.2　数据表管理

数据表管理是对表数据进行管理，其中包括可以设为默认数据源、导入文本、导入 Access、导入 Excel 以及刷新等功能

1.2.2.1　设为默认数据源

【说明】

设为默认数据源功能实现将数据表的数据设置为默认的数据源，即后面系统要用到的表数据都为该节点上的表数据。

【操作】

①右击数据工程中的数据表节点，弹出功能列表，如图 1.2.8 所示。

②选择“设为默认数据源”按钮并点击，完成设置。

1.2.2.2 导入文本

【说明】

导入文本功能实现将文本中表数据导入到工程中，为后续的数据处理做准备。

【操作】

①右击数据工程中的数据表节点，弹出功能列表，如图 1.2.9 所示。

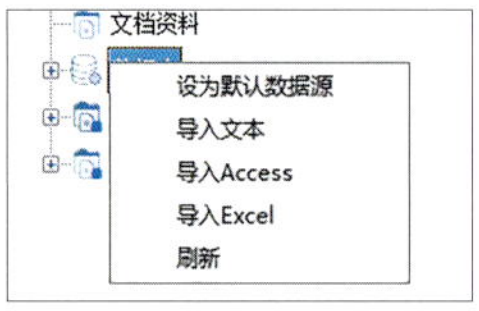

图 1.2.8　数据表功能展示

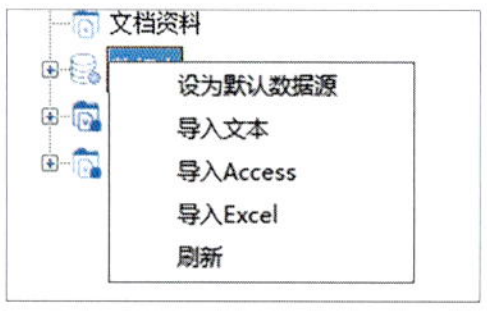

图 1.2.9　导入文本功能展示

②选择“导入文本”按钮并点击，系统弹出文本导入界面，如图 1.2.10 所示。

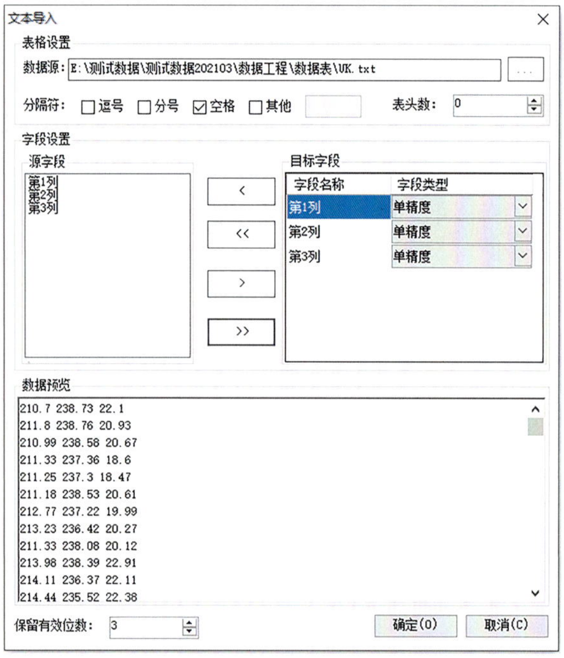

图 1.2.10　文本导入

③如图 1.2.10 选择要导入的数据表，选择分隔符和表头等参数，选择要导入的字段等，点击“确定”，导入文本表数据。点击“刷新”后，在数据表节点下可以看到导入的文本数据。

1.2.2.3 导入 Access

【说明】

导入 Access 功能实现将 Access 表数据导入到工程中，为后续的数据处理做准备。

【操作】

①右击数据工程中的数据表节点，弹出功能列表，如图 1.2.11 所示。

②选择“导入 Access”按钮并点击，系统弹出 Access 导入界面，如图 1.2.12 所示。

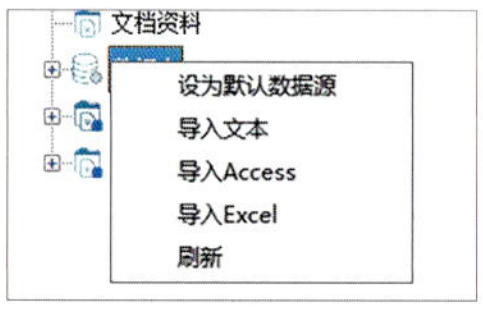

图 1.2.11　导入 Access 功能展示

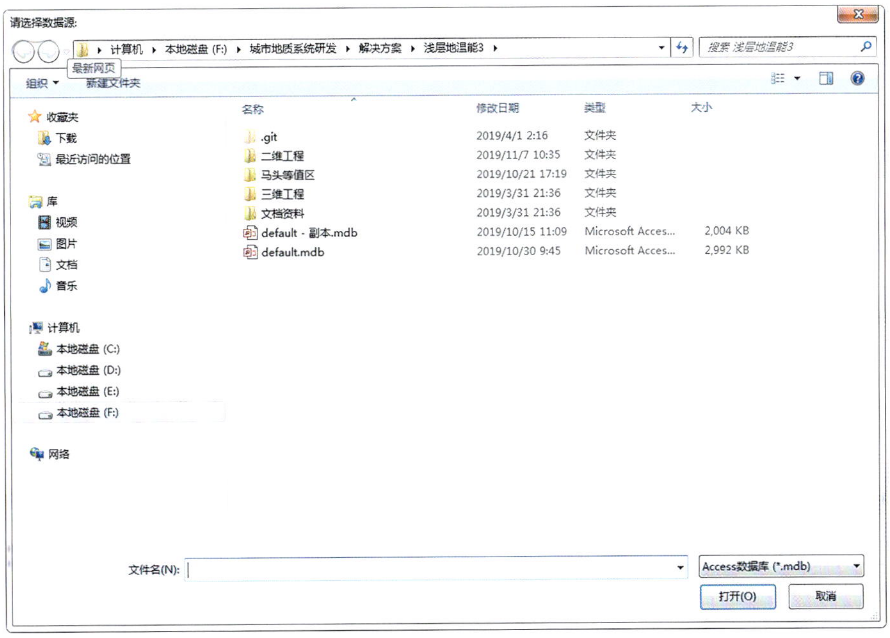

图 1.2.12　请选择数据源

③选择想导入的 mdb 数据库文件并点击“打开”按钮，弹出“导入数据”界面，如图 1.2.13 所示。

④勾选想导入的数据表并点击“确定”按钮，导入选中的数据表到数据表节点，如图 1.2.14 所示。

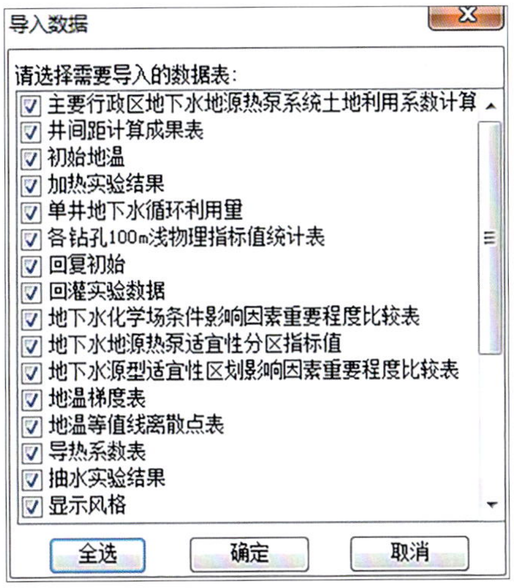

图 1.2.13　导入数据

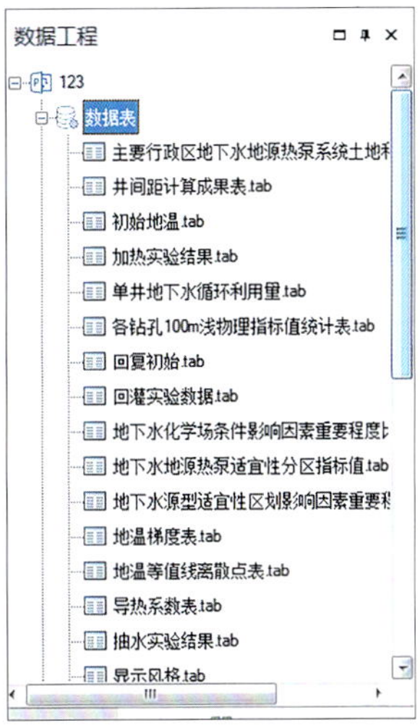

图 1.2.14　导入数据表结果

1.2.2.4　导入 Excel

【说明】

导入 Excel 功能实现将 Excel 数据导入到工程中，为后续的数据处理做准备。

【操作】

①右击数据工程中的数据表节点，弹出功能列表，如图 1.2.15 所示。

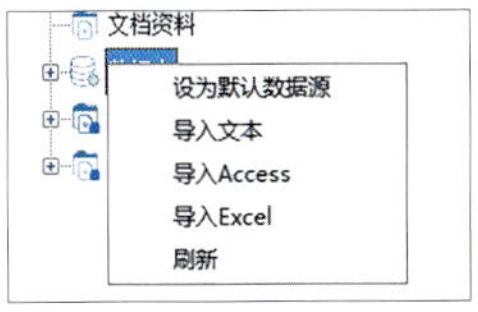

图 1.2.15　数据表功能展示

②选择“导入 Excel”按钮并点击，系统弹出 Excel 导入界面，如图 1.2.16 所示。

图 1.2.16　Excel 导入

③如图 1.2.16 选择要导入的数据表，并从源字段中选取目标字段，点击“确定”，导入 Excel 数据。

1.2.2.5　刷新

【说明】

刷新功能实现将数据表节点中子节点的目录树刷新。

【操作】

①右击数据工程中的数据表节点，弹出功能列表，如图 1.2.17 所示。

②选择“刷新”按钮并点击，系统对数据表节点下的子节点进行刷新，刚刚导入的表数据也将显示在数据表节点的子节点下。

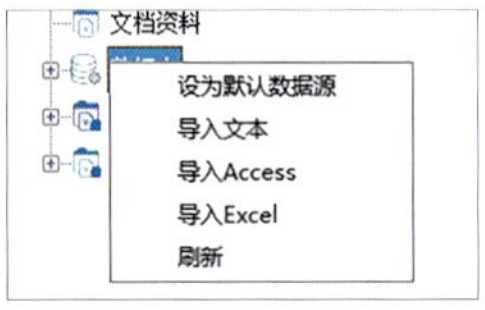

图 1.2.17　刷新功能展示

1.2.2.6　打开数据表

【说明】

打开数据表功能实现打开数据表中某个表数据，并在系统中展示这个表数据的内容。

【操作】

在数据表节点中选择要打开的表节点，右击该节点，弹出功能列表点击“打开”，系统视图中弹出该表的数据视图，或者双击表节点打开表，如图 1.2.18 所示。

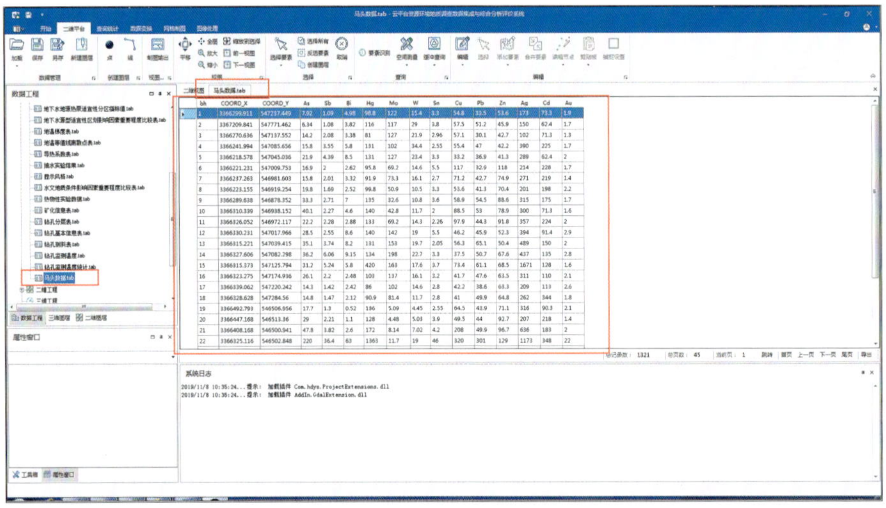

图 1.2.18　打开数据表

1.2.2.7 删除

【说明】

删除数据表功能实现把某个表数据从数据表节点中删除。

【操作】

在数据表节点中选择要删除的表节点，右击该节点，弹出功能列表点击“删除”，系统将这个表从工程中删除，这个表节点也消失。

1.2.2.8 向已有表中继续导入数据

【说明】

导入数据功能实现向某个已有的表中导入数据，支持导入文本文件（txt/csv/dat/xyz）、Excel 和 Access 等来源的数据。

【操作】

①在数据表节点中选择要导入的表节点，右击该节点，弹出功能列表点击“导入文本”“导入 Excel”或“导入 Access”，系统将弹出对应的设置界面，本书以“导入文本”为例示意（图 1.2.19）。

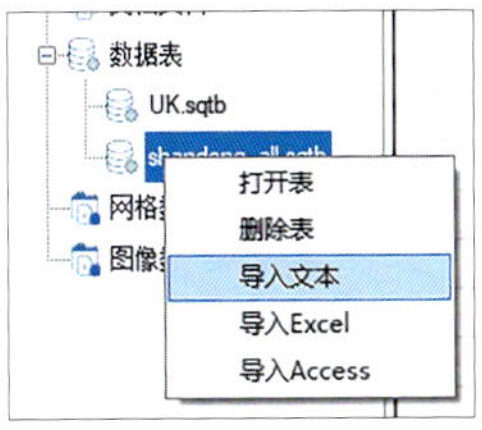

图 1.2.19　导入文本到数据表

②如图 1.2.20 所示，选择导入的数据源，选择分隔符和表头等参数；导入数据需要进行字段匹配，可以直接点击“自动匹配”按钮匹配字段名相同的字段，也可以手动匹配字段，选择要导入的字段等，点击“>”图标进行手动匹配；点击“确定”按钮导入文本数据。双击数据表节点可以看到新增的数据。

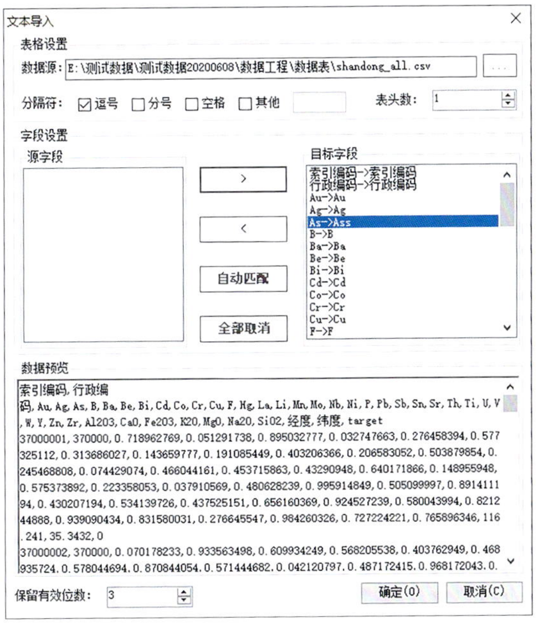

图 1.2.20　导入文本到数据表

1.2.3 文档资料管理

文档资料管理是对 Word、Excel 和 pdf 等文件进行管理，其中包括导入资料、打开资料以及删除资料等功能。

1.2.3.1 导入资料

【说明】

导入资料功能实现将文件资料导入到工程并增加文档资料的文件节点，为后续的数据处理做准备。

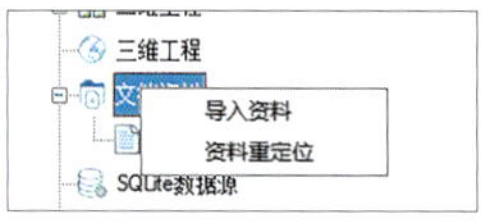

图 1.2.21 文档资料功能展示

【操作】

①选择文档资料节点，右击该节点，弹出功能列表，如图 1.2.21 所示。

②选择“导入资料”按钮并点击，系统弹出导入资料界面，选择要导入的文档，点击“打开”按钮，导入资料并生成新节点，如图 1.2.22 和图 1.2.23 所示。

图 1.2.22 导入文档

图 1.2.23 导入文档

1.2.3.2 打开资料

【说明】

打开资料功能实现将文档资料节点下的文档资料打开在系统视图中展示浏览。

【操作】

①选择文档资料节点下要打开的文档节点，双击该节点打开，或者右击该节点，弹出功能列表，如图 1.2.24 所示。

②选择“打开资料”按钮并点击，系统将打开该文档，并在视图中展示，如图 1.2.25 所示。

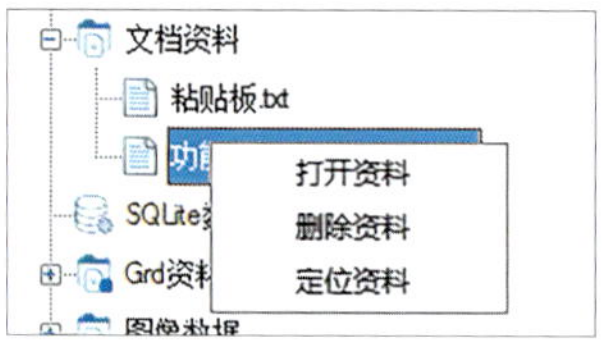

图 1.2.24 文档资料功能展示

1.2.3.3 删除资料

【说明】

删除资料功能实现将文档资料中的文档从该工程中删除，并删除节点。

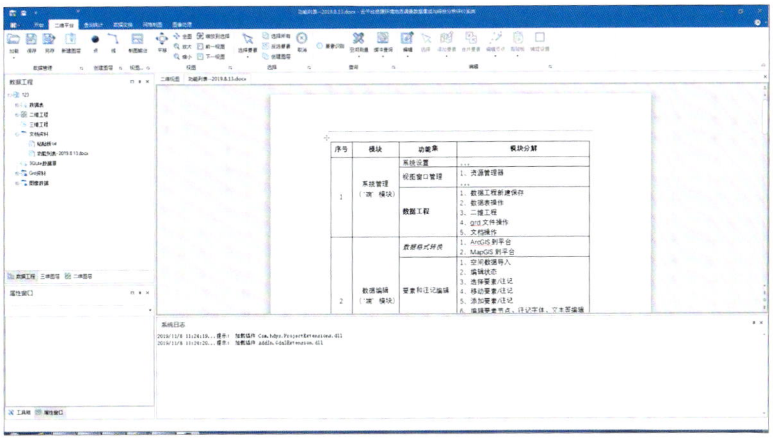

图 1.2.25　打开文档资料

【操作】

①选择文档资料下要删除的文档节点，右击该节点，弹出功能列表，如图 1.2.26 所示。

②选择“删除资料”按钮并点击，系统将该文档从该工程中删除，并删除节点，如图 1.2.27 所示。

图 1.2.26　删除资料展示

图 1.2.27　删除文档资料结果

1.2.4　网格资料管理

网格资料管理是对 Grd 数据进行管理，其中包括导入 Grd、属性、分级设色以及删除等功能。

1.2.4.1　导入 Grd

【说明】

导入 Grd 功能实现将 Grd 数据导入到工程中并增加文件节点，为后续的数据处理做准备。

【操作】

①右击数据工程中的 Grd 资料节点，弹出功能列表，如图 1.2.28 所示。

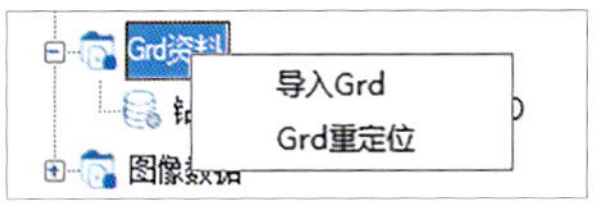

图 1.2.28　Grd 资料功能展示

②选择“导入 Grd”按钮并点击，系统弹出 Grd 导入界面，如图 1.2.29 所示。

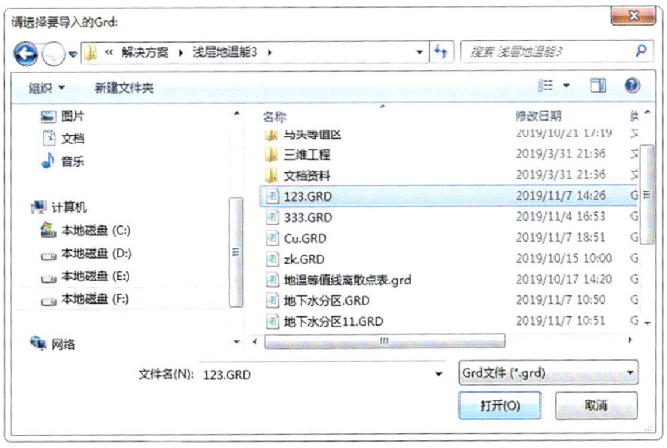

图 1.2.29　Grd 导入

③如图 1.2.29 选择要导入的 Grd 文件，点击“打开”，导入 Grd 数据，在 Grd 资料节点下增加该文件的子节点，如图 1.2.30 所示。

图 1.2.30　Grd 导入结果

1.2.4.2　打开 Grd

【说明】

打开 Grd 功能实现将 Grd 文件打开在系统视图中展示浏览。

【操作】

选择文档资料节点下要打开的文档节点，双击该节点打开，如图 1.2.31 所示。

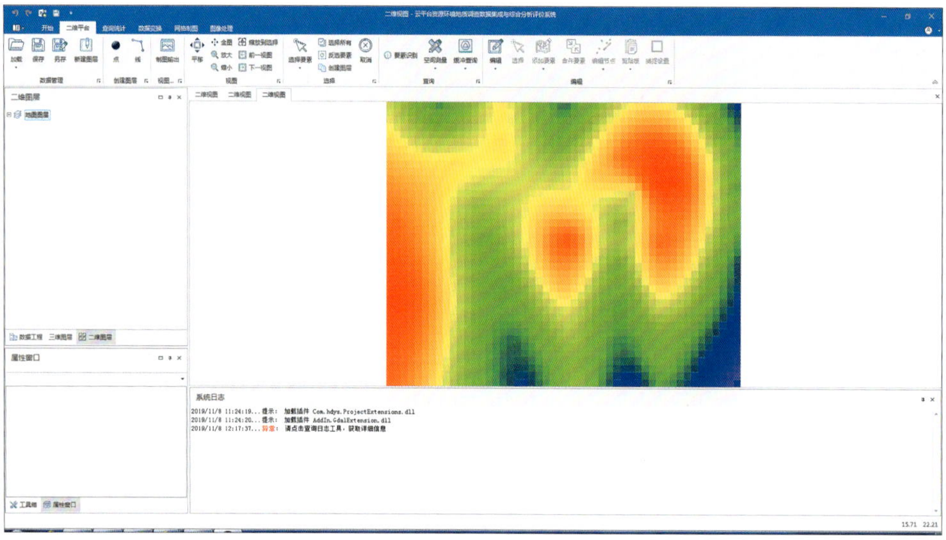

图 1.2.31　打开 Grd 文件展示

1.2.4.3　打开属性

【说明】

打开属性功能实现把 Grd 文件的属性在属性窗口上展示。

【操作】

①选择 Grd 资料节点下要打开属性的 Grd 资料节点，右击该节点，如图 1.2.32 所示。

②选择“属性”按钮并点击，系统将该文件的属性展示在属性窗口中，如图 1.2.33 所示。

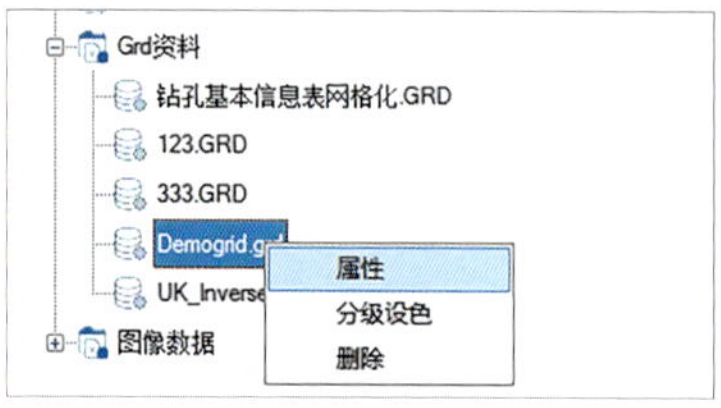

图 1.2.32　打开属性功能展示

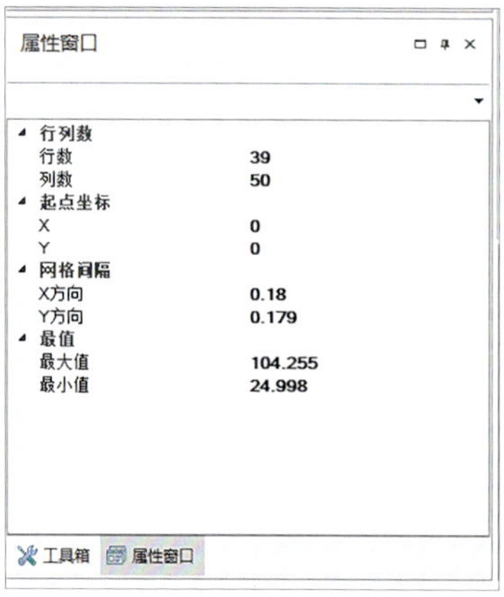

图 1.2.33　Grd 资料属性展示

1.2.4.4 分级设色

【说明】

分级设色功能实现把 Grd 文件通过分级设色重新生成影像图并在视图中展示。

【操作】

①选择 Grd 资料节点下要分级设色的 Grd 资料节点，右击该节点，如图 1.2.34 所示。

图 1.2.34 分级设色功能展示

②选择“分级设色”按钮并点击，系统弹出分级设色界面，如图 1.2.35 所示。

图 1.2.35 分级设色展示

③设置好分级设色的参数，点击“确定”，根据分级设色生成新的影像图，在视图中展示，如图 1.2.36所示。

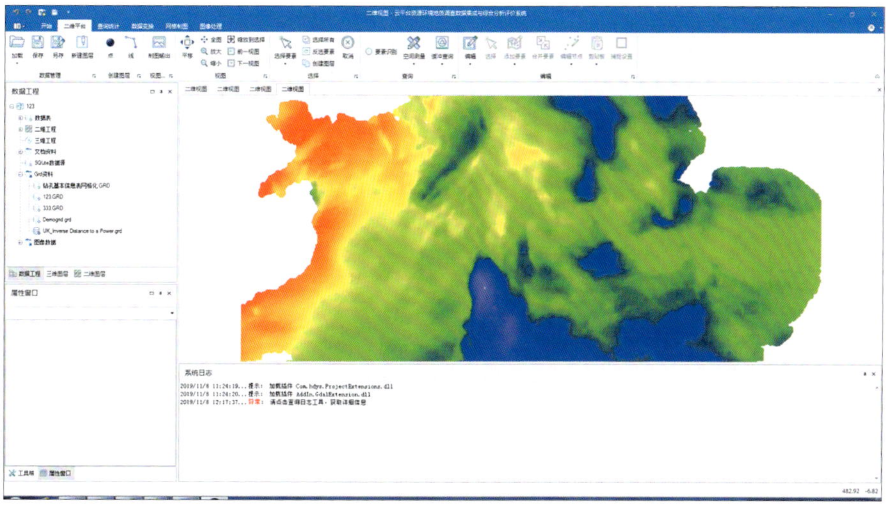

图 1.2.36 分级设色结果

1.2.4.5 删除

【说明】

删除功能实现将 Grd 资料中的 Grd 文件从该工程中删除，并删除节点。

【操作】

①选择 Grd 资料下要删除的 Grd 资料节点，右击该节点，弹出功能列表，如图 1.2.37 所示。

②选择“删除”按钮并点击，系统将该 Grd 文档从该工程中删除，并删除节点，如图 1.2.38 所示。

图 1.2.37　删除 Grd 资料展示

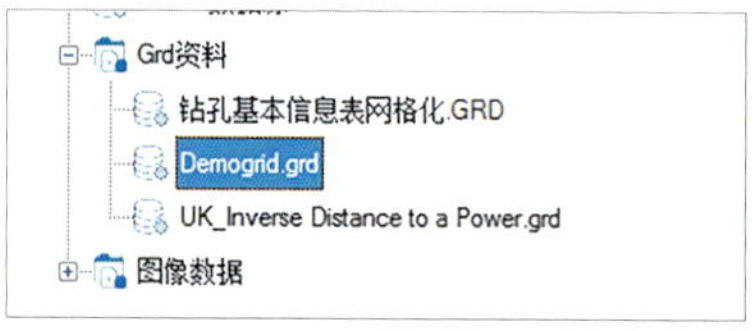

图 1.2.38　删除 Grd 资料结果

1.2.5　图像数据管理

图像数据管理是对图像数据进行管理，其中包括可以导入 Img、打开以及删除等功能。

1.2.5.1　导入 Img

【说明】

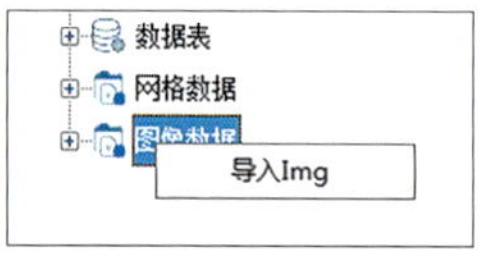

图 1.2.39　图像数据功能展示

导入 Img 功能实现将图像数据导入到工程中并增加文件节点，为后续的数据处理做准备。

【操作】

①右击数据工程中的图像数据节点，弹出功能列表，如图 1.2.39 所示。

②选择“导入 Img”按钮并点击，系统弹出图像导入界面，如图 1.2.40 所示。

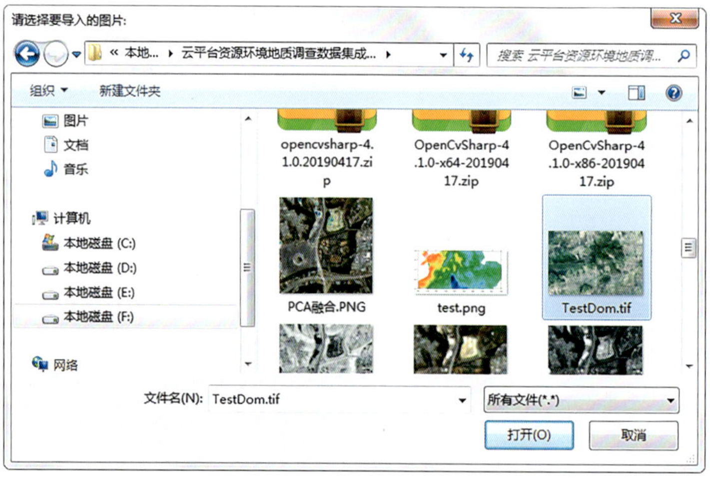

图 1.2.40　图像导入

③如图 1.2.40 选择要导入的图像文件，点击“打开”，导入图像数据，在图像数据节点下增加该文件的子节点，如果选择多张则可以同时导入多张图像，如图 1.2.41 所示。

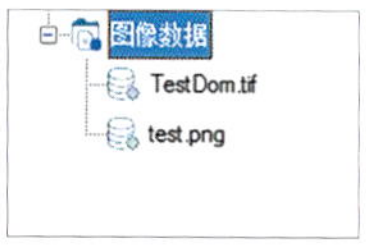

图 1.2.41　图像导入结果

1.2.5.2　打开图像

【说明】

打开图像功能实现将图像文件打开在系统视图中展示浏览。

【操作】

选择图像数据节点下要打开的图像节点，双击该节点打开，如图 1.2.42 所示。

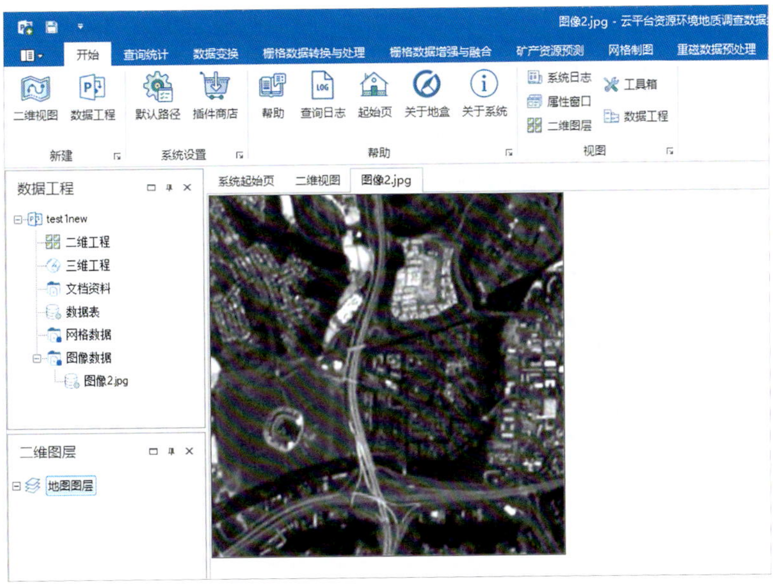

图 1.2.42　打开图像数据展示

1.2.5.3　删除

【说明】

删除功能实现将图像数据中的图像文件从该工程中删除，并删除节点。

【操作】

①选择图像数据下要删除的图像数据子节点，右击该节点，弹出功能列表，如图 1.2.43 所示。

②选择“删除”按钮并点击，系统将该图像文件从该工程中删除，并删除节点，如图 1.2.44 所示。

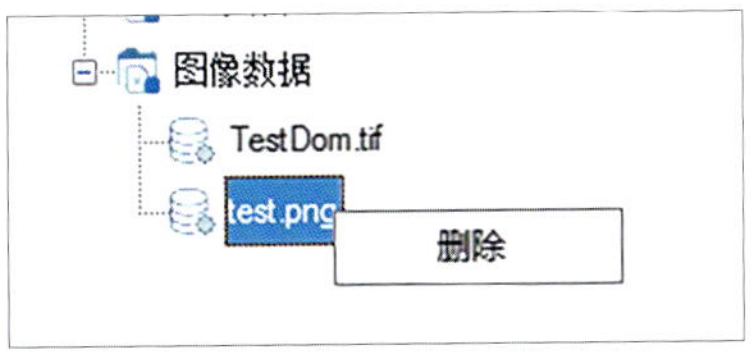

图 1.2.43　删除图像数据展示

图 1.2.44　删除图像数据结果

第 2 章　系统设置

系统开始菜单包括新建、视图管理、系统设置、帮助等功能，用户可以通过开始菜单打开二维视图，便于管理系统日志、二维图层、属性窗口、数据工程等窗口（图 2. 1. 1；表 2. 1. 1）。

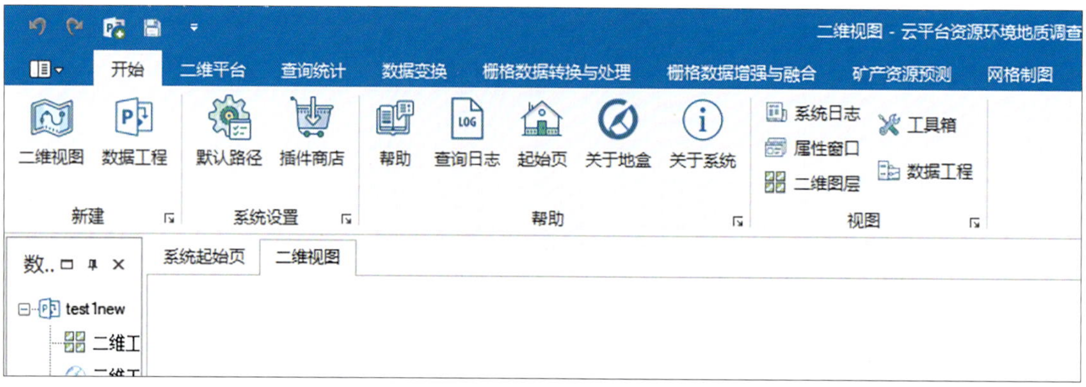

图 2. 1. 1　系统起始页

表 2. 1. 1　开始功能简介

功能模块	功能描述
二维视图	打开二维视图页签，以便后面对二维数据的操作
数据工程	新建数据工程
默认路径	路径设置、缓存设置等
插件商店	禁用/卸载插件等
帮助	反馈意见
查询日志	工作日志查看
起始页	新建、打开工程等
视图	打开窗体视图，包括系统日志、属性窗口、二维图层、工具箱以及数据工程

2. 1　二维视图

【说明】

打开二维视图页签，以便后面对二维数据的操作。

【操作】

在新建模块中点击二维视图按钮，系统打开一个新的二维视图页签，同时跳转到二维视图窗口，功能模块也跳转到二维平台，如图 2. 1. 2 所示。

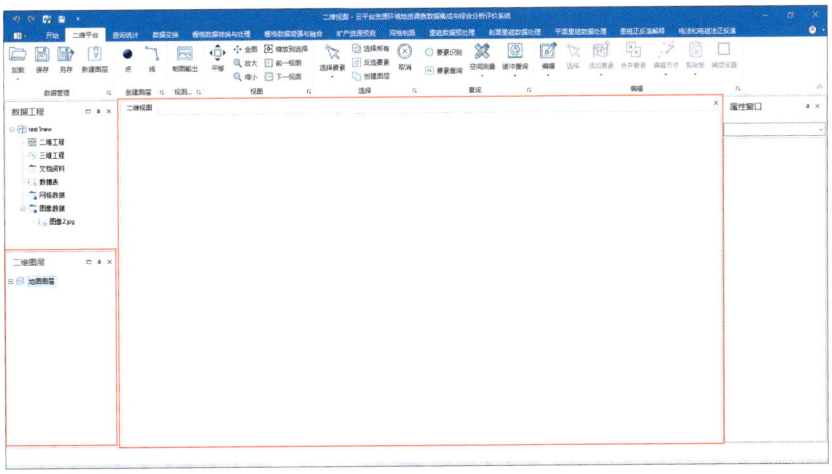

图 2.1.2　二维视图

2.2　数据工程

【说明】

数据工程的主要功能是新建数据工程。

【操作】

点击系统设置栏中的“数据工程”按钮，可以打开新建数据工程界面，填写工程名称及保存的位置，点击“确定”完成，如图 2.2.1 所示。

图 2.2.1　新建数据工程

2.3　默认路径

【说明】

默认路径功能主要是实现路径设置、缓存设置等。

【操作】

点击系统设置栏中的“默认路径”按钮，可以得到默认路径设置界面，在默认路径设置里可以选择默认的工程位置以及缓存路径，点击“确定”完成设置，如图 2.3.1 所示。

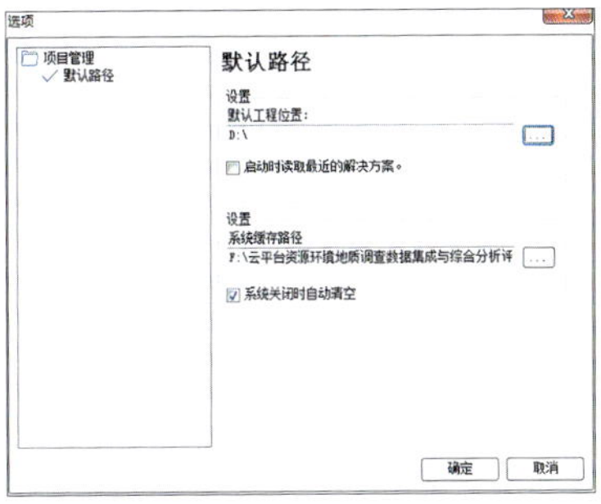

图 2.3.1　默认路径设置

2.4　插件商店

【说明】

插件商店主要是实现插件的禁用、卸载以及更新等功能。

【操作】

点击系统设置栏中的“插件商店”按钮，可以得到插件商店界面，在界面上可以禁用或者卸载已有插件。还可以查看插件的功能、信息以及下载示例数据，如图 2.4.1 所示。

图 2.4.1　插件商店设置

2.5　帮助

【说明】

帮助的功能是使用时遇到问题或者希望对客服反馈建议。

【操作】

点击帮助模块下的帮助按钮，进入网页，留下您的宝贵意见，如图 2.5.1 所示。

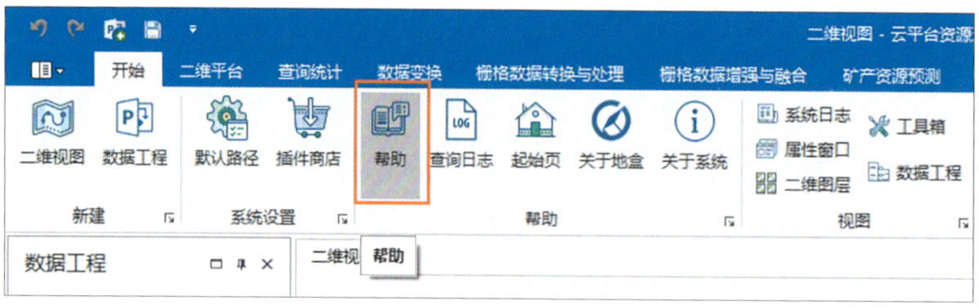

图 2.5.1　帮助按钮

2.6　查询日志

【说明】

查询日志的功能是工作日志查询，浏览历史操作过程。

【操作】

点击“查询日志”按钮，进行工作日志查询，可以看到历史操作过程，如图 2.6.1 和图 2.6.2 所示。

图 2.6.1　查询日志按钮

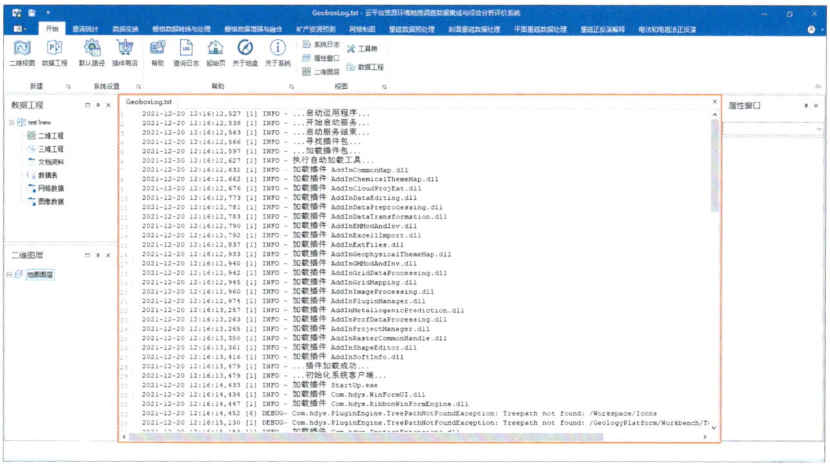

图 2.6.2　查询日志

2.7　视图

【说明】

视图模块主要提供打开系统的几个基础视图窗口，包括系统日志、属性窗口、二维图层、工具箱及数据工程。

【操作】

在视图模块中，选择需要的功能点击该按钮打开对应的视图窗口，如图 2.7.1 和图 2.7.2 所示。

图 2.7.1　视图窗体按钮

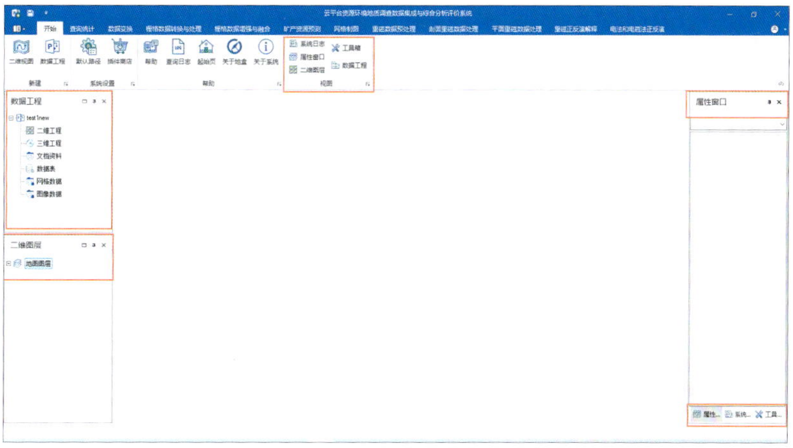

图 2.7.2　视图窗体

第3章　二维平台

3.1　二维平台简介

二维平台是一个用户界面友好的桌面地理信息系统。是集海量、多源空间信息资源的整合、管理、编辑、制图和应用搭建为一体的完整的解决方案，具有核心制图和GIS功能，可以完成数据的创建、编辑、显示、查询、符号定制管理，可广泛服务于测绘、国土、规划、地质勘查、矿山开采等各行业的专业GIS应用平台（图3.1.1；表3.1.1）。

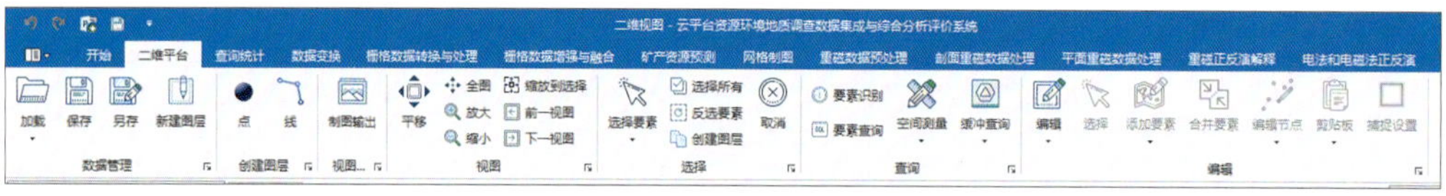

图3.1.1　二维平台界面展示

表3.1.1　二维平台功能列表

视图	功能模块	功能描述
数据视图	数据管理	对空间数据进行加载、保存、另存、新建图层操作
	基础视图操作	包括平移、查看全图、放大、缩小、查看前一视图、查看下一视图、缩放到选择等操作
	要素选择	对要素进行选择、反选、创建图层、取消等操作
	二维图层管理	支持图层缩放、删除、打开属性表、动态视窗、符号化、标注设置、显示标注、标注转注记图层、选择、导出数据、查看图层信息等功能
	查询	对要素进行属性识别、查询、空间测量和缓冲查询等操作
	编辑	包括编辑、选择、添加要素、合并要素、编辑节点、剪贴板、捕捉设置等功能
	坐标配准	对坐标进行配准
	坐标系配置	设置坐标系，包括选择默认坐标、自定义坐标、坐标转换等功能
	符号化	对点、线、面等元素进行符号设置
制图视图	数据管理	对数据进行加载、保存、另存操作
	页面视图	包括移动、查看全图、放大、缩小、前一视图、下一视图操作
	页面整饰	实现在出图时添加和修改制图辅助信息，包括接图表、文本、比例尺、指北针、图例、图框、经纬网、责任表等功能
	元素绘制	将元素绘制到制图输出窗口中，包括点、线、矩形、多边形、文字、图片、地图等元素的绘制
	制图输出	实现布局模版、页面设置、打印预览、打印和导出图片的功能

3.2 二维平台模块介绍

3.2.1 数据管理

数据管理模块用于在平台中统一管理用户的各类空间数据。用户可通过数据管理对空间数据进行加载、保存、另存、新建图层操作（图 3.2.1；表 3.2.1）。

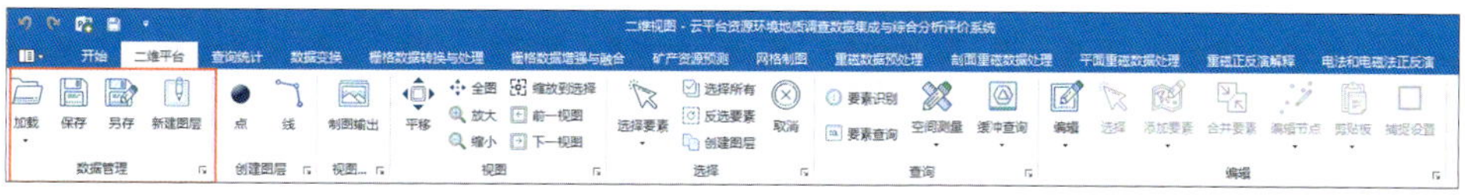

图 3.2.1 数据管理功能模块

表 3.2.1 数据管理功能模块

名称	功能简述
加载	支持打开 mxf 格式地图文档，以及 shp、anno、Reasters、Images 格式数据加载
保存	保存当前窗口内容至对应地图文档
另存为	另存当前窗口内容至对应地图文档
新建图层	新建点、线、面地图图层至指定位置

3.2.1.1 加载

【说明】

加载功能支持加载地图文档（＊.mxf）和添加 shp 文件（＊.shp）、注记文件（＊.anno），下载外部数据导入插件后，系统还可以加载 Reasters、Images 相关文件。

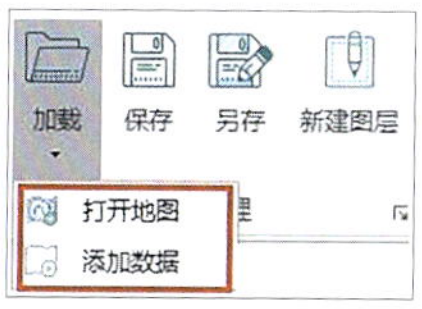

图 3.2.2 加载

【操作】

①点击“加载”功能，选择“打开地图”，如图 3.2.2 所示。

②选择需要打开的地图文档（＊.mxf），双击或点击打开，即可完成打开地图文档。

③点击“加载”功能，选择添加数据。

④选择需要打开的 hp 文件（＊.shp）或注记文件（＊.anno），双击或点击打开，即可完成添加数据。

3.2.1.2 保存/另存

【说明】

保存/另存功能可以将当前二维视图中地图保存至解决方案二维工程目录下，若当前没有打开解决方案，则不能保存当前地图。

【操作】

①点击“保存”/“另存”。

②默认地图文档命名或自定义地图名称，点击“确定”，即可将地图文件保存至当前解决方案-二维工程中（图 3.2.3）。

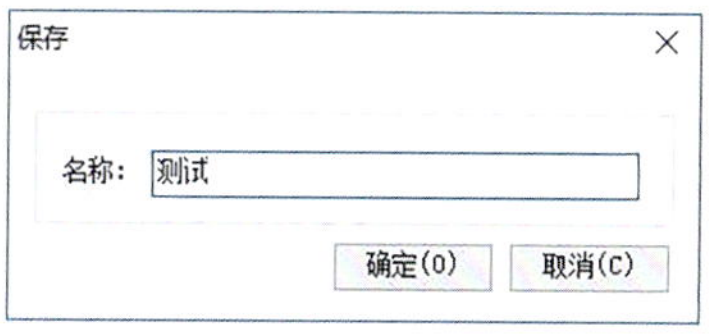

图 3.2.3 保存

3.2.1.3　新建图层

【说明】

除可以打开已有的地图、图层外，平台还可以新建点、线、面以及注记图层。

【操作】

①点击“数据管理”功能，选择新建图层。

②自定义新建图层名称。

③选择新建类型，即点、线、面、注记。

④点击路径选择框，制定新建图层位置。

⑤点击“确定”，即可完成新图层创建，如图 3.2.4 所示。

图 3.2.4　新建图层

3.2.2　创建图层

创建图层功能主要提供根据 Excel 数据生成点图层与线图层的功能（图 3.2.5；表 3.2.2）。

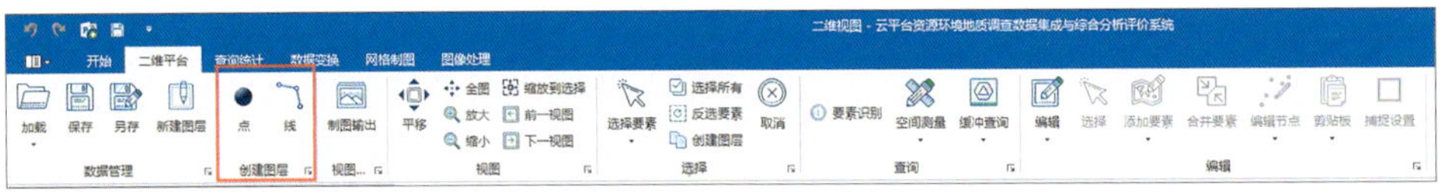

图 3.2.5　配准

表 3.2.2　配准功能表

名称	功能描述
点	将 Excel 数据生成点图层
线	将 Excel 数据生成线图层

3.2.2.1　生成点图层

【说明】

将 Excel 数据生成点图层。

【操作】

①在创建图层模块点击“点”按钮，系统弹出选择 Excel 文件窗口，点击“打开”，如图 3.2.6 所示。

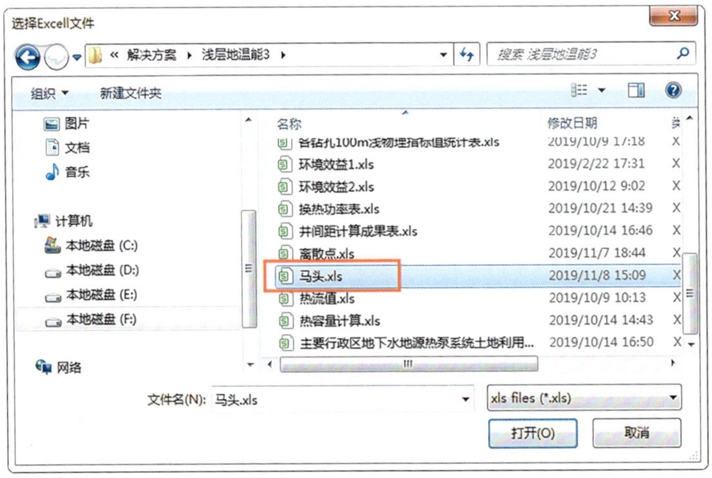

图 3.2.6　选择 Excel 文件

②选好 Excel 数据后，系统弹出创建点图层窗口，如图 3.2.7 所示。

③在创建点图层窗口可以选择 Sheet、标题行、属性字段设置以及坐标字段，点击“确定”，系统弹出坐标系无效或者丢失窗口，如图 3.2.8 所示。

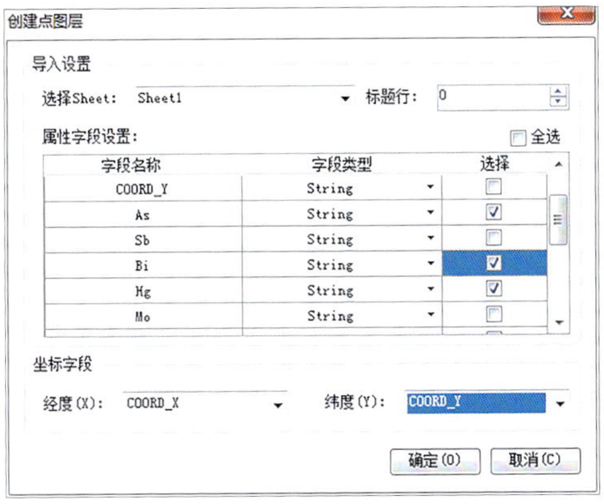

图 3.2.7　创建点图层

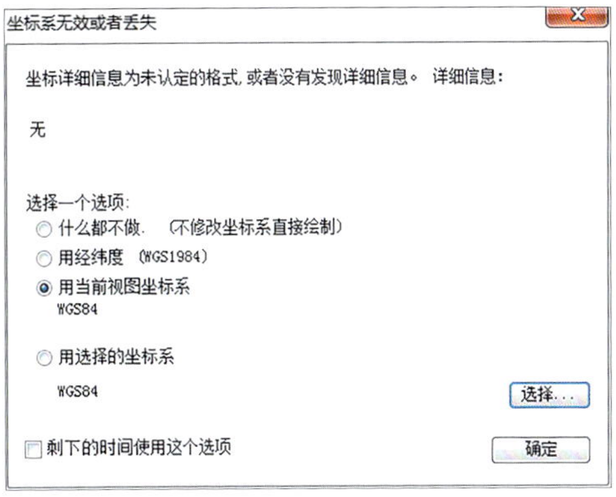

图 3.2.8　坐标系无效或者丢失

④坐标系无效或者丢失窗口中，点击“选择”按钮可以进入“选择坐标系”窗口，如图 3.2.9 所示。

⑤在选择坐标系窗口中，设置好参数后点击“确定”回到坐标系无效或者丢失窗口。

⑥点击坐标系无效或者丢失窗口左下角的“确定”按钮，进入是否保存设置界面，如图 3.2.10 所示。

图 3.2.9　坐标系选择

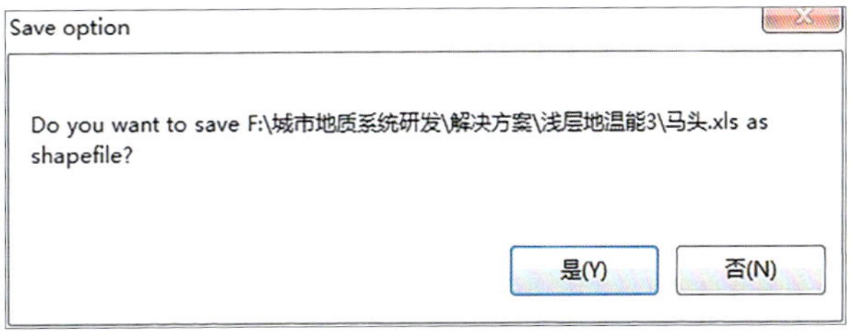

图 3.2.10　是否保存

⑦在是否保存界面中，点击“否”，则生成点图层到二维视图中，如果点击“是”，则弹出选择保存文件路径，如图 3.2.11 和图 3.2.12 所示。

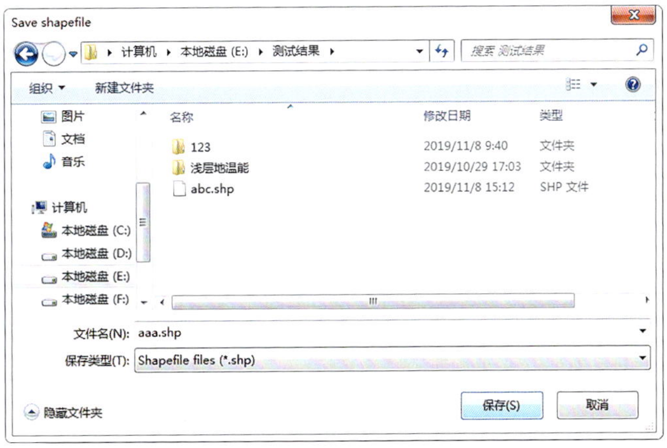

图 3.2.11　保存点文件

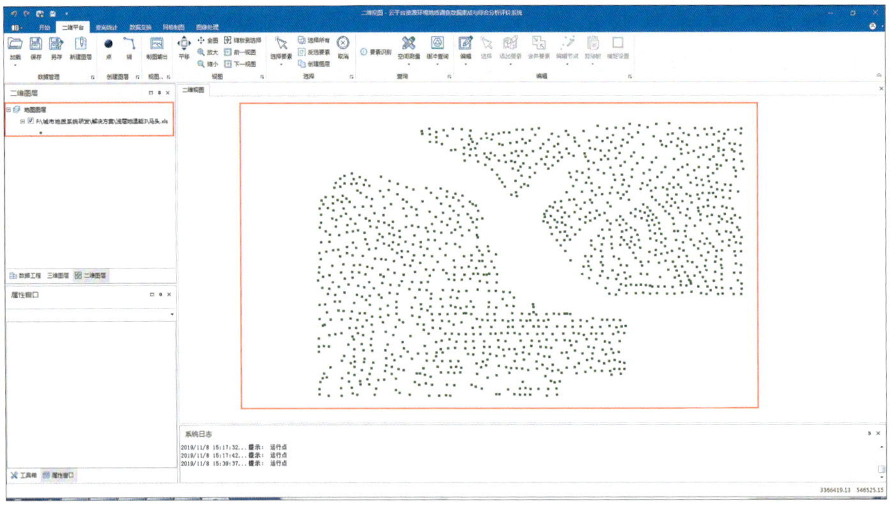

图 3. 2. 12　生成点图层

3. 2. 2. 2　生成线图层

【说明】

将 Excel 数据生成线图层。

【操作】

①在创建图层模块点击“线”按钮，系统弹出选择 Excel 文件窗口，点击“打开”，如图 3. 2. 13 所示。

②选好 Excel 数据后，系统弹出创建线图层窗口，如图 3. 2. 14 所示。

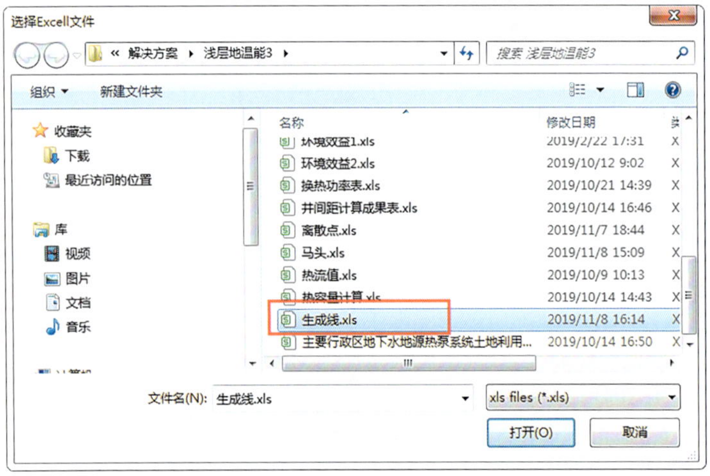

图 3. 2. 13　选择 Excel 文件

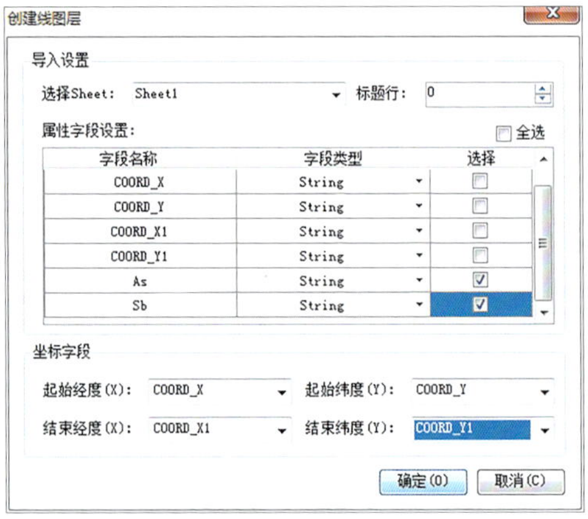

图 3. 2. 14　创建线图层

③在创建线图层窗口可以选择 Sheet、标题行、属性字段设置以及坐标字段，点击“确定”，系统弹出坐标系无效或者丢失窗口，如图 3. 2. 15 所示。

④坐标系无效或者丢失窗口中，点击“选择”按钮可以进入坐标系选择窗口，如图 3. 2. 16 所示。

⑤在选择坐标系窗口中，设置好参数后点击“确定”回到坐标系无效或者丢失窗口。

⑥点击坐标系无效或者丢失窗口左下角的“确定”按钮，进入是否保存设置界面，如图 3. 2. 17 所示。

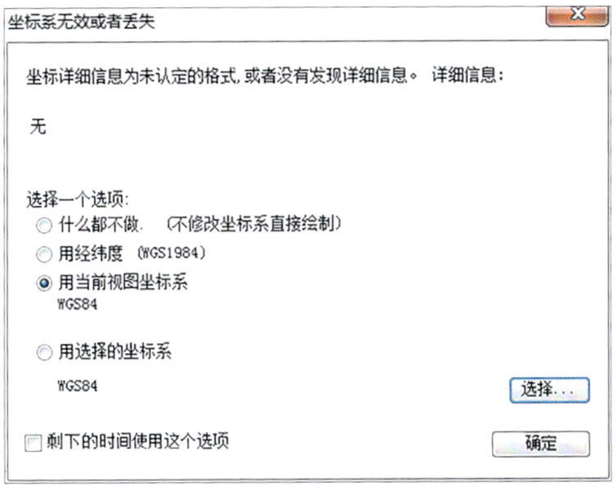

图 3.2.15　坐标系无效或者丢失

图 3.2.16　坐标系选择

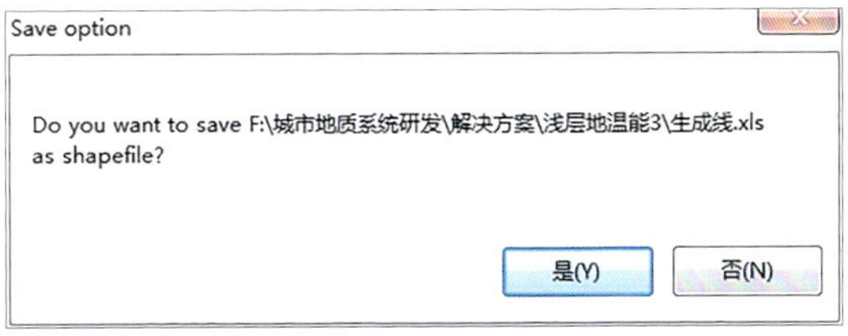

图 3.2.17　是否保存

⑦在是否保存界面中，点击“否”，则生成线图层到二维视图中，如果点击“是”，则弹出选择保存文件路径，如图 3.2.18 和图 3.2.19 所示。

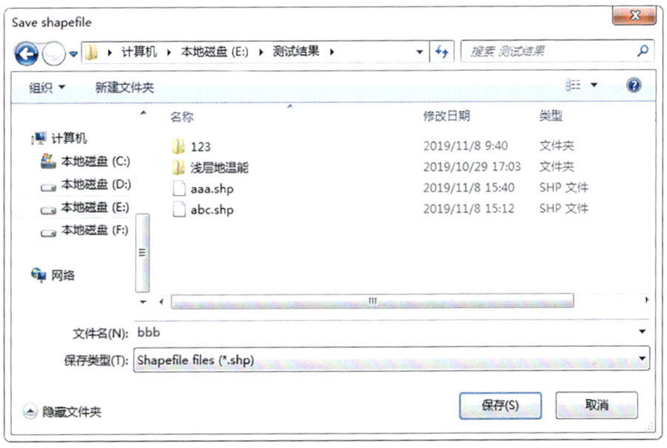

图 3.2.18　保存线文件

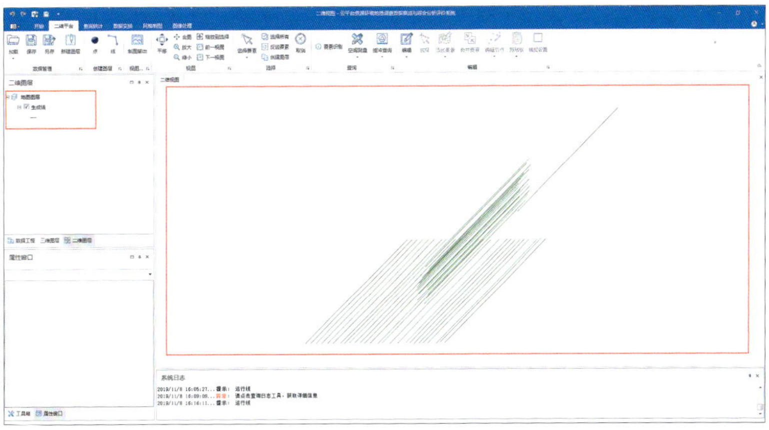

图 3.2.19　生成线图层

3.2.3 制图输出

3.2.3.1 数据视图与制图视图

每一个地图文档的显示方式都由数据视图和制图视图组成，制图视图除了地图图层数据外，由一系列图例、比例尺、指北针和其他制图元素组成辅助要素（图 3.2.20）。

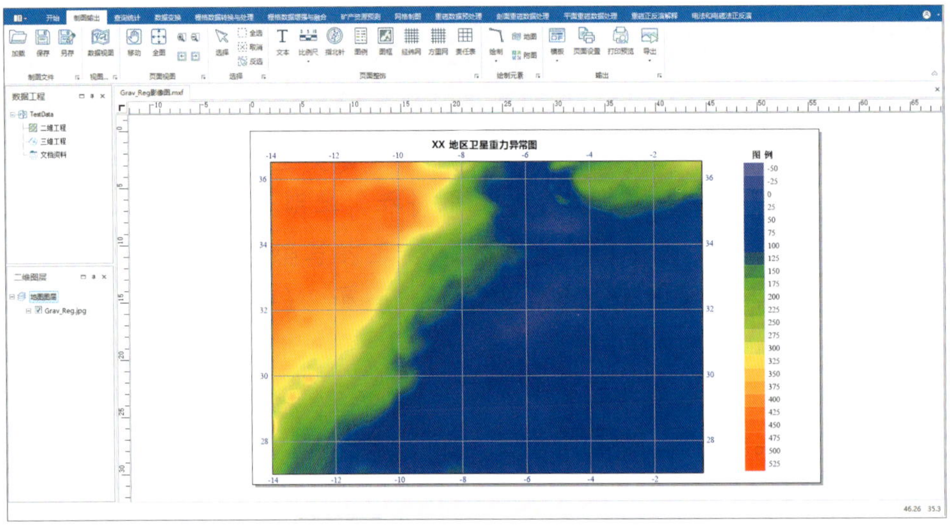

图 3.2.20 制图视图

在数据视图中，可以完成加载图层、编辑地图、符号化等一系列操作，而制图视图，可以为地图添加经纬网、比例尺、指北针等制图要素，完成一幅完整的地图。

数据视图和制图视图可以通过“视图”栏的按钮一键切换实现（图 3.2.21）。

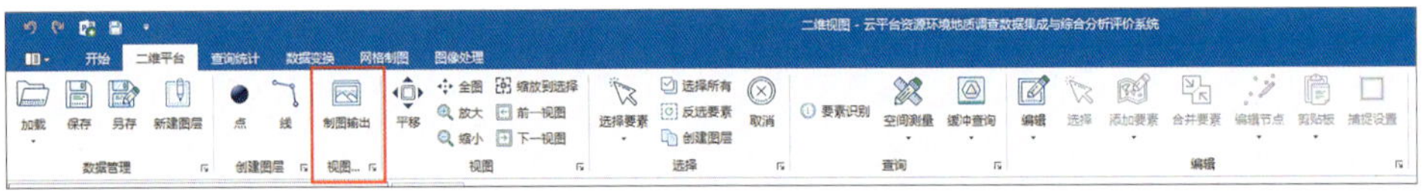

图 3.2.21 视图切换

在数据视图时，视图栏按钮显示为制图输出，点击“制图输出”按钮，则进入制图输出视图。在制图输出时，视图栏按钮显示为数据视图，点击“数据视图”按钮，地图窗口返回数据视图。

3.2.3.2 制图文件

【说明】

制图文件功能与数据视图中的数据管理功能类似，主要时用来加载、保存和另存地图文档（图 3.2.22；表 3.2.3）

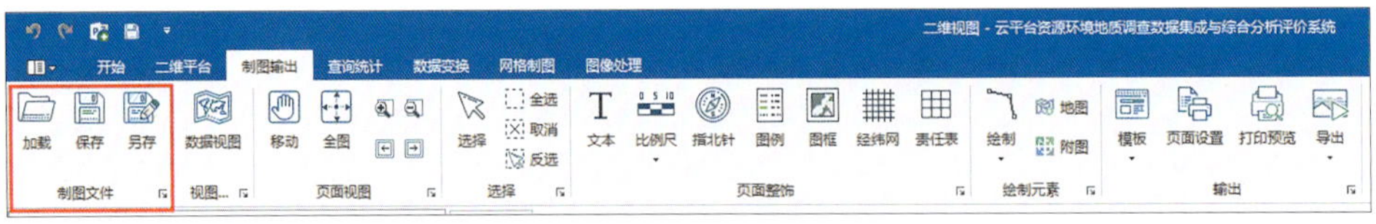

图 3.2.22 制图文件

表 3.2.3　制图文件

名称	功能描述
加载	支持打开 mxf 格式地图文档
保存	保存当前窗口内容至对应地图文档
另存	另存当前窗口内容至对应地图文档

【操作】

①加载地图：点击“加载”，选择 mxf 格式地图文档，点击“打开”，即可完成操作。

②保存：点击“保存”，即可将当前地图保存至解决方案-二维工程中。如果没有解决方案，系统将提示创建解决方案。

③另存：点击“另存”，即可对当前地图重新命名并保存至指定的路径中。

3.2.3.3　页面视图

【说明】

页面视图包括移动、查看全图、放大、缩小、前一视图、下一视图操作。具体操作步骤与数据视图选择功能相同。相关图标如图 3.2.23 所示。

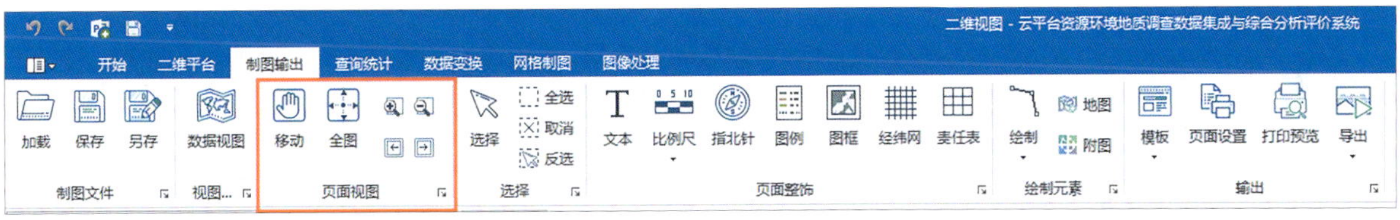

图 3.2.23　页面视图

3.2.3.4　选择

【说明】

选择功能包括选择、全选、反选、取消 4 种操作，具体操作步骤与数据视图选择功能相同。点击“选择”功能图标，然后点击想要选择的元素即可实现（图 3.2.24）。

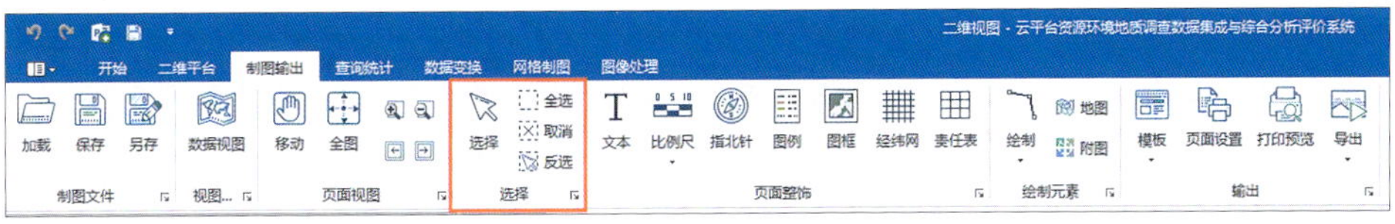

图 3.2.24　制图选择

3.2.3.5　页面整饰

页面整饰模块实现在出图时添加和修改制图辅助信息。该模块包括文本、比例尺、指北针、图例、图框、经纬网、责任表等功能（图 3.2.25；表 3.2.4）。

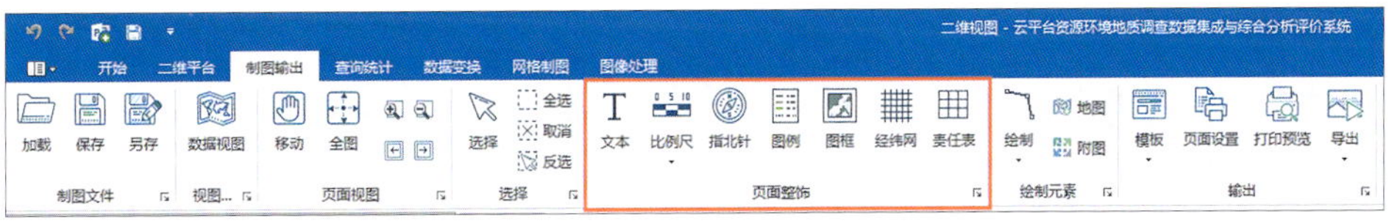

图 3.2.25　页面整饰模块

表 3.2.4　页面整饰模块

名称	功能描述
文本	实现在制图输出中插入和修改文本
比例尺	添加、修改比例标尺和比例文本
指北针	在制图输出中添加和修改指北针
图例	在制图输出中添加和修改图例
图框	在制图输出中添加和修改图框
经纬网	在制图输出中实现经纬网的绘制
责任表	在制图输出中添加和修改责任表

（1）文本

【说明】

可以给地图添加文字。

【操作】

①点击“文本”，在地图中选择需要插入文本的位置，用鼠标左键拖拽出一个矩形框。

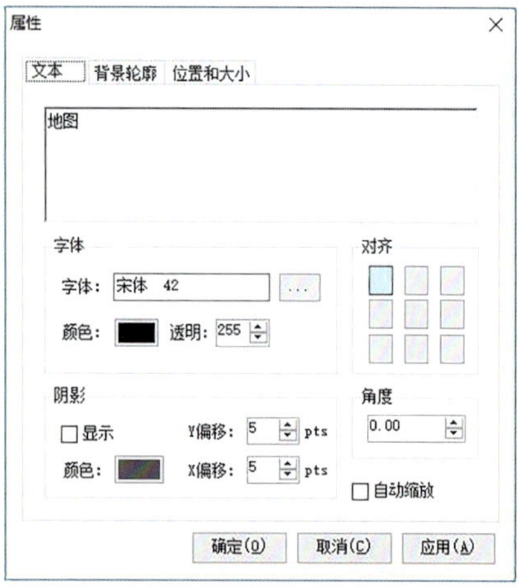

图 3.2.26　文本属性

②双击该文本，系统弹出文字属性窗口，如图 3.2.26 所示。

③文本属性窗口提供对文本字体、颜色、阴影、对齐以及文本框的背景轮廓、位置大小等进行设置，点击“确定”，即可完成文本编辑。

④将鼠标放在文本框上，移动文本框到合适位置。

⑤通过放大/缩小文本框，可以显示/部分显示文本。

（2）比例尺

【说明】

平台提供了添加比例标尺图例和比例文本功能。

【操作】

①点击文本框下拉菜单，选择比例标尺/比例文本。

②在视图窗口中用鼠标左键拖拽出一个矩形框，双击该矩形框，系统弹出比例标尺/文本标尺属性窗口。

③比例标尺属性设置：点击样式下拉框，可以选择系统提供的多种比例标尺样本，点击“符号”进入线符号编辑器，对比例尺进行编辑；在刻度栏中可以对刻度大小、颜色、分段进行设置；在单位栏可以对比例尺单位进行设置；同时比例标尺的背景、位置和大小设置与文本设置类似，如图 3.2.27所示。

④文本标尺属性设置：可以对文本比例尺的字体、颜色、对齐方式、背景、大小进行设置，操作方法与文本属性设置一致，如图 3.2.28 所示。

（3）指北针

【说明】

指北针功能可以实现在制图输出中添加和修改指北针。

【操作】

①点击“指北针”功能，在视图窗口中单击鼠标左键，系统弹出指北针选择窗口。

②选择合适的指北针，同时可以自定义指北针样式、大小等属性。点击“确定”即可完成添加指北针。

③在视图窗口将指北针移动至合适位置即可。

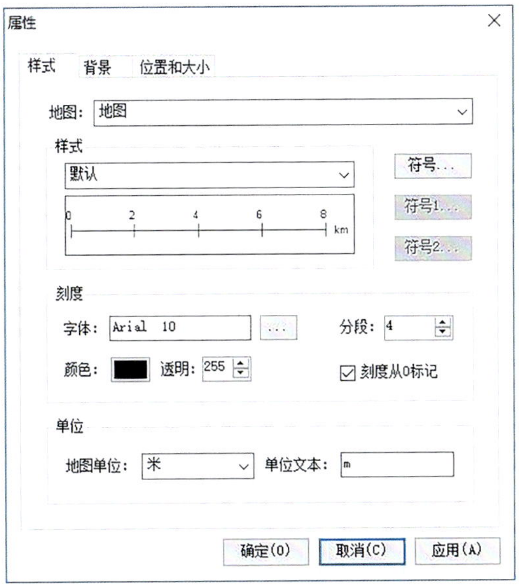

图 3.2.27　比例标尺属性

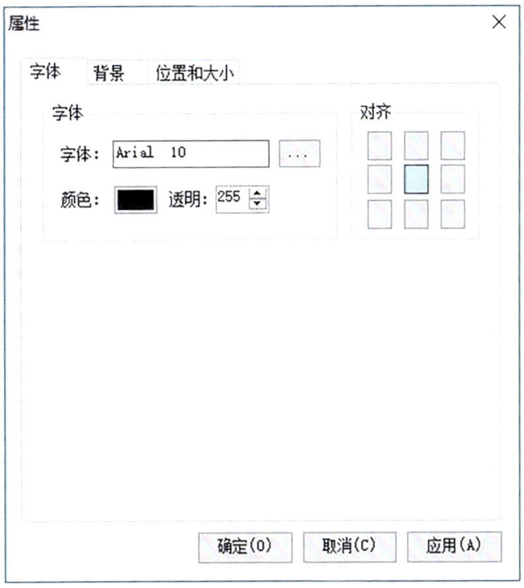

图 3.2.28　文本标尺属性

（4）图例

【说明】

图例是集中于地图一角或一侧的地图上各种符号和颜色所代表内容与指标的说明，有助于更好地认识地图，是地图必不可少的阅读指南。

【操作】

①点击“图例”功能，在视图窗口中单击鼠标左键，生成默认图例。

②双击图例，系统弹出图例属性窗口，可以对图例的显示内容、列数、字体、颜色、图例大小、间距以及标题、背景和位置进行编辑（图 3.2.29）。具体操作步骤与比例尺属性设置一致。

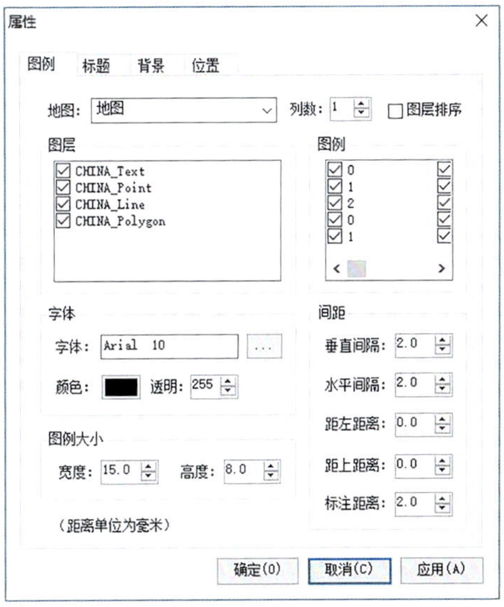

图 3.2.29　图例属性

（5）图框

【说明】

图框是一副完整的地图不可缺少的部分，是地图整饰的重要内容。

图 3.2.30　图框属性

【操作】

①点击“图框”功能，在视图窗口中自动创建图框。

②双击图框边缘，系统弹出图框属性窗口，通过设置页边距和边框样式，改变图框形状、颜色，点击“确定”即可完成操作，如图 3.2.30 所示。

③图框大小也可以在视图窗口中，通过鼠标操作拉伸或缩小图框来实现图框大小变化。

（6）经纬网

【说明】

经纬网作为地图特征的基本形式之一，是完整地图中必不可少的部分。

【操作】

①点击“经纬网”功能，系统弹出网格窗口，如图 3.2.31 所示。

②轴设置：可以选择主轴和次轴的位置、数量，双击符号，即可打开线符号选择器，选择/自定义主轴/次轴形状、颜色等。

③标注设置：设置标注显示位置、标注样式以及标注方向。

④间隔设置：设定经纬网间隔。

⑤类型设置：选择显示类型与符号，同样双击符号，可以打开线符号选择器，自定义符号形状、颜色等。

⑥边框设置：双击符号打开线符号选择器，自定义边框形状、颜色等。

⑦点击“确定”，完成经纬网设置。

（7）责任表

【说明】

责任表包括制图单位、图名、制图人、图号等信息，是记录地图制作信息的重要部分。

【操作】

①点击“图框”功能，系统弹出责任表编辑窗口，责任表编辑窗口分为两部分，上部分为添加地图编制单位和地图名称，下部分为添加制图人、图号、比例尺等信息（图 3.2.32）。

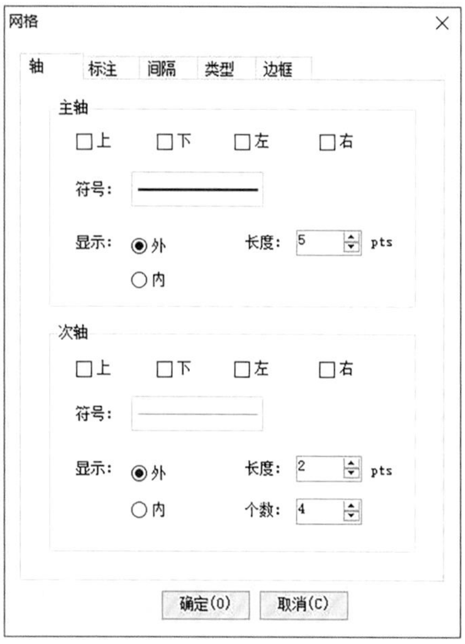

图 3.2.31　网格属性

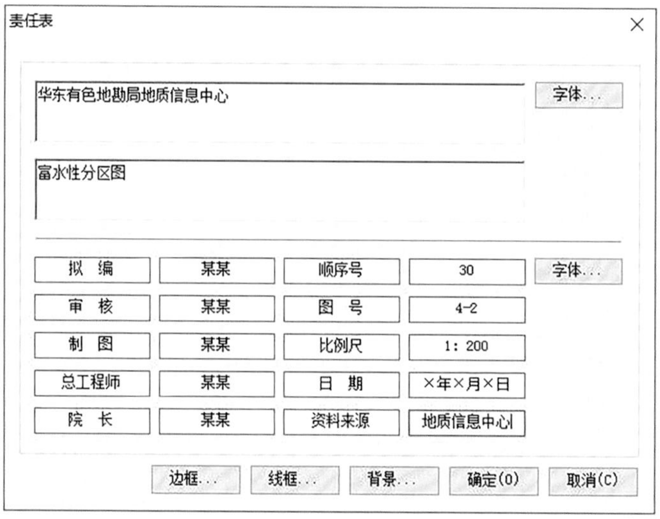

图 3.2.32　责任表

②在第一个文本框中添加地图编制单位，第二个文本框添加地图名称，点击“字体”，可以设置字体样式。

③在责任表编辑下部分，系统默认设置拟编、审核、制图、总工程师、院长、顺序号、图号、比例尺、日期和资料来源，同时用户也可以根据实际需求更改内容。点击“字体”，也可以对此部分内容字体样式进行设置。

④在责任表底端，点击“边框设置”和“线框设置”，系统弹出线符号选择器，点击“背景设置”，系统弹出面符号选择器，用户可以对边框、线框和背景进行自定义设置。

⑤点击“确定”即可完成责任表制作。

3.2.3.6 元素绘制

元素绘制模块可以将元素绘制到制图输出窗口中。该模块包括点、线、矩形、多边形、文字、图片、地图等元素的绘制（图 3.2.33；表 3.2.5）。

图 3.2.33 元素绘制模块

表 3.2.5 元素绘制模块

名称	功能描述
绘制	绘制包括点、多段线、样条曲线、矩形、多边形、圆、椭圆、表格和图片等要素
地图	在地图输出窗口中，再次绘制当前数据视图中的地图
附图	在地图输出窗口中，绘制其他地图数据到地图制图页面中

（1）绘制

【说明】

元素绘制包括点、多段线、样条曲线、矩形、多边形、圆、椭圆、表格和图片等（图 3.2.34）。

【操作】

①点击绘制下拉菜单，选择“点”。

②在制图输出窗口中点击鼠标左键，完成点绘制。

③双击点图案，系统弹出点属性窗口（图 3.2.35）。

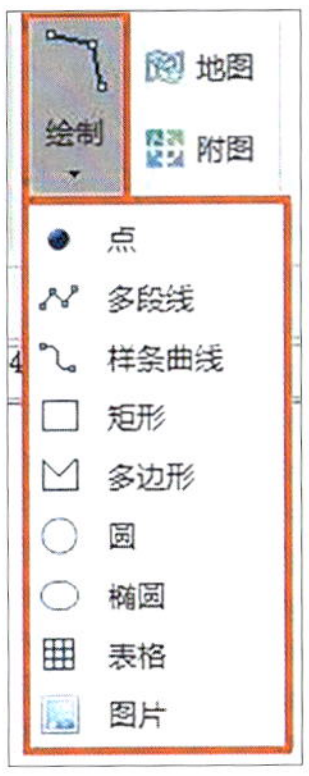

图 3.2.34 绘制

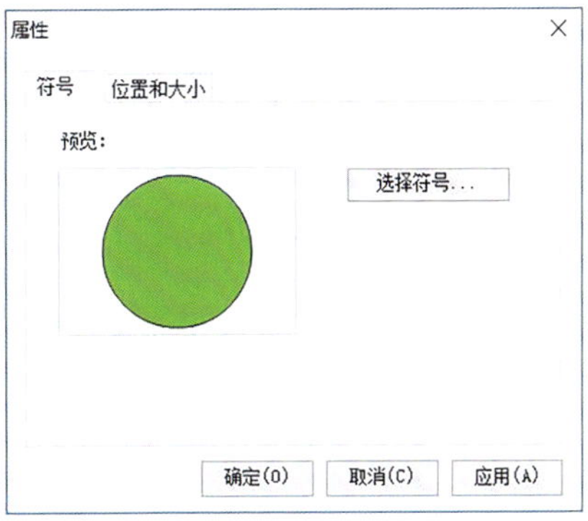

图 3.2.35 点属性

④点击选择符号，系统弹出点符号选择器，可以自定义点的形状、颜色、大小。

⑤点击位置和大小页签，可以手动设置点图案的位置、大小和元素名称。

⑥点击“确定”即可完成操作。

⑦同样的，绘制多线段、样条曲线、多边形要素，点击相应的工具，并在地图制图窗口中点击鼠标左键开始绘制，依次绘制，直到右击鼠标结束。

⑧矩形、圆、椭圆、标注元素的绘制可以通过鼠标拖动实现矩形元素的绘制。点击“矩形”图标，在制图输出中单击鼠标左键作为矩形对角线的一个顶点，按住鼠标不放，拖动另一个位置作为矩

形对角线上的另一个顶点，松开鼠标即可完成矩形元素的绘制；点击“圆”图标，在制图输出中单击鼠标左键作为圆的圆心，按住鼠标不放，拖动至合适位置确定圆半径，松开鼠标即可完成圆元素绘制；椭圆元素绘制方法和矩形一致，对于线和面元素的编辑和点元素编辑一样。

⑨绘制表格方法与绘制点一致，双击表格，系统弹出表格属性窗口，设置表格边框、线框等操作，完成表格元素制作（图 3. 2. 36）。

⑩点击“图片”图标，在制图窗口左边框选区域，选择需要加载的图片（图片格式的文件，支持 png、jpg、jpeg、bmp 等格式），系统弹出图片属性窗口，点击“选择图片”可以更改加载的图片，通过图片设置、位置和大小、背景等操作，更改添加的图片（图 3. 2. 37）。

图 3. 2. 36　表格属性

图 3. 2. 37　图片属性

（2）地图

绘制地图功能可以再次绘制当前数据视图中的地图，点击“地图”按钮，并在地图输出页面中点击鼠标，选定地图添加的位置拖拽，地图显示在拖拽的矩形范围中。对于新添加的地图要素，系统提供其与主图一样的页面整饰功能，可以添加经纬线、比例尺、图框等，如图 3. 2. 38 所示。

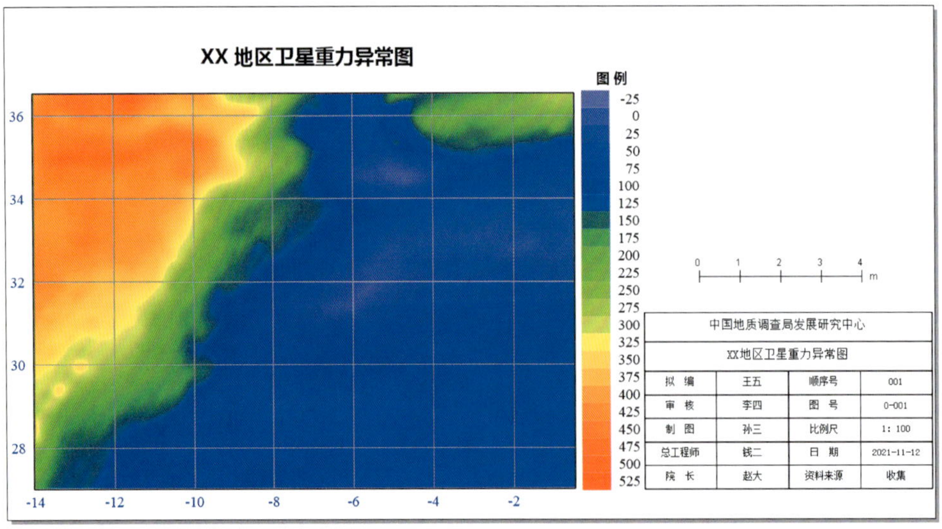

图 3. 2. 38　添加地图要素

（3）附图

绘制附图功能可以绘制其他地图（目前仅支持 mxf 格式的地图文件）到制图页面中。点击“附图”按钮，并在地图输出页面中点击鼠标，选定地图添加的位置拖拽，地图显示在拖拽的矩形范围中。对于新添加的附图要素，系统提供其与主图一样的页面整饰功能，可以添加经纬线、比例尺、图框等。

3.2.3.7 输出

输出功能实现布局模版、页面设置、打印预览、打印和导出图片的功能（图3.2.39；表3.2.6）。

图 3.2.39 输出

表 3.2.6 输出

名称	功能描述
模板	提供打开和保存模板，便于地图制作
页面设置	对页面进行设置，主要是为了打印地图
打印预览	可在在打印地图之前进行预览
导出	支持导出图片、地图裁剪和地图导出

（1）模板

【说明】

地图模板可以大大减少地图制作过程，系统提供保存模板，将制作好的模板保存下来，在下次制作地图时，可以打开模板，快速制作地图。

【操作】

1）打开模板

①点击模板下拉菜单，选择打开模板，系统弹出模板窗口，在该窗口中，有默认模板、系统模板、插件模板和选择模板等部分。

②点击窗口右上角，选择浏览模式。选中相应的模板，点击确定即可完成操作（图3.2.40）。

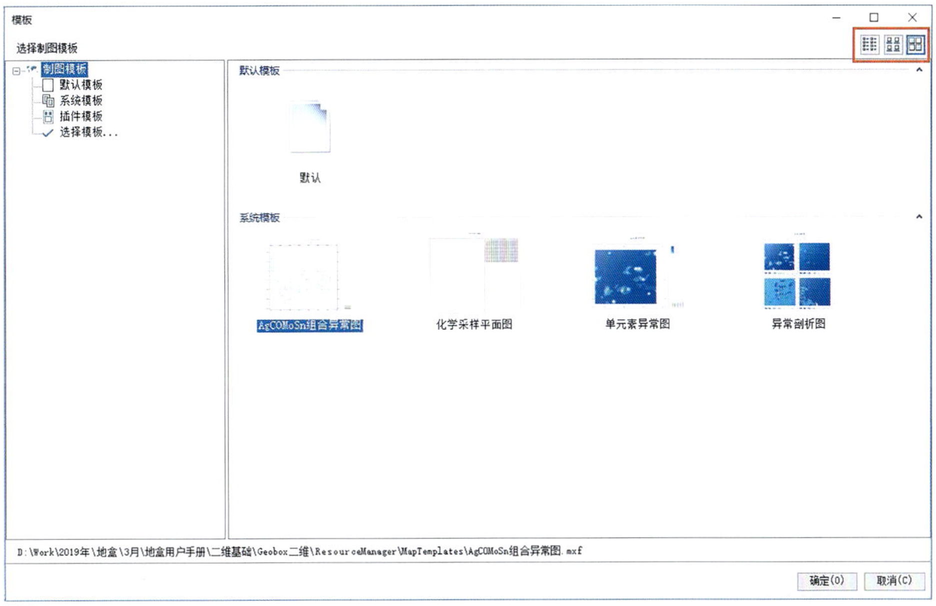

图 3.2.40 地图模板

2）保存模板

①点击模板下拉菜单，选择“保存模板”，系统弹出保存模板窗口。

②给模板进行描述，点击“选择”，选择模板保存路径，输入保存模板的名字，点击“确定”，即可完成操作（图 3. 2. 41）。

（2）页面设置

【说明】

页面设置功能用于设置制图输出页面的打印尺寸、方向等相关属性

【操作】

①点击“页面设置”，系统弹出页面设置窗口，设定相关属性后，点击“确定”按钮，改变视图相关属性。

②在调整纸张的设置后，可以勾选“调整地图元素大小以适应页面尺寸改变”，地图图框会自动调整到适应纸张大小（图 3. 2. 42）。

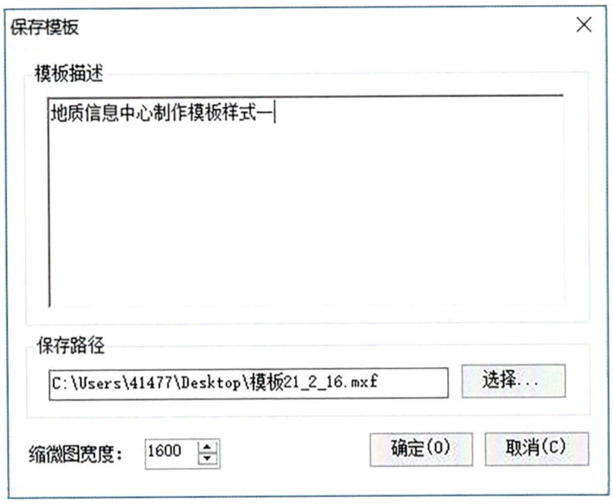

图 3. 2. 41　保存模板

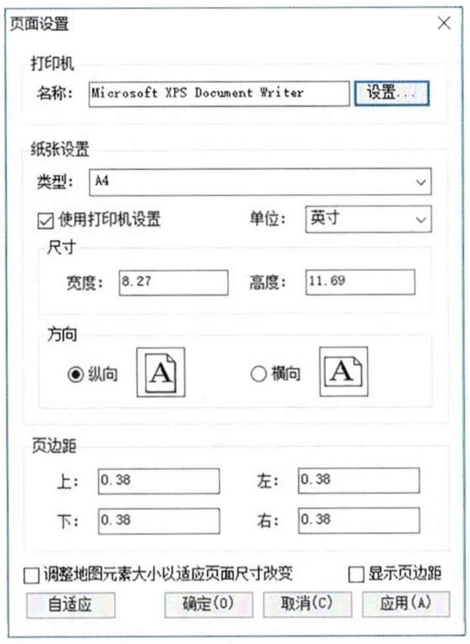

图 3. 2. 42　页面设置

（3）打印预览

【说明】

打印预览功能可以预览地图出图打印的效果。

【操作】

①点击“打印预览”图标即可实现该功能（图 3. 2. 43）。

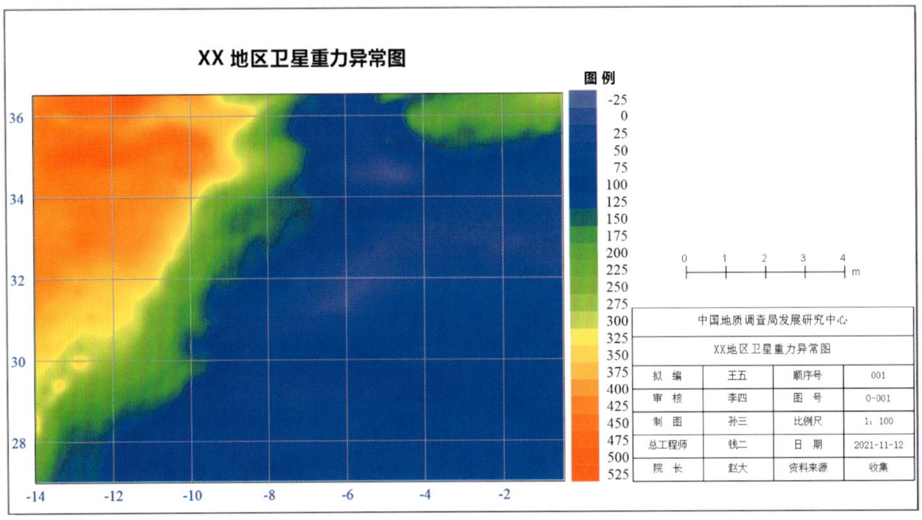

图 3. 2. 43　打印预览

②打印预览页面同时提供放大、缩小、全图等视图工具，用户可以根据需要进行选择，点击“打印”即可打印地图，点击“关闭预览”，即可结束预览。

（4）导出

【说明】

导出功能提供了导出图片、地图裁剪、导出地图功能。

【操作】

1）导出图片

①点击导出下拉菜单，选择导出图片。

②系统自动弹出输出范围窗口，用户根据需要选择相应范围，点击“确定”，系统自动弹出保存图片窗口（图 3.2.44）。

③设定图片大小、相关参数设置，点击“选择”按钮选择输出图片保存路径，点击“确定”，即可完成图片导出（图 3.2.45）。

2）地图裁剪

①点击导出下拉菜单，选择地图裁剪，弹出裁剪方式窗口，选择“矩形裁剪”/“多边形裁剪”，点击“确定”（图 3.2.46）。

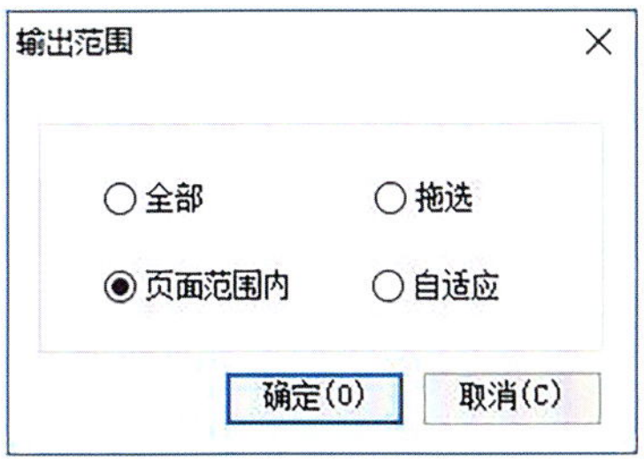

图 3.2.44　输出范围

图 3.2.45　保存图片

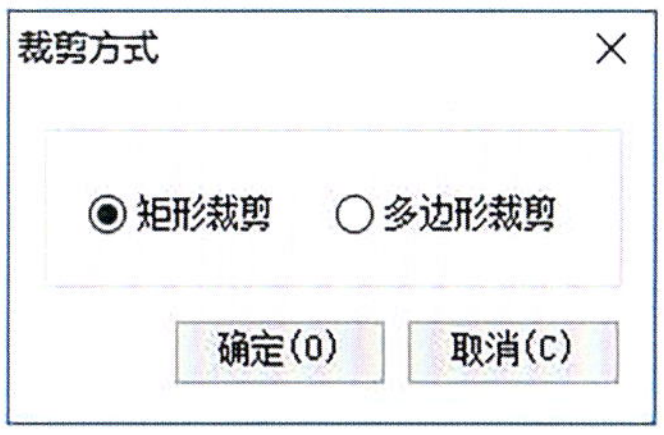

图 3.2.46　裁剪方式

②选择矩形裁剪：选择“矩形裁剪”工具，使用鼠标在地图输出窗口进行拖拽，确定裁剪地图的范围，松开鼠标后，弹出裁剪参数设置窗口，显示地图输出的范围，可以手动调整地图范围，或者将边界坐标编辑为 txt 格式，点击“导入边界”，将边界 txt 导入，确认地图裁剪范围，确认无误后点击“确定”，系统弹出保存图片窗口，相关设置与导出图片一致（图 3.2.47）。

③选择多边形裁剪：选择“多边形裁剪”工具，使用鼠标左键，以画多边形面元的方式依次点击，右键单击完成多边形裁剪，系统弹出裁剪参数设置窗口，范围修改和导入方式与矩形裁剪一致（图 3.2.48）。

图 3.2.47　矩形裁剪参数设置

图 3.2.48　多边形裁剪参数设置

3）导出地图

点击“导出地图”，选择路径与名称即可完成操作。

3.2.4 基础视图操作

【说明】

数据视图的基础视图操作包括：平移、查看全图、放大、缩小、查看前一视图、查看下一视图、缩放到选择等操作（图 3.2.49；表 3.2.7）。

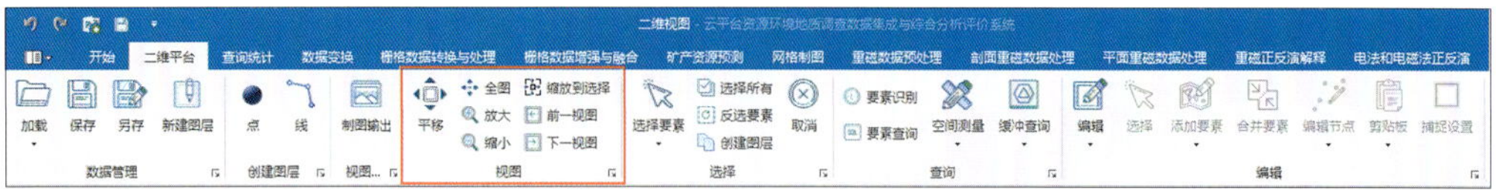

图 3.2.49　基础视图操作

表 3.2.7　视图模块

名称	功能描述
平移	移动地图
全图	将地图缩放到当前窗口全部显示
放大	放大地图
缩小	缩小地图
前一视图	回到上一视图
下一视图	回到下一视图
缩放到选择	将地图缩放到被选中要素的全局范围进行显示

【操作】

①单击“平移”，在页面上拖动地图即可。

②单击“全图”，即将地图尽量放大到当前窗口。

③单击“放大”，鼠标移动到地图上点击，即可放大地图。同时，也可以通过滚动鼠标来实现缩放地图。

④单击“缩小”，鼠标移动到地图上点击，即可缩小地图。

⑤单击“前一视图”，回到上一视图。

⑥单击“后一视图”，回到下一视图。

⑦单击“缩放到选择”，在地图上点击局部区域，则该局部区域被放大。

3.2.5 要素选择

系统提供了多种选择工具用于空间数据的要素选择（图 3.2.50；表 3.2.8）。

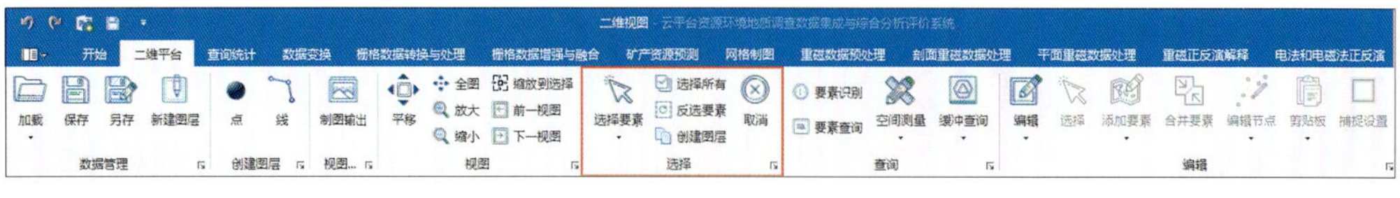

图 3.2.50　选择工具栏

表 3.2.8　要素选择模块

名称	功能描述
选择要素	选择图层中指定的要素
选择所有	将图层中的所有要素全部选中
反选要素	选中除了原来被选中的要素外的其他所有要素
创建图层	将选中的要素创建一个新的图层
取消	将图层中任何选择要素取消选择

3.2.5.1　选择要素

【说明】

最顶层图层：只能选择左侧目录树中最顶层图层中的数据。

所有图层：可以选择左侧目录树中所有图层数据。

所有可见图层：可以选择左侧目录树中所有可见图层的数据。

选择图层：只能选择左侧目录树中所选择的图层中的数据。

【操作】

①点击选择要素下拉菜单，选择相应条件（图 3.2.51）。

②点击选用要素，即可在视图窗口中鼠标左键选择相应要素。

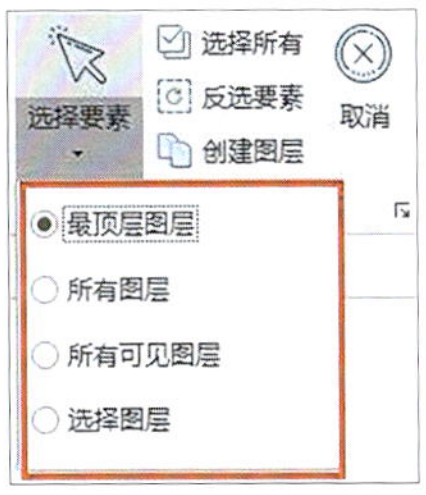

图 3.2.51　选择要素

3.2.5.2　选择所有

【说明】

选择所有功能可以一键选择最顶层图层/所有图层/所有可见图层/选择图层中的所有要素。

【操作】

① 在左侧目录树点选 CHINA_Polygon 图层。

②点击选择要素下拉菜单，点击“选择图层”（图 3.2.52）。

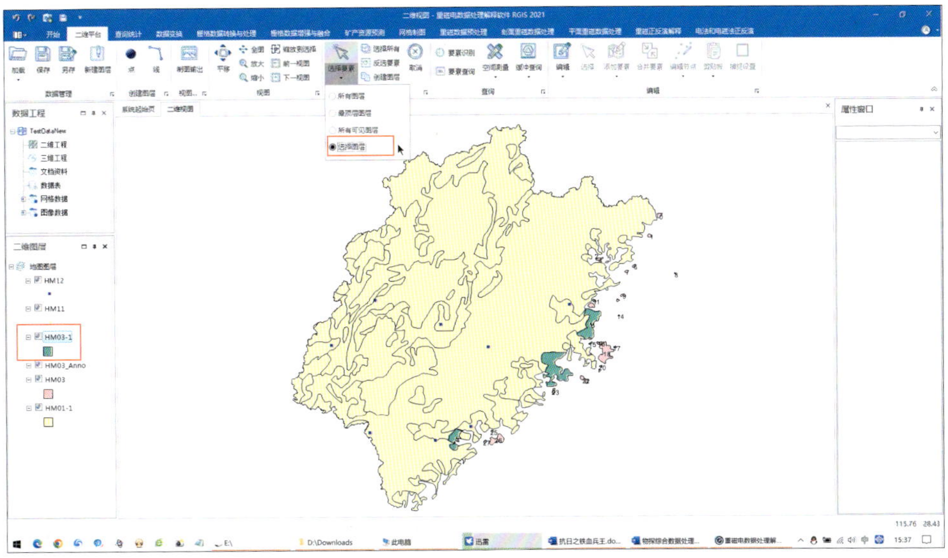

图 3.2.52　选择图层

③点击“选择所有”，即可选中 CHINA_Polygon 图层中所有要素，同时属性窗口自动弹出，显示图层属性（图 3.2.53）。

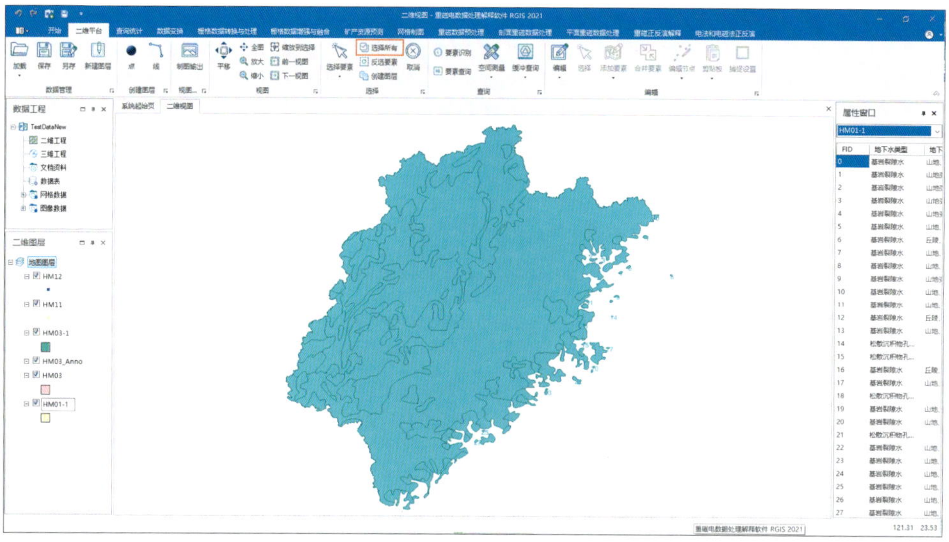

图 3.2.53　选择所有

3.2.5.3　反选要素

【说明】

反选要素功能一键选择最顶层图层/所有图层/所有可见图层/选择图层中未选定的要素。

【操作】

①在左侧目录树点选 CHINA_Polygon 图层。

②点击选择要素下拉菜单，点击“选择图层”。

③点击“选择要素”（图 3.2.54）。

④在视图窗口中选择福建区域。

⑤点击“反选要素”，即可选择除福建区域外所有面域（图 3.2.55）。

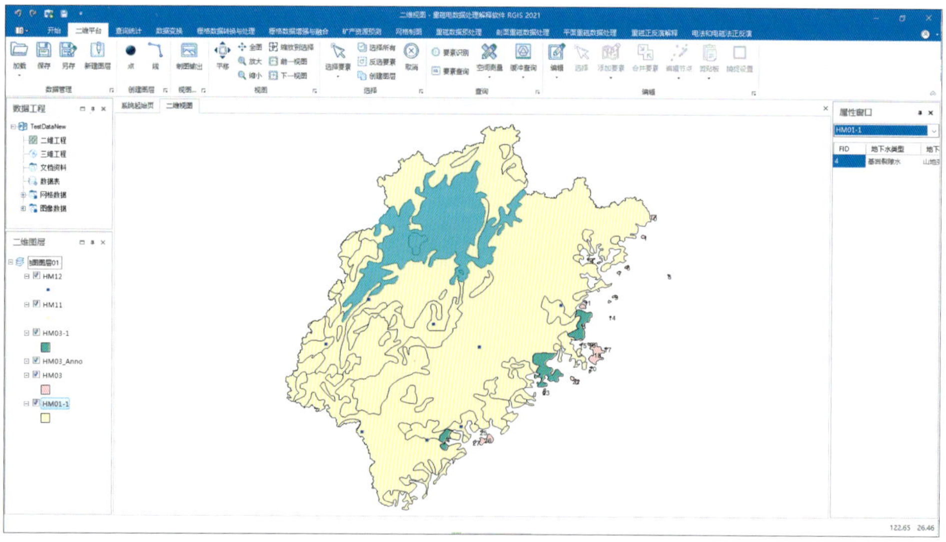

图 3.2.54　选择要素

3.2.5.4　创建图层

【说明】

创建图层功能可以将选定的要素单独创新一个新的图层。

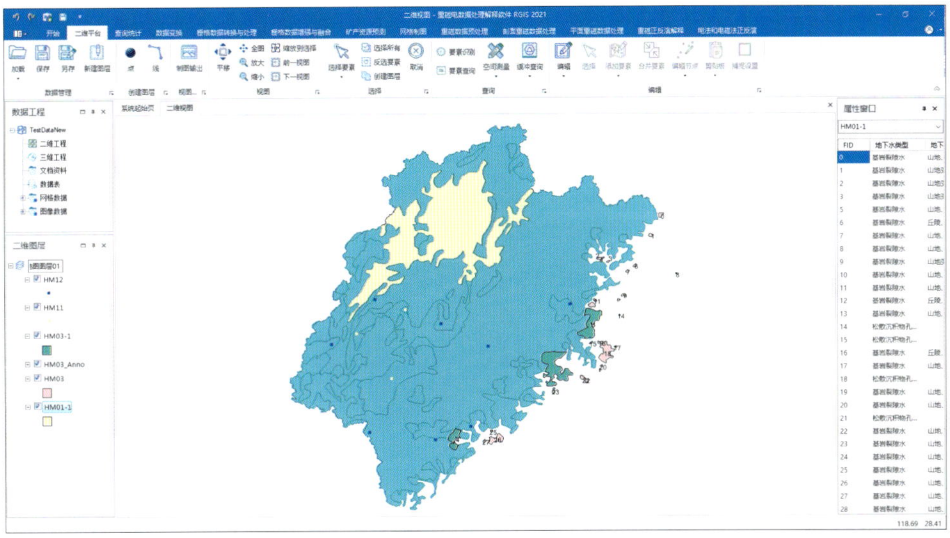

图 3.2.55　反选要素

【操作】

①在左侧目录树点选 CHINA_Polygon 图层。

②点击选择要素下拉菜单，点击“选择图层”。

③点击“选择要素”（图 3.2.56）。

④在视图窗口中选择福建区域。

⑤点击“创建图层”，即将福建区域复制至新的图层（图 3.2.57）。

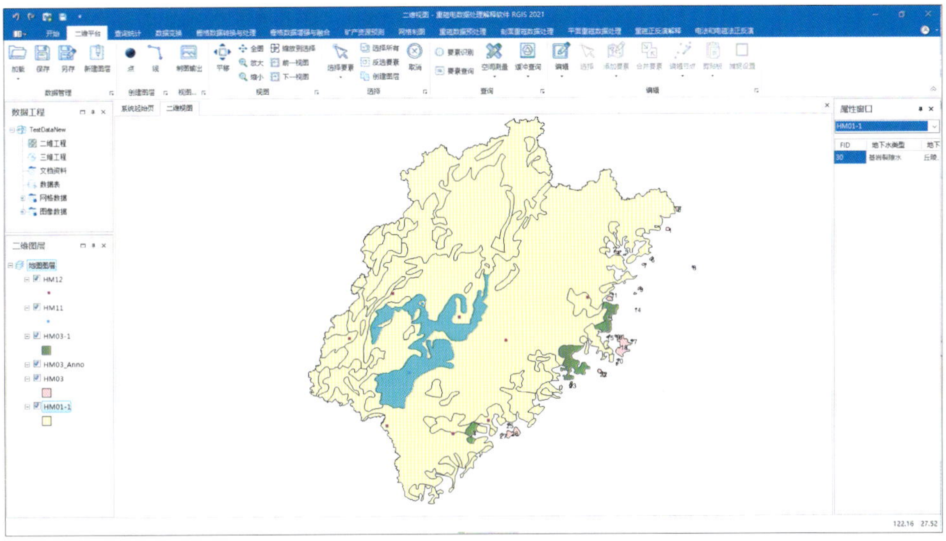

图 3.2.56　选择要素

3.2.5.5　取消选择

【说明】

可以取消选择操作。

【操作】

①选择要素。

②点击“取消”操作，即取消已做的选择。

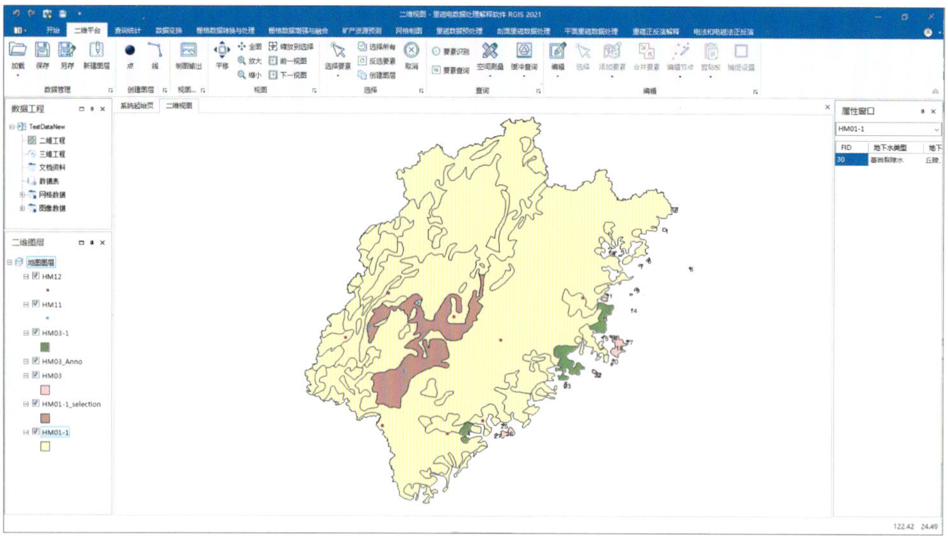

图 3.2.57 创建图层

3.2.6 查询

系统提供了查询工具用于空间数据的查询，可以对要素进行识别、查询、空间测量和缓冲查询等操作（图 3.2.58；表 3.2.9）。

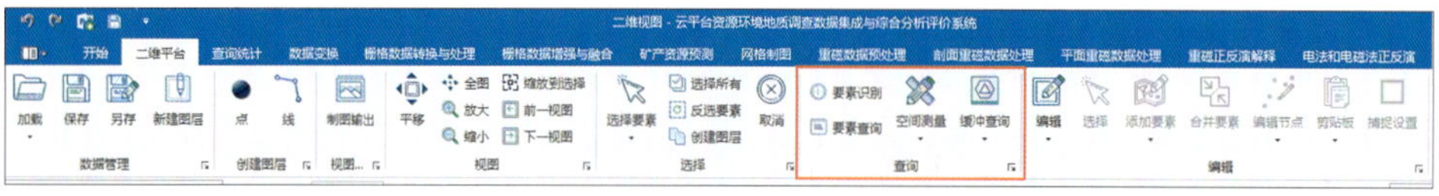

图 3.2.58 查询

表 3.2.9 查询模块

名称	功能描述
要素识别	基于空间位置查询空间数据的属性
要素查询	通过选择属性查询符合条件的要素
距离测量	测量多点之间的距离
测量面积	测量面的面积
测量要素	测量要素的周长和面积
点缓冲	通过点进行缓冲查询
线缓冲	通过线进行缓冲查询
圆缓冲	通过圆进行缓冲查询
矩形缓冲	通过矩形进行缓冲查询
多边形缓冲	通过多边形进行缓冲查询
要素缓冲	通过要素进行缓冲查询

3.2.6.1 要素识别

【说明】

识别功能可以基于空间位置查询空间数据的属性。

【操作】

①点击“要素识别”。

②点选视图窗口中需要识别的要素。

③要素信息在属性窗口中展示（图 3.2.59）。

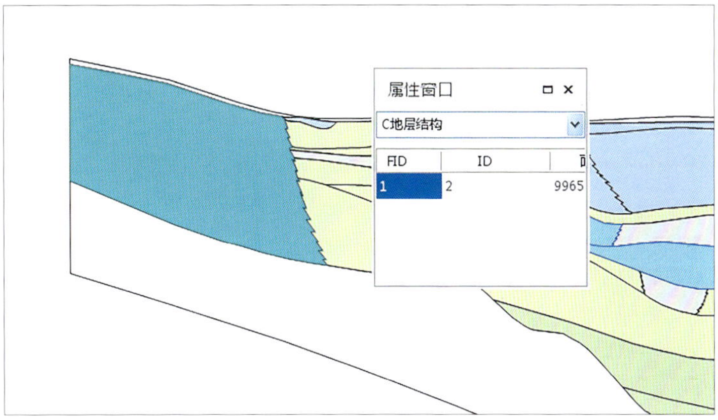

图 3.2.59　要素识别

3.2.6.2　要素查询

【说明】

通过查询条件设定查询要素属性信息。

【操作】

①点击“要素查询”，系统自动弹出 SQL 查询窗口。

②通过设定查询条件，完成要素查询。

3.2.6.3　空间测量

【说明】

系统提供的测量工具包括距离测量、测量面积、测量要素（图 3.2.60）。

图 3.2.60　空间测量

【操作】

（1）距离测量

①单击空间测量下拉菜单，选择“距离测量”。

②在二维视图窗口中左键依次点击屏幕形成开放轨迹线，右键单击结束，即可进行距离测量。

（2）测量面积

测量面积与距离测量操作步骤相同，在结束测量后会显示测量区域的面积。

（3）测量要素

①单击空间测量下拉菜单，选择“测量要素”。

②选择二维视图窗口中的要素，会自动显示选择要素的周长或面积。

3.2.6.4　缓冲查询

【说明】

缓冲查询提供点缓冲、线缓冲、圆缓冲、矩形缓冲等工具（图 3.2.61）。

【操作】

（1）点缓冲

①点击缓冲查询下拉菜单，选择“点缓冲”。

②系统弹出属性窗口，属性窗口分为两部分，上部分为缓冲设置区，下部分为缓冲结果区，在缓冲设置区中选择需要缓冲的图层，设置缓冲距离（图 3. 2. 62）。

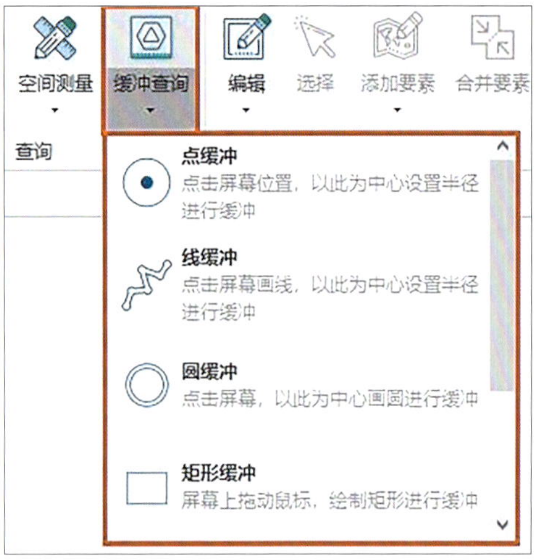

图 3. 2. 61　缓冲查询

图 3. 2. 62　缓冲属性

③在二维视图窗口中任意位置单击鼠标左键，缓冲结果即可在属性窗口缓冲结果中显示。

④点击缓冲结果区下拉框，可展示不同图层的缓冲结果。

（2）线缓冲

①点击缓冲查询下拉菜单，选择“线缓冲”。

②在二维视图窗口中左键单击画出线轨迹，右键单击结束画线，即可完成操作。

③缓冲设置与结果操作与点缓冲相同。

（3）圆缓冲

①点击缓冲查询下拉菜单，选择“圆缓冲”。

②在二维视图窗口中点击左键确定缓冲圆圆心，拖拽圆半径至合适大小，同时窗口显示半径长度，松开鼠标即可完成缓冲圆创建。

③缓冲设置与结果操作与点缓冲相同。

（4）矩形缓冲

矩形缓冲操作与圆缓冲操作相同。

（5）多边形缓冲

①点击缓冲查询下拉菜单，选择“多边形缓冲”。

②在二维视图窗口中依次点击左键，单击右键完成多边形绘制。

③缓冲设置与结果操作与点缓冲相同。

（6）要素缓冲

①点击缓冲查询下拉菜单，选择“要素缓冲”。

②在缓冲设置中选择要素图层。

③在二维视图窗口中点击左键，选择需要缓冲查询的位置。

④其余操作与点缓冲相同。

3.2.7 编辑

二维平台的地图编辑功能包括：编辑、选择、添加要素、合并要素、编辑节点、剪贴板、捕捉设置等功能。在未开启编辑状态时，编辑工具条除“编辑”功能可选，其余均不可选（图 3.2.63；表 3.2.10）。

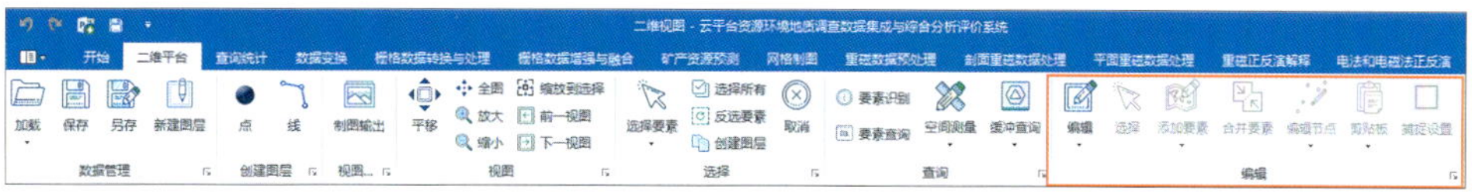

图 3.2.63　编辑

表 3.2.10　编辑模块

名称	功能描述
编辑	开始编辑、保存编辑、停止编辑
选择	选择要素
添加要素	添加草图、交点、中点、圆圆交点、线圆交点、弧段（中间点、切线）等
合并要素	合并多个要素
编辑节点	插入、移动、删除节点
剪贴板	复制、粘贴、剪切、删除
捕捉设置	捕捉已有节点，方便定位

3.2.7.1　编辑

【说明】

编辑工具提供开始编辑、停止编辑和保存编辑 3 个功能。

【操作】

（1）开始编辑

①点击编辑下拉菜单，选择“开始编辑”。

②选择需要编辑的图层，点击“确定”即可开始在该图层的编辑（图 3.2.64）。

（2）保存编辑

点击编辑下拉菜单，选择“保存编辑”，即可保存当前编辑操作。

（3）停止编辑

①点击编辑下拉菜单，选择“停止编辑”。

②在未选择保存编辑情况下，系统弹出提示停止编辑，选择“是”，则停止编辑同时保存编辑原图层；点击“否”，则停止编辑同时不保存当前编辑操作；点击“取消”，则返回编辑状态（图 3.2.65）。

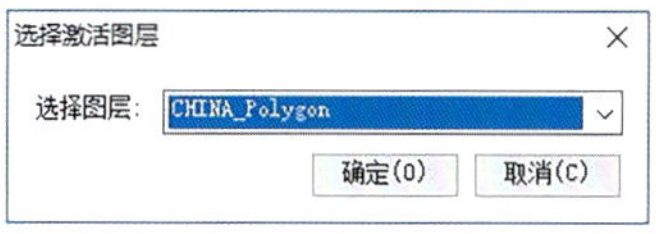

图 3.2.64　选择激活图层

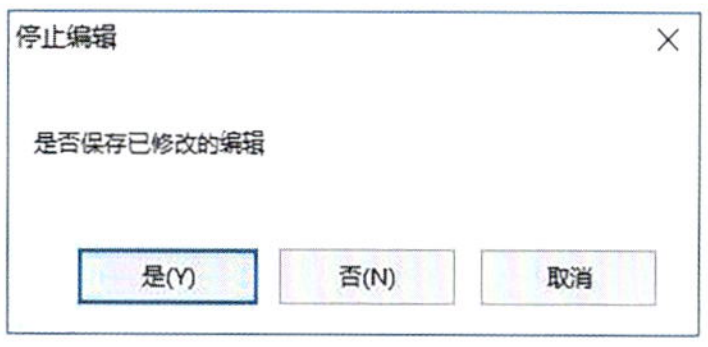

图 3.2.65　停止编辑

3.2.7.2　选择

在二维视图窗口中点击或者左键框选即可选中元素点。

3.2.7.3 添加要素

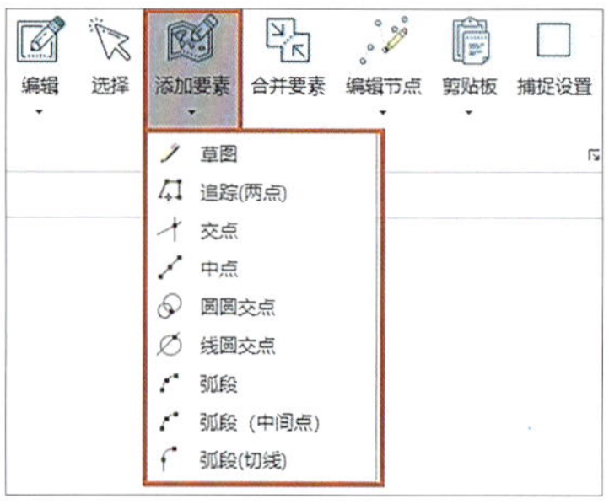

图 3.2.66　添加要素

【说明】

图形编辑的主要功能之一，提供绘制草图、追踪、交点、中点等功能（图 3.2.66）。

【操作】

（1）草图

①激活编辑，点击添加要素下拉菜单，选中“草图”。

②点：在二维视图窗口中单击左键，点击“撤销”可以撤销上一步操作，即可完成操作。

③线：在二维视图窗口中依次单击左键自动形成线轨迹，点击“撤销”可以撤销上一步操作，在结束时双击即可完成操作。

图 3.2.67　编辑草图

④面：与线操作相同。

⑤在创建点、线、面元素时，如果在创建过程中对绘制图形满意，则双击结束；如果对绘制元素不满意，则在绘制时右键单击，系统弹出菜单（图 3.2.67）。

编辑草图：系统弹出编辑草图窗口，更改坐标，点击“完成编辑”即可改变当前创建的线位置（图 3.2.68）。

放弃：即放弃当前创建的线。

图 3.2.68　编辑坐标

完成部分：即完成部分创建，可以开启捕捉功能，在下次编辑时继续本次编辑。

结束编辑：即可完成元素绘制。

闭合：此功能针对线编辑，点击“闭合”可将当前创建的元素首位点闭合，形成一条闭合线。

（2）追踪（两点）

①点击添加要素下拉菜单，选择“追踪（两点）”。

②在视图窗口中选择要素的线段或边界上选择两点。

③两点间的要素加入到当前编辑要素中。

（3）交点

①点击添加要素下拉菜单，选择“交点”。

②移动鼠标捕捉边，实时绘制边所在的直线，点击鼠标左键确认第一条直线。

③移动鼠标捕捉边，实时绘制边所在的直线，点击鼠标左键确认第二条直线。

④自动创建两条线的交点。

（4）中点

①点击添加要素下拉菜单，选择“中点”。

②在二维视图窗口中单击鼠标左键确定起点。

③以画线方式，再点击鼠标左键确定终点，并创建出这条线的中点。

（5）圆圆交点

①点击添加要素下拉菜单，选择“圆圆交点”。

②在二维视图窗口点击鼠标左键确定第一个圆的圆心，长按鼠标左键并拖动鼠标改变圆的大小，松开鼠标完成第一个圆。

③相同的方法完成第二个圆，移动鼠标选定交点即可。

（6）线圆交点
①点击添加要素下拉菜单，选择“线圆交点”。
②在二维视图窗口中依次点击两次鼠标左键，绘制一条辅助直线。
③点击鼠标左键确定圆的圆心，拖动左键改变圆的大小，松开鼠标完成圆绘制。
④移动鼠标选取线和圆交点，点击鼠标左键确认，即可完成操作。
（7）弧段
①点击添加要素下拉菜单，选择“弧段”。
②在二维视图窗口中，依次指定弧段上的起点、中间点和终点，将弧段加入到当前编辑要素。
（8）弧段（中间点）
①点击添加要素下拉菜单，选择“弧段（中间点）”。
②在二维视图窗口中，依次指定弧段上的起点、终点和中间点，将弧段加入到当前编辑要素。
（9）弧段（切线）
①点击添加要素下拉菜单，选择弧段（切线）。
②点击鼠标左键指定弧段的起点和终点，即可完成操作。

3.2.7.4 合并要素

【说明】
将两个或两个以上元素合并为同一个元素。
【操作】
①点击编辑功能中的选择，选择两个或两个以上元素。
②点击“合并要素”，即可完成操作。

3.2.7.5 编辑节点

【说明】
编辑节点提供插入节点、移动节点和删除节点3个功能。
【操作】
（1）插入节点
①点击编辑节点下拉菜单，选择“插入节点”。
②点击需要插入节点的元素，元素上所有节点都会显示。
③在需要插入节点的位置，点击鼠标左键插入节点，即可完成操作。
（2）移动节点。
与插入节点方法相同，选择需要移动的节点，移动鼠标至指定位置即可。
（3）删除节点
与插入节点方法相同，使用鼠标左键点击需要删除的节点，即可完成操作。

3.2.7.6 剪切板

【说明】
剪切板功能提供粘贴、复制、剪切和删除功能。
【操作】
①点击编辑工具中的“选择”，在二维视图窗口中选择要素。
②点击剪切板下拉菜单，选择相应功能。在使用粘贴工具时需要先使用复制或剪切要素工具。

3.2.7.7 捕捉设置

【说明】

系统提供捕捉功能，帮助用户捕捉各个图层上的节点。

【操作】

①点击“捕捉设置”，系统弹出捕捉设置窗口。

②勾选需要捕捉的图层，关闭捕捉设置窗口，即可完成操作。

3.2.8 二维图层管理

二维图层管理分为两大类，一类是对图层进行管理，另一类是对图层元素进行管理。图层管理是指对所有图层的管理，有缩放到所有图层、创建分组、坐标系统、动态缩放和重定数据源路径；图层元素管理指对当前图层下的所有图层进行管理，可以实现对图层进行缩放、删除、打开属性表、动态视窗、符号化、标注设置、显示标注、标注转注记图层、选择、导出数据、查看图层信息等操作。二维图层菜单栏如图 3.2.69 和表 3.2.11 所示。

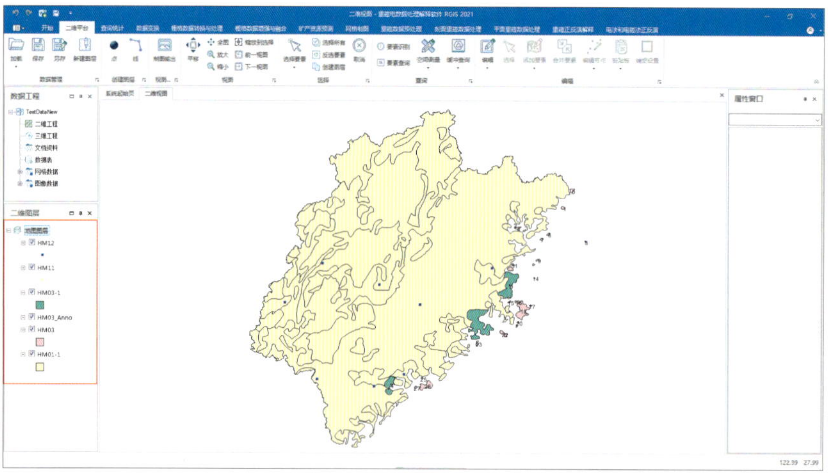

图 3.2.69　二维图层管理界面

表 3.2.11　二维图层管理

名称	功能描述
缩放到所有图层	将当前目录树下所有图层缩放至当前窗口全图浏览模式
创建分组	创建分组便于管理图层
坐标系统	定义整个地图文档的坐标系
动态缩放	动态缩放展示
重定数据源路径	重新指定数据源
缩放图层	将图层缩放至当前窗口全图浏览模式
删除图层	删除图层
打开属性表	打开图层属性表
动态视窗	对图层进行动态缩放

续表

名称	功能描述
符号化	显示符号化窗口
标注设置	设置标注
显示标注	显示标注
标注转注记图层	将标注转换为新的图层
选择	进行要素选择各操作
导出数据	将图层信息导出
图层信息	显示图层信息

3.2.8.1 图层管理

图层管理界面如图3.2.70所示。

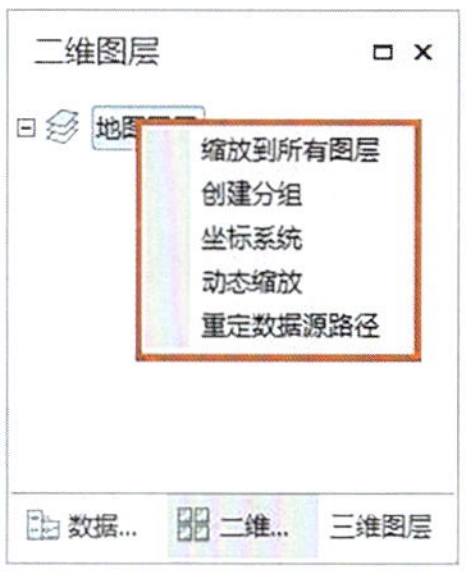

图3.2.70 图层管理

(1) 缩放到所有图层

【说明】

当前地图文档所有图层元素在二维视图窗口中全图展示。

【操作】

①在二维图层窗口，鼠标右键单击“地图图层”。

②选择“缩放到所有图层”，即可完成操作。

(2) 创建分组

【说明】

可以对当前图层进行分组管理（图3.2.71）。

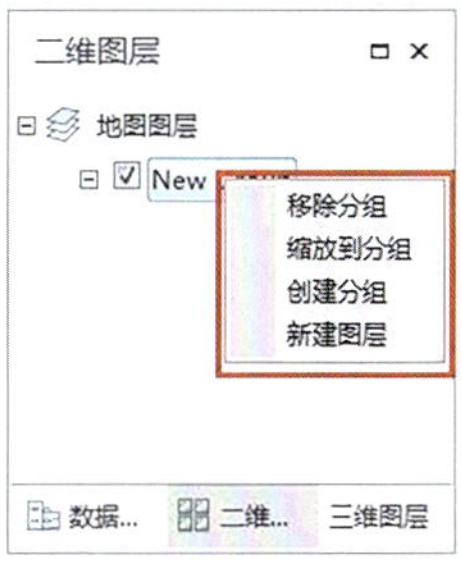

图3.2.71 分组管理

【操作】

①在二维图层窗口，鼠标右键单击“地图图层”。

②选择“创建分组”，即可创建新组，鼠标左键长按图层移动至分组上，即可将该图层移动至该组。

③鼠标左键双击“分组命名”，即可对分组重新命名。

④鼠标右键单击“组”，可以对分组进行编辑。

⑤点击“移除分组”，即可删除该分组和组内所有图层。

⑥点击“缩放到分组”，即可将该分组下的所有图层在视图窗口中全图展示。

⑦点击“创建分组”，即可在该组下再创建分组。

⑧点击“新建图层”，即可在该分组下新建点、线、面和注记图层。

(3) 坐标系统

【说明】

可以定义整个地图文档的坐标系。

【操作】

①在二维图层窗口，鼠标右键单击“地图图层”。

②选择“坐标系统”，可以查看到当前地图文档的坐标信息（图3.2.72）。

③点击“修改”，可以更改当前地图文档坐标系统（图3.2.73）。

图 3.2.72　地图坐标系统

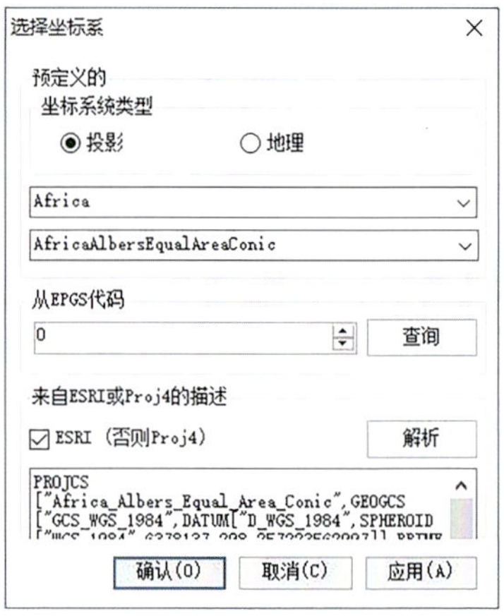

图 3.2.73　选择坐标系

(4) 动态缩放

【说明】

将标注转为注记，保持文字大小不变。

【操作】

①在二维图层窗口，鼠标右键单击“地图图层”。

②选择“动态缩放”，即可完成操作。

(5) 重定数据源路径

【说明】

当数据工程位置发生变化时，地图文档路径也发生变化，鼠标左键双击地图文档之后数据丢失，需要重新制定数据源路径。

【操作】

①在二维图层窗口，鼠标右键单击“地图图层”。

②选择“重定数据源路径”，选择相应路径即可完成操作。

3.2.8.2　图层元素管理

图层元素管理界面如图 3.2.74 所示。

(1) 缩放图层

【说明】

将当前所选图层元素在二维视图窗口中全图展示。

【操作】

在选定图层上鼠标右键单击，选择“缩放图层”，即可完成操作。

(2) 删除图层

【说明】

将当前所选图层删除。

【操作】

在选定图层上鼠标右键单击，选择“删除图层”，即可完成操作。

(3) 打开属性表

【说明】

属性表里记录了所选图层中的所有属性，可以通过属性表编辑字

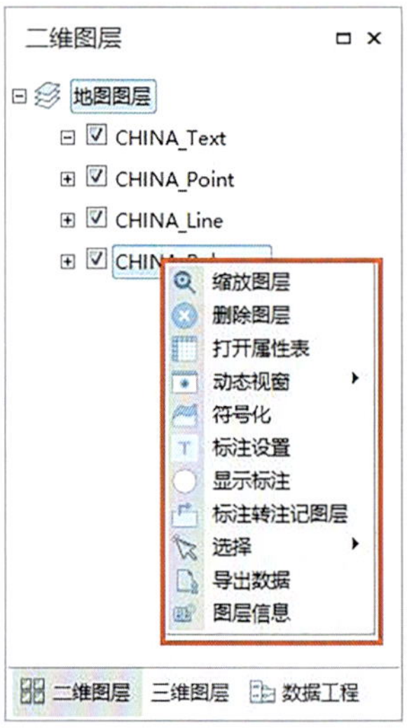

图 3.2.74　图层元素管理

段、选择等操作，对当前图层进行编辑（图 3.2.75）。

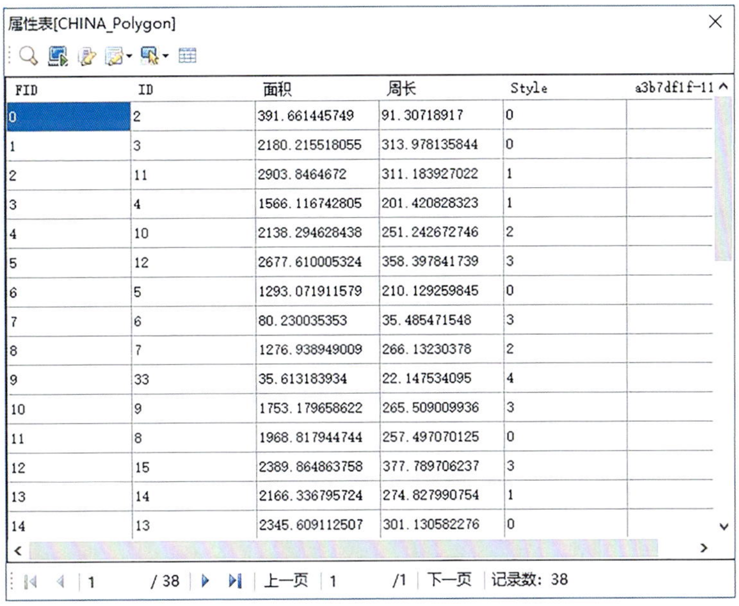

FID	ID	面积	周长	Style	a3b7df1f-11
0	2	391.661445749	91.30718917	0	
1	3	2180.215518055	313.978135844	0	
2	11	2903.8464672	311.183927022	1	
3	4	1566.116742805	201.420828323	1	
4	10	2138.294628438	251.242672746	2	
5	12	2677.610005324	358.397841739	3	
6	5	1293.071911579	210.129259845	0	
7	6	80.230035353	35.485471548	3	
8	7	1276.938949009	266.13230378	2	
9	33	35.613183934	22.147534095	4	
10	9	1753.179658622	265.509009936	3	
11	8	1968.817944744	257.497070125	0	
12	15	2389.864863758	377.789706237	3	
13	14	2166.336795724	274.827990754	1	
14	13	2345.609112507	301.130582276	0	

图 3.2.75　属性表

①缩放到选择：将属性表中选中的图形在视图窗口中正中放大显示。

②显示选择：将视图窗口中选中的图形属性，在属性表中单独显示。

③查询：通过自定义 SQL 查询条件查询属性（图 3.2.76）。

④编辑字段：可以添加字段、删除字段、重命名字段。在进行字段编辑前先点击“编辑”，在完成编辑后，点击菜单栏最前端的“保存”，即可完成字段编辑（图 3.2.77）。

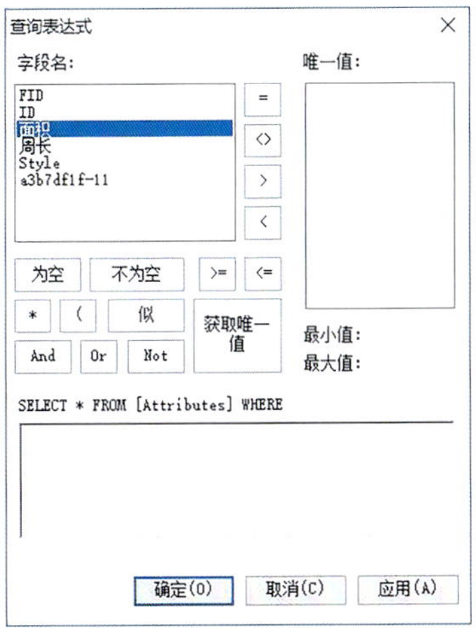

图 3.2.76　查询

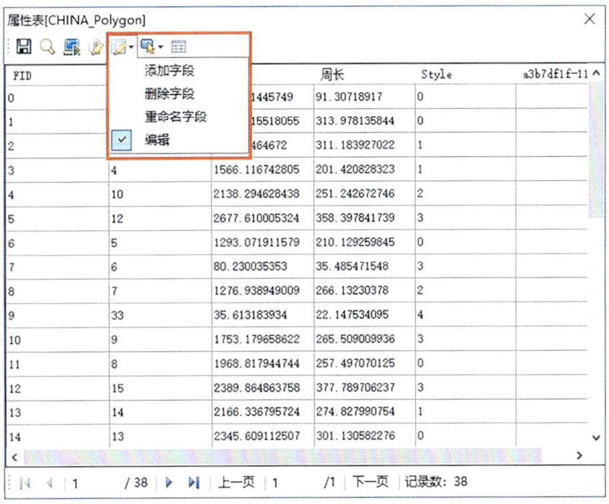

图 3.2.77　编辑字段

⑤工具：选中的属性对应的元素都将在视图窗口中高亮显示（图 3.2.78）。

全选：可以选中当前属性表中所有元素。

清除所有选择：取消全部选择。

反选：选中当前未选中对象。

导出选中要素：可以将选中的元素导出为 shp 格式文件。

⑥导出表格：将属性表内容导出为 csv 格式文件。

【操作】

在选定图层上鼠标右键单击，选择“打开属性表”，即可完成操作。

(4) 动态视窗

【说明】

①放大可见：在视图窗口中不断放大地图到超过全图模式，当前图层对象才能在视图窗口中显示。

②缩小可见：在视图窗口中不断缩小地图到超过全图模式，当前图层对象才能在视图窗口中显示。

③始终可见：不论视图窗口中地图放大或缩小，在视图窗口中均可见（图 3.7.79）。

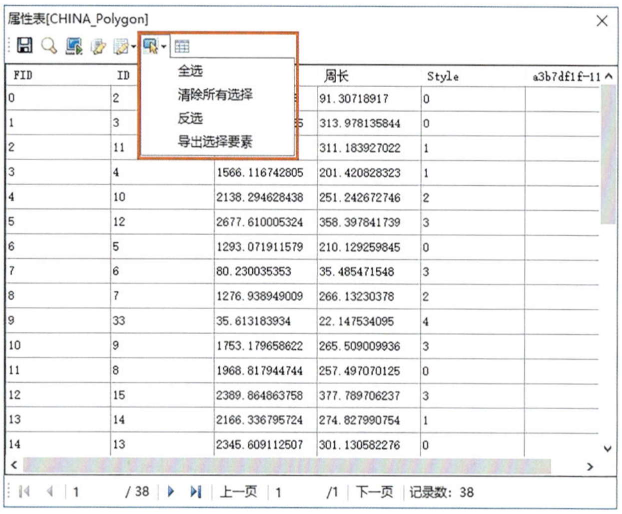

图 3.2.78　工具

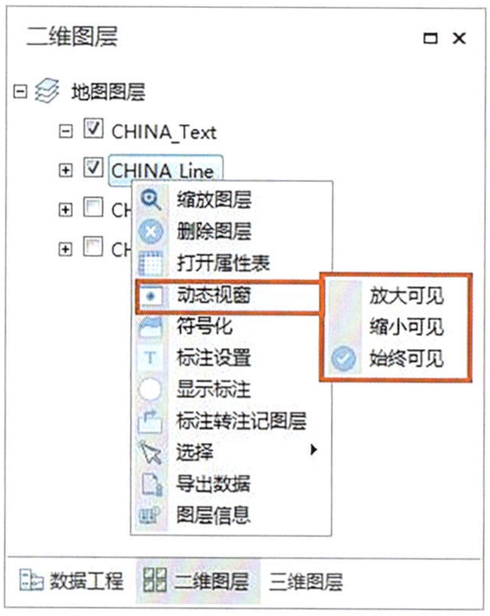

图 3.2.79　动态视窗

【操作】

在选定图层上鼠标右键单击，选择“动态视窗”，选择不同视窗，即可完成操作。

(5) 符号化

详见“3.2.9 符号化”章节。

(6) 标注设置

标注是将描述性文本放置在地图中的要素上或要素旁的过程，即自动生成和放置地图要素的描述文本的过程。标注是动态放置于地图上并且字符串内容是从一个或多个要素获得的文本信息。标注位置是自动生成的。

对于许多要素，标注在将描述性文本添加到地图的过程中非常有用。标注是一种向地图添加文本的快速方法，可以免除为每个要素手动添加文本。地盒二维平台的标注过程将动态生成和放置文本。在数据可能发生更改或将以不同的比例创建地图的情况下，标注会非常有用。

图层标注界面分为 3 个部分：文本预览窗口、标注类窗口以及设置窗口（图 3.2.80）。设置窗口分为两部分：基础属性设置，即标注内容、字体、颜色等基础设置；方位设置指标注在地图中显示位置设置。

(7) 显示标注

显示/关闭当前图层的标注。

(8) 标注转注记图层

将标注信息转为注记，自动生成注记图层。

(9) 选择

【说明】

①缩放到选择：将视图窗口中选择的对象在窗口中全图显示。

②创建图层：将视图窗口中选择的对象自动创建新图层。

③选择所有要素：选择当前图层中所有选择。

④切换选择：功能与反选相同。

⑤取消所有选择：取消当前图层中所有选择（图 3. 2. 81）。

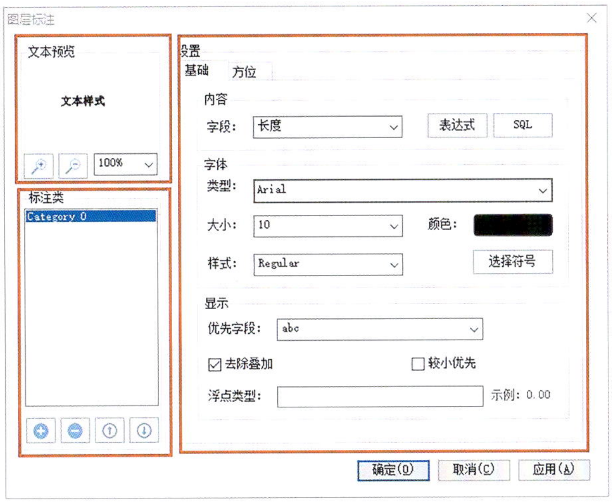

图 3. 2. 80　图层标注

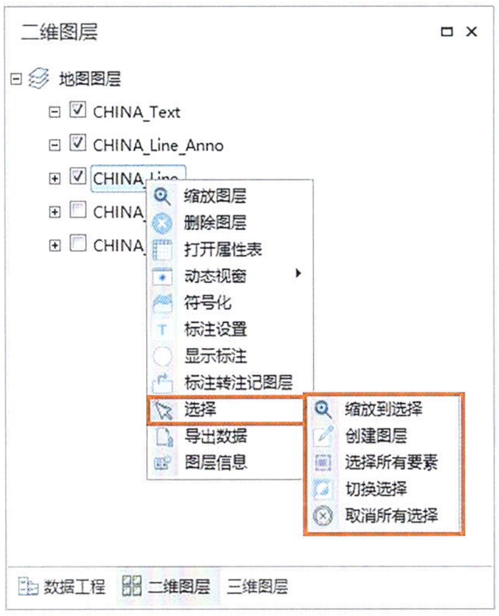

图 3. 2. 81　图层选择

【操作】

在选定图层上鼠标右键单击，鼠标左键单击“选择”，即可完成操作。

(10) 导出数据

【说明】

可见将当前图层数据导出至指定位置（图 3. 2. 82）。

【操作】

①在选定图层上鼠标右键单击，选择“导出数据”。

②在选择集合下拉菜单中选择导出所有要素/选中的要素/当前视图中的所有要素。

③选中保存文件位置和名称，点击“确定”。

④完成导出后系统自动弹出是否加载提示，选中“是”/“否”，完成数据导出（图 3. 2. 83）。

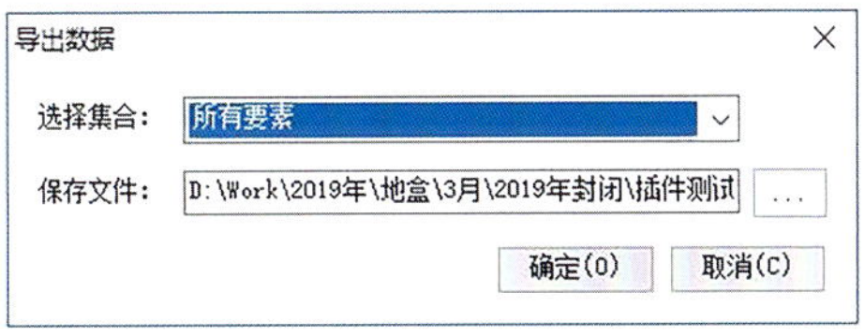

图 3. 2. 82　导出数据

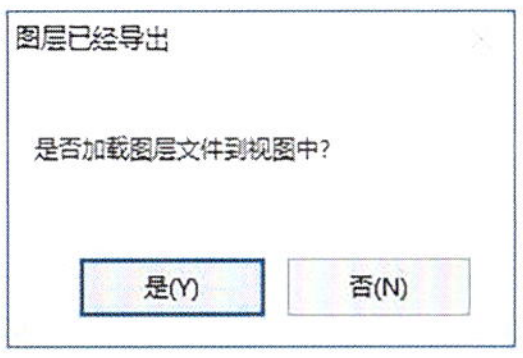

图 3. 2. 83　图层导出

(11) 图层信息

显示图层信息，可以对图层属性进行查看和设置（图 3. 2. 84）。

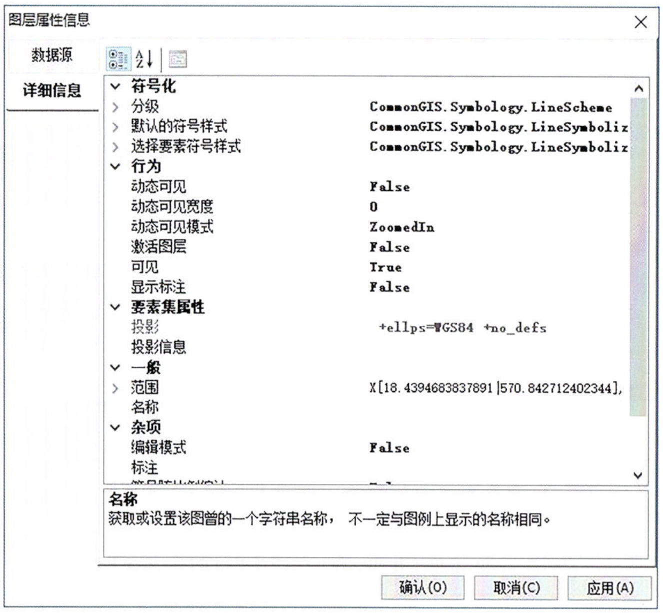

图 3.2.84　图层信息

3.2.9　符号化

符号是地图的图形语言，通过符号化对地图传达的信息最大化表达。地图符号按照对象类型可分为点符号、线符号、面符号；按照符号化方法可分为单一符号、自定义符号、唯一值符号和数量符号；按照符号制作方式可分为系统符号和自定义符号。要找出适合的符号以便应用到这些元素中，我们可以在符号选择器对话框中浏览或搜索可用的符号。适用于每种符号类型（点、线、面）的对话框各不相同，但操作方式完全相同，本手册中以点符号化为例。弹出哪个对话框取决于正在进行符号化处理的元素的类型。

3.2.9.1　符号设置

（1）点符号设置

【说明】

在对点图层进行符号化设置时，在内容列表中鼠标左键双击符号即可访问点符号选择器对话框。也可以鼠标右击图层，选择“符号化”栏，进入符号化窗口，点击“点符号”进入符号选择器（图 3.2.85）。

点符号选择器对话框将显示包含所有当前类型符号的选项板，而这些符号位于当前引用的任意样式或个人样式中（图 3.2.86）。

【操作】

①点击选中的点符号。

②点击“确认”，即可完成操作。

③可以通过点符号选择器窗口上方的类别和名称快速定位选中需要的符号。

④点击符号选择器右下方的“更多”，可以添加更多符号。

（2）点符号修改

【说明】

如果符号的表达效果不能满足需求，也可对此符号进行修改，创建出满足实际需求的自定义符号。

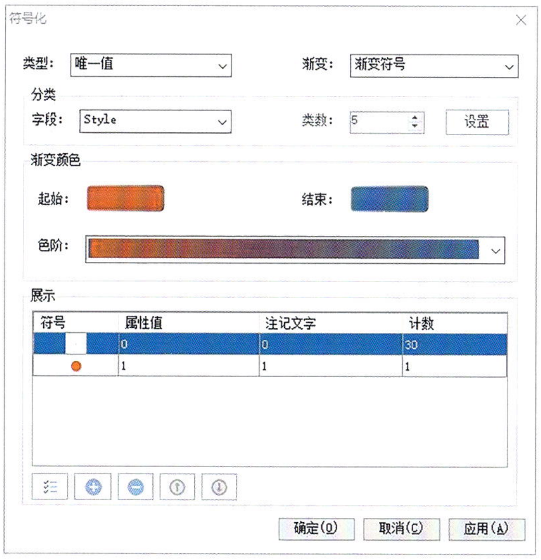

图 3.2.85　符号化

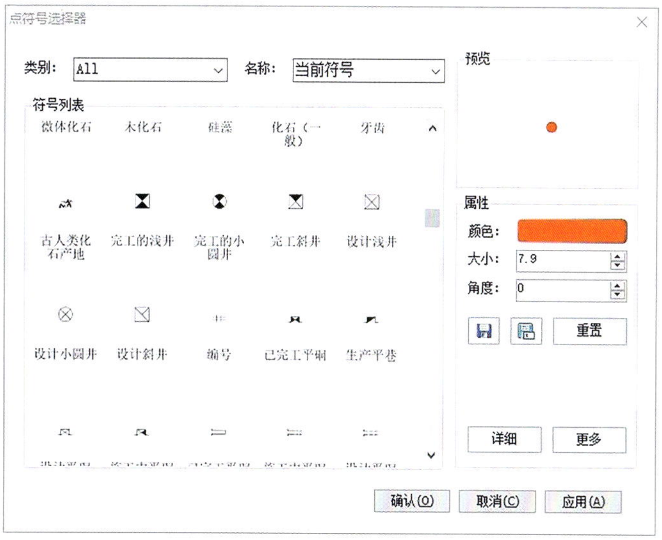

图 3.2.86　符号化设置窗口

【操作】

①打开符号选择器，可以选中一个符号，在此符号基础上进行样式修改。

②点击右侧属性栏中的颜色、字体、角度等设置改变符号样式。

③点击“保存”，系统弹出保存符号窗口，自定义符号名称和类别，点击“确定”，即可以将当前编辑后的符号保存下来以供后期重复使用（图 3.2.87）。

④点击“另存”，可以将当前编辑后的符号另存至指定位置。

⑤当前符号不能满足需求时，点击窗口下方“更多”，可以添加已有的符号。

⑥点击“详细”或者双击符号预览图，进入点符号编辑器，可以对点符号进行编辑以满足实际需求。

⑦点击“确认”即可完成点符号编辑。

（3）点符号编辑器

【说明】

点符号编辑器由图层框、预览框、属性框和布局框组成（图 3.2.88）。图层框显示点符号的组成部分，用户可在图层框添加和删除图层，改变符号的，预览框可全局查看符号的显示效果。

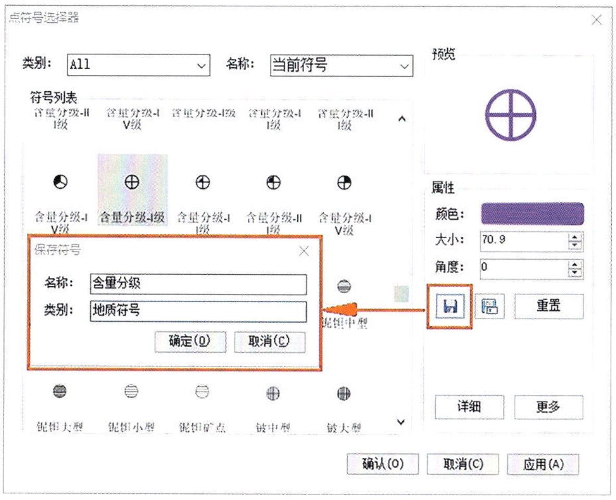

图 3.2.87　保存符号

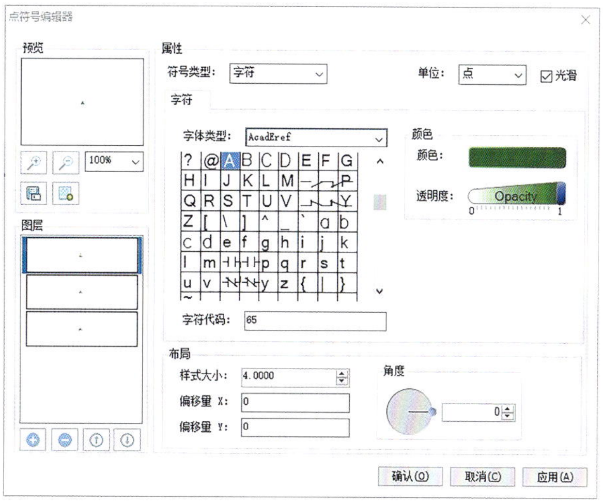

图 3.2.88　点符号编辑器

【操作】

①点符号图层编辑：点击图层栏下方的添加/删除增减点图层，点击上移一层/下移一层，改变点图层叠放次序。

②点属性编辑：点击符号类型下拉框可以选中不同符号类型，对应字符栏内容会发生相应变化，在颜色栏中改变符号的颜色和透明度。

③点布局编辑：在点符号编辑器左侧图层栏中选中需要编辑的图层，点击布局栏中的样式大小，可以在图层栏中看到符号大小的变化。偏移量操作与之相同。对点符号图层进行旋转角度设置有 3 种方法，可以在角度栏中通过手动输入角度、点击增加/减少按钮和直接在角度图上点击圆上小点，拉动鼠标至合适角度。

3.2.9.2　符号的分类设置

符号化的类型包括单一符号、自定义、唯一值和数量符号。

（1）单一符号

选择“单一符号”类型，则所有的点要素被赋值为统一符号。按照点符号设置步骤，完成符号编辑。

（2）自定义符号设置

在符号的分类类型中选择“自定义”，我们可以个性化的定制需要的要素的符号（图 3.2.89）。

（3）唯一值符号

唯一值符号设置，通过选取空间数据的某一属性字段，按照唯一值进行分组，添加属性唯一值分组信息到展示窗口（图 3.2.90）。

图 3.2.89　自定义符号设置

图 3.2.90　唯一值符号设置

点击展示栏中增加新分级符号，系统弹出要素分类的查询表达式编辑器，根据查询条件进行分类展示。

（4）数量符号

数量符号设置，通过选择空间数据的某一类属性字段，设置分类数目，系统自动根据字段属性值和分类数进行分类，并显示在展示栏中（图 3.2.91）。

3.2.9.3 符号自定义制作

【说明】

系统提供了丰富的点符号库。在系统提供点符号库基础上，用户还可以根据需要应用系统的符号制作工具，自定义制作新的点、线、面符号。

【操作】

(1) 点符号

①鼠标左键双击符号选择器的预览窗口/右击点图层选择符号化，进入点符号选择器。

②在点符号选择器对话框点击“详细”按钮，可以进入点符号编辑器，对点符号进行自定义设置。

(2) 线符号

①鼠标左键双击符号选择器的预览窗口/右击点图层选择符号化，进入线符号选择器。

图 3.2.91 数量符号

②在线符号选择器对话框点击“详细”按钮，可以进入线符号编辑器，对线符号进行自定义设置。

③线符号编辑工具提供了简单线、自定义线、模板工具、哈希线 4 种自定义方式，用户可根据需要选择。

a. 简单线编辑：通过设置线颜色、透明度、线宽和虚线类型完成设置（图 3.2.92）。

b. 自定义线编辑：依次可通过制图线设置、模板制作、修饰线工具完成自定义线创建。

制图线面板提供线的颜色、偏移量、线宽、线头的形状和线接入类型设置；修饰线面板提供对线型的修饰，包括有修饰符号的管理（增、删、上移、下移）、符号的编辑、预览、旋转、偏移等（图 3.2.93）。修饰符号为点符号，用户需要首先添加一个符号层，然后对该符号层做编辑。在修饰符号栏点击增加按钮，增加一个点符号，双击修饰线预览图，进入点符号选择器。选择某一个点符号，作为制作线符号的基本单元。

图 3.2.92 简单线

图 3.2.93 修饰线

c. 模板工具：为用户提供自定义的线型编辑，通过移动模板设计中的方格，设定方格点的位置，线的设定结果可在预览窗口查看（图 3.2.94）。

d. 哈希线编辑：类似于自定义作线工具，依次经过重复线、制图线、模板和修饰线工具面板实现。在重复线面板，通过点击“线符号”按钮，进入线符号选择器，选择某一个线符号，作为制作线符号的基本单元，此外，用户可对选中的线调整其旋转角度（图 3. 2. 95）。

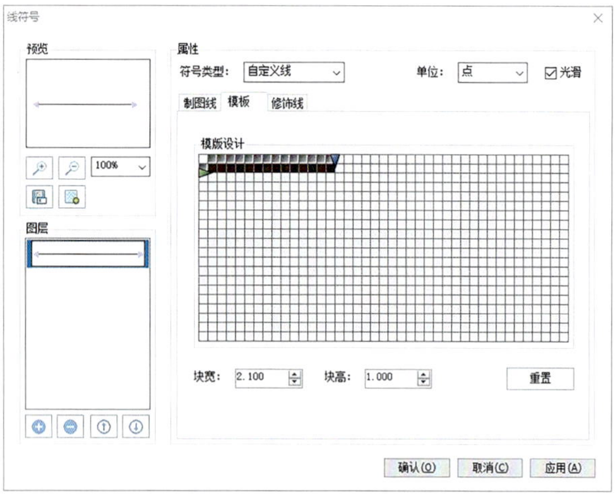

图 3. 2. 94　模板

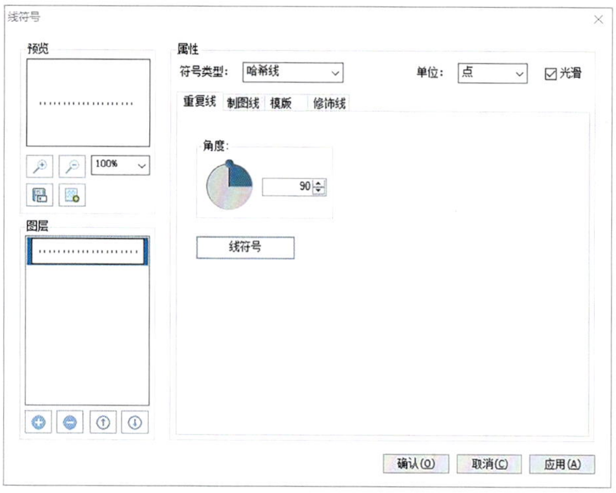

图 3. 2. 95　哈希线

（3）面符号

①鼠标左键双击符号选择器的预览窗口/右击面图层选择符号化，进入面符号选择器。

②在面符号选择器对话框点击“详细”按钮，可以进入面符号编辑器，对面符号进行自定义设置。

③面符号提供了简单符号、渐变色符号、图片符号、图案填充、线填充、点填充符号。用户可根据需要设置。

④简单符号编辑：简单面通过设置面填充颜色和面轮廓线完成（图 3. 2. 96）。

⑤渐变填充符号提供了渐变颜色选择器，用户可根据需要选择起始颜色和结束颜色，移动颜色游标选择颜色填充的位置，鼠标左键双击起始颜色和结束颜色的位置可进入颜色选择器设置颜色。渐变的方式提供有圆形渐变、矩形渐变和线形渐变，用户可通过渐变方式列表进行选择。角度设置工具可调整旋转角度。编辑完成的面填充符号可以在预览窗口查看效果（图 3. 2. 97）。

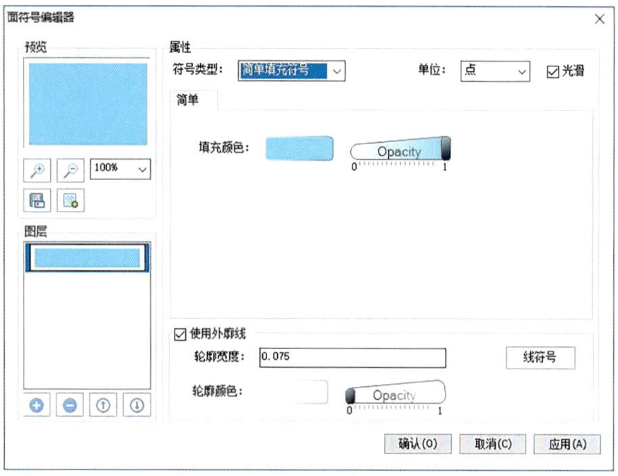

图 3. 2. 96　简单填充符号

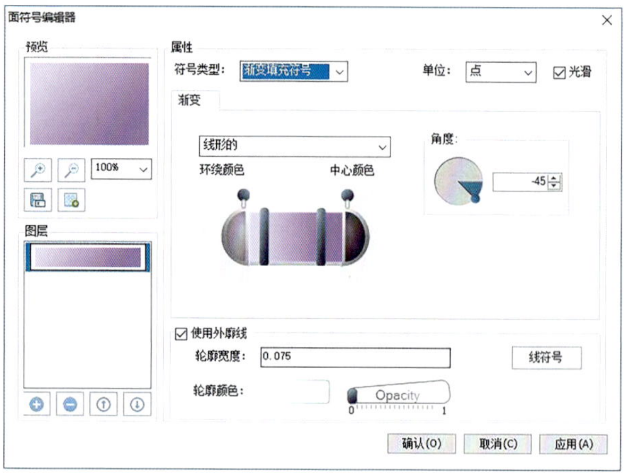

图 3. 2. 97　渐变填充符号

⑥图片填充符号通过选择自定义的图片填充面要素，用户可设定面符号的排列方式，可以按照单一图片填充、复制图片填充、*X* 轴对称排列、*Y* 轴对称排列或者 *XY* 方向对称排列，用户可通过“模

式”列表进行选择。角度设置工具可调整旋转角度。除此之外，系统提供了图片的缩放工具，编辑完成的面填充符号可以在预览窗口查看效果（图 3. 2. 98）。

⑦阴影填充符号提供了多种填充模式，且可设置填充图案的前背景色和后背景色，用户可根据需要进行设置（图 3. 2. 99）。

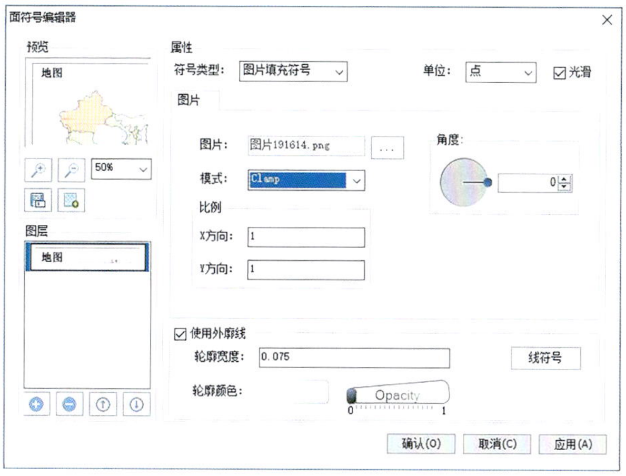

图 3. 2. 98　图片填充符号

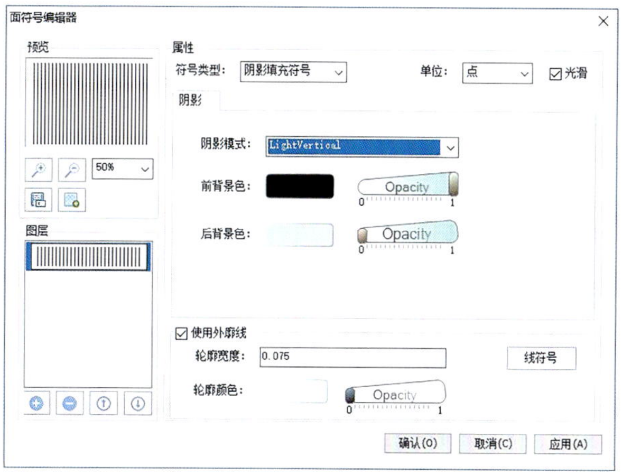

图 3. 2. 99　阴影填充符号

⑧线性填充符号通过点击线填充栏中的线符号按钮进入线符号选择器，选择系统中已有的线符号，通过角度设置工具调整线的旋转角度，并设置线之间的间隔距离，以及线的偏移量，编辑完成的面填充符号可以在预览窗口查看效果（图 3. 2. 100）。

⑨标记填充符号通过点击填充标记栏下部的点符号按钮进入点符号选择器，选择系统中已有的点符号，并设置点之间的间隔距离，以及位移量，编辑完成的面填充符号可以在预览窗口查看效果（图 3. 2. 101）。

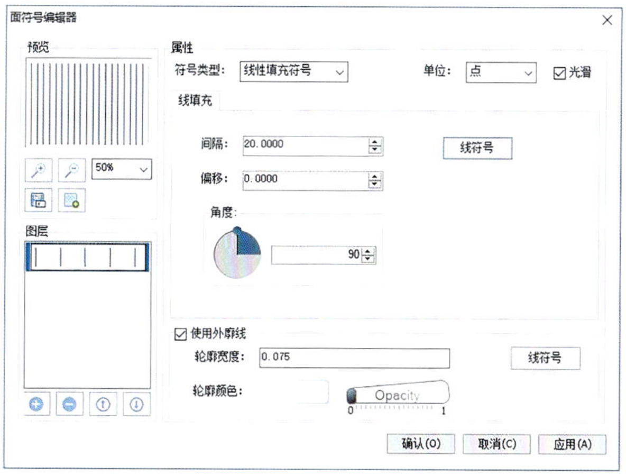

图 3. 2. 100　线性填充符号

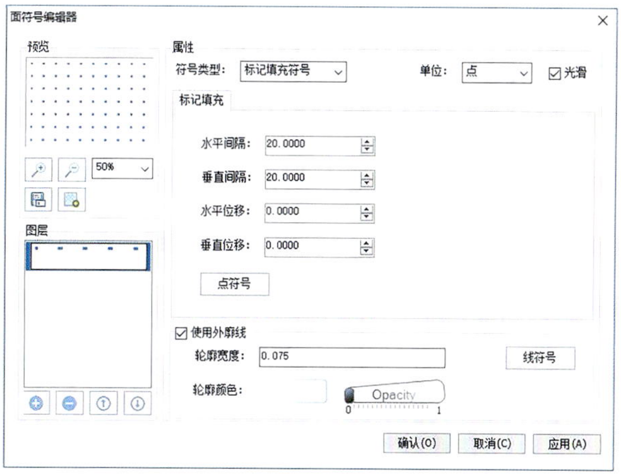

图 3. 2. 101　标记填充符号

第 4 章　查询统计

查询统计模块主要实现对地图相关要素信息的查询、计算、裁剪和对表格数据的统计及作图等功能。查询统计功能主要包含标准图幅、数据查询、数据裁剪、数据统计以及统计图等功能模块。

4.1　标准图幅

标准图幅模块主要提供图幅数据的标准化（图 4.1.1；表 4.1.1）。

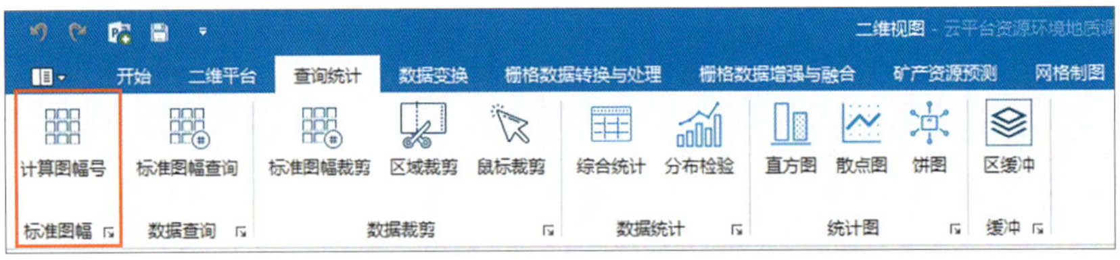

图 4.1.1　标准图幅功能展示

表 4.1.1　标准图幅列表

功能模块	功能描述
计算图幅号	通过经纬度以及比例尺等信息计算生成标准化的图幅编号

计算图幅号

【说明】

通过经纬度以及比例尺等信息计算生成标准化的图幅编号。

【操作】

①点击标准图幅模块中的“计算图幅号”按钮，系统弹出计算图幅号界面，如图 4.1.2 所示。

②手动输入经度、纬度以及选择比例尺信息，点击“计算”按钮，生成图幅编号，如图 4.1.3 所示。

图 4.1.2　计算图幅号

图 4.1.3　计算图幅编号结果

4.2　数据查询

数据查询模块主要实现对地图的标准图幅的查询等功能（图 4.2.1）。

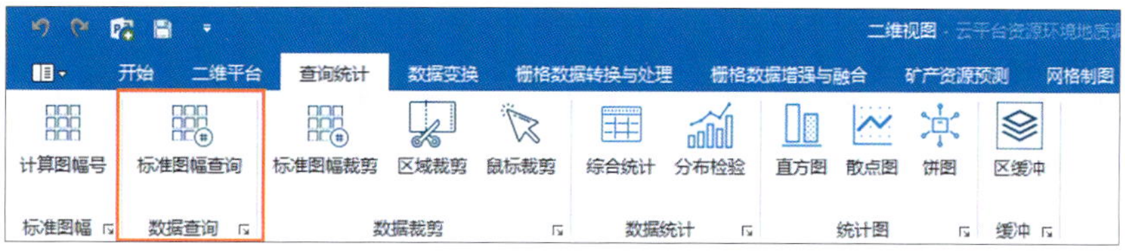

图 4.2.1　数据查询功能展示

标准图幅查询

【说明】

通过图幅参数生成图幅编号，再根据勾选的图幅号查询出勾选的图幅内的要素信息。

【操作】

①点击数据查询模块中的“标准图幅查询”按钮，系统弹出标准图幅查询界面，如图 4.2.2 所示。

②选择二维视图中要查询的地图图层，输入地图坐标系以及选择图幅比例尺，点击图幅比例尺后面的“计算”按钮，系统将自动划分图幅如图 4.2.3 所示。

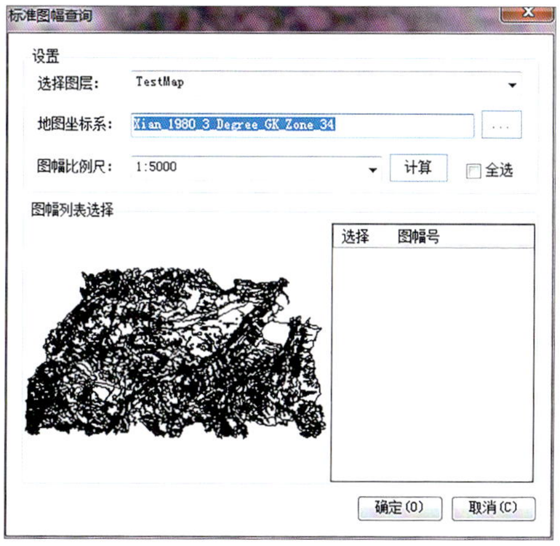

图 4.2.2　标准图幅查询

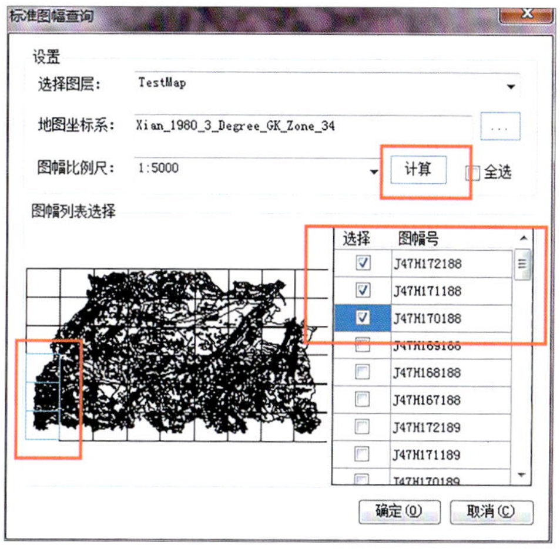

图 4.2.3　标准图幅查询参数设置

③在图幅列表中选择需要查询的一个或者若干个图幅号，点击“确定”，在二维视图中显示出图幅搜索的内容，如图 4.2.4 所示。

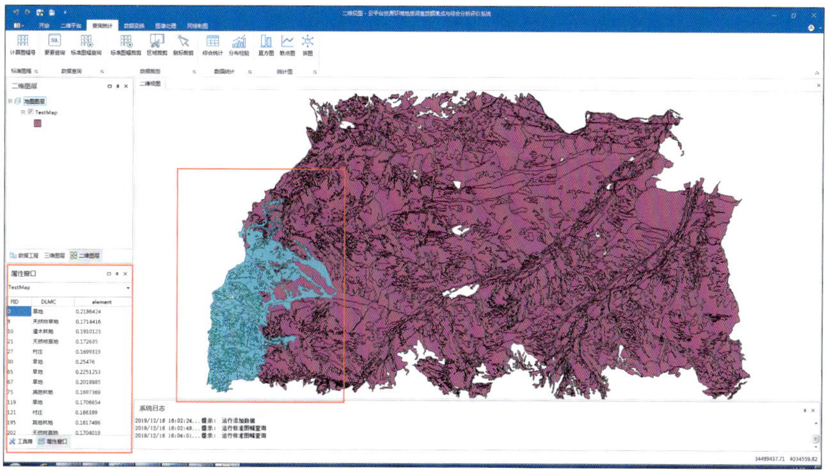

图 4.2.4　标准图幅查询结果

4.3 数据裁剪

数据裁剪模块主要根据不同需求提供不同方式的地图裁剪功能。数据裁剪包括标准图幅裁剪、区域裁剪以及鼠标裁剪 3 个不同的裁剪功能（图 4.3.1；表 4.3.1）。

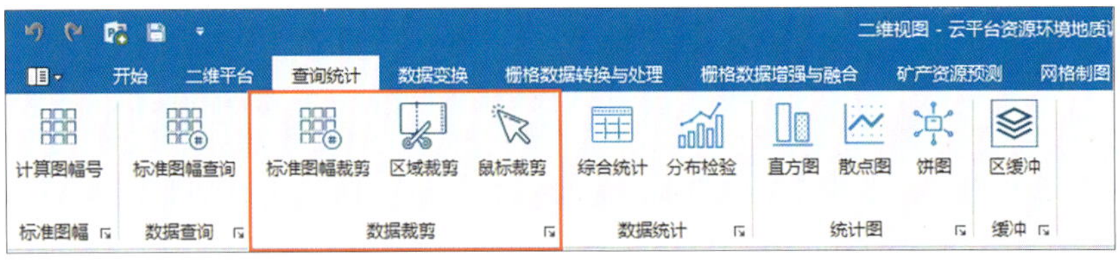

图 4.3.1　数据裁剪功能展示

表 4.3.1　数据裁剪功能列表

功能模块	功能描述
标准图幅裁剪	通过图幅参数生成图幅编号，再根据勾选的图幅号范围来裁切地图
区域裁剪	通过已有的多边形边界或者导入多边形边界文件的范围来裁切地图
鼠标裁剪	通过鼠标点击生成的多边形边界范围裁切地图

4.3.1 标准图幅裁剪

【说明】

通过图幅参数生成图幅编号，再根据勾选的图幅号范围来裁切地图。

【操作】

①点击数据裁剪模块中的“标准图幅裁剪”按钮，系统弹出标准图幅裁剪界面，如图 4.3.2 所示。

②选择要裁剪的地图图层，选择地图坐标系，选择比例尺，点击图幅比例尺后面的“计算”按钮，系统根据地图参数自动算出地图的图幅编号，如图 4.3.3 所示。

③给出裁剪后的地图输出结果路径，在图幅列表中选择需要裁剪的一个或者若干个图幅范围，点击“确定”，在二维视图中显示出按照选中的图幅裁剪的结果，如图 4.3.4 所示。

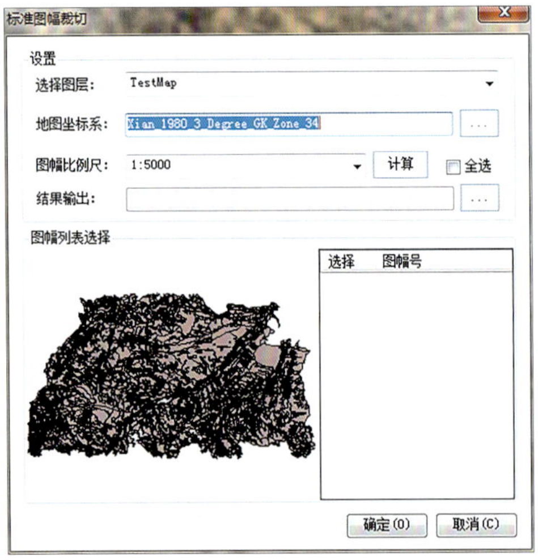

图 4.3.2　标准图幅裁剪

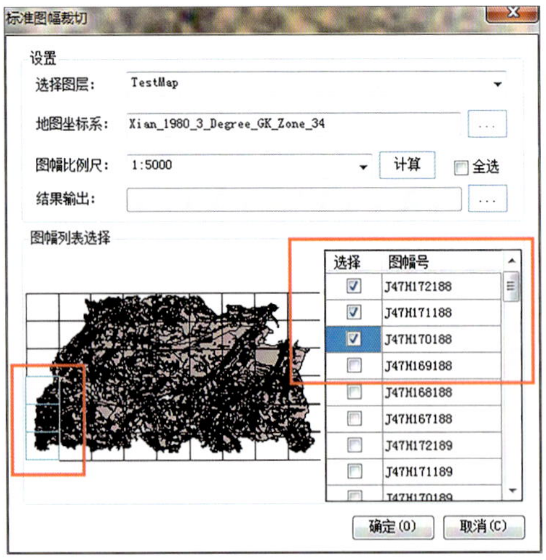

图 4.3.3　标准图幅裁剪图幅选取

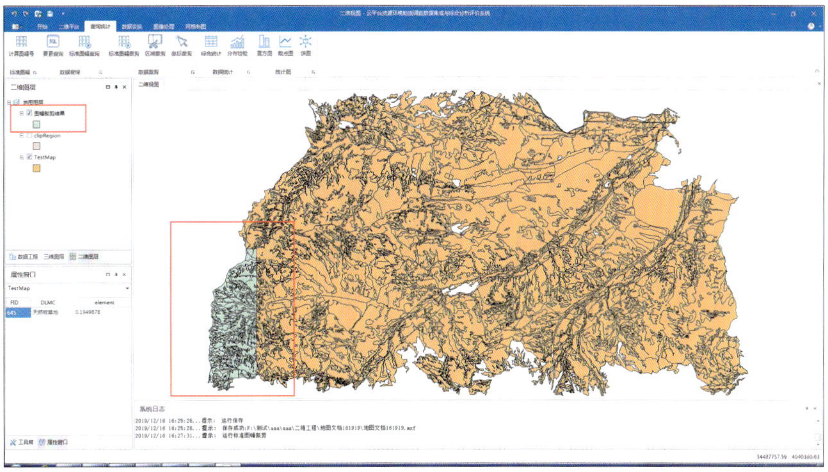

图 4.3.4　标准图幅裁剪结果

4.3.2　区域裁剪

【说明】

通过已有的多边形边界或者导入多边形边界文件的范围来裁切地图。

【操作】

①点击数据裁剪模块中的“区域裁剪”按钮，系统弹出区域裁剪界面，如图 4.3.5 所示。

②选择待裁剪地图图层，选择裁剪边界范围的图层或者导入裁剪边界图层文件，选择裁剪结果的输出路径，如图 4.3.6 所示。

图 4.3.5　区域裁剪

图 4.3.6　区域裁剪参数设置

③然后点击“确定”按钮，系统自动将裁剪后的结果显示在二维视图中，如图 4.3.7 所示。

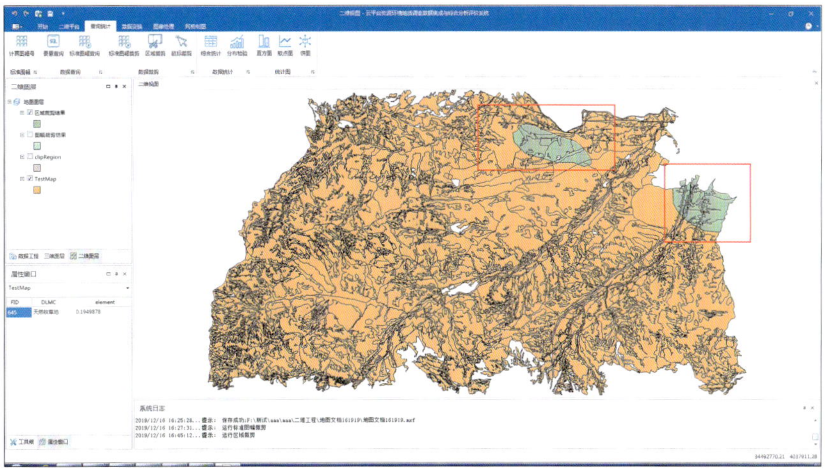

图 4.3.7　区域裁剪结果

4.3.3 鼠标裁剪

【说明】

通过鼠标点击生成的多边形边界范围裁切地图。

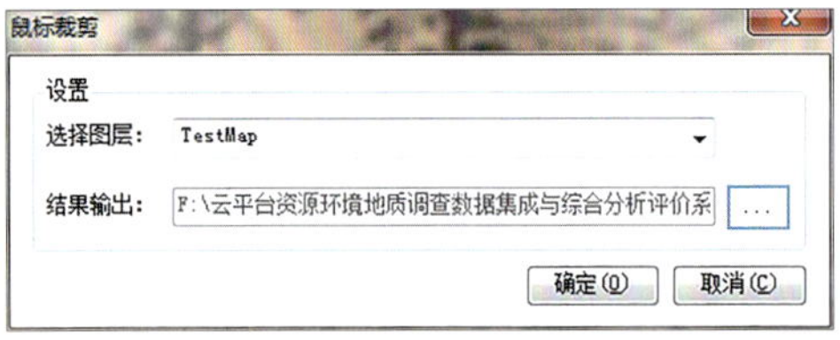

图 4.3.8 鼠标裁剪

【操作】

①点击数据裁剪模块中的“鼠标裁剪”按钮，系统弹出鼠标裁剪界面，选择被裁剪图层以及裁剪结果的输出路径，如图 4.3.8 所示。

②在地图上鼠标左击一次形成一个点，点击若干个点后形成一个多边形区域，最后点击右键完成多边形，并将裁剪多边形区域内的地图保存，如图 4.3.9 所示。

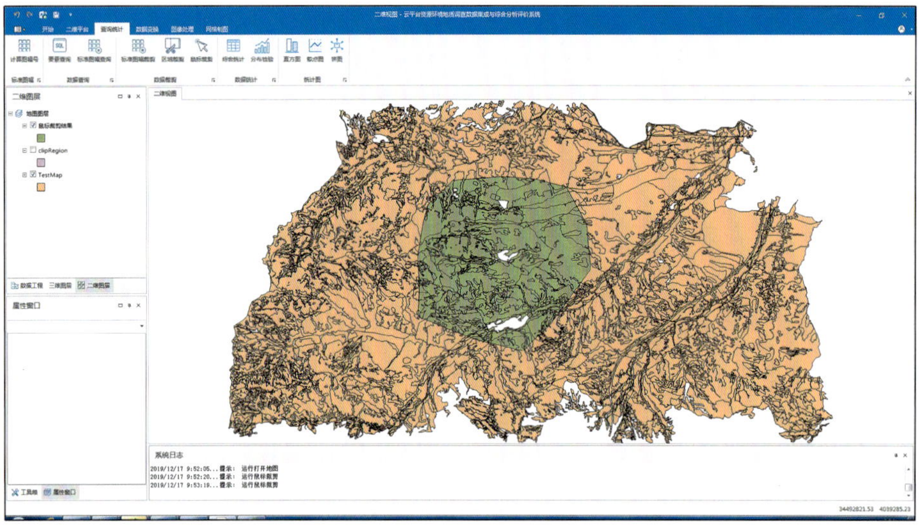

图 4.3.9 鼠标裁剪结果

4.4 数据统计

数据统计模块具有通用多功能数据处理、数值计算、统计分析和模型建立的功能。具有较强的统计分析和属性模型模拟分析功能，界面美观，绘图能力强，与外部数据的兼容效果比较好。数据统计包括综合统计和分布检验功能（图 4.4.1；表 4.4.1）。

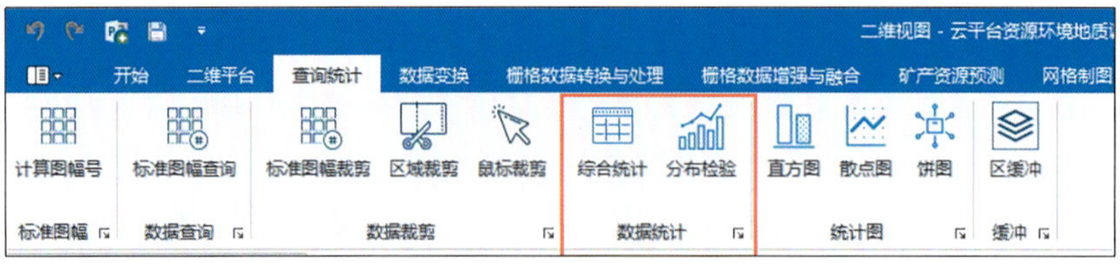

图 4.4.1 数据统计

表 4.4.1 数据统计功能列表

功能模块	功能描述
综合统计	通过对大量的表格数据进行综合统计分析，计算得出常用的统计变量和一些特殊的统计变量
分布检验	通过对大量的表格数据进行分析计算，通过数据分布分析，画出数据的柱状图和折线图，以便更直观的了解数据的分布情况

4.4.1 综合统计

【说明】

通过对大量的表格数据进行综合统计分析，计算得出常用的统计变量和一些特殊的统计变量。

【操作】

①点击数据统计模块中的“综合统计”按钮，系统弹出综合统计界面，如图 4.4.2 所示。

②选择内部或者外部数据，选中数据分组的字段名，选择需要统计的数据字段，选择需要计算的常用统计变量，以及所要得的数据序列中的百分位数等参数（如果要计算百分位数，先在百分位值一栏中勾选百分位数，百分位值的添加是在百分位一栏的下边输入想要的百分位数，然后点击“添加”至百分位值列表栏中），如图 4.4.3 所示。

图 4.4.2　综合统计

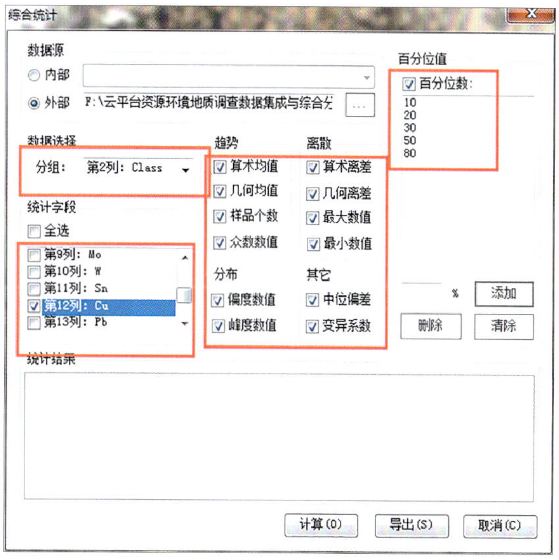

图 4.4.3　综合统计参数设置

③点击“计算”按钮，系统将计算的结果显示到统计结果显示框中，可以根据需求查询相关结果，如图 4.4.4 所示。

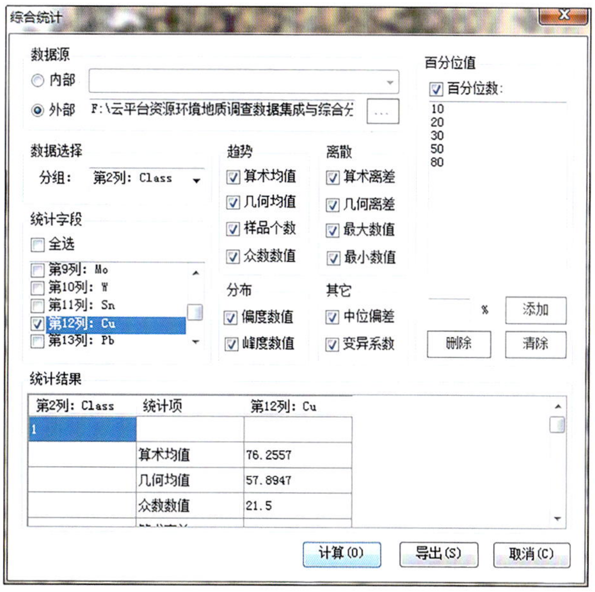

图 4.4.4　综合统计结果

④点击“导出”按钮，选择好文件保存路径，点击“确定”可以将统计结果保存到对应路径下的 Excel 文件中，如图 4.4.5 所示。

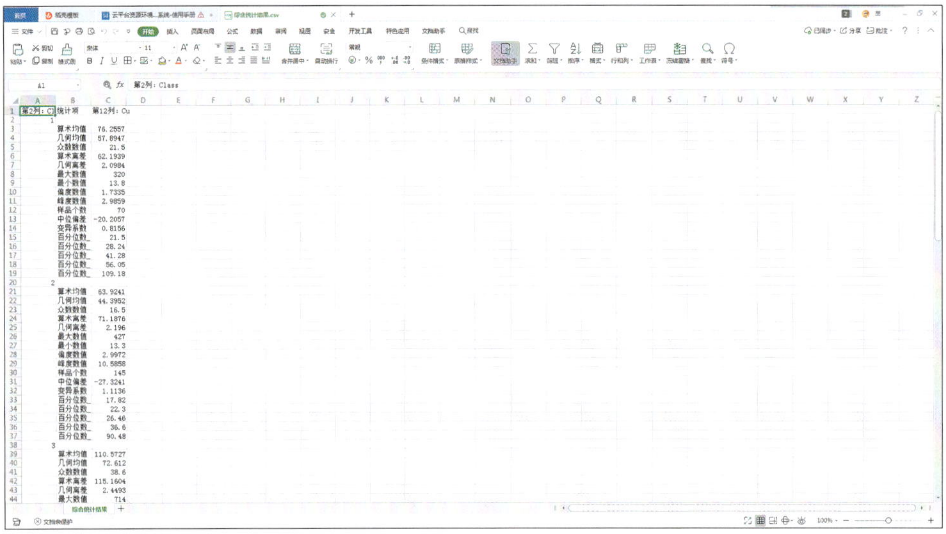

图 4.4.5　综合统计导出结果

4.4.2　分布检验

【说明】

通过对大量的表格数据进行分析计算，通过数据分布分析，画出数据的柱状图和折线图，以便更直观的了解数据的分布情况。

【操作】

①点击数据统计模块中的“分布检验”按钮，系统弹出分布检验界面，如图 4.4.6 所示。

②选择源数据，数据可以是系统内部的表数据或者是外部的 Excel 数据，选择变量以及相关剔除方法参数，如图 4.4.7 所示。

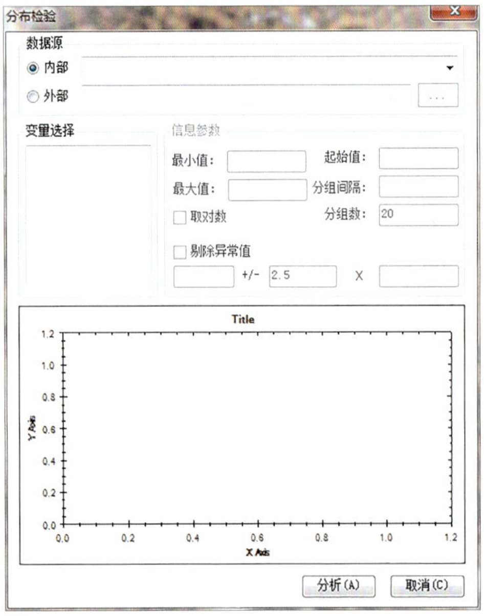

图 4.4.6　分布检验

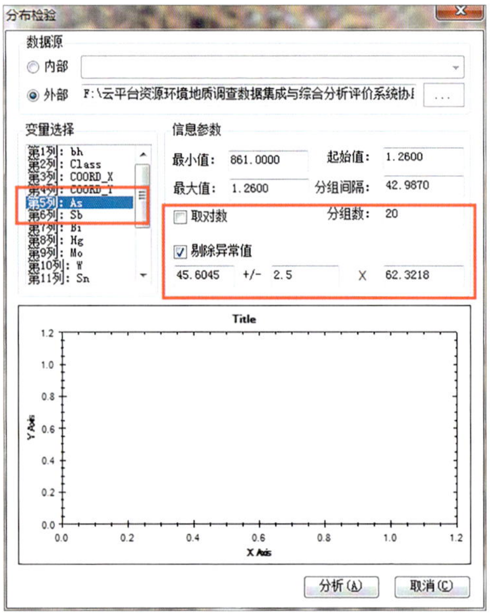

图 4.4.7　分布检验参数设置

③点击“分析”按钮，分析结果会以柱状图形式展示在界面上，如图 4.4.8 所示。

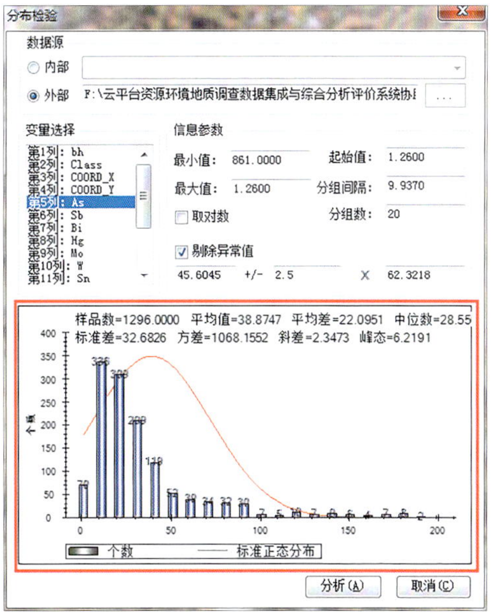

图 4.4.8　分布检验结果

4.5　统计图

统计图模块主要提供常见的几个统计作图功能，通过对表格数据进行统计分析，然后形成统计图，方便用户了解更多的数据信息。统计图模块包括直方图、散点图和饼图（图 4.5.1；表 4.5.1）。

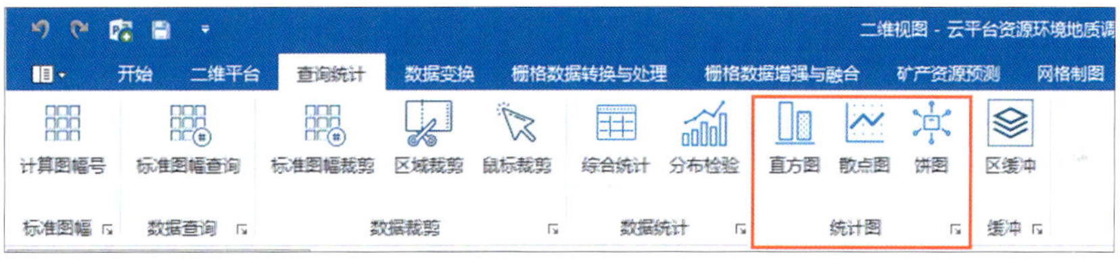

图 4.5.1　统计图功能展示

表 4.5.1　统计图功能列表

功能模块	功能描述
直方图	直方图又称质量分布图，它是表示资料变化情况的一种主要工具，通过对源数据的统计分析，作出直方图
散点图	散点图是指在回归分析中，数据点在直角坐标系平面上的分布图，通过对源数据的统计分析，作出散点图
饼图	通过对源数据的统计分析，作出饼图

4.5.1　直方图

【说明】

直方图又称质量分布图，它是表示资料变化情况的一种主要工具，通过对源数据的统计分析，作出直方图。

【操作】

①点击统计图模块中的“直方图”按钮，系统弹出直方图界面，如图 4.5.2 所示。

②选择源数据，源数据可以为系统数据库里的表数据，也可以为外部 Excel 数据，选择变量及相关作图参数，点击“确定”按钮，结果如图 4.5.3 所示。

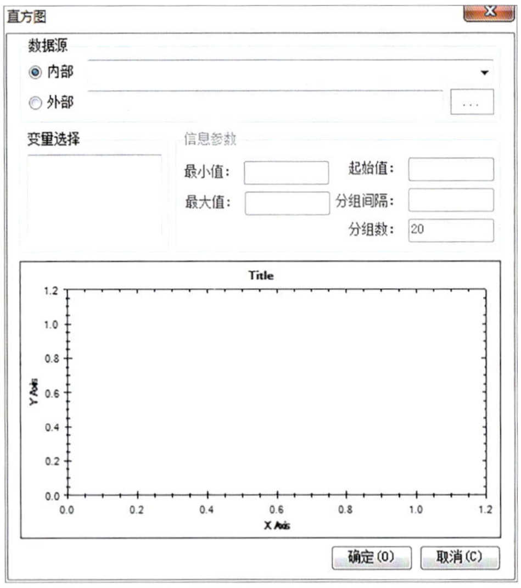

图 4.5.2　直方图

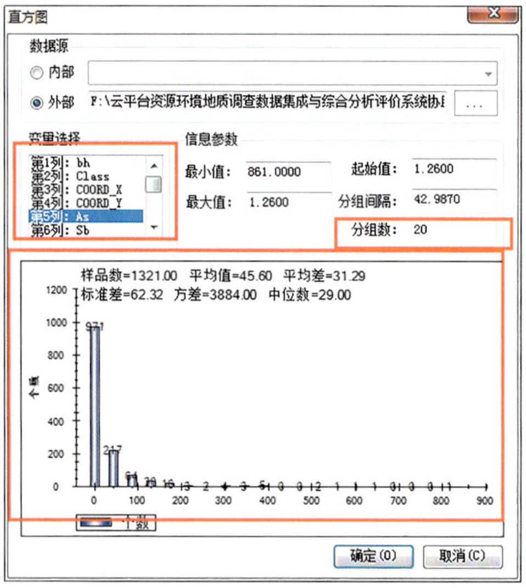

图 4.5.3　直方图结果

4.5.2　散点图

【说明】

散点图是指在回归分析中，数据点在直角坐标系平面上的分布图，通过对源数据的统计分析，作出散点图。

【操作】

①点击统计图模块中的“散点图”按钮，系统弹出散点图界面，如图 4.5.4 所示。

②选择源数据，源数据可以为系统数据库里的表数据，也可以为外部 Excel 数据，选择坐标轴变量及分组数等，点击“确定”按钮，结果如图 4.5.5 所示。

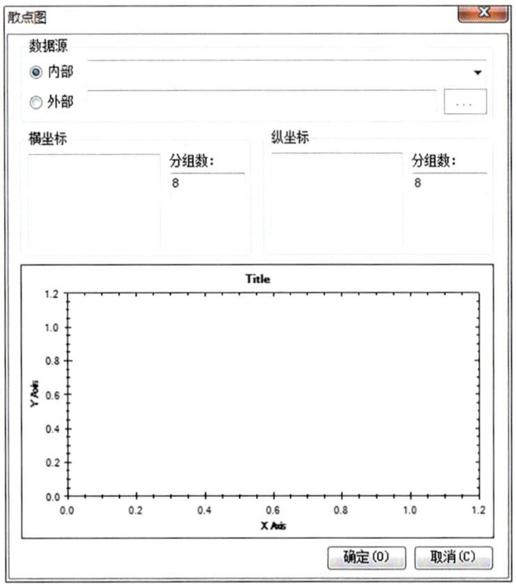

图 4.5.4　散点图

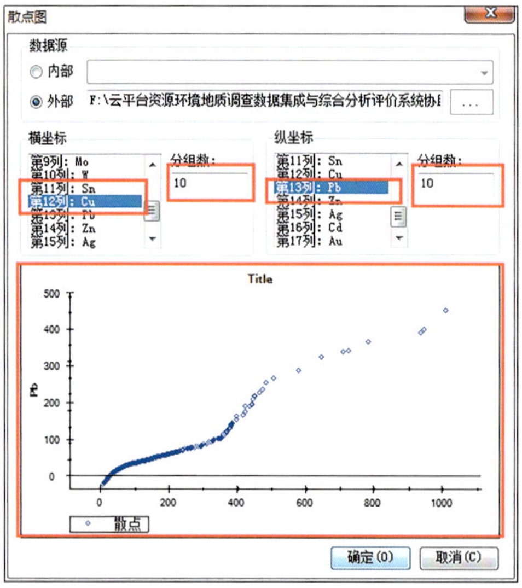

图 4.5.5　散点图结果

4.5.3　饼图

【说明】

通过对源数据的统计分析，作出饼图。

【操作】

①点击统计图模块中的“饼图”按钮，系统弹出饼图界面，如图 4.5.6 所示。

②选择源数据，源数据可以为系统数据库里的表数据，也可以为外部 Excel 数据，选择要作图的数据变量及分组数等参数，点击“确定”按钮，结果如图 4.5.7 所示。

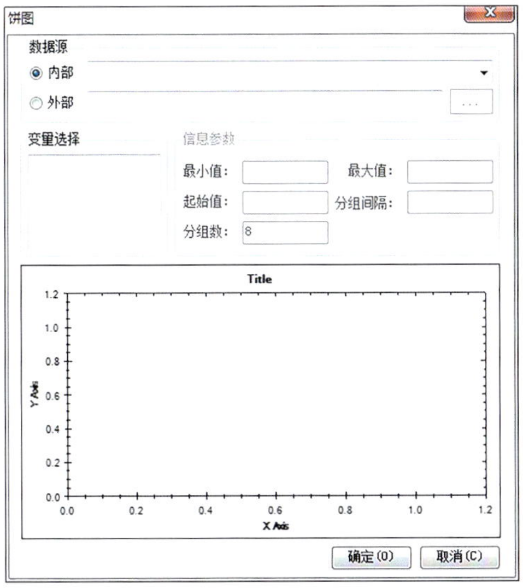

图 4.5.6 饼图

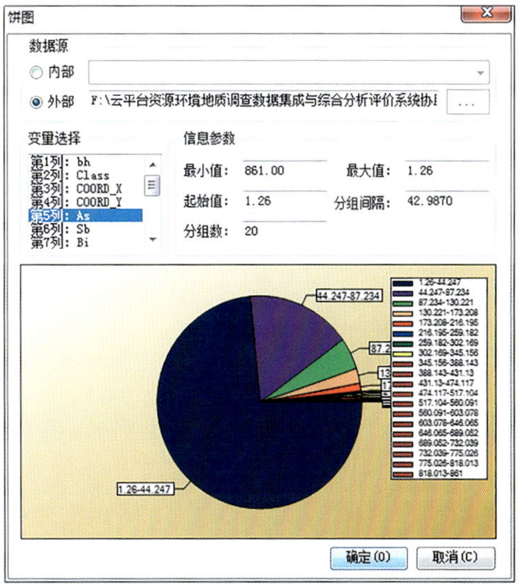

图 4.5.7 饼图结果

第 5 章　数据变换

数据变换功能主要实现不同系统文件之间的转换、地图数据的坐标转换、投影坐标系设置及变换等功能，将散乱不统一的地图数据标准化，统一到一个坐标体系上，方便用户后期的数据处理及作图等。数据变换包括数据转换、定义坐标、坐标转换以及自定义参数等功能模块。

5.1　数据转换

数据转换模块实现跨平台的数据格式转换，主要实现将其他平台的数据转换到本系统能识别打开的数据。数据转换模块还包括从表数据到图层数据的转换功能，数据转换模块包括 MapGIS 转换和点位图功能（图 5.1.1；表 5.1.1）。

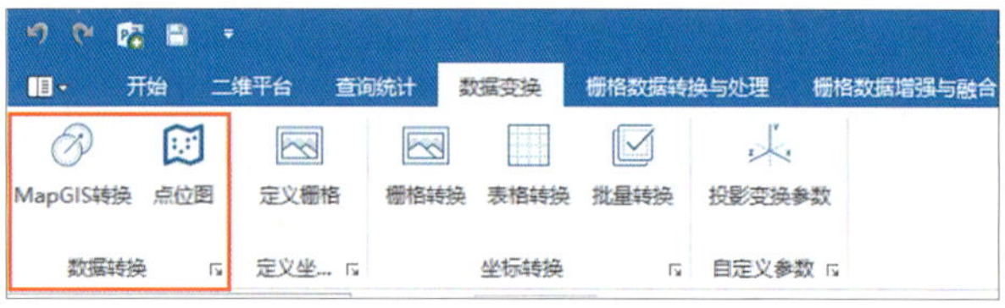

图 5.1.1　数据转换功能展示

表 5.1.1　数据转换功能列表

功能模块	功能描述
MapGIS 转换	实现将 MapGIS 或者 GeoBox 数据转成平台 GeoBox 格式或者 shp 格式数据
点位图	实现将表数据转换成点位图数据

5.1.1　MapGIS 转换

【说明】

实现将 MapGIS 或者 GeoBox 数据转成平台 GeoBox 格式或者 shp 格式数据。

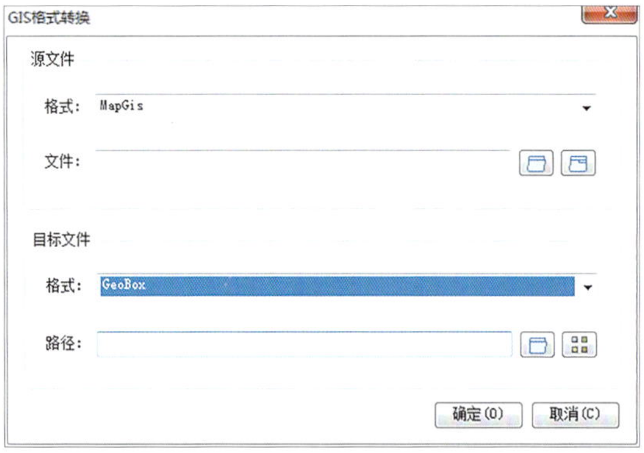

图 5.1.2　MapGIS 转换

【操作】

①点击数据转换模块中的“MapGIS 转换”按钮，系统弹出 MapGIS 转换界面，如图 5.1.2 所示。

②选择源文件格式（MapGIS 格式或者 GeoBox 格式文件），选择要转换的文件，这里的文件选择中，前面的按钮点击进入只能选择一个文件，后面的按钮点击进入是可以添加多个文件的，如图 5.1.3所示。

③选择目标文件格式（GeoBox 格式或者 shp 格式），选择要保存的文件路径，如果有符号配置文件的可以在路径选择按钮后面的按钮点击添加符号

配置文件，点击“确定”，系统自动转换格式并保存到对应路径中，如图 5.1.4 所示。

图 5.1.3　源文件选择

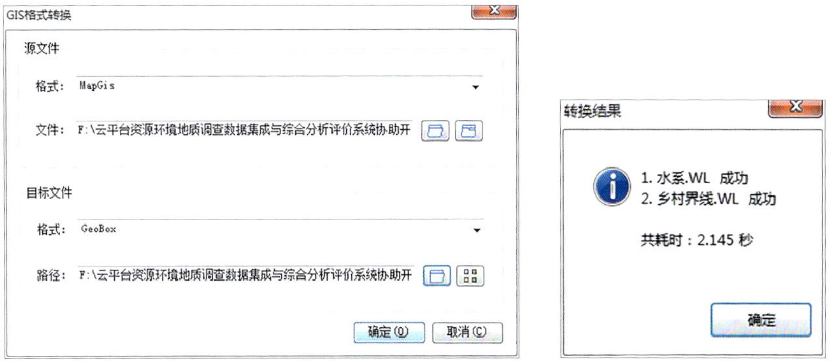

图 5.1.4　MapGIS 转换结果

5.1.2　点位图

【说明】

实现将表数据转换成点位图数据。

【操作】

①点击创建图层模块中的“点位图”按钮，系统弹出点位图界面，如图 5.1.5 所示。

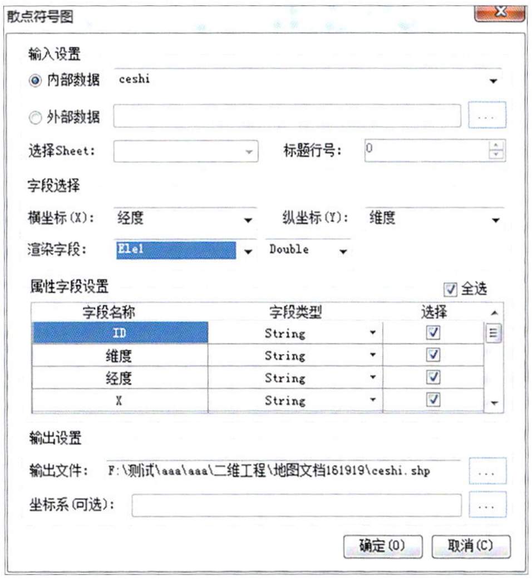

图 5.1.5　点位图

②选择源数据，源数据可以为系统数据库里的表数据，也可以为外部 Excel 数据，选择横、纵坐标字段以及渲染字段，选择要加入点位图属性字段等，选择输出文件的路径以及可选的坐标系，点击“确定”按钮系统生成点位图，如图 5.1.6 所示。

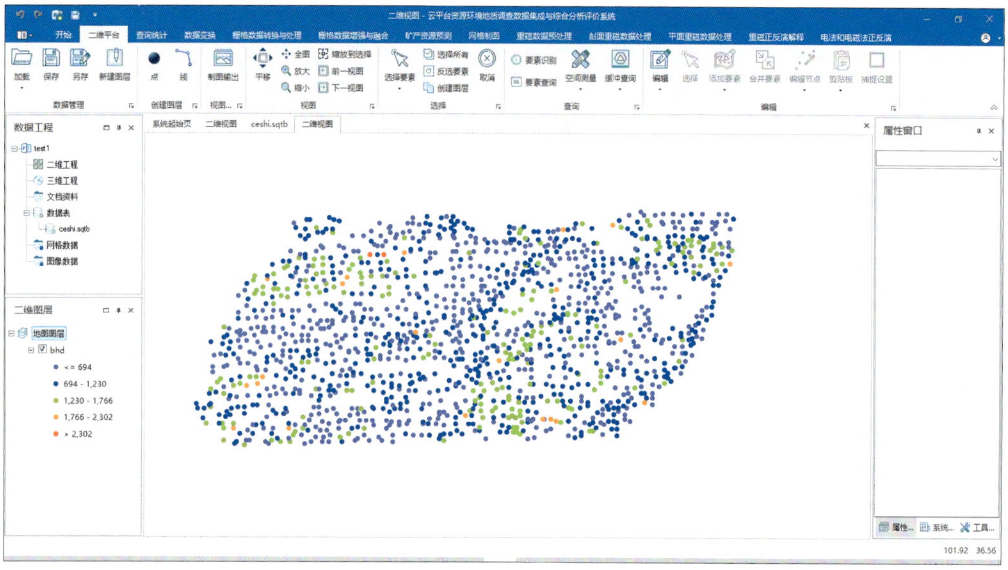

图 5.1.6　点位图结果

5.2　定义坐标

定义坐标功能主要实现对栅格数据的坐标系的定义。将本来没有定义坐标系的数据定义坐标系（图 5.2.1）。

定义栅格

【说明】

主要实现对栅格数据定义坐标系。

【操作】

①点击定义坐标模块中的“定义栅格”按钮，系统弹出定义栅格界面，如图 5.2.2 所示。

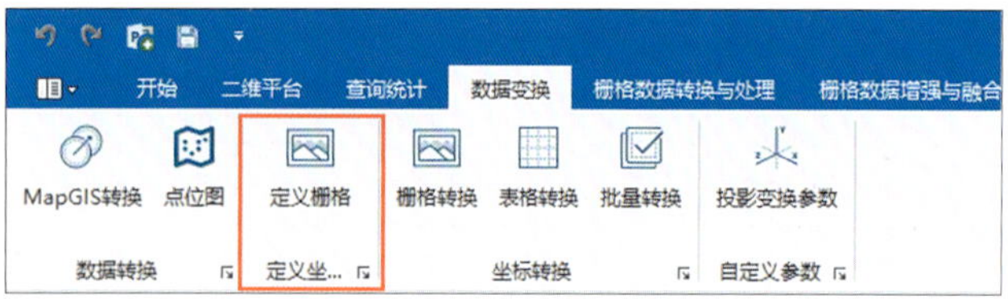

图 5.2.1　定义坐标功能展示

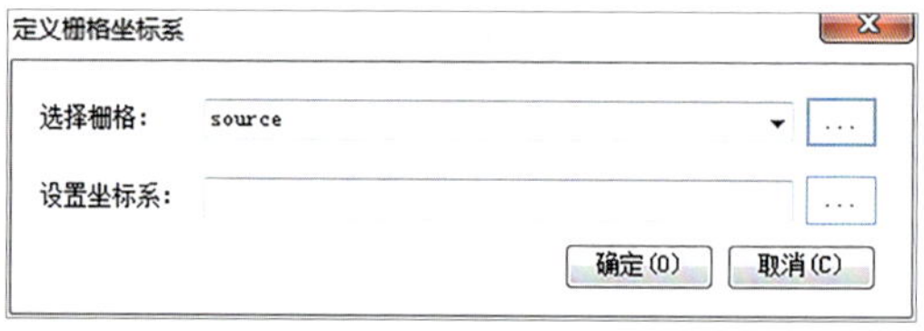

图 5.2.2　定义栅格

②选择二维视图中的栅格数据或者从选择外部的栅格数据，点击设置坐标系最右边的按钮进行坐标系选择，在设置坐标界面中，可以导入已有的坐标系，或者手动选择一个预定的坐标系，也可以创建一个新的地理或者投影坐标系统，如图 5.2.3 所示。

③点击“确定”完成栅格坐标系的定义。

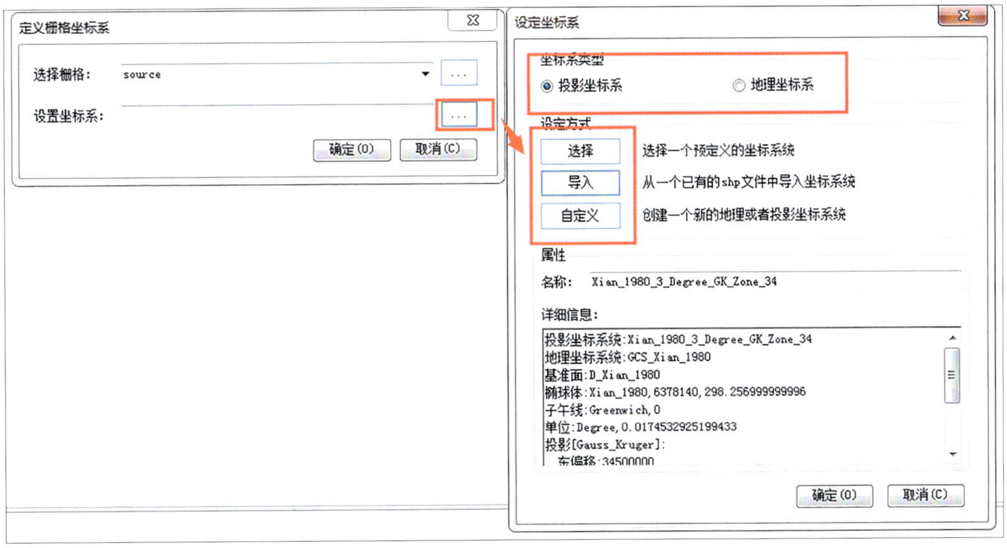

图 5.2.3　设置坐标系

5.3　坐标转换

坐标转换模块主要提供数据的不同坐标系之间的转换，该模块提供了对栅格坐标系的转换，表格坐标系的转换以及矢量图坐标系的转换。坐标转换包括栅格转换、表格转换和批量转换等功能（图 5.3.1；表 5.3.1）。

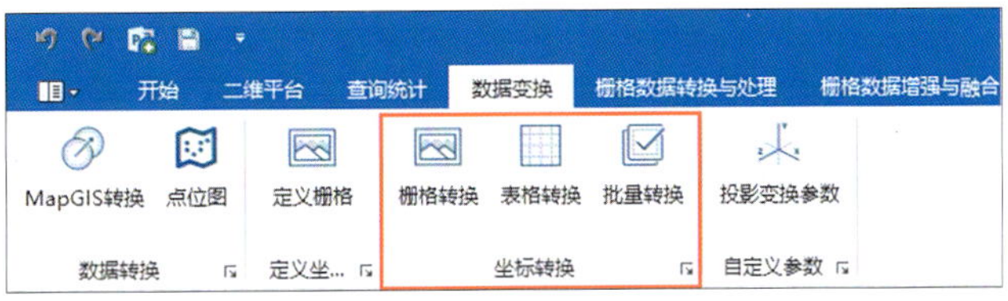

图 5.3.1　坐标转换功能展示

表 5.3.1　坐标转换功能列表

功能模块	功能描述
栅格转换	实现栅格数据的坐标系变换
表格转换	实现表格数据的坐标系变换
批量转换	实现矢量地图坐标系的批量转换

5.3.1　栅格转换

【说明】

实现栅格数据的坐标系变换。

【操作】

①点击坐标转换模块中的“栅格转换”按钮，系统弹出栅格转换界面，如图 5.3.2 所示。

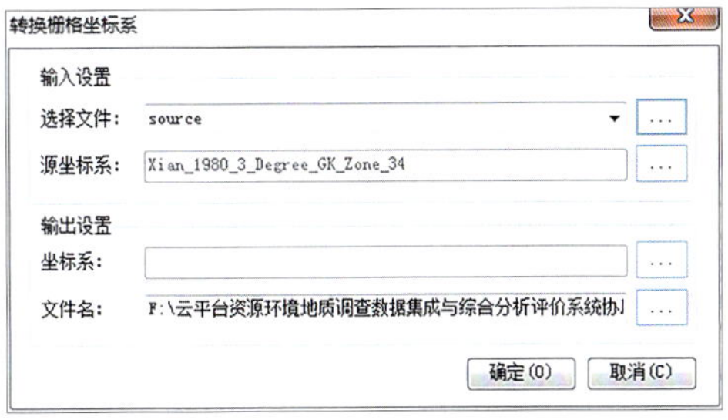

图 5.3.2　栅格转换

②选择栅格数据以及可选填栅格的源坐标系，输入

要转换的目标坐标系，点击坐标系最右边的按钮进行坐标系选择。在设定坐标系界面中，可以导入已有的坐标系，或者手动选择一个预定的坐标系，也可以创建一个新的地理或者投影坐标系统，如图 5.3.3所示。

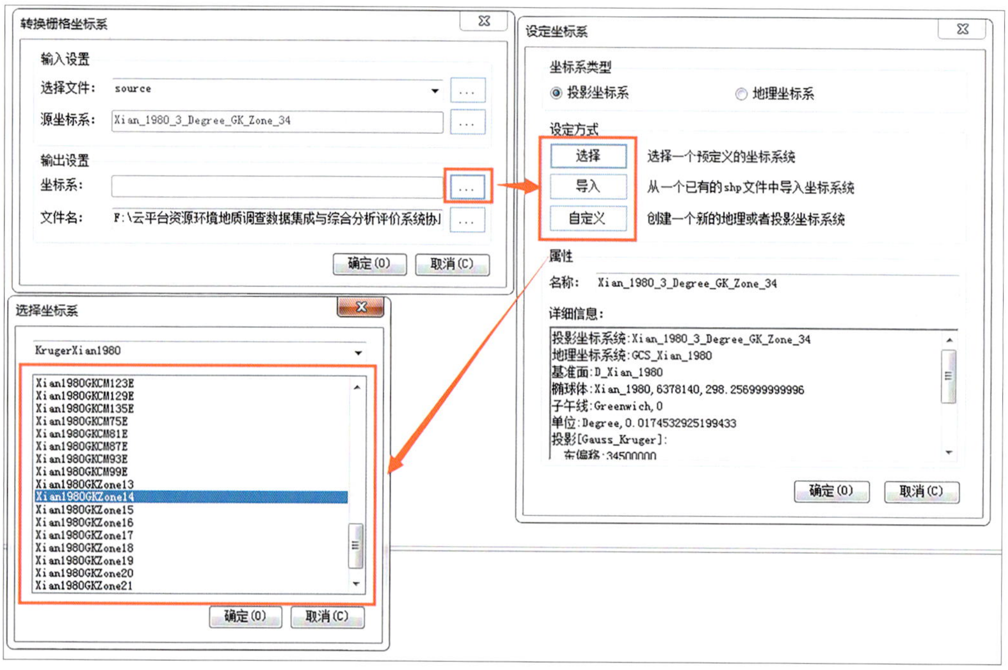

图 5.3.3　选择坐标系

③选择文件的保存路径，点击“确定”按钮，系统完成坐标系转换并保存。

5.3.2　表格转换

【说明】

实现表格数据的坐标系变换。

【操作】

①点击坐标转换模块中的“表格转换”按钮，系统弹出表格转换界面，如图 5.3.4 所示。

②选择源表格数据，选择表以及标题行参数，现在要转换的经纬度坐标字段，以及源坐标系，选择目标坐标系以及文件保存路径，地理变换方法是可选的，如果在系统中有自定义投影变换参数（投影变换参数设置是在自定义参数模块的投影变换参数功能中定义的），在这里是可见的，可以选择。参数设置如图 5.3.5 所示。

③点击“确定”按钮，系统完成坐标系转换并保存，如图 5.3.6 所示。

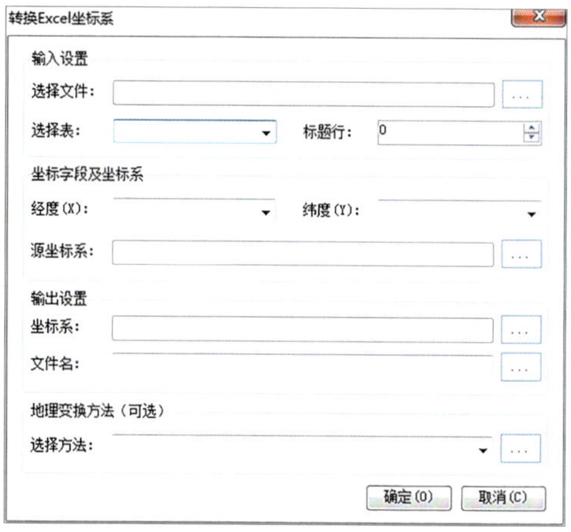

图 5.3.4　表格转换

5.3.3　批量转换

【说明】

实现矢量地图坐标系的批量转换。

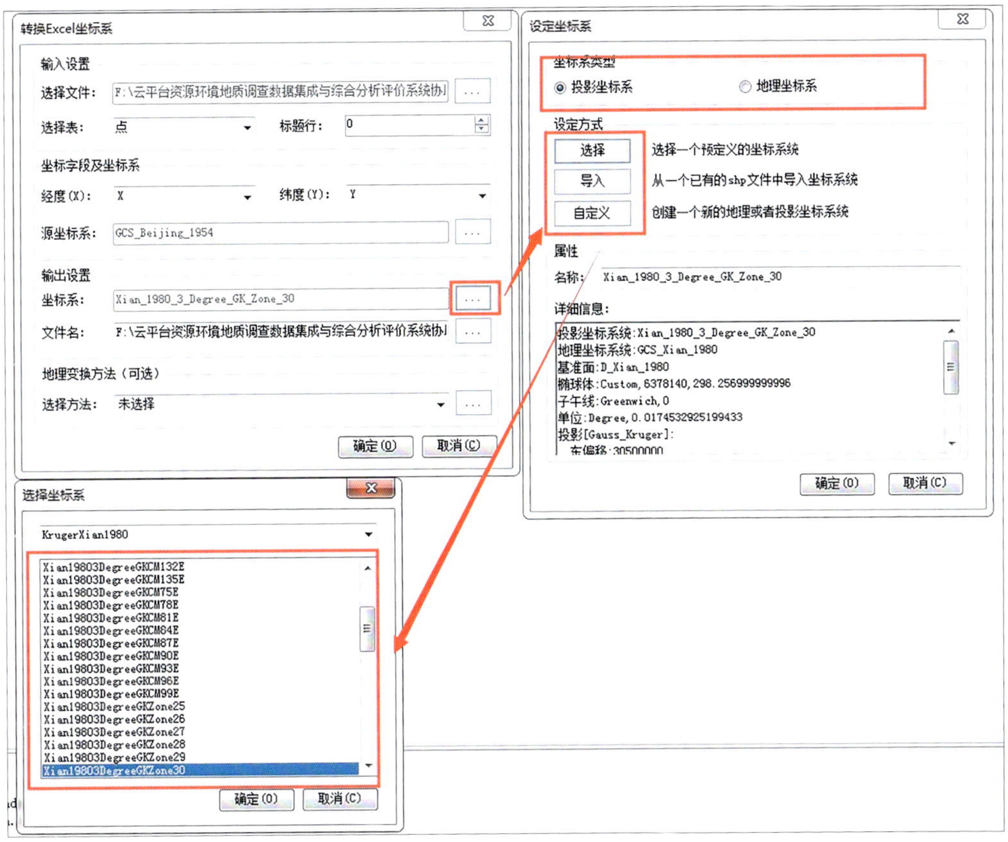

图 5.3.5　表格转换选择坐标系

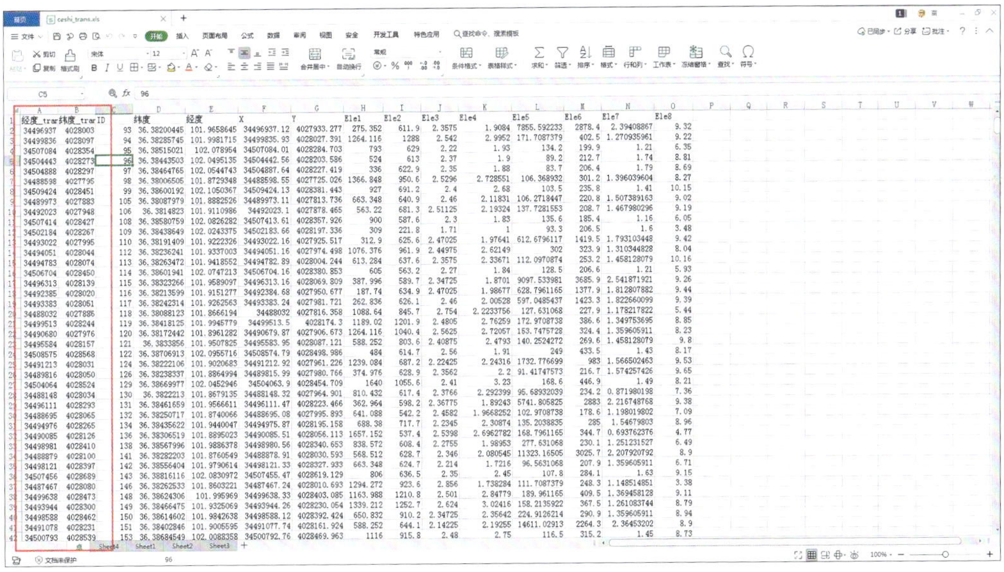

图 5.3.6　表格转换结果

【操作】

①点击坐标转换模块中的“批量转换”按钮，系统弹出批量转换界面，如图 5.3.7 所示。

②增加要变换坐标的矢量图到图层中，选择输出设置的文件夹路径，选择转换后的目标坐标系，如果在系统中有自定义投影变换参数（投影变换参数设置是在自定义参数模块的投影变换参数功能中定义的），在这里是可见的，可以选择，如图 5.3.8 所示。

③点击“确定”按钮，系统完成坐标系转换并保存。

图 5.3.7　批量转换

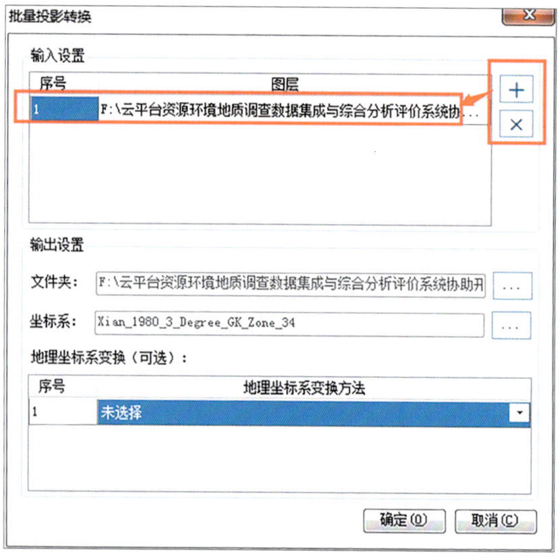

图 5.3.8　批量转换参数设置

5.4　自定义参数

自定义参数模块提供在不同坐标系之间转换时的自定义方法及参数，用于坐标转换时的一种变换方法选择。自定义参数模块中包括投影变换参数（图 5.4.1；表 5.4.1）。

图 5.4.1　自定义参数功能展示

表 5.4.1　自定义功能列表

功能模块	功能描述
投影变换参数	通过自定义两个不同地理坐标系之间的变换参数形成一个坐标变换方法

投影变换参数

【说明】

通过自定义两个不同地理坐标系之间的变换参数形成一个坐标变换方法。

【操作】

①点击自定义参数模块中的“投影变换参数”按钮，系统弹出投影变换参数界面，如图 5.4.2 所示。

②设置地理坐标系，选择输入坐标系和输出坐标系，填写自定义地理坐标系变换名称以及选择方法，输入坐标系参数（七参数），点击“确定”按钮，系统自动保存这个定义的变换方法，同时可以为其他坐标变换方法提供一个自定义的选择，如图 5.4.3 所示。

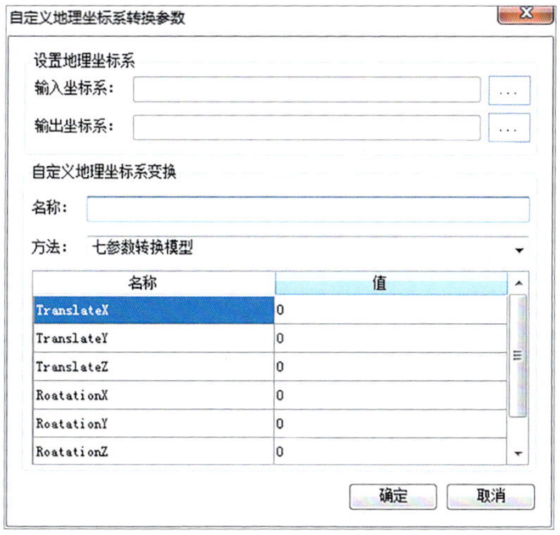

图 5.4.2 投影变换参数

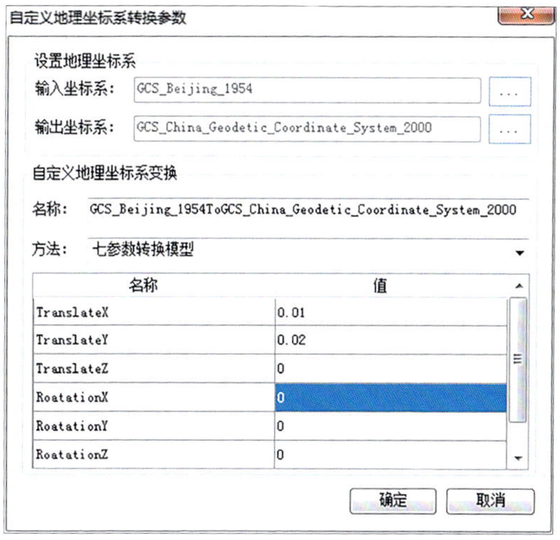

图 5.4.3 投影变换参数的参数设置

第 6 章　栅格数据转换与处理

综合分析模块提供数据栅格化、栅格数据矢量化以及栅格数据的分类叠加运算等功能，为栅格数据提供了功能齐全、方便快捷的功能模块。综合分析包括栅格化处理模块、矢量化模块、网格运算模块以及栅格运算模块。

6.1　栅格化

栅格化处理模块实现了将矢量数据或者表格数据转换成栅格数据的功能，提供了多样的数据栅格化方法（图 6.1.1；表 6.1.1）。

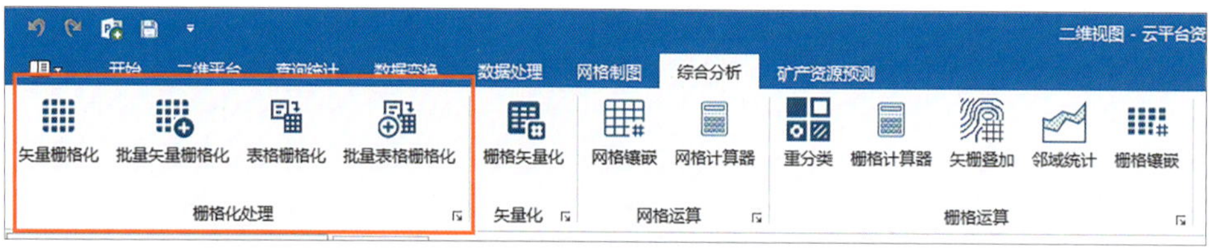

图 6.1.1　栅格化处理功能展示

表 6.1.1　栅格化处理功能列表

功能模块	功能描述
矢量栅格化	将矢量数据中的某个属性数据在给定范围内转换成栅格数据
批量矢量栅格化	将某个矢量数据的某几个属性数据同时转换成栅格数据，并用表格形式保存栅格化后的数据
表格栅格化	将表格数据中的某个属性数据在给定的范围内转换成栅格数据
批量表格栅格化	将某个表格数据的某几个属性数据同时转换成栅格数据，并用表格形式保存栅格化后的数据

6.1.1　矢量栅格化

【说明】

矢量栅格化实现了将矢量数据中的某个属性数据在给定范围内转换成栅格数据的功能。

【操作】

①点击栅格化处理模块中的“矢量栅格化”按钮，系统弹出矢量栅格化界面，如图 6.1.2 所示。

②选择源数据，源数据可以是已经加载的矢量图层，也可以为外部 shp 矢量数据，选择数据属性字段，填写像元大小以及坐标范围的参数，最后选择保存栅格化后的文件路径，如图 6.1.3 所示。

③点击“确定”按钮完成矢量栅格化，结果保存到对应的路径，如图 6.1.4 所示。

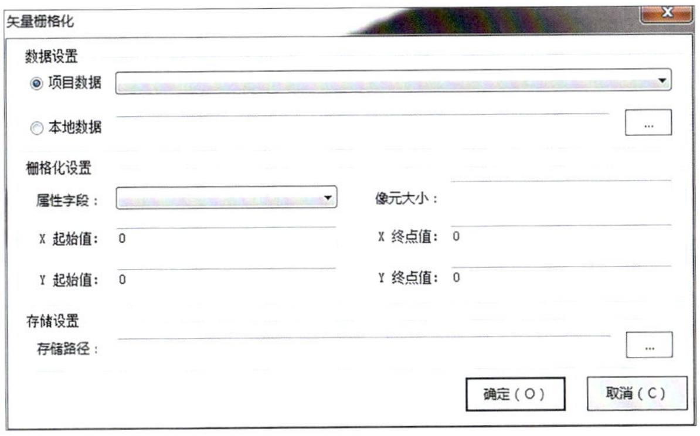

图 6.1.2　矢量栅格化

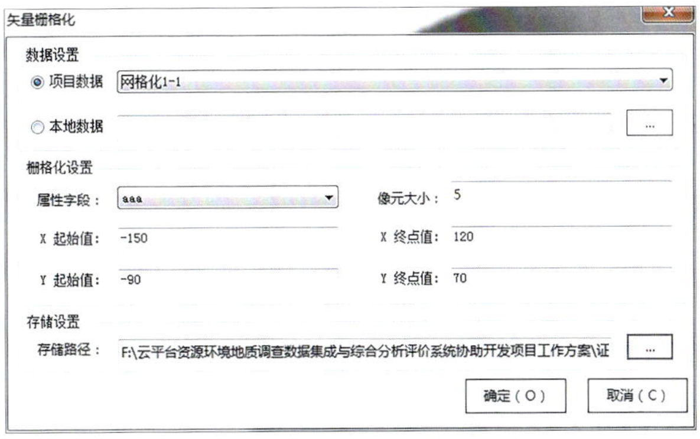

图 6.1.3　矢量栅格化参数设置

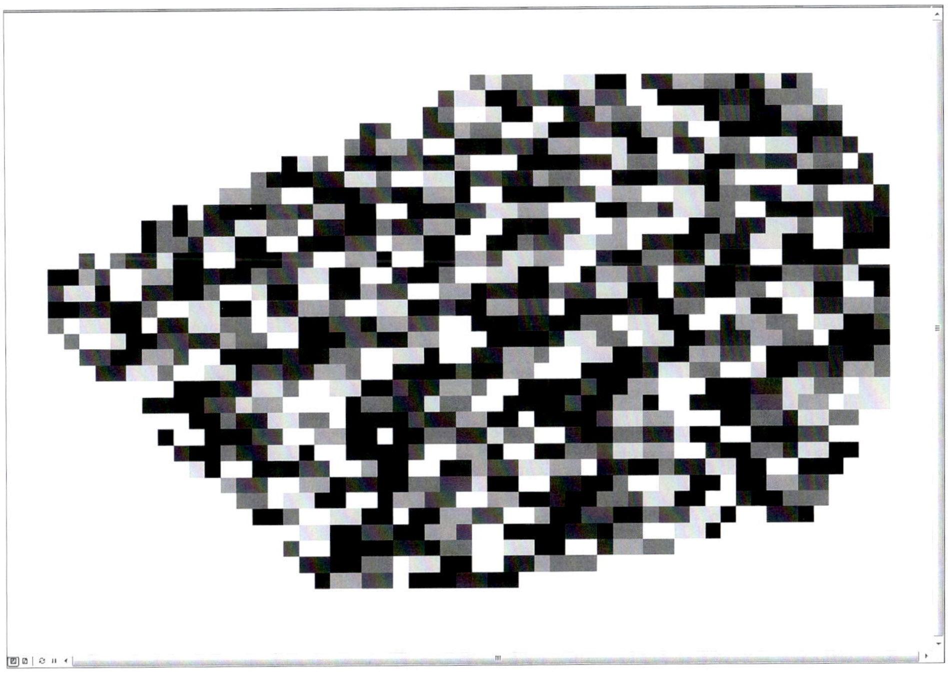

图 6.1.4　矢量栅格化结果

6.1.2　批量矢量栅格化

【说明】

批量矢量栅格化实现了将矢量数据中的若干个属性数据在给定范围内转换成栅格数据的功能。

【操作】

①点击栅格化处理模块中的“批量矢量栅格化”按钮，系统弹出批量矢量栅格化界面，如图 6.1.5所示。

②选择源数据，源数据可以是已经加载的矢量图层，也可以为外部 shp 矢量数据，选择数据中若干个属性字段，填写像元大小以及坐标范围的参数，最后选择保存栅格化后的文件路径，如图 6.1.6 所示。

③点击“确定”按钮完成矢量栅格化，结果保存到对应的路径，并将所有生成的属性数据保存到一个表中，如图 6.1.7 所示。

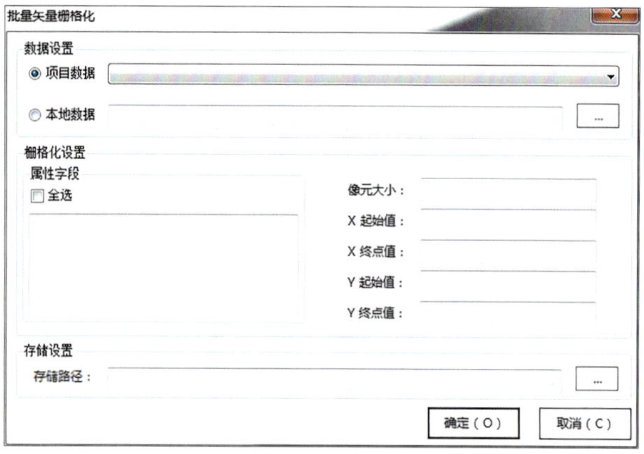

图 6.1.5　批量矢量栅格化

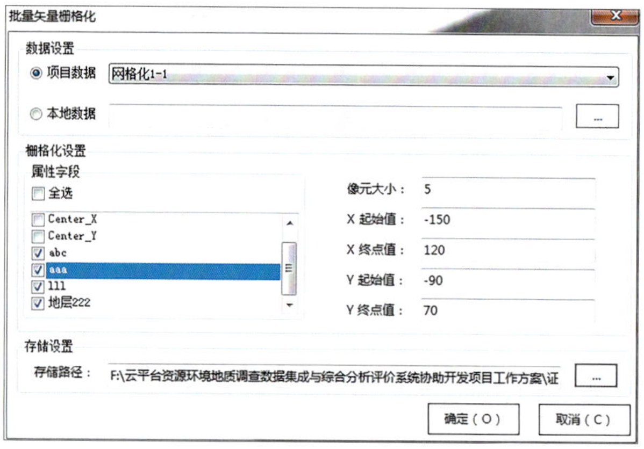

图 6.1.6　批量矢量栅格化参数设置

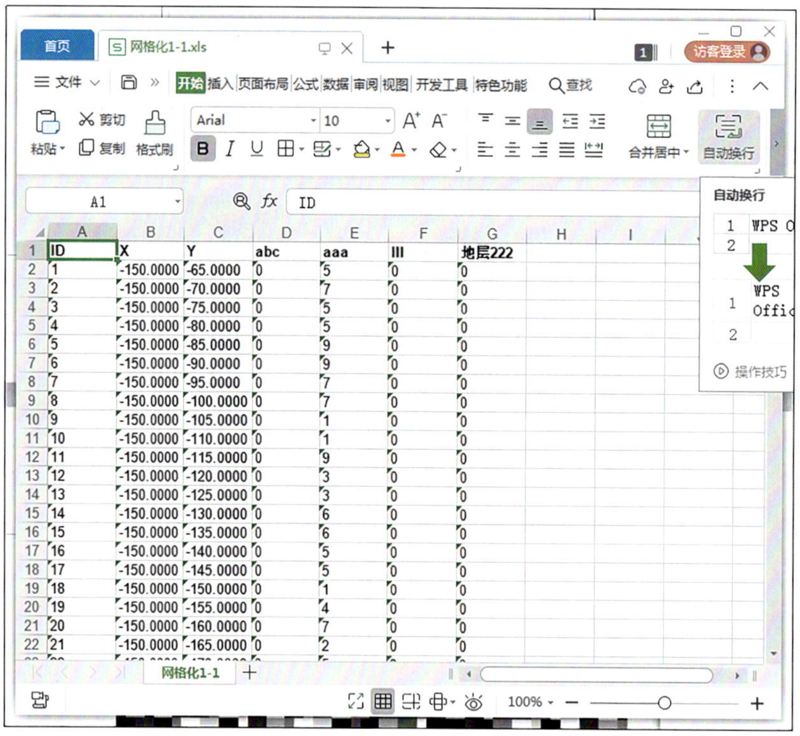

图 6.1.7　批量矢量栅格化结果

6.1.3　表格栅格化

【说明】

表格栅格化实现了将表格数据中的某个属性数据在给定范围内转换成栅格数据的功能。

【操作】

①点击栅格化处理模块中的“表格栅格化”按钮，系统弹出表格栅格化界面，如图 6.1.8 所示。

②选择源数据，源数据可以是已经加载的表格数据，也可以为外部 Excel 数据，选择坐标属性，选择某个属性字段作为栅格化的属性字段，选择插值参数以及坐标范围的参数和间距参数，最后选择保存栅格化后的文件路径，如图 6.1.9 所示。

③点击“确定”按钮完成表格栅格化，结果保存到对应的路径，如图 6.1.10 所示。

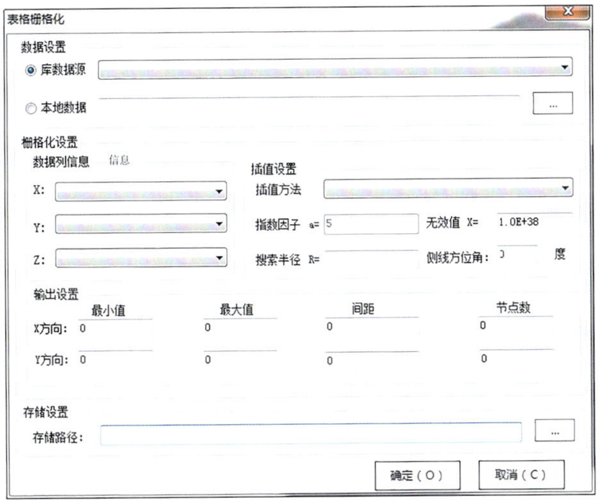

图 6.1.8　表格栅格化

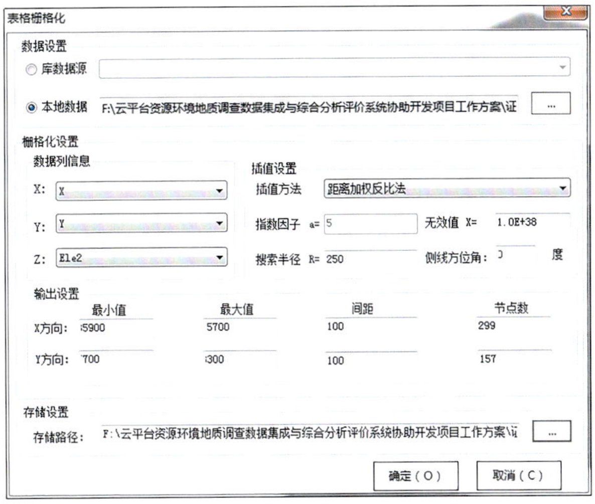

图 6.1.9　表格栅格化参数设置

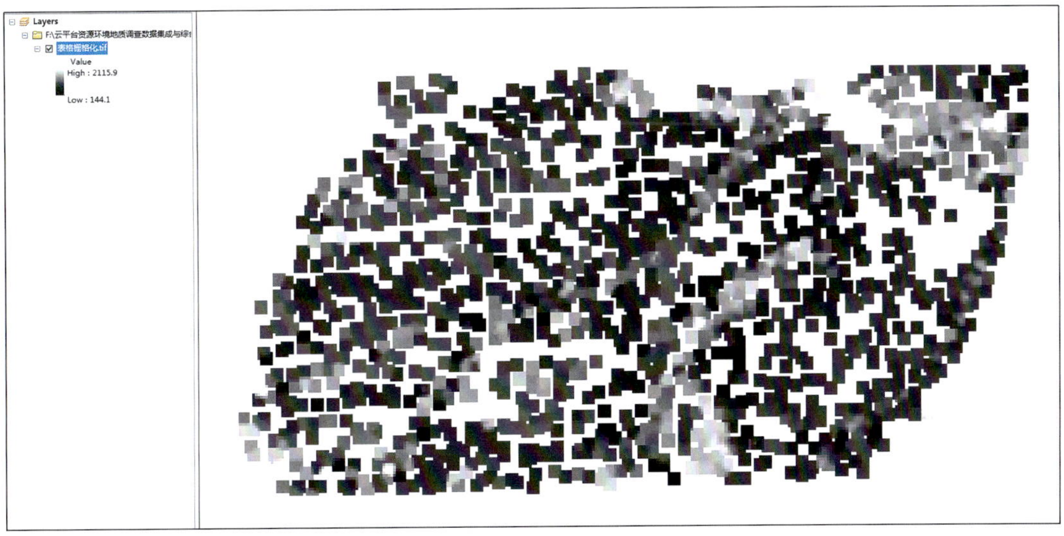

图 6.1.10　表格栅格化结果

6.1.4　批量表格栅格化

【说明】

批量表格栅格化实现了将表格数据中的若干个属性数据在给定范围内转换成栅格数据的功能。

【操作】

①点击栅格化处理模块中的“批量表格栅格化”按钮，系统弹出批量表格栅格化界面，如图 6.1.11所示。

②选择源数据，源数据可以是已经加载的表格数据，也可以为外部 Excel 数据，选择坐标属性，选择若干个属性字段作为栅格化的属性字段，选择插值参数以及坐标范围的参数和间距参数，最后选择保存栅格化后的文件路径，如图 6.1.12 所示。

③点击“确定”按钮完成批量表格栅格化，结果保存到对应的路径，并且将所有的栅格化后的数据保存到一个表中，如图 6.1.13 所示。。

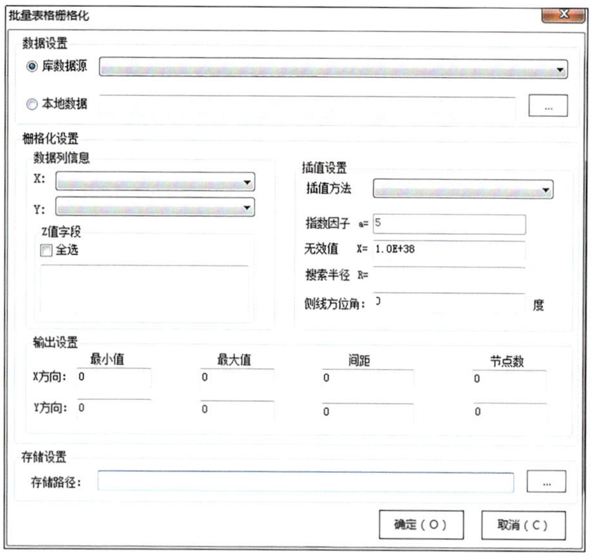

图 6.1.11　批量表格栅格化

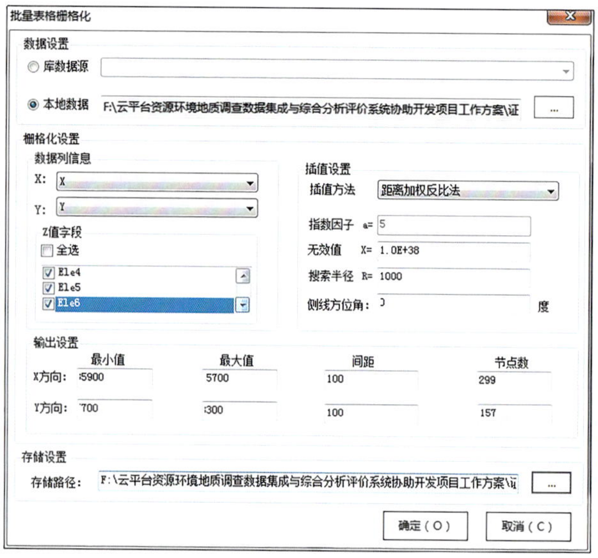

图 6.1.12　批量表格栅格化参数设置

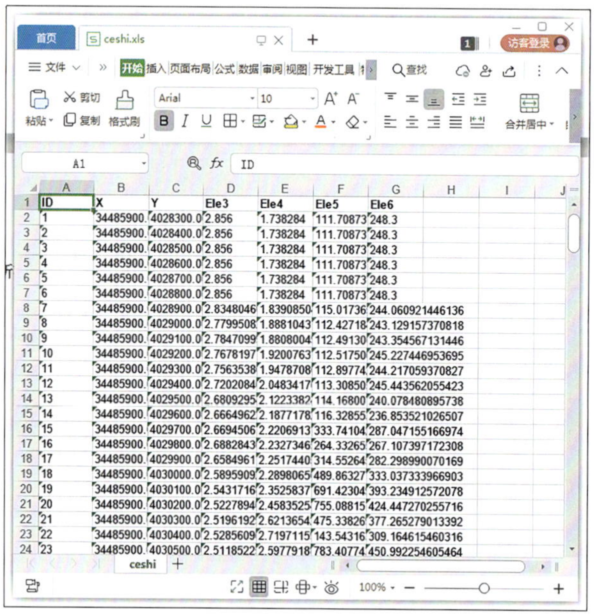

图 6.1.13　批量表格栅格化结果

6.2　矢量化

矢量化模块实现了将栅格数据经过矢量化变换生成矢量数据的功能（图 6.2.1；表 6.2.1）。

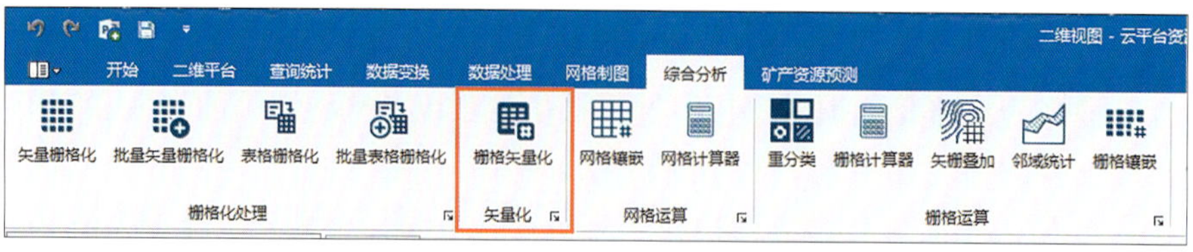

图 6.2.1　矢量化功能展示

表 6.2.1　矢量化功能列表

功能模块	功能描述
栅格矢量化	栅格矢量化实现了将栅格数据经过运算变换后，生成对应的矢量数据的功能

栅格矢量化

【说明】

栅格矢量化实现了将栅格数据经过运算变换后，生成对应的矢量数据的功能。

【操作】

①点击矢量化模块中的“栅格矢量化”按钮，系统弹出栅格矢量化界面，如图 6.2.2 所示。

②选择源数据，源数据可以是已经加载的栅格图层，也可以为外部栅格数据，选择矢量类型，新生成的属性字段名称及字段类型，最后选择保存矢量化后的文件路径，如图 6.2.3 所示。

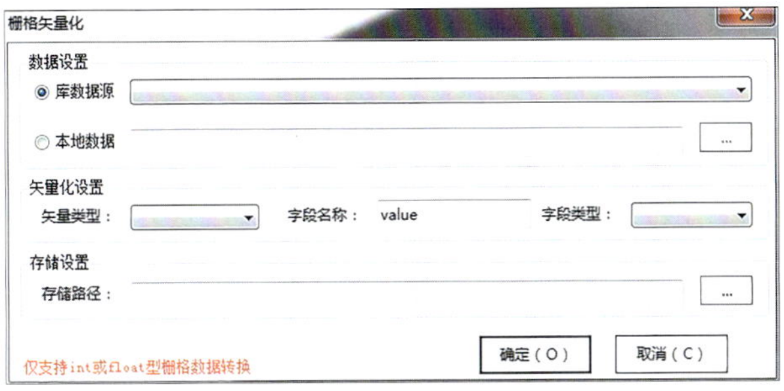

图 6.2.2　栅格矢量化

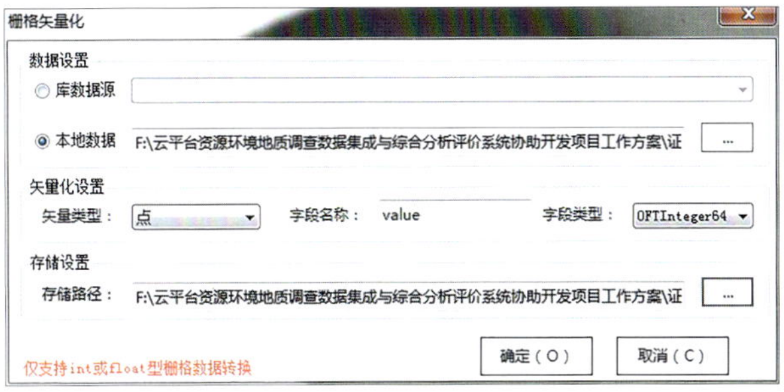

图 6.2.3　栅格矢量化参数设置

③点击“确定”按钮完成栅格矢量化，结果保存到对应的路径，如图 6.2.4 所示。

图 6.2.4　栅格矢量化结果

6.3　网格运算

网格运算模块提供对网格文件进行叠加镶嵌计算或对网格数据的属性值进行自定义的运算，最后获得一个新的网格数据，网格运算包括网格镶嵌和网格计算器功能（图 6.3.1；表 6.3.1）。

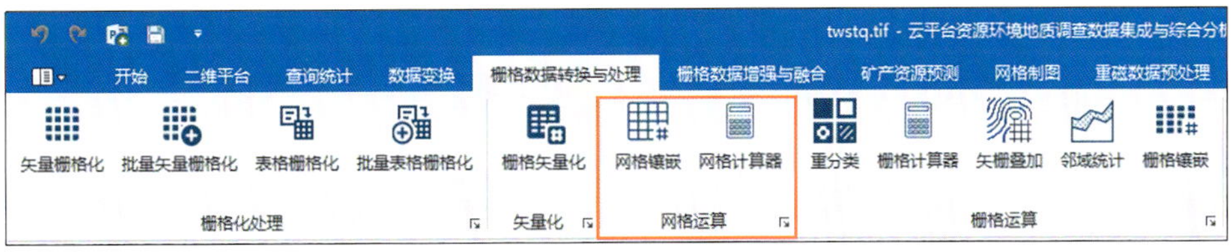

图 6.3.1　网格运算功能展示

表 6.3.1 网格运算功能列表

功能模块	功能描述
网格镶嵌	实现对一个或者多个网格数据值进行对应镶嵌方法的镶嵌运算，并生成新的网格数据
网格计算器	实现通过给定的运算规律，对网格属性数据进行计算，并重新保存生成新的网格数据

6.3.1 网格镶嵌

【说明】

对一个或者多个网格数据值进行对应镶嵌方法的镶嵌运算，并生成新的网格数据。

【操作】

①点击网格运算模块中的“网格镶嵌”按钮，系统弹出网格镶嵌界面，如图 6.3.2 所示。

②选择网格文件（可以从工程里选也可以选择工程外的栅格文件），添加若干个网格数据，在网格文件列表右边可以通过“+”号按钮添加当前选中状态的网格文件，通过“×”按钮删除当前选择状态的网格文件，通过“↑”按钮把当前选择状态的网格文件上移，通过“↓”按钮把当前选择状态的网格文件下移。选择结果的存储路径，选择镶嵌运算方法以及填写目标行数和目标列数等，如图 6.3.3 所示。

③点击“确定”按钮生成新的网格数据，如图 6.3.4 所示。

图 6.3.2 网格镶嵌

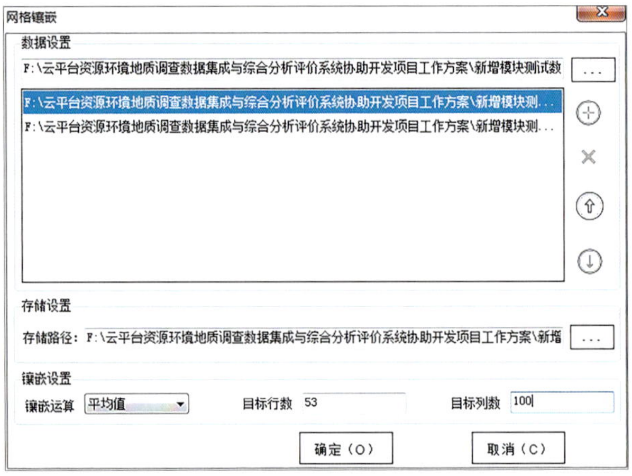

图 6.3.3 网格镶嵌参数设置

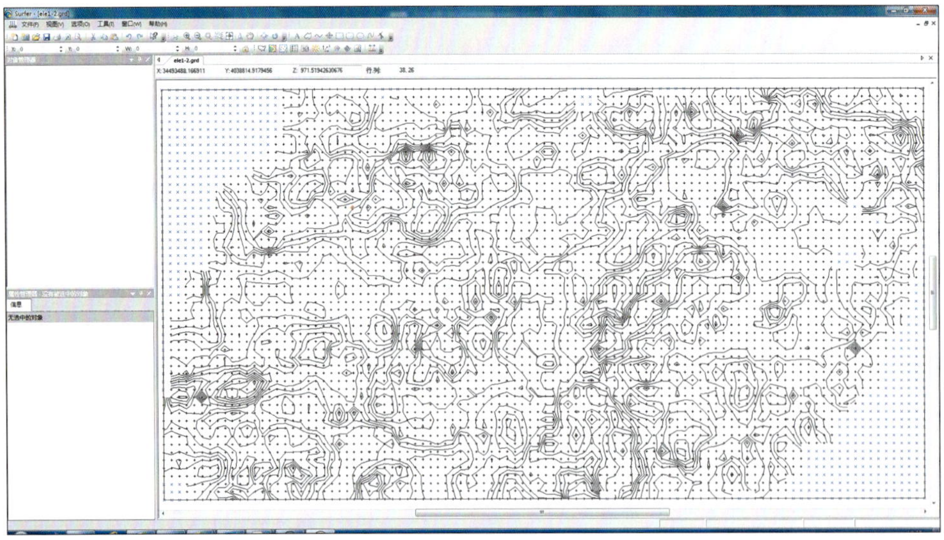

图 6.3.4 网格镶嵌结果

6.3.2 网格计算器

【说明】

通过给定的运算规律，对网格属性数据进行计算，并重新保存生成新的网格数据。

【操作】

①点击网格运算模块中的“网格计算器”按钮，系统弹出网格计算器界面，如图 6.3.5 所示。

②选择网格数据图层，鼠标左键双击该图层，在下面的显示栏中会显示该图层名称，并通过计算器的按钮对该网格图层的数据进行加减乘除等各种运算，选择输出的网格文件路径及文件格式和填写文件名等信息（该功能暂不支持带中文的路径），最后点击“确定”按钮，生成运算后的网格文件，如图 6.3.6 和图 6.3.7 所示。

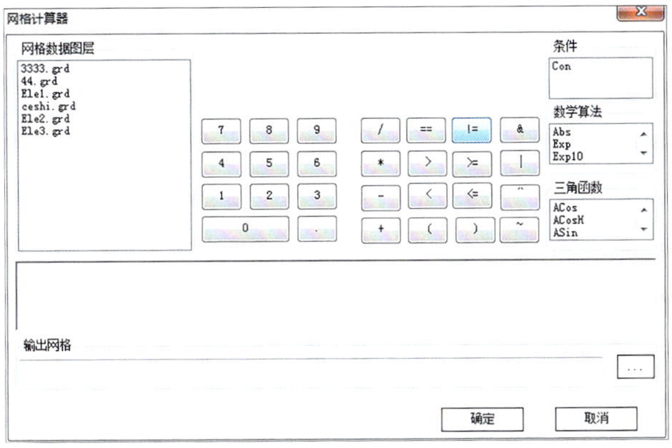

图 6.3.5 网格计算器

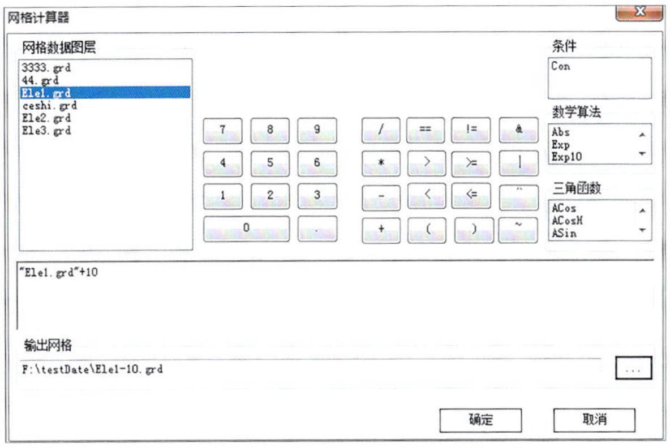

图 6.3.6 网格计算器参数设置

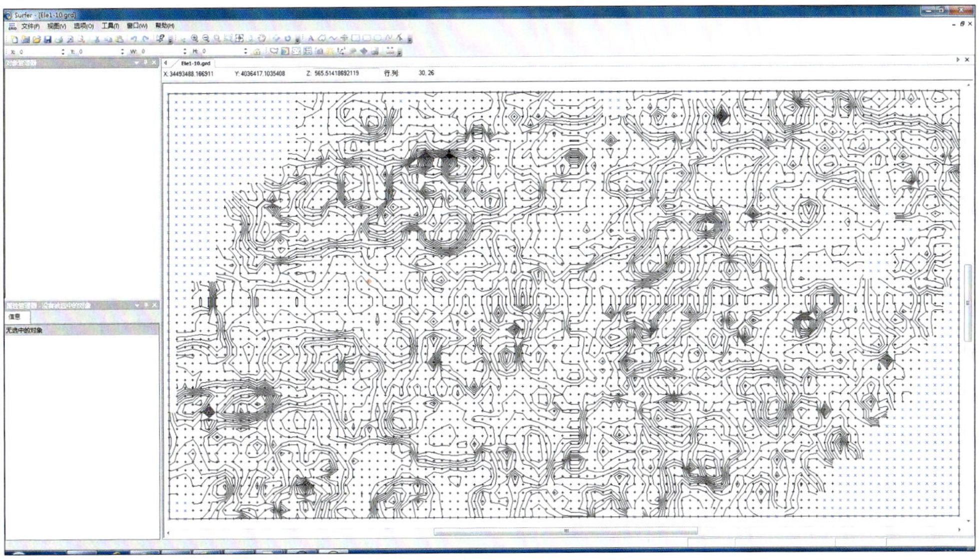

图 6.3.7 网格计算器结果

6.4 栅格运算

栅格运算模块提供对栅格文件进行分类赋值属性以及通过对应规律对栅格属性数据进行计算和赋值，并对栅格数据进行叠加分析等，栅格计算包括重分类、栅格计算器、矢栅叠加、邻域统计和栅格镶嵌等功能（图 6.4.1；表 6.4.1）。

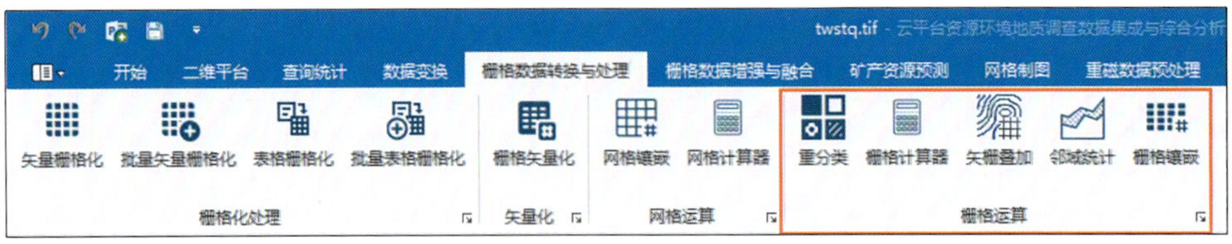

图 6.4.1　栅格运算功能展示

表 6.4.1　栅格计算功能列表

功能模块	功能描述
重分类	对栅格属性数据进行分类，并生成新的栅格数据
栅格计算器	通过给定的运算规律，对栅格属性数据进行计算，并重新保存生成新的栅格数据
矢栅叠加	将栅格数据与矢量边界数据叠加，通过叠加计算裁切出矢量边界内的栅格数据，生成新的栅格数据
邻域统计	通过对原始栅格数据进行邻域统计分析，结果生成新的栅格数据
栅格镶嵌	对一个或者多个栅格数据值进行对应镶嵌方法的镶嵌运算，并生成新的栅格数据

6.4.1　重分类

【说明】

对栅格属性数据进行分类，并生成新的栅格数据。

【操作】

①点击栅格计算模块中的“重分类”按钮，系统弹出栅格重分类界面，如图 6.4.2 所示。

②选择栅格文件（可以从工程里选也可以选择工程外的栅格文件），点击界面上的“分类”，系统弹出分类界面，如图 6.4.3 所示。

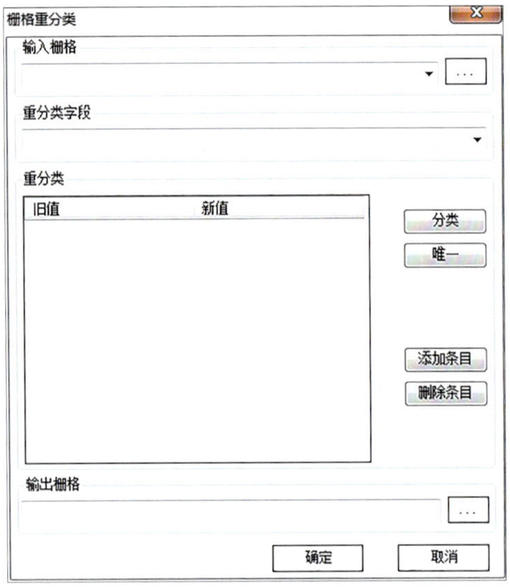

图 6.4.2　栅格重分类

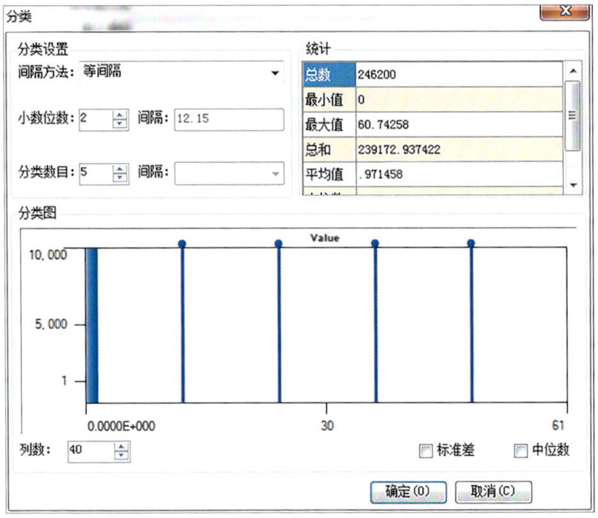

图 6.4.3　分类界面

③在分类界面中可以看到栅格数据的统计信息，选择分类方法、填写小数位数以及分类数目等参数，点击“确认”按钮，系统回到栅格重分类界面，在重分类一栏里出现了分类的相关信息，如果点击“唯一”按钮，重分类一栏里会根据栅格数据的唯一值来进行分类赋值。在重分类一栏里，也可以通过“添加条目”和“删除条目”按钮来对重分类信息进行手动修改，然后选择输出栅格文件的路径（该功能暂不支持带中文的路径），点击“确定”按钮生成栅格图，如图 6.4.4 和图 6.4.5 所示。

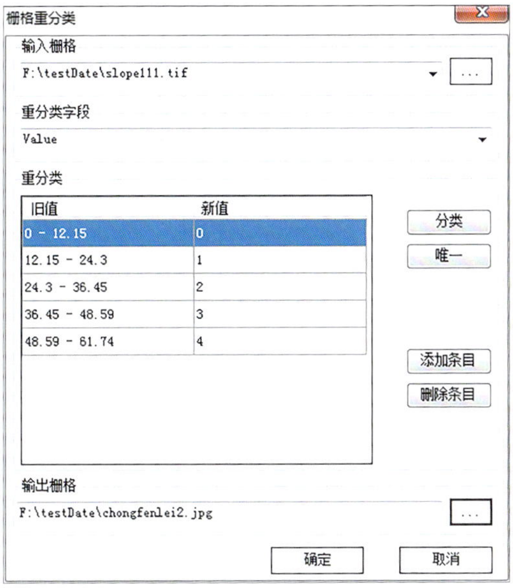

图 6.4.4　栅格重分类参数设置

图 6.4.5　栅格重分类结果

6.4.2　栅格计算器

【说明】

通过给定的运算规律，对栅格属性数据进行计算，并重新保存生成新的栅格数据。

【操作】

①点击栅格计算模块中的“栅格计算器”按钮，系统弹出栅格计算器界面，如图 6.4.6 所示。

②选择栅格图层，双击该图层，在下面的显示栏中会显示该图层名称，并通过计算器的按钮对该栅格图层的数据进行加减乘除等各种运算，选择输出的栅格文件路径及文件格式和填写文件名等信息（该功能暂不支持带中文的路径），最后点击“确定”按钮，生成运算后的栅格文件，如图 6.4.7 和图 6.4.8 所示。

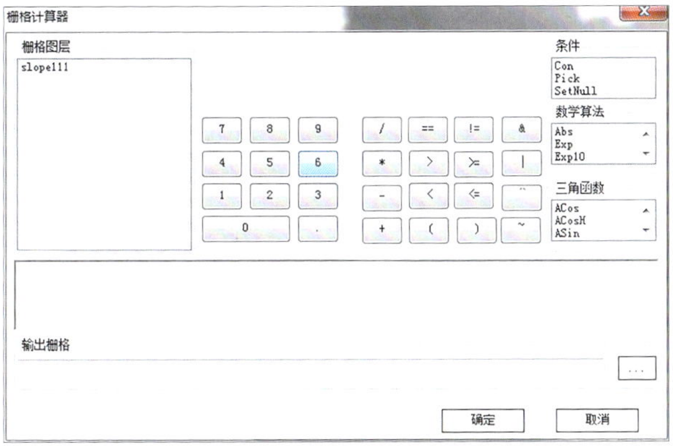

图 6.4.6　栅格计算器

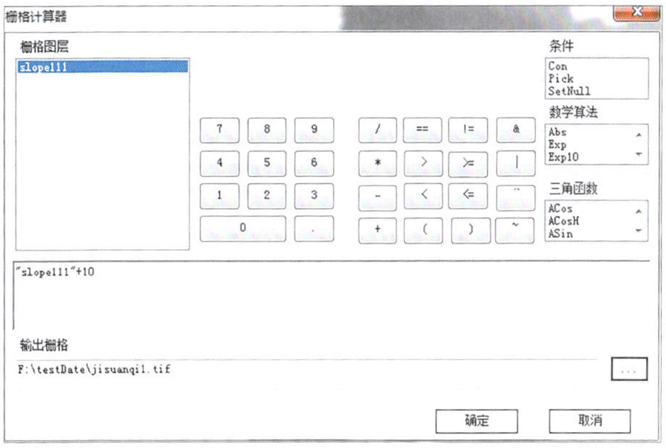

图 6.4.7　栅格计算器参数设置

6.4.3　矢栅叠加

【说明】

将栅格数据与矢量边界数据叠加，通过叠加计算裁切出矢量边界内的栅格数据，生成新的栅格数据。

【操作】

①点击栅格计算模块中的“矢栅叠加”按钮，系统弹出矢栅叠加界面，如图 6.4.9 所示。

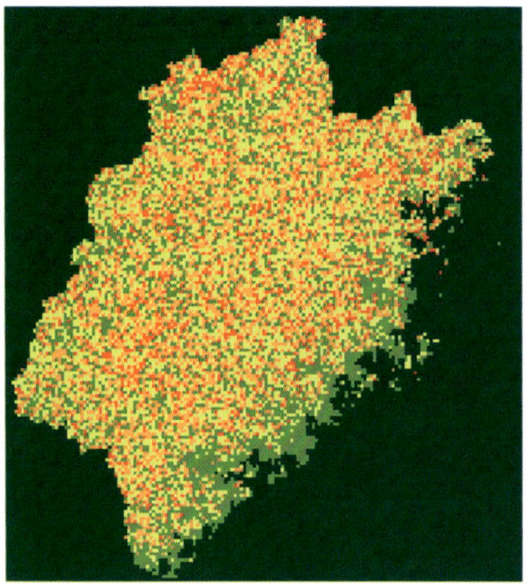

图 6.4.8　栅格计算器结果

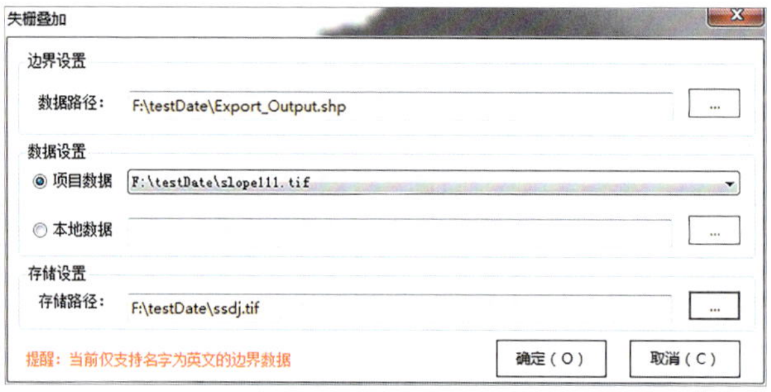

图 6.4.9　矢栅叠加

②选择边界文件的路径，选择项目数据的栅格图层（可以从工程里选也可以选择工程外的栅格文件），选择结果存储路径，点击“确定”按钮生成叠加后的栅格图，如图 6.4.10 所示。

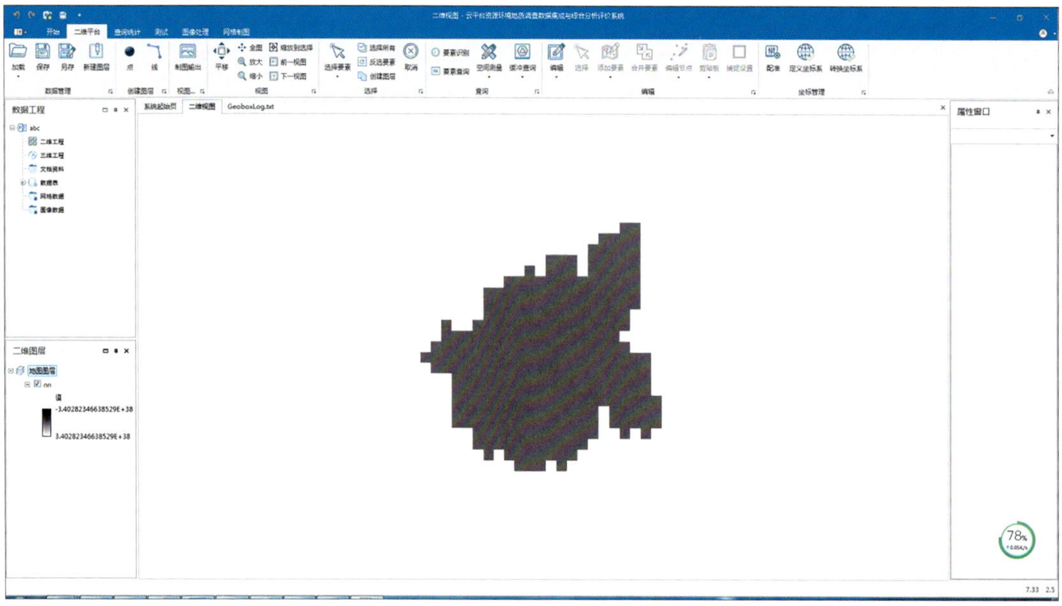

图 6.4.10　矢栅叠加结果

6.4.4　邻域统计

【说明】

通过对原始栅格数据进行邻域统计分析，结果生成新的栅格数据。

【操作】

①点击栅格运算模块中的“邻域统计”按钮，系统弹出邻域统计界面，如图 6.4.11 所示。

②选择栅格文件（可以从工程里选也可以选择工程外的栅格文件），在邻域统计设置中，选择邻域分析方法（方法为圆形或者矩形），根据需要选择统计类型，设置邻域高度和宽度以及像元和地图的选择，最后选择结果的完整保存路径，如图 6.4.12 所示。

图 6.4.11　邻域统计

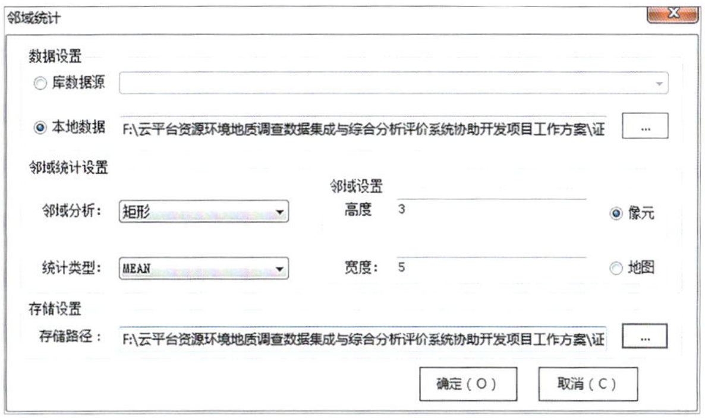

图 6.4.12　邻域统计参数设置

③点击“确定”按钮生成新的栅格数据，如图 6.4.13 所示。

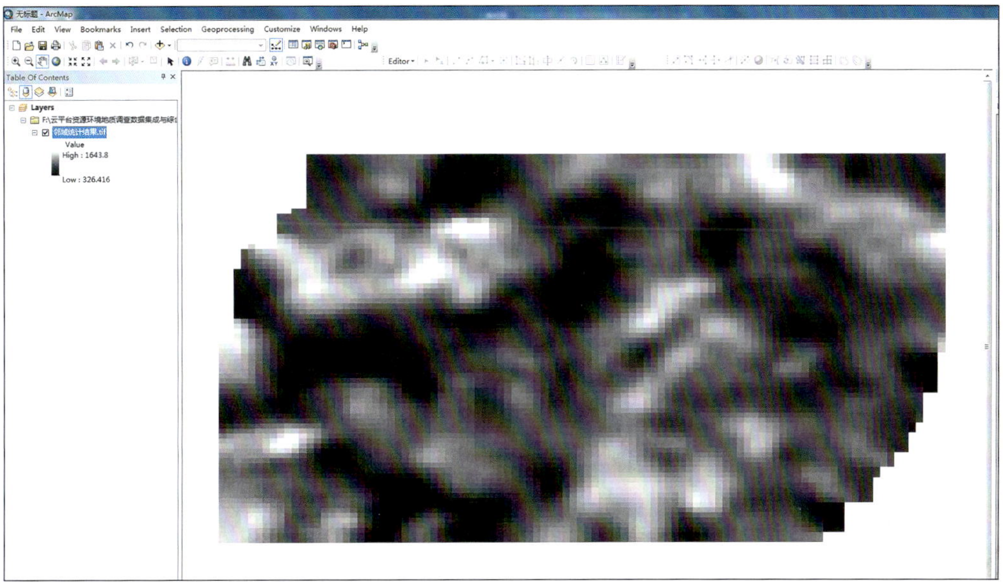

图 6.4.13　邻域统计结果

6.4.5　栅格镶嵌

【说明】

对一个或者多个栅格数据值进行对应镶嵌方法的镶嵌运算，并生成新的栅格数据。

【操作】

①点击网格运算模块中的“栅格镶嵌”按钮，系统弹出栅格镶嵌界面，如图 6.4.14 所示。

②选择栅格文件（可以从工程里选也可以选择工程外的栅格文件），添加若干个栅格数据，在栅格文件列表右边可以通过“+”号按钮添加当前选中状态的栅格文件，通过“×”按钮删除当前选择状态的栅格文件，通过“↑”按钮把当前选择状态的栅格文件上移，通过“↓”按钮把当前选择状态的栅格文件下移。选择结果的存储路径，选择像素类型、镶嵌运算方法，填写像素大小以及选择波段数目等，如图 6.4.15 所示。

③点击“确定”按钮生成新的栅格数据，如图 6.4.16 所示。

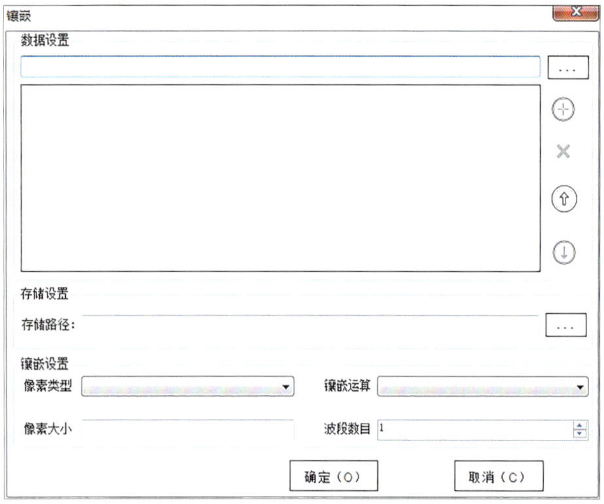

图 6.4.14　栅格镶嵌

图 6.4.15　栅格镶嵌参数设置

图 6.4.16　栅格镶嵌结果

第 7 章　栅格数据增强与融合

数据处理是指用计算机对图像进行分析，以达到所需结果的技术。又称影像处理。数据处理一般指数字图像处理。数据处理模块提供对影像图的增强处理和图像融合处理。

7.1　数据增强处理

数据增强是有目的地强调图像的整体或局部特性，将原来不清晰的图像变得清晰或强调某些感兴趣的特征，扩大图像中不同物体特征之间的差别，抑制不感兴趣的特征，使之改善图像质量、丰富信息量，加强图像判读和识别效果，满足某些特殊分析的需要（图 7.1.1；表 7.1.1）。

图 7.1.1　数据增强功能展示

表 7.1.1　数据增强功能列表

功能模块	功能描述
线性变换	通过线性变换改变图像的 RGB 值，生成一个变换后的图像
均值滤波	一种线性滤波器，是一个把图像模糊化的功能
高斯滤波	一种线性平滑滤波，适用于消除高斯噪声，广泛应用于图像处理的减噪过程
高斯双边滤波	一种非线性滤波，适用于保边去噪，该方法只能够对低频信息进行较好的滤波，对于高频噪声不能滤掉
中值滤波	一种非线性平滑技术，中值滤波是基于排序统计理论的一种能有效抑制噪声的非线性信号处理技术
直方图均衡化	图像处理领域中利用图像直方图对对比度进行调整的方法
边缘检测	根据 Canny 算子来获取图像中的边界线的方法
傅里叶变换	将图像数据通过傅里叶变换原理转换成频谱数据

7.1.1　线性变换

【说明】

通过线性变换改变图像的 RGB 值，生成一个变换后的图像，当斜率为“-1”，截距为“255”时，原始灰度图与转换后的灰度图颜色是相反的。

【操作】

①点击图像增强模块中的“线性变换”按钮，系统弹出线性变换界面，如图 7.1.2 所示。

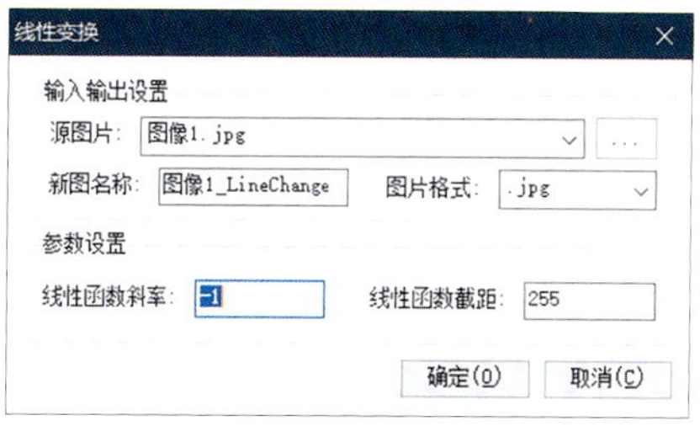

图 7.1.2　线性变换

②选择源图片，手动输入新图名称，选择图片格式，输

入线性函数斜率和线性函数截距，点击“确定”生成图片到数据工程中的图像数据节点上，打开后如图 7. 1. 3 所示。

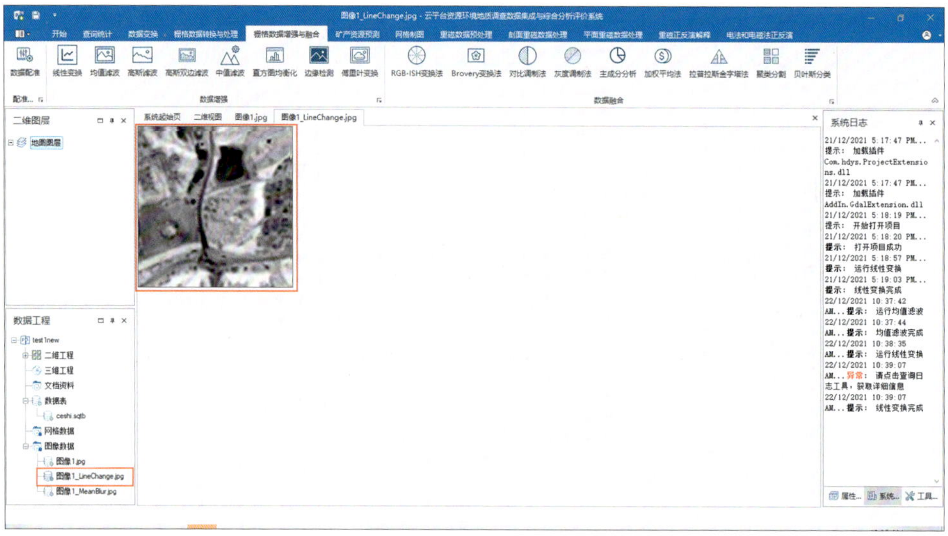

图 7. 1. 3　线性变换结果

7. 1. 2　均值滤波

【说明】

均值滤波是一种线性滤波器，是一个把图像模糊化的功能。

【操作】

①点击图像增强模块中的“均值滤波”按钮，系统弹出均值滤波界面，如图 7. 1. 4 所示。

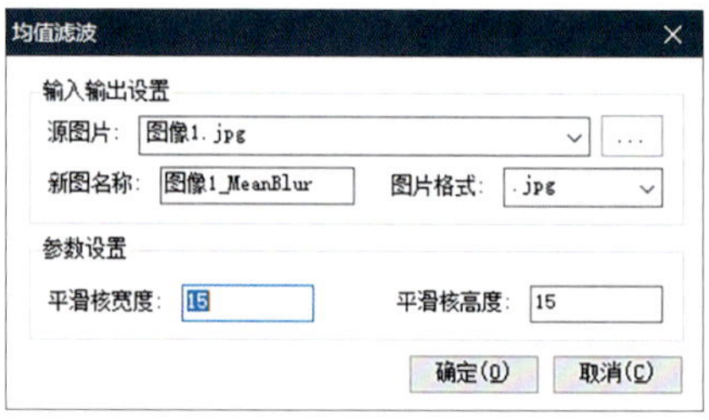

图 7. 1. 4　均值滤波

②选择源图片，手动输入新图名称，选择图片格式，输入平滑核宽度和平滑核高度，点击“确定”生成图片到数据工程中的图像数据节点上，打开后如图 7. 1. 5所示。

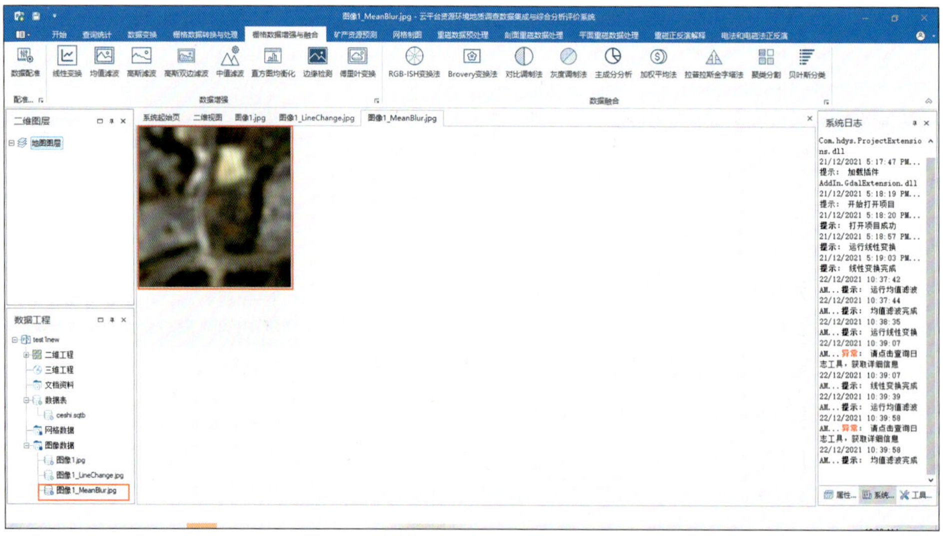

图 7. 1. 5　均值滤波结果

7.1.3 高斯滤波

【说明】

高斯滤波是一种线性平滑滤波，适用于消除高斯噪声，广泛应用于图像处理的减噪过程。

【操作】

①点击图像增强模块中的“高斯滤波”按钮，系统弹出高斯滤波界面，如图 7.1.6 所示。

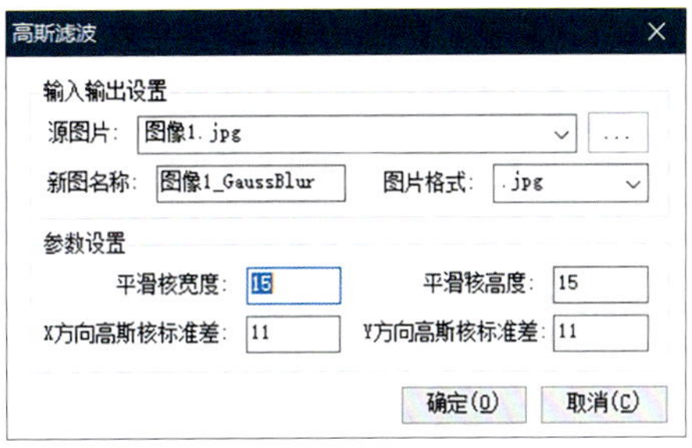

图 7.1.6　高斯滤波

②选择源图片，手动输入新图名称，选择图片格式，输入平滑核宽度、平滑核高度及 X、Y 方向高斯核标准差，点击“确定”生成图片到数据工程中的图像数据节点上，打开后如图 7.1.7 所示。

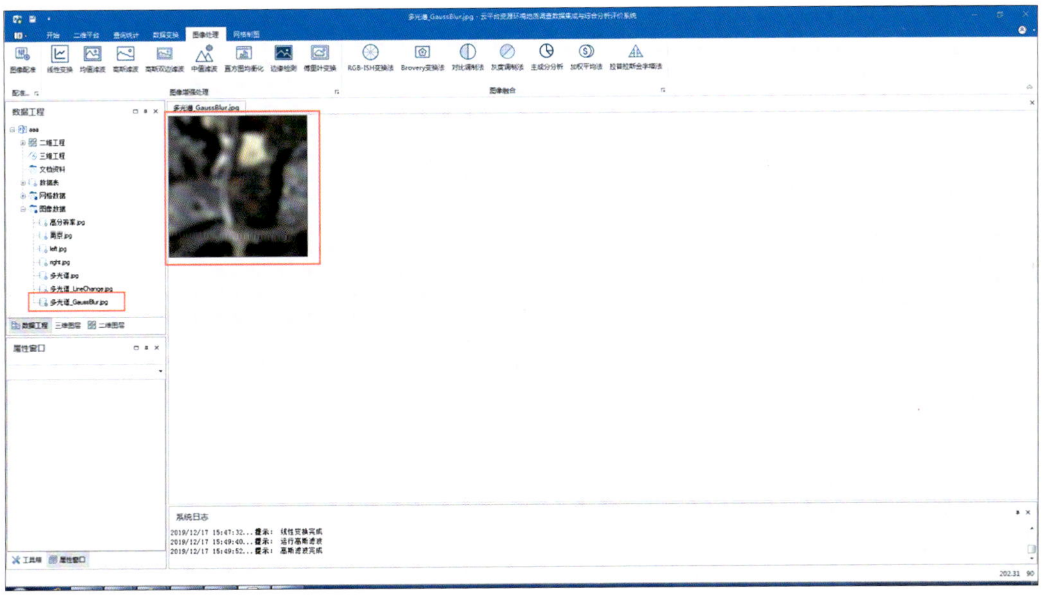

图 7.1.7　高斯滤波结果

7.1.4 高斯双边滤波

【说明】

高斯双边滤波是一种非线性滤波，适用于保边去噪，该方法只能够对低频信息进行较好的滤波，对高频噪声不能滤掉。

【操作】

①点击图像增强模块中的“高斯双边滤波”按钮，系统弹出高斯双边滤波界面，如图 7.1.8 所示。

图 7.1.8　高斯双边滤波

②选择源图片，手动输入新图名称，选择图片格式，输入像素领域直径、颜色空间过滤值及坐标空间过滤值，点击“确定”生成图片到数据工程中的图像数据节点上，打开后如图 7.1.9 所示。

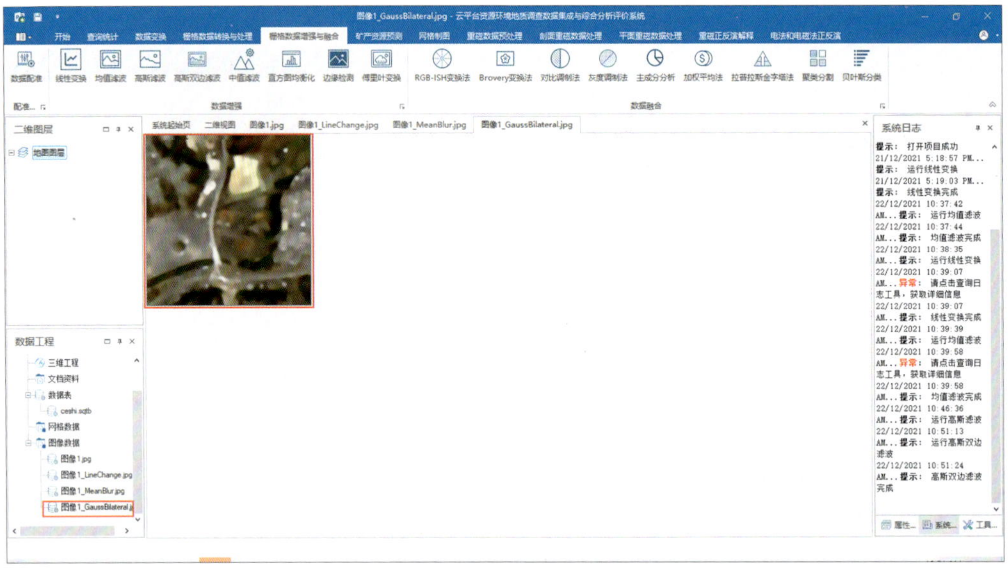

图 7.1.9　高斯双边滤波结果

7.1.5　中值滤波

【说明】

中值滤波是一种非线性平滑技术，中值滤波是基于排序统计理论的一种能有效抑制噪声的非线性信号处理技术。

【操作】

①点击图像增强模块中的“中值滤波”按钮，系统弹出中值滤波界面，如图 7.1.10 所示。

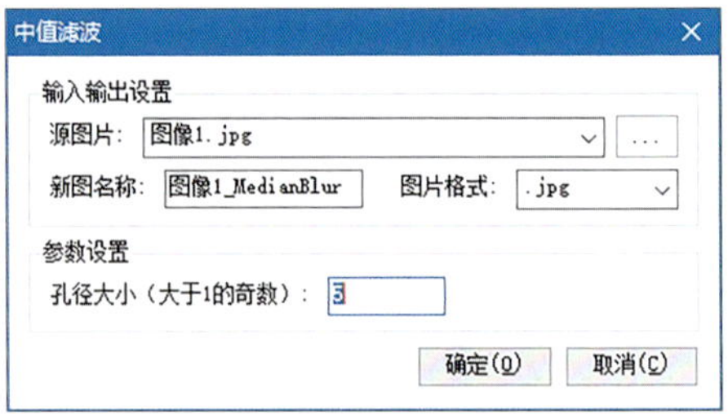

图 7.1.10　中值滤波

②选择源图片，手动输入新图名称，选择图片格式，输入孔径大小，点击“确定”生成图片到数据工程中的图像数据节点上，打开后如图 7.1.11 所示。

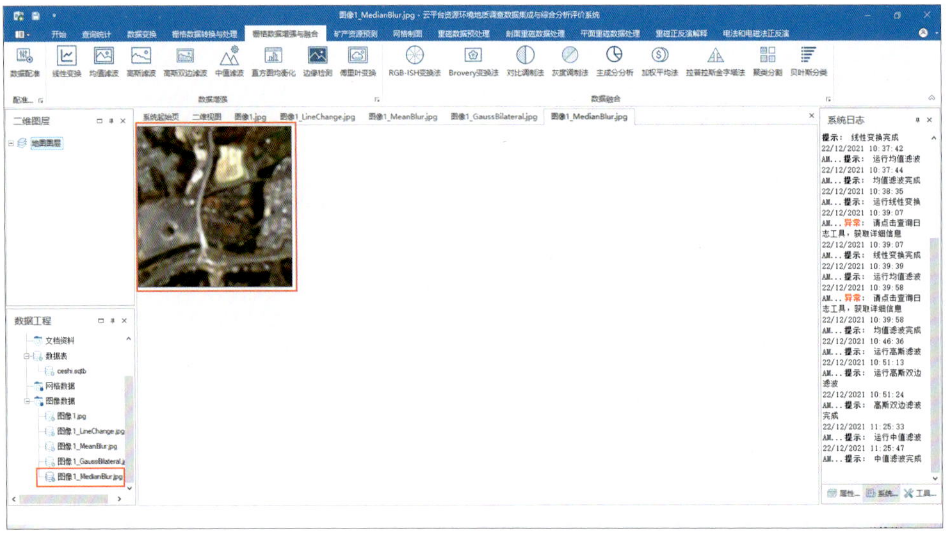

图 7.1.11　中值滤波结果

7.1.6 直方图均衡化

【说明】

直方图均衡化是图像处理领域中利用图像直方图对比度进行调整的方法。

【操作】

①点击图像增强模块中的“直方图均衡化”按钮，系统弹出直方图均衡化界面，如图 7.1.12 所示。

②选择源图片，手动输入新图名称，选择图片格式，点击“确定”生成图片到数据工程中的图像数据节点上，打开后如图 7.1.13 所示。

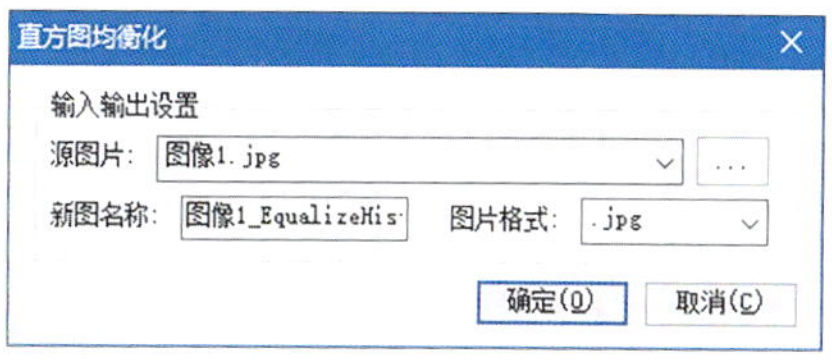

图 7.1.12 直方图均衡化

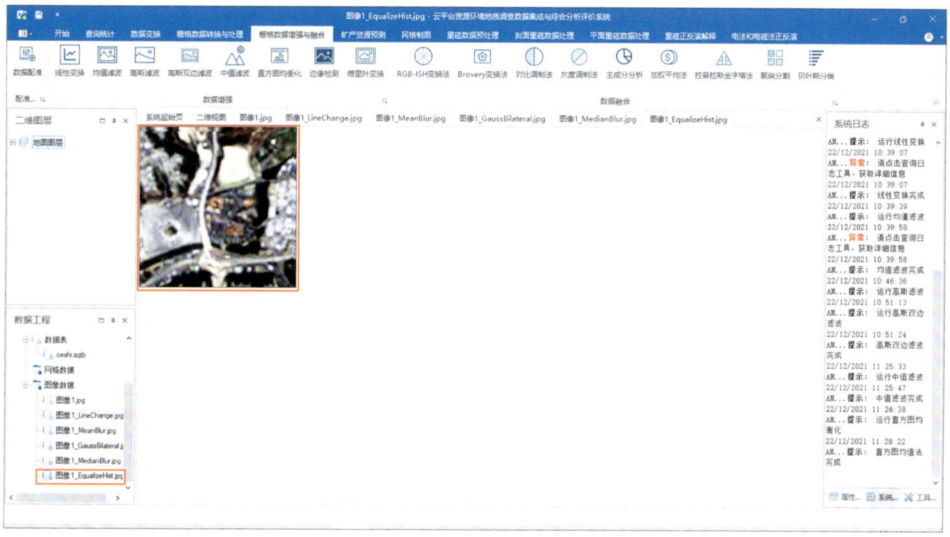

图 7.1.13 直方图均衡化结果

7.1.7 边缘检测

【说明】

边缘检测是根据 Canny 算子来获取图像中的边界线的方法。

【操作】

①点击图像增强模块中的“边缘检测”按钮，系统弹出边缘检测界面，如图 7.1.14 所示。

②选择源图片，手动输入新图名称，选择图片格式，输入高斯平滑核宽度、高斯平滑核高度、迟滞阈值，点击“确定”生成图片到数据工程中的图像数据节点上，打开后如图 7.1.15所示。

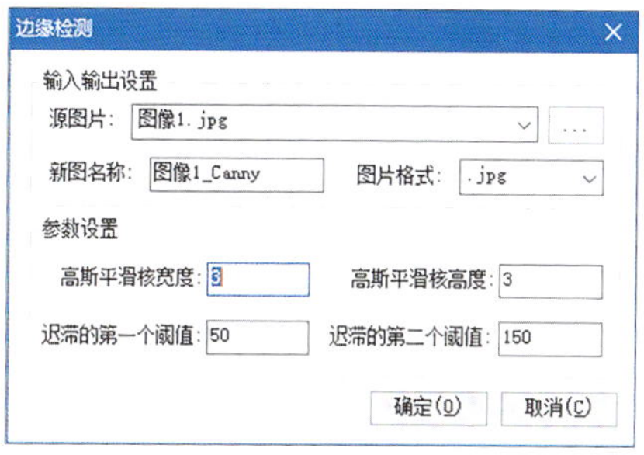

图 7.1.14 边缘检测

7.1.8 傅里叶变换

【说明】

傅里叶变换是将图像数据通过傅里叶变换原理转换成频谱数据。

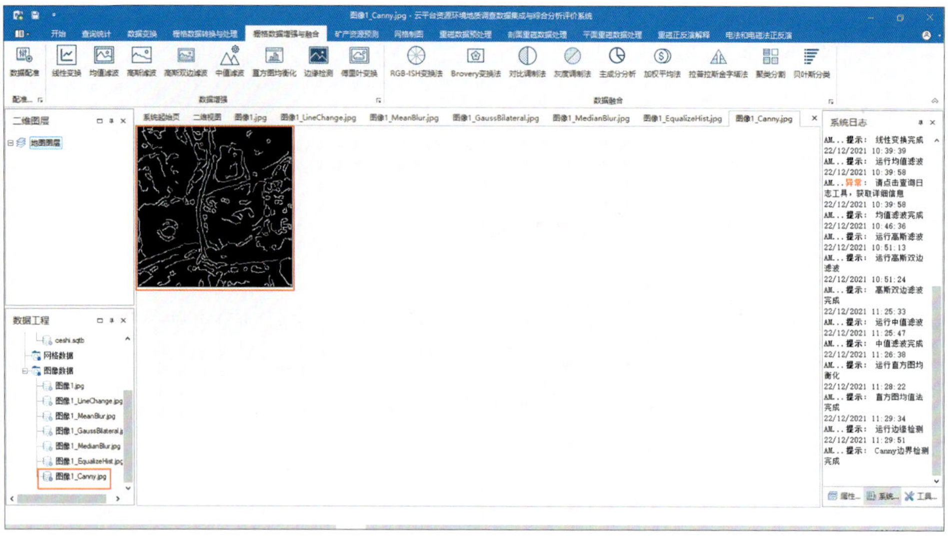

图 7.1.15　边缘检测结果

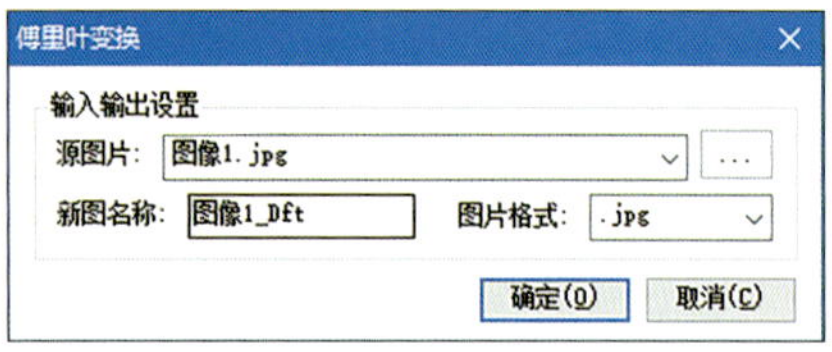

图 7.1.16　傅里叶变换

【操作】

①点击图像增强模块中的“傅里叶变换”按钮，系统弹出傅里叶变换界面，如图 7.1.16 所示。

②选择源图片，手动输入新图名称，选择图片格式，点击“确定”生成图片到数据工程中的图像数据节点上，打开后如图 7.1.17 所示。

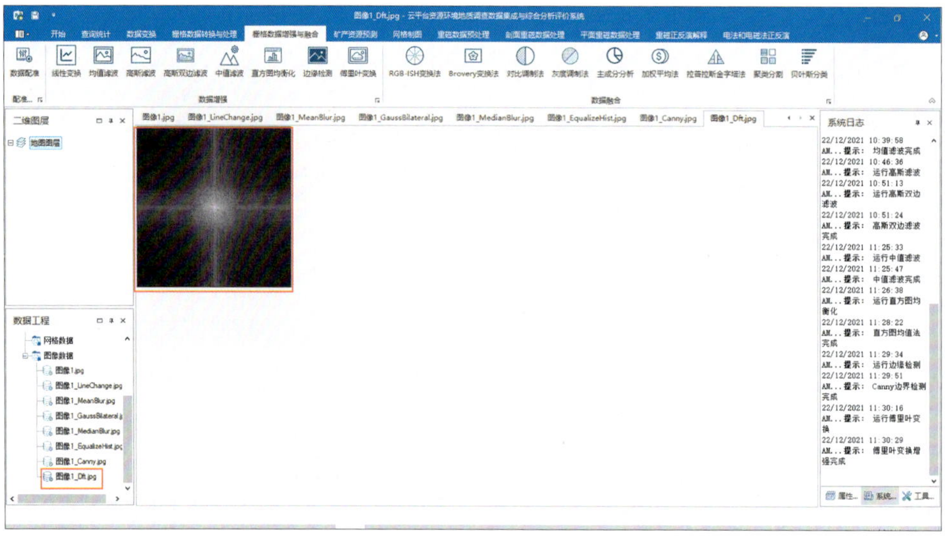

图 7.1.17　傅里叶变换结果

7.2　数据融合处理

数据融合是指将多源信道所采集到的关于同一目标的图像数据经过图像处理和计算机技术等，最大限度地提取各自信道中的有利信息，最后综合成高质量的图像，以提高图像信息的利用率、改善计算机解译精度和可靠性、提升原始图像的空间分辨率和光谱分辨率，利于监测（图 7.2.1；表 7.2.1）。

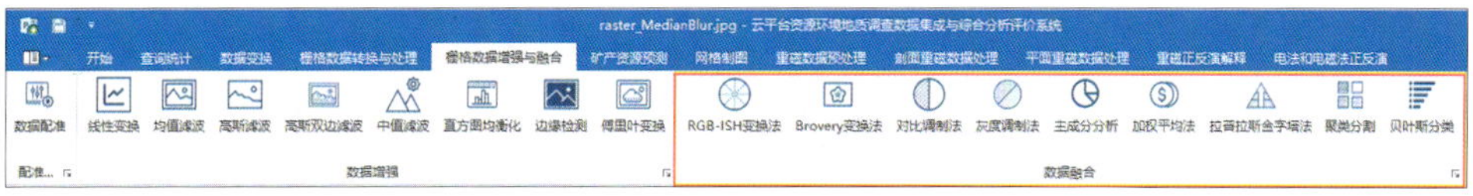

图 7.2.1　数据融合功能展示

表 7.2.1　数据融合功能列表

功能模块	功能描述
RGB-ISH 变换法	通过 RGB-ISH 变换法提取两个图片的相关信息融合到一张图像上
Brovery 变换法	通过 Brovery 变换法将两个图片的相关信息融合到一张图像上
对比调制法	通过对比调制法将两个图片的相关信息融合到一张图像上
灰度调制法	通过灰度调制法将两个图片的相关信息融合到一张图像上
主成分分析	通过主成分分析法将两个图片的相关信息融合到一张图像上
加权平均法	通过加权平均法将两个图片的相关信息融合到一张图像上
拉普拉斯金字塔法	通过拉普拉斯金字塔法将两个图片的左半边和右半边或者上半部分和下半部分融合到一张图像上
聚类分割	对选择的图像进行聚类分割，可实现彩色图切割和灰度图切割
贝叶斯分类	通过对已分类的 11 个样品图像集进行训练，利用训练得到的分类器实现对未分类图像进行分类

7.2.1　RGB-ISH 变换法

【说明】

通过 RGB-ISH 变换法提取两个图片的相关信息融合到一张图像上。

【操作】

①点击图像融合模块中的“RGB-ISH 变换法”按钮，系统弹出 RGB-ISH 变换法界面，如图 7.2.2所示。

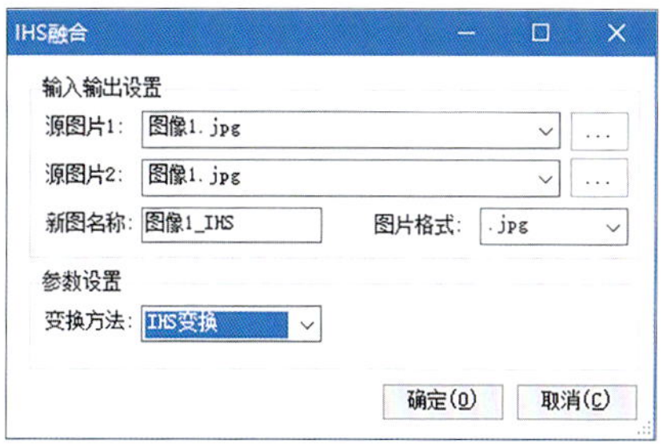

图 7.2.2　RGB-ISH 变换法

②选择源图片，手动输入新图名称，选择图片格式，输入变换方法，点击“确定”生成图片到数据工程中的图像数据节点上，打开后如图 7.2.3 所示。

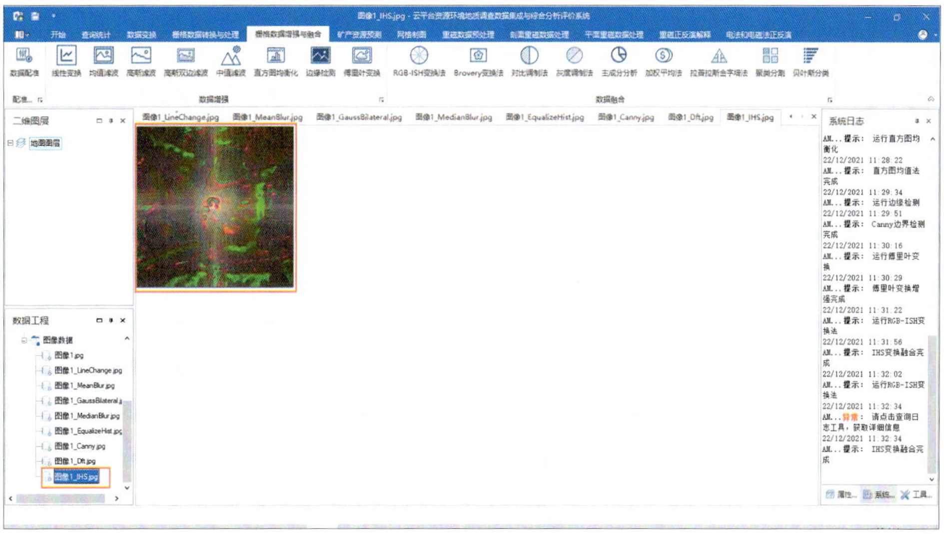

图 7.2.3　RGB-ISH 变换法结果

7.2.2 Brovery 变换法

【说明】

通过 Brovery 变换法将两个图片的相关信息融合到一张图像上。

【操作】

①点击图像融合模块中的“Brovery 变换法”按钮，系统弹出 Brovery 变换法界面，如图 7.2.4 所示。

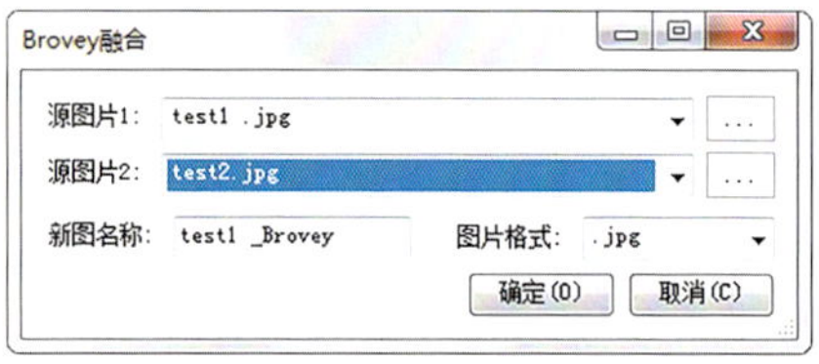

图 7.2.4 Brovery 变换法

②选择源图片，手动输入新图名称，选择图片格式，点击“确定”生成图片到数据工程中的图像数据节点上，打开后如图 7.2.5 所示。

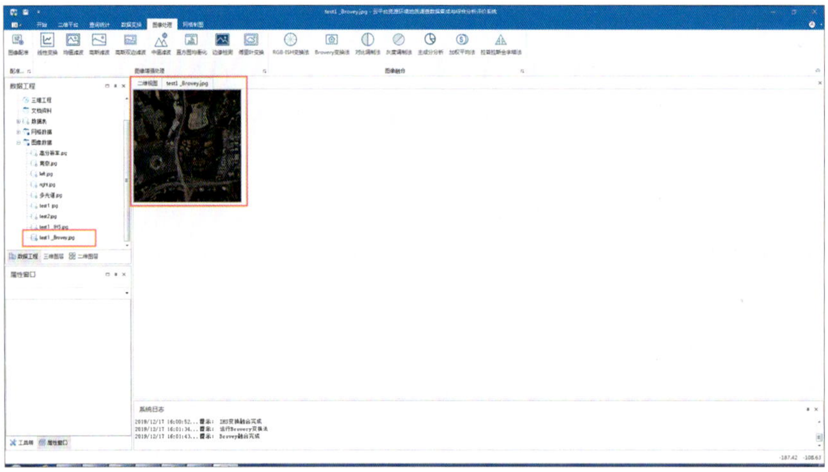

图 7.2.5 Brovery 变换法结果

7.2.3 对比调制法

【说明】

通过对比调制法将两个图片的相关信息融合到一张图像上。

【操作】

①点击图像融合模块中的“对比调制法”按钮，系统弹出对比调制法界面，如图 7.2.6 所示。

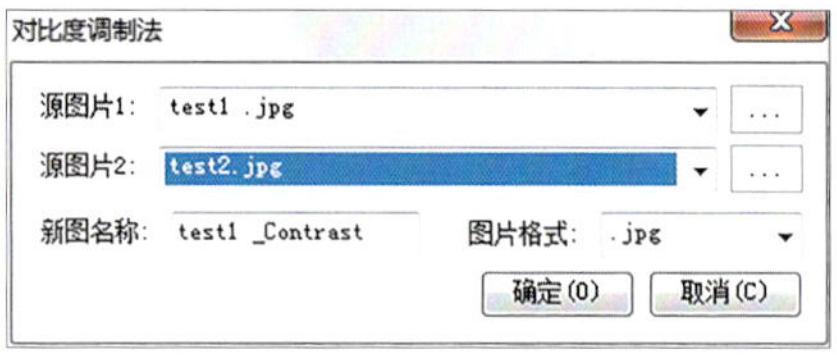

图 7.2.6 对比调制法

②选择源图片，手动输入新图名称，选择图片格式，点击“确定”生成图片到数据工程中的图像数据节点上，打开后如图 7.2.7 所示。

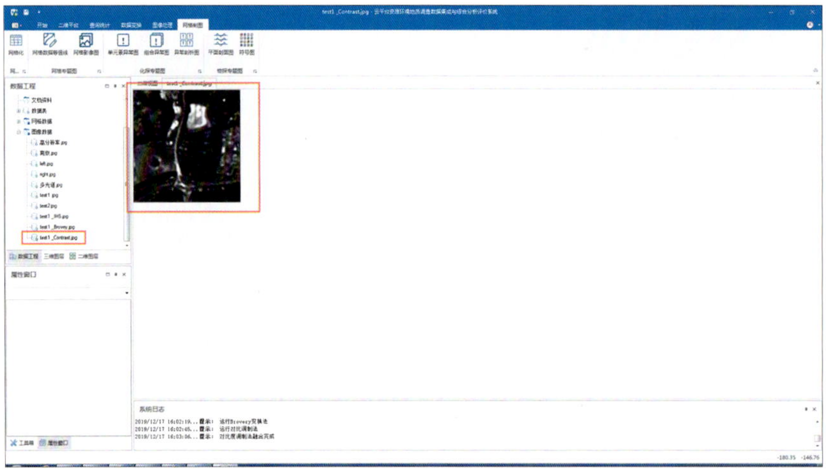

图 7.2.7 对比调制法结果

7.2.4 灰度调制法

【说明】

通过灰度调制法将两个图片的相关信息融合到一张图像上。

【操作】

①点击图像融合模块中的“灰度调制法”按钮，系统弹出灰度调制法界面，如图 7.2.8 所示。

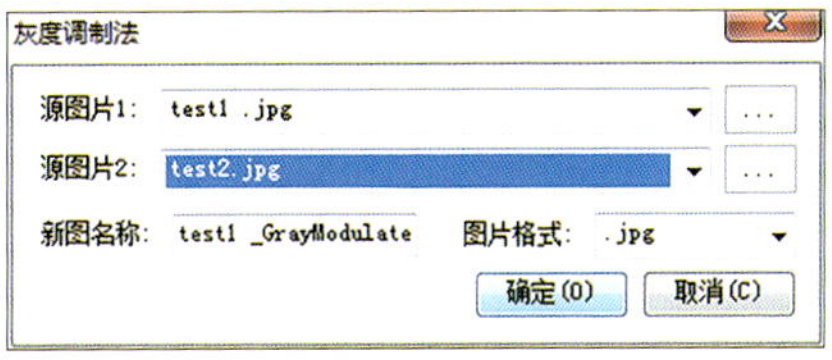

图 7.2.8 灰度调制法

②选择源图片，手动输入新图名称，选择图片格式，点击“确定”生成图片到数据工程中的图像数据节点上，打开后如图 7.2.9 所示。

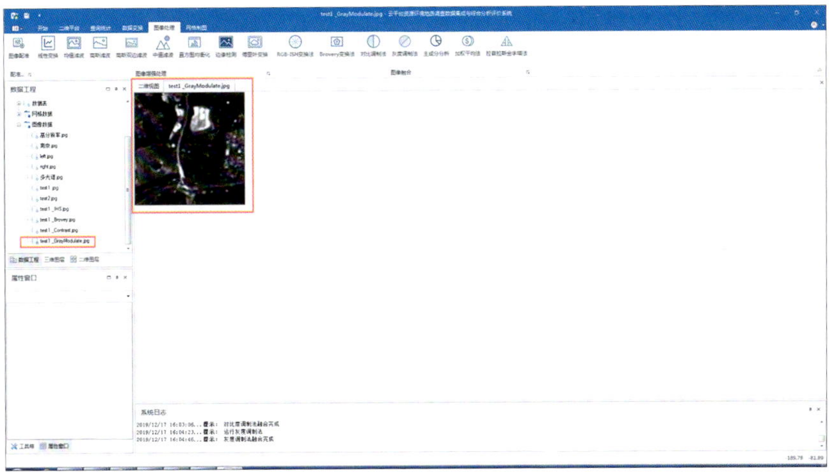

图 7.2.9 灰度调制法结果

7.2.5 主成分分析

【说明】

通过主成分分析法将两个图片的相关信息融合到一张图像上。

【操作】

①点击图像融合模块中的“主成分分析”按钮，系统弹出主成分分析界面，如图 7.2.10 所示。

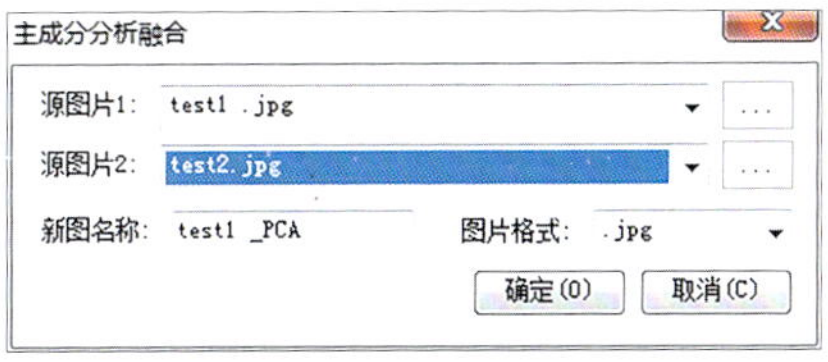

图 7.2.10 主成分分析

②选择源图片，手动输入新图名称，选择图片格式，点击“确定”生成图片到数据工程中的图像数据节点上，打开后如图 7.2.11 所示。

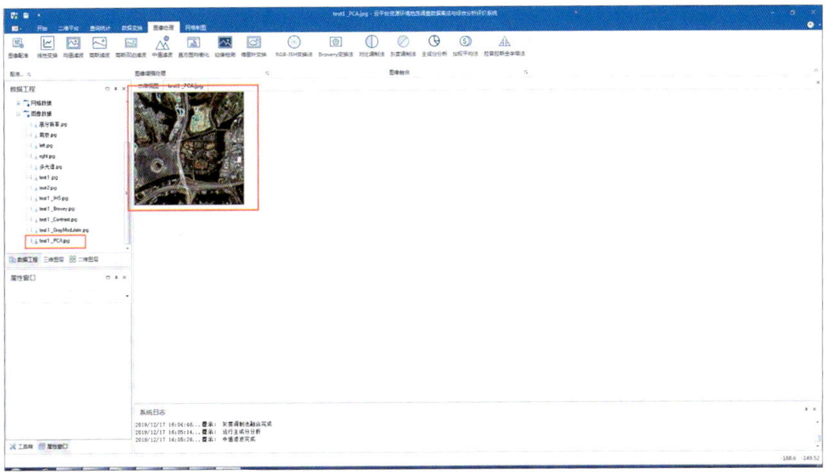

图 7.2.11 主成分分析结果

7.2.6 加权平均法

【说明】

通过加权平均法将两个图片的相关信息融合到一张图像上。

【操作】

①点击图像融合模块中的“加权平均法”按钮，系统弹出加权平均法界面，如图 7.2.12 所示。

②选择源图片，手动输入新图名称，选择图片格式，输入对应图像的权重值，点击“确定”生成图片到数据工程中的图像数据节点上，打开后如图 7.2.13 所示。

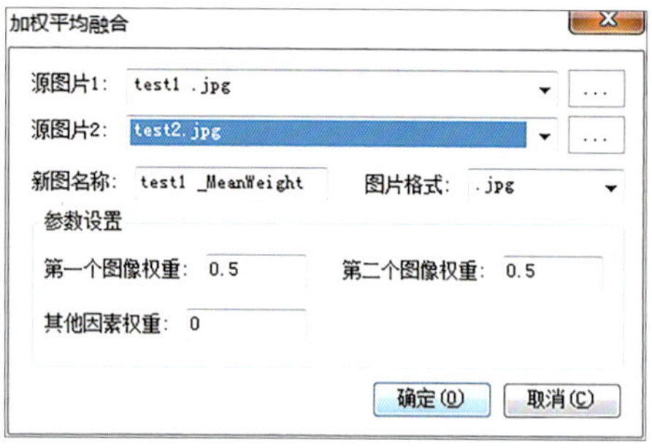

图 7.2.12　加权平均法

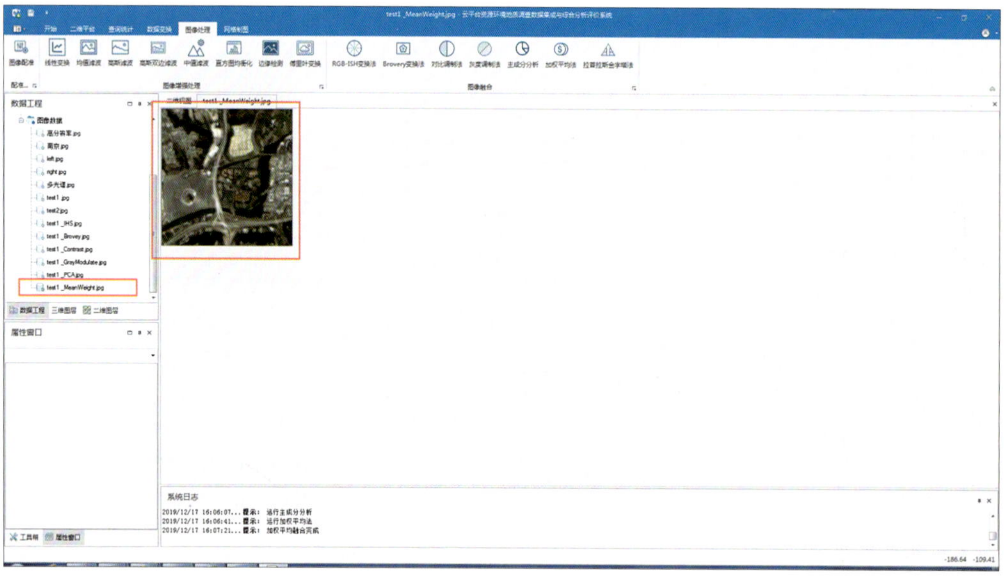

图 7.2.13　加权平均法结果

7.2.7 拉普拉斯金字塔法

【说明】

通过拉普拉斯金字塔法将两个图片的左半边和右半边或者上半部分和下半部分融合到一张图像上。

【操作】

①点击图像融合模块中的“拉普拉斯金字塔法”按钮，系统弹出拉普拉斯金字塔法界面，如图 7.2.14 所示。

②选择源图片，手动输入新图名称，选择图片格式，输入金字塔层级和选择融合方向等参数，点击“确定”生成图片到数据工程中的图像数据节点上，打开后如图 7.2.15所示。

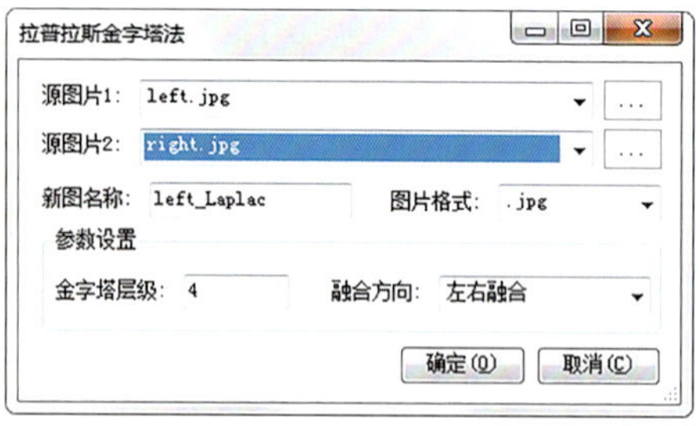

图 7.2.14　拉普拉斯金字塔法

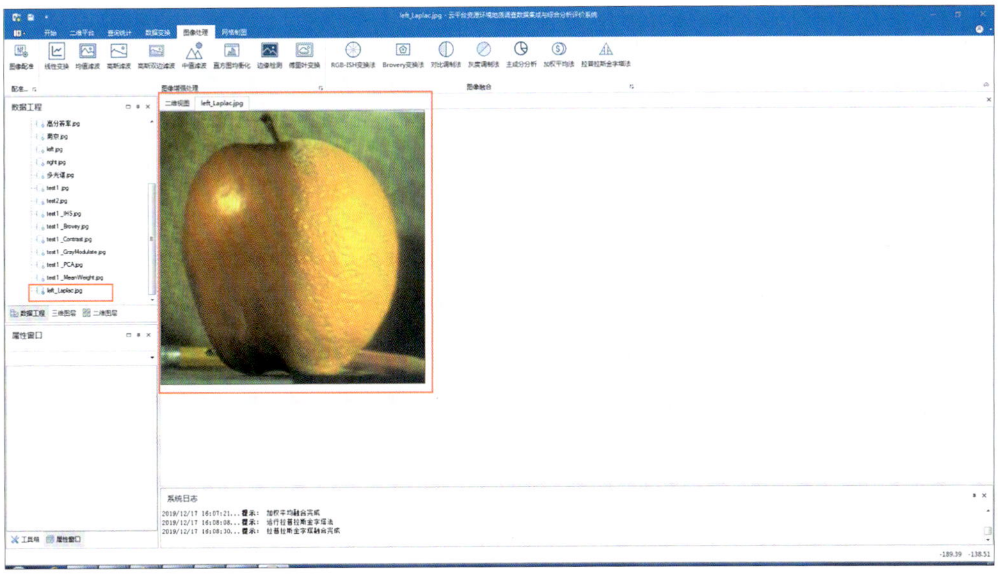

图 7.2.15　拉普拉斯金字塔法结果

7.2.8　聚类分割

【说明】

对选择的图像进行聚类分割，可实现彩色图切割和灰度图切割。

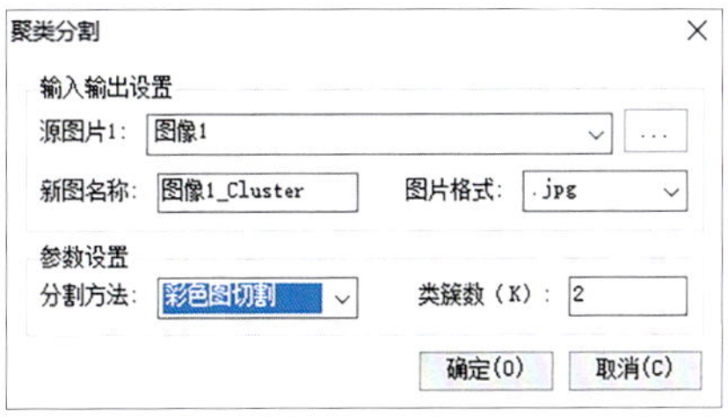

图 7.2.16　聚类分割

【操作】

①点击图像融合模块中的“聚类分割”按钮，系统弹出聚类分割界面，如图 7.2.16 所示。

②选择源图片，手动输入新图名称，选择图片格式，选择分割方法，设置类簇数，点击“确定”按钮进行聚类分割，生成的图片到数据工程中的图像数据节点上，打开后如图 7.2.17所示。

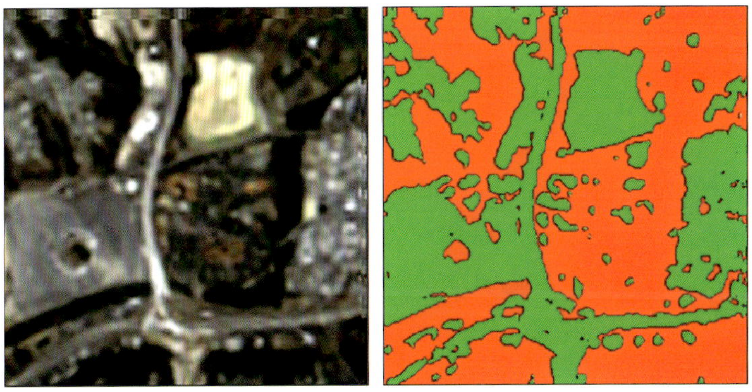

图 7.2.17　聚类分割结果

7.2.9　贝叶斯分类

【说明】

贝叶斯分类功能通过对已分类的 11 个样本图像集进行训练，利用训练得到的分类器实现对未分类图像进行分类。

【操作】

①击图像融合模块中的“贝叶斯分类”按钮，系统弹出贝叶斯分类界面，如图 7.2.18 所示。

②点击输入设置中“+”按钮增加用于训练的 11 个图像，选择需要进行分类的源图片，点击“确定”按钮进行运算，生成的图片到数据工程中的图像数据节点上，打开后如图 7.2.19所示。

图 7.2.18　贝叶斯分类

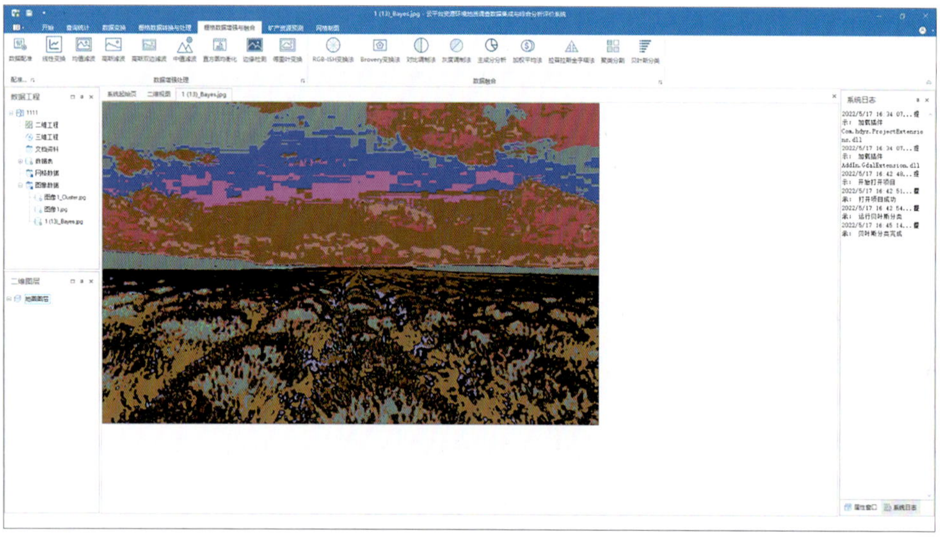

图 7.2.19　贝叶斯分类结果

7.3　数据配准

数据配准就是将不同位置或不同条件下获取的两幅或多幅图像进行匹配、叠加的过程，它已经被广泛地应用于遥感数据分析、计算机视觉、图像处理等领域（图 7.3.1）。

图 7.3.1　数据配准功能展示

【说明】

通过对图像上某几个点的坐标进行校正，将整个图像变换叠加到对应的某个地图或者特定的位置上。

【操作】

①点击数据配准模块中的“配准图像”按钮，系统弹出图像配准参数界面，如图 7.3.2 所示。

②选择配准对象和目标图层（这里目标图层可以为空），选择图片保存的文件夹路径，点击“确定”系统弹出校正点集界面，打开后如图 7.3.3 所示。

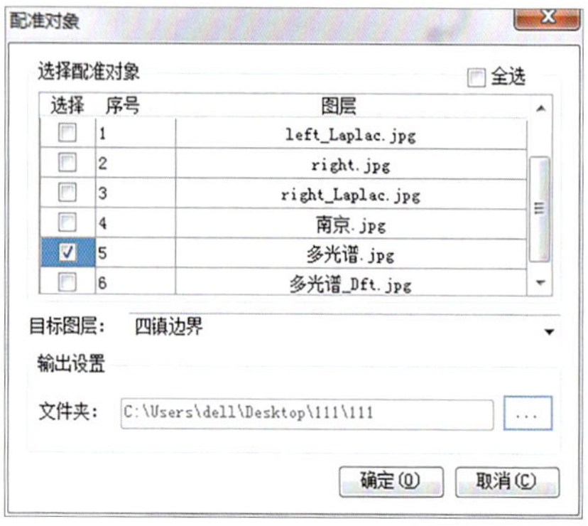

图 7.3.2　配准对象选择

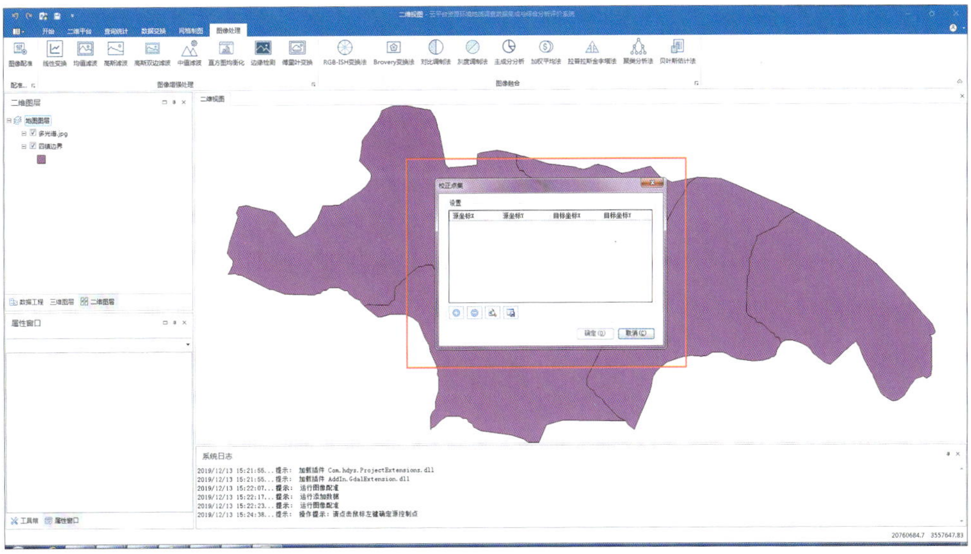

图 7.3.3　校正点集界面

③在添加校正点集时，可以通过校正点集界面的和按钮来手动增加校正点集，也可以通过图层中找到对应点位置然后点击鼠标左键，每完成一对校正点都会在界面中增加一行校正点坐标信息。下面简单描述如何在图层中选择对应点：

a. 在选点过程中校正点集界面在最前面，可以拖拽，首先在图像目录树中找到配准对象图层，右击鼠标，点击“缩放图层”按钮，二维图层自动跳转到配准对象范围（图 7.3.4）。

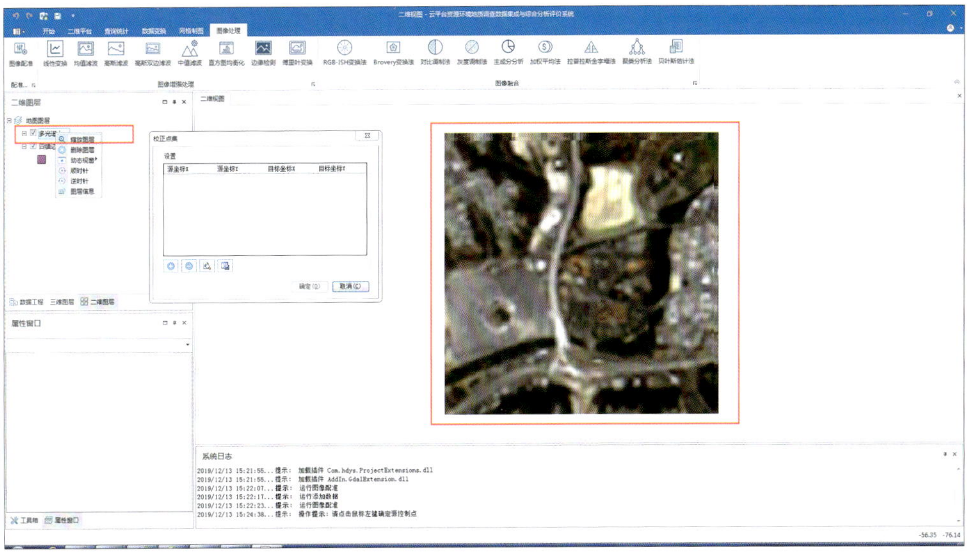

图 7.3.4　锁定配准对象图层

b. 在锁定的配准对象图层中找到一个校正点，点击鼠标左键，完成第一个校正点的选择（图 7.3.5）。

c. 其次在图像目录树中找到目标对象图层，右击鼠标，点击“缩放图层”按钮，二维图层自动跳转到目标对象范围（图 7.3.6）。

d. 在锁定的目标对象图层中找到第一个点对应在目标图层中的目标点位置，点击鼠标左键，完成第二个校正点的选择，这样就完成一对校正点的选择，同时校正点集界面中出现选择的点对坐标信息，我们也可以在界面中修改坐标信息（图 7.3.7）。

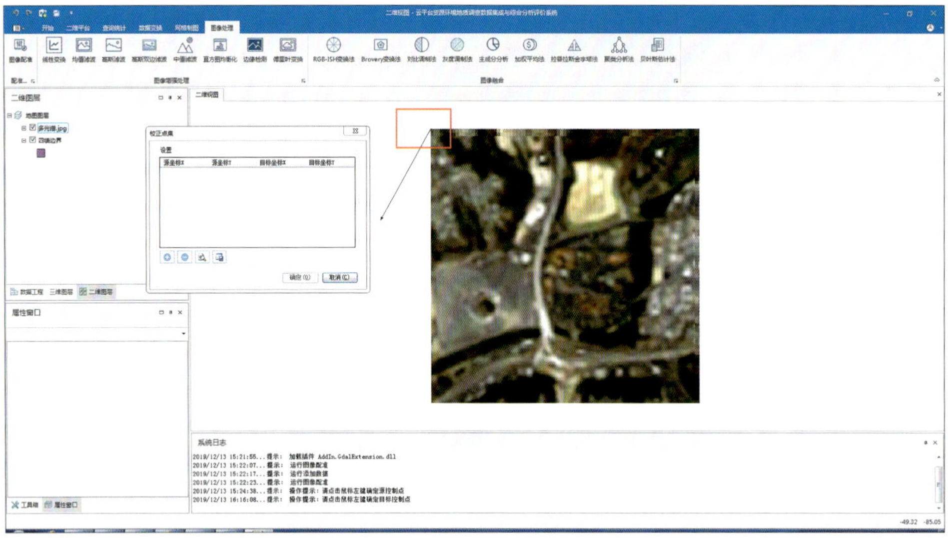

图 7.3.5　选择第一个校正点

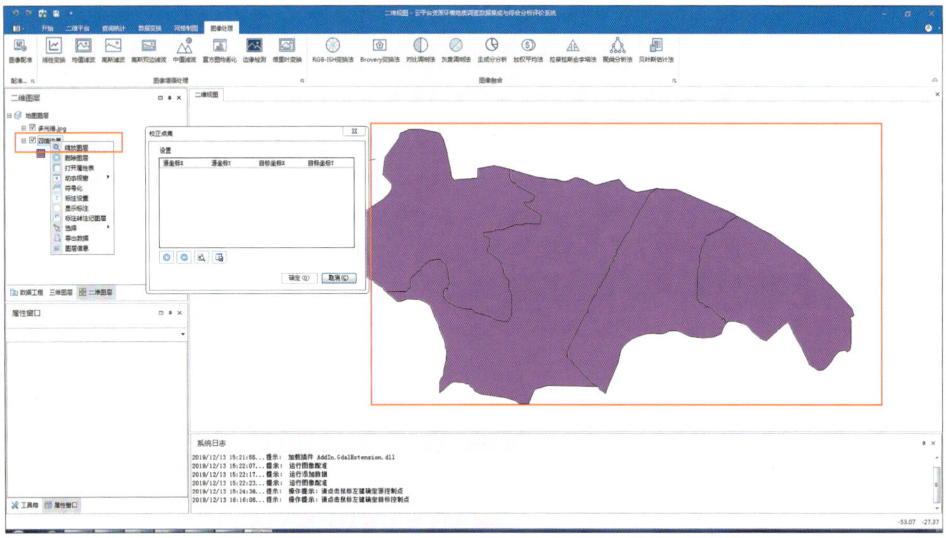

图 7.3.6　锁定目标对象图层

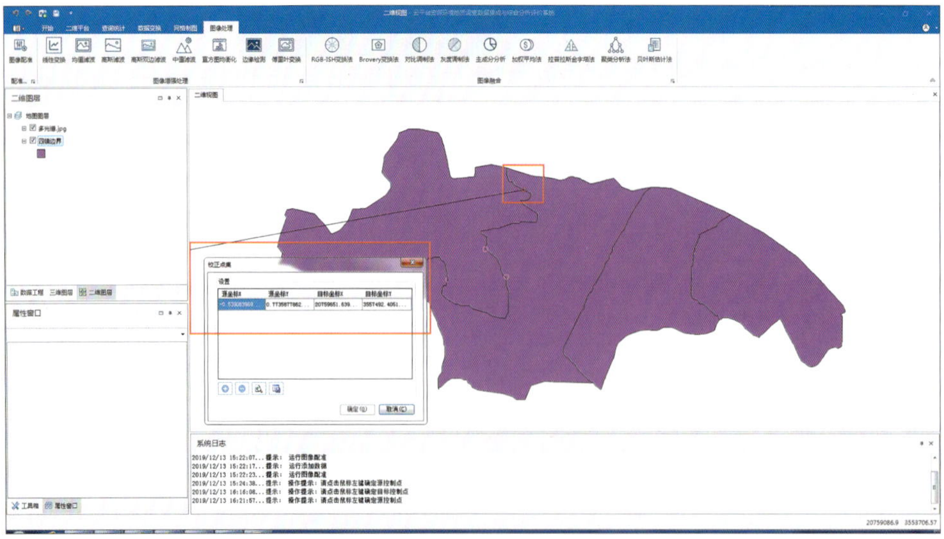

图 7.3.7　选择第二个校正点

④重复上一步的操作至少选择出 3 对校正点对，然后点击“确定”按钮，完成配准，配准后的图片保存到之前选择的文件夹路径中，在视图中也展示配准后的效果，如图 7.3.8 和图 7.3.9 所示。

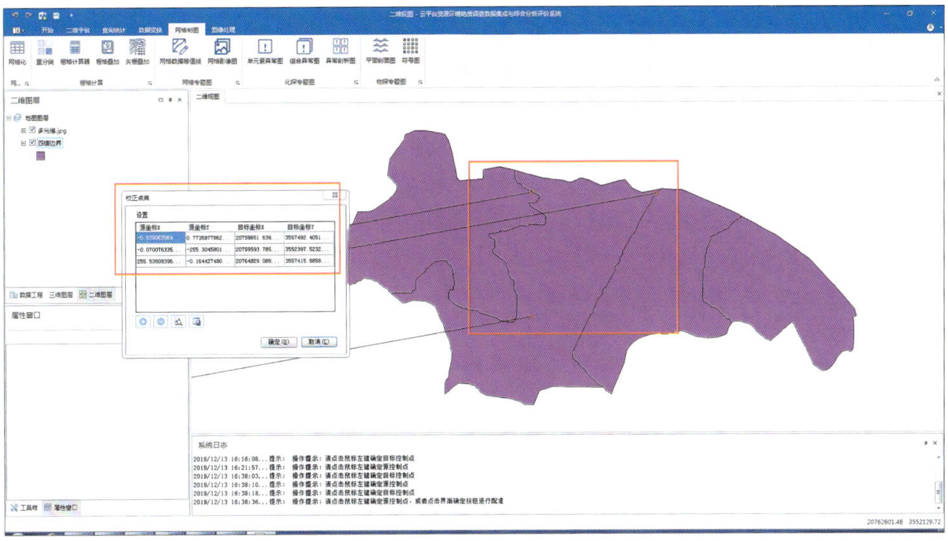

图 7.3.8　完成校正点集选取

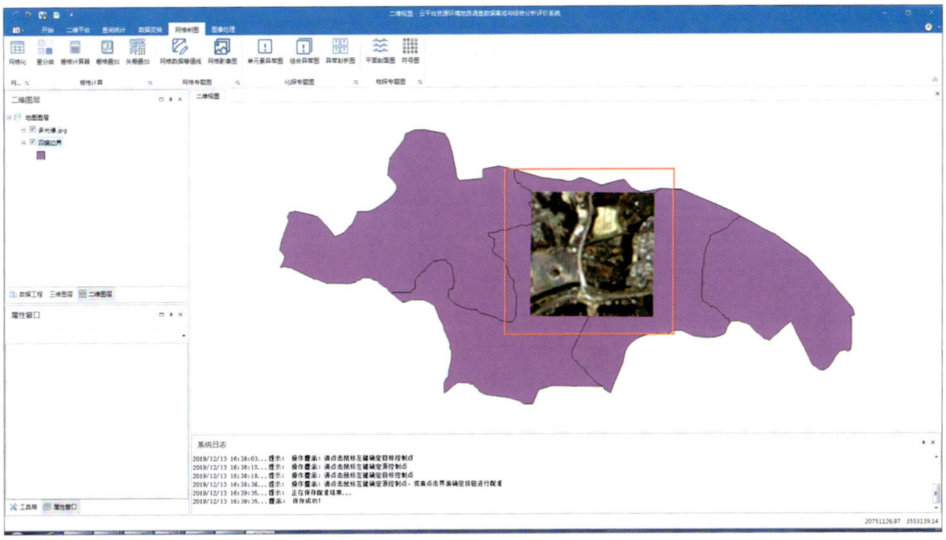

图 7.3.9　配准结果展示

第 8 章　矿产资源预测评价

矿产资源定量评价是以计算机信息处理技术为工具，分析研究矿产勘查过程中获得的各种资料的成矿信息，通过统计分析，建立多源地学信息与矿产资源潜力的关系模型，达到对未知区的定位、定量评价。矿产资源预测模块主要包括证据权模块。

8.1　证据权

证据权模块实现了用证据权的原理进行矿产资源预测的功能，提供了完整的数据证据权预测方法（图 8.1.1；表 8.1.1）。

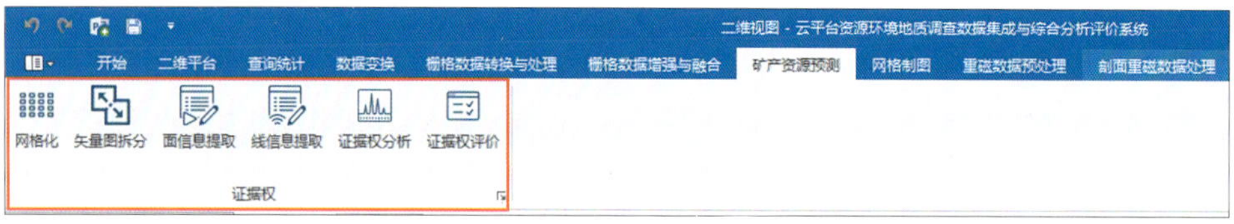

图 8.1.1　证据权功能展示

表 8.1.1　证据权功能列表

功能模块	功能描述
网格化	将某个区域按给定范围和大小划分成若干个网格单元的功能，为后面的信息提取、统计、计算等操作做准备
矢量图拆分	将某个矢量数据根据某个属性的不同值拆分出对应的单独的矢量图的功能
面信息提取	将面矢量数据定量化提取到网格数据中的功能，为后面统计建模做准备
线信息提取	将线矢量数据或者经过缓冲处理后的矢量数据定量化提取到网格数据中的功能，为后面统计建模做准备
证据权分析	对已知区域的若干个成矿因素进行统计分析，建立证据权预测模型的功能
证据权评价	根据已知区域得出的预测模型，对未知区域的网格进行证据权评价，得出每个网格的成矿概率

8.1.1　网格化

【说明】

网格化实现了将某个区域按给定范围和大小划分成若干个网格单元的功能，为后面的信息提取、统计、计算等操作做准备。

【操作】

①点击证据权模块中的“网格化”按钮，系统弹出网格化界面，如图 8.1.2 所示。

②选择源数据，源数据可以是已经加载的矢量图层，也可以为外部 shp 矢量数据，填写或修改 X 坐标和 Y 坐标的最大值、最小值及间距等参数，最后选择保存网格化后的文件路径，如图 8.1.3 所示。

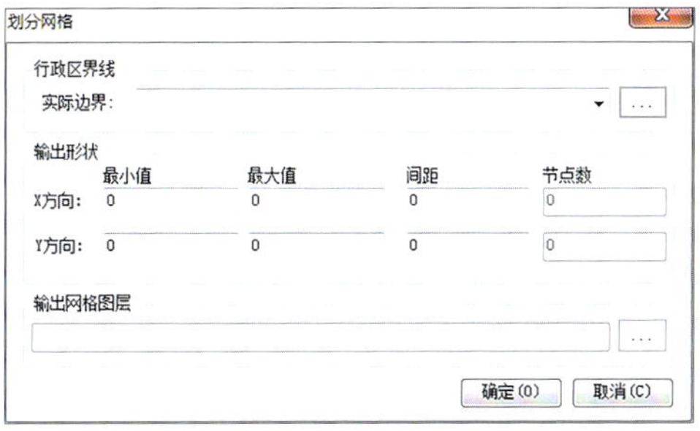

图 8.1.2　网格化

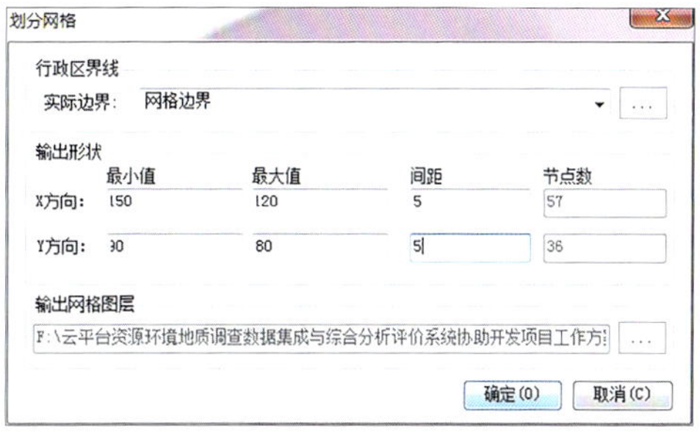

图 8.1.3　网格化参数设置

③点击“确定”按钮完成网格化，结果保存到对应的路径，如图 8.1.4 所示。

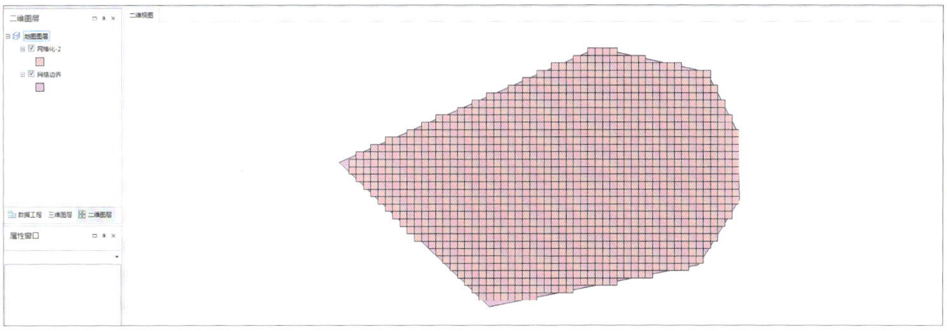

图 8.1.4　网格化结果

8.1.2　矢量图拆分

【说明】

矢量图拆分实现了将某个矢量数据根据某个属性的不同值拆分出对应的单独的矢量图的功能。

【操作】

①点击证据权模块中的“矢量图拆分”按钮，系统弹出矢量图拆分界面，如图 8.1.5 所示。

②选择源数据，源数据可以是已经加载的矢量图层，也可以为外部 shp 矢量数据，选择属性字段以及需要单独拆分出来的属性字段值，最后选择保存矢量图拆分后的文件路径，如图 8.1.6 所示。

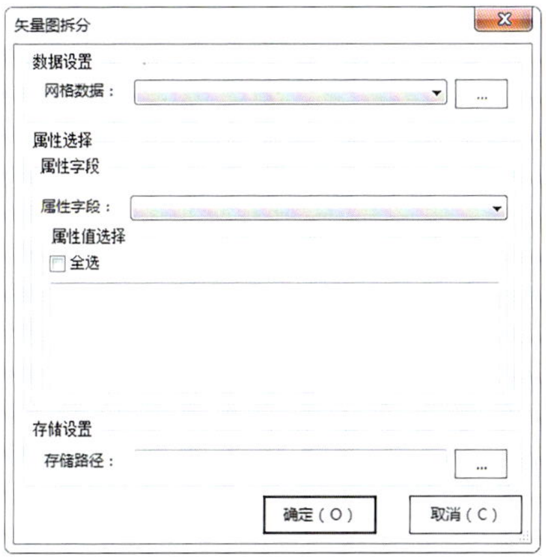

图 8.1.5　矢量图拆分

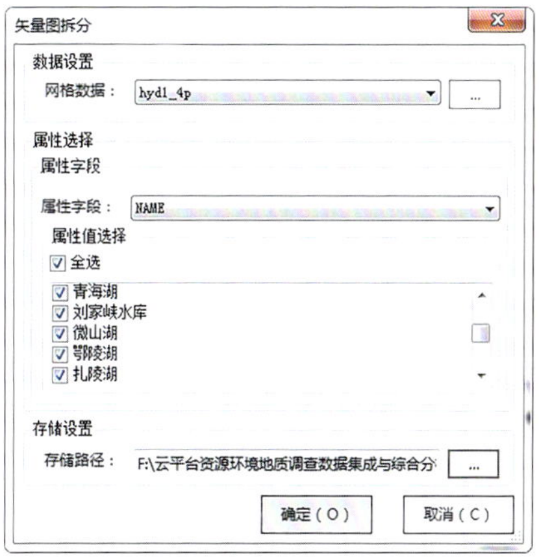

图 8.1.6　矢量图拆分参数设置

③点击“确定”按钮完成矢量图拆分，结果保存到对应的路径，如图 8.1.7 所示。

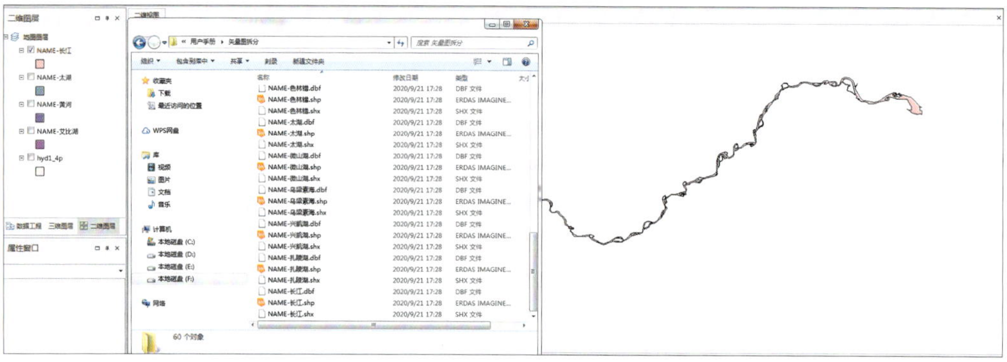

图 8.1.7　矢量图拆分结果

8.1.3　面信息提取

【说明】

面信息提取实现了将面矢量数据定量化提取到网格数据中的功能，为后面统计建模做准备。

【操作】

①点击证据权模块中的“面信息提取”按钮，系统弹出面信息提取界面，如图 8.1.8 所示。

②选择网格数据，数据可以是已经加载的矢量图层，也可以为外部 shp 网格数据，选择面数据，数据可以是已经加载的矢量图层，也可以为外部 shp 面矢量数据，命名提取面信息后的新属性字段，如图 8.1.9 所示。

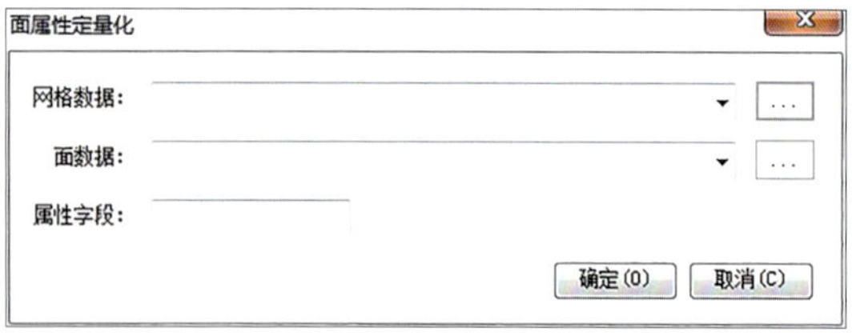

图 8.1.8　面信息提取

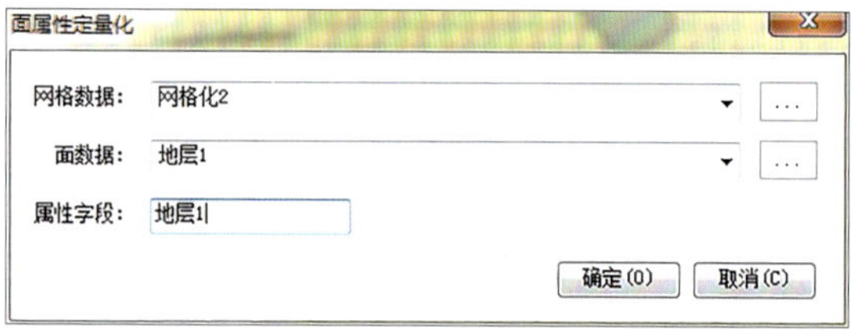

图 8.1.9　面信息提取参数设置

③点击“确定”按钮完成面信息提取，结果保存到网格图层的对应属性字段中，如图 8.1.10 所示。

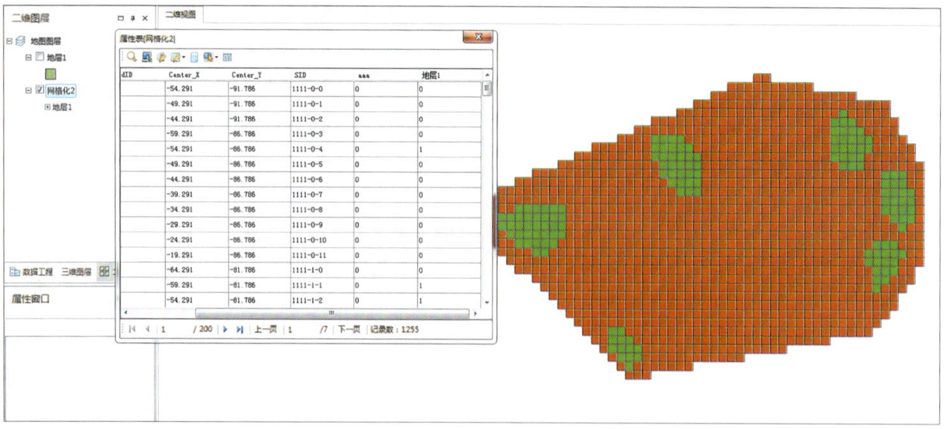

图 8.1.10　面信息提取结果

8.1.4　线信息提取

【说明】

线信息提取实现了将线矢量数据或者经过缓冲处理后的矢量数据定量化提取到网格数据中的功能，为后面统计建模做准备。

【操作】

①点击证据权模块中的“线信息提取”按钮，系统弹出线信息提取界面，如图 8.1.11 所示。

②选择网格数据，数据可以是已经加载的矢量图层，也可以为外部 shp 网格数据，选择线数据，数据可以是已经加载的矢量图层，也可以为外部 shp 线矢量数据，命名提取面信息后的新属性字段，最后可以勾选是否对线进行缓冲后再进行信息提取，并且对应填写缓冲距离，如图 8.1.12 所示。

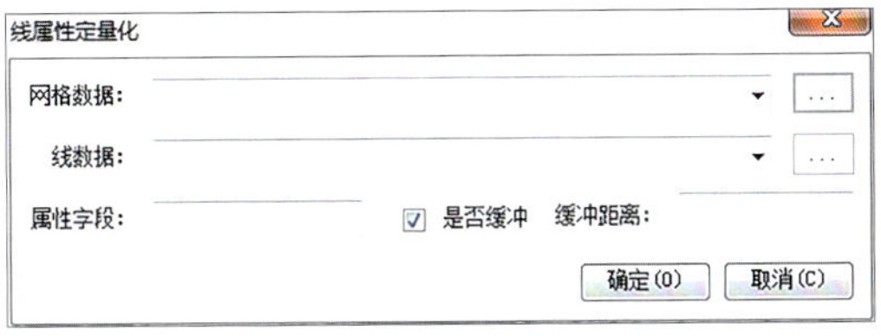

图 8.1.11　线信息提取

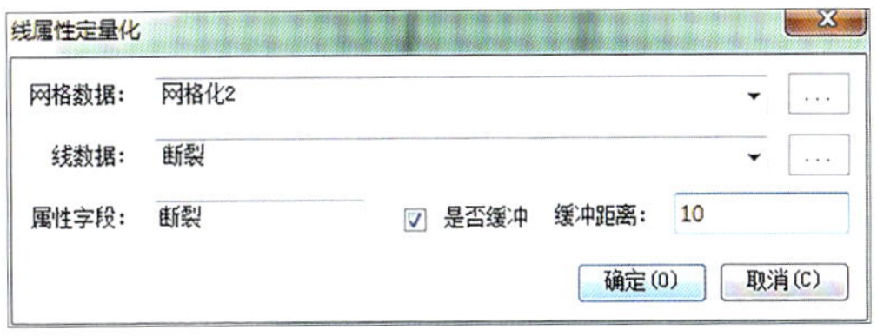

图 8.1.12　线信息提取参数设置

③点击“确定”按钮完成线信息提取，结果保存到网格图层的对应属性字段中，如图 8.1.13 所示。

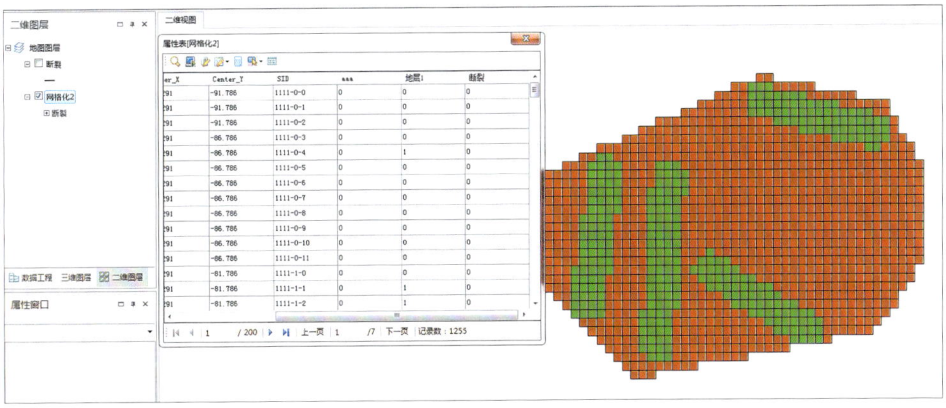

图 8.1.13　线信息提取结果

8.1.5　证据权分析

【说明】

证据权分析实现了对已知区域的若干个成矿因素进行统计分析，建立证据权预测模型的功能。

【操作】

①点击证据权模块中的“证据权分析”按钮，系统弹出证据权分析界面，如图 8.1.14 所示。

②选择网格数据，数据可以是已经加载的矢量图层，也可以为外部 shp 网格数据，选择含矿单元属性字段，选择用于统计计算的控矿因素字段，最后选择保存证据权模型的文件路径，如图 8.1.15所示。

图 8.1.14　证据权分析

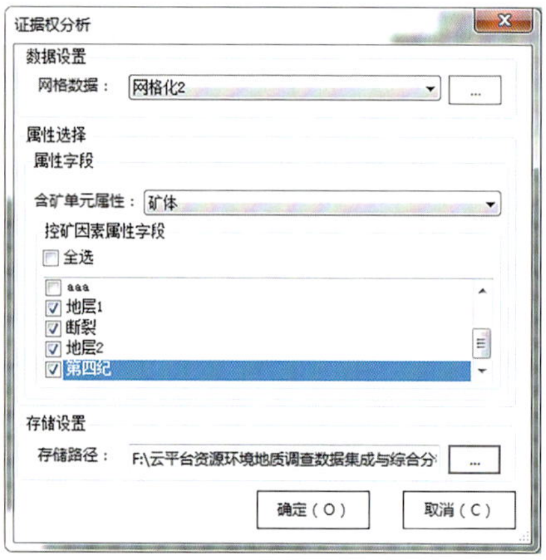

图 8.1.15　证据权分析参数设置

③点击“确定”按钮完成证据权分析，证据权模型保存到对应路径下的 Excel 文件中，如图 8.1.16 所示。

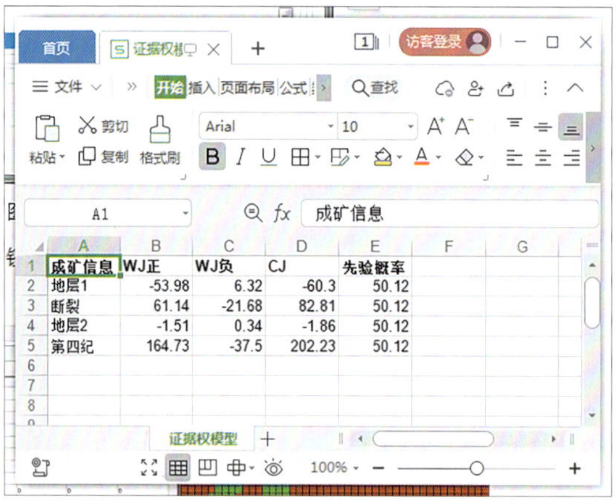

图 8.1.16　证据权分析结果

8.1.6　证据权评价

【说明】

证据权评价实现了根据已知区域得出的预测模型，对未知区域的网格进行证据权评价，得出每个网格的成矿概率。

【操作】

①点击证据权模块中的“证据权评价”按钮，系统弹出证据权评价界面，如图 8.1.17 所示。

②选择网格数据，数据可以是已经加载的矢量图层，也可以为外部 shp 网格数据，选择从外部导入证据权模型的表格数据，最后填写保存预测结果的属性字段名，如图 8.1.18 所示。

图 8.1.17　证据权评价

图 8.1.18　证据权评价参数设置

③点击“确定”按钮完成证据权评价，评价结果保存到矢量数据的对应属性字段中，如图 8.1.19所示。

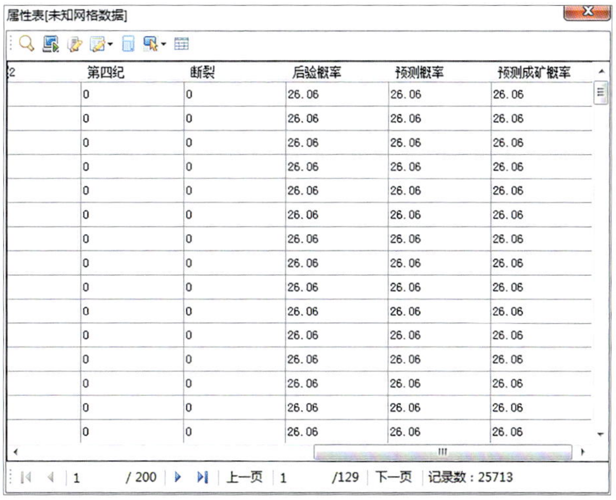
属性表[未知网格数据]

2	第四纪	断裂	后验概率	预测概率	预测成矿概率
	0	0	26.06	26.06	26.06
	0	0	26.06	26.06	26.06
	0	0	26.06	26.06	26.06
	0	0	26.06	26.06	26.06
	0	0	26.06	26.06	26.06
	0	0	26.06	26.06	26.06
	0	0	26.06	26.06	26.06
	0	0	26.06	26.06	26.06
	0	0	26.06	26.06	26.06
	0	0	26.06	26.06	26.06
	0	0	26.06	26.06	26.06
	0	0	26.06	26.06	26.06
	0	0	26.06	26.06	26.06
	0	0	26.06	26.06	26.06
	0	0	26.06	26.06	26.06

1 / 200 上一页 1 /129 下一页 记录数：25713

图 8.1.19　证据权评价结果

第 9 章　网格制图

网格制图模块提供数据从离散点数据到网格数据再到物化探专题图过程的全部功能，为数据制图提供了功能齐全、方便快捷的功能模块。网格制图包括网格化模块、网格专题图模块、化探专题图模块以及物探专题图模块。

9.1　网格化

网格化模块实现了对数据的网格化分析，提供了多样的数据网格化方法（图 9.1.1）。

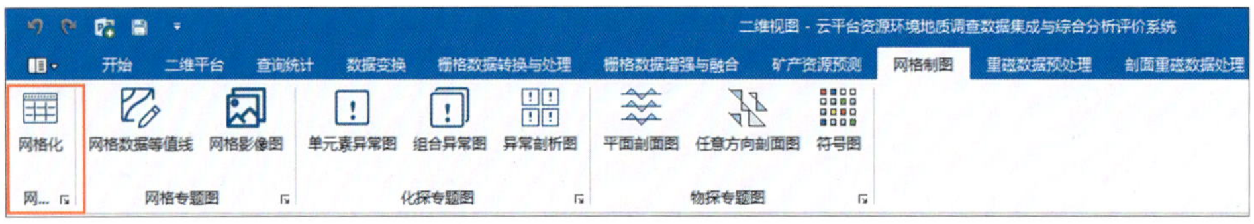

图 9.1.1　网格化功能展示

网格化

【说明】

网格化实现了离散点数据到网格数据的功能，网格化功能提供了多种网格插值方法，如距离反比加权法、指数法、移动平均、改进谢别德法、克里格法等。

【操作】

①点击网格化模块中的“网格化”按钮，系统弹出网格化界面，如图 9.1.2 所示。

②选择源数据，源数据可以为系统数据库里的表数据，也可以为外部 Excel 数据，选择数据列信息，选择网格化方法以及对应的参数，填写网格大小、间距等信息，最后填写保存网格化后的文件路径，如图 9.1.3 所示。

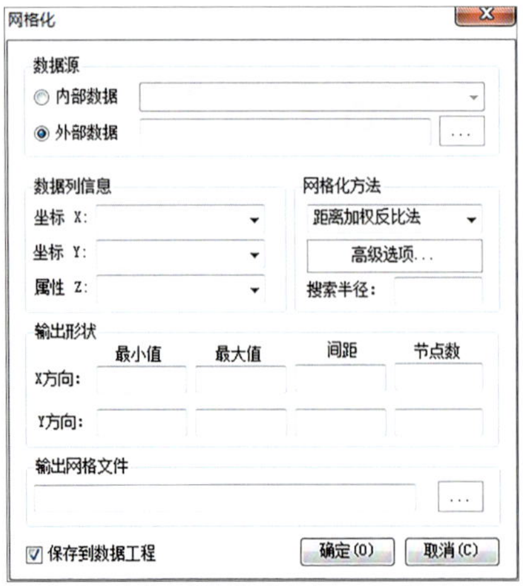

图 9.1.2　网格化

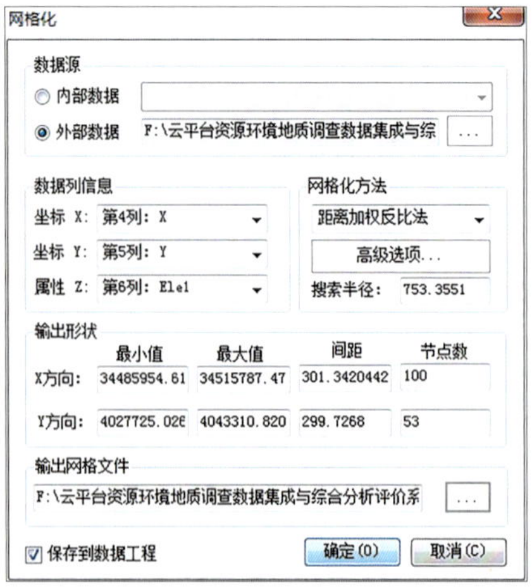

图 9.1.3　网格化参数设置

③点击“确定”按钮完成网格化，结果保存到对应的路径，如图 9.1.4 所示。

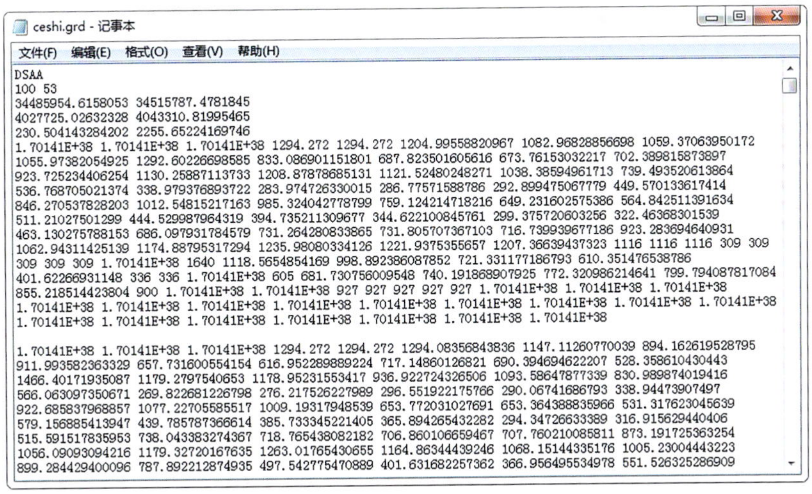

图 9.1.4　网格化结果

9.2　网格专题图

网格专题图模块提供将网格化数据通过追踪等值线和追踪等值面等方法并通过分级设置等生成等值线图，或者通过渲染生成影像图。网格专题图包括网格数据等值线和网格影像图等功能（图 9.2.1；表 9.2.1）。

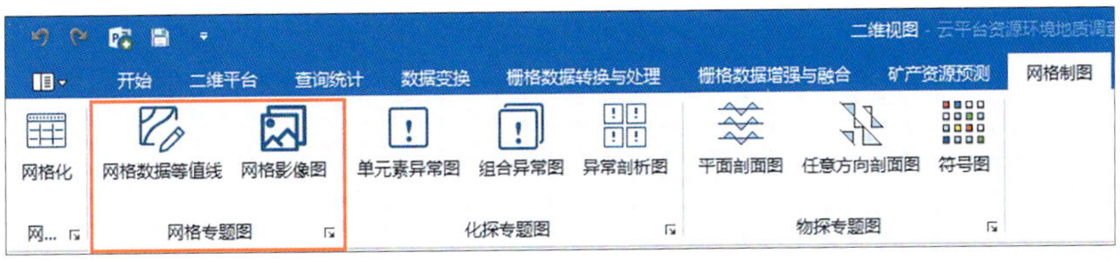

图 9.2.1　网格专题图功能展示

表 9.2.1　网格专题图功能列表

功能模块	功能描述
网格数据等值线	实现网格数据生成等值线图
网格影像图	实现网格数据生成影像图

9.2.1　网格数据等值线

【说明】

实现网格数据生成等值线图。

【操作】

①点击网格专题图模块中的“网格数据等值线”按钮，系统弹出网格数据等值线界面，如图 9.2.2所示。

②选择网格文件（可以从工程里选也可以选择工程外的网格文件），裁切边界文件为可选参数，选择分级方法，输入最值和等值线/区处理的相关参数，可以点击“分级”按钮自动生成分级结果，也可以点击“加载”按

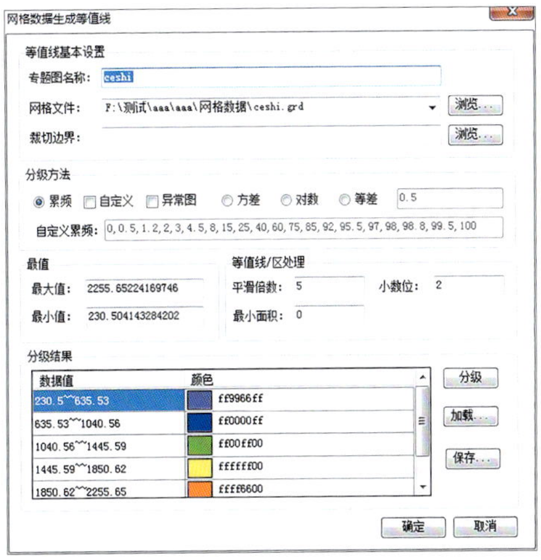

图 9.2.2　网格数据等值线

钮加载已有的分级文件，可以点击“保存”按钮保存这次的分级结果，最后点击“确定”按钮生成等值线图，如图 9.2.3 所示。

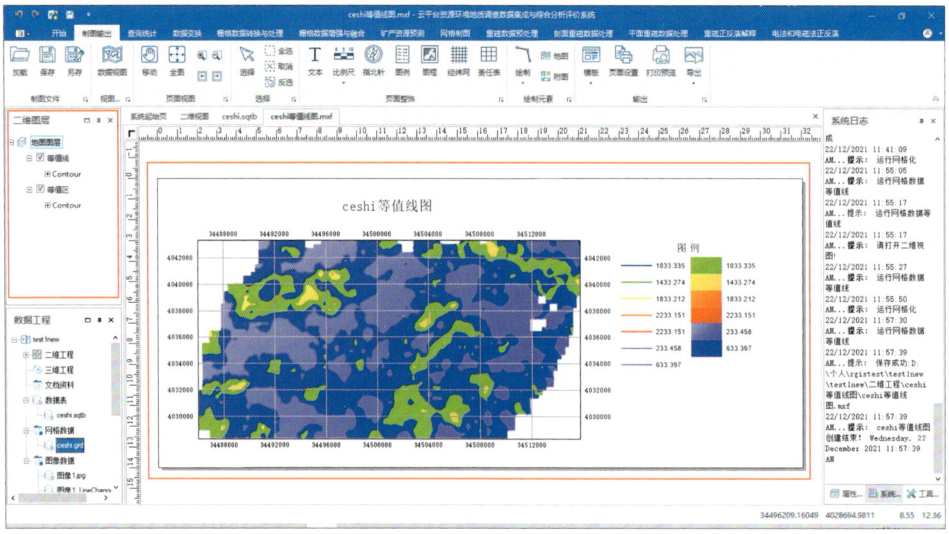

图 9.2.3　网格等值线结果

9.2.2　网格影像图

【说明】

实现网格数据生成影像图。

【操作】

①点击网格专题图模块中的“网格影像图”按钮，系统弹出网格影像图界面，如图 9.2.4 所示。

②填写专题图名称，选择网格文件（可以从工程里选也可以选择工程外的网格文件），选择分级方法，输入最值，可以点击“分级”按钮自动生成分级结果，也可以点击“加载”按钮加载已有的分级文件，可以点击“保存”按钮保存这次的分级结果，最后点击“确定”按钮生成网格影像图，如图 9.2.5 和图 9.2.6 所示。

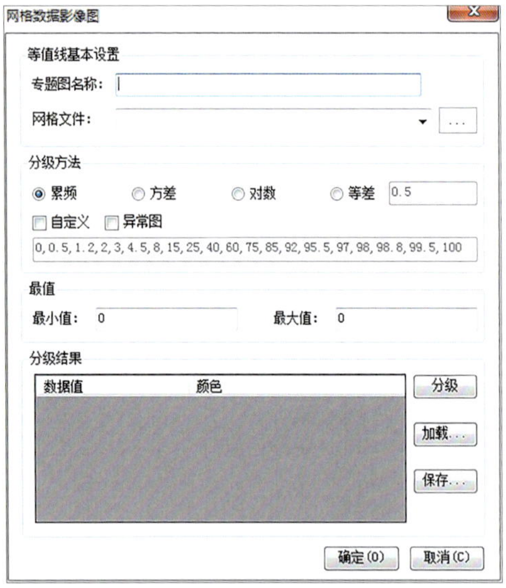

图 9.2.4　网格数据影像图

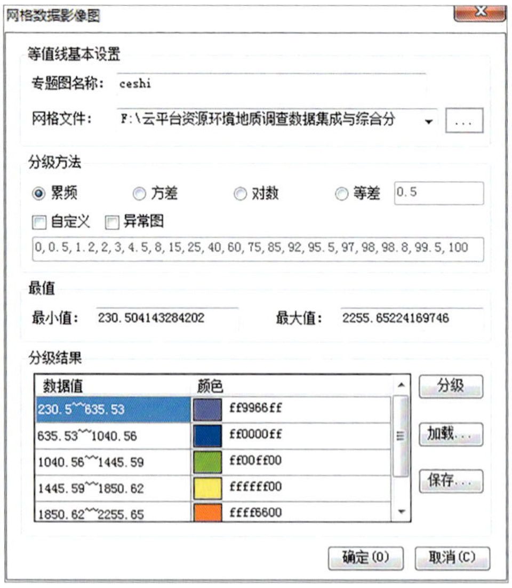

图 9.2.5　网格数据影像图参数设置

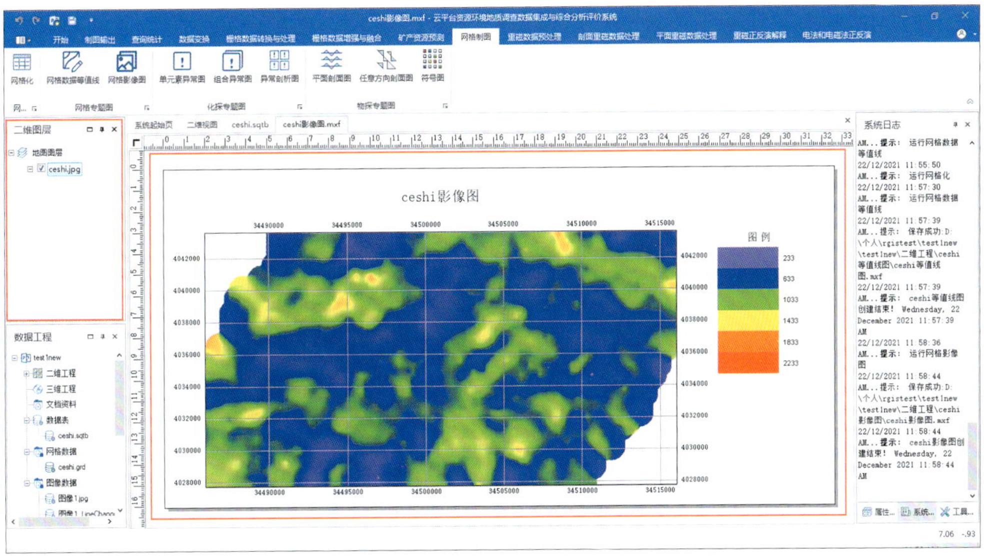

图 9.2.6　网格影像图结果

9.3　化探专题图

化探专题图模块提供网格化数据生成化探专题图的功能。化探专题图模块包括单元素异常图、组合异常图、异常剖析图功能（图 9.3.1；表 9.3.1）。

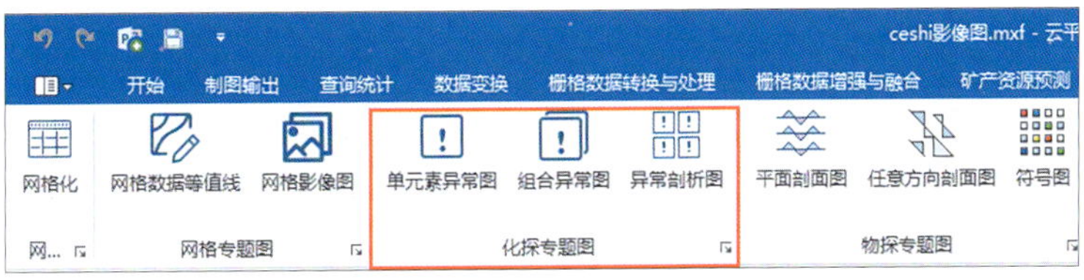

图 9.3.1　化探专题图功能展示

表 9.3.1　化探专题图功能列表

功能模块	功能描述
单元素异常图	用于对单个网格数据根据单个元素的异常下限，生成等值线和等值区
组合异常图	原理和单元素异常图类似，将多个网格文件在同一标准下进行异常计算
异常剖析图	用于对多个 *.grd 格式的格网文件，按元素分别编制单独的元素异常图

9.3.1　单元素异常图

【说明】

单元素异常图功能用于对单个网格数据根据单个元素的异常下限，生成等值线和等值区。

【操作】

①点击化探专题图模块中的“单元素异常图”按钮，系统弹出单元素异常图界面，点击“浏览”按钮，选择本地存储的网格数据，如图 9.3.2 所示。

②设置异常下限的计算方法和带数。计算方法包括累频和均值加标准差两种，其中累频可设置百

分比，例如 85%。

③设置色阶分级，与网格数据符号图功能一致。

④在该窗口中，点击“浏览模板”按钮，会弹出选择制图模板对话框，可以选择相应的制图模板文件。

⑤点击“确定”按钮，生成单元素异常图，如图 9.3.3 所示。

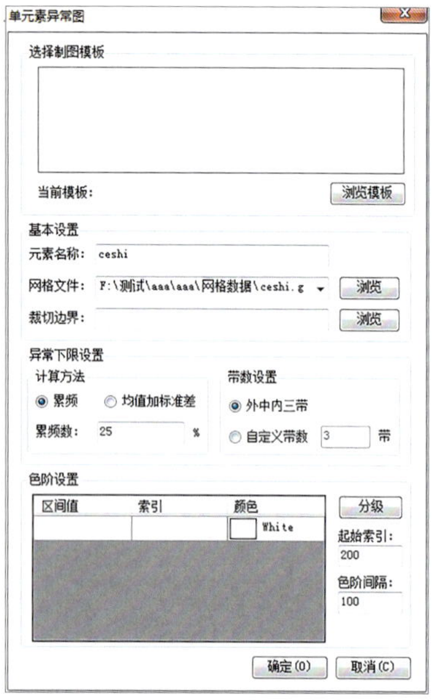

图 9.3.2　单元素异常图

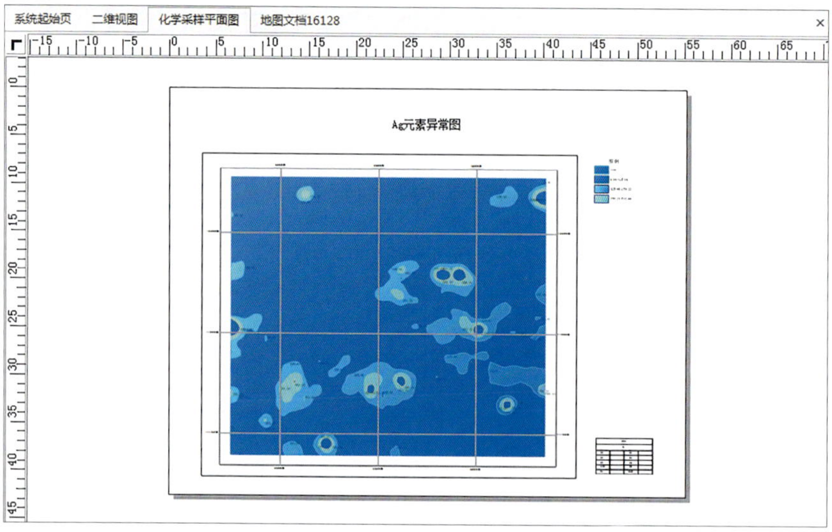

图 9.3.3　单元素异常图结果

9.3.2　组合异常图

【说明】

组合异常图功能原理和单元素异常图类似，将多个网格文件在同一标准下进行异常计算。

【操作】

①点击化探专题图模块中的“组合异常图”按钮，系统弹出组合异常图界面，点击“浏览”按钮，选择本地存储网格数据的文件夹，如图 9.3.4 所示。

②选择组合异常图需要的网格文件。从读取到的所有网格文件名称列表中，选择所需的网格文件到右侧的选择文件列表中。

③设置异常下限的计算方法和带数。计算方法包括累频和均值加标准差两种，其中累频可设置百分比，例如 85%。

④设置色阶分级，与网格数据符号图功能一致。

⑤在该窗口中，点击“浏览模板”按钮，会弹出选择制图模板对话框，可以选择相应的制图模板文件。

⑥点击“确定”按钮，生成组合异常图，如图 9.3.5 所示。

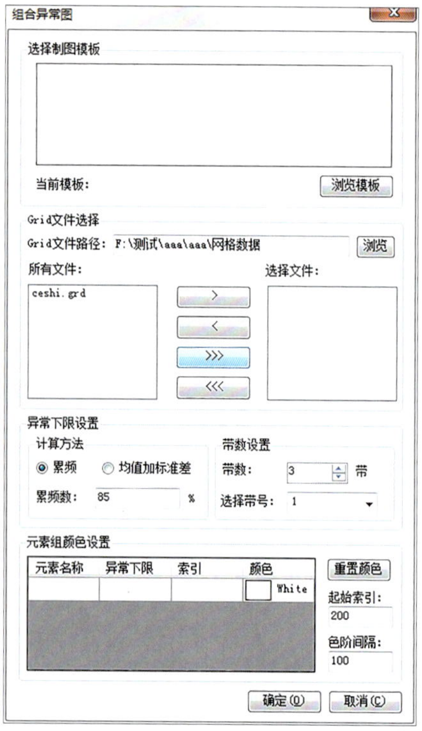

图 9.3.4　组合异常图

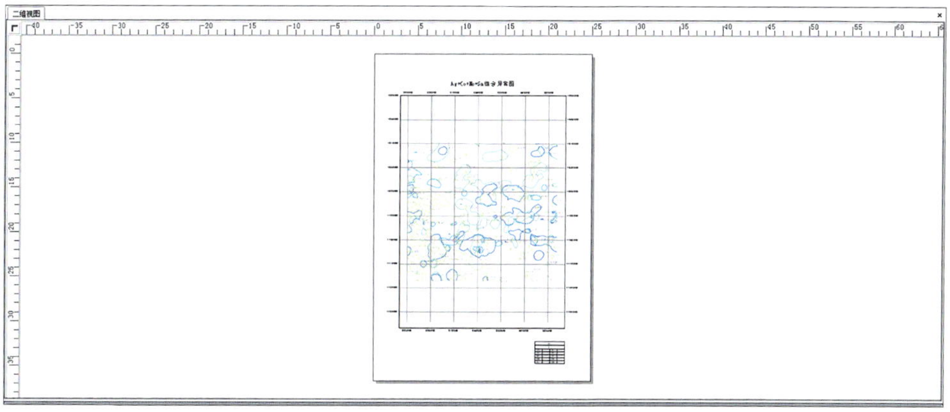

图 9.3.5　组合异常图结果

9.3.3　异常剖析图

【说明】

异常剖析图功能用于对多个 *.grd 格式的格网文件，按元素分别编制单独的元素异常图。

【操作】

①点击化探专题图模块中的“异常剖析图”按钮，弹出异常剖析图界面，点击“浏览”按钮，选择本地存储网格数据的文件夹，如图 9.3.6 所示。

②选择异常剖析图需要的网格文件。从读取到的所有网格文件名称列表中，选择所需的网格文件到右侧的选择文件列表中。

③设置异常下限的计算方法和带数。计算方法包括累频和均值加标准差两种，其中累频可设置百分比，例如 85%。

④设置色阶分级，与网格数据符号图功能一致。

⑤在该窗口中，点击“浏览模板”按钮，会弹出选择制图模板对话框，可以选择相应的制图模板文件。

⑥点击“确定”按钮，生成异常剖析图，如图 9.3.7 所示。

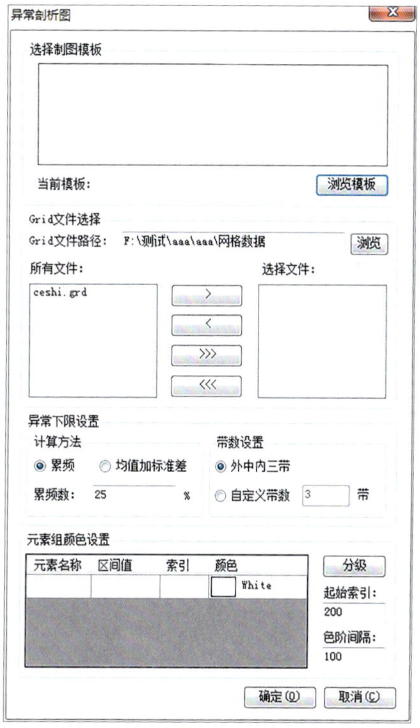

图 9.3.6　异常剖析图

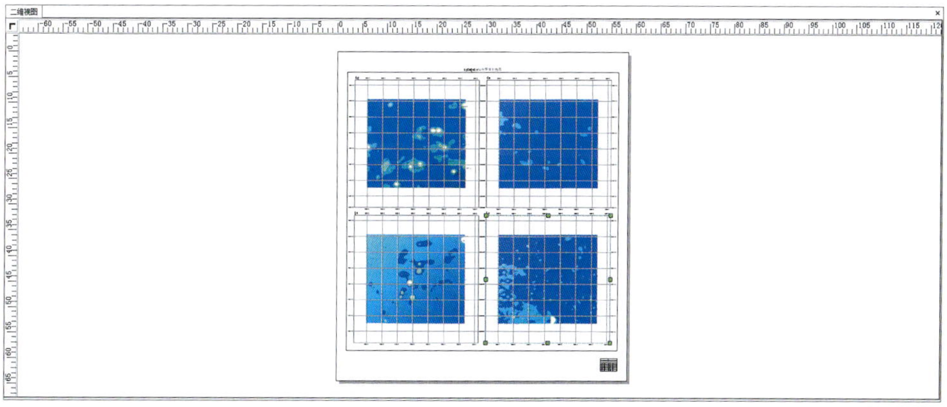

图 9.3.7　异常剖析图结果

9.4 物探专题图

物探专题图模块提供网格化数据生成物探专题图的功能。物探专题图模块包括平面剖面图、任意方向剖面图和符号图功能（图 9.4.1；表 9.4.1）。

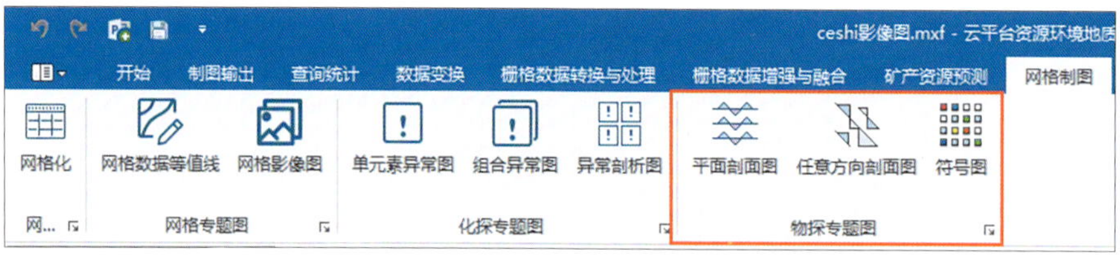

图 9.4.1　物探专题图功能展示

表 9.4.1　物探专题图功能列表

功能模块	功能描述
平面剖面图	用网格数据文件生成平面剖面图，通过剖面曲线的高低起伏来反映规则测网数据的分布特征
任意方向剖面图	任意方向剖面图功能是用离散点数据文件生成平面剖面图，通过剖面曲线的高低起伏来反映规则测网数据的分布特征
符号图	读取离散数据或 *.grd 格式的网格数据文件生成数据符号，用以不同颜色、大小、样式的可视化符号来直观的表示地勘数据属性值的大小的图件

9.4.1 平面剖面图

【说明】

平面剖面图功能是用网格数据文件生成平面剖面图，通过剖面曲线的高低起伏来反映规则测网数据的分布特征。

【操作】

①点击物探专题图模块中的“平面剖面图”按钮，系统弹出平面剖面图界面，如图 9.4.2 所示。

②选择网格数据：从网格数据文件列表框内选择本地的网格数据文件。

③设置剖面符号：点击“+符号”按钮，打开符号选择器界面，选择正剖面符号，点击“确定”按钮返回主界面；点击“-符号”按钮，打开符号选择器界面，选择负剖面符号，点击“确定”按钮返回主界面。

④参数设置：键入测线方位角，生成的测线、剖面线将根据测线方位角度逆时针旋转；键入剖面线纵比例（数值越小越明显）。

⑤点击“确定”按钮，生成剖面线文件和剖面文件，如图 9.4.3所示。

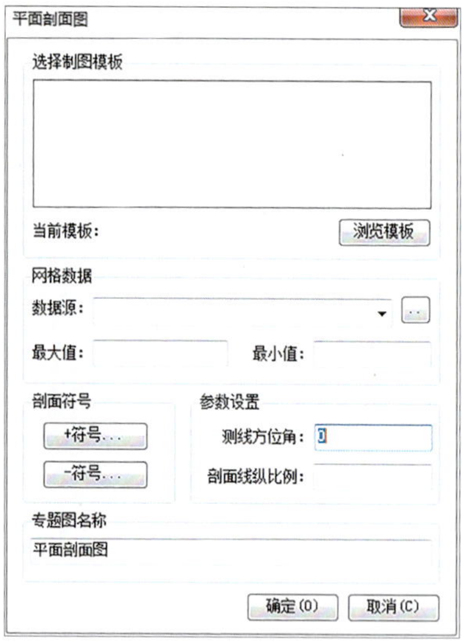

图 9.4.2　平面剖面图

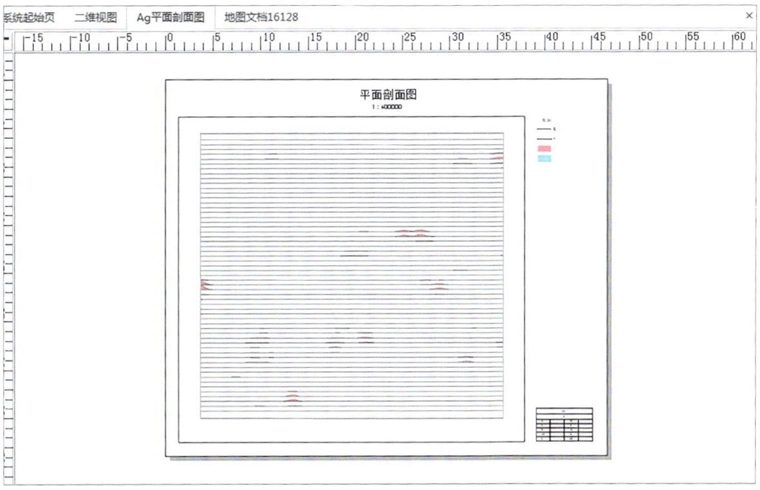

图 9.4.3　平面剖面图结果

9.4.2　任意方向剖面图

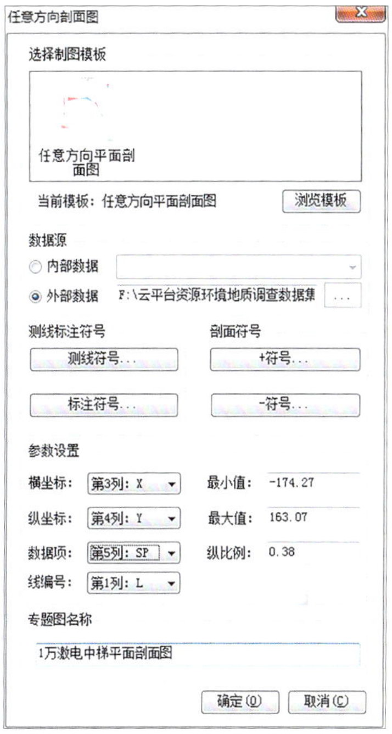

图 9.4.4　任意方向剖面图

【说明】

任意方向剖面图功能是用离散点数据文件生成平面剖面图，通过剖面曲线的高低起伏来反映规则测网数据的分布特征。

【操作】

①点击物探专题模块中的“任意方向剖面图”按钮，系统弹出任意方向剖面图界面，如图 9.4.4 所示。

②选择离散数据：可以选择工程的内部表数据也可以选择导入外部的表数据。

③设置剖面符号：点击“+符号”按钮，打开符号选择器界面，选择正剖面符号，点击“确定”按钮返回主界面；点击“-符号”按钮，打开符号选择器界面，选择负剖面符号，点击“确定”按钮返回主界面。同理还可以设置测线符号和标注符号。

④参数设置：选择表数据中的横坐标、纵坐标、数据项以及线编号等字段名；键入剖面的纵比例（数值越小越明显）。

⑤专题图名称：键入专题图名称。

⑥点击“确定”按钮，生成剖面线文件和剖面文件，如图 9.4.5所示。

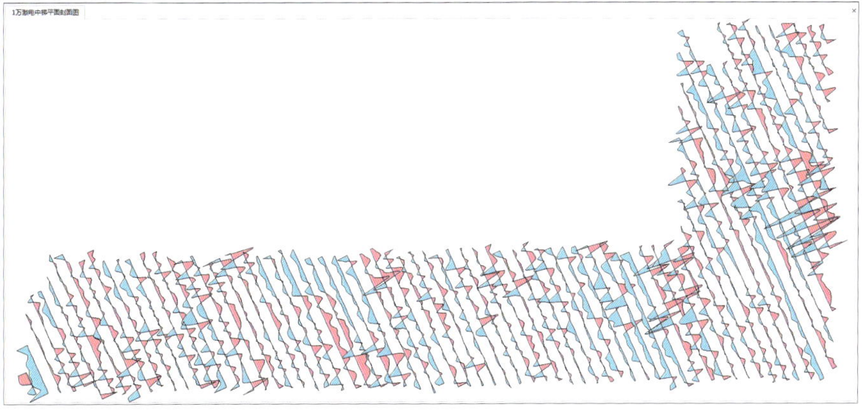

图 9.4.5　任意方向剖面图结果

9.4.3 符号图

【说明】

符号图功能是读取离散数据或＊.grd 格式的网格数据文件生成数据符号，用不同颜色、大小、样式的可视化符号来直观地表示地勘数据属性值的大小的图件。

【操作】

①点击物探专题模块中的“符号图”按钮，系统弹出符号图界面，如图 9.4.6 所示。

②系统会自动拉取当前数据源中的离散数据表，也可单机选择网格数据源，系统将自动读取默认解决方案下的网格文件或者通过点击“浏览”按钮选择相应的网格文件，可以根据实际需要选择需要的离散数据或者网格数据信息。

③如果选择离散数据，在离散数据下选择数据表，设置横、纵坐标及数据表和属性项。

④数据项分级：

- 选择分级方法，包括累频、方差、对数、等差等几种方式，其中累频系统默认为 20 级分级（0，0.5，1.2，2，3，4.5，8，15，25，40，60，75，85，92，95.5，97，98，98.8，99.5，100），用户也可以自定义修改累频的分级（勾选自定义即可在自定义累频中修改）。
- 在小数位文本框中键入小数位个数。
- 点击缺省“分级”，自动生成分级数据值。
- 点击颜色“反序”，则可把数据分级列表中的符号颜色进行反序，数据值及符号大小不变。

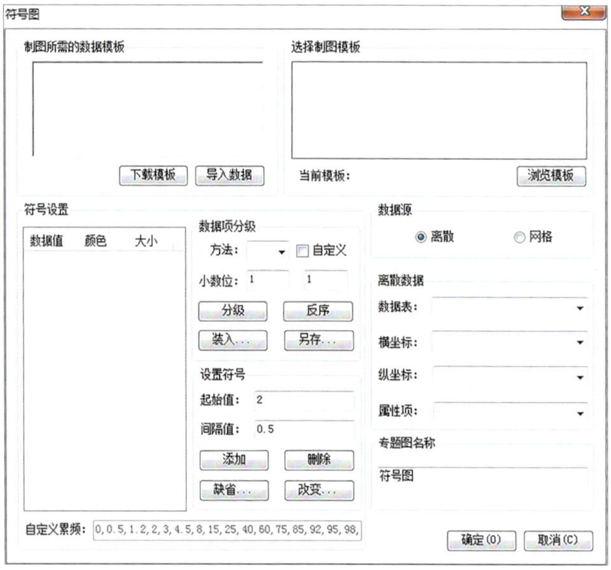

图 9.4.6 符号图

- 装入/另存，点击“装入”按钮，装入符号分级索引文件（Sub 文件）；点击“另存”按钮，可以把当前数据分级表存入到符号分级索引文件（包括数据值和符号颜色、大小）。

⑤设置符号：键入符号大小的起始值和间隔值，在符号设置中点击某一项，可以更改符号。

- 起始值：设置符号起始大小，更新以后需要点击缺省“分级”。
- 间隔值：设置每一级符号大小的间隔，更新以后需要点击缺省“分级”。
- 添加：自动在列表中添加一级色阶（包括数据值和符号颜色、大小）。
- 删除：在列表中删除选中的色阶。
- 缺省：选择所有分级的符号样式。
- 改变：可以改变所选中的一级的符号样式，单击“改变”按钮，弹出符号选择器窗口，选择符号的样式、颜色、大小和角度，然后点击“确定”按钮完成符号修改，返回主界面，可看到数据分级表中符号颜色、大小发生改变。

⑥在该窗口中，点击“浏览模板”按钮，会弹出选择制图模板对话框，可以选择相应的制图模板文件。

⑦键入专题图名称，单击“确定”按钮，生成符号图，如图 9.4.7 所示。

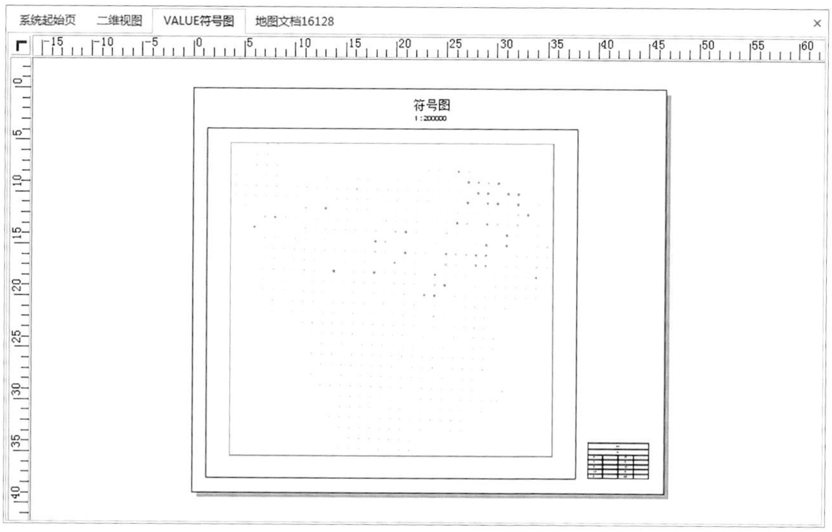

图 9.4.7　符号图结果

第 10 章　重磁数据预处理

数据预处理主要包括对观测重力数据进行中区地形改正、对观测地磁数据进行数据整理、计算地磁要素，以及进行网格化、空区处理、数据扩边、剖面提取等，使得经过预处理的数据满足进一步数据处理的要求。

10.1　重力中区地形改正

重力中区地形改正包括 1∶50000 重力测量中区地形改正和海陆连片地形改正（图 10.1.1；表 10.1.1）。

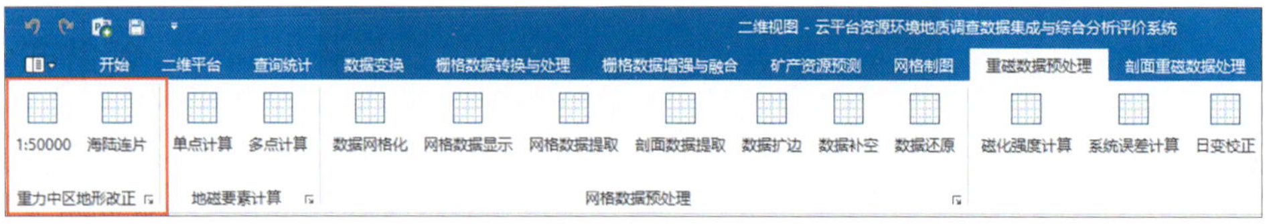

图 10.1.1　重力中区地形改正功能展示

表 10.1.1　重力中区地形改正功能列表

功能模块	功能描述
1∶50000 重力测量中区地形改正	对 1∶50000 重力数据进行中区地形改正
海陆连片地形改正	对重力数据进行常规地形改正、陆岛地形改正以及广义地形改正

10.1.1　1∶50000 重力测量中区地形改正

【说明】

1∶50000 重力测量中区地形改正计算实现了野外实测重力资料的 20~2000m（具体范围可以调整）地形改正值的计算机化计算，它是较大比例尺和高精度重力测量数据整理的重要环节。用户可以根据实测五项数据的地形改正范围，修改中区地形改正的起止半径。本系统中区地形改正计算的内外半径均提供了圆域和方域两种接口方式，供用户根据需要选择使用。

①计算数据：本系统要求输入的计算数据为以 *. txt 或 *. dat 格式保存的五项数据文件，各列之间以空格为间隔，格式如下：

2583250　19734545　9. 7　948529. 05　0

2583350　19738870　14. 3　948428. 09　0

2575150　19754070　60. 4　938105. 7　1. 05

…………

2567910　19727340　3. 1　968130. 02　0. 04

其中，第一列为测点横坐标，第二列为测点纵坐标，第三列为测点高程，第四列为测点实测重力值，第五列为近区地形改正值。

②高程数据：进行中区地形改正，需要准备相应改正计算区域的 1∶10000 或者更高精度的高程数据。高程数据的范围需要比计算数据点位的范围大出一个相应的最大改算半径的范围。为了保持较高的计算精度，减少圆形接口锯齿带来的误差，应采用尽量小的高程网格距。

为了保证中区地形改正计算的正确，高程数据和重力测量数据在坐标投影、数据单位和数据格式上须保持完全一致。具体格式说明如下：

原国家测绘局 2011 年之前提供的 1∶10000 高程数据采用的是西安 80 坐标系、1985 黄海高程系统、高斯投影（不带带号），以米为单位。在使用前需要将高程数据转换为北京 54 坐标系（可以使用每个图幅的北京 54 坐标系向西安 80 坐标系的转换参数进行换算）。

③结果数据：经过中区地形改正计算后得到的结果数据在原五项数据列之前增加一列标示数据序号，在五项数据列之后增加一列，是中区地形改正值，并为数据列加上了头标识，以便于进行各项改正计算。结果数据格式如下所示：

No.，XX，YY，HH，GG，NEAR，MIDDLE

1，2575150，754070，60.4，928705.7，1.05，1.22056169162821

2，2580830，737920，13.8，938225.88，0.02，0.00151010579273633

3，2579200，737250，12，958124.66，0，3.2379165719135E-03

……

1359，2581620，732350，8.1，948428.28，0，1.91404338819735E-03

【操作】

①点击“1：50000 重力中区地形改正”按钮，系统弹出 1∶5 万重力中区地形改正界面，如图 10.1.2 所示。

图 10.1.2　1∶5 万重力中区地形改正

②选取要改正的文件和高程文件，在结果文件存放处，系统在相同目录下自动生成文件名为原文件名加上 out 的文本文件（原文件名 out. txt）的数据文件；用户可以修改为自己想要的文件名或更改文件保存的路径。

计算起始半径（米）系统默认的计算半径为 20～500m，用户可根据改算数据的实际地区地形改正半径来调整该参数。

重力测点根据给定的计算数据，系统自动读入计算数据的点数，并显示在对话框中。

地形改正采用的密度值为系统默认的 2.67（单位：g/cm^3），用户也可以根据实际地区的情况进行赋值。

高程起始 X 用于进行地形改正计算的网格高程数据的左下角横坐标。

高程起始 Y 用于进行地形改正计算的网格高程数据的左下角纵坐标。

高程终止 X 用于进行地形改正计算的网格高程数据的右上角横坐标。

高程起始 Y 用于进行地形改正计算的网格高程数据的右上角纵坐标。

网格距用于进行地形改正计算的网格高程数据的节点距离。

确定系统进行改正处理，处理结束给出改正完毕信息。

退出则退出改算模块，返回到系统主界面。

10.1.2　海陆连片地形改正

【说明】

常规地形改正值：按照规范规定进行中间层引力改正之后，以测点所在水平面为基准面计算地形改正值。

广义地形改正值：直接计算从大地水准面到地表面地形质量的改正值，即中间层改正值与常规地形改正值之和。

陆岛地形改正值：应海陆连编重力异常图之需，采用的一种对地地形质量进行改正的方法。它不考虑海域水体和海底起伏的重力效应，把海面视同平坦地面，只针对陆地和岛屿大地水准面以上的地形质量重力效应。

本次的改正区可以是通常的“圆域（环形）”或“方域（回形）”，也可以是内圆外方的“枷形域”或者内方外圆的“钱形域”。

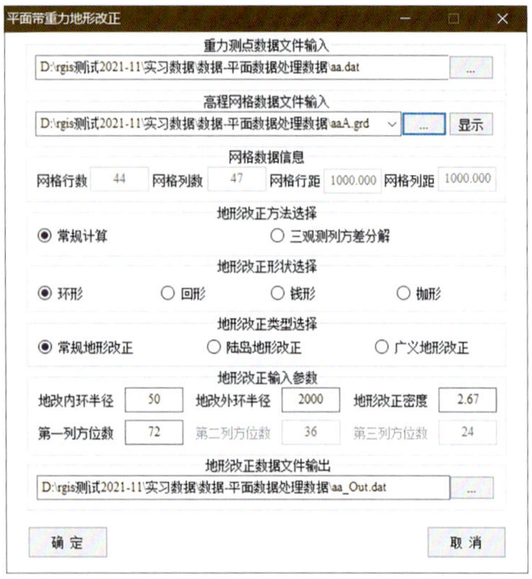

图 10.1.3　海陆连片地形改正

【操作】

①点击“海陆连片地形改正”按钮，进入计算界面，其对话框如图 10.1.3 所示。

②选择需要做地形改正的重力数据文件以及地形网格文件，读入的数据文件格式见第 15 章。给定结果数据文件名（也可使用读入数据文件后系统自动给出的默认名称，即原文件名后附加 out. dat）。

③选择地形参数

地形改正方法：包括常规计算和三观测列方差分解。

地形改正形状：环形、回形、钱形（内方外圆）以及枷形（内圆外方）。

地形改正类型选择：常规地形改正、陆岛地形改正以及广义地形改正。

地形改正输入参数：内环半径、外环半径以及改正密度等。

④点击“确定”按钮，进行地形改正计算。

10.2　地磁要素计算

地磁要素是用来表示地球上某点地磁场的大小和方向特征的物理量。地面上任一点的地磁总场 T 通常可用直角坐标系来描述，在直角坐标系下，地磁要素有 7 个，它们分别是：地磁偏角 D、地磁倾角 I、地磁总场 T、磁场强度垂直分量 Z、磁场强度水平分量 H［H 的水平 X 分量 H_x（北向）、H 的水平 Y 分量 H_y（东向）］。地磁要素的空间关系如图 10.2.1 所示。

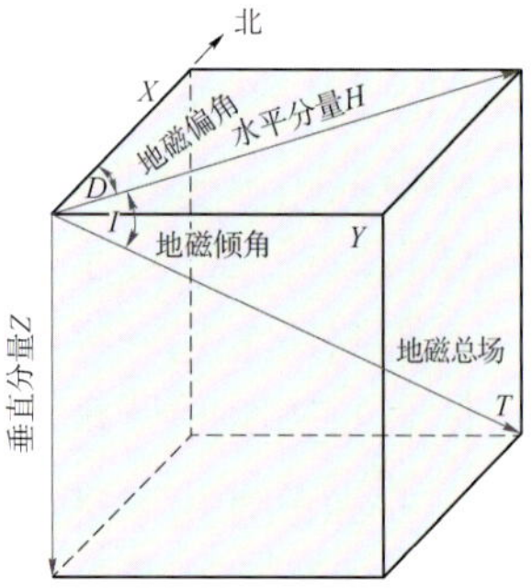

图 10.2.1　地磁要素示意图

本程序利用了最新的国际地磁参考场模式 IGRF12 模型，计算地球上任意一点的地磁要素值，时间跨度为 1900 年到 2020 年。在 1945 年到 2015 年范围的计算结果是确定性的，在这个时间范围之外其他时间的计算结果精度有所降低，可供参考之用。地磁要素计算各物理量定义如表 10.2.1所示。

表 10.2.1　地磁要素计算物理量定义表

参数页	参数项	说　明	备　注
输入参数	计算时间	数据测量时间，以年为单位，可以取小数	取值范围为 1900.0~2020.0
	测点高程	计算点的地形高程，以米为单位	
	测点经度	计算点的地理经度坐标	取值范围为-180°~180°
	测点纬度	计算点的地理纬度坐标	取值范围为-90°~90°
输出参数	地磁偏角 D	计算点的地磁场的磁偏角	磁北自地理北东偏，D 为正 磁北自地理北西偏，D 为负
	地磁倾角 I	计算点的地磁场的磁倾角	T 下倾 I 为正，T 上倾 I 为负
	地磁总场 T	计算点的地磁场总强度	单位为 nT
	水平分量 H	计算点的水平磁场强度	单位为 nT
	北向分量 X	计算点的水平磁场强度的 X 分量	单位为 nT
	东向分量 Y	计算点的水平磁场强度的 Y 分量	单位为 nT
	垂直分量 Z	计算点的垂直磁场强度	单位为 nT

地磁要素计算模块提供了“单点计算”和“多点计算”功能。用户可以根据自己的需要选用（图 10.2.2；表 10.2.2）。

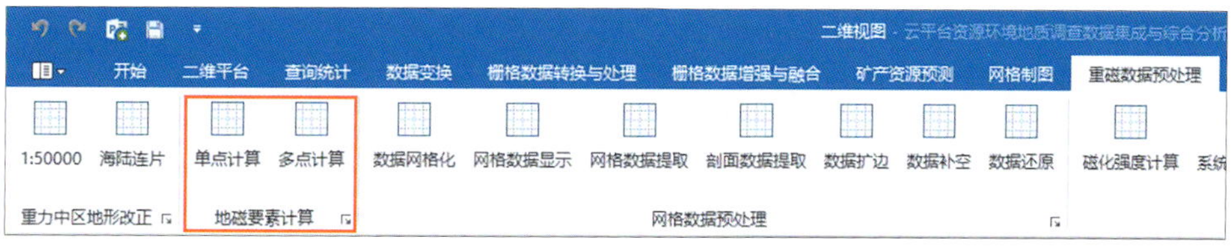

图 10.2.2　地磁要素计算功能展示

表 10.2.2　地磁要素计算功能列表

功能模块	功能描述
单点计算	计算单个坐标点的地磁要素
多点计算	同时计算文件中多个点的地磁要素

10.2.1　单点计算

【说明】

输入单点坐标进行地磁要素计算。

【操作】

①点击“单点计算”，用户在窗口左侧参数输入部分输入相应的计算时间、测点高程、测点经度和测点纬度等数据（图 10.2.3）。

②确认以上数据输入无误后点击“确定”按钮，计算结果显示在右侧窗口。点击“退出”按钮，可以退出地磁要素值程序。

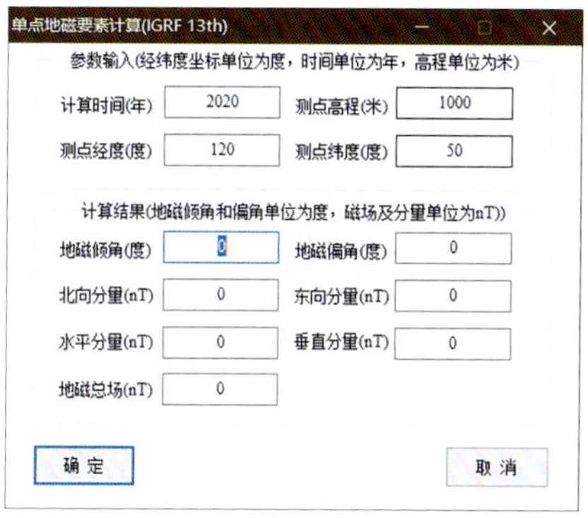

图 10.2.3　单点地磁要素计算

10.2.2 多点计算

【说明】

适用于批量处理多个计算点的地磁要素。

图 10.2.4 多点地磁要素计算

地磁要素计算的输入文件为 ASCII 文本文件，共有 4 列，存储内容分别为：测区经度（十进制度）、测区纬度（十进制度）、地形高程（米）和计算时间（年）。每列数据之间用空格分开。以下为多点地磁要素计算文件的存储内容。

88.18291 43.41956 5251.55 1987.1

88.18446 33.42413 5233.98 1987.2

…………

88.20004 33.45550 5173.48 1989.6

【操作】

①点击“多点计算”按钮，进入多点地磁要素计算界面，如图 10.2.4 所示。

②选择地磁要素计算文件，系统在计算文件相同的目录下自动生成保存的文件。

③确认数据文件输入无误后点击“确定”按钮，计算结束是会有提示。点击“退出”按钮，可以退出地磁要素计算程序。

10.3 网格数据预处理

网格数据预处理主要包括数据网格化、网格数据显示、网格数据提取、剖面数据提取等，使得经过预处理的数据满足进一步数据处理的要求（图 10.3.1；表 10.3.1）。

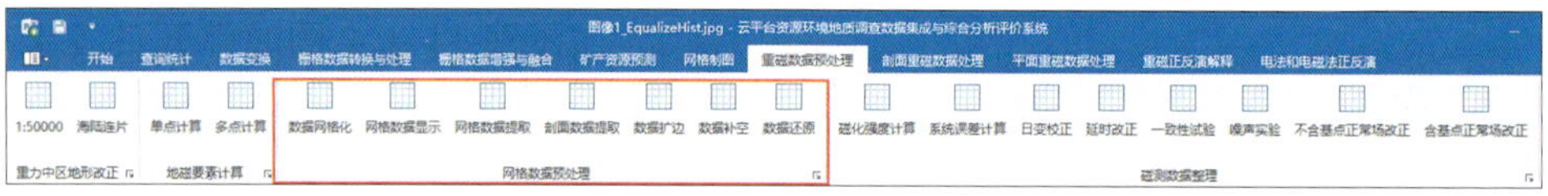

图 10.3.1 网格数据预处理功能展示

表 10.3.1 重力中区地形改正功能列表

功能模块	功能描述
数据网格化	对文件数据进行网格化
网格数据显示	显示 Surfer 软件“ *.grd”格式的网格文件的等值线及彩色图
网格数据提取	用于在一块较大面积的网格数据中截取任意一块较小面积的网格数据
剖面数据提取	用于在异常等值线图上任意截取一条剖面进行精细研究
数据扩边	用于扩充网格边缘区域范围
数据补空	主要是对测区内存在空白区域进行数据补充
数据还原	数据处理完成后，删除与实际不符合的空白区异常数据

10.3.1 数据网格化

【说明】

数据网格化主要是对文件数据进行网格化，要求被网格化的数据文件是 ASCII 明码格式的“ *.xyz”，“ *.dat” 以及 “ *.txt” 文件，至少包含坐标和场值三列数据。

【操作】

①点击“数据网格化”按钮，弹出相应界面如图 10.3.2 所示，选择需要进行网格化的文本文件，单击打开。

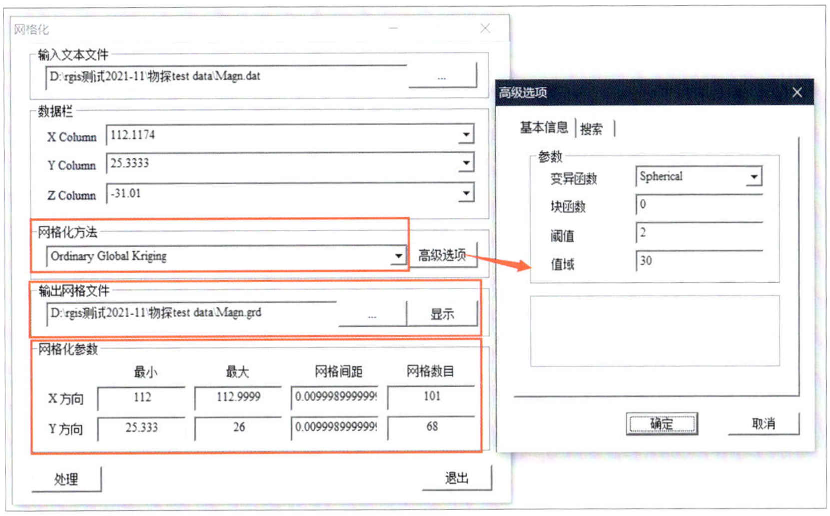

图 10.3.2 数据网格化参数设置

②选择数据列：

X 选择数据列中用于网格化的横坐标列。

Y 选择数据列中用于网格化的纵坐标列。

Z 选择数据列中要进行网格化的数据列。

③从下拉列表中选择网格化方法，并点击“高级选项”设置网格化参数。

④输出网格文件路径和名称默认与原文本文件相同，也可以自己设置。

网格化参数主要用于设置生成数据的行列数，即网格化处理后数据的行数、列数和间距，其中间距和行列数是相互制约的。

最小：所要生成网格化数据的 X 方向和 Y 方向坐标最小值。

最大：所要生成网格化数据的 X 方向和 Y 方向坐标最大值。

网格间距：网格化数据的 X 方向和 Y 方向坐标的点间距。

网格数目：网格化后生成数据的横、纵坐标行、列数。

⑤参数设置完毕，单击“处理”，图选数据网格化开始。系统处理结束后，会给出数据网格化完成信息。网格化数据文件格式与 Surfer 软件 “ *.grd” 格式相同。网格化之后可以使用网格绘制功能绘制网格等值线。

10.3.2 网格数据显示

【说明】

用于显示 Surfer 软件 “ *.grd” 格式的网格文件的等值线及彩色图。网格数据显示界面包含文件、等值线设置以及等值线操作 3 个子菜单。

【操作】

①点击“网格数据显示”按钮，弹出相应界面，如图 10.3.3 所示。

②点击“文件”打开，弹出选择文件窗口，选择要打开的文件点击“确定”，显示网格等值线图。

图 10.3.3　网格数据显示文件打开功能

③通过“等值线设置”功能设置等值线属性。等值线设置包含参数设置和显示设置两个功能(图 10.3.4)。

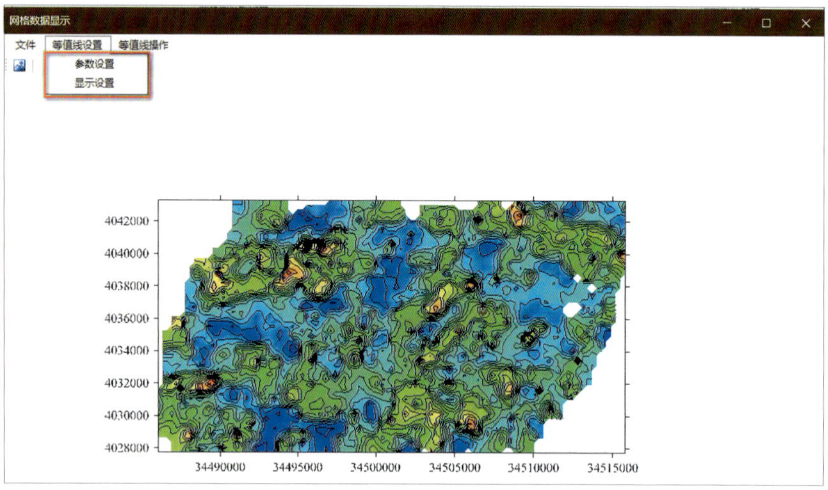

图 10.3.4　网格数据显示文件打开

图 10.3.5　等值线参数设置

④点击“参数设置”，设置等值线值的最大值、最小值、间距及标注，如图 10.3.5 所示。

⑤点击“显示设置”弹出图 10.3.6 界面，设置显示控制、影像图填充设置以及影像图填充颜色选择。

通过显示控制可以设置色标、等值线标注、等值线、影像图、图框等是否显示。

影像图填充设置包括等间距和等面积两种方式。

点击“载入”，可选择其他已有 *.clr 色阶文件填充影像(图 10.3.7)。

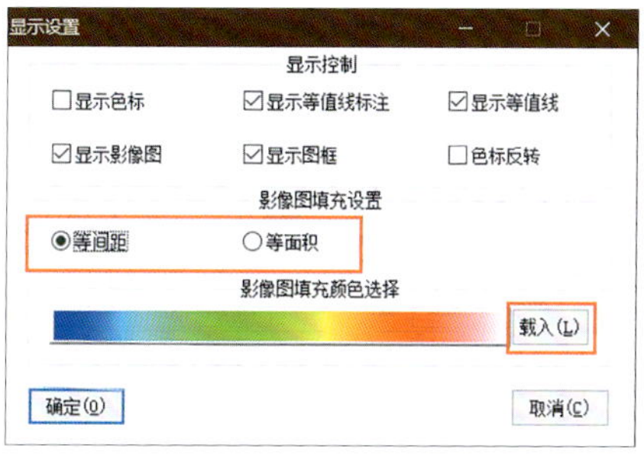

图 10.3.6　显示设置

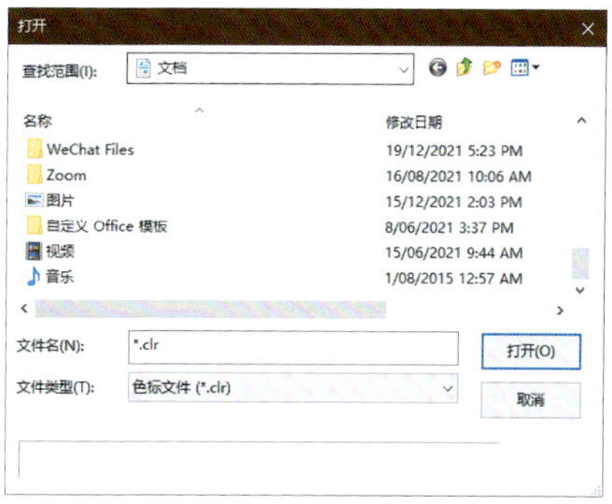

图 10.3.7　影像图填充颜色选择

⑥设置好所有参数后，点击“确定”按钮，重新绘制新参数的影像图。

等值线操作功能包括移动、放大、缩小、还原和更新（图 10.3.8）。

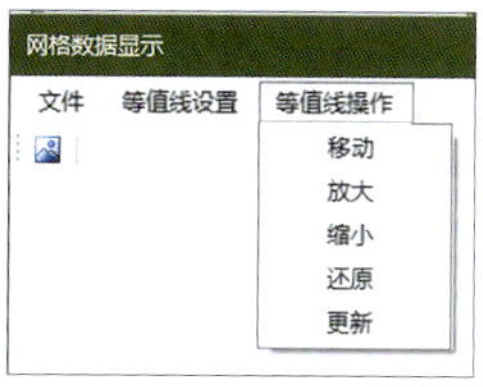

图 10.3.8　等值线操作

移动：点击“移动”按钮，通过点击鼠标左键并移动鼠标实现移动功能。

放大：点击“放大”按钮，通过点击鼠标左键框选放大区域，实现放大功能。

缩小：点击“缩小”按钮，通过点击鼠标左键框选缩小区域，实现缩小功能。

还原：点击“还原”按钮，实现图像还原功能。

更新：点击“更新”按钮，实现图像更新功能。

10.3.3　网格数据提取

【说明】

主要用于在一块较大面积的网格数据中截取任意一块较小面积的网格数据。用户可以根据较大面积网格数据的平面等值线图，在其上选择感兴趣的异常进行截取，以进行进一步处理和反演解释研究。

【操作】

①点击“网格数据提取”按钮，打开网格数据提取对话框，操作打开文件按钮，打开网格数据。

②确定网格数据的范围。程序提供了两种方式确定网格数据的范围，一是通过鼠标在网格数据平面等值线图上拖放直接获取，二是通过键盘输入方式输入网格数据的左下角和右上角坐标。

鼠标选择矩形坐标：选择“网格数据提取”→“鼠标选择”，在感兴趣的异常附近按下鼠标左键，通过移动鼠标在网格数据上拉一矩形框，松开鼠标左键后，弹出网格数据提取对话框，程序自动读入网格数据信息和要提取网格数据的左下角和右上角坐标，如图 10.3.9 所示。

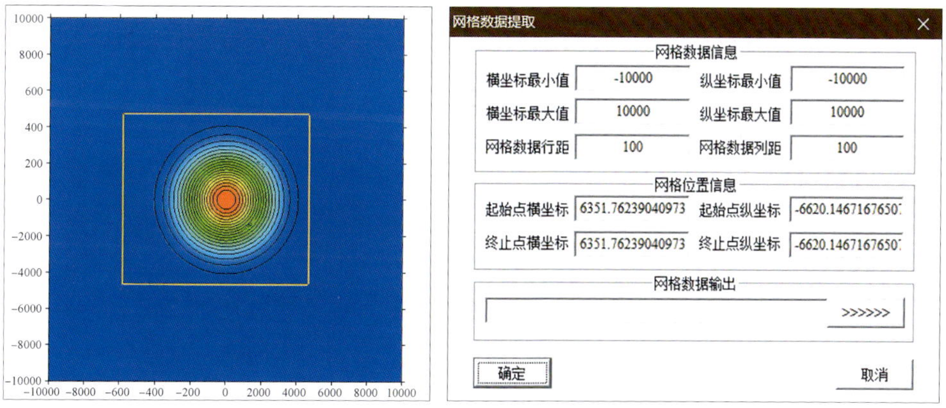

图 10.3.9　鼠标选择矩形坐标及弹出界面

键盘输入矩形坐标：选择“网格数据提取”→“键盘输入”，打开网格数据提取对话框，如图 10.3.10 所示，在网格位置信息中输入网格数据的左下角和右上角坐标。

③保存文件，单击“确定”完成网格数据提取。

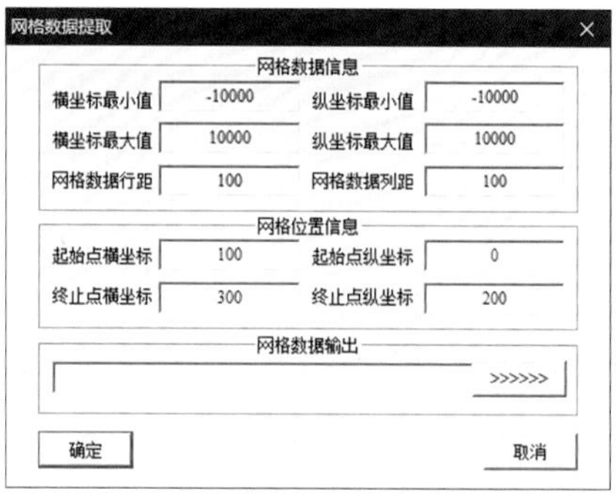

图 10.3.10　键盘输入矩形坐标及弹出界面

10.3.4　剖面数据提取

【说明】

采用网格数据截取剖面功能，可以在异常等值线图上，任意截取一条剖面进行精细研究。

【操作】

①点击“剖面数据提取”按钮，打开创建剖面界面，操作打开文件按钮，打开欲从中提取剖面的网格数据（横、纵网格距可以不相同）。

②确定剖面位置。网格数据剖面截取提供了两种方式确定剖面的起点和终点，一是通过鼠标在网格数据直接截取，二是通过键盘输入方式确定剖面的起始点和终止点位置。

鼠标选择模式：选择“剖面数据提取”→“鼠标选择”按住鼠标左键沿预定剖面线在网格数据上拉一条直线，弹出剖面提取对话框，程序自动读入网格数据信息和剖面数据的起点、终点坐标，如图 10.3.11 所示。

键盘输入模式：选择“剖面数据提取”→“键盘输入”直接打开剖面提取对话框，如图 10.3.12 所示，在剖面位置信息中输入剖面起始点和终止点坐标。

图 10.3.11　鼠标剖面截取参数设置

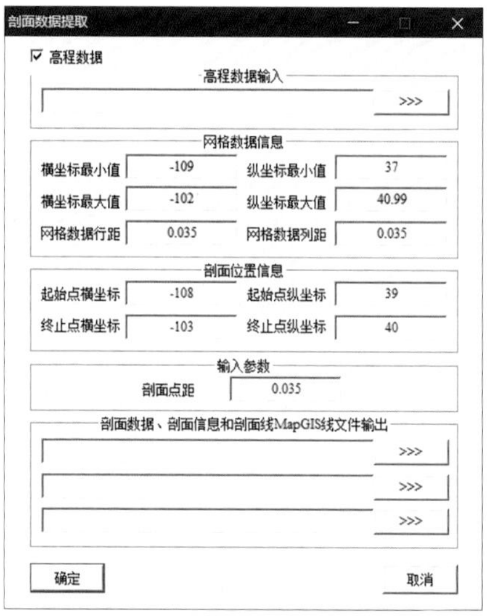

图 10.3.12　键盘剖面截取参数设置

③选择高程数据文件。如果有相应地区的高程数据，则选择高程数据复选框，读入相应的高程数据。如果没有相应地区的高程数据，则不选择高程数据复选框，输出文件中高程列数值为 0。

注意：高程数据必须是和重磁异常网格数据相同范围、相同网格距的网格数据。建议用户实际输入的剖面点距不小于系统提供的剖面点距。

④保存文件。单击“确定”完成剖面提取，提取的剖面数据保存成三列，剖面数据格式见第 15 章，其中第一列数据为剖面的测线距离，第二列数据为对应的高程数据，第三列是相应点的异常值。如果没有选择高程数据文件，第二列数据所有值为零。

网格数据截取剖面在输出剖面数据的同时，还输出了剖面信息文件和截取直线的 MapGIS 明码文件，供用户后续处理和成图使用。

10.3.5 数据扩边

【说明】

无论在空间域还是在频率域，位场数据扩边都是提高位场在测区边缘区域转换处理可靠性和精度的有效措施。系统提供的位场数据扩边模块是基于差分方法进行的。

【操作】

①点击“数据扩边”按钮，进入位场数据扩边计算的界面，如图 10.3.13 所示。

②选择需要做位场数据扩边计算的数据文件（这里读入的数据文件中不能有空值，否则需要先进行空白区填补），并给定数据扩边处理结果数据文件名。

③输入网格数据左边扩充、右边扩充、下边扩充和上边扩充数据、迭代次数以及边部扩边数据初始值。一般建议 4 个方向的扩边数最好相等，初始值也可以是 0、平均值、最小值或最大值。

④单击“确定”，系统进行数据扩边计算，计算结束时给出计算完毕信息。

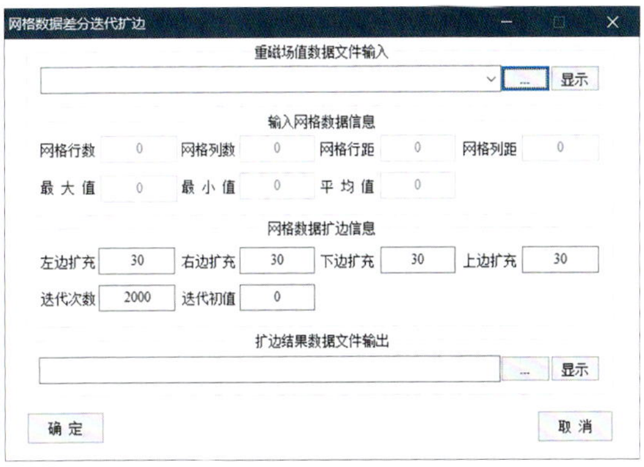

图 10.3.13 网格数据扩边

⑤单击“取消”，则退出位场数据扩边模块，返回到系统主界面。

10.3.6 数据补空

【说明】

该功能主要是对测区内存在空白区域进行数据补充。目的是将空白区通过插值填补上数据，一是满足某些数据处理方法的要求，二是在减少空白区对处理结果的影响。

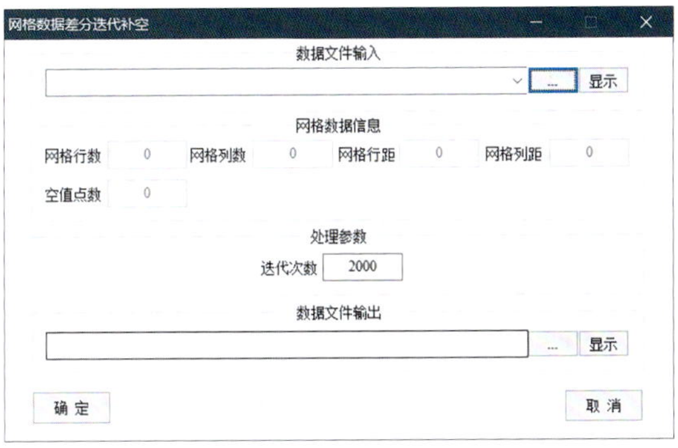

图 10.3.14 网格数据差分迭代补空

【操作】

①点击“数据补空”，如图 10.3.14 所示。系统判断读入数据的行列数和空区中的数据点数，采用差分迭代进行插值填补。迭代次数可由用户确定，默认为 2000 次。

可以通过点击“显示”查看异常形态和空白区情况。

②单击“确定”，系统进行数据补空计算，计算结束时给出计算完毕信息。

③单击“取消”，则退出数据补空模块，返回到系统主界面。

10.3.7 数据还原

【说明】

存在空白区的数据经过插值后的结果，在进行各种处理后所生成的成果数据的异常在形态上比较连续，但在空白区内的异常往往并不与实际相符，不能用以解释推断。因此，还需要将空白区内的数据删除。系统提供了空白区还原功能，用于解决这一问题。

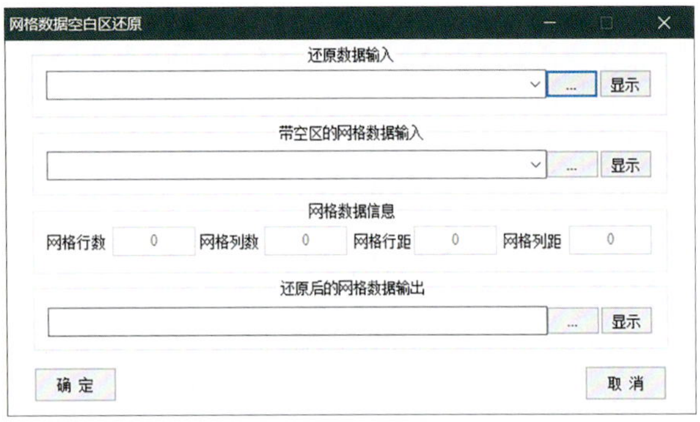

图 10.3.15　网格数据空白区还原

【操作】

①点击“数据还原”按钮，如图 10.3.15 所示。

用户需要给定两个数据文件，需要还原处理的网格数据文件和包含空区的原始网格数据文件（两个网格数据的范围要一致），系统通过读取包含空区的网格文件来删除需要还原的网格文件中实际的空白区。给定文件后，点击“确定”，得到存在空白区的网格数据文件。

②单击“确定”，系统进行数据还原计算，计算结束时给出计算完毕信息。

③单击“取消”，则退出数据还原模块，返回到系统主界面。

10.4　磁测数据整理

磁测数据整理主要是对野外地磁数据进行预处理，以满足后续数据处理及反演解释需求。主要功能见图 10.4.1。

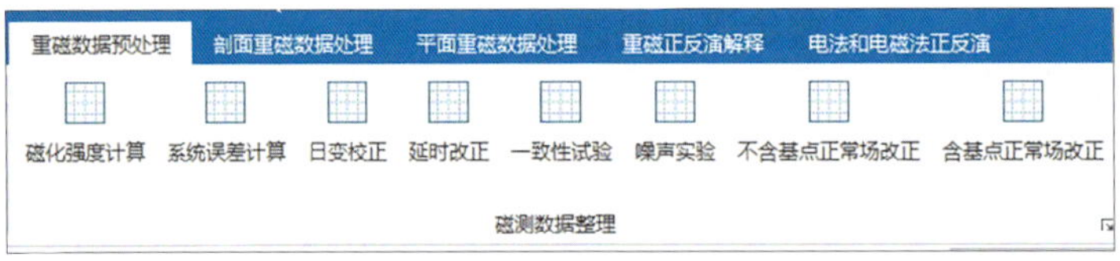

图 10.4.1　磁测数据整理功能展示

10.4.1　磁化强度计算

【说明】

磁化强度计算包含感应磁化强度计算、总磁化强度计算和有效磁化强度计算等 3 个子模块，见图 10.4.2。

注意：

①感应磁化强度是磁性体受地磁场磁化而产生的磁化强度，其倾角和偏角与当地地磁场一致。

②在不考虑剩磁情况下，总磁化强度可使用感应磁化强度。

③有效磁化强度通常是磁性体的总磁化强度矢量在所研究剖面内的投影。

图 10.4.2　磁测数据整理功能及感应磁化强度计算

【操作】

①感应磁化强度计算。该模块中地磁场强度单位为 nT，磁化率的单位为 10^{-5}SI（κ），磁化强度的单位为 A/m。选择“数据预处理”→“磁化强度计算”→“感应磁化强度”，输入地磁场强度和磁化率，点击“计算”，可得结果。

②总磁化强度计算。该模块中感应和剩余磁化强度的单位为 A/m，磁化倾角和磁化偏角的单位为度。点击“总磁化强度”按钮，打开如图 10.4.3 所示的界面，依次输入感应磁化强度、感应磁化倾角、感应磁化偏角和剩余磁化强度、剩余磁化倾角、剩余磁化偏角，点击“计算”，可得结果。

③有效磁化强度计算。总磁化强度（或不考虑剩磁情况下的感应磁化强度）的单位为 A/m，总磁化倾角、偏角和剖面方位角的单位为度。点击“有效化强度”按钮，打开如图 10.4.4 所示的界面，依次输入总磁化强度、总磁化倾角、偏角和剖面的方位角，点击“计算”，可得结果。

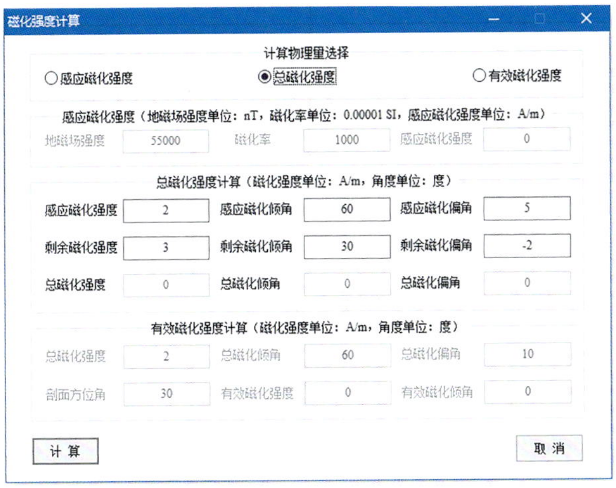

图 10.4.3　总磁化强度计算

图 10.4.4　有效磁化强度计算

10.4.2　系统误差计算

【说明】

观测误差反映的是仪器在运动过程中的观测精度，测定方法是：选择无人文干扰且磁场平缓（10~20nT）的地区，布设一条剖面，在剖面上等间距布设观测点 50 个以上，在日变较小时段将生产所需各台仪器在该剖面上做 2 次同向观测，在通过观测所得数据计算各台仪器的观测均方误差。

【操作】

点击“系统误差计算”按钮，进入观测系统误差计算界面，如图 10.4.5 所示。点击两个文件浏览按钮，分别选择数据文件，点击“计算”，即可得到观测误差计算结果。

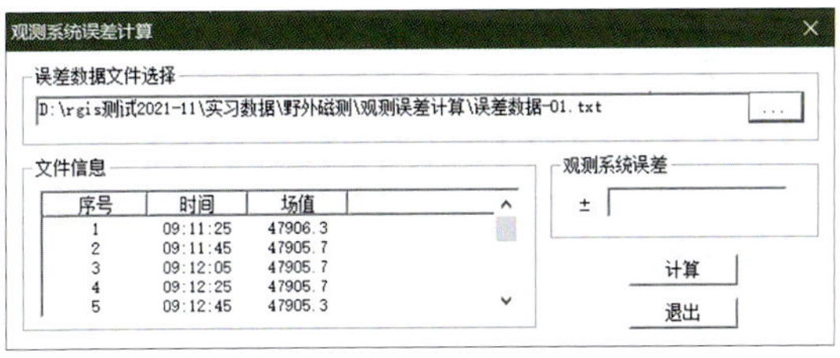

图 10.4.5　观测系统误差计算

10.4.3　日变校正

【说明】

在地球的变化磁场中，除大家熟悉的长期变化和静日变化外，还有源于空间磁场的扰动变化。高精度磁测必须对地磁场的这种短周期变化进行改正。文件格式见第 15 章。

【操作】

①点击“日变校正”按钮，进入日变改正界面，如图 10.4.6 所示。

②点击浏览按钮分别选择日变数据文件、测量数据文件和日变改正后结果保存文件，数据文件读入完成后，输入或计算日变站的测量基值，选择好磁测文件中的时间列和数据列。

③点击“计算”按钮，系统将对测量文件计算日变改正量并对测量数据进行修正，计算完成后

结果保存到预设结果文件中。

10.4.4 延时改正

【说明】

延时改正是将磁测数据起始位置基准平移某延时量的一种改正方法，主要是为了解决磁测仪器和和 GPS 仪器存在位置差的问题。

【操作】

点击“延时改正”按钮，进入延时改正界面，如图 10.4.7 所示。在延时改正计算界面中打开计算数据文件，点击“计算”按钮，系统计算并显示计算结果。

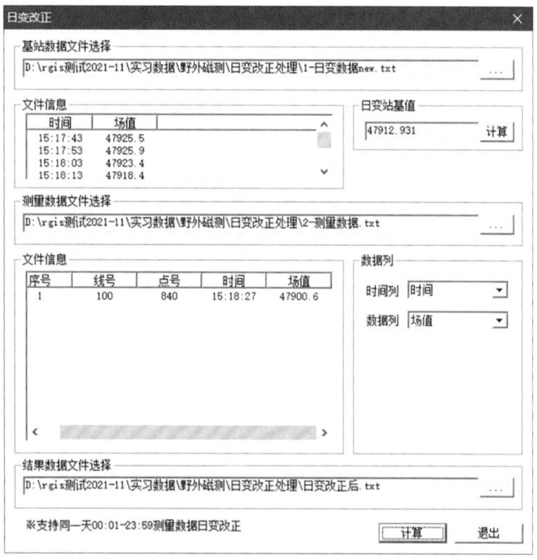

图 10.4.6 日变改正

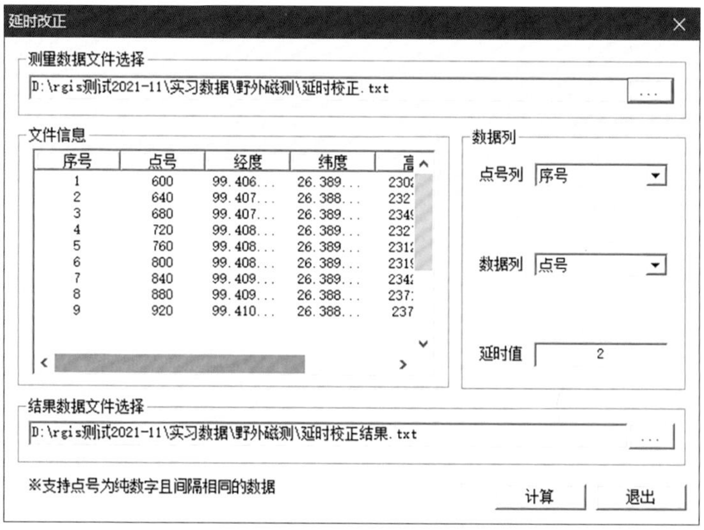

图 10.4.7 延时改正

10.4.5 一致性试验

【说明】

经验表明，制作探头与夹固探头的各种材料的“磁清洁”程度有差异，是造成一致性误差的主要因素。因此，在每个测区开工前，要对所有探头的一致性进行测定，方法如下：首先将成套仪器所配探头编上号，然后用两台仪器作秒级同步日变观测。其中台站型仪器及一个探头固定不变，即以此为准进行比较。另一台仪器分别轮换同其余探头相联结，并注意换探头时主机不能关机，各探头位置应尽量一致，调谐场值预先选好保持不变。每个探头读数三十余次以上，而后分别求出相应与台站仪器读数的差值，并计算各差值数组的算术平均值和比较平均值，即可判断探头的一致性。

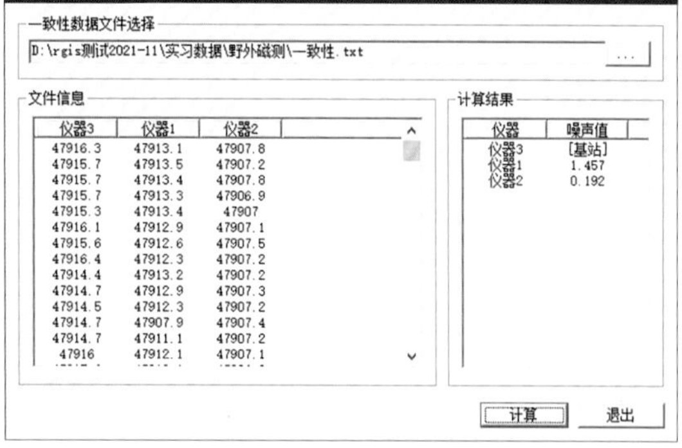

图 10.4.8 一致性试验

【操作】

点击“一致性试验”按钮，进入一致性试验界面，如图 10.4.8 所示。点击浏览选择一致性试验数据文件，点击“计算”按钮，系统计算并显示计算结果。

10.4.6 噪声试验

【说明】

在使用磁力仪进行高精度磁测时，必须测定单台仪器和全部仪器的噪声水平。噪声水平反映的是静止时的观测精度，其测定方法如下：

选择一处磁场平稳而又不受人文干扰影响的地区，将参加工作的仪器置于此区，并使探头间距保持在 20m 以上，以免探头磁化时互相影响。在日变平稳时段进行秒级同步日变观测，取 100 个以上的观测值计算仪器的噪声水平。

噪声水平计算时，磁力仪数量不同其计算方法亦不同，软件通过噪声数据文件自动判断仪器数，再选择相应的计算方法对仪器噪声水平进行计算。

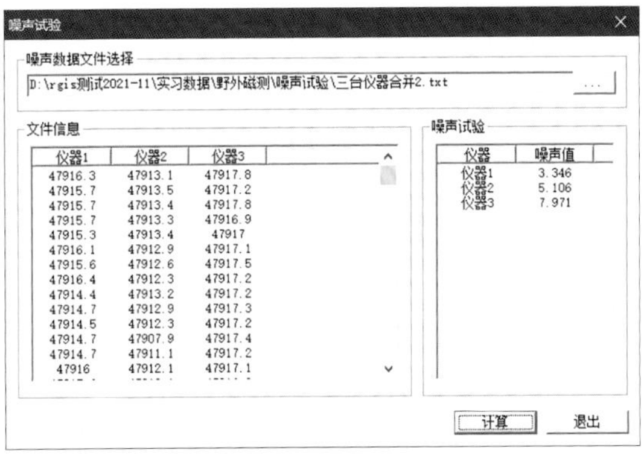

图 10.4.9 噪声试验

【操作】

①点击“噪声实验”按钮，进入仪器“噪声试验”界面，如图 10.4.9 所示。

②选择需要参与计算的噪声数据文件，软件在文本框和表格中分别列出文件全路径和数据文件文件名及其数据点数。在读入噪声数据时，系统自动判断文件采集间隔，如果采集时间间隔大于等于 30 秒，则使用 5 点平滑；如果采集时间间隔小于 30 秒，则启用 7 点平滑。点击“计算”，软件分别计算出数据的噪声水平，并显示于右侧表格中。

10.4.7 不含基点正常场改正

【说明】

不同经度、纬度、高程的正常地磁场是不同的，所以在进行较大面积的磁法工作时，必须进行正常场改正和高度改正，用以消除正常地磁场随地理坐标及高程变化的影响。此计算利用国际地磁参考场提供的高斯系数，计算出测区内每个测点的正常地磁场值，再通过比较法对测量值进行正常场及高度改正，最后得到改正后的测点处地磁总场值。

【操作】

①点击“不含基点正常场改正”按钮，进入计算界面，如图 10.4.10 所示。

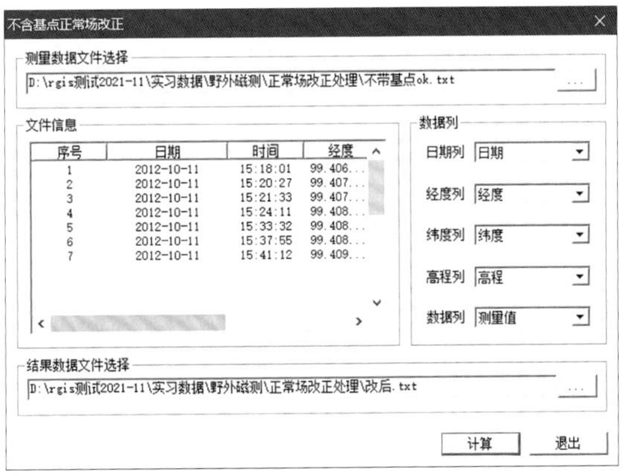

图 10.4.10 不含基点正常场改正

②点击浏览分别选择测量数据文件和结果存储文件，依次选择好日期、经度、纬度、高程和测量

值等数据列，点击“计算”按钮，系统将为测量文件计算正常场改正量和高度改正量，并对测量数据进行修正，修正后结果保存在预设文件中（图 10.4.11）。

序号	日期	时间	经度	纬度	高程	测量值	IGRF改正结果
1	2012-10-11	15:18:01	99.406863	26.389036	2302.152	47900.72	47898.691
2	2012-10-11	15:20:27	99.407380	26.388880	2327.136	47822.975	47820.946
3	2012-10-11	15:21:33	99.407678	26.389035	2349.493	47897.495	47895.466
4	2012-10-11	15:24:11	99.408067	26.389025	2327.876	47895.42	47893.391
5	2012-10-11	15:33:32	99.408473	26.389028	2312.298	47902.75	47900.721
6	2012-10-11	15:37:55	99.408934	26.389029	2319.721	47902.545	47900.516
7	2012-10-11	15:41:12	99.409285	26.389060	2342.412	47899.7	47897.671

图 10.4.11　不含基点正常场改正结果

10.4.8　含基点正常场改正

【说明】

含基点正常场改正是以基点的磁场、经度、纬度以及高程值为参考，进行正常场改正和高度改正，以消除正常地磁场随地理坐标及高程变化的影响。此计算利用国际地磁参考场提供的高斯系数，计算出测区内测点的正常地磁场值，再与基点的相应值比较进行正常场及高度改正，最后得到改正后去除了地球正常场的异常值。

【操作】

①点击“含基点正常场改正”按钮，进入计算界面。点击浏览分别选择测量数据文件和结果存储文件，依次选择好日期、经度、纬度、高程和测量值等数据列，并填入基点信息值。如图 10.4.12 所示。

②点击“计算”按钮，系统将以基点为参考对测量数据进行修正，修正后结果保存在预设文件中（图 10.4.13）。

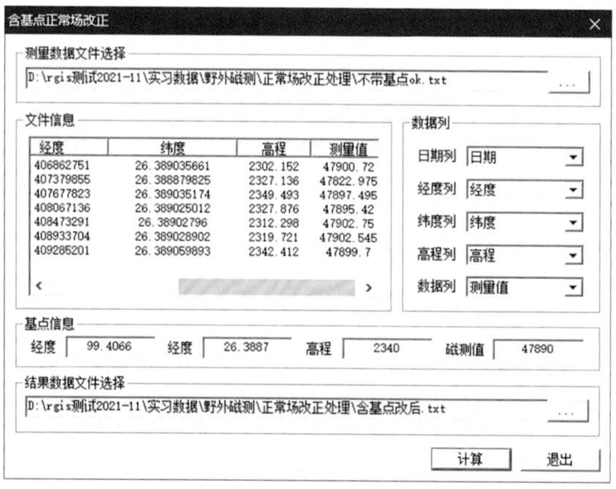

图 10.4.12　含基点正常场改正

序号	日期	时间	经度	纬度	高程	测量值	IGRF改正结果
1	2012-10-11	15:18:01	99.406863	26.389036	2302.152	47900.72	11.574
2	2012-10-11	15:20:27	99.407380	26.388880	2327.136	47822.975	-66.735
3	2012-10-11	15:21:33	99.407678	26.389035	2349.493	47897.495	7.281
4	2012-10-11	15:24:11	99.408067	26.389025	2327.876	47895.42	5.693
5	2012-10-11	15:33:32	99.408473	26.389028	2312.298	47902.75	13.375
6	2012-10-11	15:37:55	99.408934	26.389029	2319.721	47902.545	13.002
7	2012-10-11	15:41:12	99.409285	26.389060	2342.412	47899.7	9.646

图 10.4.13　含基点正常场改正结果

第 11 章　剖面重磁数据处理

和网格数据处理一样，RGIS 剖面重磁数据处理也分为频率域数据处理和空间域数据处理两部分，适用于处理重、磁剖面数据。剖面数据处理要求输入数据的测点点距必须相等，文件为 ASC Ⅱ 格式，默认后缀为“＊dat”或“＊txt”。具体数据存储格式见第 15 章。

11.1　数据预处理

剖面重磁数据预处理包括等间距插值、最小曲率扩边、余弦函数衰减扩边和最小曲率补空，主要功能见图 11.1.1。

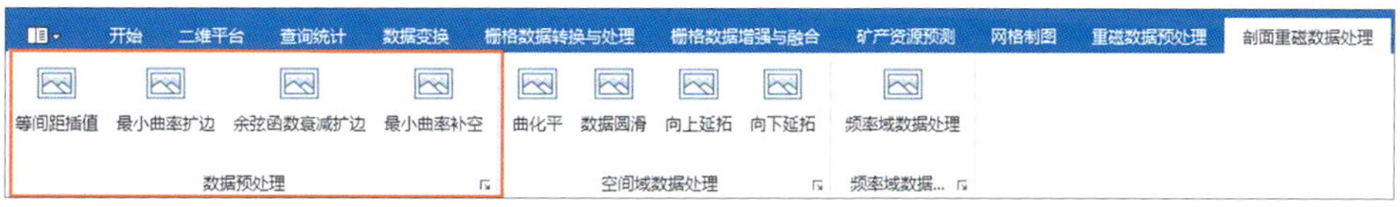

图 11.1.1　剖面重磁数据预处理功能展示

11.1.1　等间距插值

【说明】

RGIS 的空间域及频率域剖面数据处理是对等间距剖面数据进行的，因此，需要对不等间距剖面观测数据进行插值，形成等间距的剖面数据文件。插值的计算方法是线性内插。

【操作】

①点击“等间距插值”按钮，进入剖面数据插值计算的界面，如图 11.1.2 所示。

②选择需要做剖面等间距插值的数据文件，这里读入的数据文件格式见第 15 章。给定剖面等间距插值结果数据文件名（也可使用读入数据文件后系统自动给出的默认名称，即原文件名后附加 out.dat）

③输入插值处理参数，可根据原始数据信息显示的内容及剖面实际测量点点距确定插值点距、坐标最小值、坐标最大值的输入值，但应保证以此计算的测点总数目为整数。

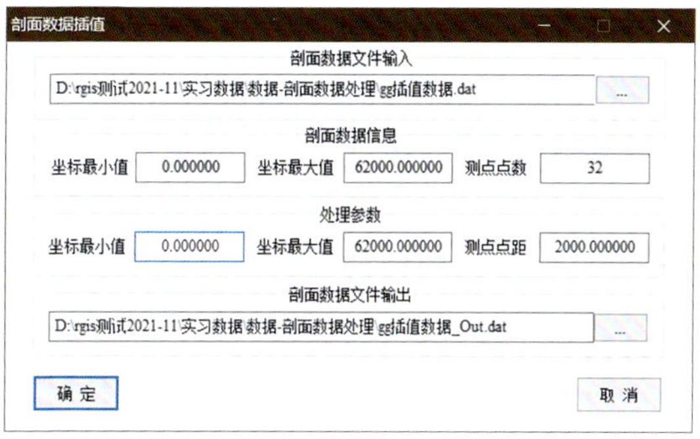

图 11.1.2　剖面数据插值界面

④单击“确定”，系统进行剖面等间距插值计算，计算结束时给出计算完毕信息。

⑤单击“取消”，则退出剖面等间距插值模块，返回到系统主界面。

11.1.2　剖面数据扩边

【说明】

空间域剖面数据处理一般会造成剖面数据的边缘损失。当数据不扩边进行各种方法的数据处理时，剖面数据缺失的个数如表 11.1.1 所示。

表 11.1.1　空间域剖面数据处理各方法缺失点个数

处理方法	五点二次圆滑	七点二次圆滑	七点四次圆滑	九点二次圆滑	十一点二次圆滑	十一点四次圆滑	十一点三角圆滑	延拓处理（第一套系数）	延拓处理（第二套系数）
数据缺失个数	4	6	6	8	10	10	10	20	20

因此在进行数据处理之前需要对原始数据进行扩边处理。软件的剖面数据扩边方法有最小曲率扩边和余弦函数衰减扩边两种。

(1) 最小曲率扩边

【操作】

①点击“最小曲率扩边”按钮，打开界面如图 11.1.3 所示。

②选择需要做扩边处理的数据文件，读入的数据文件格式见第 15 章。给定剖面等间距插值结果数据文件名（也可使用读入数据文件后系统自动给出的默认名称，即原文件名后附加 out.dat）。输入扩边处理参数：左边扩边数、右边扩边数、迭代次数及最大误差限。单击“确定”，系统进行扩边计算，计算结束时给出计算完毕信息。

(2) 余弦函数衰减扩边

【操作】

①点击“余弦函数衰减扩边”按钮，打开界面如图 11.1.4 所示。

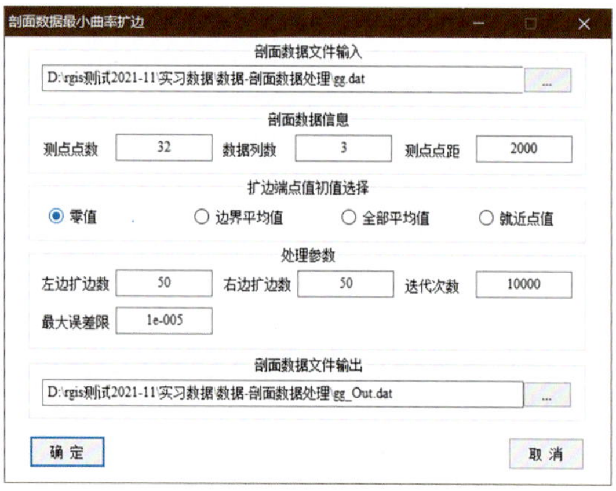

图 11.1.3　剖面数据最小曲率扩边

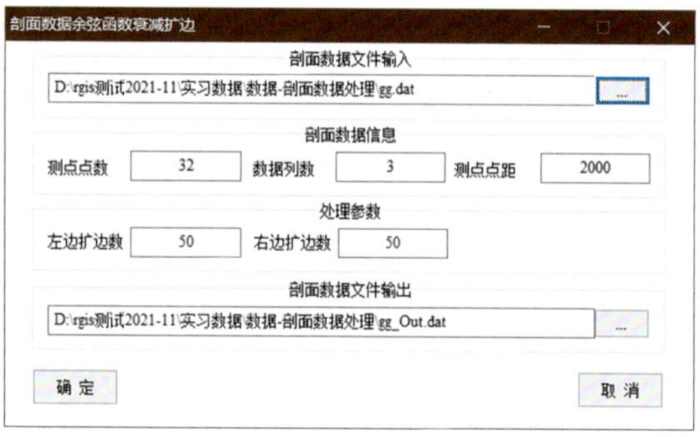

图 11.1.4　剖面数据余弦函数衰减扩边

②选择需要做扩边处理的数据文件，读入的数据文件格式见第 15 章。给定剖面等间距插值结果数据文件名（也可使用读入数据文件后系统自动给出的默认名称，即原文件名后附加 out.dat）。输入扩边处理参数：左边扩边数、右边扩边数。单击“确定”，系统进行扩边计算，计算结束时给出计算完毕信息。

11.1.3　最小曲率补空

【说明】

该功能主要采用迭代法进行插值，对剖面数据存在空白区域进行数据补充。目的是将空白区通过插值填补上数据，一是满足某些数据处理方法的要求，二是减少空白区对处理结果的影响。

【操作】

①点击“最小曲率补空”按钮，进入剖面数据最小曲率补空计算界面，如图 11.1.5 所示。

②选择需要做剖面等间距插值的数据文件，读入的数据文件格式见第 15 章。给定剖面最小曲率补空结果数据文件名（也可使用读入数据文件后系统自动给出的默认名称，即原文件名后附加 out. dat）。

③输入处理参数，单击“确定”，系统进行补空计算，计算结束时给出计算完毕信息。

④单击“取消”，则退出最小曲率补空模块，返回到系统主界面。

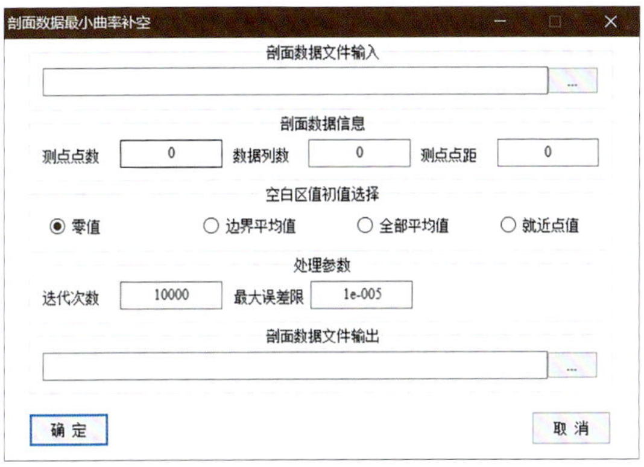

图 11. 1. 5　剖面数据最小曲率补空

11. 2　空间域数据处理

空间域数据处理功能包含曲化平、数据圆滑、向上延拓和向下延拓，功能展示界面见图 11. 2. 1。

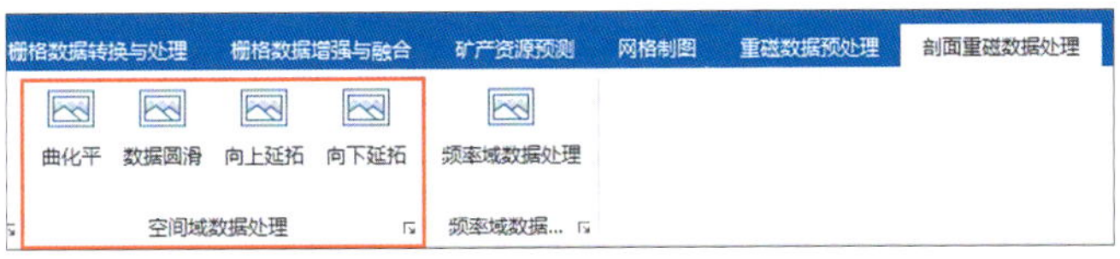

图 11. 2. 1　空间域数据处理功能展示

11. 2. 1　曲化平

【说明】

一般情况下，重力或磁法测量是在起伏地形上进行的。测量数据经各项改正后，所提取出的重、磁异常仍旧位于原来的起伏地表上，为了消除地形影响，起伏地形上重、磁异常转换的一项内容是由起伏地形上重、磁异常换算出某一平面上的重、磁异常，这一过程简称为“曲化平”。

【操作】

①点击“曲化平”按钮，进入剖面数据曲化平计算界面，如图 11. 2. 2 所示。

②选择需要做剖面曲化平的数据文件，读入的数据文件格式第 15 章。给定结果数据文件名（也可使用读入数据文件后系统自动给出的默认名称，即原文件名后附加 out. dat）

③输入处理参数（延拓高度、正则化因子及谐波次数），单击“确定”，系统进行曲化平计算，计算结束时给出计算完毕信息。

④单击“取消”，则退出曲化平模块，返回到系统主界面。

11. 2. 2　数据圆滑

【说明】

剖面数据圆滑包含的功能有：五点二次圆滑、七点二次圆滑、七点四次圆滑、九点二次圆滑、十一点二次圆滑、十一点四次圆滑和十一点三角圆滑。

【操作】

①点击“数据圆滑”按钮，进入剖面数据圆滑计算界面，如图 11. 2. 3 所示。

②选择需要做剖面数据圆滑的数据文件，读入的数据文件格式见第 15 章。给定结果数据文件名（也可使用读入数据文件后系统自动给出的默认名称，即原文件名后附加 out. dat）

③选择圆滑算法，单击“确定”，系统进行数据圆滑计算，计算结束时给出计算完毕信息。

④单击“取消”，则退出数据圆滑模块，返回到系统主界面。

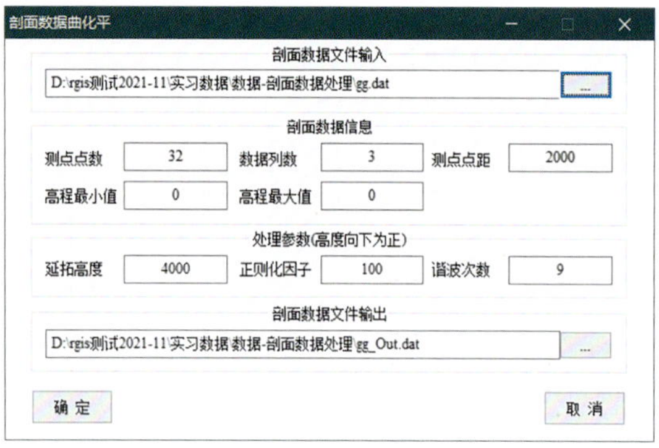

图 11.2.2　剖面数据曲化平

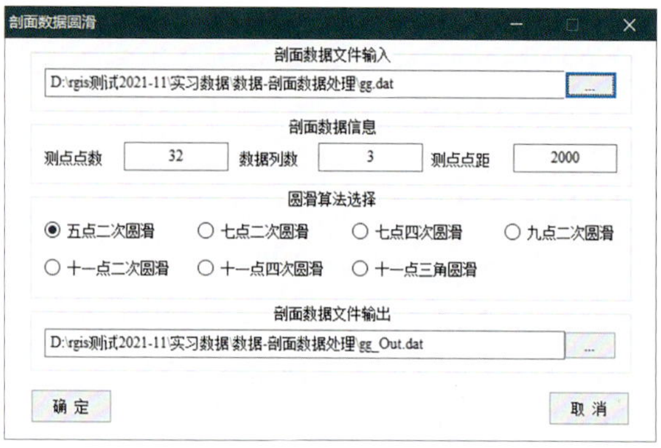

图 11.2.3　剖面数据圆滑

11.2.3　向上延拓

【说明】

数据向上延拓包含向上延拓一、向上延拓二、向上延拓三。这里的“延拓一”相当于延拓 1 个点距，“延拓二”相对于延拓 2 个点距。由于数据处理过程中，会造成点的缺失，要进行剖面数据延拓计算，数据的测点数必须大于 21。

【操作】

①点击“向上延拓”按钮，进入空间域剖面数据向上延拓计算界面，如图 11.2.4 所示。

②选择需要做剖面数据向上延拓的数据文件，读入的数据文件格式见第 15 章。给定结果数据文件名（也可使用读入数据文件后系统自动给出的默认名称，即原文件名后附加 out.dat）

③选择向上延拓高度，单击“确定”，系统进行数据向上延拓计算，计算结束时给出计算完毕信息。

④单击“取消”，则退出向上延拓模块，返回到系统主界面。

11.2.4　向下延拓

【说明】

数据向下延拓包括向下延拓一（第一套系数）、向下延拓二（第一套系数）、向下延拓三（第一套系数）、向下延拓一（第二套系数）、向下延拓二（第二套系数）和向下延拓三（第二套系数）。由于数据处理过程中，会造成点的缺失，要进行剖面数据延拓计算，数据的测点数必须大于 21。

【操作】

①点击“向下延拓”按钮，进入空间域剖面数据向下延拓计算界面，如图 11.2.5 所示。

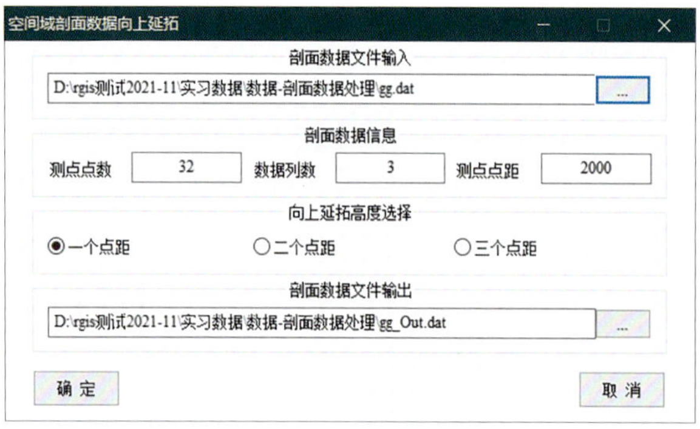

图 11.2.4　空间域剖面数据向上延拓

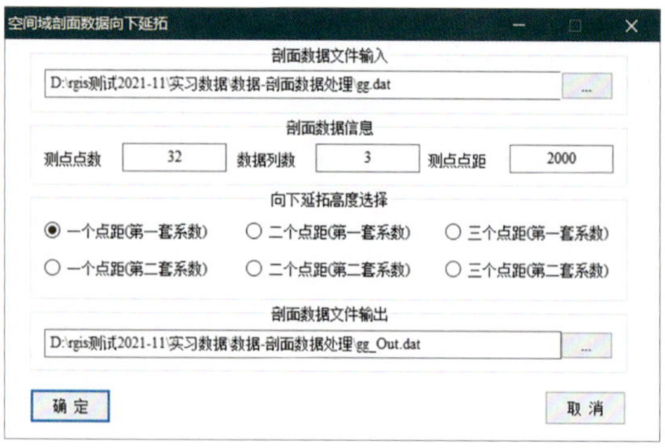

图 11.2.5　空间域剖面数据向下延拓

②选择需要做剖面数据向下延拓的数据文件，读入的数据文件格式见第 15 章。给定结果数据文件名（也可使用读入数据文件后系统自动给出的默认名称，即原文件名后附加 out. dat）。

③选择向下延拓高度（点距），单击“确定”，系统进行数据向下延拓计算，计算结束时给出计算完毕信息。

④单击“取消”，则退出向下延拓模块，返回到系统主界面。

11.3 频率域数据处理

RGIS 频率域剖面数据处理的功能有：提取区域场、提取局部场、去高频滤波、水平一阶导数、垂向一阶导数、解析延拓、化磁极、磁重转换（即磁源重力异常换算）、水平分离场和对数功率谱。

频率域剖面数据处理的操作界面如图 11. 3. 1 所示。原始数据剖面曲线图及标注用红色表示，处理结果数据剖面曲线图及标注用蓝色表示。在输入原始剖面数据后，用户可以通过选择下拉菜单框的功能，或其组合，选用相应的数据处理方法进行剖面数据处理。

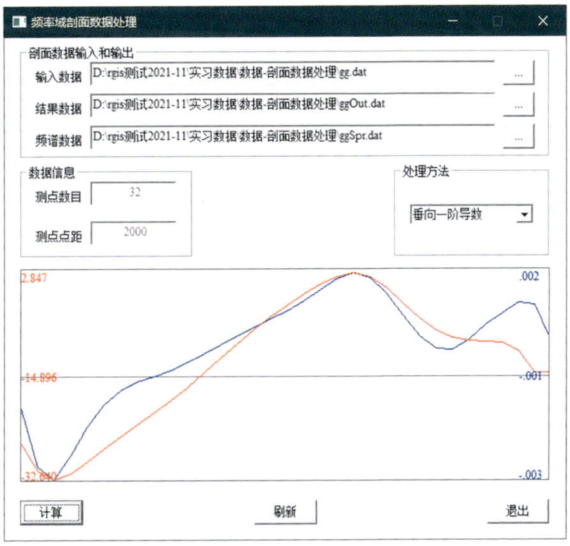

图 11. 3. 1 频率域剖面数据处理

各方法及输入参数如表 11. 3. 1 所示。

表 11. 3. 1 频率域剖面数据处理输入参数表

处理方法	输入参数	参数说明
提取区域场	频率 P1，P2，P3，P4 及其对应的频谱值 P5，P6，P7，P8	用户需要先进行对数功率谱计算，然后在对数功率谱曲线图上选点，系统自动读入所选点的频率及其频谱值
提取局部场	频率 P1，P2，P3，P4 及其对应的频谱值 P5，P6，P7，P8	用户在对数功率谱曲线图上选点，系统自动读入选点的频率及其频谱值
去高频滤波	滤波系数	选值范围在 1. 0~2. 5 之间，通常取 1. 5
水平一阶导数	无	
垂向一阶导数	无	
解析延拓	延拓高度	延拓高度为实际高度，单位与剖面点距相同。正值为向下延拓，负值为向上延拓

续表

处理方法	输入参数	参数说明
化磁极	磁化倾角	单位为度，以十进制表示
磁重转换	磁化倾角、泊松比	泊松比取1时，得同源伪重力异常；取实际值时，得同源剩余密度的重力异常
水平分离场	异常距离、异常幅值比	异常距离为欲分离的两个异常之间的距离，通常取两异常中心坐标之间的距离，单位为点距。异常幅值比是欲分离的两个异常的幅度比值
对数功率谱	无	

在进行频率域剖面数据处理时，用户还要注意如下几点：

①原始数据的测点间距必须是等间距。

②剖面的测点数必须是奇数。如不满足条件，可使用程序手动在数据文件的头部或尾部增加或减少一个测点。

③原始数据取值应达到正常场，否则会引起付氏变换带来的边缘效应。

④输出结果的距离单位和原始异常数据的单位相同。

⑤在进行水平分离场操作之前，可先对原始异常求水平导数，根据水平微商的两个极值，确定欲分离的两个异常之间的距离。异常幅值比大于1时分离效果好。水平分离功能适用于两个形态相似的异常的分离。

⑥高频滤波处理的滤波系数一般可取1.5。实际应用时，应进行多次试验，以更具针对性。

⑦提取区域场或局部场时要先对剖面数据求对数功率谱，根据对数功率谱曲线，找出对应深源场与浅源场的两个直线段，利用鼠标左键在对数功率谱曲线图分别确定能代表这两个直线段的4个点。两个直线段的分析及4个点的确定是关键，应注意其代表性。P1、P2、P3、P4为这4个点的横坐标值，单位为基频，纵坐标值为这4个点对应的频谱值P5、P6、P7、P8。选取点时一定要注意确保P1<P2<P3<P4。

第 12 章　平面重磁数据处理

面积性重磁数据处理包括频率域和空间域重磁异常转换、重磁场分离与相关分析等处理。

所叙述数据转换及处理的方法原理请参考第 16 章。所涉及的数据格式，平面数据与 Surfer 的“ * . grd”一致。

位场转换处理方法不仅适用于重力异常，也适用于磁异常。实际工作中往往要进行重、磁异常综合解释。RGIS 除了提供常用的重磁位场数据转换与处理模块以外，还提供了多个专用于磁异常解释的功能模块，如化磁极和磁源深度计算。

12.1　频率域

平面重磁数据处理的频率域处理功能包括向上延拓、向下延拓、迭代向下延拓、一阶导数、二阶导数等功能（图 12.1.1）。

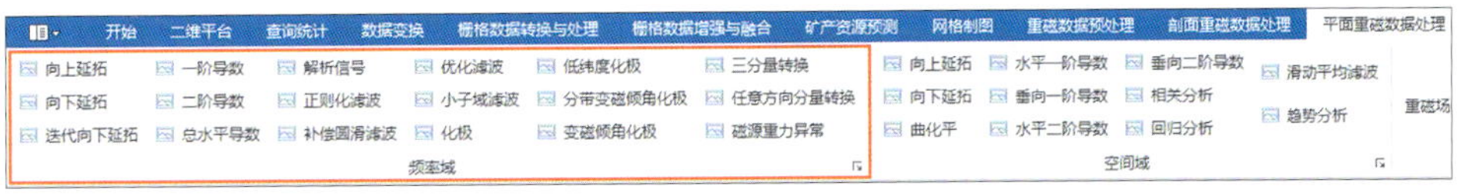

图 12.1.1　频率域平面重磁数据处理功能展示

12.1.1　向上延拓

【说明】

将观测面上的实测重磁异常值换算到观测面以上的某一高度上的异常值的计算，叫向上延拓。重磁异常的向上延拓作用主要是突出规模较大的（如区域性的，或深部较大规模的）异常体的异常特征，而压制规模较小的（如局部的、浅而小的）异常体的异常特征。有时可以用几个不同高度上的异常联合分析，以此扩大解反问题的能力。

【操作】

①选择“平面重磁数据处理”→“频率域”→“向上延拓”，进入向上延拓处理界面，如图 12.1.2 所示。

②点击数据文件输入按钮，读入数据文件。给定结果数据文件名（也可使用读入数据文件后系统自动给出的默认名称，即原文件名后附加 Pro. grd）。点击“显示”可显示读入数据文件的等值线。

③设置参数。参数设置包括数据扩边的设置（以下称“扩展参数”或“扩边参数”）、扩边方法和延拓参数设置。数据扩边是对行和列在延拓前进行扩边处理，以消除边界效应。这里要求行、列按

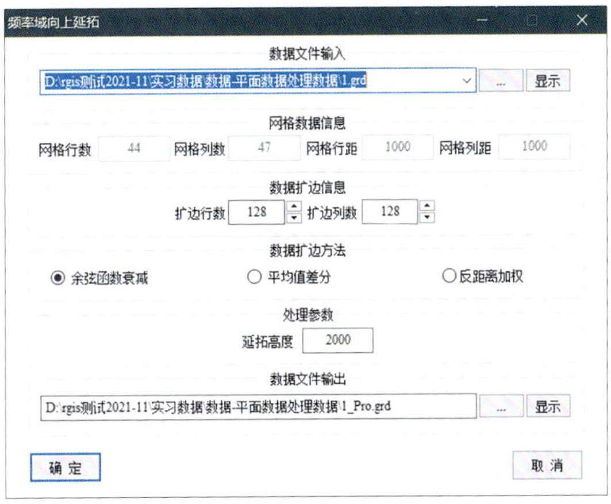

图 12.1.2　频率域向上延拓

照 2 的整数幂进行扩边。例如数据文件的行和列分别为 58 和 136，这两个数分别介于 $2^6 \sim 2^7$ 和$2^7 \sim 2^8$，则可置行扩展参数为 128，列扩展参数为 256。

RGIS 系统根据读入网格数据，自动给出扩边行、列数供参考，通常已满足扩边要求。但有时，这一扩边不能满足实际要求，用户可以根据需要加大扩边的行、列数。

延拓参数即延拓高度。这里，延拓高度的单位和数据点距单位相同，如点距是以米为单位的，则延拓高度以米为单位，如点距是以千米为单位，则延拓高度以千米为单位。

④单击“确定”，系统进行向上延拓计算，计算结束时给出计算完毕信息。单击“取消”，则退出向上延拓模块，返回到系统主界面。

12.1.2 向下延拓

【说明】

与向上延拓相反，向下延拓的作用是突出局部和浅部的异常特征，以及分解在水平方向叠加的异常，大致了解场源体位置和深度。由于下延使得延拓面更接近场源，异常等值线圈闭的形状与场源体顶面形状更为接近，因而可用来了解异常源的平面投影轮廓。频率域向下延拓属于积分不适定问题，所以用户在使用该方法时要慎重选择下延高度，并注意对结果进行必要的滤波处理。

【操作】

①选择“平面重磁数据处理”→“频率域”→“向下延拓”，进入向上延拓处理界面，如图 12.1.3所示。

图 12.1.3 频率域向下延拓

②点击数据文件输入按钮，读入数据文件。给定结果数据文件名（也可使用读入数据文件后系统自动给出的默认名称，即原文件名后附加 Pro. grd）。点击“显示”可显示读入数据文件的等值线。

③设置参数。参数设置包括数据扩边的设置、扩边方法和延拓参数设置。数据扩边是对行和列在延拓前进行扩边处理，以消除边界效应。有关参数要求参见 12.1.1 向上延拓一节。

处理参数即延拓高度。延拓高度的单位和数据点距单位相同，如点距是以米为单位的，则延拓高度以米为单位，如点距是以千米为单位，则延拓高度以千米为单位。

④单击“确定”，系统进行向下延拓计算，计算结束时给出计算完毕信息。单击“取消”，则退出向下延拓模块，返回到系统主界面。

12.1.3 迭代向下延拓

【说明】

为了改善向下延拓的稳定性，提高延拓距离，许多地球物理学家提出种种改进的方法。基于迭代法的位场向下延拓比简单的 FFT 向下延拓方法稳定得多，可以向下延拓较大的距离，而且具有较高的精度。

【操作】

①选择“平面重磁数据处理”→“频率域”→“迭代向下延拓”，进入频率域迭代向下延拓处理界面，如图 12.1.4 所示。

②点击数据文件输入按钮，读入数据文件。给定结果数据文件名（也可使用读入数据文件后

系统自动给出的默认名称，即原文件名后附加 Pro. grd）。点击“显示”可显示读入数据文件的等值线。

③设置参数。参数设置包括数据扩边的设置、扩边方法和延拓参数设置。数据扩边是对行和列在延拓前进行扩边处理，以消除边界效应。有关参数要求参见 12. 1. 1 向上延拓一节。

在对话框中输入延拓高度、迭代均方差、迭代因子和最大迭代次数等参数。

④单击“确定”，系统进行迭代向下延拓计算，计算结束时给出计算完毕信息。单击“取消”，则退出迭代向下延拓模块，返回到系统主界面。

12. 1. 4　一阶导数

【说明】

在重磁异常处理解释中，可采用一阶水平导数的极大值位置，粗略判断隐伏断裂带的位置和隐伏异常体的边界位置。不同方向的导数，还可以突出垂直方向的断裂构造分布情况。

【操作】

①选择“平面重磁数据处理”→“频率域”→“一阶导数”，进入频率域一阶导数处理界面，如图 12. 1. 5 所示。

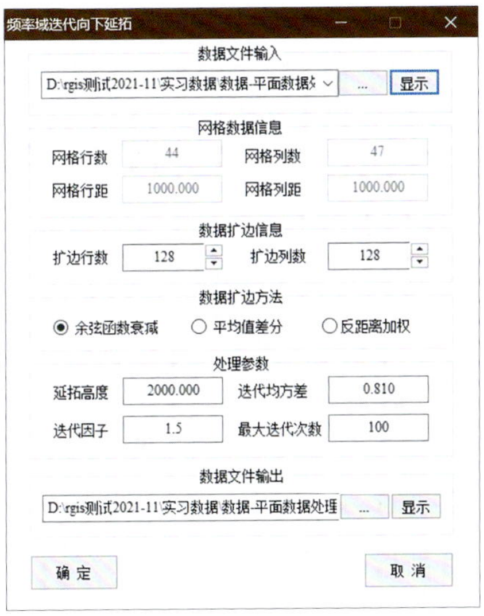

图 12. 1. 4　频率域迭代向下延拓

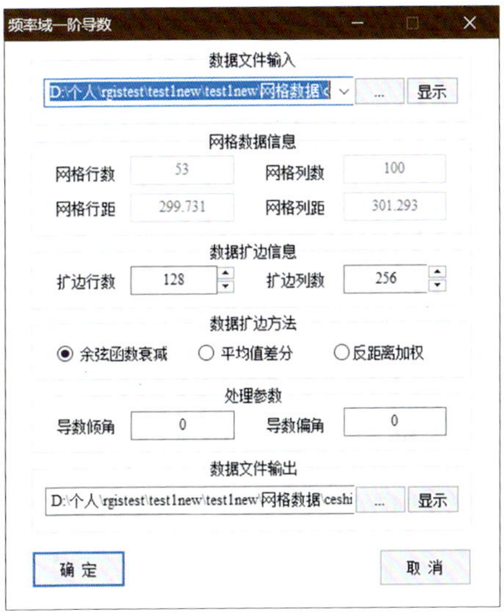

图 12. 1. 5　频率域一阶导数

②点击数据文件输入按钮，读入数据文件。给定结果数据文件名（也可使用读入数据文件后系统自动给出的默认名称，即原文件名后附加 Pro. grd）。点击“显示”可显示读入数据文件的等值线。

③设置参数。参数设置包括数据扩边的设置、扩边方法选择和求导参数设置。数据扩边是对行和列在延拓前进行扩边处理，以消除边界效应。有关参数要求参见 12. 1. 1 向上延拓一节。

处理参数，即求导参数，包含导数偏角参数和导数倾角参数。求导参数用于求取不同空间方向上的导数。

通常所说的水平方向上的导数，可设置偏角为 0°～180°之间的任意值。此时，将倾角设为默认值 0°。如果只求垂向导数，则要置方向倾角为 90°，而将偏角设为默认值 0°。

注意：求取垂向导数时，偏角置为 0°，不表示同时求取了水平方向为 0°的一阶导数。

④单击“确定”，系统进行一阶导数计算，计算结束时给出计算完毕信息。单击“取消”，则退出一阶导数模块，返回到系统主界面。

12.1.5　二阶导数

【说明】

对重磁异常求一阶导数，可以用来粗略确定地下构造的边界和断裂带的位置。通过求取异常的二阶导数，可以突出浅而小的地质体或断裂构造带的异常特征而压制区域性或深部地质因素的影响

【操作】

二阶导数的计算过程和一阶导数完全相同，可以参阅一阶导数的步骤实现二阶导数的求取。

12.1.6　总水平导数

【说明】

重磁异常的水平总梯度模也叫水平方向导数模，可用来辅助确定线性构造，如断裂或岩性接触面的位置。

图 12.1.6　总水平方向导数

【操作】

①选择“平面重磁数据处理”→“频率域”→“总水平导数”，进入总水平方向导数处理界面，如图 12.1.6 所示。

②点击数据文件输入按钮，读入数据文件。给定结果数据文件名（也可使用读入数据文件后系统自动给出的默认名称，即原文件名后附加 Pro.grd）。点击“显示”可显示读入数据文件的等值线。

③设置参数。参数设置包括数据扩边的设置、扩边方法选择。数据扩边是对行和列在延拓前进行扩边处理，以消除边界效应。有关参数要求参见 12.1.1 向上延拓一节。

④单击“确定”，系统进行总水平导数计算，计算结束时给出计算完毕信息。单击“取消”，则退出总水平导数计算模块，返回到系统主界面。

12.1.7　解析信号

【说明】

重磁异常的解析信号（也称总梯度模）可以用来辅助确定线性构造，如断裂或岩性接触面的位置。

【操作】

解析信号的计算过程和总水平导数完全相同，可以参阅总水平导数的步骤实现解析信号的求取。

12.1.8　正则化滤波

【说明】

采用正则化稳定滤波因子，对重磁异常进行的低通滤波。该方法适应能力较强的，实际资料处理效果较好。正则化滤波突出的实用性在于，其滤波参数 λ_0 与 f_0 与要消除的局部异常场的尺度近似对应，并可直接从原始异常剖面图或平面等值线图上量取。

【操作】

①选择“平面重磁数据处理”→“频率域”→“正则化滤波”，进入正则化滤波处理界面，如

图 12.1.7 所示。

②点击数据文件输入按钮，读入数据文件。给定结果数据文件名（也可使用读入数据文件后系统自动给出的默认名称，即原文件名后附加 Pro.grd）。点击“显示”可显示读入数据文件的等值线。

③设置参数。参数设置包括数据扩边的设置、扩边方法和水平几何尺度的设置。数据扩边是对行和列在延拓前进行扩边处理，以消除边界效应。有关参数要求参见 12.1.1 向上延拓一节。

处理参数即水平几何尺度。水平几何尺度是指被滤掉异常的最大宽度，小于这一宽度规模的异常将被滤除。因此，对于不同的地区和目的，为了确定最好的滤波程度，需要试用不同的参数，以选择最合适的几何尺度因子。

④单击“确定”，系统进行计算，计算结束时给出计算完毕信息。单击“取消”，则退出计算模块，返回到系统主界面。

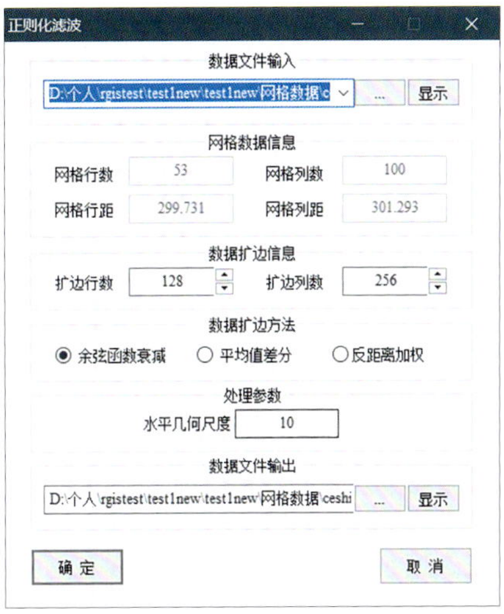

图 12.1.7　正则化滤波

12.1.9　补偿圆滑滤波

【说明】

在频率域中，为了压制信号中的高频成分的同时必然会在一定程度上压制中频的低频成分。为了减少这种对中、低频的压制，使有用信号的畸变尽可能的降到最小，我们采用补偿圆滑滤波的方法。

【操作】

①选择“平面重磁数据处理”→“频率域”→“补偿圆滑滤波”，进入补偿圆滑滤波处理界面，如图 12.1.8 所示。

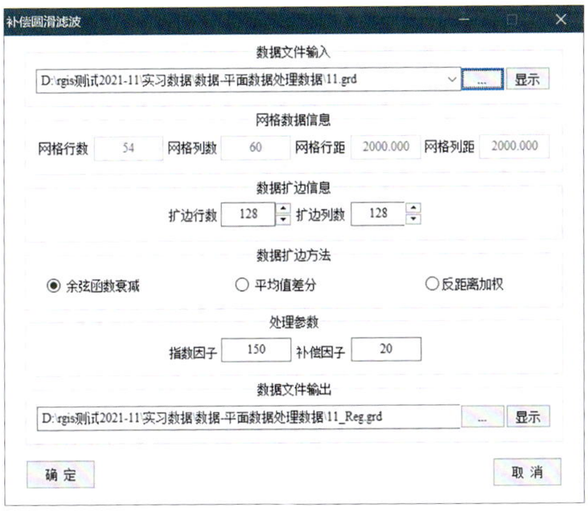

图 12.1.8　补偿圆滑滤波

②点击数据文件输入按钮，读入数据文件。给定结果数据文件名（也可使用读入数据文件后系统自动给出的默认名称，即原文件名后附加 Pro.grd）。点击“显示”可显示读入数据文件的等值线。

③设置参数。滤波参数有两个：扩边参数和处理参数。扩边参数同正则化滤波方法。处理参数包括指数因子和补偿因子。由用户根据资料的情况和需要滤除的异常自行输入。一般来说，指数因子越大，补偿圆滑滤波器越接近理想滤波器，滤波作用越强，压制高频成分效果越好。

④单击“确定”，系统进行计算，计算结束时给出计算完毕信息。单击“取消”，则退出计算模块，返回到系统主界面。

12.1.10　优化滤波

【说明】

对于面积性重磁测量来说，向上延拓是位场数据处理采用的方法之一，传统的向上延拓算子在压制浅源信号的同时，深源的长波信号也受到压制。优选向上延拓的思想是，在压制浅源局部信号的同时，深源信号衰减最小。从这个意义上说，优选向上延拓并不是一种基于空间变换目的的单纯延拓方法，而是一种突出区域场的异常分离方法。

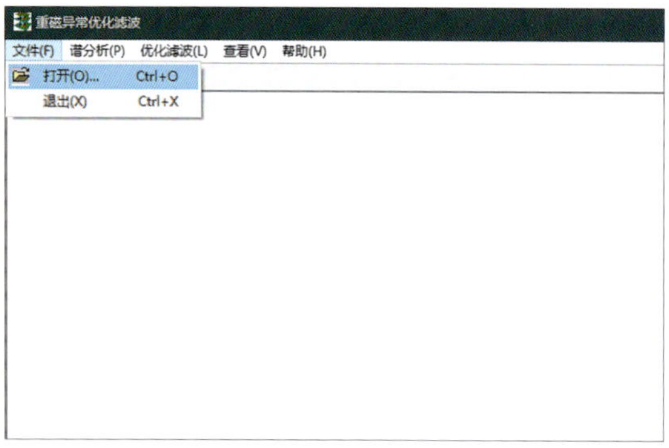

图 12.1.9　重磁异常优化滤波

【操作】

①选择“平面重磁数据处理”→“频率域”→“优化滤波”，进入重磁异常优化滤波处理界面，如图 12.1.9 所示。

②点击“文件”菜单项，从下拉菜单中选择“打开”选项，弹出“文件输入”对话框”，选择所要处理的重磁场网格文件。

③打开所处理的文件之后，单击“谱分析”菜单项，弹出图 12.1.10 所示对话框。

④单击“显示径向功率谱”按钮计算径向对数功率谱，对话框的右侧将显示径向对数功率谱图，如图 12.1.11 所示。

图 12.1.10　径向对数功率谱分析

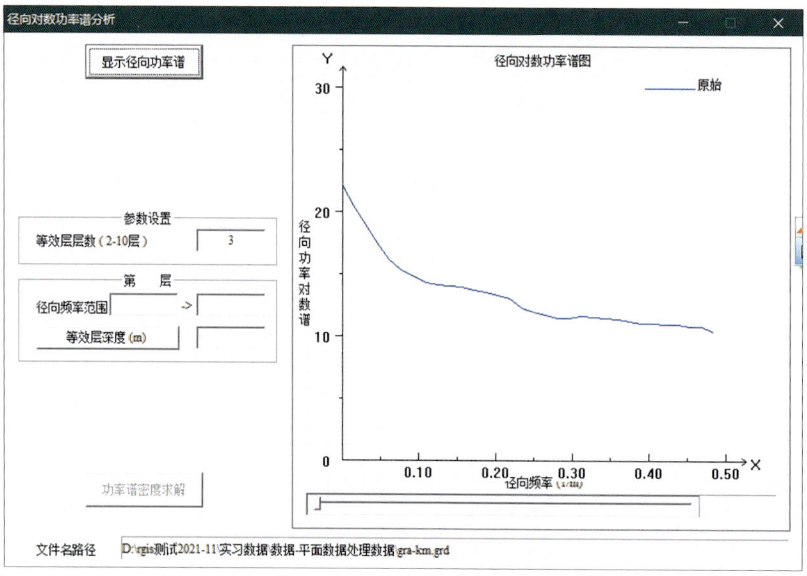

图 12.1.11　径向对数功率谱图

⑤选择等效层数，默认层数为 3 层。用户可在 2 到 10 层的范围内选择。接下来根据径向对数功率谱图判断分段范围。通过径向对数功率谱图下的滑杆条来选择频段范围，每选择完一段，点击“等效层深度”按钮，求解等效层深度。这时，每层的频段范围和等效层深度将会显示在组合框里。如图 12. 1. 12 所示。等所有等效层深度计算完后，“等效层深度”按钮变灰，“功率谱密度求解”按钮变可用，如图 12. 1. 12 所示。

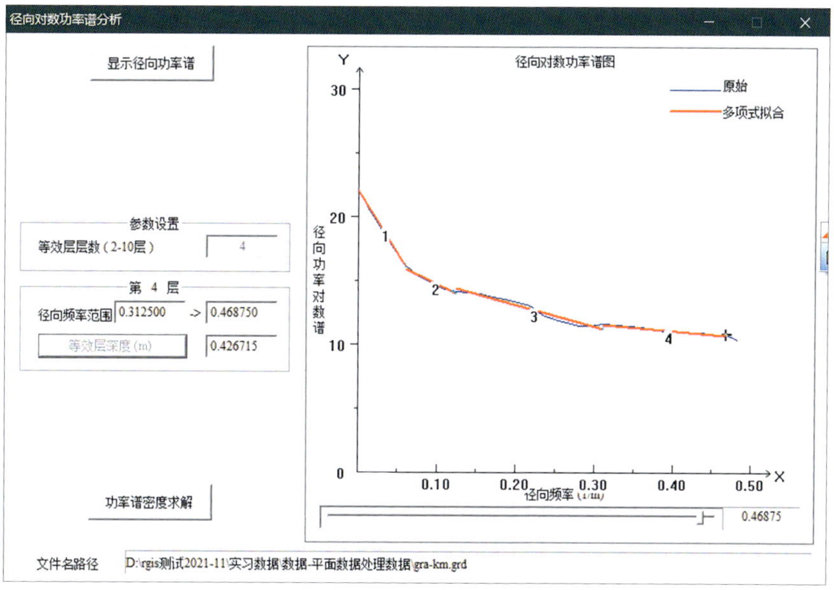

图 12. 1. 12　等效层深度求取

⑥点击“功率谱密度求解”按钮，计算等效功率谱密度。并退出径向对数功率谱对话框。

⑦在菜单栏选择“优化滤波”→“优选向上延拓”选项，弹出优选上延对话框，如图 12. 1. 13 所示。上延高度，默认为 1000m。选择深层频段，默认为第 1 层，最大为第 1 层到第 $n-1$ 层（n 为分层数目）。点击“显示算子”按钮，显示优选向上延拓算子图。

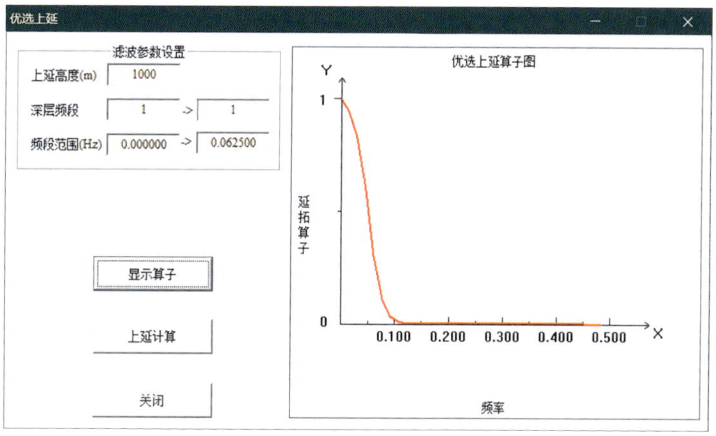

图 12. 1. 13　优选上延

⑧点击“上延计算”按钮，进行优选向上延拓计算。等提示计算完成后，将弹出“保存数据”对话框。保存数据后可以退出对话框。

优选向下延拓的操作方式和和优选向上延拓操作相同，其作用是突出深部场源，尽量不放大浅部异常。

⑨选择“带通优化滤波”选项，弹出带通优化滤波对话框，如图 12. 1. 14 所示。

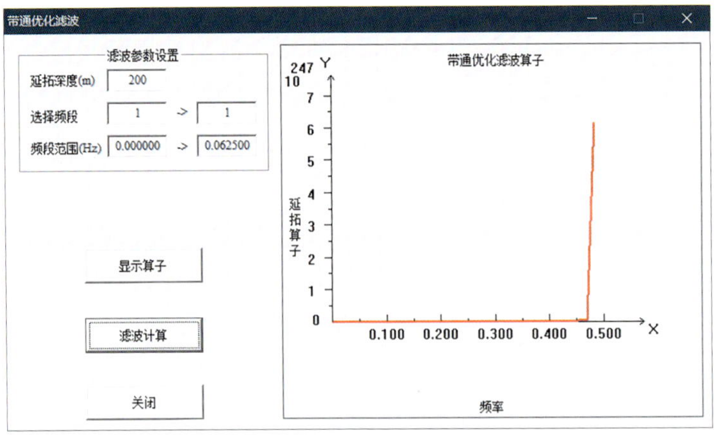

图 12. 1. 14　带通优化滤波

⑩选择延拓深度，默认为200m。选择频段范围，默认为第1层（即为第1层到第1层）。用户可以按照需要选择频段范围。点击“显示算子”按钮，显示带通优化滤波算子图。点击“滤波计算”按钮，进行带通优化滤波计算。提示计算完成，将弹出“保存数据”对话框，保存数据。

全通优化滤波和带通优化滤波操作相同。

12. 1. 11　小子域滤波

【说明】

线性增强是利用数学上对导数变化大的值进行放大增强的“梯级带滤波增强技术”来凸显异常中存在的线性构造的异常特征，使得测区的线性异常信息更加突出。

【操作】

①选择“平面重磁数据处理”→“频率域”→“小子域滤波”，进入小子域滤波界面。

②点击数据文件输入按钮，读入数据文件。系统会在界面上显示读入数据文件的等值线图。给定结果数据文件名（也可使用读入数据文件后系统自动给出的默认名称，即原文件名后附加 Str. grd）。点击“显示”可显示读入数据文件的等值线。

③单击数据处理工具，系统会自动对数据进行线性增强处理计算。计算完毕，给出线性增强处理完毕对话框。

④单击“确定”，完成计算。点击“显示”可显示结果数据文件的等值线。经过处理的结果异常可较为明显地反映地下地质体的边界、走向和规模等信息。可以利用工具条中的各种工具改变等值线的视图方式。

12. 1. 12　化极

【说明】

磁异常化极在理论上是指将位于地磁极以外的磁性地质体引起的磁异常换算为假定磁性地质体位于地磁极处所引起的磁异常。实际应用中把斜磁化的异常转换为垂直磁化异常的过程称为化极。化极后的磁异常中心与磁矩中心（或有效磁化中心）在地表的投影位置更加接近，便于定性分析和定量计算解释。

在做处理前，首先了解一下地磁参数的物理意义，磁化倾角和磁化偏角等地磁参数示意图，如图 12. 1. 15 所示。

在测量当中，测线方向（X 轴）与基线方向（Y 轴）垂直。测区数据的网格化，按照测点的高斯（或其他地球投影）坐标进行，形成网格化文件，格式与 Surfer 软件的数据格式相同。其意义如图 12.1.16 所示。这种情况下的行方向就是地理的东方向，列方向就是地理北方向。

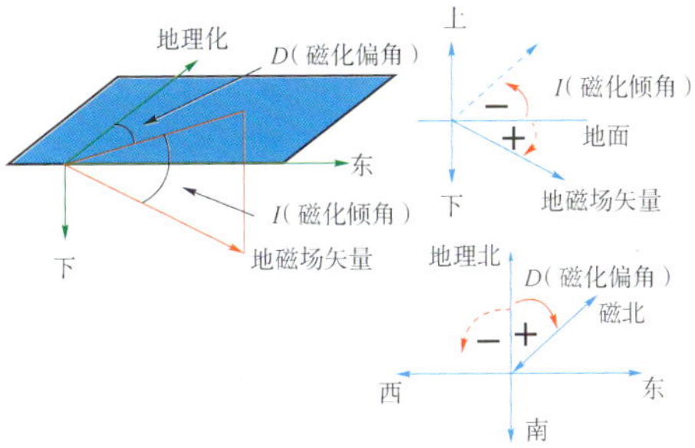

图 12.1.15　地磁参数示意图

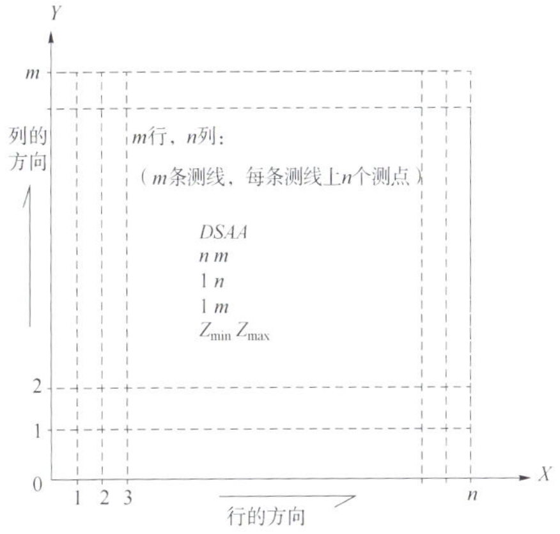

图 12.1.16　测区数据网格化物理意义示意图

注意：如果某测区的测点坐标采用了自定义坐标的相对测量，而不是地球投影的坐标系，而且测线不是东西向的，则网格化后的行列就不是东西、南北向的。这种情况下，若进行化极或分量转换等与地磁场相关的处理，就须输入网格化数据的行方位角（也是测线方位角），以将其转换到地球坐标系中。

在 RGIS 系统中，多个磁测数据处理与转换模块都涉及到网格化数据行方位角和列方位角的选取，这相当于测线方向和基线方向的选取。行方位角为网格化数据的行方向和地理北之间的夹角（顺时针为正值），列方位角定义为网格化数据的列方向和地理北之间的夹角（顺时针为正值）

【操作】

①选择“平面重磁数据处理”→“频率域”→“化磁极”，进入磁异常化极处理界面，如图 12.1.17 所示。

②点击数据文件输入按钮，读入数据文件。给定结果数据文件名（也可使用读入数据文件后系统自动给出的默认名称，即原文件名后附加 RTP.grd），点击“显示”按钮显示读入数据的等值线图。

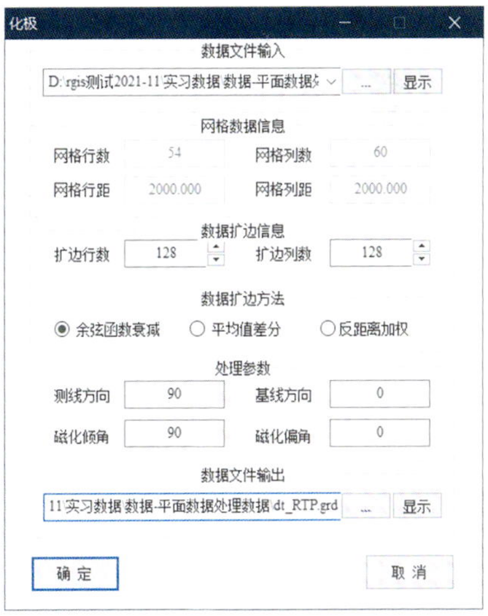

图 12.1.17　磁异常化极参数设置

③设置参数。参数设置包括数据扩边的设置、扩边方法和化极参数的设置。数据扩边是对行和列在延拓前进行扩边处理，以消除边界效应。有关参数要求参见 12.1.1 向上延拓一节。

化极参数设置主要包括以下几项内容：

测线方向：输入网格化数据文件的行方向与地理北的夹角。按高斯等地球投影坐标进行网格化时取默认值 90，即东方向；按测区的相对坐标或点线号进行网格化时，要输入网格化数据 X 方向与地理北的实际夹角。

基线方向：输入网格化数据文件的基线方向与地理北的夹角（即列方位角）。按高斯等地球投影坐标进行网格化时取默认值 0，即北方向；按测区的相对坐标或点线号进行网格化时，要输入网格化数据 Y 方向与地理北的实际夹角。

磁化倾角：计算数据所在地区的地磁场倾角。

磁化偏角：计算数据所在地区的地磁场偏角。

④参数设置完毕，单击“确定”，完成磁异常化极计算，点击“显示”可显示结果异常等值线图。

【示例】如图 12.1.18 所示，一个航磁测区（图 A）测线方向 130°（基线方向 40°），磁化倾角 56°，磁化偏角-5°。测量定位采用地球投影高斯坐标千米单位。直接对测点文件进行网格化，也就是对高斯坐标数据进行网格化，相当于 X 为地理 90°，Y 为地理 0°。网格化结果磁异常如图 B 所示（正异常西北侧有明显的负异常）。因此，在化极参数输入中，使用测线方向 90°，基线方向 0°，磁化倾角 56°，磁化偏角-5°，化极结果如图 C 所示。

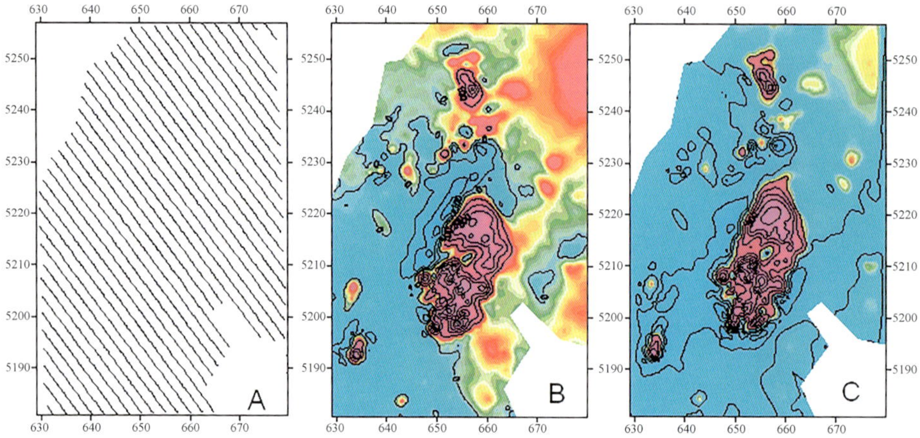

图 12.1.18　某航磁测区磁异常化极的实例

12.1.13　低纬度化极

【说明】

在赤道附近的低磁纬度地区，一般磁化倾角小于 30°的地区，观测所得的磁场形态要比在高磁纬度地区相同地质条件下复杂。负异常明显，伴生异常增多。低纬度化极工作就是设法消除低倾角倾斜磁化造成的磁异常的复杂性，还原磁异常在垂直磁化情况下的面貌。低纬度化极处理实现方法和前面所述方法略有不同，其参数设置见表 12.1.1。

表 12.1.1　参数设置表

<table>
<tr><th>参数项</th><th colspan="2">参 数</th><th>说　明</th><th>备　注</th></tr>
<tr><td rowspan="8">网格数据信息</td><td colspan="2">数据测线数</td><td>读入网格数据的测线数</td><td>系统自动读入</td></tr>
<tr><td colspan="2">每条测线上的测点数</td><td>读入网格数据的测线上的测点的数量</td><td>系统自动读入</td></tr>
<tr><td colspan="2">测线距</td><td>网格数据测线距离</td><td>系统自动读入</td></tr>
<tr><td colspan="2">测点距</td><td>网格数据测点距离</td><td>系统自动读入</td></tr>
<tr><td colspan="2">扩充以后测线数</td><td>在进行低纬度化极时数据列外扩后的数据测线数，按 2 的整数幂扩充</td><td>默认为原有行数的下一个 2 的整数幂级。用户可以自行更改</td></tr>
<tr><td colspan="2">扩充以后测点数</td><td>在进行低纬度化极时数据点外扩后的数据测点数，按 2 的整数幂扩充</td><td>默认为原有行数的下一个 2 的整数幂级。用户可以自行更改</td></tr>
<tr><td colspan="2">行方位角</td><td>网格数据行方向（X）和地理北的夹角</td><td>单位：十进制度</td></tr>
<tr><td colspan="2">列方位角</td><td>网格数据列方向（Y）和地理北的夹角</td><td>单位：十进制度</td></tr>
<tr><td rowspan="2">去除高频干扰方法</td><td colspan="2">正则化滤波</td><td>设置正则化滤波因子</td><td>用户输入</td></tr>
<tr><td colspan="2">补偿圆滑滤波</td><td>设置对应的衰减指数和补偿次数</td><td>用户输入</td></tr>
<tr><td rowspan="3">参数设置</td><td colspan="2">单一地磁场倾角和偏角</td><td>输入研究区的地磁场倾角和偏角</td><td>用户输入</td></tr>
<tr><td rowspan="2">变地磁场倾角、偏角</td><td>不规则变磁化倾角和偏角</td><td>读入研究区的变磁化倾角和偏角文件</td><td>网格数据文件读入</td></tr>
<tr><td>近似线性变化</td><td>读入数据 4 个角点的磁化倾角和偏角</td><td>用户输入</td></tr>
</table>

【操作】

①选择“平面重磁数据处理”→“频率域”→“低纬度化极”，进入低纬度化极处理界面，如图 12. 1. 19 所示。

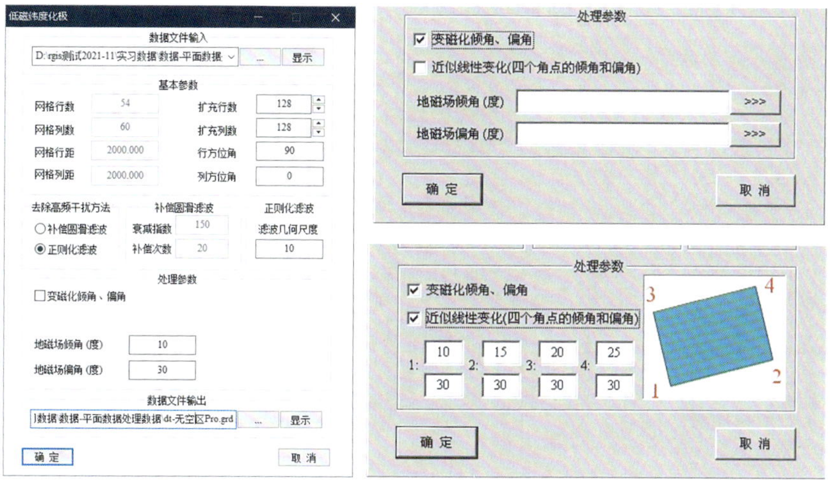

图 12. 1. 19　低纬度化极参数设置

②点击数据文件输入按钮，读入数据文件。给定结果数据文件名（也可使用读入数据文件后系统自动给出的默认名称，即原文件名后附加 Pro. grd）可点击“显示”按钮显示读入数据的等值线图。

③设置参数。参数设置包括数据扩边的设置、行列方位角设置、去除高频干扰方法，以及是否变磁化倾角、偏角等。

④设置完成后，点击“确定”，提示“低磁纬度化极计算结束”，点击“显示”按钮，可显示化极后等值线图。

图 12. 1. 20 是一个模型的计算例子。

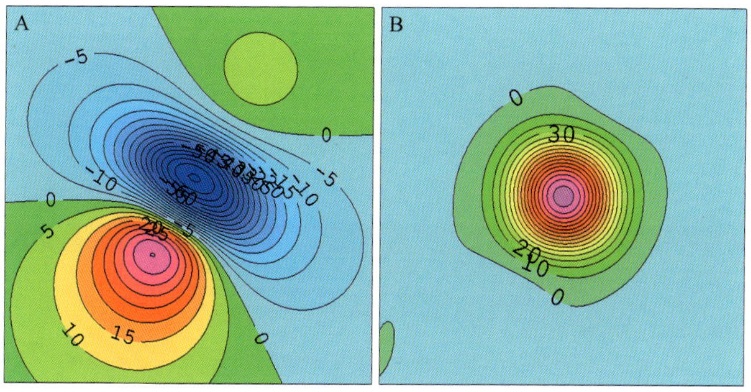

图 12. 1. 20　低纬度化极示例图

A 为原始异常，磁化倾角 15 °，偏角 30 °；B 为化极后异常

12. 1. 14　分带变磁倾角化极

【说明】当测区纬度跨度比较大，一般大于 2°时，常规化极已不能满足较高的精度要求，此时需要作分带化极处理。

【操作】

①选择“平面重磁数据处理”→“频率域”→“分带变磁倾角化极”，进入变纬度化极处理界面。

②点击数据文件输入按钮，读入数据文件。给定结果数据文件名，可点击“显示”按钮显示读

入数据的等值线图。

当测区比较大，分块比较多时，一次化极所需地磁倾角和地磁偏角参数很多，程序提供化极参数文件输入功能，文件为ASCII码文本格式，具体格式见第15章。

分带变磁倾角化极参数设置如表12.1.2所示，其中网格数据信息部分的参数同低纬度化极，此处忽略。

表12.1.2　分带变磁倾角化极参数设置

参数项	参 数	说　明	备　注
测区信息	纬度最小值	测区纬度最小值，单位：度	用户输入
	经度最小值	测区经度最小值，单位：度	用户输入
	纬度最大值	测区纬度最大值，单位：度	用户输入
	经度最大值	测区经度最大值，单位：度	用户输入
	纬度间隔	每个分块的纬度间隔，单位：度	用户输入
	经度间隔	每个分块的经度间隔，单位：度	用户输入
	纬度分块数	研究区的纬度方向的分块数	系统计算
	经度分块数	研究区的经度方向的分块数	系统计算
地磁参数	地磁倾角	各个分块的地磁倾角	用户输入
	地磁偏角	各个分块的地磁偏角	用户输入

③参数设置完成后，点击“确定”。计算完成后，提示“磁异常分带化极计算结束”，显示化极后的等值线图。

12.1.15　变磁倾角化极

【说明】

当测区比较大，分块比较多时，一次化极所需地磁倾角和地磁偏角参数很多，程序提供化极参数文件输入功能，具体格式见第15章。

【操作】

①选择“平面重磁数据处理”→“频率域”→“变磁倾角化极”，进入“变磁化倾角化极”处理界面，如图12.1.21所示。

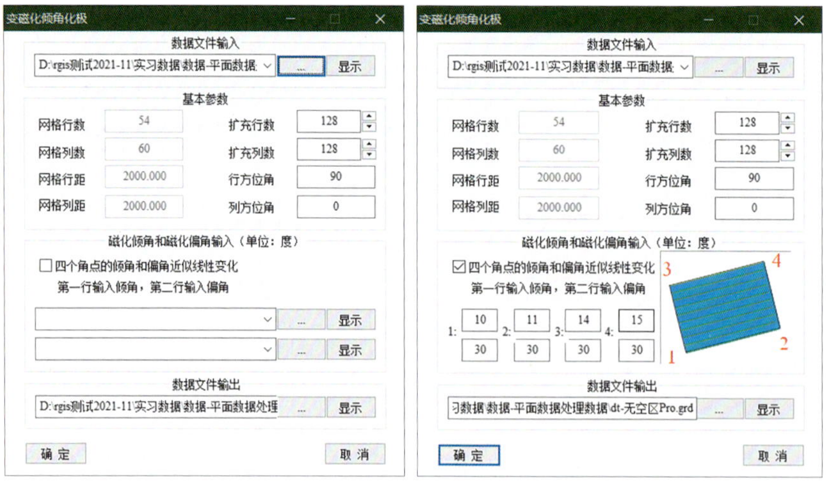

图12.1.21　变磁化倾角化极参数设置

②点击数据文件输入按钮，读入数据文件。给定结果数据文件名（也可使用读入数据文件后系统自动给出的默认名称，即原文件名后附加 RTP. grd），可点击“显示”按钮显示读入数据的等值线图。

③设置参数。参数设置包括数据扩边的设置、化极参数的设置。数据扩边是对行和列在延拓前进行扩边处理，以消除边界效应。有关参数要求参见 12. 1. 1 向上延拓一节。

化极参数设置主要包括以下几项内容：

行方位角：输入网格化数据文件的行方向与地理北的夹角。按高斯等地球投影坐标进行网格化时取默认值 90，即东方向；按测区的相对坐标或点线号进行网格化时，要输入网格化数据 X 方向与地理北的实际夹角。

列方位角：输入网格化数据文件的基线方向与地理北的夹角。按高斯等地球投影坐标进行网格化时取默认值 0，即北方向；按测区的相对坐标或点线号进行网格化时，要输入网格化数据 Y 方向与地理北的实际夹角。

磁化倾角：计算数据所在地区的地磁场倾角。

磁化偏角：计算数据所在地区的地磁场偏角。

可以输入倾角和偏角的网格，也可以输入需要处理的网格区域的 4 个角点的倾角和偏角的范围。

④参数设置完毕，单击“确定”，完成磁异常化极计算，点击“显示”可显示结果异常等值线图。

12. 1. 16　三分量转换

【说明】

在磁异常的推断解释过程中，有时需要磁场的多种分量，以增加解释信息，提高解释的可靠性。但是在实际磁测工作中一般只测某一分量，如 Za 或 ΔT。

本系统中的磁场三分量转换程序可以实现 Za、ΔT、Hax 和 Hay 4 种分量之间的互相转换。在实际操作中，实现三分量转换和实现圆滑滤波方法相同。这里，用户需要在处理参数中设置基本参数、扩展参数和高级参数。

【操作】

①选择“平面重磁数据处理”→“频率域”→“三分量转换”，进入三分量转换处理界面，如图 12. 1. 22 所示。

②点击数据文件输入按钮，读入数据文件。给定结果数据文件名（也可使用读入数据文件后系统自动给出的默认名称）可点击“显示”按钮显示读入数据的等值线图。

③设置参数。三分量转换参数设置中各种参数含义如表 12. 1. 3 所示。

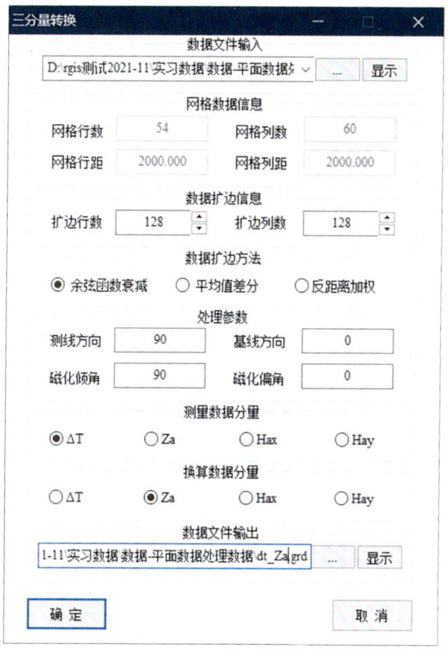

图 12. 1. 22　三分量转换

表 12. 1. 3　三分量转换参数表

参数页	参数项	说　明	备　注
基本参数	行方位角	网格数据的 X 方向和地理北的夹角	测线方向
	列方位角	网格数据的 Y 方向和地理北的夹角	基线方向
	地磁倾角	地磁场方向和观测面的夹角	
	地磁偏角	地磁场方向在观测面的投影和地理北的夹角	

续表

参数页	参数项	说　明	备　注
扩展参数	扩展行数	分量转换时行数的扩展数	以 2 的整数幂扩展
	扩展列数	分量转换时列数的扩展数	以 2 的整数幂扩展
	衰减因子	分量转换时的滤波因子	一般取默认值
高级参数	测量数据分量类型	已知输入的磁场分量	
	换算分量	进行转换的磁场分量	

注意：无论是磁化方向的换算（包括：三分量转换、化极计算、低纬度化极计算）还是磁源重力异常换算，都涉及到磁化方向（磁化倾角和磁化偏角）参数的选取。仅当一个地区的磁性体的磁化强度以感应磁化强度为主（可以忽略剩余磁化强度）或者感应磁化强度方向和剩余磁化强度方向一致，并且可以忽略消磁作用时，可以将地磁场方向看作有效磁化方向；在其他情况下，有效磁化强度方向的确定，需要通过采集和测定定向标本的物性参数来进行。

④参数设置完毕，单击“确定”，完成磁异常化极计算，点击“显示”可显示结果异常等值线图。

12.1.17　任意方向分量转换

磁异常的任意方向分量转换用以求取给定空间角度的磁异常分量值。该模块的实际操作同三分量转换。不同的是参数设置中多了转换倾角和转换偏角，如图 12.1.23 所示。

转换倾角：欲转换到的磁场倾角，可以是 90°~-90°之间的任意角度。

转换偏角：欲转换到的磁场偏角，可以是 0°~180°或-0°~-180°之间的任意角度。

12.1.18　磁源重力异常

【说明】

磁源重力异常换算的作用是把由磁异常换算后的磁源重力异常和同一区域上的重力异常作比较，从而判断引起异常的原因，判断重、磁异常是否同源。由泊松公式可知，已知各磁场分量就可以计算出相应的重力异常。由于重力异常是由磁异常换算而来的，因此它称为磁源重力异常，或伪重力异常，或假重力异常。

【操作】

①选择“平面重磁数据处理”→“频率域”→“磁源重力异常”，进入磁源重力异常界面，如图 12.1.24 所示。

②点击数据文件输入按钮，读入数据文件。给定结果数据文件名（也可使用读入数据文件后系统自动给出的默认名称，即原文件名后附加 Psudo.grd）。点击“显示”可显示读入数据文件的等值线。

③设置参数。参数设置包括数据扩边信息、扩边方法和处理参数设置。扩边信息、扩边方法、测线方向、基线方向、磁化倾角和磁化偏角同前所述。

磁化强度：磁异常体的磁化强度。

剩余密度：重力场源体的剩余密度。

④单击“确定”，系统进行磁源重力异常计算，计算结束时给出计算完毕信息。单击“取消”，则退出磁源重力异常转换模块，返回到系统主界面。

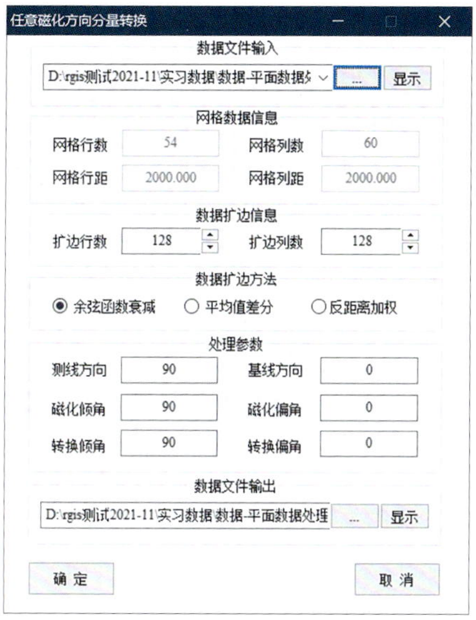

图 12.1.23　任意磁化分量转换方向

图 12.1.24　磁源重力异常

12.2　空间域

平面重磁数据空间域数据处理包括向上延拓、向下延拓、曲化平、水平一阶导数、垂向一阶导数、水平二阶导数、垂向二阶导数、相关分析、回归分析、滑动平均滤波以及趋势分析（图 12.2.1）。

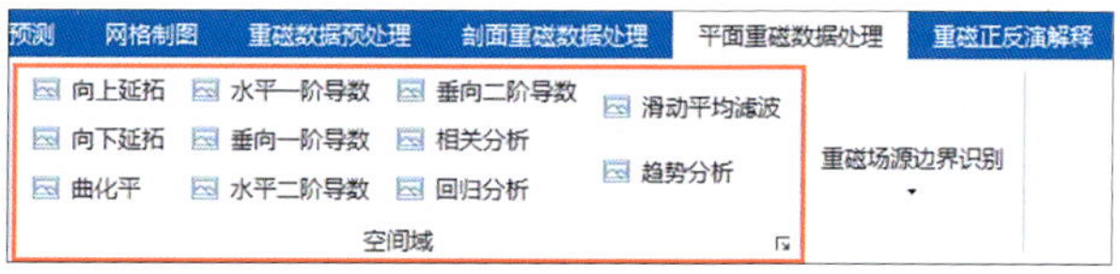

图 12.2.1　平面重磁数据空间域数据处理功能展示

12.2.1　向上延拓

【说明】

与频率域一样，向上延拓可以压制浅表干扰异常或范围较小的局部异常，突出埋藏深度较大或规模较大的地质体异常。

【操作】

①选择“平面重磁数据处理”→“空间域”→“向上延拓”，进入向上延拓处理界面，如图 12.2.2 所示。

②点击数据文件输入按钮，读入数据文件。给定结果数据文件名（也可使用读入数据文件后系统自动给出的默认名称，即原文件名后附加 Pro. grd）。点击“显示”可显示读入数据文件的等值线。

③设置参数。参数设置包括数据扩边方法和延拓参数设置。扩边数目和延拓高度以点距为单位。

④单击“确定”，系统进行向上延拓计算，计算结束时给出计算完毕信息。单击“取消”，则退出向上延拓模块，返回到系统主界面。

12.2.2 向下延拓

【说明】

向下延拓计算可以逼近异常体，使得延拓后的异常能更好地反映异常体的埋深和形态。但也同时放大了干扰异常和浅表局部异常。故，配合下延计算，常进行圆滑处理。

【操作】

①选择“平面重磁数据处理”→“空间域”→“向下延拓”，进入向下延拓处理界面，如图 12.2.3 所示。

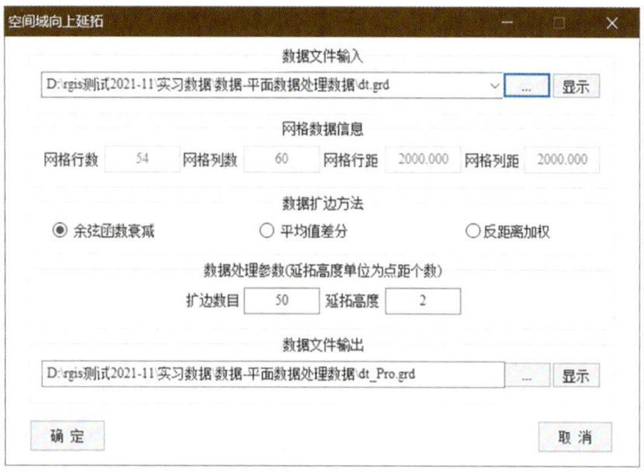

图 12.2.2　空间域向上延拓

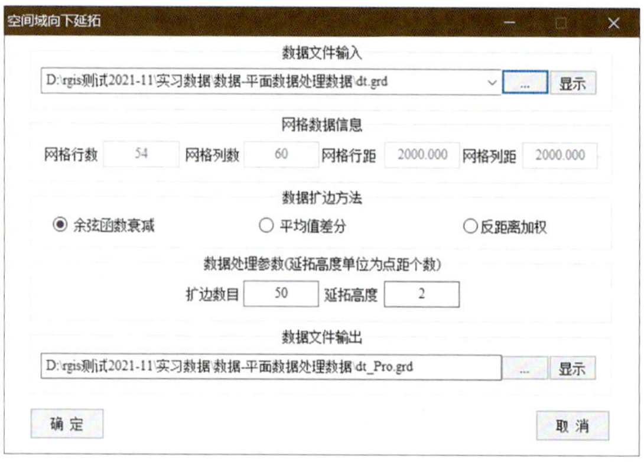

图 12.2.3　空间域向下延拓

②点击数据文件输入按钮，读入数据文件。给定结果数据文件名（也可使用读入数据文件后系统自动给出的默认名称，即原文件名后附加 Pro.grd）。点击“显示”可显示读入数据文件的等值线。

③设置参数。参数设置包括数据扩边方法和延拓参数设置。扩边数目和延拓高度以点距为单位。

④单击“确定”，系统进行向下延拓计算，计算结束时给出计算完毕信息。单击“取消”，则退出向下延拓模块，返回到系统主界面。

12.2.3 曲化平

【说明】

一般情况下，重力或磁法测量是在起伏地形上进行的。测量数据经各项改正后，所提取出的重、磁异常仍旧位于原来的起伏地表上，为了消除地形影响，给平面异常转换处理和反演应用创造条件，起伏地形上重、磁异常转换的一项内容是由起伏地形上重、磁异常换算出某一平面上的重、磁异常，这一过程简称为“曲化平”。系统提供的曲化平方法与其他同类方法相比具有速度快、精度高的特点，其具体原理请参照附录。

注意：用于进行曲化平的数据文件应是经过扩边处理的数据文件，这样主要是为了减小边界效应造成边界数据的损失。参与曲化平计算的重力数据文件和高程数据文件都不能包含有空值点。

【操作】

①选择“平面重磁数据处理”→“空间域”→“曲化平”，进入曲化平计算的界面，如图 12.2.4 所示。

②点击数据文件输入按钮，读入数据文件。给定结果数据文件名（也可使用读入数据文件后系统自动给出的默认名称，即原文件名后附加 Pro.grd）。点击“显示”可显示读入数据文件的等值线。

重、磁数据文件和高程数据文件的行、列数必须相等。界面左侧的框内将显示处理数据相应的信息，以供用户做数据处理时参考。

③参数设置。

输入重力或磁异常和高程网格数据左边扩充、右边扩充、下边扩充和上边扩充数，这里 4 个方向的扩边数是指计算数据进行曲化平前的扩边数。扩边范围应不小于 30 个点距。4 个方向的扩边数必须相等。

输入曲化平高度值，选取曲化平高度值可参考地形高程数据的最大值。曲化平高度值不能小于地形高程数据的最大值。即，曲化平平面高度必须位于观测曲面所有测点之上。

④单击“确定”，系统进行曲化平计算，曲化平计算相比其他数据转换与处理程序来说用时较长，计算结束后会给出计算完毕信息。

12.2.4　水平一阶导数

【说明】

求取水平方向导数的目的是为了突出线性构造在重磁场中的反映。异常导数极值点的连线大致对应线性构造位置。求导方向应与所揭示线性构造的伸展方向垂直。

一般地，对于地质构造展布尚不明了的新区，可选做 0°、45°、90°、135° 4 个方向的水平导数，可大致了解一个地区在垂直此 4 个方向上的构造分布特征。然后，综合分析所得异常特征，调整求导方向。

导数异常换算精度较低，对干扰异常有较大的放大作用。对此，在导数异常换算前可进行适当的滤波处理。

【操作】

①选择“平面重磁数据处理”→“空间域”→“水平一阶导数”，进入空间域水平一阶导数处理界面，如图 12.2.5 所示。

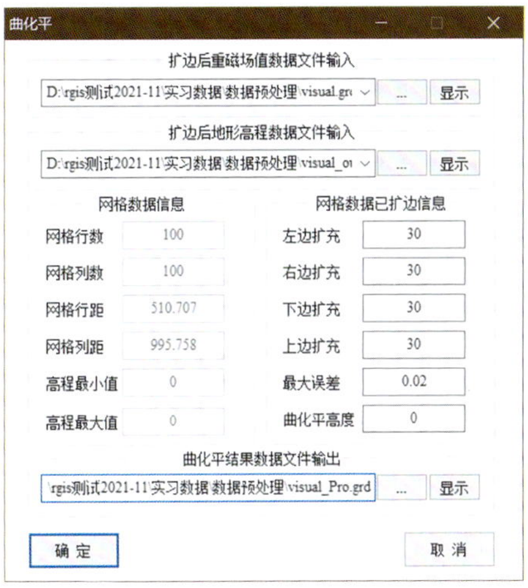

图 12.2.4　曲化平

图 12.2.5　空间域水平一阶导数

②点击数据文件输入按钮，读入数据文件。给定结果数据文件名（也可使用读入数据文件后系统自动给出的默认名称）。点击“显示”可显示读入数据文件的等值线。界面网格数据信息框架中将显示处理数据相应的信息，以供用户做数据处理时参考。

③设置参数。参数设置包括数据扩边方法选择、扩边数目设置和计算跨度设置。计算跨度是指参与导数计算的两个网格点之间的距离，以点距数为单位，为偶数，一般取 2、4、6、8 等。

④单击“确定”，系统进行水平一阶导数计算，计算结束时给出计算完毕信息。水平一阶导数模块提供了 0°、45°、90°和 135° 4 个方向的一阶导数计算结果，用户可以根据自己的需要选择。

⑤单击“取消”，则退出水平一阶导数模块，返回到系统主界面。

图 12.2.6 为一布格重力异常和利用该方法求得的不同方向导数的平面等值线图。空间域水平一阶导数的单位为重磁场场值单位/网格间距单位，如重力异常单位 mGal，网格间距单位为 m，则计算的导数单位为 mGal/m。

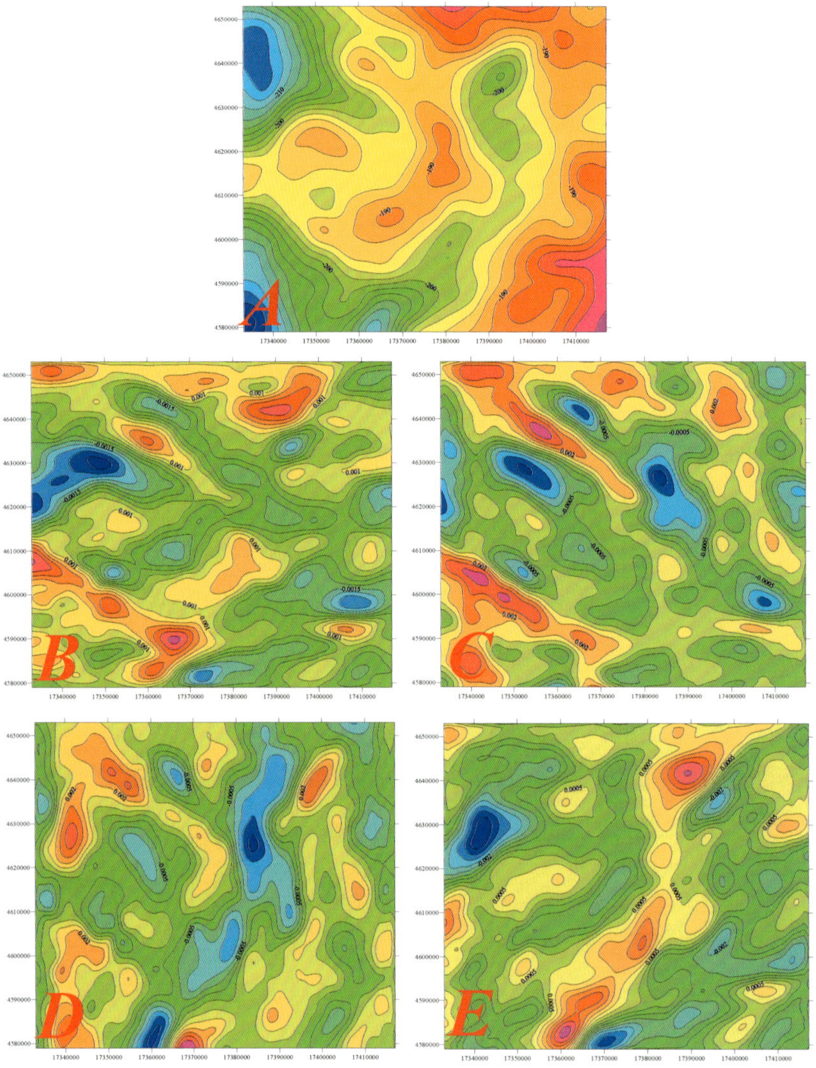

图 12.2.6 水平一阶导数处理结果

A、B、C、D、E 分别为原始数据、0°、45°、90°和 135°方向的导数；计算跨度为 2 个点距

12.2.5 垂向一阶导数

【说明】

垂向一阶导数处理对重磁场的高频成分有突出和放大作用，它侧重于压制深层区域背景场的影响，从而突出浅部地质体引起的局部异常。

【操作】

①选择“平面重磁数据处理”→“空间域”→“垂向一阶导数”，进入“空间域垂直一阶导数”处理界面，如图 12.2.7 所示。

②点击数据文件输入按钮，读入数据文件。给定结果数据文件名（也可使用读入数据文件后系统自动给出的默认名称 * VDR.grd）。点击“显示”可显示读入数据文件的等值线。界面网格数据信息框架中将显示处理数据相应的信息，以供用户做数据处理时参考。

③设置参数。参数设置包括数据扩边方法选择、扩边数目设置。扩边数目以点距数为单位。

④单击“确定”，系统进行垂向一阶导数计算，计算结束时给出计算完毕信息。

⑤单击“取消”，则退出垂向一阶导数模块，返回到系统主界面。

12.2.6 水平二阶导数

【说明】

空间域水平二阶导数的单位为重磁场场值单位/网格间距单位，如磁异常单位 nT，网格间距单位为 km，则计算的导数单位为 nT/km^2。

【操作】

①选择“平面重磁数据处理”→“空间域”→“水平二阶导数”，进入水平二阶导数处理界面，如图 12.2.8 所示。

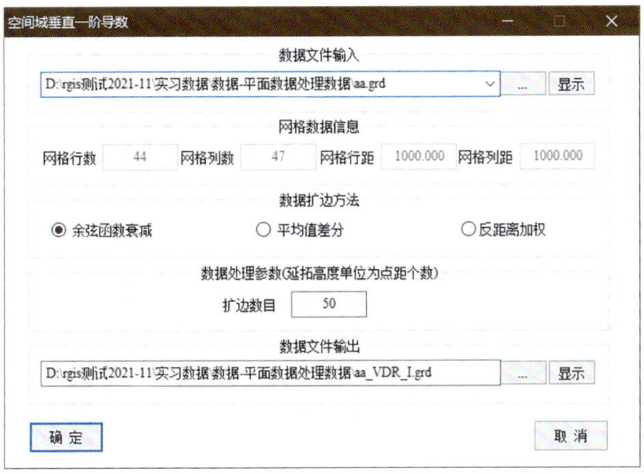

图 12.2.7 空间域垂直一阶导数

图 12.2.8 空间域水平二阶导数

②点击数据文件输入按钮，读入数据文件。给定结果数据文件名（也可使用读入数据文件后系统自动给出的默认名称）。点击“显示”可显示读入数据文件的等值线。界面网格数据信息框架中将显示处理数据相应的信息，以供用户做数据处理时参考。

③设置参数。参数设置包括数据扩边方法选择、扩边数目设置和计算跨度设置。

④单击“确定”，系统进行水平二阶导数计算，计算结束时给出计算完毕信息。水平二阶导数模块计算结果包括 0°、45°、90°和 135° 4 个方向的二阶导数计算，用户可以根据自己的需要选择。

⑤单击“取消”，系统退出水平二阶导数模块，返回到系统主界面。

图 12.2.9 为应用该方法计算所得的二阶导数结果示例。

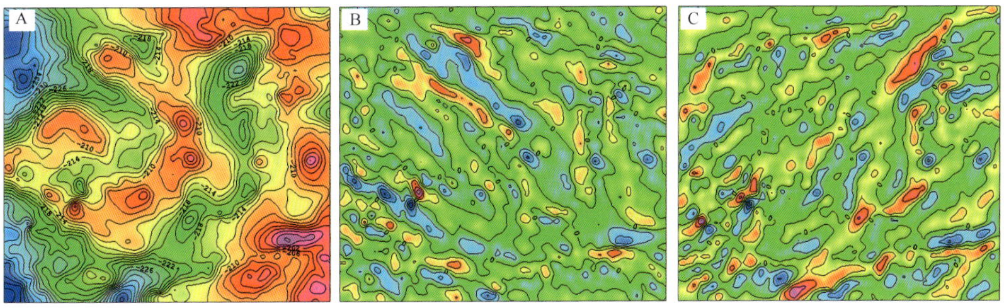

图 12.2.9 空间域水平二阶导数处理结果

A 图为原始数据；B 图为 0°方向水平二阶导数；C 图为 90°方向水平二阶导数

12.2.7 垂向二阶导数

【说明】

空间域垂向二阶导数的单位为重磁场场值单位/网格间距单位，如重力异常单位 mGal，网格间距单位为 km，则计算的导数单位为 mGal/km^2。

【操作】

①选择“平面重磁数据处理”→“空间域”→“垂向二阶导数”，进入“空间域垂直二阶导数”处理界面，如图 12.2.10 所示。

图 12.2.10 空间域垂直二阶导数

②点击数据文件输入按钮，读入数据文件。给定结果数据文件名（也可使用读入数据文件后系统自动给出的默认名称）。点击“显示”可显示读入数据文件的等值线。界面网格数据信息框架中将显示处理数据相应的信息，以供用户做数据处理时参考。

③设置参数。参数设置对话框中包括数据扩边方法选择、扩边数目设置和计算半径设置。计算半径是指导数计算取数的最小环半径，以点距数为单位。

④单击“确定”，系统进行垂向二阶导数计算，计算结束时给出计算完毕信息。垂向二阶导数模块提供了哈克公式（＊VDR_Healch.grd）、罗森巴赫Ⅱ公式（＊VDR_Rosen2.grd）、艾勒金斯Ⅰ公式（＊VDR_Elkin1.grd）、艾勒金斯Ⅱ公式（＊VDR_Elkin2.grd）、艾勒金斯Ⅲ公式（＊VDR_Elkin3.grd）5 种算法计算结果，用户可以根据自己的需要选择。

⑤单击“取消”，则退出垂向二阶导数模块，返回到系统主界面。

12.2.8 相关分析

【说明】

测区的地形对重力异常的影响不容忽视。地形的隆起或是坳陷，将导致重力异常图在形态上的直接变化，影响对异常的客观解释。

将布格重力异常和地形两个物理量进行相关分析，可用来反映测区内地形起伏对重力异常的影响情况，以及地形改正是否完全或改算方法是否完善。这里所需要的重力异常数据文件和高程数据文件必须是以相同的网格间距网格化的、具有相同的横纵坐标的“＊.grd”网格化文件。

图 12.2.11 网格数据相关分析

【操作】

①选择“平面重磁数据处理”→“空间域”→“相关分析”，弹出相关分析界面，如图 12.2.11 所示。

②选择两个相关物理量的数据文件，如重力异

常和对应的高程。给定结果数据文件名，也可使用读入数据文件后系统自动给出的默认名称。系统自动生成 3 个结果文件，分别是此二物理量之间的相关系数、斜率和截距。点击“显示”可显示读入数据文件的等值线。界面网格数据信息框架中将显示处理数据相应的信息，以供用户做数据处理时参考。

③根据网格化的间距填入对应分析窗口半边长值。

④单击“确定”，系统会完成分析，并保存结果，用户可以通过等值线显示按钮查看计算结果，并调整参数，取得满意的结果。

12.2.9 回归分析

【说明】

RGIS 系统的一元线性回归分析模块，用于研究两个变量的线性相关性。

在一定面积内，用高程与布格重力异常或自由空间异常进行回归分析，可以大致了解异常与地势的相关程度。进行线性回归的数据文件是按列存储的，数据的列数不受限制。

【操作】

①选择“平面重磁数据处理”→“空间域”→“回归分析”，打开一元线性回归分析界面，如图 12.2.12 所示。

②读入数据文件，系统会自动读入测点数。给定结果数据文件名，也可使用读入数据文件后系统自动给出的默认名称。

③选择进行回归分析的相关的两列数据。

④单击“确定”，系统开始对两列数据进行回归分析。并在计算完毕后在下面的对话框中给出所得各项参数值。可以将计算结果保存在文件中。

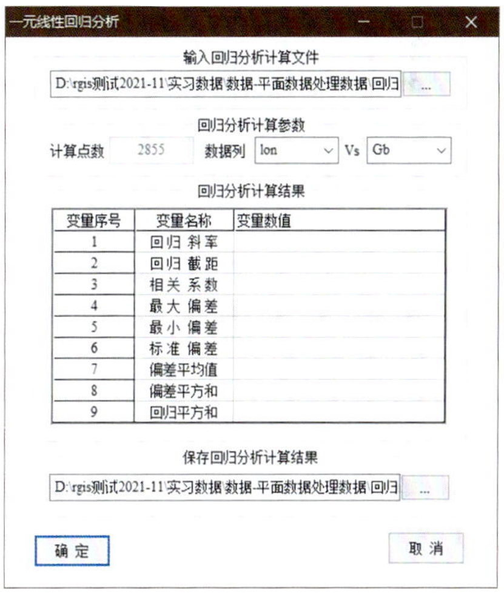

图 12.2.12　一元线性回归分析

12.2.10 滑动平均滤波

【说明】

滑动平均滤波就是要消除包含在异常中的随机的观测误差、计算误差，或者消除小的、非目标体产生的干扰异常。用滑动平均方法计算时，把圆滑点设为中心点，求窗口内其他点异常的平均值，并赋给圆滑点。

【操作】

①选择“平面重磁数据处理”→“空间域”→“滑动平均滤波”，打开滑动平均滤波界面，如图 12.2.13 所示。

②读入数据文件。给定结果数据文件名，也可使用读入数据文件后系统自动给出的默认名称。

③参数设置。主要设置扩边数目、窗口行数和窗口列数。窗口越大压制高频成分的滤波效果越好。此处所给定的滤波窗口的行、列数必须是奇数。

④单击“确定”，对数据进行滤波处理。计算结束后，用户可以查看计算结果文件的数据信息，并查看等值线图。这样用户可通过反复修改对比不同参数计算的结果，获得最为满意的结果。

⑤单击“取消”，则退出滑动平均滤波模块，返回到系统主界面。

12.2.11 趋势分析

【说明】

趋势分析法是根据空间抽样的数据，拟合一个光滑的数学曲面，该曲面反映该数据空间分布所在的趋势背景起伏变化情况。趋势分析用在重磁区域异常和局部异常的划分时，将多项式所拟合的趋势背景当作区域场，偏差部分当作局部异常。

【操作】

①选择“平面重磁数据处理”→“空间域”→“趋势分析”，弹出趋势分析界面，如图 12.2.14 所示。

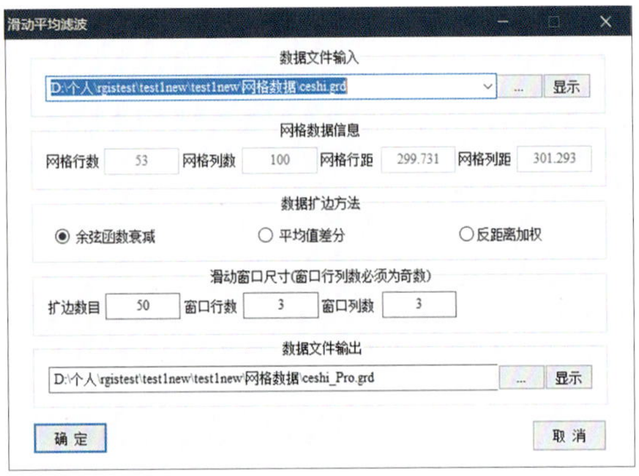

图 12.2.13　滑动平均滤波

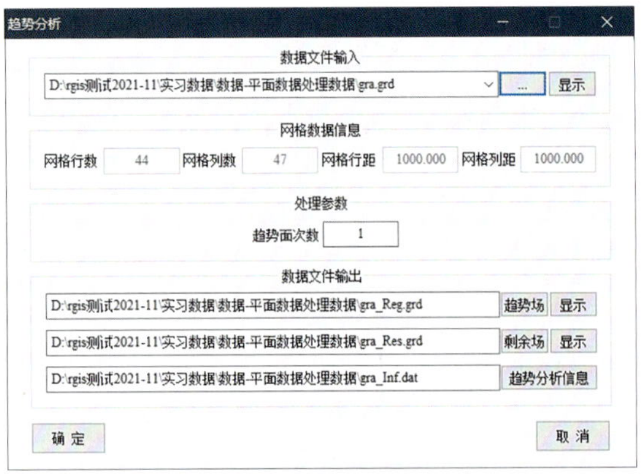

图 12.2.14　趋势分析

②点击数据文件输入按钮，读入数据文件。给定结果数据文件名（也可使用读入数据文件后系统自动给出的默认名称）。点击“显示”可显示读入数据文件的等值线。

③处理参数设置。即选择趋势面次数，系统提供了 1～20 次趋势面的不同阶次的趋势平滑公式。对于异常趋势分析效果的好坏，首先取决于全区区域异常能否用一个多项式来描述，其次取决于多项式函数的阶次。当所取阶次过高时，则区域异常中必然含有较多的局部异常成分。实际应用中，应根据研究区的情况灵活选取。

④单击“确定”，系统会完成分析，并保存结果，用户可以通过等值线显示按钮查看计算结果，并调整参数，取得满意的结果。

12.3 重磁场源边界识别

重磁场源边界识别包括倾斜角、Theta Map、倾斜角总水平导数、最大水平方向导数等功能（图 12.3.1）。

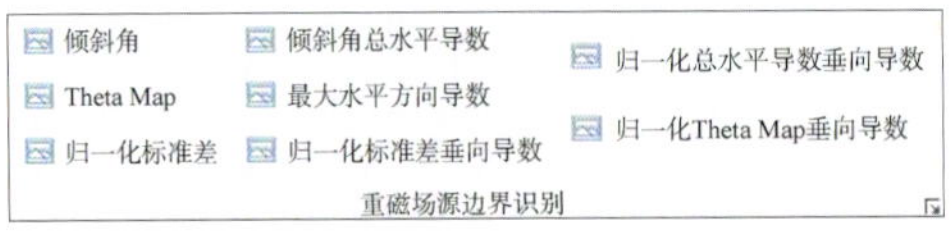

图 12.3.1　平面重磁数据重磁场源边界识别功能展示

12.3.1 倾斜角

【说明】

倾斜角（也称斜导数）类重磁场源边界探测与边界识别方法包括倾斜角和倾斜角总水平导数两

种方法，倾斜角利用零值线的位置识别地质体的边缘位置，倾斜角总水平导数利用极大值的位置识别地质体的边缘位置。

【操作】

①选择“平面重磁数据处理”→“重磁场源边界识别”→“倾斜角”，弹出倾斜角数据处理界面框，如图 12.3.2 所示。

②点击数据文件输入按钮，读入数据文件。给定结果数据文件名（也可使用读入数据文件后系统自动给出的默认名称，即原文件名后附加 TA.grd）。点击“显示”可显示读入数据文件的等值线。

③处理参数设置。设置正则化因子大小。

④单击“确定”，系统会完成分析，并保存结果。用户可以通过等值线显示按钮查看计算结果，并调整参数，取得满意的结果。

12.3.2 倾斜角总水平导数

【说明】

倾斜角总水平导数利用极大值的位置识别地质体的边缘位置。

【操作】

①选择“平面重磁数据处理”→“重磁场源边界识别”→“倾斜角总水平导数”，弹出倾斜角总水平导数数据处理界面，如图 12.3.3 所示。

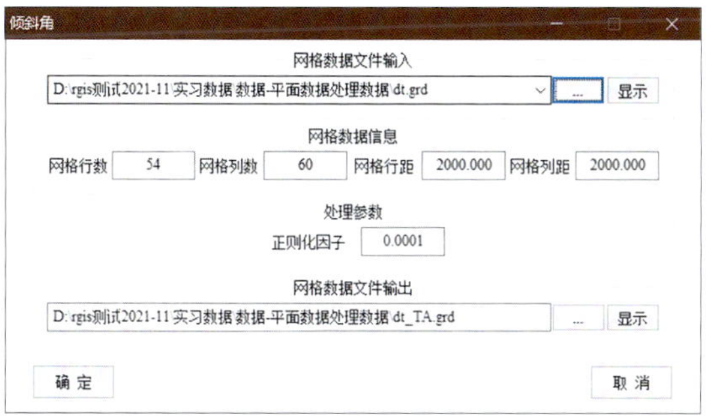

图 12.3.2 倾斜角

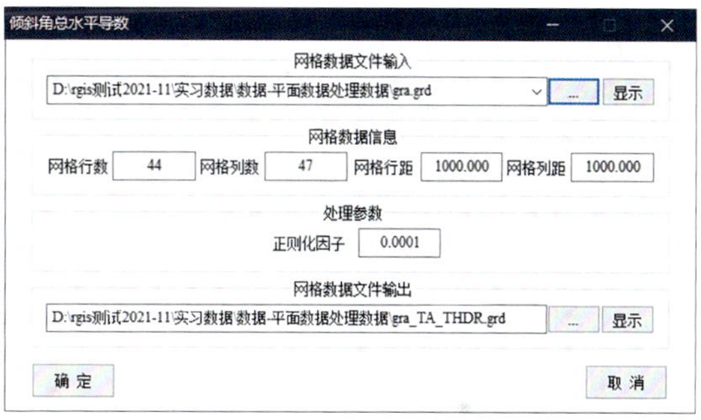

图 12.3.3 倾斜角总水平导数

②点击数据文件输入按钮，读入数据文件。给定结果数据文件名（也可使用读入数据文件后系统自动给出的默认名称，即原文件名后附加 TA_THDR.grd）。点击“显示”可显示读入数据文件的等值线。

③处理参数设置。设置正则化因子大小。

④单击“确定”，系统会完成分析，并保存结果。用户可以通过等值线显示按钮查看计算结果，并调整参数，取得满意的结果。

12.3.3 Theta Map

【说明】

Theta Map 类重磁场源边界探测与边界识别方法包括 Theta Map 和归一化 Theta Map 垂向导数两种方法。

【操作】

①选择“平面重磁数据处理”→“重磁场源边界识别”→“Theta Map”，弹出 Theta Map 数据处理界面，如图 12.3.4 所示。

②点击数据文件输入按钮，读入数据文件。给定结果数据文件名（也可使用读入数据文件后系

统自动给出的默认名称，即原文件名后附加 TM. grd）。点击“显示”可显示读入数据文件的等值线。

③处理参数设置。设置正则化因子大小。

④单击“确定”，系统会完成分析，并保存结果。用户可以通过等值线显示按钮查看计算结果，并调整参数，取得满意的结果。

12.3.4 归一化 Theta Map 垂向导数

【说明】

归一化 Theta Map 垂向导数是 Theta Map 类重磁场源边界探测与边界识别的一种方法。

【操作】

①选择“平面重磁数据处理”→“重磁场源边界识别”→“归一化 Theta Map 垂向导数”，弹出归一化 Theta Map 垂向导数数据处理界面，如图 12.3.5 所示。

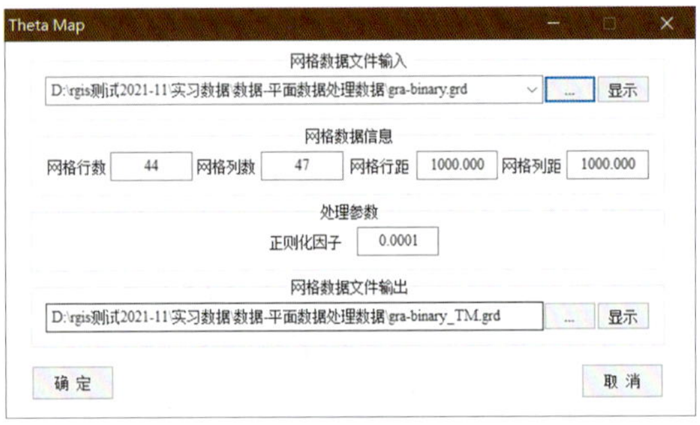

图 12.3.4　Theta Map

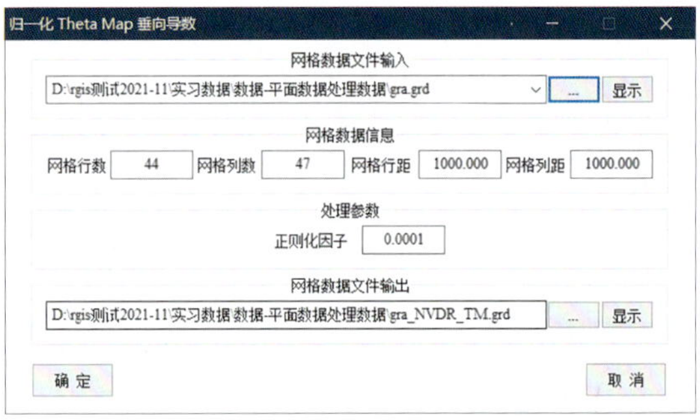

图 12.3.5　归一化 Theta Map 垂向导数

②点击数据文件输入按钮，读入数据文件。给定结果数据文件名（也可使用读入数据文件后系统自动给出的默认名称，即原文件名后附加 NVDR_TM. grd）。点击“显示”可显示读入数据文件的等值线。

③处理参数设置。设置正则化因子大小。

④单击“确定”，系统会完成分析，并保存结果。用户可以通过等值线显示按钮查看计算结果，并调整参数，取得满意的结果。

12.3.5 归一化标准差

【说明】

标准差类重磁场源边界探测与边界识别方法包括归一化标准差和归一化标准差垂向导数两种方法，它们均利用极大值的位置识别地质体的边界位置。

【操作】

①选择“平面重磁数据处理”→“重磁场源边界识别”→“归一化标准差”，弹出归一化标准差数据处理界面，如图 12.3.6 所示。

②点击数据文件输入按钮，读入数据文件。给定结果数据文件名（也可使用读入数据文件后系统自动给出的默认名称，即原文件名后附加 NSTG. grd）。点击“显示”可显示读入数据文件的等值线。

③处理参数设置。设置窗口行数、窗口列数和正则化因子大小。

④单击“确定”，系统会完成分析，并保存结果。用户可以通过等值线显示按钮查看计算结果，并调整参数，取得满意的结果。

12.3.6 归一化标准差垂向导数

【说明】

归一化标准差垂向导数是标准差类重磁场源边界探测与边界识别的一种方法，利用极大值的位置识别地质体的边缘位置。

【操作】

①选择“平面重磁数据处理”→“重磁场源边界识别”→“归一化标准差垂向导数”，弹出归一化标准差垂向导数数据处理界面，如图 12.3.7 所示。

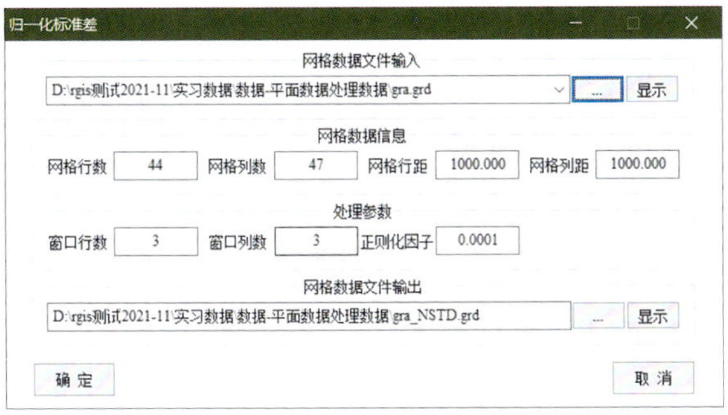

图 12.3.6 归一化标准差

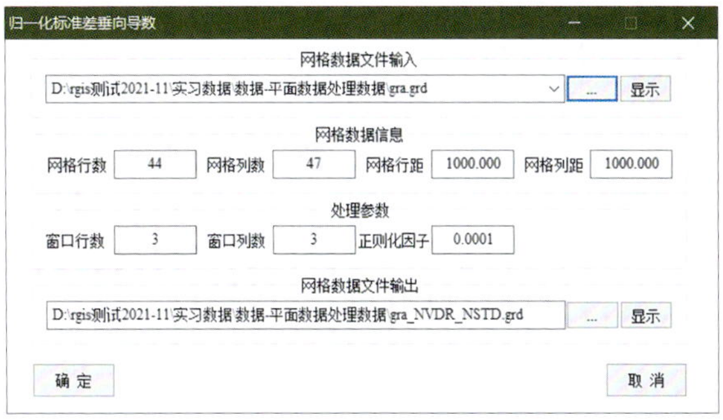

图 12.3.7 归一化标准差垂向导数

②点击数据文件输入按钮，读入数据文件。给定结果数据文件名（也可使用读入数据文件后系统自动给出的默认名称，即原文件名后附加 NVDR_NSTG.grd）。点击“显示”可显示读入数据文件的等值线。

③处理参数设置。设置窗口行数、窗口列数和正则化因子大小。

④单击“确定”，系统会完成分析，并保存结果。用户可以通过等值线显示按钮查看计算结果，并调整参数，取得满意的结果。

12.3.7 最大水平方向导数

【说明】

水平方向导数类重磁场源边界探测与边界识别方法包括最大水平方向导数和归一化总水平导数垂向导数这两种方法，它们均利用极大值的位置识别地质体的边缘位置。

【操作】

①选择“平面重磁数据处理”→“重磁场源边界识别”→“最大水平方向导数”，弹出最大水平方向导数数据处理界面，如图 12.3.8 所示。

②点击数据文件输入按钮，读入数据文件。给定结果数据文件名（也可使用读入数据文件后系统自动给出的默认名称，即原文件名后附加 MaxHDR.grd）。点击“显示”可显示读入数据文件的等值线。

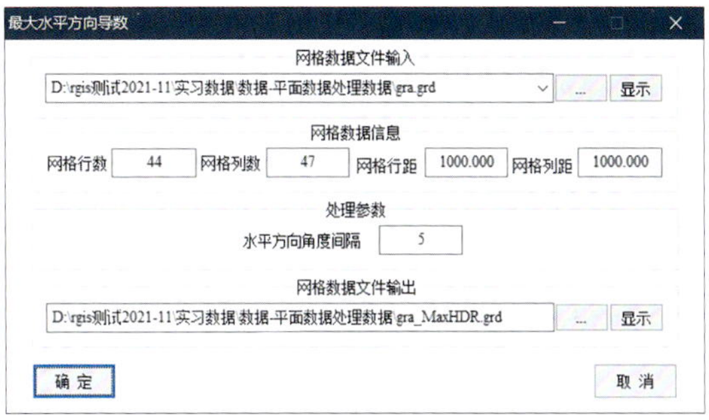

图 12.3.8 最大水平方向导数

③处理参数设置。设置水平方向角度间隔。

④单击“确定”，系统会完成分析，并保存结果。用户可以通过等值线显示按钮查看计算结果，并调整参数，取得满意的结果。

12.3.8 归一化总水平导数垂向导数

【说明】

归一化总水平导数垂向导数是水平方向总导数类重磁场源边缘探测与边缘识别的一种方法，利用极大值的位置识别地质体的边缘位置。

图 12.3.9　归一化总水平导数垂向导数

【操作】

①选择“平面重磁数据处理”→“重磁场源边界识别”→“归一化总水平导数垂向导数”，弹出归一化总水平导数垂向导数数据处理界面，如图 12.3.9 所示。

②点击数据文件输入按钮，读入数据文件。给定结果数据文件名（也可使用读入数据文件后系统自动给出的默认名称，即原文件名后附加 NVDR_THDR.grd）。点击“显示”可显示读入数据文件的等值线。

③单击“确定”，系统会完成分析，并保存结果。用户可以通过等值线显示按钮查看计算结果。

第 13 章　重磁正反演解释

布格重力异常是地壳内部密度不均匀的综合反映，磁异常是地下居里深度以上磁性不均匀的综合反映。二者都包含着地下目标体和非目标体的综合信息。为了获得所探测目标地质体（也称异常体或场源）的信息，得出可靠的认识与解释成果，有时需要进行相关的数据进行反演计算，以获得目标体的物性和几何参数。本系统为重磁异常数据提供磁源深度计算、二维密度和磁性界面反演、三维密度和磁性界面反演、2.5 维剖面正反演、三维相关成像以及三维重磁异常正反演等方法，基本可以满足重磁资料处理和解释的需要。所叙述数据反演的方法原理请参考第 16 章。所涉及的数据格式，平面数据与 Surfer 的“＊.grd”一致，剖面数据为 ASCII 码文本文件，具体见第 15 章。

13.1　磁源深度计算

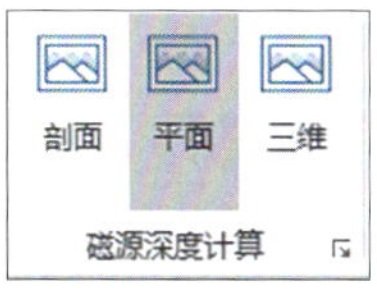

图 13.1.1　磁源深度计算功能展示

磁源深度计算包括剖面磁源深度计算、平面磁源深度计算和三维磁源深度计算（图 13.1.1；表 13.1.1）。

表 13.1.1　磁源深度计算功能列表

功能模块	功能描述
剖面磁源深度计算	采用功率谱方法计算剖面数据的磁性场源体深度
平面磁源深度计算	采用功率谱方法计算平面数据的磁性场源体深度
三维磁源深度计算	对重磁异常进行三维磁源深度计算，了解地层或目标地质体深度及其变化的三维空间分布

13.1.1　剖面磁源深度计算

【说明】

本系统采用功率谱方法计算磁性体场源深度。功率谱方法是对磁异常数据进行傅里叶变换，再计算变换后的对数功率谱。对数功率谱曲线的特点是：深源场响应的低频段快速衰减，而近地表场源的响应曲线下降较缓。依据功率谱对频率的关系可以近似计算引起异常的磁性体顶面的平均深度。该功能模块主要用于通过剖面异常进行粗略计算，对于孤立异常，结果基本可靠。

【操作】

①选择“重磁正反演解释”→“磁源深度计算”→“剖面”，进入功率谱计算磁源深度窗口，如图 13.1.2 所示。

②选择数据文件。点击浏览按钮，在数据文件导入对话框中选择剖面数据文件。选择数据后，对话框上部图形框显示该剖面数据的异常曲线（剖面数据文件为 ASCII 文件，默认后缀为“＊dat”，具体数据存储格式见第 15 章）。

磁源深度计算可以对整条剖面进行全剖面分析，也可以选择其中的一段进行频谱分析即剖面段分析。系统默认为全剖面分析。如要进行剖面段分析，首先需要选择剖面段。方法：按住 Shift 键，单击鼠标左键在对话框上部异常曲线，确定剖面段一个端点，然后单击鼠标右键，确定剖面段的另一端点。如图 13.1.2 所示。

③绘制功率谱。点击“绘制功率谱”按钮，对话框中部图形框即显示该剖面数据的功率谱（能谱）曲线。横坐标是频率数，纵坐标是对数能谱幅值。

④计算深度。选定剖面或剖面段后，根据其功率谱曲线形态，输入低频数与高频数，然后，鼠标单击“计算深度”按钮，程序计算相应频段反映的异常源深度。结果显示在“深度值”文本框内。

功率谱磁源深度计算，需要输入低频数与高频数构成的频率段。低频数是该频率段的起始频率数。

注意：

1）低频数不得为0，低频数必须小于高频数，而且高频数不能大于最大频率数。

2）频率段选择要尽量选择能谱曲线相对稳定的区段。如果能谱曲线不平稳，高、低频数要尽量拉大差距。

3）计算结果是所选剖面或剖面段异常源顶部的平均深度，位置大约在剖面或剖面段的中心。深度单位与剖面长度单位一致。

⑤刷新剖面段。当一条剖面有多个完整异常或对当前异常的计算结果不满意时，用户可以通过刷新剖面段功能重新选择下一个异常进行磁源深度计算或对当前异常重选低频数和高频数，重新计算磁源深度。

13.1.2 平面磁源深度计算

【说明】

平面磁源深度计算和剖面磁源深度计算原理相同，操作类似，不同之处在于输入数据为平面网格数据，通过平面分布的异常求取引起异常的场源体的平均埋藏深度。

【操作】

①选择“重磁正反演解释”→“磁源深度计算”→“平面”，进入功率谱计算磁源深度窗口，如图13.1.3所示。

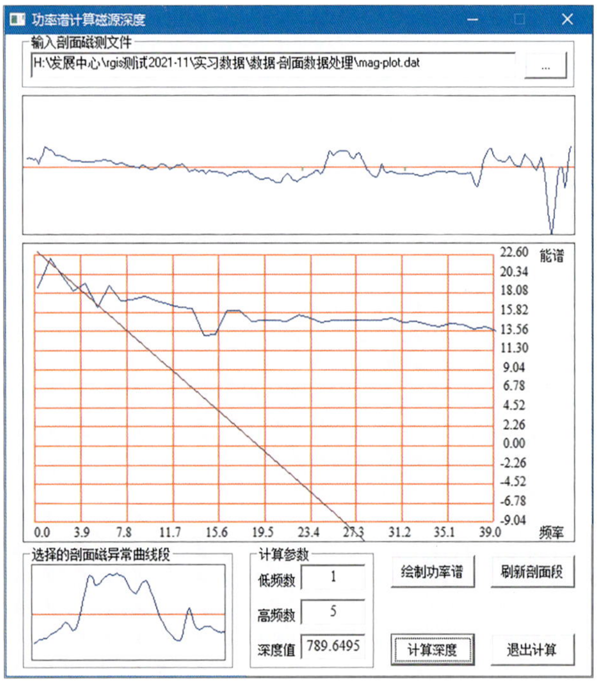

图13.1.2　功率谱计算磁源深度

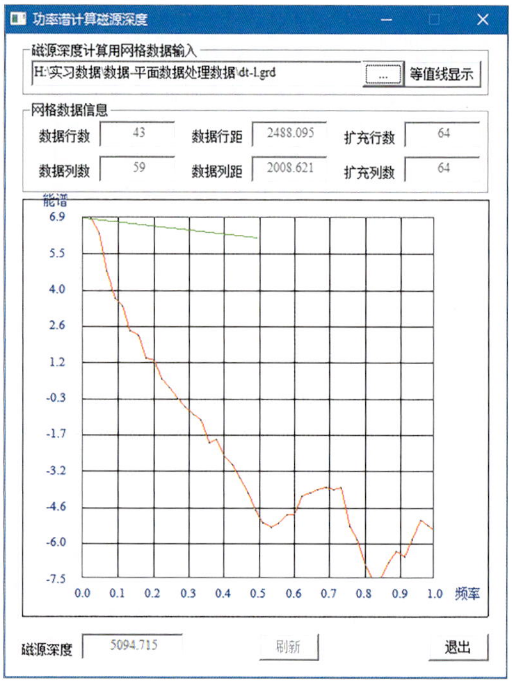

图13.1.3　功率谱计算磁源深度

②选择数据文件。点击浏览按钮，在数据文件导入对话框中选择平面数据文件。用户在读入网格数据后，程序自动进行数据扩边，进行付氏变换，计算对数功率谱，绘制功率谱曲线图。功率谱曲线图的横坐标是频率数，纵坐标是对数能谱幅值。

③计算磁源深度。用户利用鼠标，按住左键以拖动画线的方式，在功率谱曲线图上选取由低频数

到高频数组成的功率谱曲线段。和剖面磁源深度计算类似，在进行平面数据磁源深度计算时，功率谱曲线段选择要尽量选择低频处能谱曲线相对稳定的区段。已经选取的功率谱曲线段用绿色线段表示，程序自动计算相应谱段反映的异常源深度。计算结果显示在“磁源深度”文本框内。计算结果是用户所选网格数据覆盖区域上的异常源的顶面平均深度，深度单位与剖面长度单位一致。

13.1.3 三维磁源深度计算

【说明】

对重磁异常进行三维磁源深度计算，可以了解地层或目标地质体深度及其变化的三维空间分布。三维磁源深度计算原理和前述剖面及平面异常功率谱近似，都是根据异常功率谱，估算磁源深度。

【操作】

①选择“重磁正反演解释”→“磁源深度计算”→“三维”，进入功率谱计算磁源深度窗口，如图 13.1.4 所示。

②输入数据文件及输出数据文件。点击浏览按钮，选取需要输入及输出的文件。

③参数输入。三维磁源深度计算程序的参数有窗口宽度、滑动距离、低频数目和高频数目 4 个。

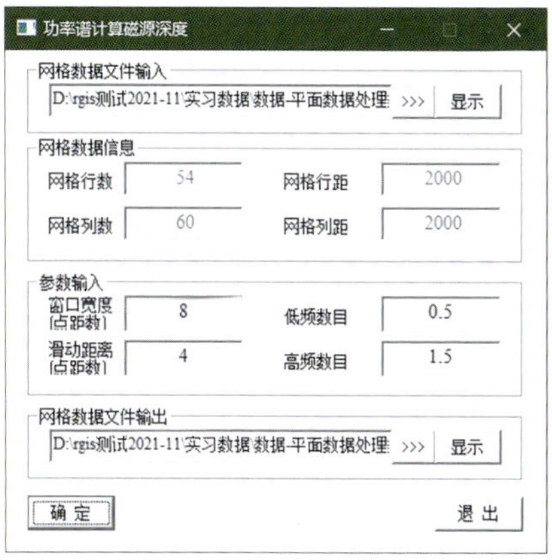

图 13.1.4 功率谱计算磁源深度

窗口宽度：由于计算区域通常比较大，而当前的计算机速度难以应付较大区域的付氏变换计算。因此，采取滑动窗口的办法。滑动窗口为方形，宽度大小以所要计算的数据的点距为单位进行计算。要求输入的窗口宽度的数值为 2 的整数幂。对窗口大小的选择，取决于用户所选数据的异常规模大小以及对计算精度的要求。一般来说，窗口越大，计算速度也越慢。通常，窗口宽度选取为 16 或 32 即可。计算得到窗口范围的异常源顶部平均深度，标记为窗口中心位置的深度。

滑动距离：滑动距离是滑动窗口逐次移动的距离，也就是窗口中心点，或称计算点的距离。滑动距离以数据文件的数据点距为单位。一般来说，滑动距离越大，计算速度越快，计算点数越少，深度值点位密度越稀。

低频数目：滑动窗口范围的异常功率谱变化平缓段的起始端对应的频率数。低频数不得为 0。

高频数目：滑动窗口范围的异常功率谱变化平缓段的结束端对应的频率数。一般估算值可取小一些，以反映规模较大，深度较大的磁性层的深度。

④计算。数据文件与参数设置完成后，鼠标点击“确定”按钮，系统开始计算。计算完成后会有提示。计算完成后，得到的结果是与所选数据文件行列相同、覆盖区域相同的异常源顶部平均深度的网格数据。单位与异常数据的点距单位一致。

13.2 二维双界面正演

二维双界面正演包括密度界面和磁性界面的双界面正演（图 13.2.1）。

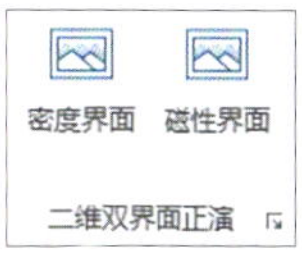

图 13.2.1 二维双界面正演功能展示

13.2.1 二维双层密度界面正演

【说明】

二维双层密度界面正演时需要输入界面密度（剩余密度）数据、上界面深度数据和下界面深度数据等文件和计算面 Z 坐标值等参数，如图 13.2.2 所示。密度（剩余密度）单位为 g/cm^3，坐标单位根据数据实际情况选择，正演结果数据（重力异常）单位为 mGal。

图 13.2.2　二维密度界面正演

【操作】

①选择“重磁正反演解释”→“二维双界面正演”→“密度界面”，进入二维密度界面正演窗口，如图 13.2.2 所示。

②点击输入数据文件按钮，分别输入密度、上界面深度和下界面深度剖面数据。

界面密度（剩余密度）数据、界面深度数据和重力异常数据的格式均为两列数据，第一列数据为坐标值（假设为 X 坐标），第二列数据为对应的属性值（密度值、上界面深度值、下界面深度值或重力异常值），其中第一列坐标值数据为等间距，界面密度数据和界面深度数据的起点和终点坐标和坐标单位都要一致。

③选择参数。选择空间坐标单位，计算点 Z 坐标方向，计算面 Z 坐标，以及物性随深度变化规律。

④点击“确定”，完成正演重力异常的计算。

13.2.2　二维双层磁性界面正演

【说明】

二维双层磁性界面正演时需要输入界面磁化强度数据、上界面深度数据和下界面深度数据和磁化强度方向角、磁异常分量方向角和计算面 Z 坐标值等参数（图 13.2.3）。磁化强度单位为 A/m，坐标单位根据数据实际情况选择，磁化强度方向角和磁异常分量方向角单位为度，正演结果数据（磁力异常）单位为 nT。

磁化强度数据、界面深度数据和磁力异常数据的格式均为两列数据，第一列数据为坐标值（假设为 X 坐标），第二列数据为对应的属性值（磁化强度值、上界面深度值、下界面深度值或磁力异常值），其中第一列坐标值数据为等间距，磁化强度数据和界面深度数据的起点和终点坐标和坐标单位都要一致。

二维情况下，磁化强度方向角为磁化强度方向与 X 轴（水平方向）和 Z 轴（垂直方向）的夹角，单位为度，且都大于或等于 0。磁异常分量方向角为磁异常分量方向与 X 轴（水平方向）和 Z 轴（垂直方向）的夹角，单位为度，且都大于或等于 0。

图 13.2.3　二维双层磁性界面正演

若设 α 和 β 分别为磁化强度方向与 X 轴和 Z 轴的夹角，则其关系为 $\alpha+\beta=90°$ 或 $\alpha+\beta=270°$ 或 $|\alpha-\beta|=90°$；若设 α' 和 β' 分别为磁异常分量方向与 X 轴和 Z 轴的夹角，则其关系亦为 $\alpha'+\beta'=90°$ 或 $\alpha'+\beta'=270°$ 或 $|\alpha'-\beta'|=90°$。

磁化强度方向和磁异常分量方向可以保持一致，也可以不一致。当磁化强度方向和磁异常分量方向保持一致时，即 $\alpha=\alpha'$，$\beta=\beta'$，则表示没有剩余磁性的影响，只有感应磁性的影响。若磁异常分量方向角选为有效地磁场方向，则为 ΔT 磁异常；若 $\alpha'=0°$，$\beta'=90°$，则计算结果为磁异常水平分量；若 $\alpha'=90°$，$\beta'=0°$，则计算结果为磁异常垂直分量；若 $\alpha=90°$，$\beta=0°$ 而且 $\alpha'=90°$，$\beta'=0°$ 则为垂直磁化的垂直磁异常，即为化极磁异常。

【操作】

①选择“重磁正反演解释”→“二维双界面正演”→“磁性界面”，进入二维磁性界面正演窗口，如图 13.2.3 所示。

②点击输入数据文件按钮，分别输入磁化强度、上界面深度及下界面深度剖面数据。

③按照上述说明输入参数。

④输入点击“确定”，完成正演磁力异常的计算。

13.3　二维双界面反演

图 13.3.1　二维双界面反演功能展示

二维双界面反演包括密度界面和磁性界面的双界面反演（图 13.3.1）。

13.3.1　二维双层密度界面反演

【说明】

二维双层密度界面反演时需要输入界面重力异常、界面密度（剩余密度）数据等文件和计算面 Z 坐标值等参数。在反演上界面深度时，需要输入下界面深度数据，如果有控制点，还需要输入上界面控制点数据；同样，在反演下界面深度时，需要输入上界面深度数据，如果有控制点，则同样需要输入下界面控制点数据，如图 13. 3. 2 所示。剩余密度单位为 g/cm^3；重力异常单位为 mGal。

控制点数据和前面的界面密度（剩余密度）数据、界面深度数据和重力异常数据的格式相同，但不必是等间隔，但坐标单位必须一致。

图 13. 3. 2　二维密度界面反演

【操作】

①选择“重磁正反演解释”→“二维双界面反演”→“密度界面”，进入二维密度界面反演窗口，如图 13. 3. 2 所示。

②点击输入数据文件按钮，分别输入重力异常及界面深度数据。

③按照上述说明输入参数。

④输入点击“确定”，完成计算。

13. 3. 2　二维双层磁性界面反演

【说明】

二维双层磁性界面反演时需要输入界面磁力异常数据、磁化强度数据、一个界面的深度数据，以及磁化强度方向和计算面平均深度 Z 坐标值。在反演上界面时，需要输入下界面深度数据，如果有控制点，还需要输入上界面控制点数据；同样，在反演下界面时，需要输入上界面深度数据，如果有控制点，还需要输入下界面控制点数据。如图 13. 3. 3 所示。磁化强度单位为 A/m，坐标单位根据数据实际情况选择，磁化强度方向角和磁异常分量方向角单位为度，正演结果数据（磁力异常）单位为 nT。

控制点数据和前面的磁化强度数据、界面深度数据和磁力异常数据的格式相同，但不必是等间隔，但坐标单位必须一致。

【操作】

①选择“重磁正反演解释”→“二维双界面反演”→“磁性界面”，进入二维磁性界面反演窗口，如图 13. 3. 3 所示。

②点击输入数据文件按钮，分别输入磁力异常及磁化强度剖面数据。

③按照上述说明输入参数。

④输入点击“确定”，完成计算。

图 13.3.3　二维磁性界面反演

13.4　三维双界面正演

三维双界面正演包括密度界面和磁性界面的双界面正演（图 13.4.1）。

图 13.4.1　三维双界面正演功能展示

13.4.1　三维双层密度界面正演

【说明】

三维双层密度界面正演时需要输入界面密度（剩余密度）网格数据、上界面深度网格数据和下界面深度网格数据等文件和计算面 Z 坐标值等参数，如图 13.4.2 所示。密度（剩余密度）单位为g/cm^3，坐标单位根据数据实际情况选择，正演结果数据（重力异常）单位为 mGal。

图 13.4.2　三维密度界面正演

界面密度（剩余密度）网格数据、上界面深度网格数据和下界面深度网格数据等文件起始坐标、网格间距都要相同，上、下界面深度网格数据的 Z 坐标方向都要相同。

【操作】

①选择“重磁正反演解释”→“三维双界面正演”→“密度界面”，进入三维密度界面正演窗口，如图 13.4.2 所示。

②点击输入数据文件按钮，分别输入密度、上界面深度及下界面深度网格数据。

③按照上述说明输入参数。

④输入点击“确定”，完成计算。

13.4.2 三维双层磁性界面正演

【说明】

三维双层磁性界面正演时需要输入界面磁化强度数据、上界面深度数据、下界面深度数据和磁化强度方向角、磁异常分量方向角和计算面 Z 坐标值等参数，如图 13.4.3 所示。磁化强度单位为 A/m，坐标单位根据数据实际情况选择，磁化强度方向角和磁异常分量方向角单位为度，正演结果数据（磁力异常）单位为 nT。

图 13.4.3 三维磁性界面正演

【操作】

①选择“重磁正反演解释”→“三维双界面正演”→“磁性界面”，进入三维磁性界面正演窗口，如图 13.4.3 所示。

②点击输入数据文件按钮，分别输入界面磁化强度、上界面深度及下界面深度网格数据。

③按照上述说明输入参数。

④输入点击“确定”，完成计算。

13.5 三维双界面反演

三维双界面反演包括密度界面和磁性界面的双界面反演（图 13.5.1）。

图 13.5.1 三维双界面反演功能展示

13.5.1 三维双层密度界面反演

【说明】

三维双层密度界面反演时需要输入界面重力异常、界面密度（密度差）网格数据等文件和计算面 Z 坐标值等参数。在反演上界面深度时，需要输入下界面深度数据，如果有控制点，还需要输入上界面控制点数据；同样，在反演下界面深度时，需要输入上界面深度数据，如果有控制点，则同样需要输入下界面控制点数据，如图 13.5.2 所示。剩余密度单位为 g/cm^3；重力异常单位为 mGal。

图 13.5.2 三维密度界面反演

和二维界面正反演不同，三维界面正反演的控制点数据为三列数据，第一列数据为控制点的 X 坐标值，第二列数据为控制点的 Y 坐标值，第三列数据为控制点的深度值 Z，控制点的 X、Y 和 Z 值的坐标要与网格数据一致，Z 值的方向要与上下界面深度数据的方向一致。

界面重力异常、界面密度（密度差）网格数据、界面深度网格数据等文件起始坐标、网格间距都要相同。

【操作】

①选择“重磁正反演解释”→“三维双界面反演”→“密度界面”，进入三维密度界面反演窗口，如图 13.5.2 所示。

②点击输入数据文件按钮，分别输入重力异常、密度及界面深度网格数据。

③按照上述说明输入参数。

④输入点击“确定”，完成计算。

13.5.2 三维双层磁性界面反演

【说明】

三维双层磁性界面反演时需要输入界面磁力异常、界面磁化强度的网格数据、一个界面深度数据和磁化强度方向角与计算面 Z 坐标值等参数。在反演上界面时，需要输入下界面深度数据，如果有控制点，还需要输入上界面控制点数据；同样，在反演下界面时，需要输入上界面深度数据，如果有控制点，还需要输入下界面控制点数据。如图 13.5.3 所示。磁化强度单位为 A/m，坐标单位根据数据实际情况选择，磁化强度方向角和磁异常分量方向角单位为度，正演结果数据（磁力异常）单位为 nT。

控制点数据的 X、Y 和 Z 值的坐标要与网格数据一致，Z 值的方向要与上下界面深度数据的方向一致。

界面磁力异常网格数据、磁化强度网格数据、界面深度网格数据等文件起始坐标、网格间距都要相同。

【操作】

①选择“重磁正反演解释”→“三维双界面反演”→“磁性界面”，进入三维磁性界面反演窗口，如图 13.5.3 所示。

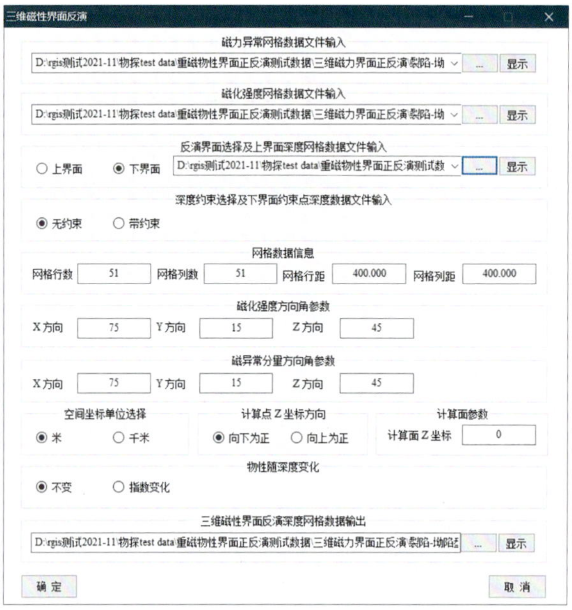

图 13.5.3　三维磁性界面反演

②点击输入数据文件按钮，分别输入磁力异常、磁化强度及界面深度网格数据。

③按照上述说明输入参数。

④输入点击“确定”，完成计算。

13.6　三维单界面反演

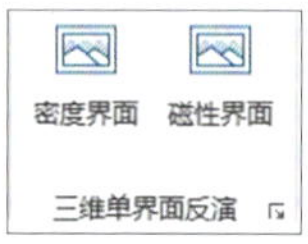

图 13.6.1　三维单界面反演

三维单界面反演包括三维单一密度界面反演和三维单一磁性界面反演（图 13.6.1）。

13.6.1　三维单一密度界面反演

【说明】

密度界面反演，即根据区域重力资料来确定地下密度界面的起伏情况。

【操作】

①选择“重磁正反演解释”→“三维单界面反演”→“密度界面”，进入三维密度界面反演窗口，如图 13.6.2 所示。

②读入异常数据文件，选择保存反演结果数据的文件目录和文件名。

③设置参数，进行界面反演，需要给出界面的密度差（下界面-上界面）、界面的平均深度、迭代次数和滤波因子。

④单击“确定”，系统进行计算，并保存文件。用户可以通过“等值线显示”按钮查看原始和计算结果，并调整参数，取得满意的结果

注意：密度界面反演输入数据的空间坐标以千米（km）为单位。因此，在原始数据网格化时，注意选择 km 为单位。

13.6.2 三维单一磁性界面反演

【说明】

磁性界面反演，即根据磁异常来确定地下磁性层面的起伏情况。

【操作】

①选择“重磁正反演解释”→“三维单界面反演”→“密度界面”，进入三维磁性界面反演窗口，如图 13.6.3 所示。

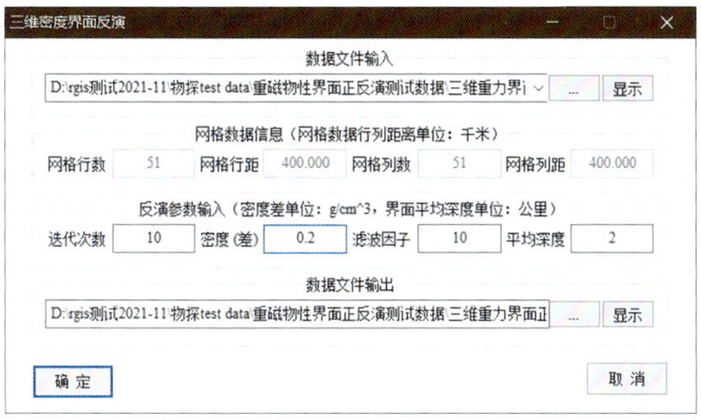

图 13.6.2 三维密度界面反演

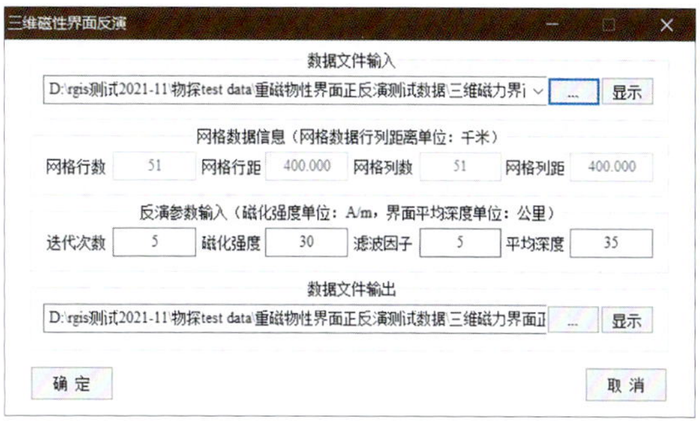

图 13.6.3 三维磁性界面反演

②读入异常数据文件，选择保存反演结果数据的文件目录和文件名。

③设置参数，进行界面反演，需要设置的参数有：磁化强度、平均深度、迭代次数、滤波因子。

④单击“确定”，系统进行计算，并保存文件。用户可以通过“等值线显示”按钮查看原始的和计算结果，并调整参数，取得满意的结果

注意：磁性场源的分布，大多不构成一个界面。个别情况下或在局部地区，磁性体分布可近似看作界面的，才可使用磁性界面反演。磁性界面反演输入数据的空间坐标以千米（km）为单位，磁化强度单位是 A/m。因此，在原始数据网格化时，注意选择 km 为单位。

13.7 2.5 维剖面正反演

2.5D 剖面正反演包括重磁异常联合反演、考虑退磁剩磁的磁异常反演以及二三维一体化反演（图 13.7.1）。

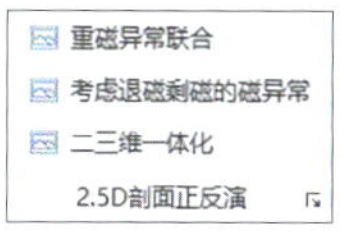

图 13.7.1 2.5D 剖面正反演功能展示

13.7.1 重、磁异常综合正反演

【说明】

RGIS 提供基于成熟的二度半棱柱体（简称 2.5D）模型的重、磁异常联合反演方法，进行人机交互可视化重力和磁异常联合的正反演模拟计算，或单异常反演计算功能。可以输入地质剖面或地震解释成果剖面图像（位图）作为约束辅助设计初始模型；通过复杂 2.5D 棱柱体组合可以实现近似的三度体 3D 反演；可以 m 或 km 为单位；也可以仅进行正演计算。

程序界面从上到下，主要由菜单条、快捷键条、反演拟合区域和状态信息条组成。反演拟合区域分为 3 个子区：磁异常区、重力异常区、模型区。如图 13.7.2 所示。

程序在模块窗口顶部程序名后面，实时提示当前正在反演的异常数据文件的名称，有利于用户将剖面与模型相对应。

【操作】

①数据输入

程序输入的异常数据为：重力异常（Δg，单位为 $10^{-5}m/s^2$），总磁场异常（ΔT，单位为 nT），或

磁场垂直分量异常（Za，又记作ΔZ），或磁场水平分量异常（Hax 及 Hay）数据。可以仅输入重力异常，或只输入磁异常，进行单异常反演解释。

重、磁异常输入数据格式如图 13.7.3 所示。左侧是剖面上的重力异常数据，右侧是磁异常数据。

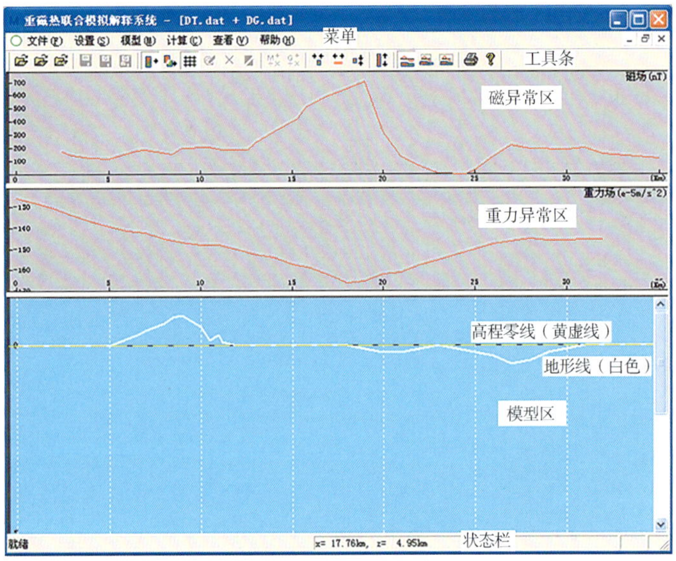

图 13.7.2　重、磁异常剖面反演界面

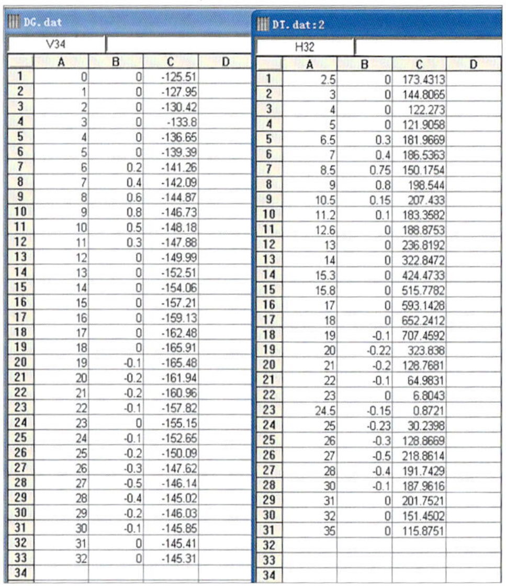

DG.dat

V34

	A	B	C	D
1	0	0	-125.51	
2	1	0	-127.95	
3	2	0	-130.42	
4	3	0	-133.8	
5	4	0	-136.65	
6	5	0	-139.39	
7	6	0.2	-141.26	
8	7	0.4	-142.09	
9	8	0.6	-144.87	
10	9	0.8	-146.73	
11	10	0.5	-148.18	
12	11	0.3	-147.88	
13	12	0	-149.99	
14	13	0	-152.51	
15	14	0	-154.06	
16	15	0	-157.21	
17	16	0	-159.13	
18	17	0	-162.48	
19	18	0	-165.91	
20	19	-0.1	-165.48	
21	20	-0.2	-161.94	
22	21	-0.2	-160.96	
23	22	-0.1	-157.82	
24	23	0	-155.15	
25	24	-0.1	-152.65	
26	25	-0.2	-150.09	
27	26	-0.3	-147.62	
28	27	-0.5	-146.14	
29	28	-0.4	-145.02	
30	29	-0.2	-146.03	
31	30	-0.1	-145.85	
32	31	0	-145.41	
33	32	0	-145.31	
34				

DT.dat:2

H32

	A	B	C	D
1	2.5	0	173.4313	
2	3	0	144.8065	
3	4	0	122.273	
4	5	0	121.9058	
5	6.5	0.3	181.9669	
6	7	0.4	186.5363	
7	8.5	0.75	150.1754	
8	9	0.8	198.544	
9	10.5	0.15	207.433	
10	11.2	0.1	183.3582	
11	12.6	0	188.8753	
12	13	0	236.8192	
13	14	0	322.8472	
14	15.3	0	424.4733	
15	15.8	0	515.7782	
16	17	0	593.1428	
17	18	0	652.2412	
18	19	-0.1	707.4592	
19	20	-0.22	323.838	
20	21	-0.2	128.7681	
21	22	-0.1	64.9831	
22	23	0	6.8043	
23	24.5	-0.15	0.8721	
24	25	-0.23	30.2398	
25	26	-0.3	128.8669	
26	27	-0.5	218.8614	
27	28	-0.4	191.7429	
28	30	-0.1	187.9616	
29	31	0	201.7521	
30	32	0	151.4502	
31	35	0	115.8751	
32				
33				
34				

图 13.7.3　重、磁剖面输入数据实例

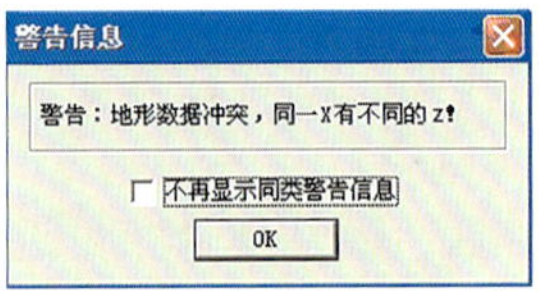

图 13.7.4　重磁高程信息不同提示窗口

其中重、磁异常的测点位置可以不同，点距可以不等，剖面长度也可以不同。同一测点上具有不同高程值时，程序将提示并舍去后输入数据的高程值，如图 13.7.4 所示。

输入重、磁数据的文件名后缀为 dat 或 txt，均为三列数据，说明如下：

1）重力异常数据：测点坐标 x，测点高程 z（单位与 X 轴相同，水平地形全为零），异常值 Δg。

2）磁异常ΔT 数据：测点横坐标 x，测点高程 z（单位与 X 轴相同，水平地形全为零），磁异常ΔT。

3）说明：

A. 三列数据之间使用空格分隔，剖面点距可以不一样。

B. 重力异常剖面和磁异常剖面可以起点不同，点距不同，但地理位置应一致。

C. 可以仅输入磁异常，或重力异常进行单异常拟合解释。

D. 剖面方向是从左向右。剖面右向即剖面方位。

E. 剖面方位角按顺时针偏离地理北的角度计算。角度以十进制表示。

数据输入后，即显示异常曲线，并在程序左上侧的标题栏提示当前反演的剖面数据文件名。

②剖面参数设置

图 13.7.5 是地磁场与剖面方位角输入示意图。图中，剖面所在地的地磁场强度为 52000nT，地磁场倾角为 56.3 °，地磁地偏角为-4.0 °，剖面方位角为 132.5 °。如图 13.7.5 所示，从菜单栏选择“设置”→“地磁场方向”，程序即弹出地磁场参数和剖面方位角输入对话框。

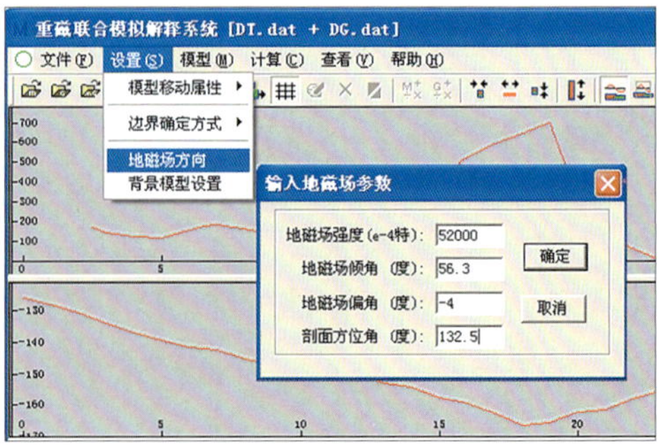

图 13.7.5　地磁场参数与剖面方位参数设置

输入剖面所在地的地磁场参数和剖面实际方位角即可。有关物理量的说明如下：

1）地磁场强度单位是特斯拉（T），这里使用 nT。换算关系如下：1T = 10^9 nT；1Oe（奥斯特）= 1 Gs（高斯）= 10^{-4}T（例如：0.5Oe-> 50000 nT）。

2）地磁场倾角、偏角应使用剖面当地的地磁参考场数据。单位是度，以十进制实数表示。

3）剖面方位角单位是度，以十进制实数表示。剖面方向按顺时针偏离地理北的角度计算，顺时针为正，逆时针为负。

③模型建立及其参数设置

选择“文件”→“装载重磁模型”，读入已有模型数据，或者直接在模型区使用“Ctrl+鼠标左击”进行建模，或者可以选择“文件”→“装载 BMP 背景图”，然后参照背景图进行地质体模型建立。创建模型。

建模操作：按下 Ctrl 键后在模型区域合适的位置依次用鼠标左键点击，构成封闭多边形，即建立了一个截面为多边形、垂直断面为有限长度的地质体（多边形角点一旦构成封闭，程序即认为是一个模型构成了），此后即弹出该新建模型的属性设置对话框，如图 13.7.6 所示，用于编辑其物理和几何参数，以及颜色和花纹。程序提供了多种用来填充模型体的图案。用户可以根据习惯和需要来设置模型的图案。

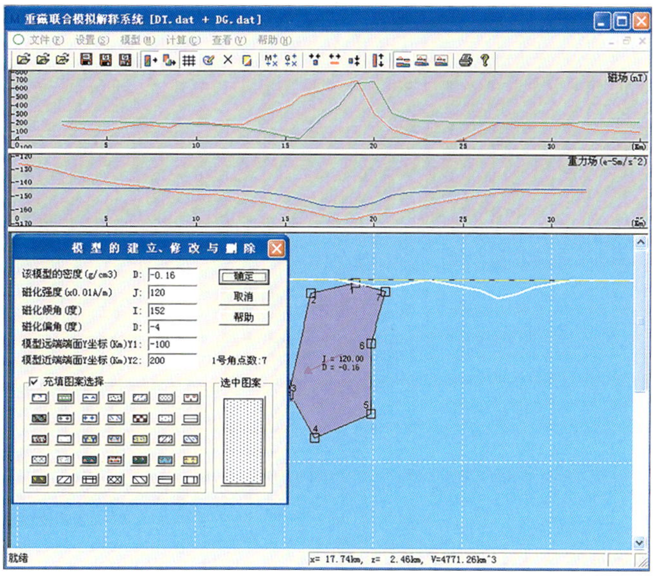

图 13.7.6　模型参数输入

模型建立且属性设定后，对应的正演计算异常曲线即显示在异常区。

可以显示异常轴右侧的原始异常与理论异常拟合的均方差值，以指示出反演拟合的精度。

在建模过程中，如果还没有完成，点击右键可以逐步后退，删除刚建立的角点。

对于已建的模型，鼠标选中后双击，也弹出所选模型的属性参数设置对话框，供修改。有关参数的说明如下：

1）模型密度 D：单位是 g/cm^3。

2）磁化强度 J：模型体的有效磁化强度。单位是 A/m。

注意：这里磁化强度单位使用 10^{-2}A/m。如实际值是 0.2A/m，在此输入值为 20。有效磁化强度是感应磁化强度与剩余磁化强度的矢量和。在不计剩余磁化强度（简称剩磁）和退磁的情况下，模型的磁化强度就是感应磁化强度（简称感磁），其数值等于地磁场强度与模型体磁化率的乘积，方向与地磁场方向一致。一般情况下，不用考虑退磁的影响。但是，在模型体磁性很强时，则应考虑退磁作用。退磁的强度与模型的几何形态有关，需要进一步计算。

3）磁化倾角 I：模型体的有效磁化强度的倾角，即有效磁化强度方向与剖面方向的夹角。

注意：在不计剩磁和退磁的情况下，磁化倾角应选择为当地地磁场在剖面上投影矢量的倾角。

4）磁化偏角 D：在不计剩磁和退磁，并且磁化倾角选择为当地地磁场在剖面上投影矢量的倾角的情况下，磁偏角为 0。

5）模型远端端面 Y 坐标 Y1：入纸面为负。单位是 km。

6）模型近端端面 Y 坐标 Y2：出纸面为正。单位是 km。

图 13.7.6 是单一模型异常反演示意图，图中模型与周围介质的密度差为 0.16g/cm^3。模型磁化强度为 1.2A/m。模型垂直剖面向里延伸 100km，向外延伸 200km。有效磁化强度倾角 152°，偏角 -4°。

结合垂直于剖面的模型长度变化，可以全面模拟异常体在三维空间的展布情况。

④模型与异常曲线外观

对于读入的异常曲线用户可以用 3 种不同的方式及颜色（即点、线、点划线）来显示。

操作：置鼠标于数据区，单击右键，选择“原始数据”→“外观”，并选择其中的一种或多种方式来显示曲线，也可以选择“查看”→“数据区”→“原始数据”→“外观”，来改变原始数据的外观。

1）修改背景色

通过修改背景色，可改变异常区和模型区的背景颜色。选择“查看”→“数据区”→“背景色”，弹出背景色设置对话框，如图 13.7.7 所示。用户可以从基本颜色中选择自己需要的颜色，也可以通过自定义设置背景色。

图 13.7.7 背景色设置

对于模型区，系统也提供了一些改变模型视图的方法和模型在模型区的显示方式，模型的视图方法包括显示或隐藏模型角点标识、模型角点大小（有效范围）、模型区的缩放和背景场的设置。模型在模型区的视图方式包括以最大宽度显示、根据数据宽度显示和根据模型区宽度显示。

A. 角点标识。是标识角点位置的。选择标识，则所创建的模型以方框的形式显示角点，反之则不显示角点，可以选择“查看”→“模型区”→“角点加标识”，显示或隐藏角点。

B. 角点有效范围。是角点的显示范围的度量。其值为从 3 到 8 的数值，它标识了角点标识的显示大小，值越大，标识越大。选择“查看”→“模型区”→“角点有效范围”，选择不同的值，可以方便的改变角点的标识大小。

C. 模型区缩放。有时我们所建立的模型复杂而且模型整体厚度较小，为了显示更加清晰，可通过缩放模型区改变模型的显示比例。选择“查看”→“模型区”→“模型区缩小一倍/模型区放大一倍”。

2）修改模型

如果建立的模型所产生的异常和原始观测异常存在较大的差异，则需要对模型进行修改。

物性的修改：鼠标在模型内单击右键，或双击左键，则弹出建模对话框，可以在其中修改模型的物性参数。

形态的修改：

A. 模型移动。模型形态的修改简单、方便且实时响应。鼠标指针放在模型多边形的内部，然后按下鼠标左键拖动（必要时，按下 Shift 健辅助），模型就跟着移动，模型场产生的异常曲线也实时变化。

B. 角点移动。角点移动和模型移动一样方便。当鼠标在角点上时，按下鼠标左键拖动，角点就跟着移动，异常曲线及误差的响应也是相应地变化。

C. 角点坐标编辑。鼠标放在角点上按右键，在弹出的列表上选择编辑角点，则该角点坐标列出在上部，整个模型的角点列出在下部。这时就可以修改模型的各角点坐标。修改后点击“确定”，角点即移动到修改后的坐标，异常曲线发生相应变化。这一功能对有已知控制条件的细致反演具有帮助。

D. 删除角点。鼠标放在角点上，按右键并在弹出列表上选择删除，该角点就可删除。

E. 增加角点。对已经建立的模型增加角点是在模型修改中经常需要的操作。具体操作很简单，只要在模型的边上，按右键选择增加角点，然后点击模型需要增加角点的一条边，即可以为模型在该条边上增加一个角点。

F. 模型剖分。如果异常形态较复杂，或需要有较高的拟合精度，往往要对已建的较大模型进行分解，分解成较小、较细的组合模型，并修改其各自的物性等参数，即进行模型切分。进行切分的模型，至少要有 4 个角点。操作如下：

a. 从模型区选择一个模型；

b. 选择工具条上的“模型”→“切分模型”；

c. 将鼠标移动到要进行切分模型的一个角点上，鼠标变为剪刀形状；

d. 使鼠标从模型的一个角点移动到另一个角点，单击鼠标左键，模型即被切分为两个独立的模型。

G. 角点合并。对已经建立的几个分离的模型进行合并时，需要进行模型角点合并操作，具体操作是选中模型的角点，然后按左键移动到需要合并的角点处即可，合并后的角点即成为公共角点。

H. 模型合并。对两个相邻且具有两个相邻公共角点的模型，按 Ctrl 健将其全部选中后，点击合并模型快捷健，可以将它们合并成为一个模型，合并后的模型的物理参数与原来其中一个模型的相同。

3）背景物性及背景场设置

反演剖面所在地区重、磁异常的背景场和区域物性背景值在多数情况下可看成是简单的、线性的。可以通过设置及调整背景物性及背景场的设置，来得到更合理的反演解释结果。

将鼠标放在剖面的异常曲线区，单击鼠标右键，选择趋势背景场，弹出背景场设定对话框，如图 13.7.8 所示。该对话框中指明当前实测场中去除掉多少背景值（并不修改原始观测数据），可以输入一正常场作为背景。如果选择“自动选择”，则正常背景场会在建模、反演的过程中发生变化，根据模型数据与实际数据的吻合程度自动调整其大小，以使异常吻合最好。

对于较长的剖面异常反演建模，往往需要去除一个倾斜的线性背景场。通过“附加倾斜”即可附加一个倾斜的线性背景场，如图 13.7.9 所示。

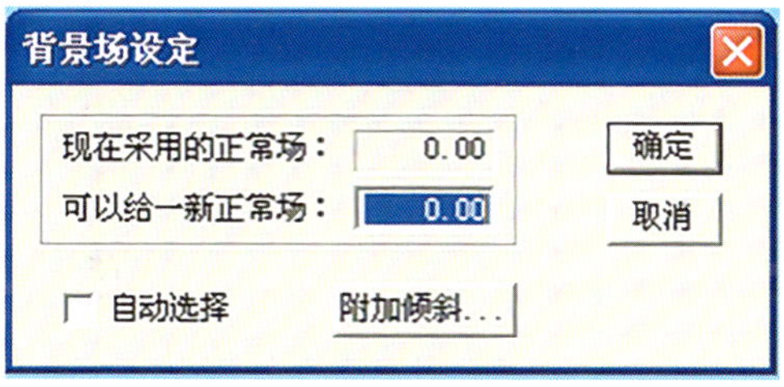

图 13.7.8　背景场设定

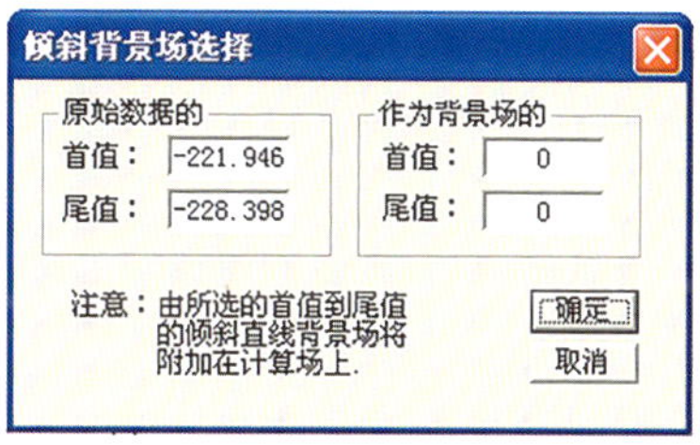

图 13.7.9　倾斜背景场选择

程序自动给出观测剖面数据第一个值和最后一个异常值（即左端点值和右端点值）供参考。一般地，应根据显示的观测数据曲线的形态和异常剖面数据的第一个和最后一个值，给出作为背景值要去掉的第一个和最后一个。倾斜背景场就是所给的第一个与最后一个值连成的倾斜直线所确定的场。

4）画线与注记

本软件系统提供了基于屏幕的文字编辑和画线功能。用户可以在反演解释计算完成后，在界面上标注钻孔，勾画断裂、地层界面等构造线。线型包括实线、虚线、直线、折线及圆滑曲线等。这些文字标注和线段可以显示，也可以隐藏。图 13.7.10 是一个例子。

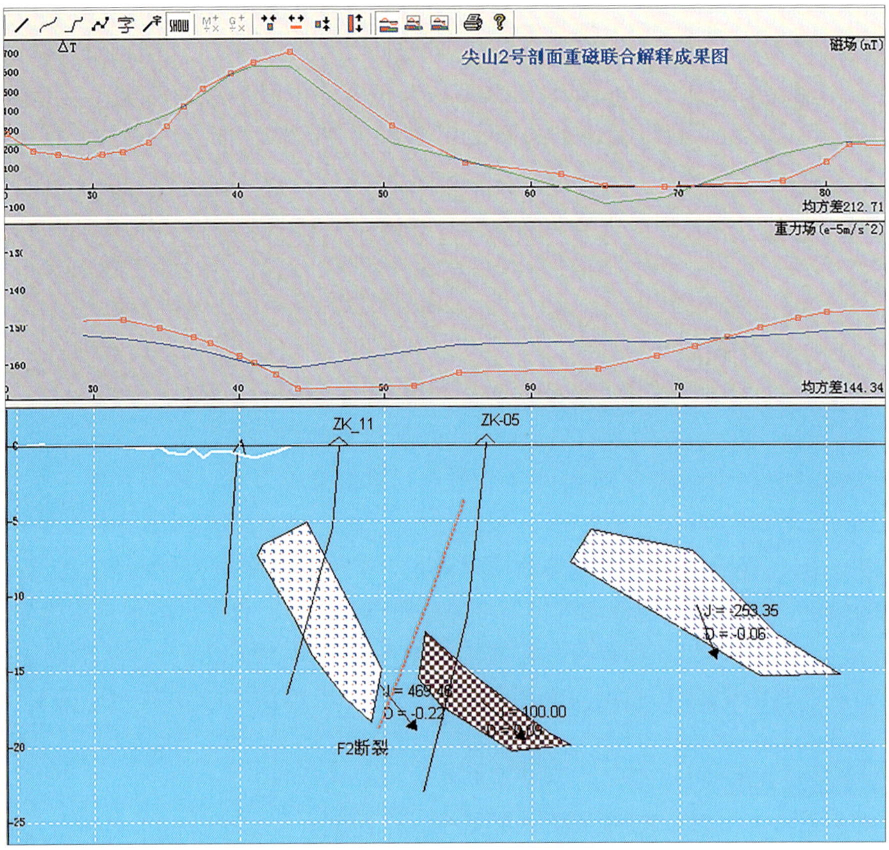

图 13.7.10　屏幕编辑与绘制钻孔和构造等地质信息

对于输入的文字和线段可以对其属性进行修改。置鼠标于文字或线段处，单击左键，选中后单击右键，选择“修改线段属性”、“修改文字字体”或“删除线段、文字”，对文字和线段进行修改。

⑤重、磁异常的联合模拟反演

针对剖面上观测的重力异常和磁异常，RGIS 实现重、磁联合反演的方法是对地下密度体和磁性体进行几何与物性参数的统一模拟计算。可分以下 3 种情况：

1）对于重、磁同源的情况，密度体和磁性体采用同一个多边形体进行密度和磁化强度及几何形状的模拟反演。

2）对于重、磁部分同源的情况，可以将一个地质体划分成不同的几个多边形体，分为同源部分和不同源部分分别进行密度、磁化强度和几何形状的模拟计算。

3）对于重、磁不同源的情况，可以使用两个或多个多边形体进行模拟计算。其中，计算重力异常的密度体的磁化强度设为 0，而计算磁异常的磁性体的密度（差）设为 0。

客观世界中的重、磁异常的场源往往比较复杂。通过重、磁异常的联合反演，可以减少多解性，得到较为可靠的解释推断结果。

为了反演复杂异常，或拟合复杂的地质情况，可以多设置一些不同参数和形状的多边形地质体，或将一个大的多边形体剖分为若干小的多边形体，小多边形体的密度（差）和磁化强度参数也可以各不相同，并且要结合地质认识进行反演。

13.7.2　考虑退磁剩磁的磁异常正反演

【说明】

磁性体磁化强度等于感应磁化强度和剩余磁化强度的矢量叠加，其中感应磁化强度与磁化率、外加磁场强度、退磁场相关。RGIS 2016 系统提供的“考虑退磁剩磁 2.5D 磁异常正反演模块”可以根据磁性体的剩余磁化强度大小、磁化率的各向异性情况及磁性体的形态计算考虑退磁场和剩磁场情况下该磁性体产生的磁异常。

程序的运行界面如图 13.7.11 所示，主要分为菜单栏、快速按钮栏、作图工具栏、正反演拟合区域、状态栏、调色面板、图层管理器和属性管理器面板等。正反演拟合区的上部分为异常显示区，下部分是异常体模型绘制区。

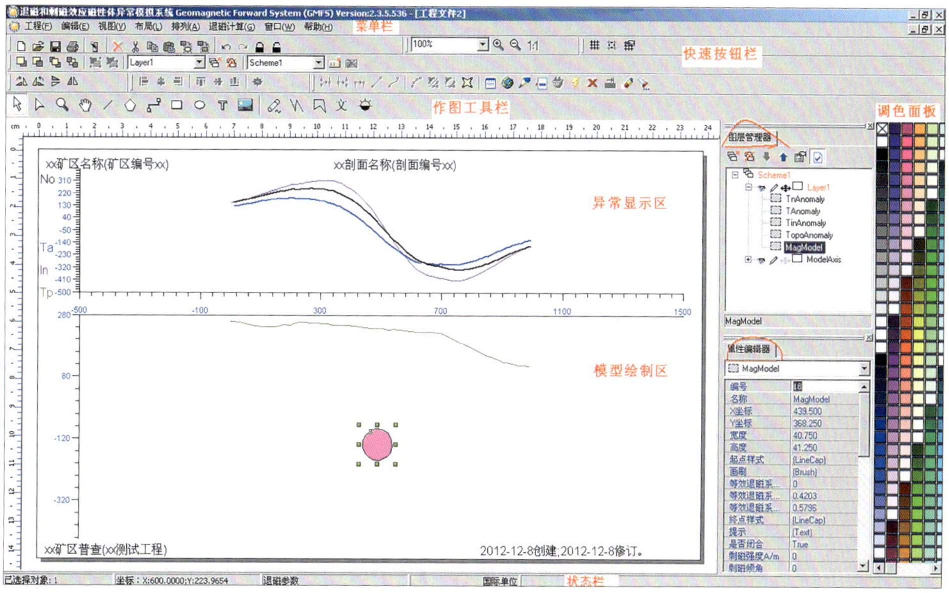

图 13.7.11　程序运行界面

【操作】

①软件设置

由于电脑的屏幕分辨率不同，软件运行后的显示样式会有差别，在运行前，用户可以通过设置 sqlset.ini 文件中的参数 Width 和 Height 参数进行调整，使得软件启动后正反演拟合区适合于本机分辨率设置，软件默认值为：Width = 980，Height = 620。

②新建工程

选择“工程”→“新建”菜单，弹出“创建新模型”对话框，如图 13.7.12 和图 13.7.13。该模块对应的输入参数主要有工程项目信息和磁异常参数两项。

工程信息和剖面信息是对项目和剖面相关信息的描述，可以根据具体项目和剖面情况在对应的文本框里面相关信息。

测线信息对应的输入参数有计算点数、计算点距、起点坐标和计算高程，主要用于剖面正演时对剖面坐标的设置。

计算 H、计算 Z 和计算 T 复选框主要用于选择正演时需要计算的磁异常种类，计算 H 表示计算磁异常的水平分量，计算 Z 表示计算磁异常的垂直分量，计算 T 表示计算磁异常的总场。

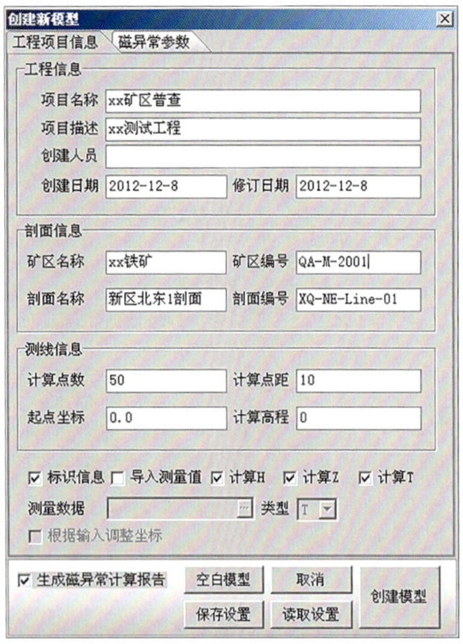

图 13.7.12 工程项目信息参数

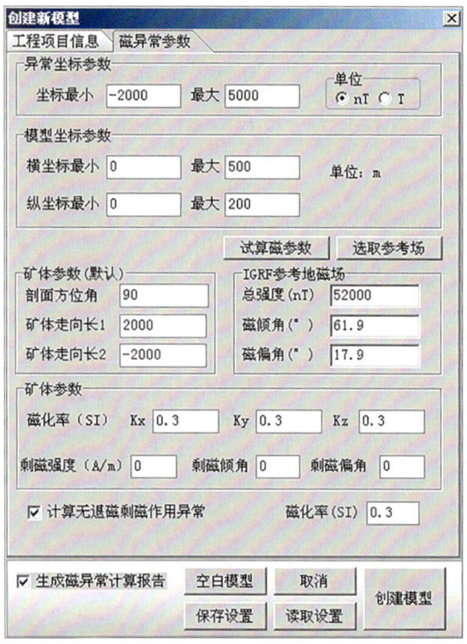

图 13.7.13 磁异常参数

	A	B	C
1	0	261.594	103.9273
2	10	260.4075	107.5029
3	20	259.221	111.2166
4	30	256.9935	115.2284
5	40	254.766	119.4199
6	50	252.906	123.7319
7	60	251.06	128.2225
8	70	249.0045	132.9471
9	80	246.949	137.8743
10	90	245.3805	142.8776
11	100	243.812	148.0692
12	110	243.8305	152.9232
13	120	243.849	157.8609
14	130	243.877	162.865

图 13.7.14 测量数据文件格式

导入测量值复选框的主要功能是导入实测的磁异常，勾选该项功能后会弹出打开文件对话框，选择需要导入的数据文件，然后在数据类型下拉列表选择测量数据的场值类型（场值类型可以是水平分量 H、垂直分量 Z 和总场 T）。数据文件的格式为 3 列的 ASCII 文本文件格式数据，第一列为剖面测量点的地理坐标，第二列为测量点的海拔高程，第三列为测量点的场值，格式示例如图 13.7.14 所示。

根据输入调整坐标复选框的主要功能是根据输入的实测异常数据的地理坐标、高程数值、场值范围的大小，自动调整磁异常参数标签页中相对应的异常坐标参数和模型坐标参数等设置信息。

异常坐标参数文本框对应坐标最小、坐标最大参数主要功能是指定异常显示区中的剖面磁异常坐标轴能够显示的最小和最大异常值。

模型坐标参数文本框对应横坐标最小、最大，纵坐标最小、最大参数。指定异常体模型绘制区横轴坐标和纵轴坐标能够显示的坐标最小和最大值。如勾选了根据输入调整坐标复选框，程序会根据导入的数据文件自动给定异常坐标参数和模型坐标参数值，如自动给出的参数值不理想，可用手工输入、修改各参数值。

矿体参数（默认）中剖面方位角参数是指测线方向与地理北的夹角，矿体走向长 1 指的是矿体远端截面到剖面线的垂直距离，矿体走向长 2 指的是矿体近端截面到剖面线的垂直距离。其中，角度的单位为度，距离的单位为米。

IGRF 参考地磁场中的总强度、磁倾角和磁偏角参数指的是磁测量区域的地球磁场总强度、倾角和偏角。参数的输入可以通过键盘手工输入，也可以点击选取参考场按钮，从图 13.7.15 所示的交互界面运用鼠标选取测量区域所在位置或通过键盘输入测区的经纬度等信息计算得出测区的磁场总强度、倾角和偏角。这里给出了 IGRF10 和 IGRF11 参考地磁场模型以供使用。

矿体参数中的磁化率 Kx、Ky、Kz 指的是当矿体存在不均匀磁化时，沿着矿体倾向、走向和垂直倾向方向上的磁化率，如果均匀磁化，则输入相同的数值即可。剩磁强度、剩磁倾角、剩磁偏角指的是当考虑剩磁的情况下，矿体（模型）的剩余磁化强度、倾角和偏角。

计算无退磁剩磁作用异常复选框勾选后，则程序会计算出不考虑退磁剩磁情况下矿体（模型）所产生的磁异常，并在异常显示区显示其异常剖面曲线。

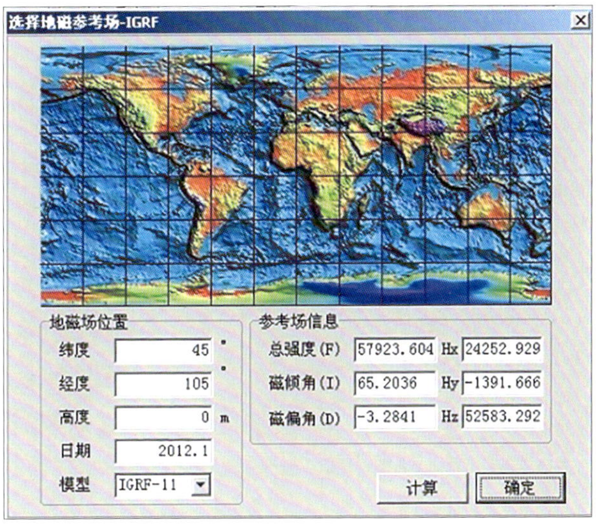

图 13.7.15　选取 IGRF 参考场信息

保存设置的主要功能是将工程项目信息和磁异常参数中的模型参数配置信息保存成一个文件。

读取设置的功能是读取一个模型参数配置文件，以快速完成工程项目信息和磁异常参数中参数设置。

③显示输入数据

选择“退磁计算”→“显示输入数据”菜单，或者点击快速工具栏（图 13.7.16）中的显示输入数据按钮，程序会自动将导入的带高程的测量磁异常数据显示在异常显示区和模型绘制区，如图 13.7.11 中的紫色曲线表示磁异常场值（坐标轴上以符号 In 标注），黄绿色曲线表示高程（坐标轴上以符号 Tp 标注）。

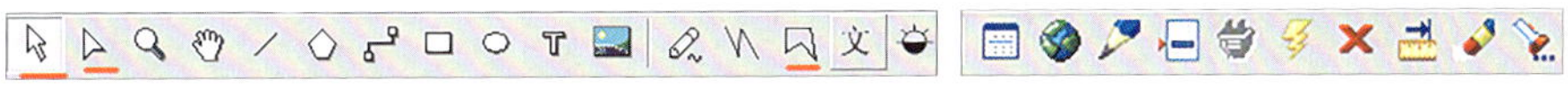

图 13.7.16　图形绘制工具

④新建模型

点击绘图工具栏中的绘制多边形异常体的专用工具新建模型按钮，通过鼠标左键在模型绘制区以顺时针方向逐点确定多边形模型的角点，以鼠标右键单击结束模型的绘制。模型绘制结束后，程序会自动画出多边形对应的拟合椭圆和椭圆的长轴、短轴辅助线，然后在异常显示区绘制出该模型对应的磁异常曲线，如图 13.7.11 中的蓝色和黑色曲线（坐标轴上以符号 No 标注黑色曲线，表示不考虑退磁剩磁情况下模型产生的 ΔT 异常；以符号 Ta 标注蓝色曲线，表示考虑退磁剩磁情况下模型产生的 ΔT 异常）。

⑤修改模型

首先，点击快速工具栏中的删除全部等效椭球按钮，再点击删除全部辅助线按钮，程序会自动删除绘制的拟合椭圆和其对应的长轴、短轴辅助线。然后，点击绘图工具栏中的选择工具按钮，用鼠标选中需要修改的模型，再点击曲线编辑工具按钮，通过 Ctrl 键和鼠标键的配合对模型的角点进行添加、删除和移动等编辑。如果需要给模型填充颜色，则选中模型后，单击调色板面板中的对应颜色即可。最后，点击快速工具栏中的计算退磁场按钮完成模型的修改和异常的计算、显示。

修改角点坐标的功能主要是通过键盘输入模型的角点坐标来修改模型的形状。具体操作步骤为：首先选中需要修改的模型；然后点击属性编辑器面板中的属性编辑框，弹出如图 13.7.17 所示的对话框，通过键盘输入各角点坐标值完成角点编辑后确定退出；最后选择“退磁计算”→“修改角点坐

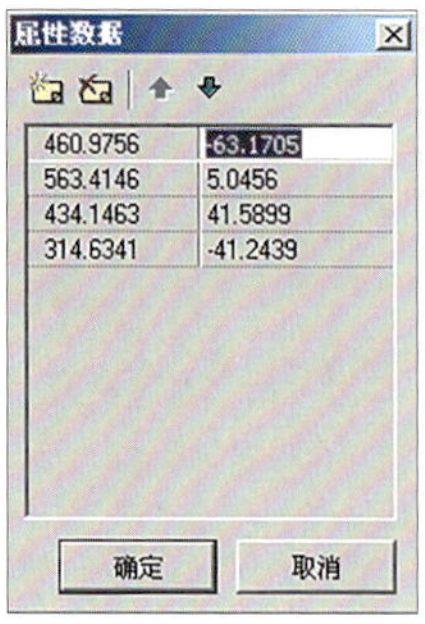

图 13.7.17　退磁计算快速工具

标”菜单即可。

⑥删除模型

首先，点击快速工具栏中的删除全部等效椭球按钮，再点击删除全部辅助线按钮，程序会自动删除绘制的拟合椭圆和其对应的长轴、短轴辅助线。然后，点击绘图工具栏中的选择工具按钮，用鼠标选中需要删除的模型，按 DEL 键删除模型。然后再用选择工具按钮选择任意一个模型，点击计算退磁场按钮完成模型异常的计算、显示。

⑦添加辅助信息

使用绘图工具栏中直线工具、多边形工具、连接工具、矩形、椭圆、文本工具、图片工具等，可以在异常显示区、模型绘制区等绘制辅助图形或添加注释。如使用图片工具，可以导入地质剖面图供绘制模型时参考。

⑧数据导出

选择“退磁计算”→“查看属性信息”菜单，弹出如图 13.7.18 所示对话框。选择导出数据按钮，保存计算的磁异常数据。

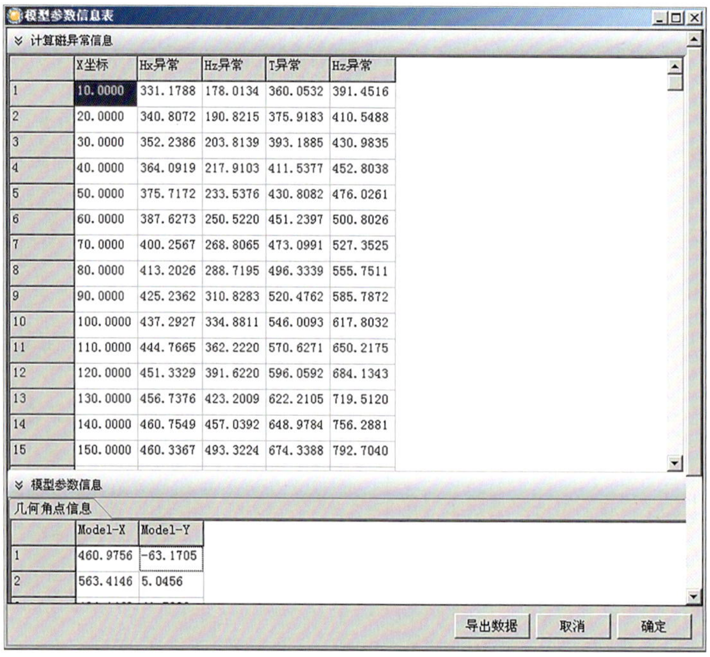

图 13.7.18　数据导出

⑨保存工程

选择“工程”→“保存”菜单，弹出保存工程对话框，给定一个工程文件名称保存即可。

⑩图片导出

选择“工程”→“导出”菜单，弹出导出文件对话框，给定一个输出文件名，即可将人机交互正反演图拟合区的异常曲线和绘制的模型图形等保存成多种类型的图片文件。

13.7.3　二三维一体化重磁异常正反演

【说明】

基于 RGIS 系统已有的重磁二、三维模型编辑技术，实现了起伏地形条件下重磁异常二、三维一体化正反演解释。

软件运行以后其主界面如图 13.7.19 所示。其界面由“标题栏”、“菜单栏”、“工具栏”、“客户区”、“状态栏”组成。

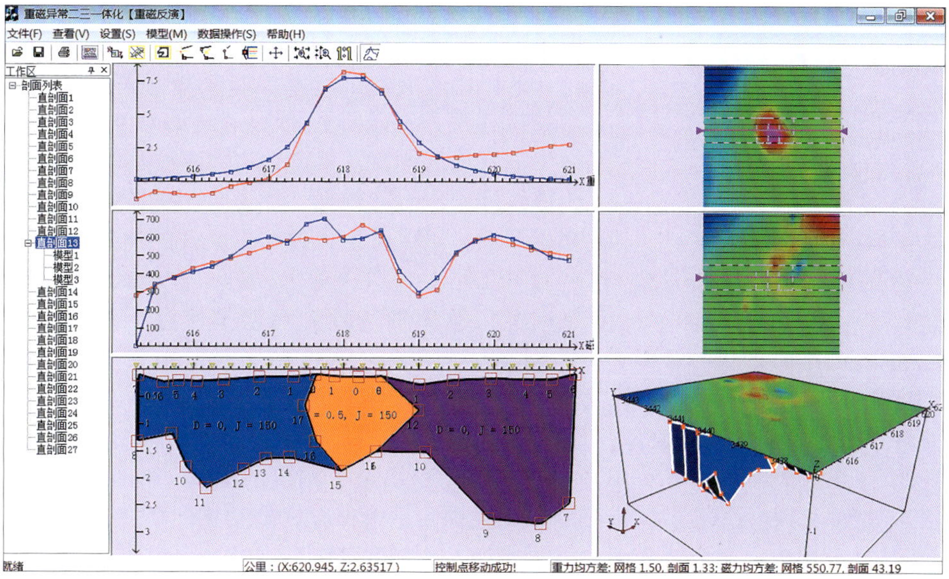

图 13.7.19　主界面示意图

“菜单栏”为当前工程中所包含的所有命令对应的菜单。“工具栏”中包含的为在当前工程中常用的一些命令对应的工具按钮。

“客户区”窗口分为左右两大部分，左侧为浮动对话框，在其中以树状形式显示了当前界面中生成的所有剖面信息及剖面上的模型和数据信息。右侧为相关数据显示客户区。客户区根据反演的数据类型分为 4 个子窗口（重力或者磁力二、三维正反演）或者 6 个子窗口区域（重、磁二、三维联合正反演）。客户区最下面一行的两个子窗口中，左边的子窗口为当前剖面上模型的显示、建立、编辑窗口区；右边的子窗口为已有模型、重构结果、地形数据的三维显示窗口区。客户区其余窗口也分为左右两个子窗口，其中左边的子窗口显示当前剖面上实测或者正演数据曲线（重力或者磁力数据），右边子窗口显示的是地形、实测、正演或者拟合差网格数据（重力或者磁力数据）。

“状态栏”主要分为 4 个部分。最左边的部分用于显示按钮或者菜单项对应命令的提示信息，第 2 个是当前鼠标坐标显示区域，第 3 个是当前操作结果显示区域，最右边是重力或者磁力正演计算均方差结果显示区。

菜单栏中，该程序共包含“文件”、“查看”、“设置”、“模型”、“数据操作“等菜单，其菜单和工具栏显示效果如图 13.7.20 所示。

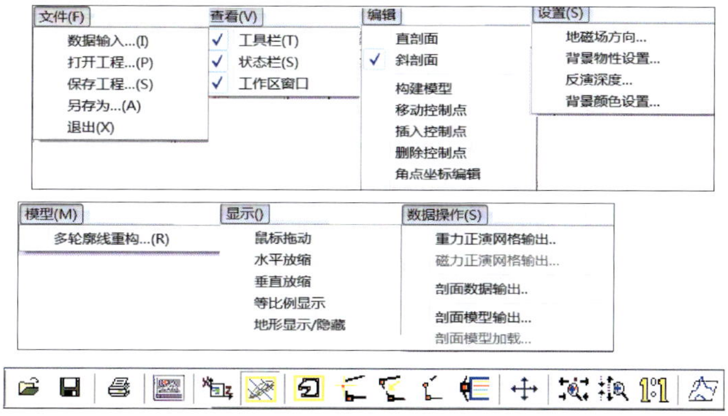

图 13.7.20　菜单及工具栏示意图

【操作】

①输入数据

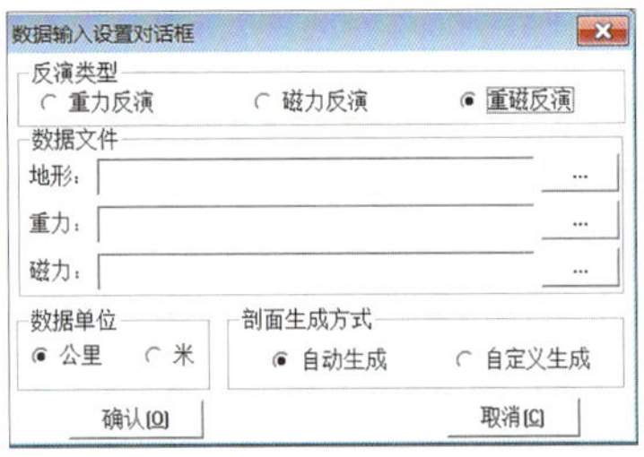

图 13.7.21 数据输入设置对话框示意图

要进行正演计算首先必须输入实测数据。通过“文件”菜单中的“数据输入…”菜单项弹出“实测数据”输入对话框，在弹出的对话框中，进行反演数据类型设置及地形数据、实测数据（重力、磁力）对应文件的选择、数据单位设置和剖面生成方式的配置，如图 13.7.21 所示。

该软件中所有的数据、模型及相关配置参数是以工程的形式来组织的，可以将工程数据以文件的形式保存在磁盘上。通过“打开工程…”菜单项可以打开曾经保存的工程数据。“保存工程…”菜单项实现的功能是保存工程数据到磁盘文件。如果是一个新建的工程则弹出“保存文件”对话框，选择工程数据保存到的文件，如果保存的是已经打开的工程则直接保存到对应的工程文件中，不再弹出“保存文件”对话框。“另存为…”菜单项对应的功能是把当前工程中的所有内容以另外一个文件的名字保存。

文件菜单中还有一个“退出”菜单项，其功能为退出整个系统的运行。如果上次工程数据保存后，数据进行了修改，则弹出“是否保存”对话框询问是否保存修改结果。

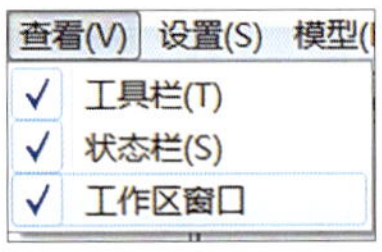

图 13.7.22 “查看”菜单示意图

另外“查看”菜单中，主要实现了“工具栏”、“状态栏”、“工作区窗口”的操作界面的显示与隐藏。如图 13.7.22 所示。查看菜单下的所有菜单项都是具有复选功能的菜单项，其中“工具栏”、“状态栏”菜单项主要控制工具栏和状态栏的显示与隐藏。“工作区窗口”菜单项控制工作区窗口的显示与隐藏，工作区窗口如图 13.7.23 所示。在工作区窗口中，以树形组织形式，列出了当前工程下所有的剖面数据、剖面上对应的图片文件和模型数据。其中，具有蓝色背景的数据项对应的是当前剖面，客户区窗口中显示的是当前剖面的所有数据。通过鼠标选择或者通过键盘上的方向键可以任意切换当前切片。

②建立模型

首先在工作区中选择要建立模型的剖面或者在网格数据显示区通过鼠标生成一条要建立模型的剖面，点击按钮，使该按钮处于选中状态，然后在“模型编辑区”窗口中通过鼠标左键双击开始一个多边形模型的输入，模型开始输入后，每单击一次鼠标左键输入一个有效控制点（在鼠标控制点输入的过程中，系统会实时检测模型是否自相交、是否与地形相交、是否与其他模型相交，只有都不相交时才认为是一个有效点的输入）。输入过程中，模型对应多边形会自动封闭且右边窗格中所有子窗口都会动态更新显示。当所有控制点都输入完成后，点击鼠标右键（鼠标右键点击位置对应坐标不会作为多边形的控制点），结束当前模型控制点坐标的输入，并弹出模型属性设置对话框，如图 13.7.24 所示，设置该模型的相关参数。其中剖面方位角为自动计算所得，无需设置。模型近端面坐标 Y2 及模型远端面坐标 Y1 用于设置模型的延伸长度，其中远端面为北向延伸，近端面为南向延伸，当设置延伸长度后系统自动检测是否与其他模型相交，如果与其他模型相交则对话框不会关闭，延伸长度设置无效。在该对话框中点击颜色按钮可以设置该模型的填充颜色及三维显示颜色。

图 13.7.23 剖面数据树状图

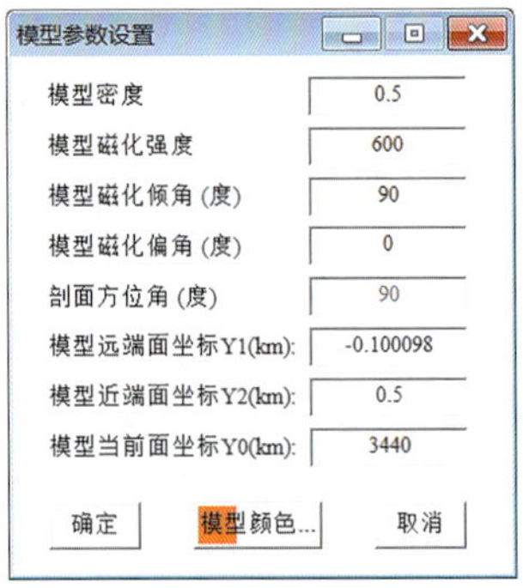

图 13.7.24 模型参数设置对话框

③模型编辑

模型编辑操作包括：角点坐标修改、插入角点坐标、删除角点坐标、模型移动及模型属性修改等功能。

角点坐标修改。首先，鼠标点击按钮使该按钮处于选中状态，然后在模型区，在某个控制点上按下鼠标左键拖动该控制点修改其坐标位置，修改该点坐标时，系统会自动检测是否与地形、其他模型及自己相交并进行正演计算更新显示正演计算结果。点击按钮使该按钮处于选中状态，然后在模型区点击要编辑的控制点，则弹出控制点坐标编辑对话框，在该对话框中输入要设置的坐标值，如图 13.7.25 所示。输入坐标后点击“应用”按钮，则坐标设置有效。在该对话框处于显示状态时，点击模型上的任一控制点，其对应坐标信息就显示在该对话框中，同时可以给其指定新的坐标。角点坐标修改后，正演计算结果及结果显示会自动更新。

图 13.7.25　坐标编辑

插入角点坐标。首先鼠标点击按钮使其处于选中状态，然后在模型区，鼠标移动到要插入控制点的位置，按下鼠标左键插入一个新的控制点。

删除角点坐标。首先鼠标点击按钮，使其处于选中状态，然后鼠标移动到要删除的控制点上，点击鼠标左键执行删除控制点命令，如果删除模型控制点后，模型发生了自相交或与地形、其他模型相交则删除不成功。如果控制点成功删除，则正演计算结果及结果显示会自动更新。

模型移动。首先使按钮处于选中状态时，在模型编辑区，把鼠标移动要拖动的模型上，左键拖动则可以实现模型的移动。模型移动过程中相关模型的正演值自动计算并更新显示。除此以外，当该按钮处于选中状态时，在各子窗口中通过拖动鼠标右键可以实现显示结果的移动。当该按钮处于非选中状态时，按下鼠标右键实现各子窗口中右键菜单的弹出功能。

模型属性修改。当前述所有按钮都不处于选中状态时，在模型编辑区要修改模型属性的对应多边形轮廓区域上双击鼠标左键，则弹出模型属性设置对话框，如图 13.7.24 所示。在该对话框中可以修改模型的相关属性值。需要说明的是，当设置模型延伸长度后如果与其他模型或地形相交，则设置不成功，对话框不会关闭并且在状态栏有提示。否则，如果设置成功，则对话框关闭，计算并更新模型的正演值同时更新剖面曲线和网格数据的显示。

④多模型轮廓线重构

选择“模型”菜单下的“多轮廓线重构…”菜单项。则弹出“自定义轮廓线重构”对话框，如图 13.7.26 所示。

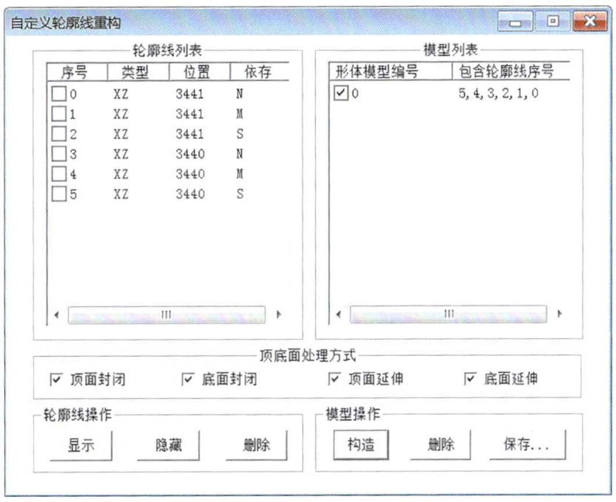

图 13.7.26　自定义轮廓线重构示意图

在该对话框中，“轮廓线列表”下的列表框中显示了当前工程中，所有剖面上的模型所对应的轮廓线。通过在该列表中点击轮廓线所对应条目前的复选框可以选择对应轮廓线（在该列表框中支持多选)。选择了多条轮廓线后，可以点击“显示”按钮，显示选中的所有轮廓线，可以点击“隐藏”按钮，隐藏选中的所有轮廓线，也可以点击“删除”按钮删除选中的所有轮廓线，可以点击“构造”按钮，由所选中的所有轮廓线重构三维形体。当选择轮廓线进行操作后，所对应的条目会从选中状态变为非选中状态。可以重新选择要操作的轮廓线，然后进行相关操作。“模型列表”下的列表框中显示了当前工程中，所有重构的三维形体。重构的三维形体的物性参数为组成该形体的轮廓线中第一条轮廓线的物性值。通过鼠标点击列表框中的对应项可以选中对应的三维形体。当模型列表框中三维形体对应项前的复选框被选中时，三维形体显示在三维窗口中，取消选择则不会显示三维形体。选中某个三维模型后，可以通过“删除”按钮，删除这个模型，通过“保存”按钮，保存该三维模型数据到数据文件中，如果正演类型为重力和磁力类型则该模型及相关参数对应一个 gm3 文件，如果正演类型为重磁联合正演则该模型及相关参数保存为两个 gm3 文件，其中一个对应重力模型文件，另一个对应磁力模型文件。当由选中的轮廓线重构三维形体时，可以通过“顶面封闭”、“顶面延伸”、“底面封闭”、“底面延伸”设置顶部和底部轮廓线的处理方式。

⑤正演计算结果保存

重磁正反演工程进行过程中，系统提供了多种途径用于保存整个工程数据及各种计算结果。

通过“文件”菜单中的“打开工程…”菜单项可以打开曾经保存的工程数据。“保存工程…”菜单项实现的功能是保存工程数据到磁盘文件。如果是一个新建的工程则弹出“保存文件”对话框，选择工程数据保存到的文件，如果保存的是已经打开的工程则直接保存到对应的工程文件中，不再弹出“保存文件”对话框。“另存为…”菜单项对应的功能是把当前工程中的所有内容以另外一个文件的名字保存。

通过“数据操作”菜单中的“重力正演网格…”菜单项将重力正演网格数据以文件形式保存到磁盘上；“磁力正演网格…”菜单项将磁力正演网格数据以文件形式保存到磁盘上；“剖面数据输出…”菜单项将剖面正演数据以文件的形式保存到磁盘上。“剖面模型输出…”菜单项将剖面上所有模型的坐标及相关参数以 ASII 码形式保存到磁盘文件中。菜单项排列如图 13.7.27 所示。

通过“自定义轮廓线重构对话框”中的“保存”按钮，保存该三维模型数据到文件中，如果正演类型为重力和磁力类型则该模型及相关参数对应一个 gm3 文件，如果正演类型为重磁联合正演则该模型及相关参数保存为两个 gm3 文件，其中一个对应重力模型文件，另一个对应磁力模型文件。

⑥背景参数设置

通过“设置”菜单中的的各菜单项，可以对正演计算的相关背景参数进行设置。其中，“地磁场参数”菜单项可以设置磁力正演的背景地磁场参数，其设置对话框如图 13.7.28 所示。通过“背景物性设置”对话框，可以设置重磁正演计算的背景密度及背景磁化强度，如图 13.7.29 所示。通过“反演深度…”设置对话框可以设置正演计算的深度。反演深度的设置只影响模型编辑区及三维显示区 Z 向显示深度，不影响正演计算的值。

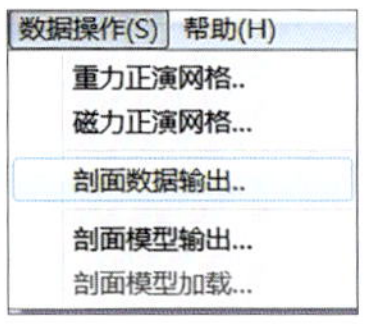

图 13.7.27　数据操作菜单

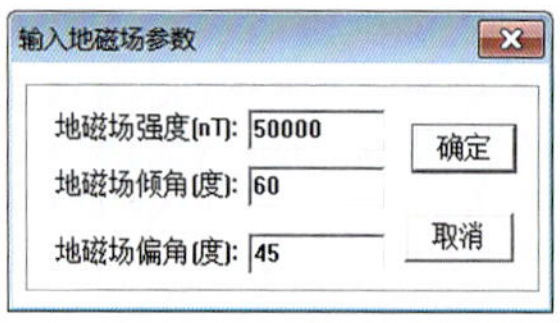

图 13.7.28　地磁场参数设置

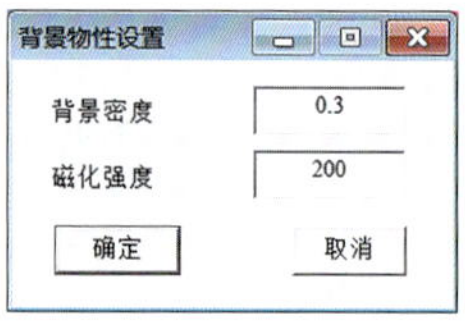

图 13.7.29　背景物性设置

⑦显示参数配置

在软件使用过程中，使用者可以通过对相关显示参数进行设置以改变软件的外观及显示内容。通过“设置”菜单中的“背景设置”菜单项可以实现显示区背景颜色、坐标轴颜色、标注颜色、网格线是否显示及网格线颜色的设置，如图 13.7.30 中“显示设置”对话框所示。

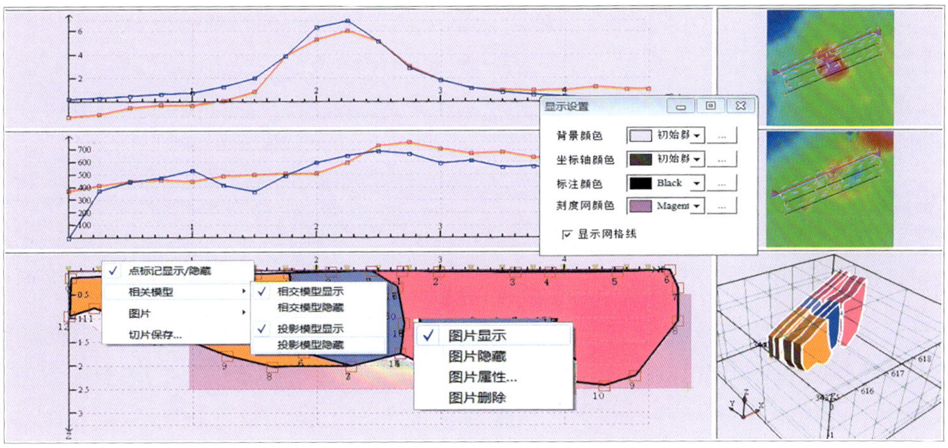

图 13.7.30　显示参数设置示意图

通过各显示区的右键菜单中的菜单项也可以设置相关的显示参数。如图 13.7.30 中的右键菜单项。其中“点标记显示/隐藏”菜单项用于控制曲线上的控制点及多边形轮廓控制点的显示和隐藏。“相关模型”下的各菜单项用于设置其他剖面上的模型在当前剖面上所生成的投影轮廓的显示及隐藏。“图片”菜单下的各菜单项用于设置当前剖面上图片的显示设置。其中“图片属性”菜单项用于设置图片的位置及透明度。

13.8　三维相关成像

三维重磁异常和梯度（张量）数据相关成像可以显示出异常地质体的空间赋存状态、等效剩余质量或等效磁性分布，具有良好的纵向和横向分辨率，可实现大数据量位场数据三维快速成像，能够对重磁场源的水平分布、边界轮廓等形态特征进行某种程度的刻画，成像结果具有参考作用，可以用来作为三维定量反演的初始模型（图 13.8.1）。

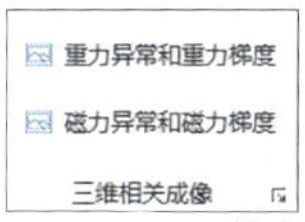

图 13.8.1　三维相关成像功能展示

13.8.1　重力异常和重力梯度相关成像

【说明】

重力异常和重力梯度相关成像可以对重力异常数据和重力异常的梯度数据进行相关成像。成像结果表征地下异常地质体的空间赋存状态和等效密度分布。相关成像值为正，说明该点质量盈余；反之，相关成像值为负，说明该点质量亏损。相关成像值越接近于 1，表明该点质量剩余的可能性越大；反之，相关成像值越接近于-1，表明该点质量亏损的可能性越大。

【操作】

①选择“重磁正反演解释”→“三维相关成像”→“重力异常和重力梯度”，进入重力异常和重力梯度相关成像窗口，如图 13.8.2 所示。

②读入异常数据文件，选择保存反演结果数据的文件目录和文件名。

图 13.8.2　三维重力异常和梯度相关成像

③设置参数。进行滤波选择和场值类型选择。填写处理参数：观测面高度、深度层间距、深度层起点及深度层终点。

④单击“确定”，系统进行计算，并保存文件。用户可以通过“等值线显示”按钮查看原始和计算结果，并调整参数，取得满意的结果。

13.8.2 磁异常和磁力梯度相关成像

【说明】

三维磁异常和梯度相关成像可以对磁异常数据（ΔT）和 ΔT 沿 X、Y 和 Z 3 个方向的梯度数据进行相关成像，成像结果表征地下异常地质体的空间赋存状态和等效磁性分布。相关成像值为正，说明该点磁性（磁化率或磁化强度）高；反之，相关成像值为负，说明该点磁性（磁化率或磁化强度）低。相关成像值越接近于 1，表明该点表明该磁性高的可能性越大；反之，相关成像值越接近于-1，表明该点磁性低的可能性越大。

基于熵滤波分离异常的三维相关成像算法是将异常熵滤波分离和三维相关成像动态结合起来。在成像地下某一深度层时，首先根据深度大小选择熵滤波的滑动窗口大小，一般地，随着成像深度的增加滑动窗口大小逐步变大；然后对原始磁异常进行滑动窗口熵滤波，分离出剩余异常；最后对剩余异常进行该深度层的三维相关成像。

图 13.8.3 三维磁异常和梯度相关成像

三维梯度相关成像的分辨率要比重磁异常三维相关成像的分辨率明显提高。若实际资料只有实测重磁异常而没有实测重磁梯度数据，则可应用理论公式或频率域方法，把重磁异常变换为各次导数，再进行重力异常和各次导数三维相关成像综合解释。

【操作】

①选择“重磁正反演解释”→“三维相关成像”→“磁异常和梯度”，进入三维磁异常和梯度相关成像窗口，如图 13.8.3 所示。

②读入异常数据文件，选择保存反演结果数据的文件目录和文件名。

③设置参数。进行滤波选择和场值类型选择。填写磁场参数和处理参数。

④单击“确定”，系统进行计算，并保存文件。用户可以通过“等值线显示”按钮查看原始和计算结果，并调整参数，取得满意的结果。

13.9 三维重磁异常正反演

三维重磁异常正反演包括重磁模型库、自动反演、三维模型编辑、人机交互正反演以及并行人机交互正反演（图 13.9.1）。

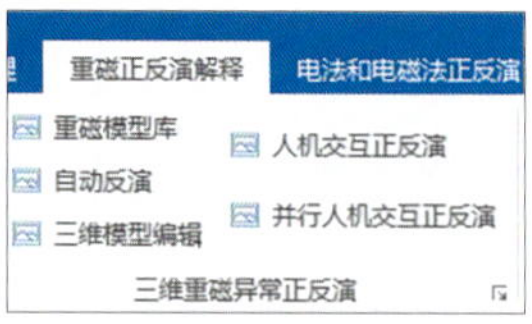

图 13.9.1 三维重磁异常正反演功能展示

13.9.1 重磁模型库

【说明】

重磁异常模型库是对单个规则形体或多个组合规则形体的重磁异常进行计算与可视化，通过平面等值线图、剖面图及三维立体图展示异常的数值和形态，以帮助用户通过不同形体的重磁异常变化，从多视图多角度进行观察，了解、熟悉和掌握不同形态地质体的重磁异常及其变化特征。

【操作】

①选择“重磁正反演解释”→“三维重磁异常正反演”→“重磁模型库”，启动重磁异常模型库程序主界面，如图 13.9.2 所示。

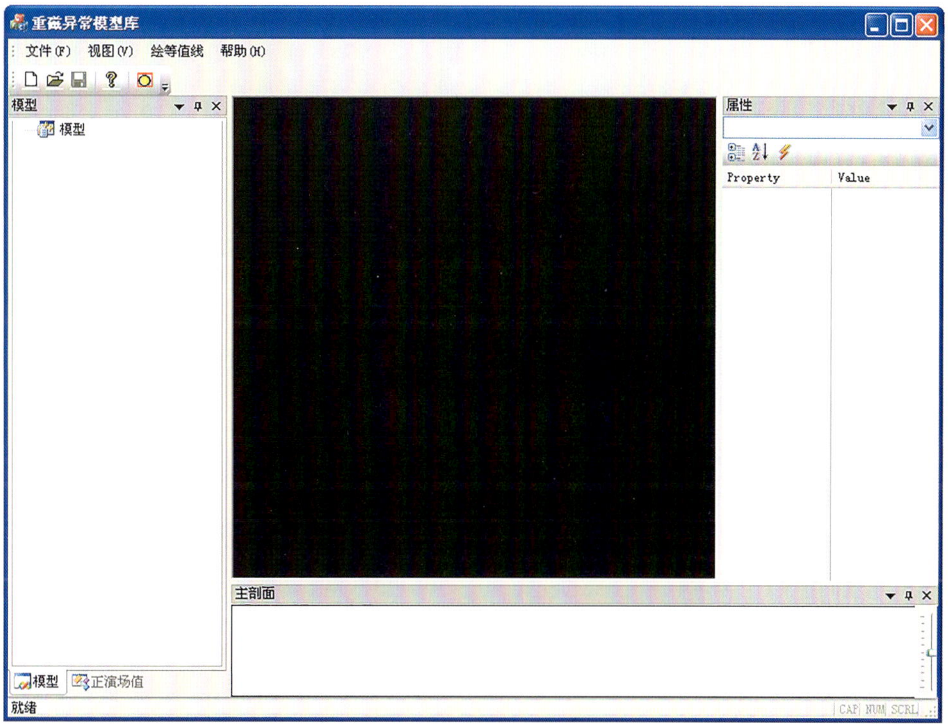

图 13.9.2 重磁异常模型库启动界面

②创建新项目

使用模型库的第一步是创建新项目。通过创建新项目，确定模型的类型，以及研究区（工区）范围，设置正演计算点的空间范围。

通过菜单选择“文件”→“新建项目”，出现如图 13.9.3所示界面。根据需要选择模型类型（重力或磁法）、工区范围和计算的点、线距。点击“确定”，新项目即创建完成。之后，就可以创建模型了。

图 13.9.3 建立项目

模型类型：选择是重力模型还是磁法模型。系统根据选定的模型来显示重力异常或者磁异常。

X 坐标最小值、X 坐标最大值、Y 坐标最小值、Y 坐标最大值 4 个数据是确定工作区域，以后所有的模型和正演结果都是以这个区域为基础。

X 方向的测点数、Y 方向的测点数是正演数据的网格密度数据，是整数。

③建立模型

建立工区后，就可以建立模型。首先选择不同的模型，然后根据不同的模型输入不同的参数，在图 13.9.4 左侧方框区域是建立模型的操作区域。

图示中的左栏是模型选择区。点击下拉箭头可以选择需要正演的模型，重力有 12 个，磁力有 9 个模型体，可以供用户选择。

右栏是参数输入区。针对不同的模型有不同的参数，每个参数的含义以及相关的单位说明在右栏显示，供用户分析和参考。

：“添加修改”按钮，如果工区不存在相同模型名称，系统将该模型体添加到工区，如果该工区存在该种类模型且名称相同的模型体，系统将用新的属性数据代替原来的模型体。并在模型窗口显示正演结果，剖面窗口显示正演剖面结果。

主视图窗口为图 13.9.4 所示的黑色区域。主视图窗口是用来显示物体的三维图形和显示相对应的场值的三维立体图。窗口只能显示一种场值曲线，但可以根据场值窗口的树型结构选择不同的场值曲线。

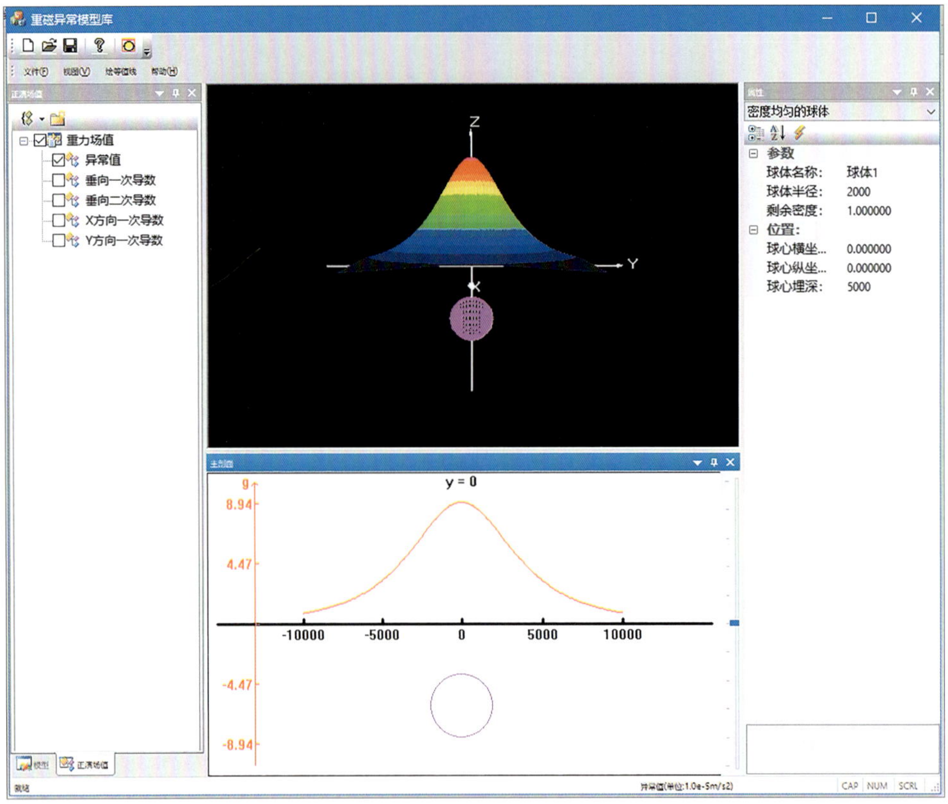

图 13.9.4　模型建立和计算后图形界面

按下鼠标左键拖动，可实现三维图以工区中心点为原点的旋转，从而实现各个方向的观察；按下鼠标右键上下拖动可实现主视图的放大及缩小。若希望回到主视图的初始状态，可通过菜单选择“视图”→“初始状态”完成。

在主视图中，一些模型体是二度无限长的，但是显示范围是为工区范围，因此物性体也只能画出有限的范围，这里将物性体与工区边界的交接面用灰色表示，以示与物性体的其他边界面有所区别。

主剖面图是用来显示平行于 X 轴的剖面上的异常值。对于三度物体，如果该剖面切割该物体，那将该物体的切割面边界画出，对于二度无限长物体，当物体与 X 轴的夹角大于 45°时，也将画出剖面与该物体的切割面边界。主剖面窗口的右侧设有一个垂直滚动条，拖动该滚动条用于显示不同 Y 值时的 X 剖面图。剖面图可以显示一种场值，也可以同时显示多种场值，以便于比较。

当主剖面图窗口太小的时候，我们可以把主剖面窗口拖出然后放大，以便于观察剖面图。因为剖面窗口大小限制，在剖面窗口中只能同时显示 4 种参数的剖面图。对于重力模型一般有重力异常、垂向一次导数、垂向二次导数、X 方向导数、Y 方向导数 5 种参数，如果全部选中，则只能画出前 4 种参数的剖面，如果想画出 Y 方向的导数，则只能对前 4 种参数少选一种。

正演场窗口用来控制主窗口和主剖面窗口的正演场的显示。主窗体在同一时间只能显示一种场值，可以通过点击树型控件上场值名称直接实现。

主剖面窗口可以同时显示多个场值，可以通过勾选不同的复选框，然后再点击“启动”按钮实现。如图 13.9.5 所示。

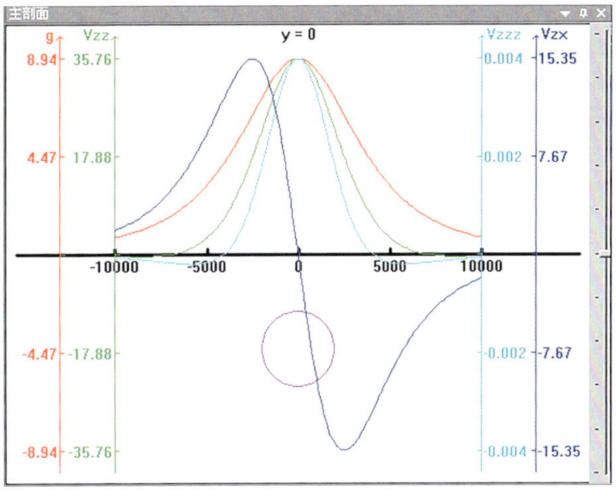

图 13.9.5　主剖面窗口

重力的场值窗口包含异常值、垂向一次导数、垂向二次导数、X 方向一次导数、Y 方向一次导数（图 13.9.6）；磁场的场值窗口包含垂直磁场 Za、水平磁场 Hax、水平磁场 Hay、总磁场 ΔT。

模型窗口是用来显示用户所添加的所有物性体，并可以在此窗口进行删除物性体及查看修改物性体属性的选择。

图 13.9.7 左边显示了目前工区有 2 个模型体，名称分别为球体 1、水平圆柱体 1。当我们在模型体名称上点击鼠标左键时，将出现菜单如右图。选择删除，表示将在该工区中删除此模型体。选择属性表示将在属性窗口中显示该模型体的属性，以便观察或修改该模型体的属性。

对于二度体的位置属性，采用二度体走向方向的某条边或中心线来定位，可以选择这条线上的任意两个点的位置来定位。第一点到第二点的顺序符合逆时针方向规则。

④绘制等值线

系统提供三维图示和剖面图，等值线图需要通过菜单调出。因为有多种场值，可以根据需要，在绘制等值线菜单中直接点击场值名称来绘制，如图 13.9.8 所示。图 13.9.9 是一个相对高密度球体的相关异常图形显示的例子，其等值线图位于中下部位。

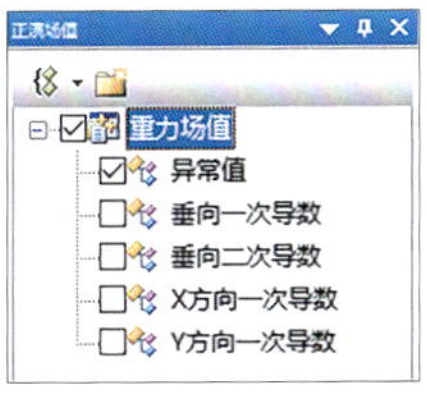

图 13.9.6　正演场值窗口

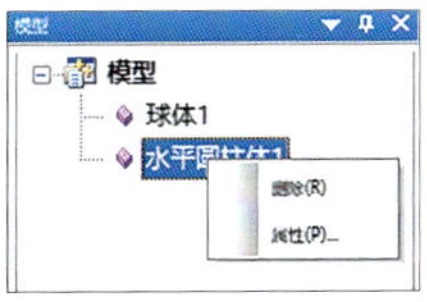

图 13.9.7　物性体窗口

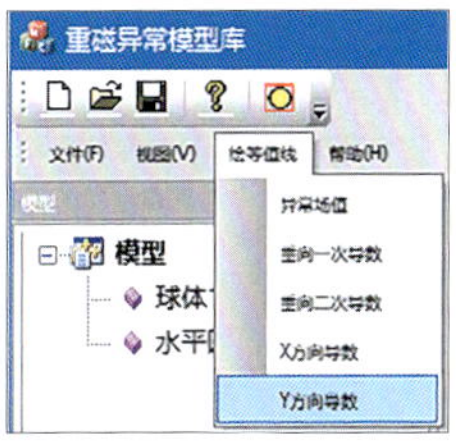

图 13.9.8　绘等值线菜单

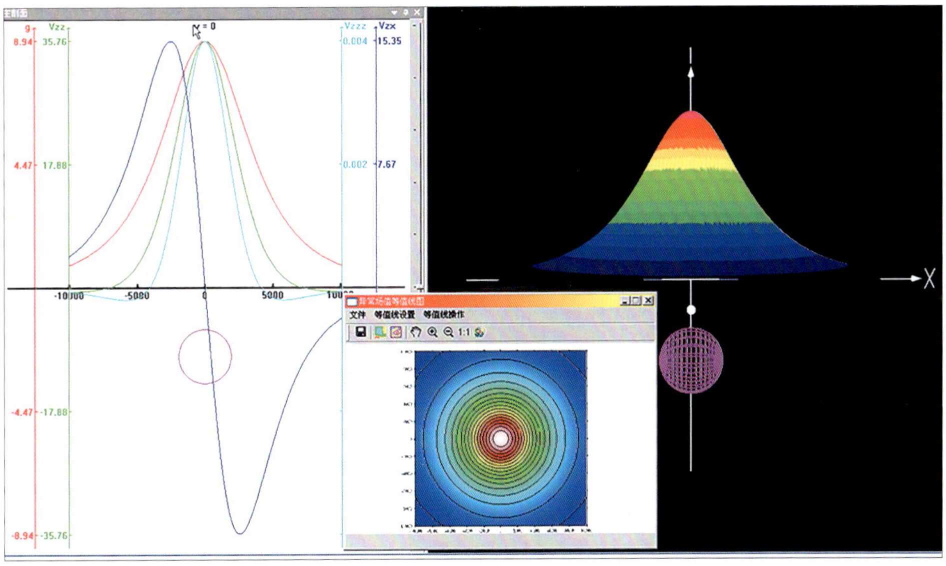

图 13.9.9　球体异常等值线及相关图形

⑤保存项目文件

当我们建立了项目，并设计了模型后，可以将该项目的信息以及该项目内设计的模型信息记录到文件中，以便我们再次查看。

通过菜单“文件”→“保存项目文件”完成。如果是第一次保存文件，系统将弹出保存文件界面供用户选择文件存放位置和文件名称。文件扩展名为＊prj，以ASCII码记录内容。如果文件保存过，系统将按现有设计记录文件于原保存文件中。

⑥打开项目文件

我们将原来保存的项目文件，可以重新调入系统，在此基础上修改原设计。通过菜单“文件”→“打开项目文件”。系统弹出打开文件窗口，用户选择和输入要到开的文件即可。

⑦输出数据

程序可以将目前模型（或模型组合）正演场值按网格数据和剖面数据两种方式记录到文件。网格数据文件扩展名为grd，内容以Surfer软件的ASCII码格式保存，文件可以为Surfer直接使用，剖面数据文件扩展名为dat。以ASCII码文本格式保存，所有计算分量合并在一起输出。

通过菜单“文件”→“输出数据”，在弹出的对话框里，用户可以选择要输出的正演场分量和剖面数据，默认情况下所有正演场分量和剖面数据一起输出。

13.9.2 三维重磁异常自动反演

【说明】

RGIS系统的三维自动（物性）反演模块采用的反演方法为随机子域加权物性反演，该法根据三维物性反演中高维空间引起的超大计算量，提出子域反演方法；针对子域固定划分的弊端，提出随机子域方式；针对全权异常反演的缺点，提出格架权分离异常反演措施；通过理论模型误差分析对比，发现子域生成需要具有深部优先倾向性，提出子域随机生成深度概率，以提高反演的准确性。

三维自动反演模块的反演计算步骤如下：

1）对于面积性重磁数据，确定反演三维场源的范围。

2）迭代选取子域，子域的位置、子域的尺度都是随机产生的，但具有倾向性，即较深处子域有更大的选中概率；针对子域的深度位置及大小，提取其几何格架（权）。

3）根据子域几何格架（权）在整个反演模型区格架中所占的比例，提取相应的异常份额，作为反演目标异常；对选出的子域进行物性反演。

4）通过反演确定的三维物性模型各单元的物性，进行分析、显示物性单元的变化，解释推断地质模型的三维空间分布状态。

①重磁场值和地形网格化数据

待反演的重磁场值和地形高程网格数据，扩展名为＊.grd，Surfer网格数据格式。当水平地形时，地形高程网格化数据为一常数或零值，仍然要输入。

另外，输入的地形数据的起始坐标、行列数和网格距离等数据必须和待反演的重磁场值网格数据匹配，否则出错警告。

②控制参数文件

控制参数文件是调入三维物性反演的控制参数所在的文件，扩展名为＊.par，由于三维物性反演的控制参数较多，有时只是调整个别参数，如采取界面交互方式，效率不高，多次计算时连续性不强，故采取批参数控制处理方式。控制参数文件格式见第15章。

③模型数据文件

模型数据文件扩展名为＊.vol，为三维网格化数据，来自其他软件或上次的反演结果，模型数据文件格式见第15章。

④数据输出

通过自动反演后所得到的三维重磁模型的正演结果，以网格化数据输出，扩展名为＊.grd，输出数据的起始坐标、行列数和网格距离等数据必须和待反演的重磁场值网格数据都相同。

⑤模型数据文件

模型数据文件扩展名为 *.vol，为三维网格化数据，可以用 RGIS 软件读取并进行三维可视化显示与解释，或者进一步进行其他后续处理。也可作为其他三维自动反演软件的初始文件。

【操作】

①选择“重磁正反演解释”→“三维重磁异常正反演”→“三维自动反演”，启动三维重磁异常自动反演程序主界面，如图 13.9.10 所示。

②读入异常数据文件并设置参数。

输入场值数据文件名，即待反演的原始网格数据，Surfer 网格数据格式。当输入原始数据后，控制界面上显示当前数据测区范围：X_{min} ~ X_{max}；Y_{min} ~ Y_{max}（当前物性反演三维模型的水平分布范围与测区数据对应）。另外建立了一个反演的深度范围：Z_{min} ~ Z_{max}，程序缺省值为：Z_{min} 为距离观测面一个点距的深度，Z_{max} 为测区水平范围尺度的近似一半。缺省深度范围值如不合适，可修改调整。

另外，需要输入地形数据文件，地形数据的范围和数据量必须和原始数据匹配，否则出错警告。

如果原始数据为重力数据，需确认该数据的点线距是否以公里表示，如果是，则选择“公里”，如不选，即默认为以米为单位。

注意：对于重力数据的反演，长度单位错误将导致结果错误！如果为磁力数据，则去掉【重力数据】选择项，此时“公里”也隐去，因为对于磁异常数据，无需确认该数据的点线距单位，反演结果不受此影响。当是磁力数据（去掉“重力数据”选择项）时，界面发生变化，如图 13.9.11 所示。磁异常反演是出现“磁倾角”、“磁偏角”、“测线方位角”、“基线方位角”几个参数，如图 13.9.12 所示。

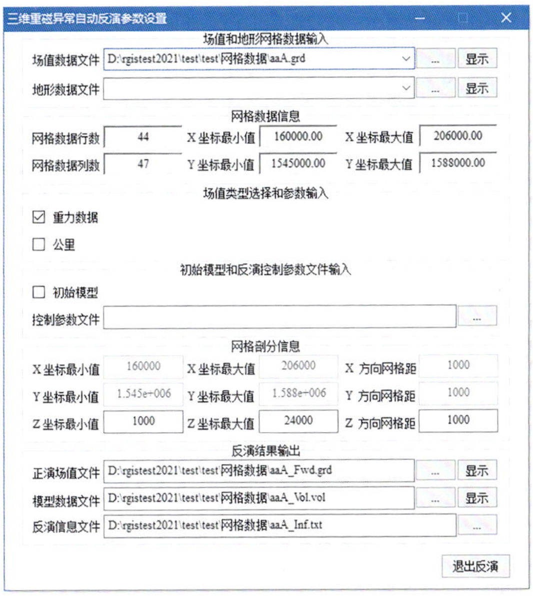

图 13.9.10　三维重磁异常反演模块控制界面

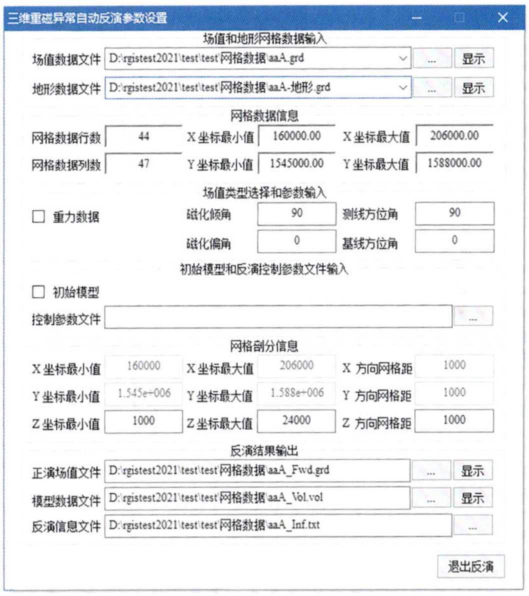

图 13.9.11　磁异常三维反演界面

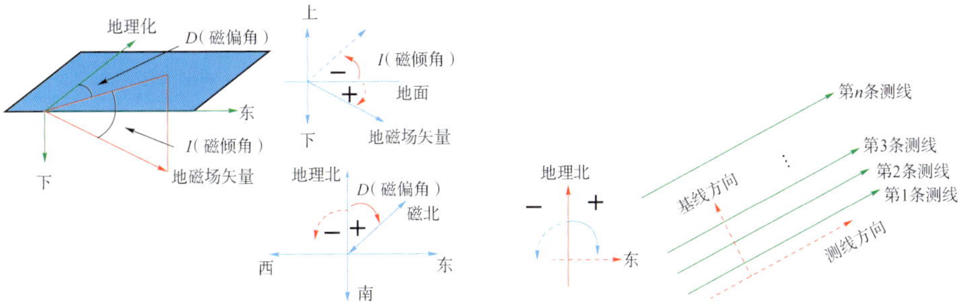

图 13.9.12　地磁场参数定义示意图和测线方向和基线方向定义示意图

如果是化极磁异常，磁倾角参数的数值为 90°，其他参数任意。否则，磁力数据是指总场磁异常 ΔT。如果选择“初始模型”，则用户可以输入已有模型作为反演的初始模型，如图 13.9.13 所示。

“控制参数文件”是调入三维物性反演的控制参数所在的文件（扩展名 *.par）。只有当以上参数和文件都输入完毕且没有错误时，“开始反演”按钮才会出现，输入反演结果数据文件名就可以开始进行反演了。如图 13.9.14 所示。

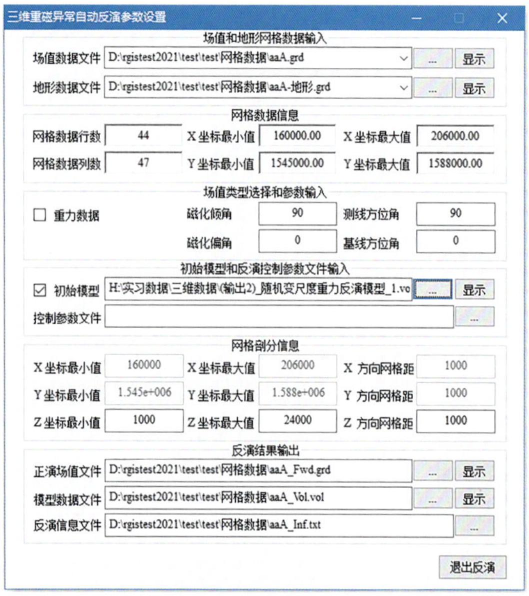

图 13.9.13　三维重磁异常自动反演初始模型输入界面

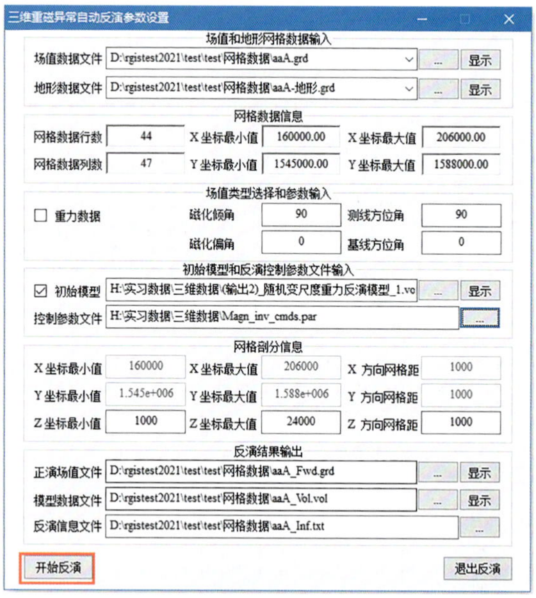

图 13.9.14　三维重磁异常自动反演控制参数输入

其他如“模型场数据存盘”是指反演结果模型所对应的重力数据（如果原始数据是磁力数据，则输出就是模型的磁力数据。“模型体数据存盘”是指反演结果的三维模型数据体（文件扩展名 *.vol）

③点击“开始反演”，进行反演计算。三维物性反演耗时较长，反演完成时，程序会有均方差显示，并提示用户是否继续进行反演确，如图 13.9.15 所示。

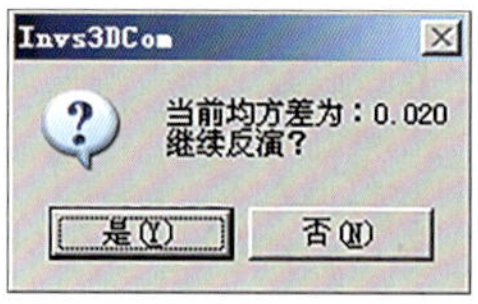

图 13.9.15　反演均方差显示

13.9.3　三维模型编辑

【说明】

现实世界中我们观察到的物体对象都具有三维特征，而计算机屏幕上只能显示二维图像，因此在计算机显示图形时需要对各种图形进行变换，才能使三维图形显示于二维的屏幕上，且具有立体的感觉。反过来，这给用户利用鼠标在计算机屏幕上构建三维模型造成了不便，通常情况下构建简单模型时问题不大，构建复杂模型则太困难，效率很低。

三维重磁异常正反演模型编辑模块基于截面轮廓线人机交互三维地质体建模，借鉴 2.5 维剖面建模思想，将二维剖面信息转化为三维信息，即利用连接截面轮廓线模拟实际地质体的几何形状，实现由二维到三维的转化，利用该建模方法，可以充分利用 2.5 维剖面反演和三维自动反演的解释成果作为人机交互正反演的初始模型，从而提高三维数据处理分析和定量反演以及解释工作的效率与准确性。

三维重磁异常正反演模型编辑模块功除了可对 2.5 维人机交互反演、三维自动反演和三维人机交互正反演等 3 个程序的模型数据进行可视化显示，还具有以下功能：

1）对于2.5维人机交互反演和三维自动反演的模型数据，可以进行人机交互编辑，生成三维人机交互正反演的模型数据并输出。

2）对于三维自动反演模型数据，可以进行等值面显示。

3）对于三维自动反演和三维人机交互正反演的模型数据，具有按坐标轴切割图形、按给定坐标动态切割图形和按任意方向切割图形等。

4）对于三维自动反演和三维人机交互正反演的模型数据，可以按坐标轴或指定方向交互制作切片并输出切片数据。

5）对于2.5维人机交互反演、三维自动反演和三维人机交互正反演的模型数据，可以图形旋转、图形缩放、漫游。

6）对于综合解释断面图、断面等值线图和断面网格数据，可以进行人机交互编辑，生成三维人机交互正反演的模型数据并输出。

7）对于三维自动反演模型数据可以利用人机交互方式进行编辑并输出编辑结果，对于三维自动反演模型数据可以利用人机交互方式进行剪裁并输出剪裁结果。

【操作】

①选择“重磁正反演解释”→“三维重磁异常正反演”→“三维模型编辑”，启动三维模型编辑程序主界面，如图13.9.16所示。

②数据输入

选择菜单“文件”可以打开三维自动反演模型文件、三维人机交互正反演模型文件以及2.5D剖面反演模型文件等（图13.9.17）。

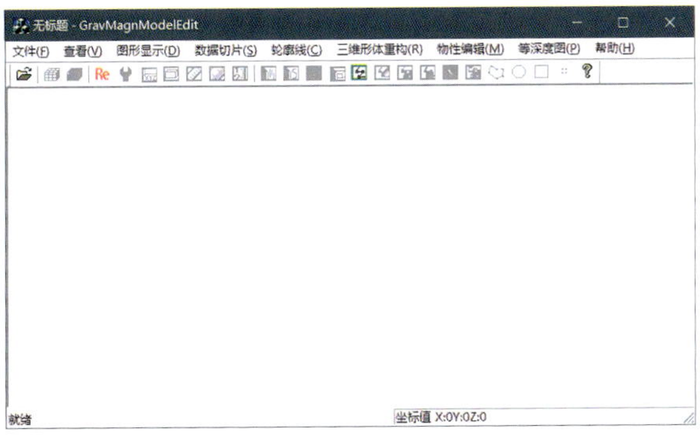

图13.9.16　三维模型编辑窗口

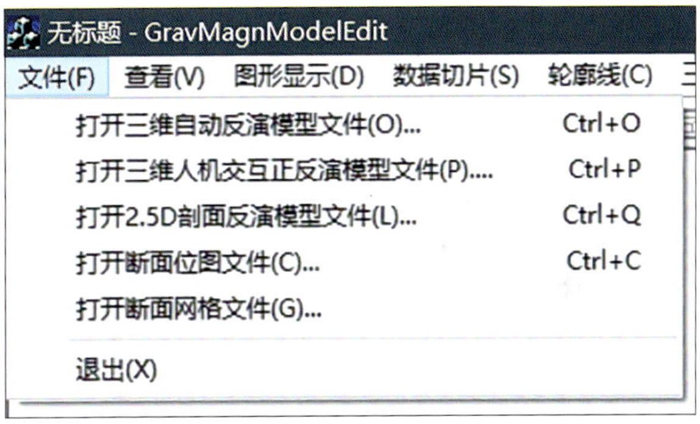

图13.9.17　三维模型打开菜单

1）三维自动反演模型文件

选择菜单“文件”→“打开三维自动反演模型文件”，或者点击工具栏上的图标，打开文件输入对话框，并在文件类型过滤器中选择vol文件，可以实现三维重磁异常自动反演模型数据的读取。

2）2.5D剖面反演模型文件

剖面反演模型数据文件（*.mod）的打开需要注意，由于同一异常对应的剖面反演模型数据文件可能有多个，所以在弹出的打开文件对话框中，需要选择一次多个模型数据文件，在打开文件对话框中选择多个文件的方法可以通过鼠标拖动选择、Ctrl键或者Shift键配合鼠标点击来完成。然后再点击打开文件对话框中的“打开”按钮（图13.9.18）。

3）剖面模型信息文件

在用户选择好了剖面反演模型数据文件后，点击“打开”按钮以后，模块紧接着会继续弹出打开文件对话框，要求用户输入剖面模型信息文件，如图13.9.19所示。

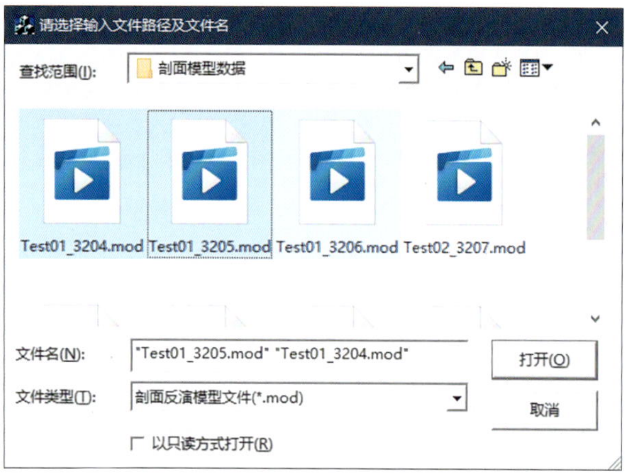

图 13.9.18　剖面反演模型数据文件输入

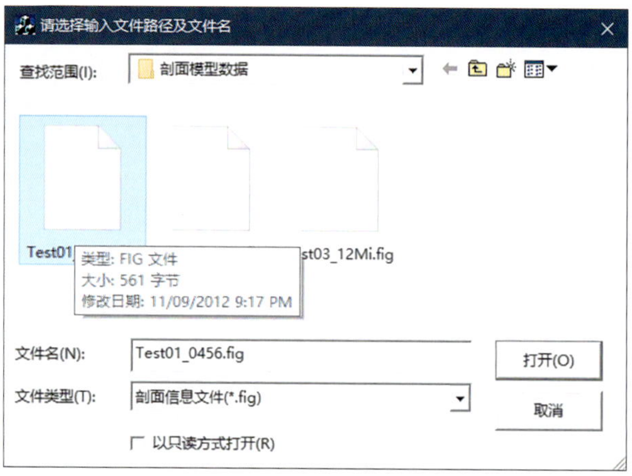

图 13.9.19　剖面模型信息文件输入

剖面模型信息文件为 ASCII 文本格式，扩展名为 *.fig，文件格式见第 15 章。选择相应的剖面模型信息文件，点击“打开”按钮以后，剖面模型数据文件将全部读入系统并显示在窗口中。同时，打开的模型轮廓线文件的名称显示在系统的标题栏中。如图 13.9.20 所示。

4）断面位图文件

类似地，断面位图数据文件（*.jpg）的打开需要注意，由于同一异常对应的断面位图数据文件可能有多个，所以在弹出的打开文件对话框中，需要一次选择多个断面位图数据文件，在打开文件对话框中选择多个文件的方法可以通过鼠标拖动选择、Ctrl 键或者 Shift 键配合鼠标点击来完成。然后再点击打开文件对话框中的“打开”按钮。如图 13.9.21 所示。

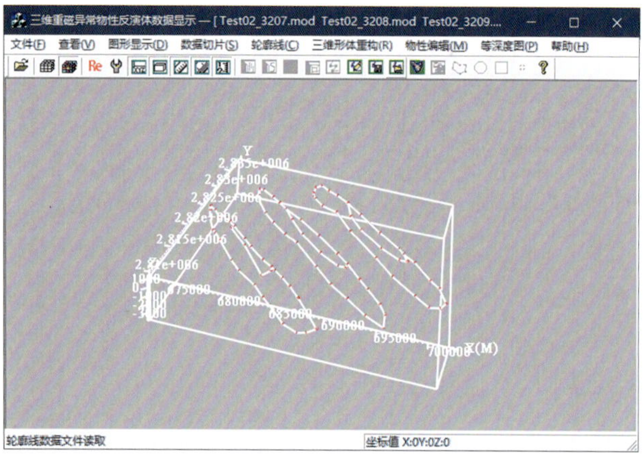

图 13.9.20　模型轮廓线三维显示和文件名称在标题栏上显示

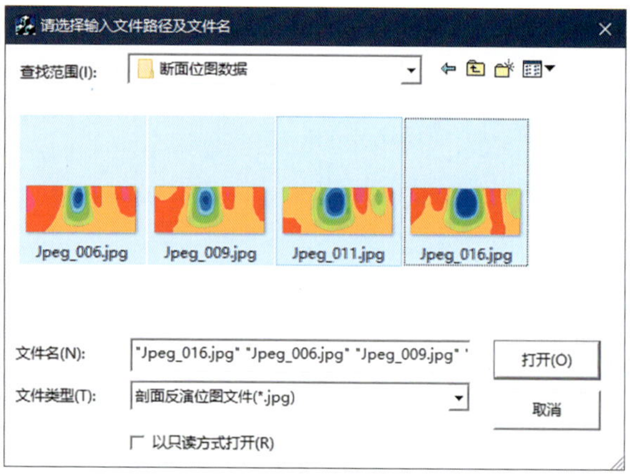

图 13.9.21　断面位图文件输入

在用户选择好了剖面位图文件后，点击“打开”按钮以后，模块紧接着会继续弹出打开文件对话框，要求用户输入断面位图信息文件（图 13.9.22）。

断面位图信息文件为 ASCII 文本格式，扩展名为 *.fig，文件格式见第 15 章。选择相应的剖面模型信息文件，点击“打开”按钮以后，断面位图数据文件将全部读入系统并显示在窗口，如图 13.9.23 所示。

5）断面网格文件

由于同一异常对应的断面网格数据文件可能有多个，所以在弹出的打开文件对话框中，需要一次选择多个断面网格数据文件，在打开文件对话框中选择多个文件的方法可以通过鼠标拖动选择、Ctrl 键或者 Shift 键配合鼠标点击来完成。然后再点击打开文件对话框中的“打开”按钮。如图 13.9.24 所示。

图 13.9.22　断面位图文件打开窗口

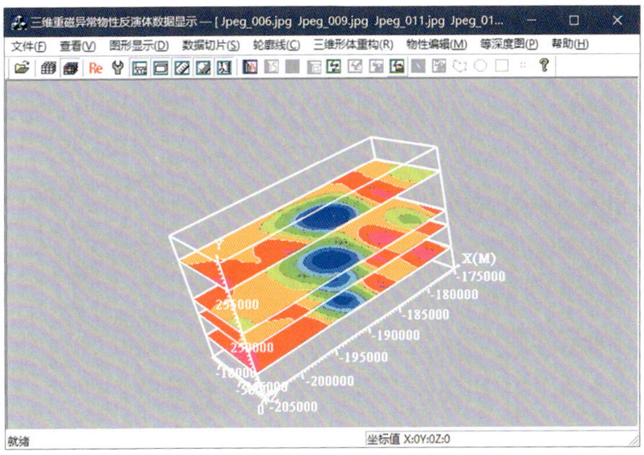

图 13.9.23　断面位图文件显示

在用户选择好了断面网格数据文件后，点击“打开”按钮以后，模块紧接着会继续弹出打开文件对话框，要求用户输入信息文件。

断面网格数据信息文件为 ASCII 文本格式，扩展名为＊.fig。选择相应的剖面模型信息文件，点击“打开”按钮以后，断面位图数据文件将全部读入系统并显示在窗口，如图 13.9.25 所示。

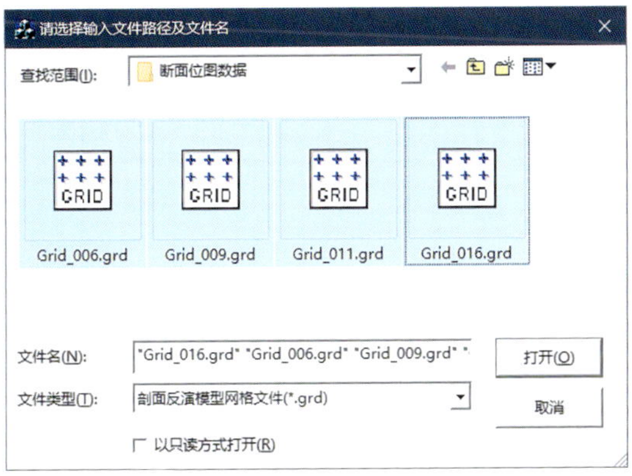

图 13.9.24　断面网格文件输入

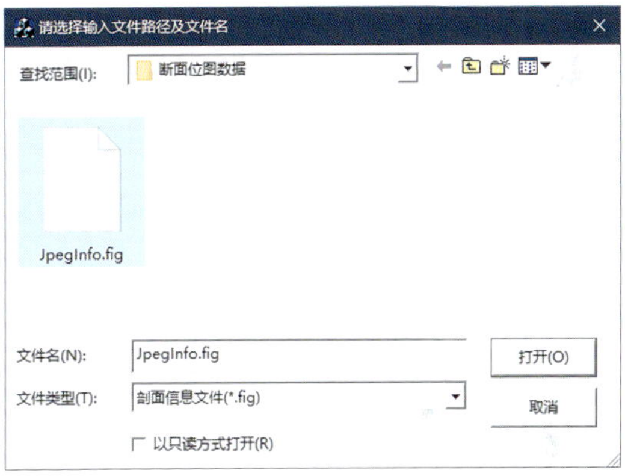

图 13.9.25　断面网格文件打开窗口

③图形显示

三维重磁异常模型编辑模块的图形显示操作包括图形显示方式、标准观察方向显示、显示参数还原、显示背景设置、坐标轴显示控制、灯光设置、附加框线等操作。

1）图形显示方式

对于三维重磁异常自动反演模型数据 vol 文件，模块提供了线框模式与填充模式两种图形显示方式，如图 13.9.26 所示。

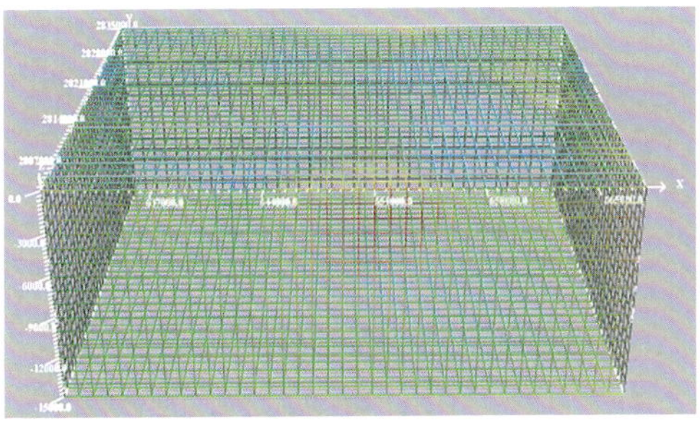

（a）线框模式

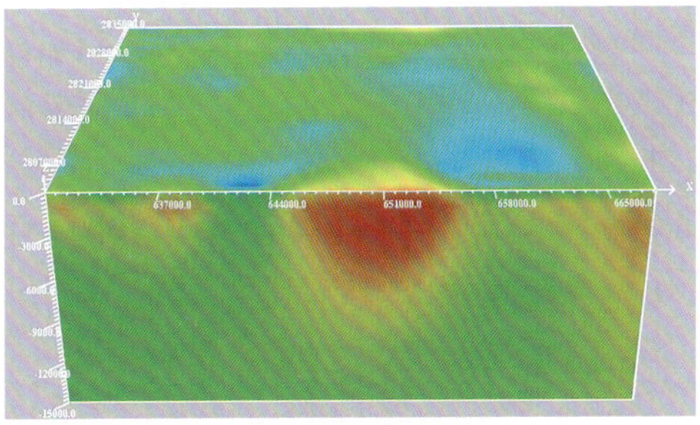

（b）填充模式

图 13.9.26　图形显示方式

2）标准观察方向显示

三维重磁异常正反演模型编辑模块的标准观察方向显示功能包括前视图、后视图、左视图、右视图、上视图、下视图的显示。其中：前视图和后视图为物体向 Y 轴正、反方向的投影结果。左视图和右视图为物体向 X 轴正、反方向的投影结果。上视图和下视图为物体向 Z 轴正、反方向投影结果。

3）显示参数还原

该功能可以使用户设置的所有自定义显示参数全部取默认值。

4）显示背景设置

点击该菜单项会弹出设置对话框，用于窗口背景、坐标轴、刻度网格线、标注等的颜色设置；色标是否显示的控制，以及色标颜色所反映的物性值的范围的设置。

对话框中“色标显示/隐藏”复选框，可以控制色标是否显示在窗口中。

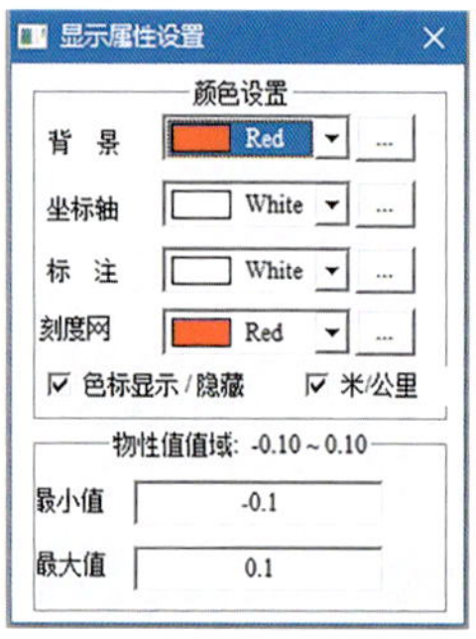

图 13.9.27　显示背景设置

通过对物性值的最小值和最大值进行设置，可以改变色标所对应的物性值的范围。如图 13.9.27 所示。

5）坐标轴显示控制

坐标轴显示可通过坐标轴控制菜单来进行，“整体显示/隐藏控制”菜单项控制整个坐标轴的显示/隐藏。其他各菜单项的显示隐藏只有在“整体显示/隐藏”被选择时才起作用。当菜单项对应的功能显示时，前面有“√”显示。比如“主刻度”显示时，首先“整体显示/隐藏”前有“√”，并且“主刻度显示/隐藏”菜单项钱有“√”。其他各菜单项功能如下：

整体显示/隐藏：控制坐标轴整体的显示或不显示。

包围盒边框显示/隐藏：控制包围盒边框的显示或不显示。

主刻度显示/隐藏：边框的上的主刻度线的显示控制。

次主刻度显示/隐藏：边框的上的次刻度线的显示控制。

标注的显示/隐藏：刻度上的标注的显示控制。

坐标轴的显示/隐藏：控制 X、Y、Z 轴是否显示。

包围网格的显示和隐藏：包全包围和半包围刻度网格。

6）灯光设置

单击该菜单项会打开“灯光设置”对话框，对灯的各种光照参数进行设置。

④数据切片

三维重磁异常正反演模型编辑模块的数据切片菜单主要包含体数据切片（规则切片和自由切片功能），体数据等值面的操作、切片/整体显示方式切换和针对三维人机交互正反演模型数据的“规则切片”及“自由切片”的操作显示功能。

1）规则切片

如果打开的是三维自动反演模型数据，点击该菜单项会弹出体数据规则切片对话框，进行 X、Y、Z 方向垂直切片的生成。首先在切片方向下拉列表框中选择垂直切片的方向，然后在滑动条中拖动滑块设置垂直切片的位置，当位置设置好以后点击“规则切片“按钮，向系统中添加一规则切片。在对话框中的下拉列表框中添加一条规则切片对应的相关信息（切片编号、切片位置、切片类型、切片坐标，比如 YZ 切片在 X 轴上的位置），如图 13.9.28 所示。

如果用户打开的是三维人机交互正反演模型数据，规则切片结果如图 13.9.29 所示。

2）自由切片

对于三维自动反演体数据，自由切片分为鼠标确定控制点和文件输入控制点两种方式。其中鼠标确定控制点可以通过鼠标输入两个或多个控制点，切片数据无法保存；文件输入控制点只能包含两个控制点，切片数据可以输出。

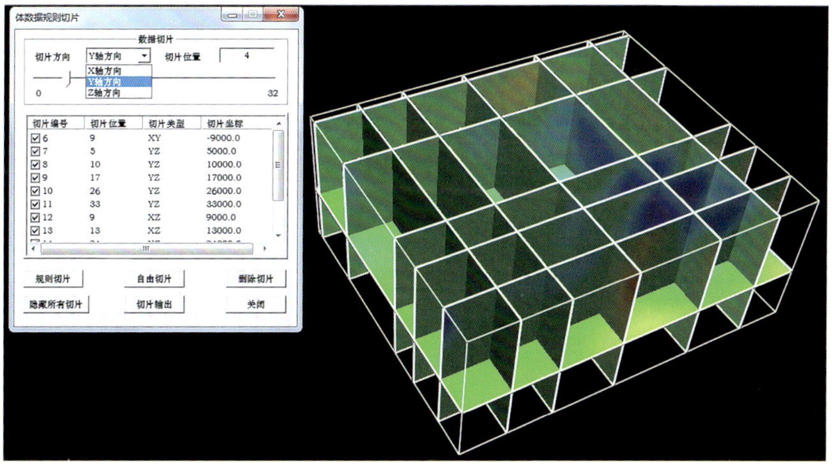

图 13. 9. 28　三维自动反演体数据规则切片

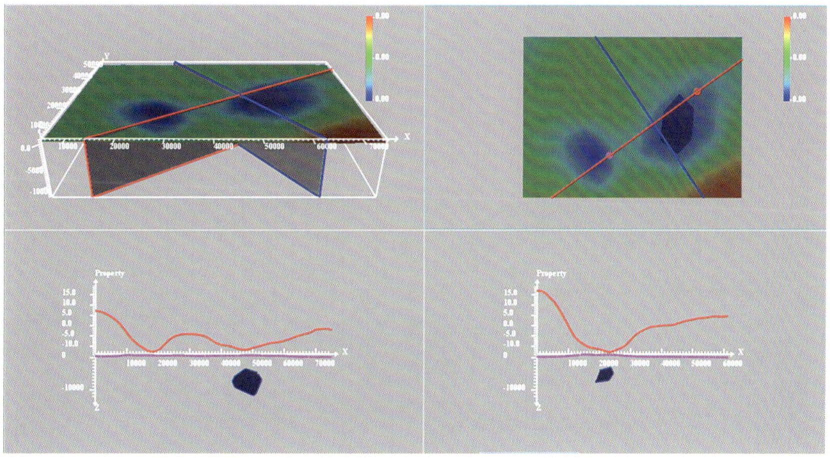

图 13. 9. 29　三维人机交互正反演模型数据规则切片

选择“自由切片”→“鼠标确定控制点”菜单项或者在体数据规则切片对话框中点击“自由切片”按钮时，窗口中会显示一个鼠标输入坐标控制点时的参考面，用户在参考面上利用鼠标左键双击就可以输入自由切片所经过的控制点坐标，当自由切片所有控制点输入完成后，点击鼠标右键完成自由切片的建立，同时，在下拉列表框中添加一条自由切片信息。当前，该系统只完成了垂直方向自由切片的生成，如图 13. 9. 30 所示。

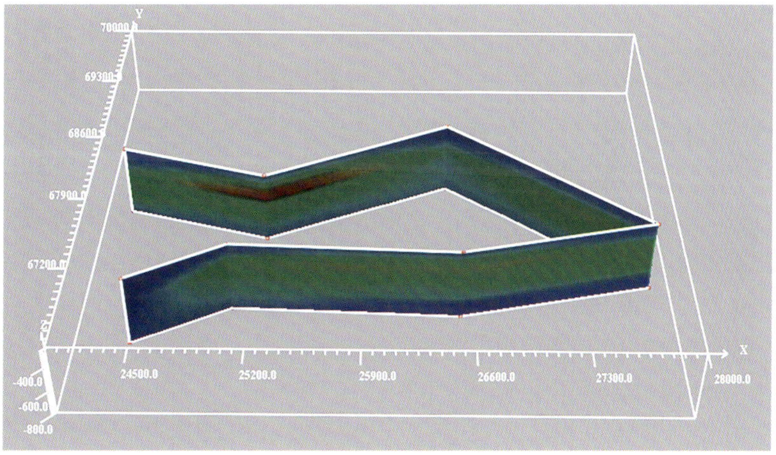

图 13. 9. 30　三维自动反演体数据自由切片显示

选择“自由切片”→“文件输入控制点”菜单项时，模块紧接着会继续弹出打开文件对话框，要求用户输入切面信息文件，如图 13. 9. 31 所示。切面信息文件为 ASCII 文本格式，扩展名为 *. txt，文件格式见第 15 章。

用户选择相应的切面信息文件，点击“打开”按钮以后，切面信息数据文件将全部读入系统并显示在自定义垂直切片对话框中，如图 13. 9. 32 所示。

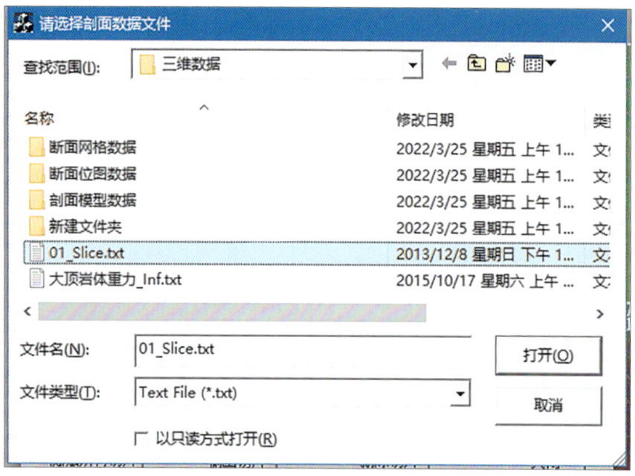

图 13. 9. 31　切面信息文件输入

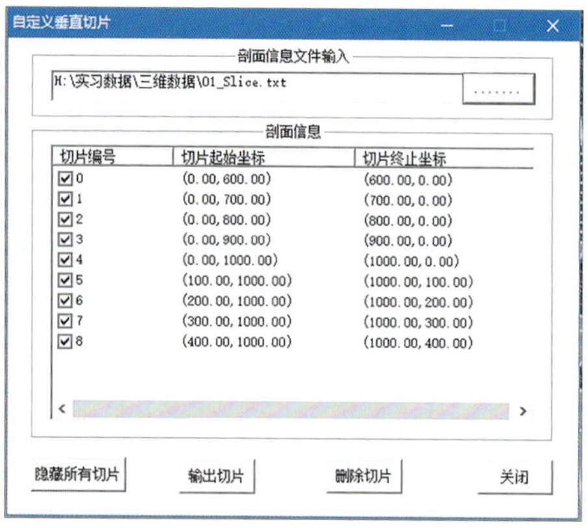

图 13. 9. 32　切面信息显示

用户在自定义垂直切片对话框中可以通过点击选择相应的切片，完成切片数据的输出，如图 13. 9. 33 所示。

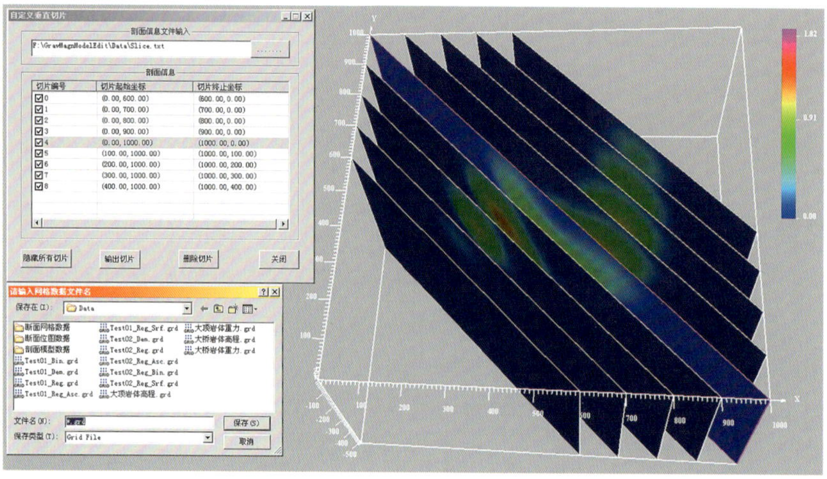

图 13. 9. 33　切面数据显示和输出

3）等值面

点击“等值面”菜单项会弹出“等值面设置”对话框。进行等值面的显示控制。在“等值面大区间选择”功能中，拖动滚动条设置等值面的值并且等值面与大于等值面的边界面形成封闭区域。在“等值面小区间选择”功能中，拖动滚动条设置等值面的值并且等值面与小于等值面的边界面形成封闭区域，如图 13. 9. 34 所示。

“等值面大区间选择”功能与“等值面小区间选择”功能可以同时起作用并且显示处理。“删除等值面”按钮可以删除当前设置参数所对应的显示效果。其中“颜色条反向”复选框的作用是使物性值与颜色的对应关系倒置，主要用于突出等值面的显示效果。

切片/整体显示方式：该菜单项实现体数据在整体显示与切片显示两种显示方式的切换，如图 13. 9. 35 所示。

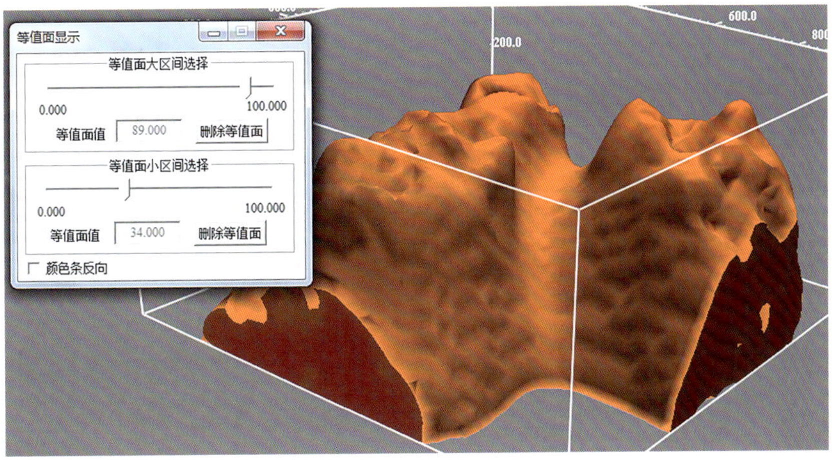

图 13.9.34　体数据等值面显示

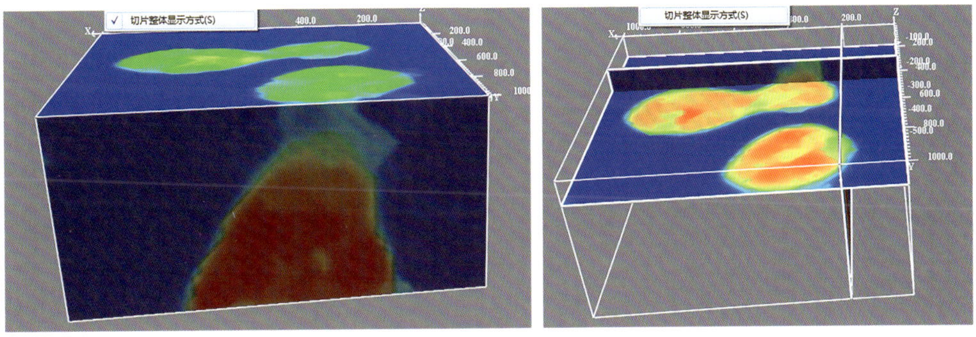

图 13.9.35　三维自动反演体数据的整体与局部的显示控制

体数据裁剪：输入体数据文件之后，选择“数据切片”→“体数据裁剪”，可以通过选择 X、Y、Z 三个方向的数据范围，使得原始体数据显示成用户所需大小。

⑤ 轮廓线

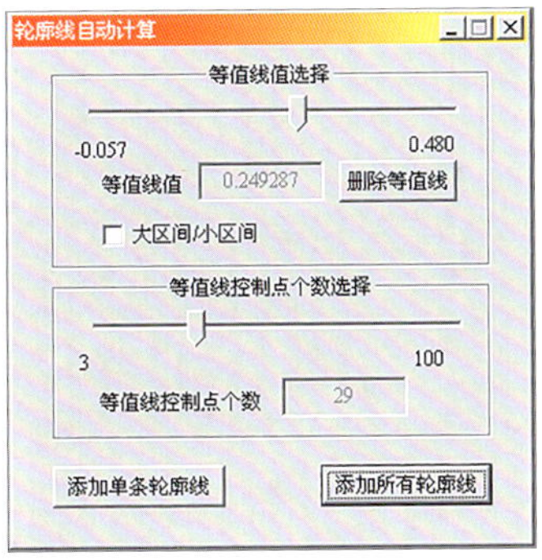

图 13.9.36　轮廓线自动计算

该菜单主要实现轮廓线的各项操作功能。包括：轮廓线自动计算、轮廓线控制点输入、轮廓线修改、轮廓线读取和轮廓线保存等功能。

1）轮廓线自动计算

该菜单项主要实现三维自动反演体数据切片和断面网格数据上轮廓线的自动生成。如图 13.9.36 所示。在轮廓线自动计算功能中，轮廓线实际上是等值线。

当设置好等值线所对应的属性值及等值线上控制点个数这两个参数后，有两个子功能可供选择，即“添加单条轮廓线”、“添加所有轮廓线”，如图 13.9.37 所示。

“添加单条轮廓线”实现的是在当前所选择的切片上根据设置的参数计算轮廓线。当前切片的选择方法是，在体数据规则切片对话框中的下拉列表框中点击某一条目使之显示为蓝色背景，其所对应的切片即为当前切片，单条轮廓线就是在该切片上计算。

“添加所有轮廓线”实现的是在所有切片上根据设置的参数计算轮廓线。通过“添加单条轮廓线”功能可以自定义调整每个切片上所生成的轮廓线的形状和控制点个数。通过“添加所有轮廓线”可以快速的生成所有切片上的轮廓线，但是各切片上轮廓线的对应的参数（属性值和控制点个数）都是相同的。

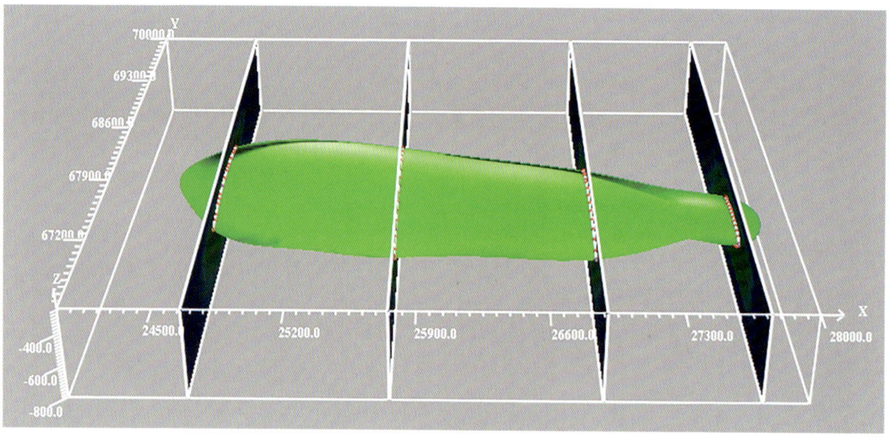

图 13.9.37 轮廓线自动计算结果

其中，“大区间/小区间”复选框，主要控制轮廓线所圈定区域中的所有点的属性值是大于等值线值还是小于等值线的值。

注意：选择等值线自动计算功能时，系统中必须首先存在一到多个切片。

2）轮廓线控制点输入

选择该菜单项后，用户通过鼠标左键点击，可以形成包围某个区域的边界轮廓各控制点的输入。轮廓线控制点输入时，必须首先选定要进行鼠标控制点输入的当前切片。如图 13.9.38 所示。

轮廓线控制点输入时，首先双击鼠标左键开始轮廓线控制点的输入，双击鼠标右键结束轮廓线控制点的输入，系统自动闭合输入的轮廓线。也就是说在轮廓线输入过程中，轮廓线各控制点自动形成一封闭区域。

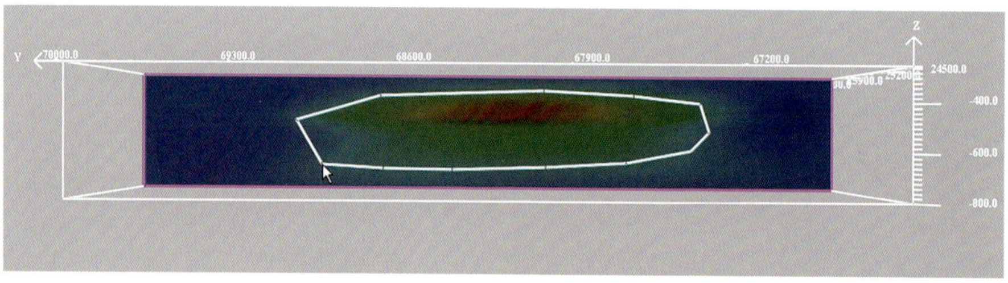

图 13.9.38 轮廓线控制点输入

在轮廓线控制点输入过程中，“模型放缩”、“模型移动”、“模型旋转”等显示功能依然有效，但是在用鼠标实现“模型移动”、“模型旋转”时，鼠标点击位置必须在三维体数据显示范围之外进行，否则系统会误作为控制点的输入。

3）轮廓线修改

该菜单项弹出轮廓线修改对话框，如图 13.9.39 所示。用户进行轮廓线上控制点的操作（插入、删除、修改等）。在实现“删除线”、“移动线”、“删除点”、“插入点”、“修改点”功能时，首先要在轮廓线列表框中选择一条要进行这些操作功能的轮廓线。当前被操作的轮廓线将变粗且显示为“绿”色，以区别于其他轮廓线。

隐藏所有：实现所有轮廓线的隐藏，不在窗口中显示轮廓线。

删除线：删除当前选中的一条或多条轮廓线。

删除点：删除当前轮廓线上的一个控制点，当选择该项功能后，鼠标会发生改变，鼠标左键点击当前轮廓线上要删除的控制点，选中的控制点由红色变为白色，鼠标左键再次点击就可以删除它，鼠标多次点击不同的控制点可以删除多个控制点。

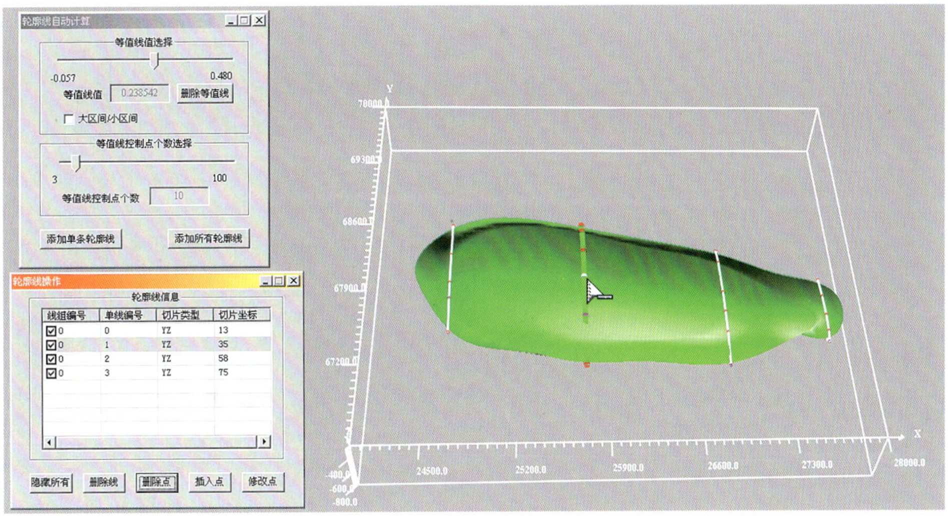

图 13.9.39　轮廓线修改

移动线：在 Z 方向上移动当前选择的一条或多条轮轮廓线的位置。

插入点：在当前轮廓线上插入一个控制点，当选择该项功能后，鼠标会发生改变，通过鼠标左键在轮廓线上点击，可以在当前点击的位置添加一个控制点，在轮廓线多次点击可以插入多个控制点。

修改点：修改轮廓线上某个控制点的位置，当选择该项功能后，鼠标会发生改变，通过鼠标拖动轮廓线上变为白色控制点可以修改该控制点的位置，还可以通过手动键入数值来精确修改轮廓线控制点的坐标。

如果要取消轮廓线的删除点、插入点和修改点功能，直接在客户区单击鼠标右键。

注意：轮廓线的所有修改必须在重构模型之前进行，否则可能会产生错误的重构结果。

4）轮廓线读取

从文件读取轮廓线数据，当读取轮廓线数据时，轮廓线对应的三维体数据应首先保证正确地读入。

注意：剖面轮廓线数据不可以通过该功能读取，可以通过“文件”菜单中的“剖面反演模型数据（*.mod）”菜单读取剖面数据，形成轮廓线数据。

5）轮廓线保存

把轮廓线数据保存成文件，供后续处理用。

注意：剖面模型数据不可以通过该功能保存。

⑥三维形体重构

1）自定义形体重构

该菜单项会弹出自定义轮廓线重构对话框，实现由轮廓线重构三维物体形体，如图 13.9.40 所示。

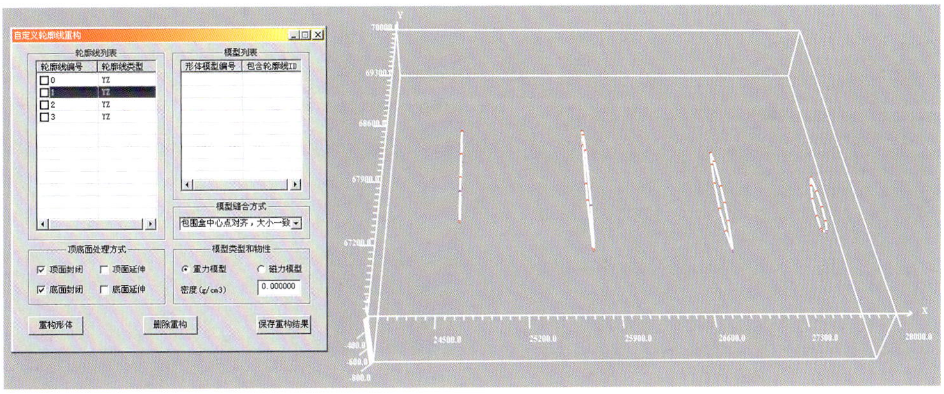

图 13.9.40　自定义轮廓线重构

自定义轮廓线重构对话框左边列表框中显示了当前系统中所有的轮廓线信息。在该列表框中选择要进行三维形体重构的多条轮廓线，使轮廓线对应的复选框勾选上，用户选中的轮廓线会加粗并以黄颜色显示，然后点击“重构形体”按钮实现轮廓线的三维形体重构，重构的结果显示在右边列表框中，如图 13.9.41 所示。在右边的列表框中，列出了当前已经重构的三维形体以及该重构的形体是由哪些轮廓线重构而成的。

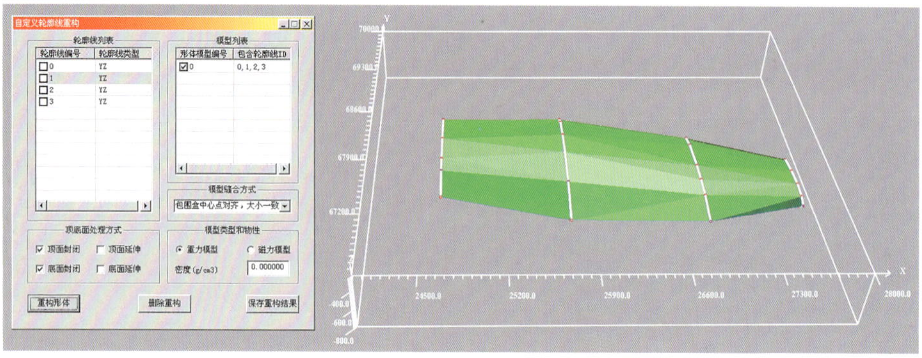

图 13.9.41　自定义轮廓线重构结果

注意：一次只能重构一个形体，不能多个形体同时一次构成。

在右边的列表框中选择已经重构的形体，然后点击“删除重构”按钮可以删除当前选择的重构结果。“顶底面处理方式”主要包含了顶面、底面是否封闭的功能，顶面、底面是否延伸的功能。“模型缝合方式”中，绝大多数情况属于“包围盒中心点对齐，大小一致”选项，其他选项仅供参考。

2）保存重构结果

该菜单项的功能实现重构后的形体保存到三维模型文件（＊. mdl），对于由三维体数据提取轮廓线重构的三维模型，其操作方式为：用户先在模型列表中选择模型，然后选定模型类型（重力或磁测）和输入模型物性值，对于重力模型，需要输入密度或密度差，单位：g/cm^3；对于磁法模型，需要输入磁化强度，单位：10^{-2}A/m。如果要将多个模型保存到三维模型文件中，用户需要逐一选择每一个模型，分别选定模型类型并输入模型物性值，最后保存重构的三维模型。

通过“文件”菜单中的“剖面反演模型轮廓线数据（＊. mod）”菜单项读入的剖面反演模型数据，在模块中被直接作为轮廓线处理，其支持的操作功能同“轮廓线修改”及“自定义形体重构”。

由剖面反演模型重构的三维物体所对应的模型类型和物性值，取组成该三维物体的剖面模型所对应的模型类型和物性值，用户可以通过选择模型列表中的模型，查看或修改其模型类型和模型物性值。

3）添加标注

点击“图形显示”菜单中的“添加标注”菜单，会弹出添加标注对话框，如图 13.9.42 所示，用户可以读入标注数据文件，标注显示如图 13.9.43 所示。标注数据文件格式见第 15 章。

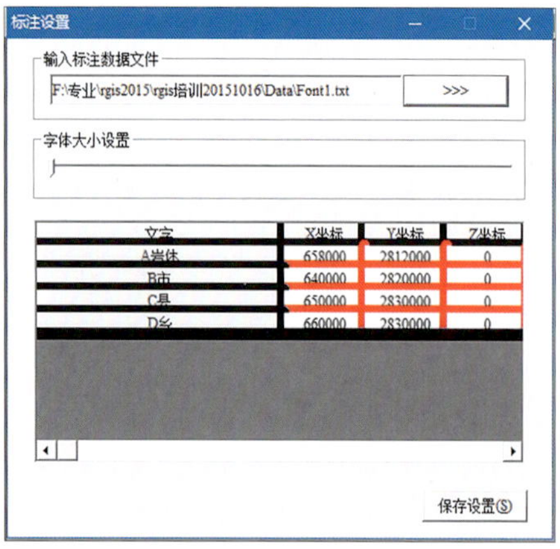

图 13.9.42　添加标注

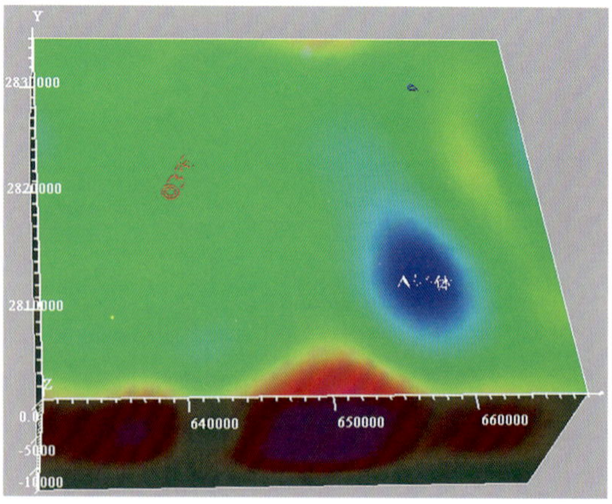

图 13.9.43　标注显示

标注大小是相对的，有别于字体大小，可以先给定一个初值，然后在添加标注对话框中，用户选择标注所在行，通过调节“字体大小设置”滑动条来改变字体大小，标注的其他参数可以通过修改文件来实现，对于设置好的标注参数，可以保存输出，以供下次显示时使用。

4）体数据编辑

读入三维体数据（＊.vol）后，点击“物性编辑”菜单下的“物性编辑窗口”菜单，切换到物性编辑状态下，然后点击“物性编辑设置”菜单，弹出如图 13.9.44 所示的对话框。

在弹出的对话框里用户可以选择 X、Y 或 Z 方向的数据墙，逐层修改每层网格的物性。用户可以通过鼠标左键单击方式一次选择一个网格，也可以通过矩形拉框方式、多边形和圆形方式一次完成多个网格的选择，在右键弹出的对话框里进行网格物性的设置，如图 13.9.45 所示，最后输出编辑后的体数据。

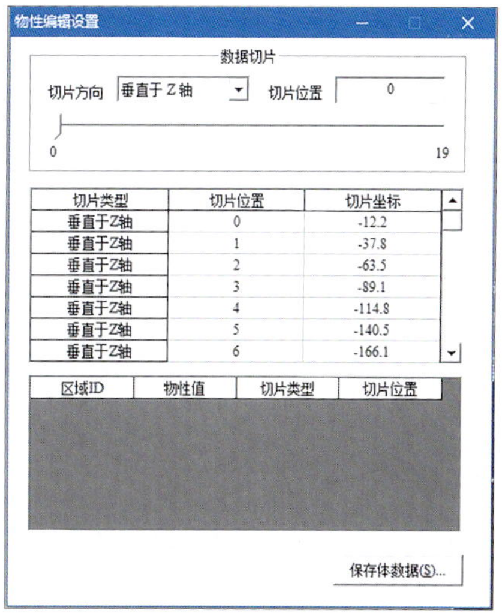

图 13.9.44　物性编辑设置

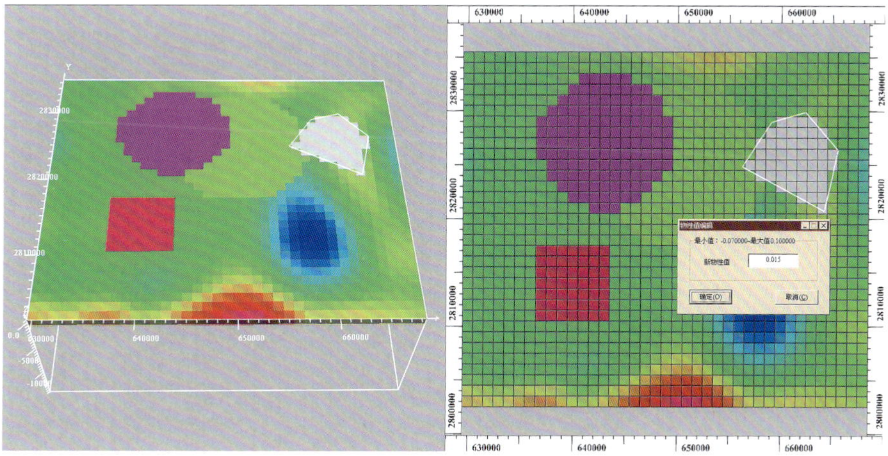

图 13.9.45　体数据编辑

5）等深度图显示

选择菜单“文件”→“三维人机交互正反演模型文件”，打开文件输入对话框（图 13.9.46），并在文件类型过滤器中选择＊.gm3 文件，实现三维人机交互正反演模型文件的读取，并在随后弹出的网格数据输入对话框中选择该 gm3 文件对应的重磁场正演数据文件（图 13.9.47）。

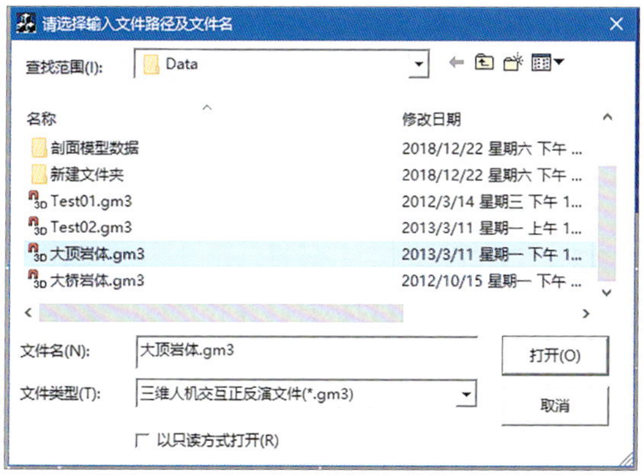

图 13.9.46　三维人机交互正反演模型文件读取

图 13.9.47　三维人机交互正反演模型对应的重磁场正演数据读取

输入完三维人机交互正反演模型文件和对应的重磁场正演数据后，三维模型的等深度图如图 13.9.48 所示。

点击“等深度图”→“等深度图参数设置”菜单，可以在弹出的等深度图设置对话框中对三维模型的等深度图显示的各种参数进行调节设置，获得最佳的显示效果，可以调节的显示参数如图 13.9.49 所示。

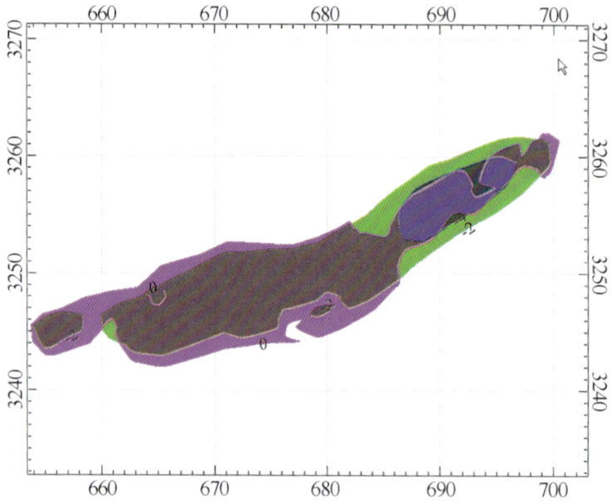

图 13.9.48　三维模型等深度图显示

图 13.9.49　等深度图设置

6）钻孔显示

点击“图形显示”→“钻孔数据…”菜单，可以在弹出的如图 13.9.50 所示的钻孔设置对话框中，选择钻孔数据文件，可以在自动反演体数据的等值面显示或切片显示情况下显示钻孔数据，钻孔数据格式见第 15 章，同时用户可以通过滑动条调整钻孔半径的大小，以获得最佳的显示效果，如图 13.9.51所示。钻孔显示的其他参数可以通过修改文件来实现，对于设置好的标注参数，可以保存输出，以供下次显示时使用。

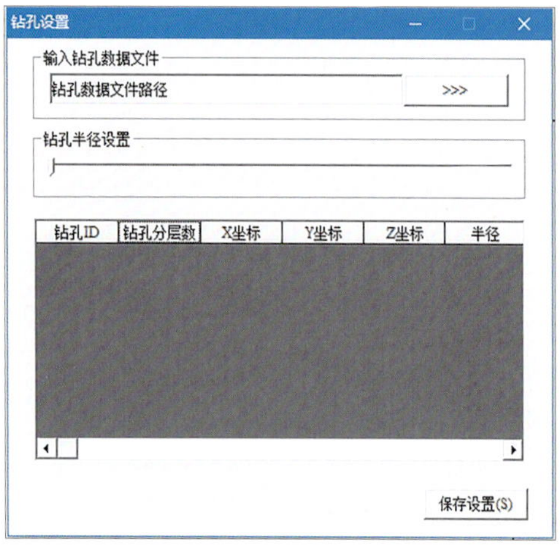

图 13.9.50　钻孔设置

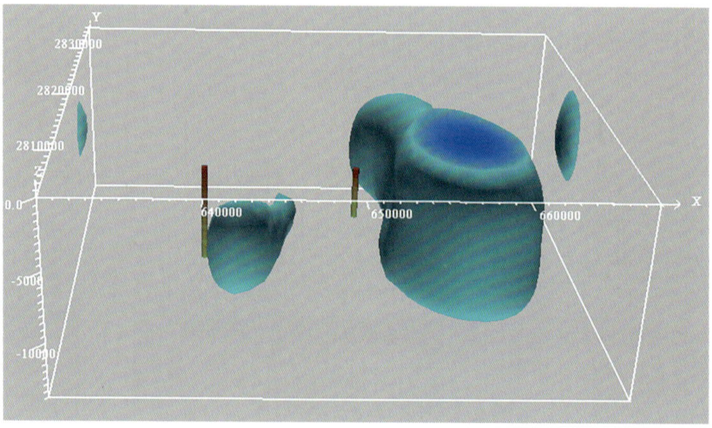

图 13.9.51　钻孔显示效果

13.9.4　三维重磁异常人机交互正反演

【说明】

三维重磁异常人机交互正反演模块主要功能是根据实测重、磁异常数据和地形数据，通过人机交互建模，进行三维重磁的反演。反演的方式有两种：即人机交互反演和后期的自动精细反演。反演的结果是地下的多个三维均质多面体地质模型。另外，在没有实测数据的情况下，可以利用本模块进行地形和模型的创建及编辑并计算其正演异常，然后作为实验数据输出，供学习使用。

【操作】

①选择“重磁正反演解释”→“三维重磁异常正反演”→“人机交互正反演”，进入重力异常和重力梯度相关成像窗口，如图 13.9.52 所示。界面有个初始的地表网格，用于生成实验数据，进行反演的用户可以忽略；地表网格上方有两个垂面切面，将用于显示互相正交的剖面重磁异常；窗口上端有主菜单和固定工具栏；右边有个悬浮的编辑工具栏。

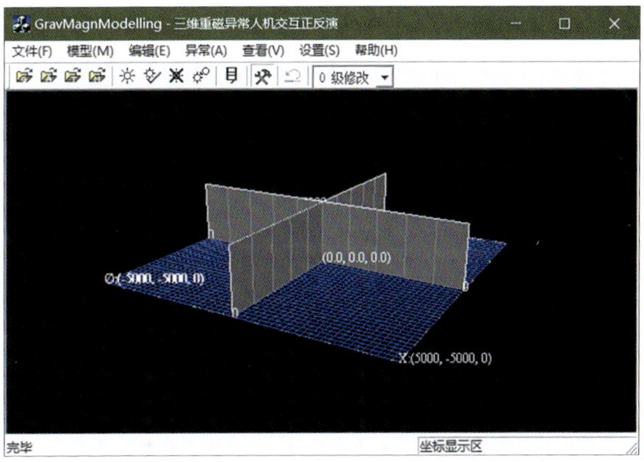

图 13.9.52　三维重磁异常人机交互正反演模块启动界面

②数据输入

1）导入重力数据

操作方法：选择菜单“文件”→“导入重力数据…”或固定工具栏图标：。打开文件选择对话框，选择 *. grd 格式的重力异常数据文件，点击“确定”。模块支持 Surfer 软件的 ASCII、Binary 和 Surfer 7 等三种格式的网格化数据，下同。

2）导入磁法数据

操作方法：选择菜单“文件”→“导入磁测数据…”或固定工具栏图标：。打开文件选择对话框，选择 *. grd 格式的磁法异常网格数据文件，点击“确定”。出现如图 13.9.53 所示的磁法参数设置对话框，设置好数据对应的磁场类型和磁场参数后，选择“确定”即可。

3）导入地形数据

操作方法：选择菜单“文件”→“导入地形数据…”或固定工具栏图标：。打开文件选择对话框，选择 *. grd 格式的地形数据文件，点击“确定”。

说明：地形数据和重磁异常数据的导入没有先后之分，不过建议用户在重磁数据导入之后再导入地形数据文件。

4）导入模型数据

操作方法：选择菜单“文件”→“导入模型数据…”或固定工具栏图标：。打开文件选择对话框，选择 *. mdl 格式的模型数据文件，点击“确定”。

说明：模型数据文件来自 RGIS 软件的三维重磁异常正反演模型编辑程序。模型数据不包含研究区的网格信息，因此模型数据文件必须在重磁数据文件或地形数据文件导入之后才能导入。

在研究区已有一个或多个模型文件，用户还想导入新的模型时弹出如图 13.9.54 所示的对话框，程序提示用户是否保留已有模型。

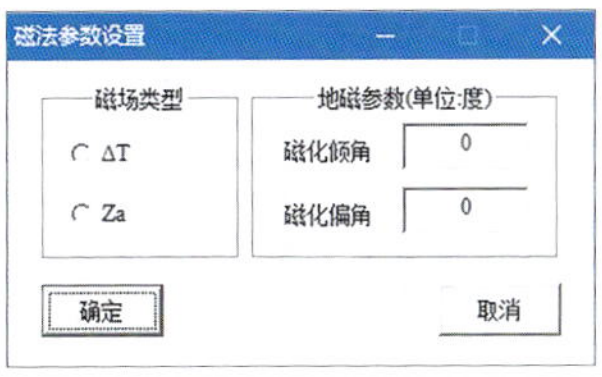

图 13.9.53　磁法参数设置

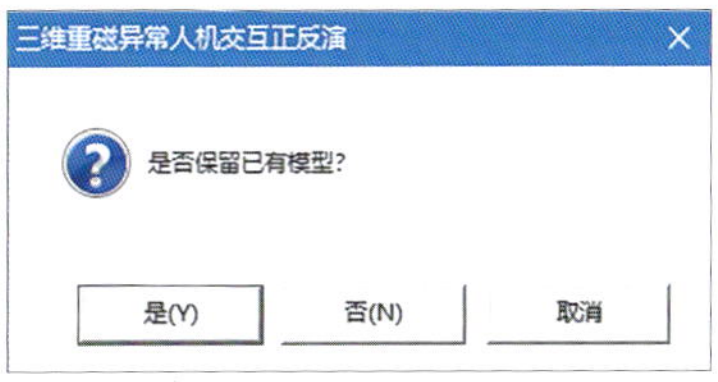

图 13.9.54　新模型导入

如果用户选择“是”，程序检查新模型和已有模型的角点坐标，当新模型与已有模型不相交时，新模型可以导入，否则程序给出错误提示，新模型不能导入。如果用户选择“否”，程序删除已有模型，读取新模型。

5）导入 RGIS 文件

操作方法：选择菜单“文件”→“导入 RGIS 文件…”，打开文件选择对话框，选择 RGIS 三维文件（*.gm3），点击“确定”。

说明：RGIS 三维文件来自 RGIS 软件原有的三维重磁异常人机交互正反演模块的输出数据，它是一个综合文件，其中包含重磁异常数据、地形数据和模型数据和模型正演数据，该文件可以单独打开。

恢复以往工作：

操作方法：选择菜单“文件”→“恢复以往工作…”，打开文件选择对话框，选择模块的工程文件（*.wrk），点击“确定”。

说明：工程文件 wrk 格式是三维重磁异常人机交互正反演模块自己定义的，其中包含大量的信息，目的是完整恢复上次工作结束时的现场。

6）导入环数据

操作方法：选择菜单“文件”→“导入地表环…”，打开文件选择对话框，选择环数据文件（*.rng），点击“确定”。如果不想显示已经导入的环数据，可以选择菜单“文件”→“卸载地表环…”，隐藏环数据。

说明：环数据（*.rng）数据格式第 15 章，它属于提示性数据，仅仅用于显示。它对用户确保使模型上表面指定区域匹配地表网格有帮助。

③创建和编辑模型

1）创建新模型

操作方法：选择菜单“模型”→“新建当前模型…”，或固定工具栏图标：☼。在打开如图 13.9.55所示的模型参数设置对话框中进行选择和输入，点击“确定”。

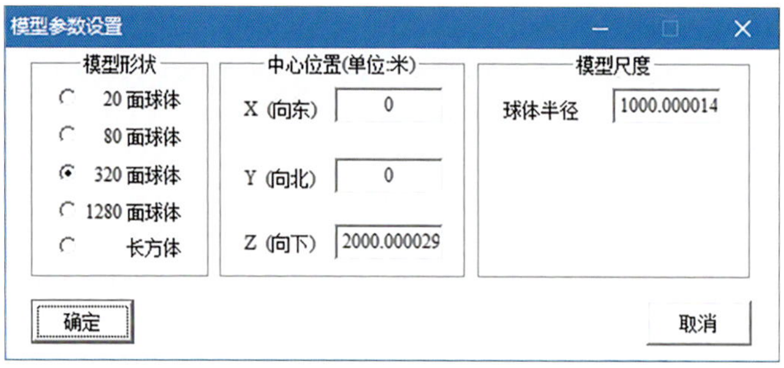

图 13.9.55　模型参数设置

初始模型有两种形状：一种是近似球体的多面体，球体模型的复杂度有 4 种，分别是 20 面体、80 面体、320 面体和 1280 面体。当用户选择球体模型时，要求输入球体的中心和半径，使它尽量接近用户设想的模型。

另一种初始模型是直立长方体，当选择了长方体模型时，要求输入长方体的中心位置、长宽高和模型的水平旋转角，如图 13.9.56 所示。

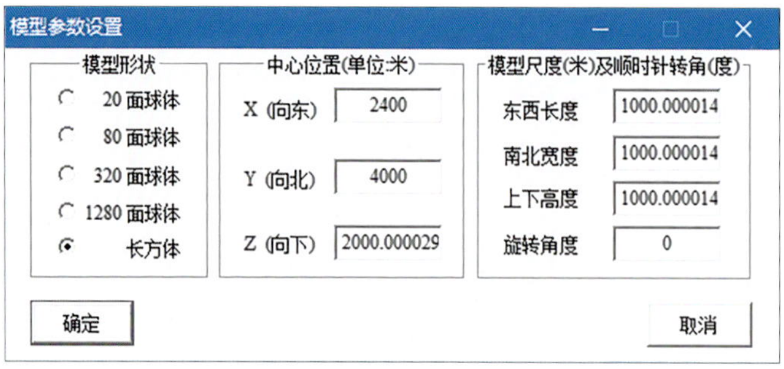

图 13.9.56　直立长方体模型参数设置

选择“确定”后，用户设置模型便出现在三维空间中，如图 13. 9. 57 所示。

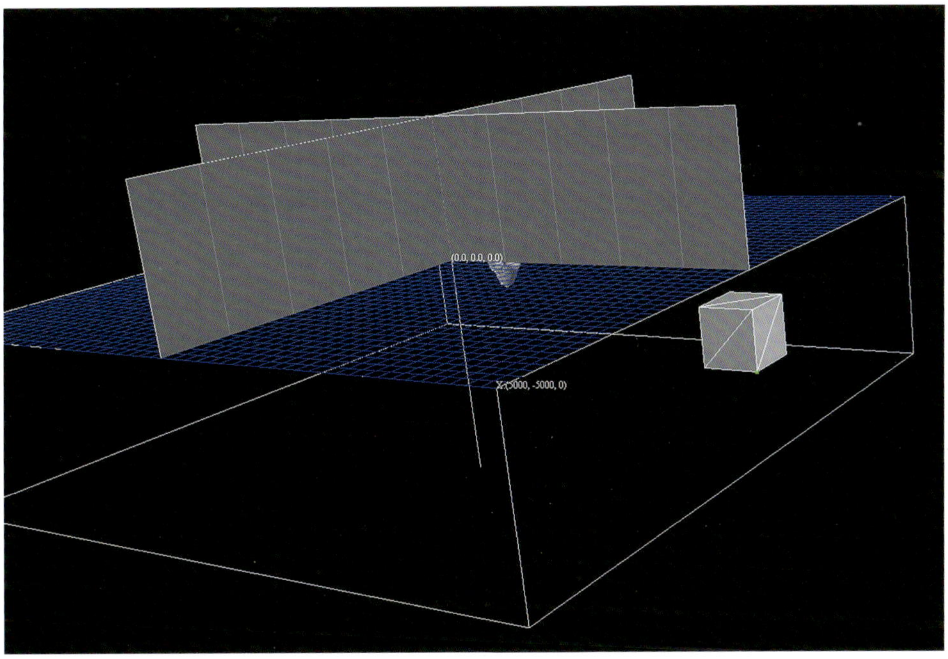

图 13. 9. 57　直立长方体初始模型

2）选择当前模型

三维重磁异常人机交互正反演模块可以生成多个地质体模型，但每个时刻至多只有一个模型是可以进行编辑的，这个模型被称为“当前模型”，其他模型称为“已有模型”。

操作方法：选择菜单“选择当前模型（&S）”，然后用鼠标指向感兴趣的模型，左键单击，用户选中的模型就成为当前模型，它的角点都变成绿色的控制点。

3）当前模型物性

操作方法：选择菜单“模型”→“当前模型物性…”，在打开如图 13. 9. 58 所示的模型物性设置对话框中，用户可以查看或设置当前模型的密度（差）或磁化强度。

用户也可以根据需要输入新的密度（差）或磁化强度作为当前模型的物性。注意磁化强度的单位为 0. 01 安培/米。

4）当前模型颜色和几何属性

操作方法：选择菜单“模型”→“当前模型颜色和几何属性…”，在打开如图 13. 9. 59 所示的模型颜色和几何属性对话框中，用户可以通过点击“选择颜色”按钮来设置当前模型的颜色。

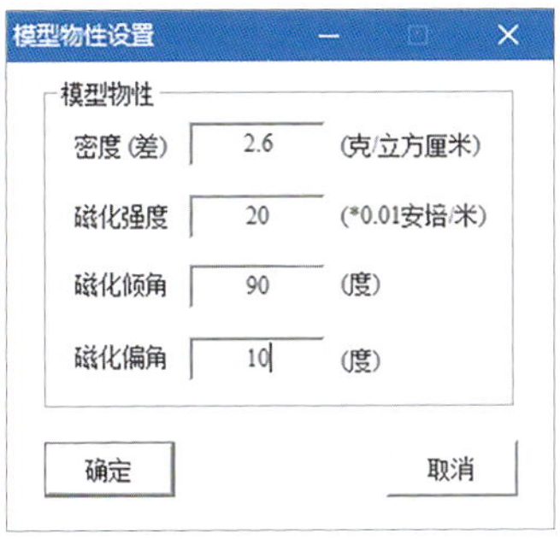

图 13. 9. 58　模型物性设置

图 13. 9. 59　模型颜色和几何属性设置

说明：在这里也可以设置当前模型的重心位置（不建议修改），并观察模型的深度和体积。模型的颜色只有显示效果，并不影响反演结果。

5）改变当前模型的位置

从这里开始的编辑操作都需要反复进行并需要使用鼠标，尽管大部分功能都可以在“编辑”菜单中找到，但使用悬浮的“编辑工具栏”和键盘进行操作可能更方便一些。

操作方法：选择浮动工具栏图标，或按快捷键“L”（Location），按下鼠标左键并移动，就可以在屏幕的 X、Y 方向拉动模型。

如果在同时分别按下 X、Y 或 Z 键，则模型的移动被分别限制在的 X、Y、Z 方向。

说明：如果想在屏幕的 Z 方向上改变模型位置，需要同时按住键盘的“Z”键。但 Z 方向不好控制，不提倡这么做。建议先改变观察角度，然后再改变模型位置。或打开双窗口进行编辑。

6）改变当前模型的大小

操作方法：选择浮动工具栏图标，或按快捷键“S”（Scale），按下鼠标左键并上下移动，则模型被放大或缩小。

如果按下鼠标左键的同时，分别按下 X、Y、Z 键，就可以分别在 X、Y、Z 方向改变模型的尺寸。

7）改变当前模型的朝向

操作方法：选择浮动工具栏图标，或按快捷键“O”（Orientation），按下鼠标左键并上下移动的同时，分别按下 X、Y、Z 键，就可以分别沿 X、Y、Z 轴对模型进行旋转。

8）改变模型形状

多面体模型的形状由其控制顶点的位置决定。当前模型的控制顶点有很多，但能够改变位置的只有一个，即“当前顶点”。这个顶点是红色的，其他顶点是绿色的。

图 13.9.60　橡皮膜功能级别

本系统在改变模型形状时，具有所谓的“橡皮膜”功能。即：拉动当前控制点会同时引起其周围顶点位置的改变，就像橡皮膜一样。为了实现不同程度的橡皮膜功能，本系统在窗口的固定工具栏上设置了一个下拉框，如图 13.9.60 所示。

选择不同的级别意味着橡皮膜功能的强弱：“0 级修改”意味着没有橡皮膜功能，只有当前控制点的位置被改变；“1 级修改”意味着小范围的顶点受到影响。级别越大，受影响的顶点范围就越大，橡皮膜的功能就越强。

操作方法：选择浮动工具栏图标，或按快捷键“P”（Position），从固定工具栏的下拉列表选择橡皮膜功能的级别。按下鼠标左键并移动，就可以在屏幕的 X、Y 方向改变模型上顶点的位置，从而改变模型形状。

如果在按下鼠标左键，同时分别按下 X、Y 或 Z 键，则顶点的移动被分别限制在坐标系的 X、Y、Z 方向。

同样地，如果想在屏幕的 Z 方向上改变顶点位置，需要同时按住键盘的 Z 键。但 Z 方向不好控制，不提倡这么做，建议先改变观察角度，然后再次改变顶点位置。或打开双窗口进行编辑。

9）重新选择模型的当前控制点

操作方法：选择浮动工具栏图标，或按快捷键“N”（Number：原意是改变控制点的点号），将鼠标移动到候选的控制点上，然后按下鼠标左键。

说明：如果选择成功，则此控制点变为当前控制点（红色）。这时可以直接用鼠标改变此点的位置，因为程序已经自动进入“改变模型形状”的状态。

10）在模型上增加控制点

操作方法：选择浮动工具栏图标，用鼠标在模型上点击，便可以增加控制点。点击的位置不同，点增加的方式也不同。

在三角形当中点击鼠标，则在此三角形中的点击位置增加一个控制点，将此三角形一分为三，如图 13.9.61（A）所示；在棱上点击鼠标，则在棱上点击位置增加一个控制点，与此棱相邻的两个三角形均一分为二，如图 13.9.61（B）所示；在顶点处点击鼠标，会在此顶点的周围增加多个控制点，如图 13.9.61（C）所示。被点击处的顶点将变为当前控制点（红色），可以直接用鼠标改变此点的位置，因为程序已经自动进入“改变模型形状”的状态。

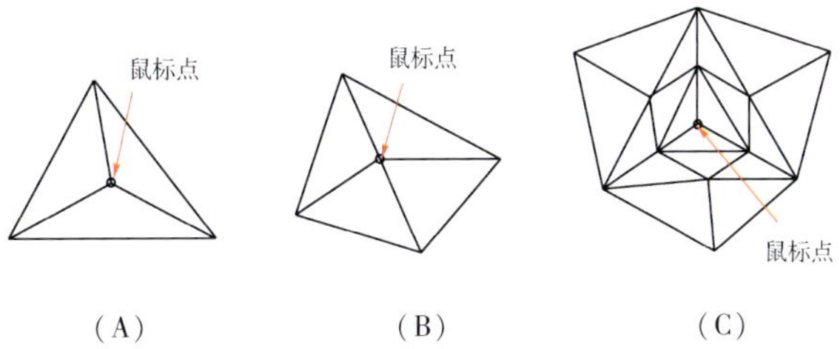

图 13.9.61　三种增加控制点方式

11）在模型上删除控制点

操作方法：选择浮动工具栏图标，用鼠标在当前模型上点击需要删除的控制点。

说明：存在极个别不能删除或删除错误的情况。这时应当选择后面的“单步后退”功能，然后选择删除其他顶点。

12）单步后退功能

“Undo”和“Redo”是一对重要的编辑功能。目前本系统只实现了“单步后退”功能，用于取消上一步的编辑操作。

操作方法：选择菜单“编辑”→“单步后退”或固定工具栏图标。“单步后退”后，会自动重新计算异常。

13）完成当前模型

当前模型编辑完成后，就可以使其退出编辑状态，成为已有模型。

操作方法：选择菜单“模型”→“完成当前模型”或固定工具栏图标。当前模型成为已有模型后，模型周围控制点消失。

14）删除当前模型

能够删除的只有当前模型，已有模型需要删除时需要将其先变为当前模型。

操作方法：选择菜单“模型”→“删除当前模型”或固定工具栏图标，在确认对话框中选择“确定”。

15）移动所有模型

如果测区有多个模型，使用该功能可以一次改变所有模型的位置。

操作方法：按下浮动工具栏图标。按下鼠标左键并移动，所有模型在屏幕的 X、Y 方向移动。

如果在同时分别按下 X、Y 或 Z 键，则移动被分别限制在坐标系的 X、Y、Z 方向。

16）缩放所有模型

如果测区有多个模型，使用该功能可以一次改变所有模型的大小。

操作方法：按下浮动工具栏图标。按下鼠标左键并移动，所有模型将被放大或缩小。

如果在同时分别按下 X、Y 或 Z 键，则模型的放大和缩小被分别限制在 X、Y、Z 方向。

17）控制点到地表

模型出露地表是比较常见的。仅使用前面介绍的模型编辑方法，要使模型的部分上表面紧贴地表是非常困难的。利用“控制点到地表”功能可以将选定的模型角点（即控制点）垂直提升至地表。

操作方法：选择菜单“编辑”→“控制点到地表”或浮动工具栏图标：。点击需要提升的模型上的控制点。如图 13.9.62(A) 所示。

18）控制点到最近网格点

利用“控制点到最近网格点”功能可以将选定的模型角点（即控制点）提升至最近的网格点之下。

操作方法：选择菜单“编辑”→“控制点到最近网格点”，或固定工具栏图标：。点击需要提升的模型上的控制点。如图 13.9.62(B) 所示。

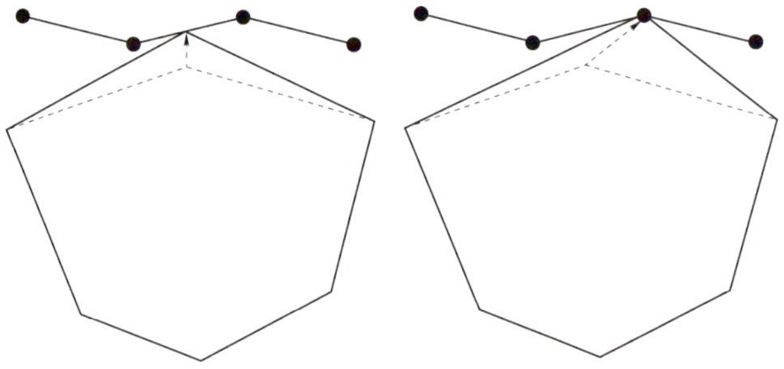

（A）　　（B）

图 13.9.62　模型贴近地表编辑方法

19）当前模型上选择区域

在模型的上表面指定一个由一个外环和任意多个内环组成的区域，使模型上表面指定区域匹配地表网格，则区域内的模型表面将按照其上方的地表网格进行重新构造，其在 *XY* 平面与地表网格相同。

操作方法：选择菜单“编辑”→“当前模型上选择区域”，或点击浮动工具栏图标 。用鼠标左键在模型的上表面选择构成区域的内环和外环。内环和外环的构造顺序和环的方向没有关系，但要求所有环不交叉也不相互接触。如图 13.9.63 所示，该区域由一个外环和两个内环组成。

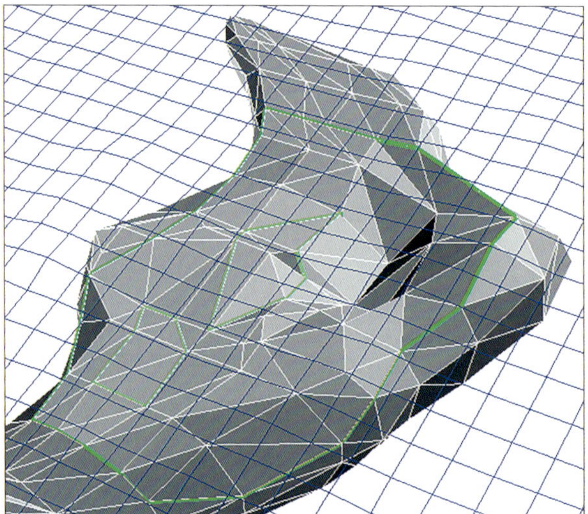

图 13.9.63　多环模型

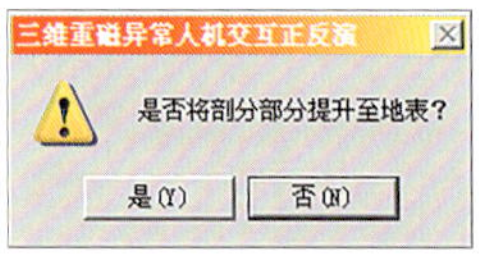

图 13.9.64　模型表面重构提示

20）区域内点分裂并提升

操作方法：选择菜单“编辑”→“区域内点分裂并提升”。或点击浮动工具栏图标：。程序会弹出对话框，询问用户是只重构（剖分）模型还是重构并提升模型至地表。

当最后一点与首点重合时，程序弹出如图 13.9.64 所示的对话框。

如果用户选择“是（Y）”，则区域内的模型部分被重构并提升至地表，如图 13.9.65（A）所示，绿色的点代表与模型顶点重合的地表网格点。如果用户选择“否”，则只对区域内的部分进行重构使其与地表网格同构，但并不将重构的部分提升至地表，如图 13. 9. 65（B）所示。

对于图 13. 9. 65（B）所示的情况，使用“控制点垂直到地表”或“控制点到最近网格点”都可以将已经重构部分的模型顶点提升至地表网格点，实现模型与地表完全贴合。只是需要更多的操作步骤，但也会更加细致。

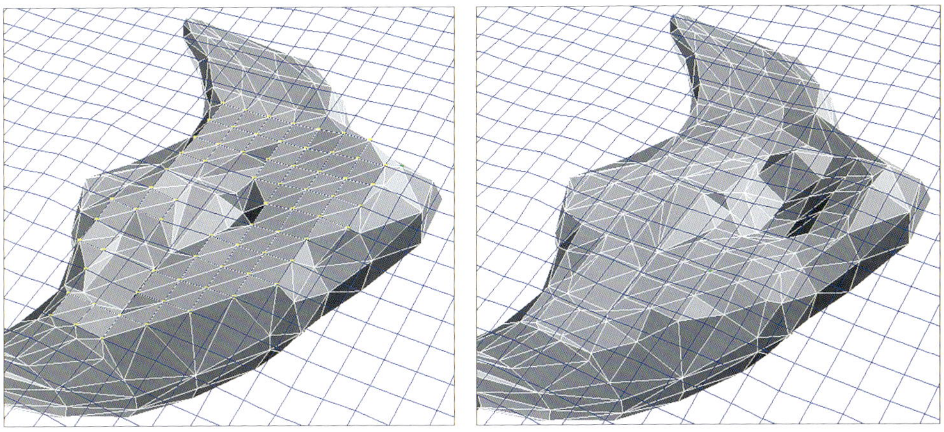

（A）多环模型部分被重构并提升至地表　　（B）多环模型部分被重构但不提升至地表

图 13. 9. 65　多环模型贴近地表编辑方法

说明：如果仅仅使用“控制点到地表”或“控制点到最近网格点”将模型的角点向上提升，由于模型的结构与地表完全不同，做不到模型表面与地表的准确重合。合理的方法是：先将模型表面拓扑改变为地表网格的拓扑，然后再使用“控制点到地表”或“控制点到最近网格点”将模型的角点逐个向上提升，就可以实现模型表面与地表的准确重合。

④观察图形

1）改变观察角度和距离

操作方法：选择浮动工具栏图标👁，或按快捷键“E”（Eye），按下鼠标左键并移动，就可以改变观察角度。

说明：如果同时按住 Z 键，旋转将围绕坐标系的 *Z* 轴进行，这是一种好的旋转方式。按下鼠标左键并上下移动同时，再按下快捷键“D”（Distance），将改变观察的距离，实现图形的放大或缩小。

另外，可以通过鼠标右键的弹出菜单实现特殊角度的观察。例如：“上视”、“下视”、“平视”或“初始角度”。“初始角度”指系统启动时的观察角度。

2）探针及其位置

在建模过程中，三维模型是悬于空中的，即使有坐标轴和刻度标记，也很难从屏幕上判断它的位置、深浅和厚度。为了解决这一问题，本系统中加入了探针功能：一根探针从地面以上垂直穿透整个地下空间，如图 13. 9. 66 所示。

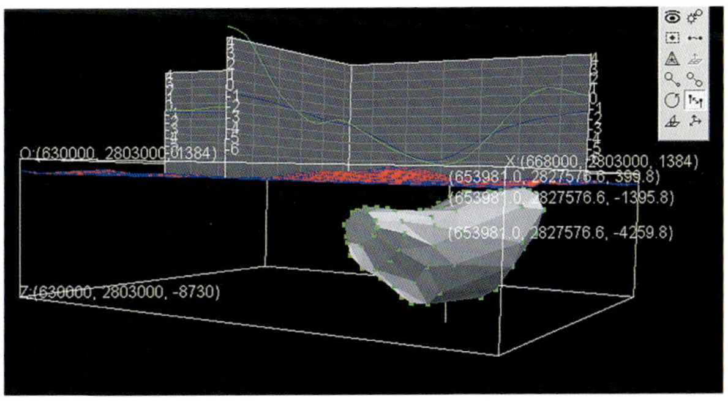

图 13. 9. 66　探针穿过模型

在此过程中，它将穿透地表和部分模型。在穿透点处，它将提示穿透点的深度坐标。如此，用户就可以知道探针所在位置的地表高度和所穿透模型在穿透点的深度坐标，从而推知模型的深度和厚度。通过用鼠标改变探针的水平位置进行探查，就可以了解整个模型的情况。

操作方法：选择浮动工具栏图标，按下鼠标左键的同时移动鼠标，就可以改变探针的位置。在探针附近会显示穿透点（探针与地表和模型的交点）的 *X*、*Y*、*Z* 三维坐标，在状态栏的左侧会显示穿透点的 *Z*（深度）坐标。

说明：如果觉得探针的显示干扰视线，也可以将其取消。探针显示与否的切换方法是：选择菜单“显示→探针”。

3）改变参考点

参考点即屏幕中心的位置。

操作方法：选择浮动工具栏图标，按下鼠标左键并上下移动的同时，分别按下 X、Y、Z 键，参考点位置就会沿世界坐标系的 *X*、*Y*、*Z* 轴移动。

说明：还有更方便的改变参考点的方式，就是使用鼠标右键的弹出菜单。用户可以分别将参考点定位在一些常用的点：

网格中心：地表网格的中心位置。

空间中心：地表网格和所有模型的包围盒中心。

模型中心：当前模型的重心位置。

模型上点：选择此项，你需要在模型上点击一下，鼠标与模型的交点将成为参考点。

初始中心：目前就是网格中心。

4）控制已有模型的显示

在对当前模型进行编辑的过程中，已有模型可能会对当前模型产生干扰。如果出现这种情况，就可以先不显示已有模型，待编辑完成后再恢复已有模型的显示。

操作方法：选择菜单“查看”→“已完成模型”，即可进行切换。

5）多窗口显示

为了方便编辑及观察，本系统可以再增加一个切分窗口和一个平行投影窗口。有了切分的双窗口就可以同时从不同角度对模型进行编辑；平行投影窗口的作用是摆脱透视变形的影响。平行投影窗口应该只用于浏览，它显示的内容也较少。

显示切分窗口：选择菜单“查看”→“双窗口”，即可切换显示切分窗口。

显示平行投影窗口：选择菜单“查看”→“平行投影窗口”，即可切换显示平行投影窗口。

6）设置白色背景

如果希望将窗口的黑色背景改为白色，可以使用此功能。这将有利于生成白色背景的图像，以便制作文档，本手册中的图形获取即使用了此功能。

操作方法：选择菜单“设置”→“白色背景”。

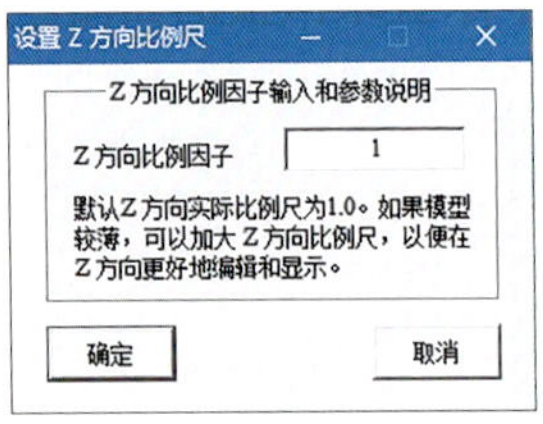

图 13.9.67　设置 Z 方向比例尺

7）改变 Z 方向比例尺

当编辑非常扁平的模型时，可以放大 Z 方向的比例。编辑完成后再恢复正常的比例尺显示。操作方法：选择菜单“设置”→“Z 方向比例尺”。在弹出的“设置 Z 方向比例尺”对话框中输入新的比例尺，点击“确定”。如图 13.9.67 所示。

正常的比例尺是 1，大于 1 将使图形在 Z 方向被放大，小于 1 将使图形在 Z 方向被压缩。

⑤异常的计算

异常计算是自动的，在“异常”菜单下，可以查看或设置当前计算的异常类型：重力：重力异常反演；磁法：磁法异常反演；无：不进行异常计算。

根据以上不同的情况，异常的计算可以采取不同的策略。

1）即时计算：当数据量不大时（例如，地表网格和模型都相对简单时），可以进行异常的“即时计算”。这时，模型的任何变化都会导致异常的计算。就是说随着模型的编辑，随时计算异常。尽量采用这种策略，因为它会马上看到编辑引起的异常变化，有利于人机交互反演。操作方法：选择菜单“异常”→“即时计算”，使其打钩。

2）非即时计算：当数据量较大，“即时计算”有困难时，应当采用这种策略。这时，异常的计算将在一次编辑（即鼠标左键的一次按下和抬起）完成后进行。操作方法：选择菜单“异常”→“即时计算”，使其不打钩。

3）不计算异常：当数据量特别大时，不管是“即时计算”还是“非即时计算”，系统的反应都很缓慢。这时可以采取这种“不计算异常”的不得已的策略：先不进行异常计算，当估计模型编辑得差不多的时候再进行异常计算。操作方法：先选择菜单“异常”→“无”，编辑模型至一定程度，选择菜单“异常”→“重力”（或“异常”→“磁法…”）。

4）自动反演：当异常拟合已经基本完成时，可以使用“自动反演”功能进行后期的精细反演。操作方法：选择菜单“异常”→“自动反演”或工具栏图标目。**注意：当计算网格数目小于3倍的模型角点数目时，自动反演不能进行。**

⑥异常的显示

模块有两个显示异常的地方：一处是在地表用色块图的方式显示异常，另一处是在地表上方的剖面上显示异常曲线。需要显示的异常包括：实测异常、当前模型正演异常、所有模型正演异常和剩余异常。

1）地表异常色块图

每一时刻，地表异常色块图只能用来显示一种异常。其他异常的显示需要进行切换。切换的方式可以从“显示”菜单中进行选择也可以使用快捷键：

实测异常：菜单“查看”→“实测异常”或快捷键“M”（Measured）。

当前模型正演异常：菜单“查看”→“当前模型正演异常”或快捷键“C”（Current）。

所有模型正演异常：菜单“查看”→“所有模型正演异常”或快捷键“A”（All）。

剩余异常：菜单“查看”→“剩余异常”或快捷键“R”（Residual）。

用色块显示异常需要设置色标及色标对应的数据范围。模块只有一个固定的内部色标：从蓝→绿→红的过渡对应着数据的从小到大。因此模块只需要设置色标对应的颜色范围。由于剩余异常的范围在零点周围与其他异常有较大的差别，因此为剩余异常设置了单独的色标范围。

设置色标颜色范围的过程如下：选择菜单“设置”→“数据场颜色范围…”或点击固定工具栏图标，打开如图13.9.68所示的设置异常颜色范围对话框，进行设置后，点击“确定”。

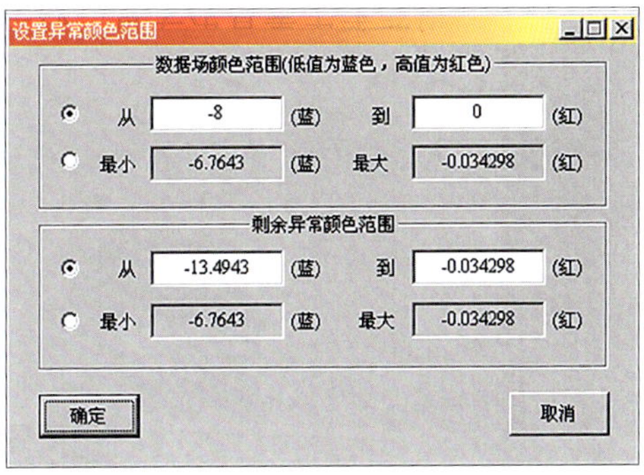

图13.9.68 设置异常颜色范围

这个对话框有两个部分，分别是数据场颜色范围和剩余异常颜色范围。剩余异常颜色范围供显示剩余异常专用，数据场颜色范围供显示实测异常、当前模型正演异常、所有模型正演异常公用。

在两个部分的下部都有一个最大、最小（值）供用户进行快速设置。它们的值是一样的，表示目前显示异常的最小值和最大值。如果需要将剩余异常色标的颜色范围设置为剩余异常的最小值和最大值，应该首先选择“显示剩余异常”，然后再回到这里设置其颜色范围。

2）剖面异常曲线

剖面上显示的是该处局部的“实测异常”与“所有模型正演异常”，两条曲线接近重合表示反演误差较小。

3）剖面的显示与否

剖面共有两个：X 方向和 Y 方向。可以通过菜单控制它们的显示。

图 13.9.69　设置剖面参数

X 方向剖面：选择菜单“查看”→“X 方向剖面”，进行切换。

Y 方向剖面：选择菜单“查看”→“Y 方向剖面”，进行切换。

4）剖面位置的控制

操作方法：选择浮动工具栏图标。用鼠标左键单击并拖动相应剖面，就可以对其进行移动。

说明：剖面位置总是与网格线重合，因此其移动是跳跃的。其上的异常曲线也会做出相应变化。

5）剖面参数的设置

操作方法：选择菜单“设置”→“剖面参数…”。在打开的设置剖面参数对话框中进行设置，如图 13.9.69 所示。

如果剖面上的标注或网格看不清楚（通常是太密），就需要在这里进行设置。可以设置的参数很多，包括：

1）剖面高度：剖面显示在地形之上，是下边随地形变化的矩形。这里可以以“米”为单位设置其高度，缺省高度是网格长度的 1/5。

2）高度对应的异常范围：异常作为曲线显示在剖面上，这里设置曲线纵向的比例尺。通常选择让剖面正好能够显示整个异常的最小值和最大值（而不是剖面上的异常的最小值和最大值）。如果范围缩小则曲线将在纵向拉伸；如果范围扩大，曲线变得平缓。

3）颜色：这部分可以分别设置剖面的背景色、实测曲线、正演曲线的颜色。其红绿蓝的范围都是 0~1。

4）分割线：为了更清楚地辨识曲线数据的大小，在剖面上可以显示网格线和标注。对话框的“分割线”部分用于设置相关的参数：

垂直分割线间隔：即竖线，以地表网格为单位，垂直分割线总是在地表网格的交点上。

水平分割线间隔：它的单位与异常的单位相同，以便观察异常的大小。

水平标注间隔：即标注数字的间隔，它的单位也是异常单位。通常应当将其设置为水平分割线间隔的整数倍。

⑦改变网格

网格代表地表地形，网格点与实测数据点位置一致，所以通常是不能改变的，包括网格点的数目和位置。

如果没有实测数据，又想使用本系统进行反演训练，则本系统可以帮助生成实验数据，包括地形数据及与地形对应的异常数据。生成地形的过程分为两步：生成初始的水平网格和调整网格点的高度。

1）生成初始的水平网格

操作方法：选择菜单“设置”→“网格…”在打开的正演计算网格设置对话框输入参数，如图 13.9.70 所示。

图 13.9.70　正演计算网格设置

生成水平网格时需要设置的参数包括：

网格左下角点坐标：X 轴向东、Y 轴向北、Z 轴向上；

网格行列数：比网格数目多 1；

网格间距：单位米。

2）调整网格点的高度

操作步骤：选择菜单“编辑”→“网格点”或浮动工具栏图标，在希望编辑的网格点处按下鼠标左键并移动，就可以改变该点的高度。

橡皮膜技术同样适用于对网格顶点的编辑。工具栏上的下拉列表中选择的级别越大，橡皮膜效果就越强：对一个顶点的编辑将影响周围一大片点。

⑧快捷键及辅助键汇总表

改变观察角度：按E键一次，然后按下鼠标左键的同时移动鼠标。图形绕Z轴旋转：按E键一次，按下Z并保持，按下鼠标左键的同时上下移动鼠标。图形拉近推远：按E键一次，按下D并保持，按下鼠标左键的同时上下移动鼠标（表13.9.1）。

辅助键不要同时使用，使用辅助键时鼠标上下移动有效。

表13.9.1 快捷键及辅助键汇总表

快捷键	功能	辅助键1	辅助键2
E	进入“改变视点角度和距离”状态	“Z”键：图形绕Z轴旋转	“D”键：图形拉近推远
L	进入“改变当前模型位置”状态	分别按下“X”、“Y”、“Z”键：模型沿相应的坐标轴方向移动	
S	进入“改变当前模型大小”状态	分别按下“X”、“Y”、“Z”键：模型沿相应的坐标轴方向缩放，改变对应方向的模型比例（必须）	
O	进入“改变当前模型方向”状态	分别按下“X”、“Y”、“Z”键：模型沿对应轴旋转（必须）	
P	进入“改变当前控制点位置”状态	分别按下“X”、“Y”、“Z”键：模型顶点沿相应的坐标轴方向移动	
N	进入“重新选择当前控制点”状态	无：但需要用鼠标选择新控制点	
无	改变参考点位置	分别按下“X”、“Y”、“Z”键：参考点沿对应方向移动（必须，但使用右键菜单更加方便）	
M	显示实测异常		
C	显示当前模型正演异常		
A	显示所有模型正演异常		
R	显示剩余异常		
无	移动所有模型	按下鼠标左键并移动，所有模型沿屏幕的X、Y方向移动。如果按下鼠标左键的同时分别按下“X”或“Y”或“Z”键，则模型被分别限制在X、Y、Z坐标轴方向移动	
无	缩放所有模型	按下鼠标左键并移动，所有模型沿屏幕的X、Y方向缩放。如果按下鼠标左键的同时分别按下“X”或“Y”或“Z”键，则模型被分别限制在X、Y、Z坐标轴方向缩放	

⑨数据输出

1）导出异常数据

操作方法：选择菜单“文件”→“导出异常数据…”，打开文件选择对话框，输入文件名后点击“确定”。

说明：导出的异常是当前模型正演的重磁异常，以网格化文件*.grd格式存储，文件格式是Surfer软件的Binary格式，下同。

2）导出地形数据

操作方法：选择菜单“文件”→“导出地形数据…”，打开文件选择对话框，输入文件名后点击“确定”。

说明：导出的地形文件格式是*.grd。该功能可以用于理论模型计算，那时地形是可以编辑的，编辑好后可以作为实验数据输出。

3）导出模型数据

操作方法：选择菜单“文件”→“导出模型数据…”打开文件选择对话框，输入文件名后点击

“确定”。模型数据的文件格式是 RGIS 格式（ *.mdl）。

4）导出 RGIS 文件

操作方法：选择菜单“文件”→“导出 RGIS 文件…”，打开文件选择对话框，输入文件名后点击“确定”。RGIS 三维文件格式是 *.gm3 格式。

5）保存当前工作

操作方法：选择菜单“文件”→“保存当前工作…”，打开文件选择对话框，输入文件名后点击“确定”。保存当前工作的作用是将目前的工作结果完整地保存到本系统的工程文件（ *.wrk）中，下次可以快速恢复最近一次的工作。

13.9.5 三维重磁异常并行人机交互正反演

【说明】

三维重磁异常人机交互正反演模块的设计目标是能够快速计算表达整个地下空间的三维地质模型的重力和磁法异常，并通过三维模型的编辑功能，实现地下空间三维重磁异常的人机交互反演。目前实现的主要功能是快速计算表达整个地下空间的三维地质模型的重力和磁法异常。

该模块要求：所使用的地质模型数据文件符合中国地质调查局发展研究中心开发的 Geo3DML 标准，并且使用边界表示法表达所有地质体，即使地质体由一个边界面构成。

为了能够进行并行加速，用户需要安装硬件厂家的 OpenCL 驱动。对英特尔的多核 CPU 和英伟达的 GPU，可以分别在下列地址下载驱动程序：

https：//software.intel.com/en-us/articles/opencl-drivers#cpu-section

https：//www.nvidia.com/Download/index.aspx？lang=en-us

在安装了相关驱动后，如果软件仍然不能进行并行加速，可能的问题有两个：

1）设备太老，根本不支持 OpenCL。

2）虽然支持 OpenCL，但不支持双精度浮点运算。

有些软件可以帮助检查你的设备是否支持双精度的 OpenCL 加速。

图 13.9.71 和图 13.9.72 展示了通过使用 AIDA64 检查 CPU 是否支持 OpenCL 和 GPU 是否支持双精度浮点运算。

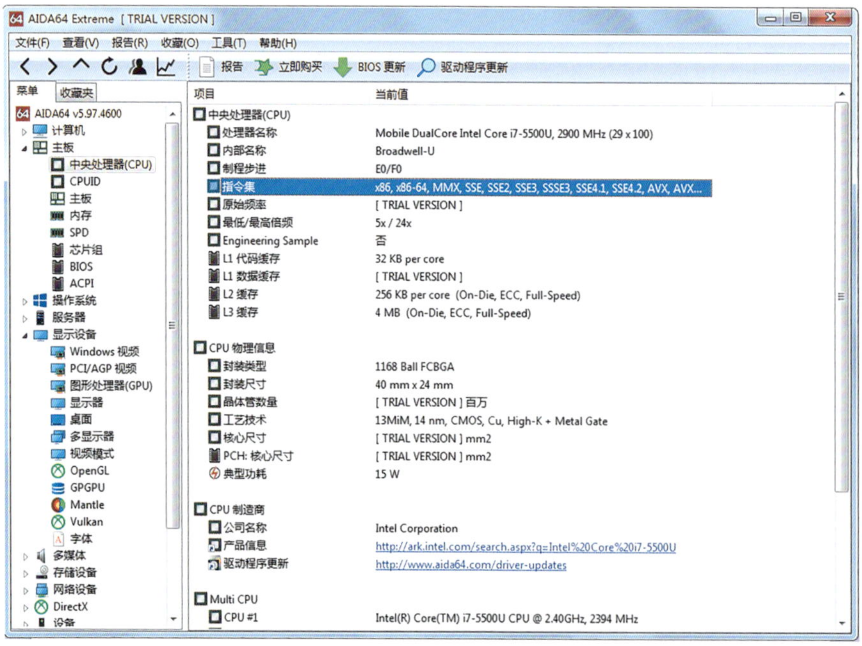

图 13.9.71　Intel 的 CPU 要求使用 SSE4 以上的指令集才能支持 OpenCL

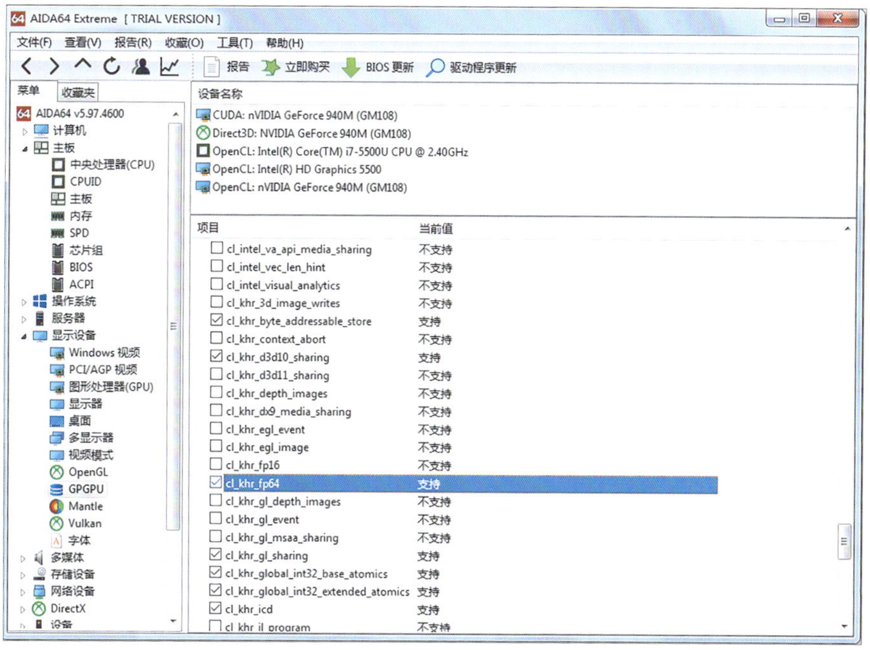

图 13.9.72 支持 OpenCL 的 GPU 要求支持 cl_khr_fp64 扩展才能进行双精度运算

如果你计算机上的 CPU 和 GPU 都不支持双精度的 OpenCL，那就只能用常规的串行方式进行异常计算了。

【操作】

①导入模型数据

选择菜单“文件”→“导入 Geo3DML...”或点击工具栏上的📂图标。出现文件对话框后，打开模型所在的文件夹，选择正确的 Geo3DML 工程文件名。

软件目前只能使用 Geo3DML 格式的数据文件，该格式通常有一个工程文件和一些成对出现的模型文件和可视化文件，所有文件都是 *.xml 格式的。

工程文件只有一个，文件名比较特殊（例如：示例数据.xml）。模型文件和可视化文件是成对出现的。通常模型文件比可视化文件多一个_mod 后缀（例如：Model-1_mod.xml 和 Model-1.xml）。这里需要选择的是工程文件，例如：示例数据.xml。

打开工程文件后可以在图形窗口看到所有模型，在图形窗口的左边窗格中有所有模型的名字列表，如图 13.9.73 所示。

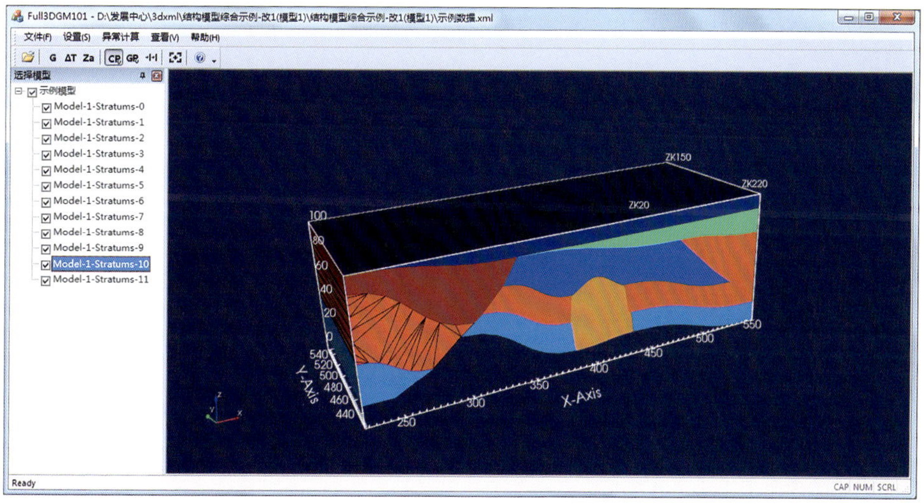

图 13.9.73 打开工程文件后的程序界面

②设置模型物性

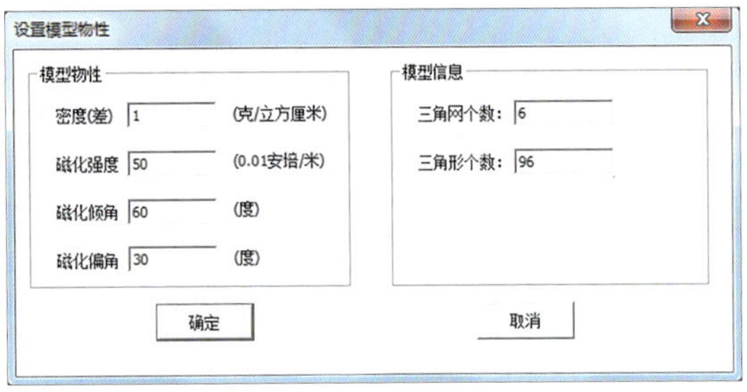

图 13.9.74　设置模型物性

模型物性指模型的重磁参数。原始数据文件中没有这些参数，程序给了统一的缺省参数值。可以通过多种方式为模型设置物性。

1）单独为每个模型设置物性。方法：在左边窗格的模型名称上点击鼠标右键，选择“设置物性(P)...”，在弹出的对话框中设置模型物性。如图 13.9.74所示。

2）批量编辑物性。方法：点击菜单“设置(S)→批量编辑物性...”，在弹出的对话框中设置各模型的物性，如图 13.9.75 所示。

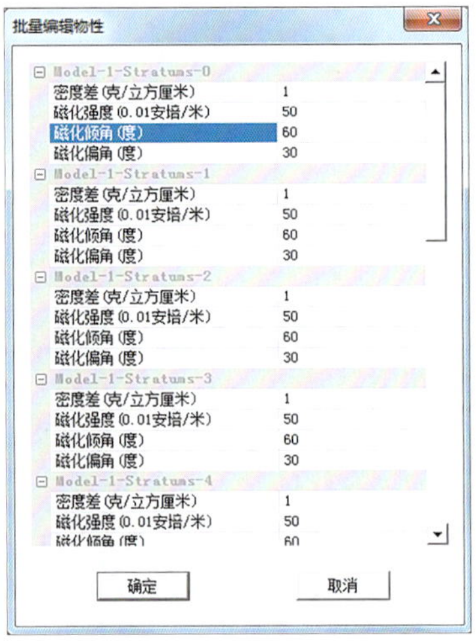

图 13.9.75　批量编辑物性

3）输入模型物性。可以根据模型的名字，通过软件自定义的物性文件格式，从文件中为每个模型输入物性。该物性文件是文本本件，文件名后缀为 .pty。其格式如下：

Model-1-Stratums-0 1 1 60 30

Model-1-Stratums-1　2 2 60 30

Model-1-Stratums-2　1 50 60 30

Model-1-Stratums-3　1 50 60 30

Model-1-Stratums-4　1 50 60 30

Model-1-Stratums-5　1 50 60 30

Model-1-Stratums-6　1 50 60 30

Model-1-Stratums-7　1 50 60 30

Model-1-Stratums-8　1 50 60 30

Model-1-Stratums-9　1 50 60 30

Model-1-Stratums-10　1 50 60 30

Model-1-Stratums-11　12 12 60 30

文件中的每一行都是一个地质体模型的物性。首先是模型的名字（字符串），然后是重力密度、磁化强度、磁化倾角和磁化偏角。

方法：点击菜单“文件（F）”→“输入模型物性...”。在文件对话框中选择物性文件。

③设置地磁场参数

点击菜单“设置（S）”→“地磁场参数...”。在弹出的话框中设置地磁场参数。如图 13.9.76 所示。

④设置地表网格

地表网格即用于计算异常的地表点。如果没有可供输入的重磁场值数据，则通过该功能可以简单设置地表网格。点击菜单“设置（S）”→“网格...”。在弹出的话框中设置网格参数。如图 13.9.77 所示。

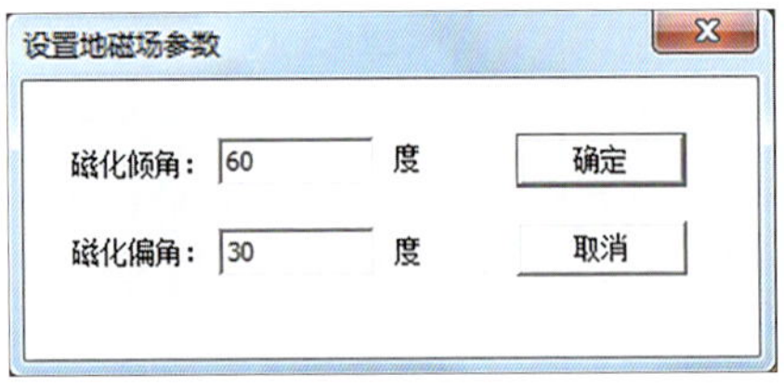

图 13.9.76　设置地磁场参数

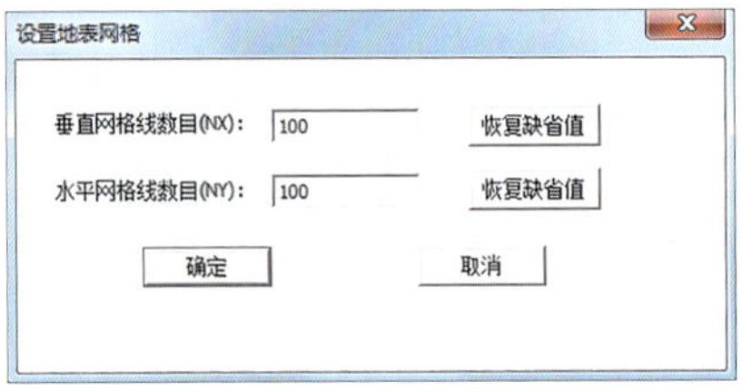

图 13.9.77　设置地表网格

如此设置的网格是平面网格，其水平范围与所有模型所在的水平范围相同。高度是所有模型的最高点向上 0.5m（为避免模型上点与计算点重合而导致计算错误）。

至此，就可以计算模型对地表网格点产生的重磁异常了。

⑤计算重力异常

点击菜单“异常计算”→“重力异常...”或点击工具栏的 **G** 图标。计算完成后将在地表显示重力正演异常色块图并提示计算时间，如图 13.9.78 所示。

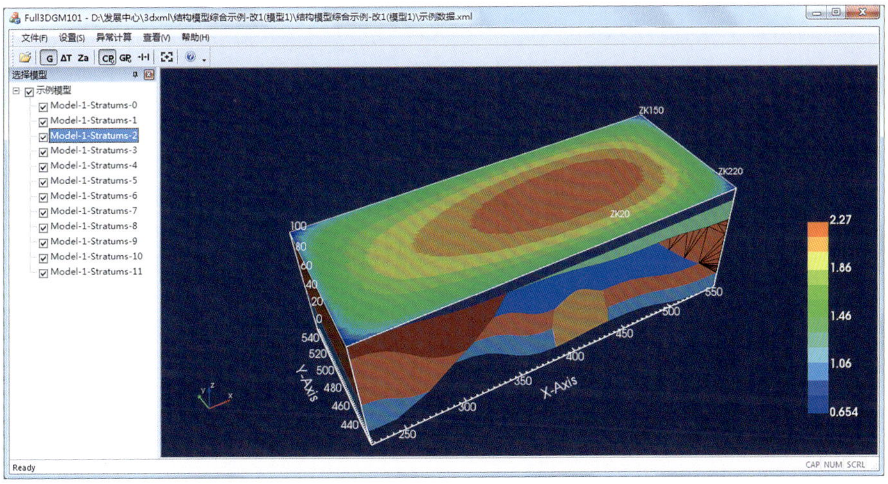

图 13.9.78 重力异常显示

⑥计算总磁异常

点击菜单“异常计算”→“总磁异常...”或点击工具栏的 **ΔT** 图标。计算完成后将在地表显示总磁正演异常色块图并提示计算时间，如图 13.9.79 所示。

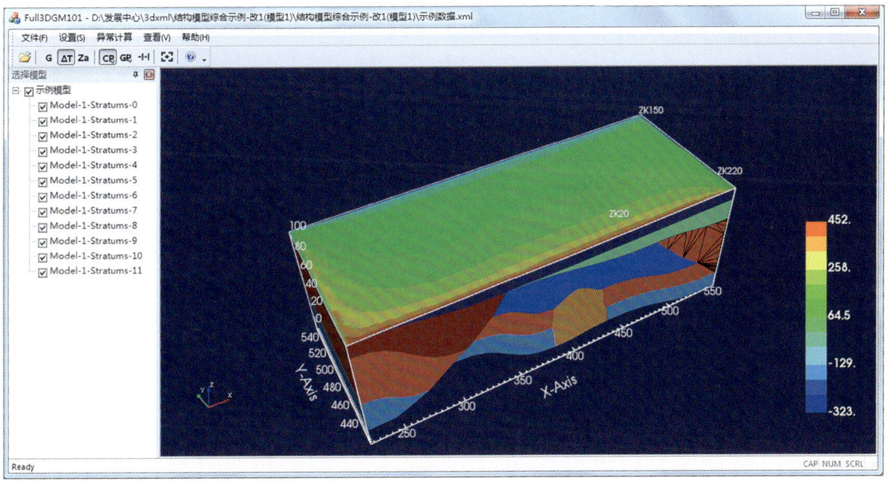

图 13.9.79 总磁异常显示

⑦计算垂直磁异常

点击菜单“异常计算”→“垂直磁异常...”或点击工具栏的 **Za** 图标。计算完成后将在地表显示垂直磁正演异常色块图并提示计算时间，如图 13.9.80 所示。

⑧范围扩展

已经发现，对于类似本说明所使用的例子模型，其四周陡直的边界对模型产生的真实数据场有较大的影响。解决这一问题的方法应该是对四周的模型范围进行扩展。但如何对三维模型进行扩展目前还没有一个公认的方法。

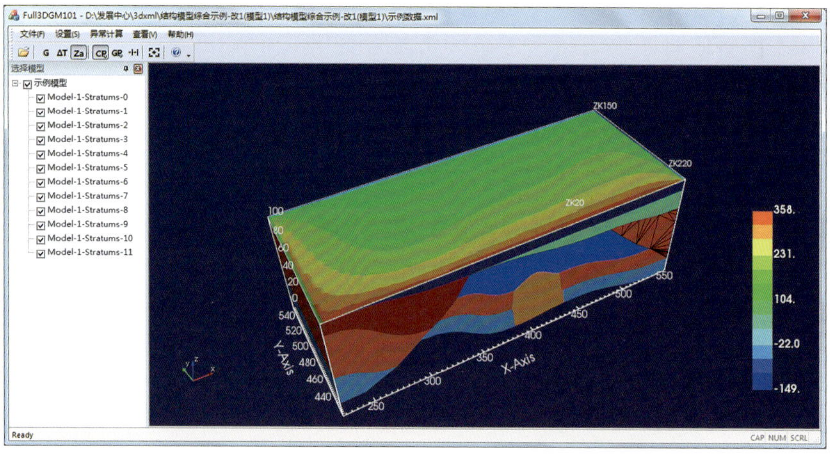

图 13.9.80 垂直磁异常显示

程序目前实现了一个非常简单的扩展方法：在模型四周扩展出一个具有单一物性的、与模型具有相同厚度的扩展体。可以指定这个扩展体的大小和物性，缺省是不扩展。

点击菜单“设置（S）”→“扩展范围...”，在对话框中输入扩展参数。如图 13.9.81 所示。其中 X、Y 方向的外扩单位分别是该方向上的地表网格数。

由于四周多出一个扩展体，计算出来的地表网格在模型边部异常发生了细微的变化。如图 13.9.82 所示。

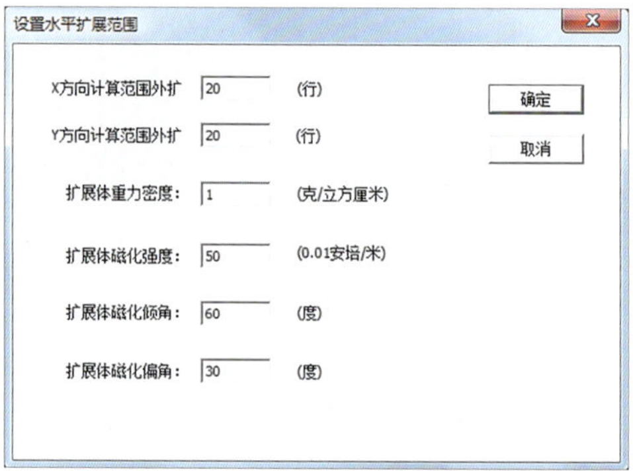

图 13.9.81 设置水平扩展范围

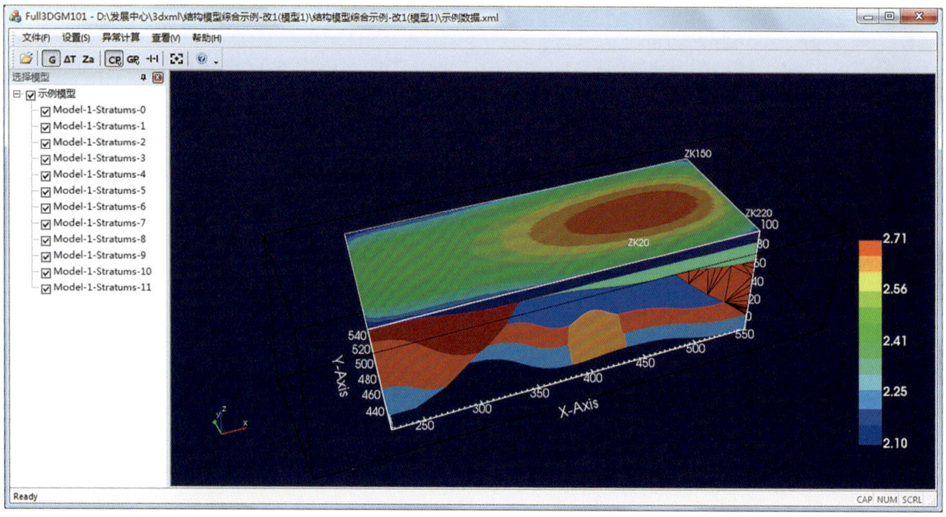

图 13.9.82 扩展范围（黑框）及其对正演异常的影响

⑨选择并行设备

可以选择参与并行运算的设备。使用不同的设备计算结果完全一致，但速度上有差别。

点击菜单“设置（S）”→“并行设备...”，弹出图 13.9.83 所示的设备列表对话框。

对话框中列出了所有可供使用的 OpenCL 设备。缺省情况下系统会选择所有可用设备参与并行计算。用户可以在每个设备的左边选择或放弃该设备。

根据用户的不同选择（或可用设备情况），系统会以 3 种方式计算异常：

1）无并行设备：这时系统会以串行方式计算异常。用户可以体验非并行算法的异常计算速度。

2）一个并行设备：这时程序会将所有计算任务全部交给该设备，该设备将以其最大速度计算异常。由于不需要复杂的任务调度，这种方式有可能超过使用多个设备的情况，非常值得一试。

3）多个并行设备：这时程序会通过调度，将整个计算任务分解到多个设备上进行计算，充分发挥每个设备的计算能力。由于任务的调度和汇总，再加上使用同一总线传输数据，使用多设备的计算速度并不是所有设备的速度之和。

⑩设置并行参数

如果用户使用的GPU并行设备和操作系统使用的显示设备是同一块显卡，并行程序有可能会被中断。原因是计算占用的显卡时间太长，影响了系统显示对显卡的使用。为此要将一个大的任务分多次交给显卡运行。如果系统真的被中断，则需要重新启动程序，将默认设置中的参数数值减小，然后再执行GPU并行异常计算。

点击菜单“设置（S）”→“并行参数...”。在对话框中设置并行参数。如图13.9.84所示。

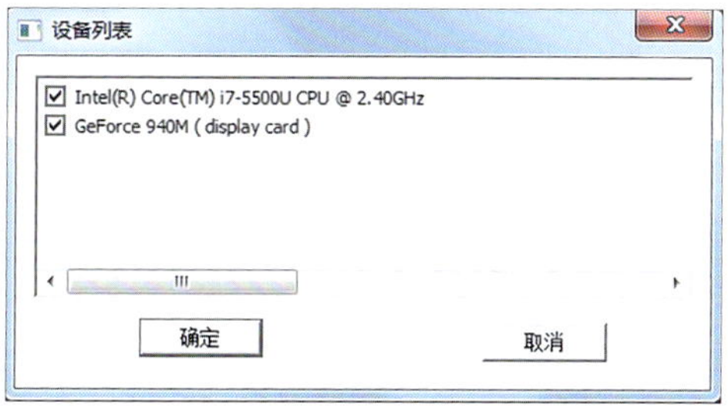

图13.9.83　设备列表

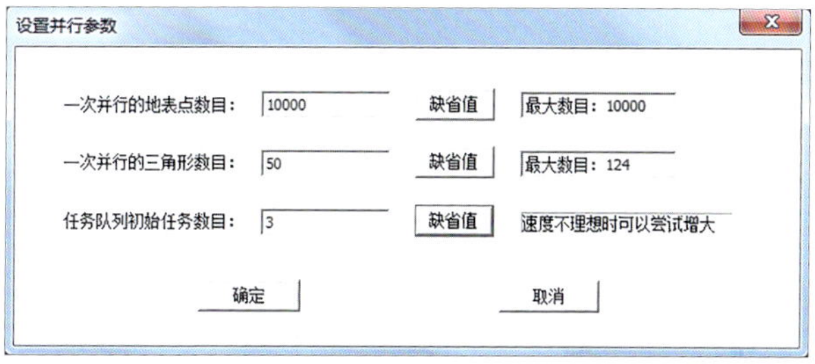

图13.9.84　设置并行参数

在该对话框中可以设置3个参数：

1）一次并行的地表点数目：地表点的数目越多，需要的存储就越多。如果超过了计算设备（例如GPU）的存储能力，程序是会退出的。这时就应该分片计算地表点。这里即是设置每片地表点的数目。缺省值是10000，右边的最大值实际是当前地表点的总数。

2）一次并行的三角形数目：本程序的内部是在计算每个三角网对地表点的异常。三角网由三角形构成。如果三角网很大（例如由几万个三角形组成），则一次计算该三角网对地表点的异常可能需要相对长的时间（例如超过两秒）。如果计算设备正好是一块系统使用的显卡，这会因为显卡被占用时间过长，导致系统中断程序的执行。为了避免这种情况的发生，本程序每次只计算三角网中的一部分三角形。该参数就是设置一次计算的三角形数目。这个参数应该尽可能的大，只要不死机。缺省值是50，右边的最大数目实际是最大的三角网。

3）任务队列初始任务数目：在每个OpenCL设备上有一个任务队列，设备按顺序执行队列中的任务，直到队列为空。本程序的任务调度方法是将整个任务划分为同样大小的一些子任务分发到各个设备的任务队列。当一个设备队列完成一个子任务，调度程序就再给它分配一个新的子任务，直到完成所有子任务。如果一开始设备队列中只有一个子任务，则当这个子任务完成后，新的子任务入列前，任务队列是空的，设备空闲下来，影响整个任务的完成时间。为此，计算开始时，需要首先在任务队列中多放几个子任务，以便保证设备队列始终不为空。这里即是设置每个任务队列的初始子任务数目，初始值为3。在大多数情况下这个值是可以的，但如果设备的能力很强，这个值可能会不够，表现为速度不够理想。这时可以适当增加该值。在实验中出现过需要将该值设置为20的情况。

⑪输出异常

计算的重磁异常可以进行输出，当前地表显示的是什么异常就输出什么异常。输出的格式是Surfer格式的＊.grd文件。

点击菜单“文件（F）”→“输出异常GRD...”，输入文件名即可。

⑫改变模型顶点位置

这是目前实现的唯一的模型编辑功能。编辑时可以选择使4个垂直边界上的点仍然保留在垂直边界上，如图13.9.85所示。

选择菜单“编辑→移动顶点”或点击工具栏图标。然后就可以在图形窗口中用鼠标左键选择并移动三角网顶点的坐标。

如果需要保持垂直边界上的点仍然保留在垂直边界上，选择菜单“编辑”→“编辑约束”或点击工具栏图标。

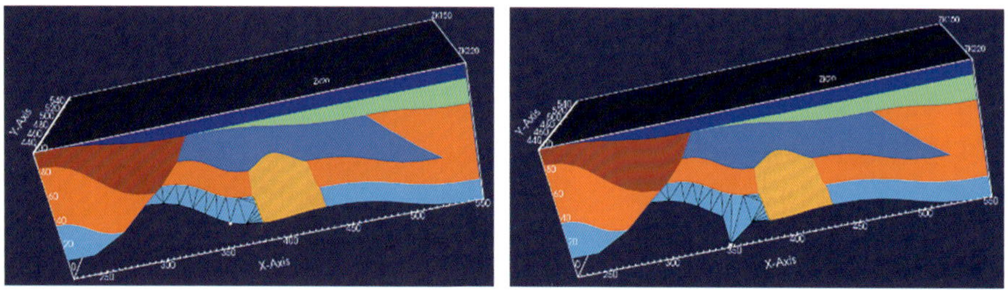

图13.9.85　模型编辑前和编辑后

⑬其他功能

1）输出模型

软件可以输出经过编辑的三维模型数据，输出格式仍然是Geo3DML工程文件。

点击菜单“文件（F）”→“导出（E）Geo3DML...”，输入文件名即可。

由于软件目前还没有模型编辑的功能，所以本功能目前还没有实际意义。

导入重力和磁法实测数据：如果具有重力和磁法实测数据，就可以用来计算剩余异常。点击菜单“文件（F）”→“导入重力数据（G）...”或“文件（F）”→“导入磁测数据（G）...”，输入文件名即可。文件都是GRD格式。

2）导入地形数据

如果具有实际的地形数据，就可以计算模型在起伏地形上引起的重磁异常。

点击菜单“文件（F）”→“导入地形数据（T）...”，输入文件名即可。文件为GRD格式。

3）输出模型物性

在软件中编辑过的模型物性数据可以输出。输出格式即是前面“输入模型物性”中所述的文件格式。

点击菜单“文件（F）”→“输出模型物性...”，输入文件名即可。

4）交互显示和全景视图

软件使用的图形交互方式是由VTK定义：鼠标左键控制观察角度；鼠标右键或滚轮控制图形大小；鼠标中键或按下滚轮可以移动图形。如果在交互过程中图形偏离了显示区域，可以使用全景视图功能将图形拉回显示区域。

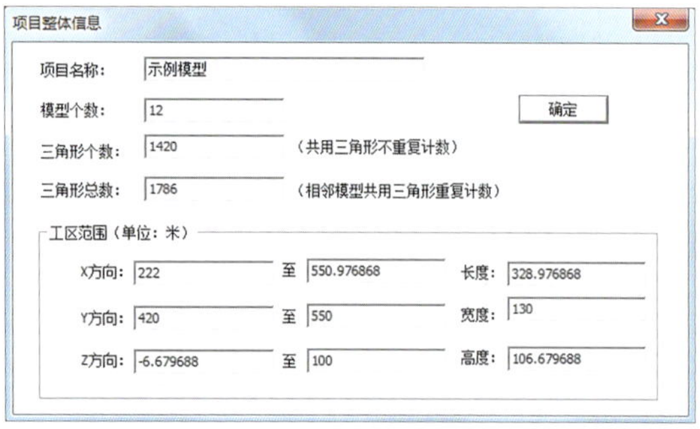

图13.9.86　项目整体信息

点击菜单“查看（V）”→“全景视图”或点击工具栏图标。

5）显示项目整体信息

点击菜单“查看（V）”→“项目整体信息”或在左边窗格的项目名称上点击鼠标右键，选择“整体信息...”。如图13.9.86所示。

6）将模型显示为框架

模型通常显示为实体，但也可以显示为外边框。

点击菜单“查看（V）”→“显示为框架”。如

图 13.9.87 所示。

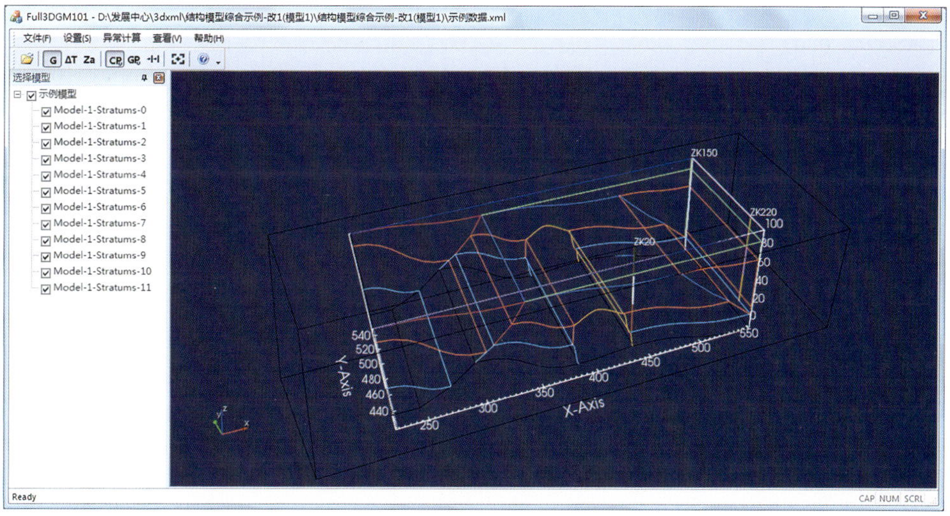

图 13.9.87　模型显示为框架

7）控制异常显示

软件目前同时只能在地表显示一种异常，包括：实测异常、正演异常、剩余异常和不显示异常。可以通过菜单在各种显示间切换。

点击菜单“查看（V）”→“实测异常（M）”或“查看（V）”→正演异常（F）”或“查看（V）”→“剩余异常（R）”或“查看（V）”→“不显示异常”。

第 14 章　电法和电磁法正反演

RGIS 的电法数据处理功能模块包括电阻率和极化率数据正反演、磁性源瞬变电磁数据正反演、可控源音频大地电磁数据正反演以及大地电磁数据正反演。

14.1　电阻率和极化率数据正反演

电阻率和极化率数据正反演包括一维电阻率极化率测深正反演、2.5 维电阻率极化率人机交互式正反演、地面和井中激电数据 2.5 维联合反演解释以及地面和井中激电数据三维联合反演解释（图 14.1.1）。

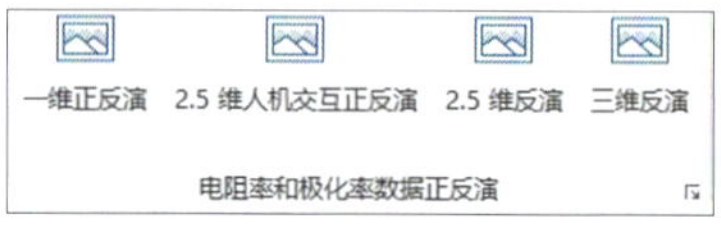

图 14.1.1　电阻率和极化率数据正反演功能展示

14.1.1　一维电阻率极化率测深正反演

【说明】

一维直流测深方法的视电阻率和视极化率正反演程序能对二极电位、对称四极和轴向偶极测深装置进行一维层状介质的视电阻率和视极化率正演计算或对实测视电阻率和视极化率自动反演层参数。一维直流测深装置的视电阻率和视极化率正反演程序适用于五种类型装置形式，它们分别是：

二极电位测深装置，其电极距以 AM（m）标识；

测量电极距 MN>0 的实用对称四极测深装置；

测量电极距 MN→0 的理论对称四极测深装置，其电极距为 AB/2（m）；

测量电极距 AB = MN>0 的实用轴向偶极装置；

测量电极距 AB = MN→0 的理论轴向偶极装置，它们以 OO′/2（m）表示电极距。

程序功能如下：

一维电阻率和极化率正反演程序适用上述装置的任何大小 AB 供电及 MN 测量电极距。也适用于欧美等比测深装置，也可进行不同间隔系数的偶极测深。

对常用的二极和对称四极装置的视电阻率反演，软件通过曲线变换，提供了简易方便的图上选择初值方法，既方便用户使用也可使反演取得较好效果；正反演速度快，精度高。

【操作】

选择“电阻率和极化率数据正反演”→“一维正反演”，打开一维电阻率极化率测深正反演程序主界面。如图 14.1.2 所示。可以分别进行正反演计算，下面分别介绍。

①正演操作方法

1）参数设置。操作“正演计算”→“正演数据输入”，或选择工具栏中打开正演数据文件按钮 ，打开正反演参数选择对话框，如图 14.1.3 所示。该对话框用于用户选择要计算的参数和装置类型。

2）数据读取。参数设置完毕，点击“确定”按钮，打开正演数据文件对话框，用户从中选择需要的正演数据文件名，并“确定”，打开正演层参数选择对话框，如图 14.1.4 所示。

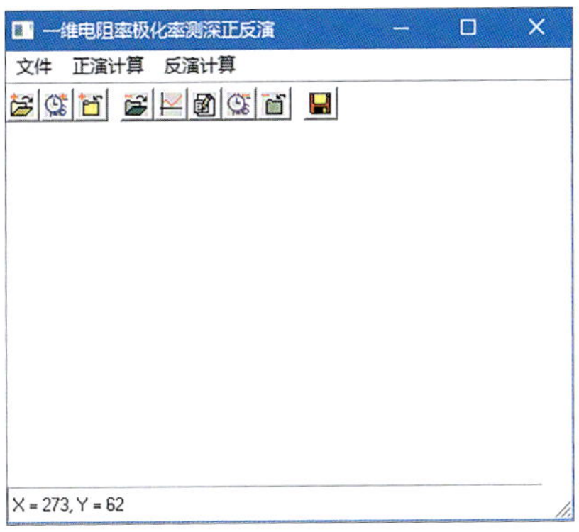

图 14. 1. 2　程序主界面

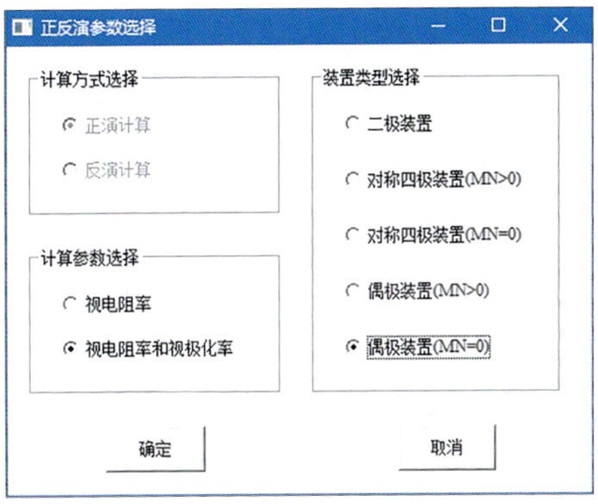

图 14. 1. 3　正演参数选择

3）电性层参数输入。这里要求用户在对话框中输入正演的电性地层层数。确定后，打开输入正演层参数对话框，要求用户在对话框中输入正演的电性层参数，包括电阻率、层厚度，如图 14. 1. 5 所示。

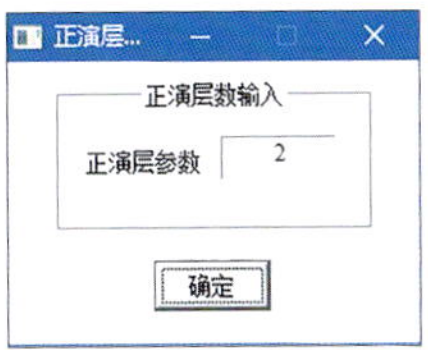

图 14. 1. 4　正演层参数选择

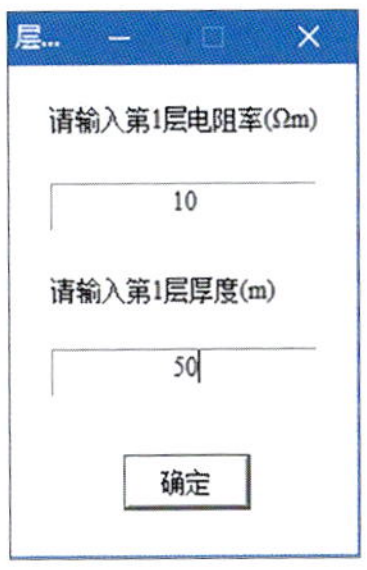

图 14. 1. 5　电性层参数输入

4）正演计算。参数设置完毕，点击“确定”按钮，正演计算很快完成。程序在主窗口显示正演结果曲线，并提示用户保存正演结果数据，如图 14. 1. 6 所示。

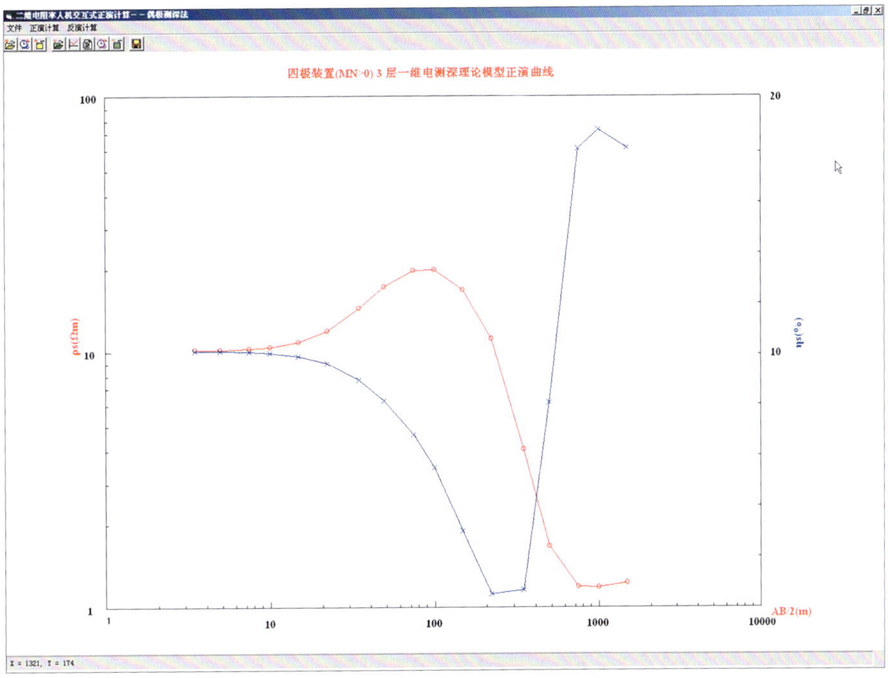

图 14. 1. 6　正演曲线显示

5）保存结果。要正演结果图件，只需点击工具栏“保存图形”按钮，且赋予文件名即可，正演

结果图件将以 *.BMP 位图格式保存。

②反演操作方法

1）数据输入。依照正演操作过程，读入反演数据文件。

2）测深点号设置。选择完测点位置数据，点击“确定”按钮，出现反演点号输入对话框，用户在对话框中输入反演点号即测深点顺序号。如图 14.1.7 所示。

3）迭代次数和迭代误差输入。点击“确定”按钮打开迭代次数和迭代误差输入对话框，要求用户在对话框中输入迭代次数和迭代误差值，一般取对话框中的默认值即可。如图 14.1.8 所示，迭代次数和迭代误差设置完毕，即完成反演数据的读取过程。同时窗口显示该测深点的视电阻率曲线。如图 14.1.9 所示。

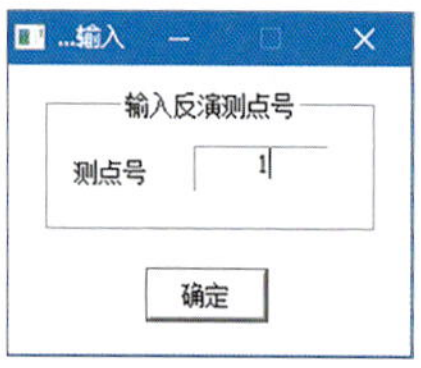

图 14.1.7　反演测深点序号输入

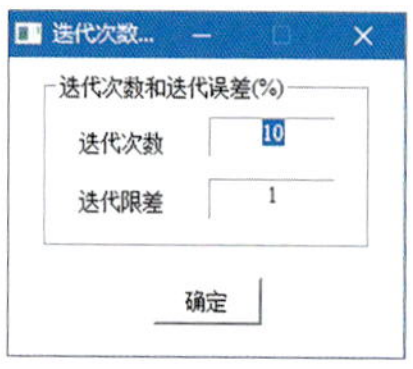

图 14.1.8　迭代次数和迭代误差输入

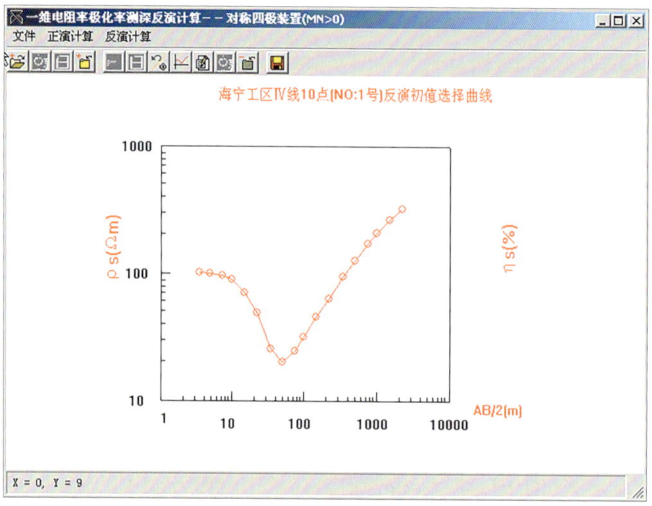

图 14.1.9　实测曲线显示

4）曲线变换。对于二极和对称四极装置，均可使用变换曲线方法直接从图上选取初始参数。变换曲线操作方法：点击“实测曲线变换”按钮，出现变换曲线，依曲线特征判定层数。如图 14.1.10 所示。

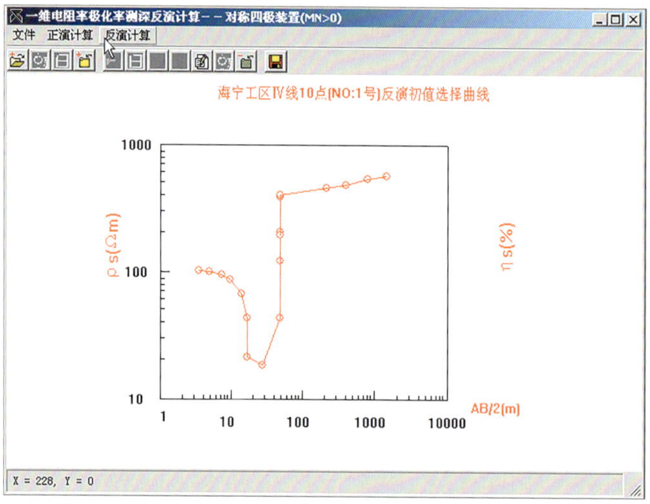

图 14.1.10　变换曲线

5）输入初值。选择“输入反演初值”按钮输入层数。对于偶极装置依次出现层数，各层初始层参数输入对话框，请用户逐一输入即可，如图 14. 1. 11 所示。

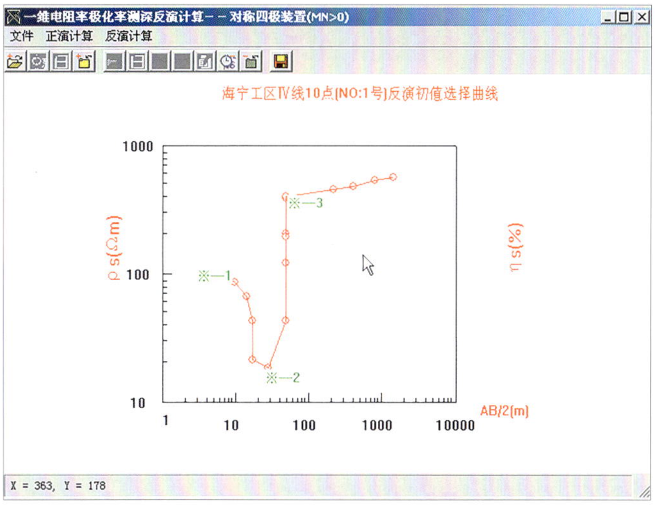

图 14. 1. 11 输入初值

对于二极和对称四极装置，仅需用鼠标右键在变换曲线各层特征点位置点击层数的次数即可，点击点位置纵横坐标即为该层的初始层参数，最后一层的厚度程序自动不计，仅需注意选择其电阻率。一般经过变换，在变换曲线上，各层分层处电阻率均有较大变化（梯度较大），选择梯度较大处为层的厚度分界处；其电阻率值应高于或低于该处的变换曲线上左侧的电阻率值。用户首先可以用该地区电断面类型及大致层参数进行正演，然后依已知的正演层参数值观察变换曲线上的分层特征点位置特征。

注：初值层参数务不必很准确，但层数应划分应尽可能准确。

6）反演计算。操作工具栏“反演计算”按钮，约不足半分钟即显示反演结果图形。若不满意反演结果，可点击“否”按钮，再取初值反演，如果满意，点击“是”，将计算结果保存至指定的文件名，如图 14. 1. 12 所示。如用户较熟悉操作，一个测深点反演不足 1～2 分钟。对于理论曲线，一般反演后拟合误差达千分之一的数量级，而反演的层参数值相对误差<3%（在 3 层时）。反演多层时，尤应注意中间层参数的正确选取，否则等值效应影响较大。

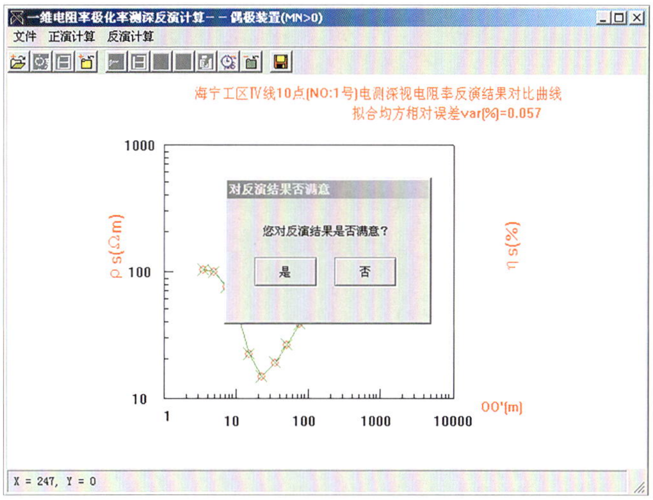

图 14. 1. 12 反演计算

7）保存反演结果。操作“保存图形”按钮，输入文件名，将反演结果图保存。

8）退出反演。操作工具栏“退出”按钮，退出反演到软件主窗口界面。

一维电阻率极化率测深正反演程序的输入输出文件格式见第 15 章。

14.1.2 二维电阻率极化率人机交互式正反演

【说明】

二维电阻率极化率人机交互式正反演程序能对定源形式的充电、中间梯度，动源形式的二极电位剖面、联合剖面、对称四极剖面和偶极剖面，以及测深形式的二极电位测深、三极测深、对称四极测深和偶极测深共 10 种装置进行二维地电构造下的视电阻率和视极化率正演。

程序按二维地电构造下纯异常电位有限单元算法设计。有限单元法计算的是纯异常电位，对算域采用矩形网格对角连线的三角形剖分，有利于模拟复杂地电构造。采用计算机人工构造地电断面、计算机自动获取剖分三角形单元电性值，可避免人工输入单元电性的麻烦与困难，亦使地电断面修改简单易行，适用于试凑法人机交互反演。

程序功能如下：

1）可对二维地形起伏下所列各种装置的视电阻率 ρ_s 和视极化率 η_s 进行正反演计算。

2）充电装置的供电电源可以位于地表亦可处于地下（但观察位于地表）；充电电源个数可以多个；充电法可以是电位观测法和梯度观测法。

3）可以依电位或电位梯度计算充电装置下地表的视电阻率 ρ_s 和视极化率 η_s，同时考虑地形高程的影响。

4）偶极剖面可进行多个不同间隔系数的偶极断面 ρ_s，η_s 计算，一般不宜多于 6～8 个间隔系数。

注：凡测深装置，其布线方向均沿二维剖面方向。

使用程序前，需预先准备数据文件。包括正反演、计算参数、装置形式等工作方式选择参数；如地形不平则需要有地形高程数据；还需有各种装置参数。如果进行试凑法反演，还需有实测视电阻率和视极化率数据，数据格式见第 15 章。

【操作】

①程序启动

操作“电法与电磁法正反演”→“电阻率和极化率数据正反演”→“2.5 维人机交互正反演”，进入二维电阻率极化率人机交互式正反演窗口，如图 14.1.13 所示。

②计算方式选择

操作“文件”→“新建”，打开二维常规直流电法正反演对话框，如图 14.1.14 所示。

图 14.1.13 二维电阻率极化率人机交互式正反演程序

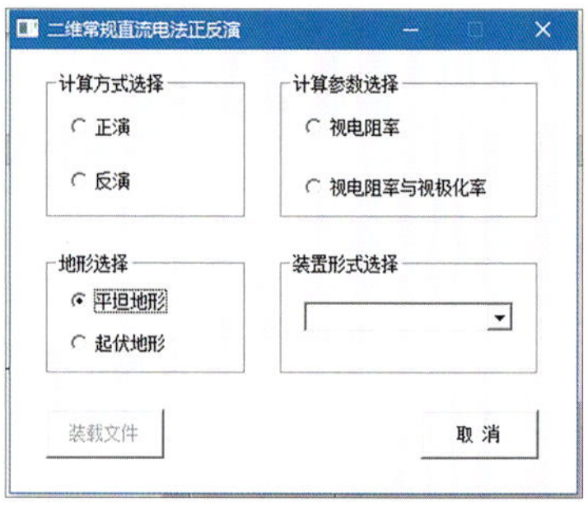

图 14.1.14 计算方式选择

③装载数据文件

在新建对话框中需要设置系统工作方式、地形是否起伏、计算参数、装置形式。操作新建对话框中的“装载数据文件”按钮，可读入对应装置类型和参数的数据文件。如果数据文件中与对话框中参数的设置相符合，则进入主界面，否则提示“所选择数据文件与当前设置不符合”。这时，可以在新建对话框中重新设置各参数，然后选择相应的数据文件。

④点号标定

点号标定是选取后续正反演图形显示区域的左下角坐标，在二维电阻率极化率人机交互式正反演窗口中，操作“编辑”→“点号标定”，显示一个新的窗口。在该窗口左下角任一位置点击鼠标左键，打开点号标定对话框，如图 14.1.15 所示。点号标定框中显示了当前点号、起始点号、终止点号和点距等信息。比例尺对话框显示当前的缩放比例，将当前比例尺放大一倍后，出现下图所示的初始地电断面模型，图 14.1.16 中曲线为地表地形线。在该图上部将同时出现实测 ρ_s 曲线图，选择正演计算时，该曲线缺失。也可以使用工具栏中的放大与缩小按钮来放大或缩小该图。

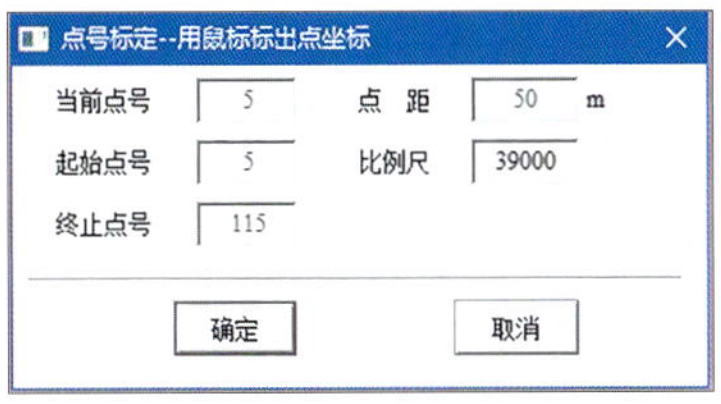

图 14.1.15　点号标定

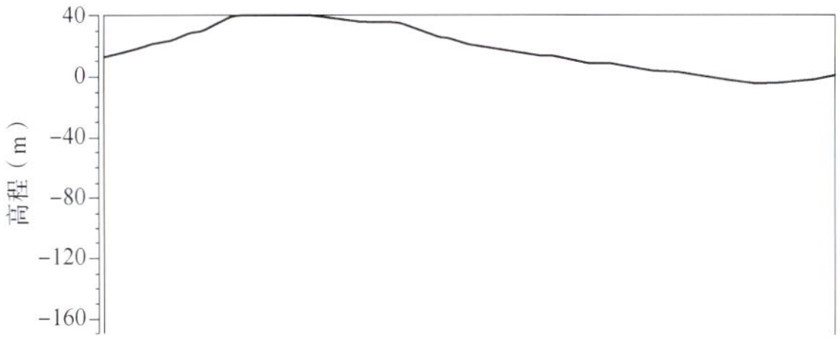

图 14.1.16　地形线

⑤查看极化率图

若工作参数中选择同时计算 ρ_s 和 η_s，操作“查看”→“显示极化率图”，将显示出与上面类似的极化率图，可以多次使用该功能在上述两图中切换。

⑥绘制构造地电断面

在初始地电断面模型上，利用系统主界面工具栏上的“直线”、“折线”按钮绘制复杂的二维地电断面。其方法是首先点击“折线”（或“直线”）按钮，此时，鼠标光标显示为“+”，在算区地电断面范围内连续移动并点击鼠标左键将呈现一条曲线（按鼠标右键将终止曲线显示），如此可构成各种复杂地电断面，如图 14.1.17 所示。

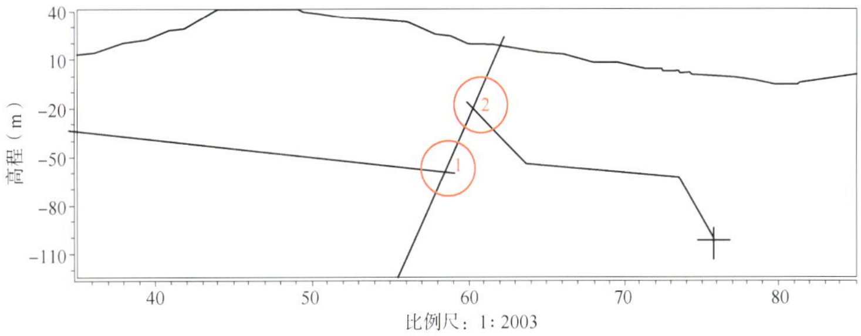

图 14.1.17　地电断面构造

未进行正演计算前，所绘制复杂地电构造的形态将在视极化率断面图上有相同的形态，经过正演计算后，再修改地电断面时，将分别进行修改且将可能有不同的形状。

注：所绘曲线（直线）应与地形线、算区边框线或其他曲线/直线明确相交，以便构造成一个封闭区域；相交折线应有明显的相交部分（出头部分程序会自行消除）；一条曲线/直线不能自行闭合，对一个需自行闭合的曲面，应用两条相交折线/直线/构造，并用一直线自闭合体内任一位置引伸到算区外（程序会自行消除该引伸直线）；可用编辑菜单删除最近绘制的折线或直线。

⑦构造初始模型

操作“构造初始模型”按钮，程序剔除图面未封闭成曲面的多余曲线，并可开始为地电断面赋

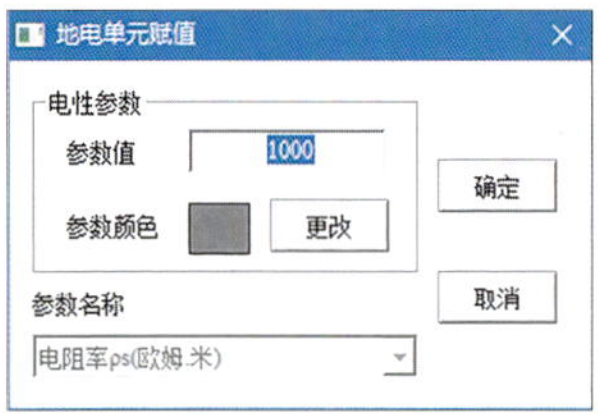

图 14.1.18　地电单元赋值

电性值。在地电断面某一区域双击鼠标左键，弹出地电单元赋值对话框，如图 14.1.18 所示。

本对话框可为该地电断面单元赋电阻率值、设置断面显示颜色，进行地电单元赋值后，系统将给该地电断面单元赋予给定值和颜色，并且在地电断面图右上外侧显现相应图例。逐次进行将可给出地电断面各区域电性值与颜色。空气的不必赋值，程序自动给定空气的电阻率初值为 $10^6\Omega\cdot m$，极化率为 0%。

对于极化率地电断面，可以操作极化率图工具，用同样方法为极化率断面赋值。删除区域操作“菜单”→“删除区域”，可以删除某区域的地电断面的电性值及颜色，仅保留图形。至此，初始地电断面构造及赋值已经完成，如图 14.1.19 所示。

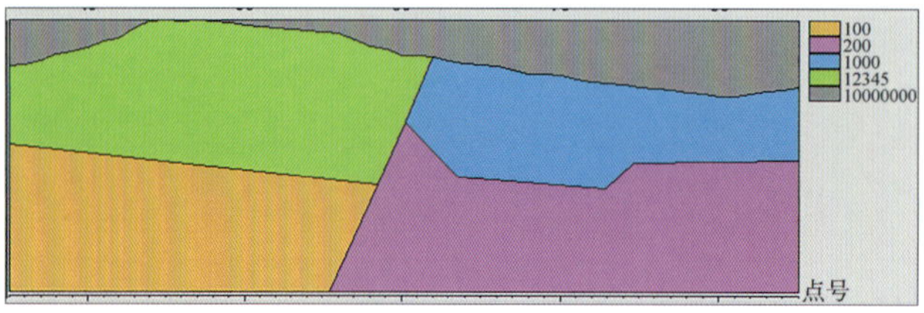

图 14.1.19　初始地电断面构造及赋值

⑧建立算区网格

操作工具栏上“建立算区网格”按钮，可以完成地电断面有限单元剖分过程，如图 14.1.20 所示。

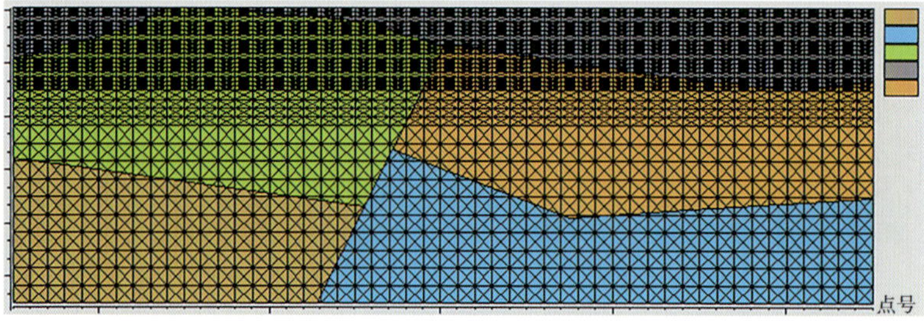

图 14.1.20　建立算区网格

⑨获取有限单元电性参数值

操作工具栏上“获取网格数据”按钮，将有限元各单元电性值自动存入程序，此两步操作后，程序自动对极化率断面图进行相应操作。

⑩计算并显示计算结果

1）操作工具栏上“正反演计算”按钮，程序自动进行计算。计算结束自动弹出信息框“计算完毕，请查看计算结果”，点击“确定”，将在地电断面图上方显示计算结果曲线，如图 14.1.21 所示。至此，正演计算完成。

2）图形结果保存

选择“正演反演结果图形文件保存”按钮，可将地电断面及曲线输出于图形文件保存，对于极化率图，亦需执行同样的操作。

3）正演反演结果数据文件保存

操作工具栏上“正演反演结果数据文件”按钮，将弹出保存文件对话框，输入文件名保存，随即将计算结果的视电阻率和视极化率保存。

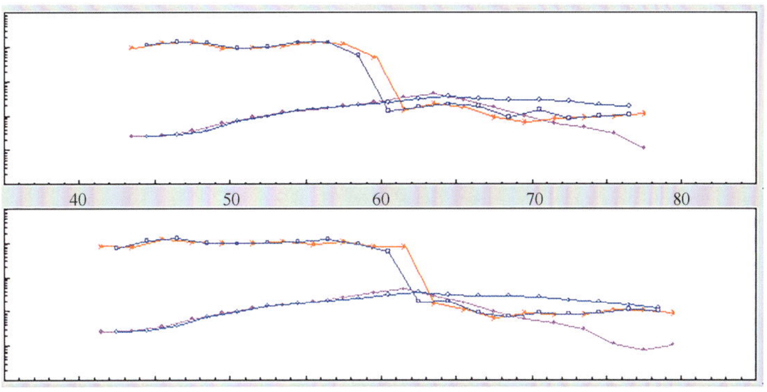

图 14.1.21　正演计算结果

4）地电断面剖分数据文件保存

操作工具栏上“地电断面剖分数据文件”按钮，将弹出保存文件对话框，输入文件名并保存，将保存有关地电断面电性值的各种数据，以供用户利用其它图形系统绘制地电断面。

5）地电断面的修改

正演计算后，若需修改地电断面形状及单元的参数值，可操作工具栏中“修改网格数据”按钮，用鼠标左键连击成一个封闭曲线区域后，单击鼠标右键，打开地电单元赋值对话框，通过重新设置，可将该区域修改为新的电性值。对于某一个别的有限元三角形单元赋值，点击“修改网格数据”后，可直接将鼠标指定该三角形单元后单击鼠标右键，同样将弹出赋值对话框，可修改该单元赋值。修改完地电断面后，应立即操作“正反演计算”进行计算，此时不必再操作“获取网格数据”。

注：应用鼠标左键单击形成一个自行封闭的区域；点击工具栏“修改网格中数据”按钮一次只能修改一个区域或一个三角形单元，若需修改多个区域应多次点击后逐一操作修改；电阻率和极化率地电断面图分别修改，即修改电阻率地电断面并不修改极化率地电断面，反之亦然。

二维电阻率极化率人机交互式正反演程序的反演操作和正演操作类似，实际操作过程为：“系统启动”→“计算方式选择”（即“新建”）→“构造地电断面”→“获取有限单元电性数据”（即“构造初始模型”）→“正演计算”→“重新修改地电断面到正演计算的多次人工循环操作（试凑法反演）”→“计算结果存入文件档”→“退出系统”。

二维电阻率极化率人机交互式正反演程序的输入输出文件格式见附录。

14.1.3　2.5维电阻率极化率反演

【说明】

软件主界面从上到下分主菜单、工具条、主窗体和状态条等4大类。主菜单展示了软件的主要功能选项以及对应功能的下拉菜单；工具条主要提供了菜单中主要功能项的快捷方式，以图标形式给出；主窗体是软件管理、数据显示和成果图示的窗口，从左到右又分为文件管理（信息提示）、实测数据、数据和结果显示3个子窗体，分别提供相关功能的显示和编辑功能；状态条主要给出一些必要的提示信息。工具栏上的快捷键与主菜单下的功能选项对应，具体的功能键如图14.1.22和表14.1.1所示。

图 14.1.22　软件菜单栏

表 14.1.1　软件菜单栏菜单选项及功能介绍表

主菜单	下拉选项	主要功能
工程文件	打开工程文件	打开已保存的工程文件，对前期保存的数据、参数信息快速导入
	保存工程文件	保存当前的数据至工程文件中
	退出程序	退出整个反演程序
数据文件	打开数据文件	打开指定格式的数据文件（实测数据、高程数据和反演数据），并显示数据至数据表格中
	保存数据文件	保存当前的数据（实测数据、高程数据和反演数据）至文件中
	清除实测数据	清除表格中的实测数据，并重新输入和编辑
测井数据	无	测井约束、井口位置等参数输入
高程数据	高程数据输入	打开高程输入窗体，供高程数据输入
编辑数据	显示实测数据	在右侧窗体绘制实测数据曲线，用户通过鼠标剔除数据
	编辑视电阻率数据	
	编辑视极化率数据	
反演参数	迭代次数和背景参数	输入反演迭代次数和初始背景参数
反演区域	反演范围	设定反演水平范围和反演深度
反演计算	检验数据	检验当前输入的数据，并给出提示信息
	反演计算	对当前的输入数据和参数进行反演计算
	终止计算	终止当前的反演
反演结果	反演结果图示	切换至反演结果图示窗口
	打开并显示反演结果	打开反演结果数据文件，并图示反演结果
	保存当前电阻率反演结果图	保存当前的电阻率反演结果图至图形文件中
	保存当前极化率反演结果图	保存当前的极化率反演结果图至图形文件中
	保存当前反演结果至数据文件	保存当前的反演结果存入指定的数据文件中
帮　助	帮助	打开软件帮助文件
	关于	软件信息

【操作】

本反演软件的操作按照执行的先后顺序大致分为装置选择和数据输入（导入）、各观测数据的显示与编辑、反演参数和数据检查、反演运行和终止、反演结果显示和保存、工程文件保存和退出系统等功能操作。这几个功能相互独立且通过数据链相互连接，构成完整的反演系统，如图 14.1.23 所示。

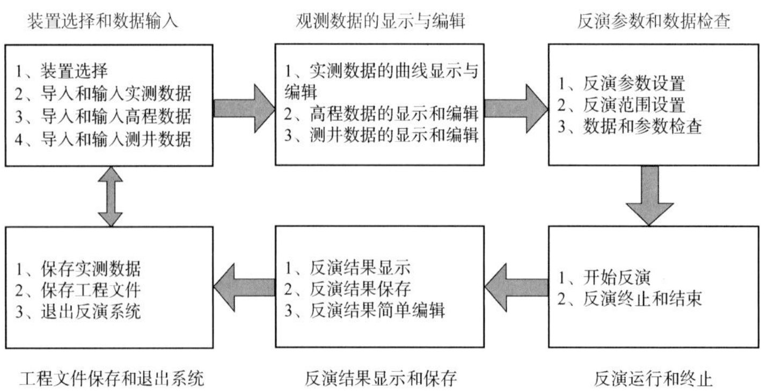

图 14.1.23　反演流程图

①实测数据输入

系统提供了 3 种方法进行实测数据的输入和导入：

1）拷贝–粘贴方式实现（推荐）

在数据表格窗体中，鼠标左键双击，进入数据表格设计和编辑窗口（图 14.1.24），用户可通过拷贝–粘贴把实测数据（装置实测数据、高程数据、测井数据等）按照表头提示对应粘贴进数据表格窗体中。支持 Excel、Surfer 等表格数据的直接拷贝–粘贴。该方式操作简单、灵活，可及时对数据查看和编辑。

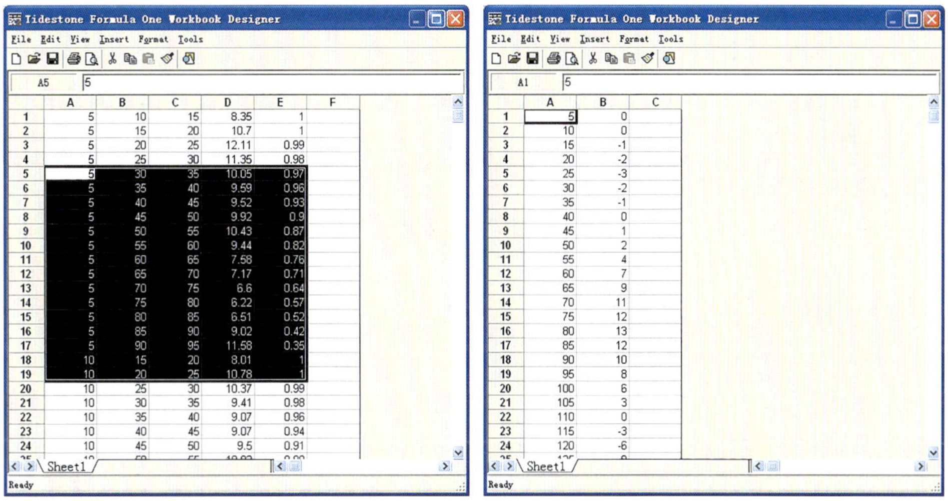

图 14.1.24　拷贝–粘贴方式数据输入

2）数据文件导入

从数据文件中导入实测数据到表格窗体中，该功能要求数据文件预先制作编辑好，支持通过软件本身功能保存的数据文件、Excel 格式的数据文件以及以 Tab 间隔的文本数据文件的直接导入。该方式的缺点是并不兼容所有的文本数据文件，需要用户加以判断。

通过主菜单“数据文件”→“打开数据文件”对各种实测数据进行文件导入软件中，对于当前表格文件中的数据可以进行保存，以方便下次或其他人导入使用。对应的快捷方式为 、 。用户还可对当前导入的实测数据进行清除并重新导入或输入，对应的菜单项“数据文件”→“清除当前数据”，工具栏快捷方式按钮 。

3）手动逐个输入数据

在表格窗体中手动逐个输入数据，这是最基本的输入方式，也是效率最低的一种。

当用户以上述方式完成各种数据的导入、输入后，为方便下次查看、避免重复的输入、编辑等重复操作，软件提供了保存和打开工程文件选项。工程文件是指把一个项目（一个测区）的所有实测数据封装在一个文件中，工程文件是软件本身定义的一种格式文件，用户一般无法直接查看，只能用软件本身功能保存和打开，软件保存的工程文件的默认后缀名为 . gpp。

②各装置、测井实测数据格式

1）不同装置实测数据格式

软件提供了中梯测深、三极测深、对称四极、偶极偶极、二极测深等 5 种类型的装置数据输入格式，分别对应于这些装置的数据反演。实际上，这 5 种类型包含了任意地面装置的数据输入，中梯测深或偶极偶极模式下可实现对任意四极的数据输入，对称四极是针对常规的对数等不等极距间隔的数据输入。

当用户选定装置后，实测数据表格头会根据选定的不同装置给出各列的数据信息提示。各装置信息见表 14.1.2，各装置的数据格式有数据项（电极或极距、视电阻率和视极化率）加最后一列的标志项组成，标志列用来标示保留或剔除该行数据，通常情况下标志列不输入或为 0，标示该行数据参与反演计算，若为非 0 的其他数字（例如“1”），标示该数据剔除，不参与反演计算。

表 14.1.2　5 种装置对应的文件格式信息

装　置	数据列数	各列信息及图示
中梯测深	7	A（m）　B（m）　M（m）　N（m）　Ps　Ip 标志

三极测深	6	A｜B（m）　M（m）　N（m）　Ps　Ip 标志

对称四极	6	X（m）　AB/2　MN/2　Ps　Ip 标志
		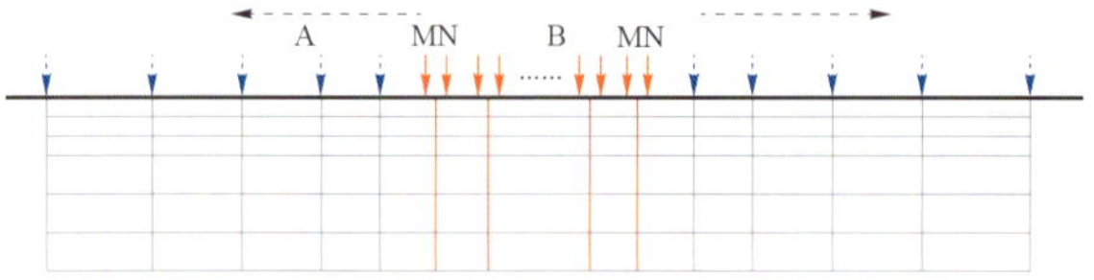
偶极偶极	7	A（m）　B（m）　M（m）　N（m）　Ps　Ip 标志

二极测深	5	A（m）　M（m）　Ps　Ip 标志

2）测井实测数据格式

软件提供了常规测井、地井方位测井和地井充电测井 3 种常见情况的测井数据输入。

常规测井数据由 3 列数据组成，第 1 列为测井的记录点（单位：m），主要记录井中观测点的深度位置，井口为 0，向井下为正数，井口位置、极距等信息通过主菜单“测井数据”选项弹出对话框输入；第 2 列、第 3 列分别对应该测点测井观测的视电阻率和视极化率。

地井方位测井和地井充电测井默认是常见的三极法观测，一个供电电极至于无穷远，都有 6 列数据组成，第 1 列为供电电极 A 的位置，对于地井方位测井数据，第 1 列是指供电电极 A 的水平位置坐标，对于地井充电测井数据，第 1 列是指供电电极 A 的在井中的位置坐标。第 2 列和第 3 列分别为两个观测电极的位置坐标，对于地井方位测井数据，是指电极的井中的深度坐标，对于地井充电测井数据，是指地面观测电极的侧线水平位置坐标。第 4 列、第 5 列分别观测视电阻率和视极化率。第 6 列为标志列，用来标示保留或剔除该行数据，通常情况下标志列不输入或为 0，标示该行数据有效，保留，若为非 0 的其他数字（例如“1”），标示该数据剔除，不参与计算。具体格式如表 14.1.3 所示。

表 14.1.3　测井实测数据格式

测井类型	数据列数	各列信息及图示
常规测井	3	H｜Z（m）　Ps　Ip
		测点深度　视电阻率　视极化率
		例如：15　109.5　2.5 代表测井深度 15m 位置，测得视电阻率 109.5Ω·m，视极化率 2.5

续表

测井类型	数据列数	各列信息及图示
地井方位测井	6	Ax（m）　Mz（m）　Nz（m）　Ps　Ip　标志
		地面供电点　井中 M 极位置　井中 N 极位置
		5　25　30　11.35　0.980 地面 5m 点供电，在井中 25m、30m 观测电极
地井充电测井	6	Az（m）　Mx（m）　Nx（m）　Ps　Ip　标志
		井中供电点　地面 M 极位置　地面 N 极位置
		10　40　45　9.07　0.940 井中 10m 点供电，在地面 40m、45m 观测电极位置

③实测数据的曲线显示和编辑

软件提供了两种展示和编辑实测数据的方式，且两种方式相互联动。

1）逐条显示测深曲线或测深剖面曲线

通过主菜单“编辑数据”→“显示实测数据”或点击快捷方式，窗体绘制出当前数据的视参数曲线，用户可通过鼠标点击，跟踪和显示数据曲线，可通过对设定数据标志列（给定不为 0 的数字，例如 1 表示对突变点的数据进行剔除，标志列为 0 或无代表数据有效）。

2）显示视电阻率、视极化率拟断面图

通过主菜单“编辑数据”→“显示视参数拟断面图”或点击快捷方式，窗体绘制出当前数据的视参数拟断面图。

3）整体显示测深平面剖面曲线

通过主菜单“编辑数据”→“编辑视电阻率数据和编辑视极化率数据”或点击 P M 快捷方式，窗体绘制出当前数据的视参数平面剖面曲线，用户可通过鼠标点击，跟踪数据，可通过点击突变点对个别数据进行剔除，剔除的点在其标志列设置为数字 1，标志列为 0 或无代表数据有效。

4）其他测井等曲线显示

通过实测数据输入主界面窗体切换常规测井、地井方位测井和地井充电测井等 3 个选项卡，对应对不同数据的输入或导入，当完成数据输入或导入后，在右侧主窗体数据曲线选项卡窗口显示测井曲线。

④高程数据格式与地形显示

高程数据格式与输入分为两列，第 1 列为测线高程点坐标（以米为单位），高程点不要求要与实测剖面电极点位置完全对应，但位置坐标要与其一致，第 2 列为对应的高程值（以米为单位）（图 14.1.25）。当用户输入或更新了高程数据，系统会根据当前输入的高程数据在软件主窗体右侧上方绘制地形示意图供用户检查和参照。

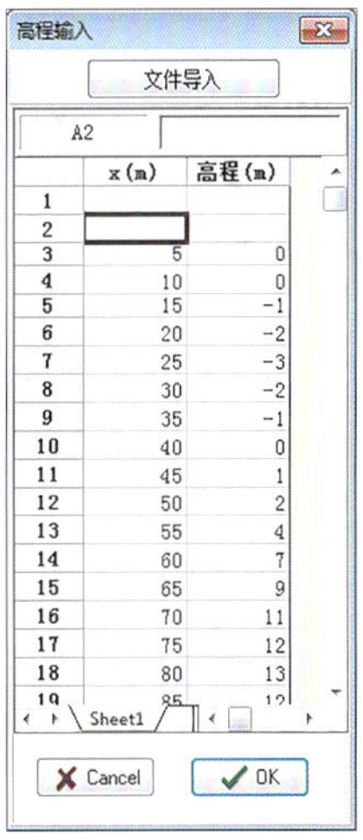

图 14.1.25　高程输入

软件提供了两种输入高程的入口，且两种途径相互联动：一是通过主菜单：“高程数据”→“高程数据输入”或其点击对应的快捷方式，通过弹出的高程输入窗口进行文件导入、拷贝-粘贴和手动输入高程数据。二是通过主窗体高程数据表格完成高程数据导入、输入。

⑤反演范围和反演参数设定

1）反演初始模型和迭代次数

反演的初始模型默认为均匀背景，用户可通过菜单项：“反演参数”→“迭代次数与背景参数”或对应的快捷方式进入反演参数对话框，进行设定。默认的反演迭代次数为 5 次，用户可根据需要更改反演迭代次数，默认的均匀初始值为数据的平均值，用户可选择给定背景参数初始值，如图 14.1.26 所示。

2）反演范围和反演深度

反演水平范围区间的给定是系统根据输入的实测数据自动计算给定，不可更改。反演深度系统也默认自动给定一个值，但用户在默认的基础上，可进行手动调整（图 14.1.27）。用户可通过菜单："反演区域"→"反演范围"或对应的快捷键进行设定（表 14.1.4）。

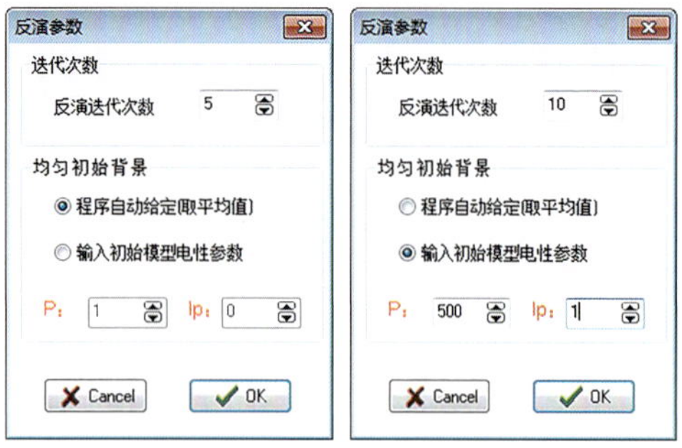

图 14.1.26　反演参数设置

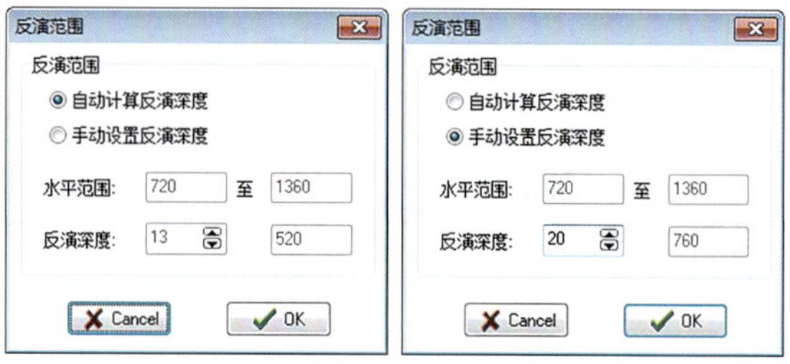

图 14.1.27　反演范围和深度设置

表 14.1.4　反演范围和深度设置

<table>
<tr><th>装　置</th><th>反演水平区间</th><th>默认反演深度</th><th>设定最大反演深度</th></tr>
<tr><td>中梯测深</td><td>观测电极 M、N 的范围</td><td rowspan="4">整个供电观测区间的 1/4</td><td rowspan="4">整个供电观测区间的 1/2</td></tr>
<tr><td>三极测深</td><td>观测电极 M、N 的范围</td></tr>
<tr><td>偶极偶极</td><td>观测电极 M、N 的范围</td></tr>
<tr><td>二极测深</td><td>电极 A、M 的观测范围</td></tr>
<tr><td>对称四极</td><td>测深点的观测范围</td><td>2 倍的最大极距与测深区间长度之和的 1/4</td><td>最大供电极距（AB/2）</td></tr>
</table>

⑥反演计算和反演终止

当用户完成所有数据的输入（导入）并对反演参数确认无误后，即可进行反演计算了，通过主菜单项"反演计算"→"反演计算"或工具栏快捷方式，输入反演结果文件名后，点击"保存"按钮进入反演。

反演根据设定的迭代次数逐次进行迭代反演，反演误差和耗时等通过反演界面实时显示，反演耗时与运行本软件的计算机性能密切相关。

在迭代反演过程中，用户可随时对当前的反演进行终止。用户通过菜单项"反演计算"→"终止计算"或快捷键或"Ctrl+A"随时终止当前反演，反演终止后，系统返回初始的编辑状态。

反演迭代过程中和反演结束后，用户可根据反演结果图左侧的上下按钮回看前面几次的迭代结果和每次的迭代误差，反演结果实时显示。用户可选择性的对某一次的反演结果进行保存，需要提醒的是，反演结果文件只是保存最终的或者终止反演时的最后反演结果。

⑦反演结果文件和反演结果显示

1）反演结果文件

数据输入完成，并开始反演之前，需要用户给定文件目录并输入结果文件名。反演结束后反演结果数据就存放在指定的文件中。反演结果文件为文本文件，用户可以直接用文本编译器打开。结果数据文件分数据头和结果数据两个部分：

数据头：前 3 行为数据头和说明行，第 1 行为任意说明；第 2 行为两个整数（Nx 和 Ny），第 1 个（Nx）是反演结果数据的横坐标（水平方向）个数，第 2 个（Ny）是反演结果数据的纵坐标（垂直或深度方向）个数，反演得到的数据物理点个数为 Nx ∗ Ny；第 3 行为任意说明，通常给定反演数据体的列的说明。

反演结果数据：反演结果数据为4列数据，第1列为数据的横坐标（X）位置，第2列为数据的纵坐标（y含高程）位置，第3列为反演的电阻率数据，第4列为反演的极化率数据。每行代表反演得到的一个物理点的电性（电阻率和极化率）信息。可以直接用Surfer直接对结果数据成图。具体格式如下：

```
电阻率/极化率反演结果
29 10
X  Y  电阻率      极化率
0  0  351.78      3.58
10 0  281.85      6.75
20 0  119.77      11.99
30 0  33.84            16.24
40 0  14.31    7.44
50 0  10.38            15.75
60 0  16.43            14.96
70 0  21.9     13.87
80 0  25.1     11.59
90 0  48.7     9.74
```

……

与结果数据文件一同输出的还有一个与结果文件同名，扩展名为＊.bln的文件，这个＊.bln文件是Surfer的地形切割文件，用户直接用此文件对结果图件进行地形切除。

2）反演结果显示和保存

在迭代反演过程中，每次反演迭代的结果系统都会实时地显示出来，并给出反演的平均均方误差，供用户参照。反演结束后，用户可通过窗体上的上下按钮翻阅每次迭代反演的结果和误差情况，用户还可对结果图形的显示比例进行调节。

当反演结束后，用户可查看显示每次迭代的结果，并把反演结果数据显示在“主窗体”中的“反演结果”表格中。用户既可以通过菜单项“数据文件”→“保存数据文件”和对应快捷方式保存每次迭代的反演结果数据，也可通过菜单“反演结果”的下拉选项保存图形反演结果。

用户可根据反演结果显示区的“粗略”选项框来快速显示结果，以节省反演结果显示耗时。用“对数”选项框来切换电阻率结果对数显示，以获得最佳显示效果。

此外，软件还提供了两种反演结果文件的显示方法，第1种是通过主菜单“反演结果”→“打开并显示反演结果”或工具栏快捷方式，找到反演结果文件，选择打开图示显示。第2种是通过主窗体左侧“文件查看”选项卡，直接查找到要显示的结果文件，鼠标左键双击结果文件名，显示反演结果。

⑧注意事项

1）数据表格编辑问题

当进行数据表格导入数据时，要保证列与表头上方的提示项对应一致，每个表格内只允许有一个数值，一个表格中多个数值或者是文字、字母等都将当做无效数值对待，但无效的数字符号不会影响程序的运行和判断。如果表格出现混乱用户感觉无从编辑，用户可删除表格中的数据重新编辑。

数据表格的拷贝-粘贴操作需要在鼠标左键双击后弹出的表格控件中编辑，但完成编辑后，只需关闭该表格窗体，数据自然会留在软件的对应表格中。

2）反演结果图速度和比例问题

软件显示的反演结果图的横纵比例不是严格的等比例的，只是一个大致的示意图，需要用户调整，选择使用。反演成图的速度直接影响着软件的运行效率，当反演图形绘制耗时大时，强烈建议勾选反演图示窗体中的“粗略”选项，将加快反演图的显示，等反演结束后，再取消“粗略”选项勾选，更精细的显示反演结果。

3）测井、地井和井地数据反演问题

考虑到测井数据信息量少，单独的测井数据反演效果不佳，只能和地面数据联合反演，以便取得好的反演效果。所以软件设置为以地面数据为主，井中数据相结合的方式，即普通测井数据提供初始模型，地井和井地数据联合地面数据综合进行反演。

14.1.4　三维电阻率极化率反演

【说明】

软件主界面从上到下分主菜单、工具条、主窗体和状态条等 4 大类。主菜单展示了软件的主要功能选项以及对应功能的下拉菜单；工具条主要提供了菜单中主要功能项的快捷方式，以图标形式给出；主窗体是软件管理、数据显示和成果图示的窗口，从左到右又分为文件管理、实测数据、数据和结果显示 3 个子窗体，分别提供相关功能的显示和编辑功能；状态条主要给出一些必要的提示信息。工具栏上的快捷键与主菜单下的功能选项对应，具体的功能键如图 14.1.28 和表 14.1.5 所示

图 14.1.28　功能菜单栏

表 14.1.5　菜单栏选项及功能介绍表

主菜单	下拉选项和快捷图标	主要功能
工程文件	打开工程文件	打开已保存的工程文件，对前期保存的数据、参数信息快速导入
	保存工程文件	保存当前的数据至工程文件中
	退出程序	退出整个反演程序
数据文件	打开数据文件	打开指定格式的数据文件（电极位置编号、实测数据和高程数据），并显示数据至数据表格中
	保存数据文件	保存当前的数据（电极位置编号、实测数据和高程数据）至文件中
	清除当前数据	清除表格中的实测数据，并重新输入和编辑
数据显示	高程数据显示	检查实测高程数据，并绘制出三维地形高程图示图
	实测数据显示	检查所有实测数据，并绘制实测数据曲线图
参数设置	反演网格与反演深度	弹出参数设置对话框，设定反演的网格大小和最大反演深度
数据检验		检验当前输入的数据，并给出提示信息
反演计算	反演计算	对当前的输入数据进行反演计算
	终止当前反演	终止当前的反演
反演结果	保存当前电阻率反演结果图	保存当前的电阻率反演结果图至图形文件中
	保存当前极化率反演结果图	保存当前的极化率反演结果图至图形文件中
帮　　助	关于	软件信息
	帮助	打开软件帮助文件

【操作】

本反演软件的操作按照执行的先后顺序大致分为数据输入（工程文件打开）、观测数据和高程的显示与编辑、数据检查和反演参数设定、反演运行和终止、反演结果显示和保存、工程文件保存和退出系

统等 6 个功能操作（图 14.1.29）。这 6 个功能相互独立且通过数据链相互连接，构成完整的反演系统。

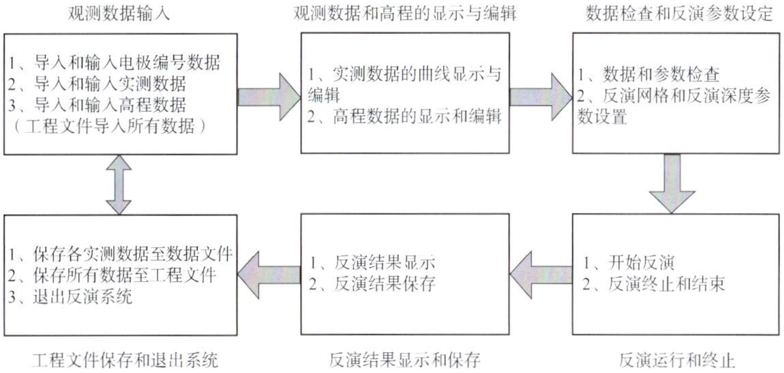

图 14.1.29　反演基本流程

①实测数据输入

软件提供了 4 种方法进行实测数据的输入（导入），第 1～3 种方法可以联合使用。

1）拷贝-粘贴方式实现（推荐）

在数据表格窗体中，鼠标左键双击，进入数据表格设计和编辑窗口，用户可通过“拷贝-粘贴”把实测数据（电极位置编号、实测数据和高程数据）按照表头提示对应粘贴进数据表格窗体中。支持 Excel、Surfer 等表格数据的直接拷贝、粘贴。该方式操作简单、灵活，可及时对数据查看和编辑。

2）数据文件导入

从数据文件中导入实测数据到表格窗体中，该功能要求数据文件预先制作编辑好，支持通过软件本身功能保存的数据文件、Excel 格式的数据文件以及以 Tab 间隔的文本数据文件的直接导入。该方式的缺点是并不兼容所有的文本数据文件，需要用户加以判断。

通过主菜单“数据文件”→“打开数据文件”对各种实测数据文件导入软件中，对于当前表格文件中的数据可以进行保存，以方便下次或其他人导入使用。对应的快捷方式为、。用户还可对当前导入的实测数据进行清除并重新导入或输入，对应的菜单项“数据文件”→“清除当前数据”，工具栏快捷方式按钮。

3）手动逐个输入数据

在表格窗体中手动逐个输入数据，这是最基本的输入方式，也是效率最低的一种。

4）打开工程文件导入

当用户以上述方式完成各种数据的导入（输入）后，为方便下次查看、避免重复的输入、编辑等重复操作，软件提供了保存和打开工程文件选项。工程文件是指把一个项目（一个测区）的所有实测数据封装在一个文件中，工程文件是软件本身定义的一种格式文件，用户一般无法直接查看，只能用软件本身功能保存和打开，本软件保存的工程文件的后缀名为 .gcp。

②实测数据格式

了解本软件的实测数据格式是软件正确使用的关键环节。由于三维激电工作的特殊性和复杂性，无法再用类似于二维剖面观测的根据装置形式进行分类输入实测数据。本软件参照其他相关软件的输入方法，自定义了三维数据的输入格式。为简化输入，软件把实测数据拆分成 3 块，即电极位置编号、实测数据和高程数据，每块进行独立输入。基本的顺序是：电极位置编号→实测数据→高程数据，电极位置编号与实测数据通过电极编号相关联，电极位置编号与高程数据通过三维坐标进行关联。但用户对 3 种数据的输入顺序可以是任意的，只要相互对应即可。下面，对电极位置编号、实测数据和高程数据的格式进行说明。

1）电极位置编号

就是对所有的三维地面和地下电极进行编号，每行共 4 列数据，分别代表该电极的编号和坐标位置（图 14.1.30）：

电极位置编号-参数说明		举例
NO.	电极编号：所有供电观测电极顺序编号，从1开始，顺序编号。	1　0　0　0 2　2　0　0 3　4　0　0 …… 15　8　2　0 16　10　2　0 17　12　2　0 ……
X(m)	该电极位置的水平坐标X，单位是米。	
Y(m)	该电极位置的水平坐标Y，单位是米。	
H(m)	该电极距离地面的距离H，单位是米。例如，电极放置于地表，H=0；放置于地下5米处，H=5。	

图 14.1.30　电极位置文件格式

第 1 列：电极编号（或序号），从 1 开始，顺序编号，无量纲。

第 2 列：该电极的水平 X 坐标（单位：米）。

第 3 列：该电极的水平 Y 坐标（单位：米）。

第 4 列：该电极距离地面的垂直距离 H（≥0，单位：米），该数值并不是该电极的高程坐标，高程坐标会在高程中体现。例如，如果电极在地表，则该数据为 0，若在地下 10m 处，则该数值为 10。

2）实测数据

实测数据是给出所有供电-观测的数据情况，一共 7 列数据，前 4 列对应供电和观测电极 A、B、M 和 N 的位置，数值代表对应 4 个电极在电极位置编号中的编号（或序号），若对应该电极为无穷远，则该数值输入 0，或者缺省不输入任何数值，可同时对 4 个电极、3 个电极等所有观测数据进行综合反演。第 5 列为对应观测的视电阻率数值，第 6 列为对应观测的视极化率，最后一列第 7 列为标志项，标志列用来标示保留或剔除该行数据，通常情况下标志列不输入或为 0，标示该行数据参与反演计算，若为非 0 的其他数字（例如 1），标示该数据剔除，不参与反演计算（图 14.1.31）。

实测数据-参数说明		举例
A(B,M,N)	供电、观测电极对应在“电极位置编号”中的编号，若没有，则输入0或者不输入任何数。例如：二极观测，只要在A、M对应栏输入供电和观测编号即可，B、M可输入0或者不输入任何数。	1 0 2 0 79.5709 2.13144 1 0 3 0 73.9031 2.33804 1 0 4 0 74.7999 2.55732 1 0 5 0 83.4905 2.76366 1 0 6 0 97.5588 2.77619 …… 1 2 4 5 99.021 2.76948 2 3 7 8 102.167 2.72742 1 0 9 10 104.078 2.61735 1 0 10 11 103.996 2.44945 ……
Ps	观测的视电阻率，单位欧姆.米。	
Ip(%)	观测的视极化率，单位%。	
标注	当输入0或不输入任何数（空白）时，标示该数据参与反演；当输入不为0的任意其他数字，标示剔除该数据，不参与反演。	

图 14.1.31　实测数据文件格式

3）高程数据

高程数据由每行对应一个高程点，由 X、Y 和 Z 三列组成，分别代表该高程点的 X、Y 和 Z（高程）坐标，单位都是米（图 14.1.32）。

高程数据既可以与电极点位置一一对应（推荐），也可以是部分点，对于不对应的，软件进行自动线性插值处理。

高程数据-参数说明		举例
X(m)	测区内某点位置的水平坐标X，单位是米。	0　6　12 6　6　16 9　6　18 …… 18　6　12 0　9　15 ……
X(m)	测区内某点位置的水平坐标Y，单位是米。	
Z(m)	测区内某点位置的高程Z，单位是米。	

图 14.1.32　高程数据文件格式

③实测数据的显示和编辑

软件提供了展示电极编号平面位置图、实测数据视电阻率和视极化率曲线图、高程三维示意图等，方便用户查看和编辑。

1）显示电极点分布图

当用户完成电极位置编号、实测数据等实测数据的导入或输入后，通过主菜单“数据显示”→“实测数据显示”或点击快捷方式，在实测数据子窗体中的“检测与地形”→“电极编号图示”选项卡中显示所有电极的平面分布示意图。用户可以通过实测数据子窗体中的对应选项卡在数据和图示之间切换。

2）显示高程

当用户完成实测数据、高程数据等实测数据的导入或输入后，通过主菜单“数据显示”→“高程数据显示”或点击快捷方式，在实测数据子窗体中的“检测与地形”→“高程图示”选项卡中三维显示地形高程示意图。同样用户可以通过实测数据子窗体中的对应选项卡在数据和图示之间切换。

3）显示实测视电阻率和视极化率曲线

当用户完成电极位置编号、实测数据、高程数据等实测数据的导入或输入后，通过菜单项“实测数据显示”或“数高程数据显示”或快捷方式（ 或 ）在数据和结果显示子窗体中的“实测数据曲线”选项卡中显示视电阻率和视极化率曲线。

④反演网格和反演深度参数设定

当完成实测数据输入并确定准确无误时，用户可通过“数据检验”或工具栏快捷方式 检验当前输入数据，软件在实测数据主窗体上显示电极个数、实测数据等信息，并自动计算出反演网格和反演深度的默认值。

反演网格是指最小的反演网格单元大小，该数值越小，反演网格剖分越密，反演的分辨率越高，但耗时越长。反演网格大小的默认值是所有电极中相邻电极最小水平间隔。

反演深度是指最大的反演深度，其默认值是最大电极距离的一半。

当用户对软件系统给定的反演网格和反演深度进行调整时，通过主菜单项“参数设置”→“反演网格和反演深度”或点击工具栏 快捷方式，弹出参数设置对话框进行设定调整。但软件对反演网格和反演深度进行了范围设定，反演网格大小最小值为最小相邻电极间隔的一半，最大值为2倍的最小相邻电极间隔，反演深度的最大值为所有电极中的最大水平电极距（表14.1.6；图14.1.33）。

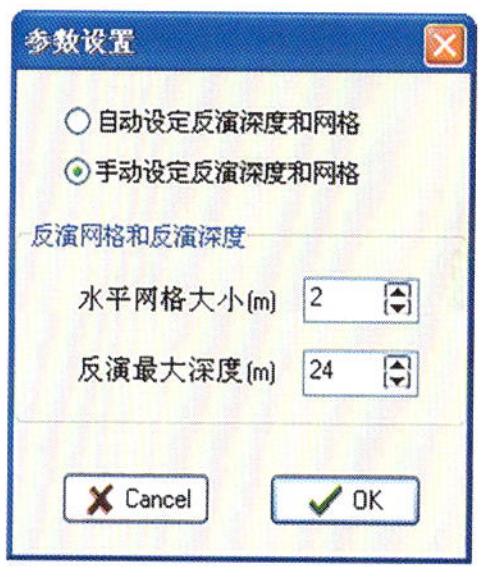

图14.1.33　反演参数设置

表14.1.6　反演参数设置限制

参数名称	默认值	最小值	最大值
反演网格	最小相邻电极间隔距 d	最小相邻电极间隔距的一半 $d/2$	最小相邻电极间隔距的2倍 $2d$
反演深度	最大电极间隔距离 D	0	最大供电极距的2倍 $2D$

⑤反演计算和反演终止

1）反演计算

当用户完成所有数据的输入（导入）并对反演参数确认无误后，即可进行反演计算了，通过主菜单项“反演计算”→“反演计算”或工具栏快捷方式，输入反演结果文件名称，并进入反演界面，用户可查看到总的网格剖面数量等，可调整反演迭代次数并点击开始反演进行反演运算。

反演根据设定的迭代次数逐次进行迭代反演，反演误差和耗时等通过反演界面实时显示，反演耗时与运行本软件的计算机性能密切相关。用户可随时对当前的反演进行终止。

当反演结束后，会在数据的结果文件相应的文件夹中建立一个以时间年月日为后缀的文件夹，里面有每次迭代的结果数据，并以对应的文件夹名称给出，并以二维（2D 文件夹）、三维（3D 文件夹）形式列出了所有测线的反演结果。例如，数据结果文件：Inversion-m1. dat，反演结束后生成：Inversion-m12016811177 文件夹，对应里面又有 Iter_1、Iter_2 等对应存放每次反演迭代的结果，每个迭代结果里面又有 2D、3D 两个文件夹分别以二维和三维方式存放反演结果数据。本软件提供了二维（2D 文件夹）反演结果的显示和保存等功能（图 14. 1. 34）。

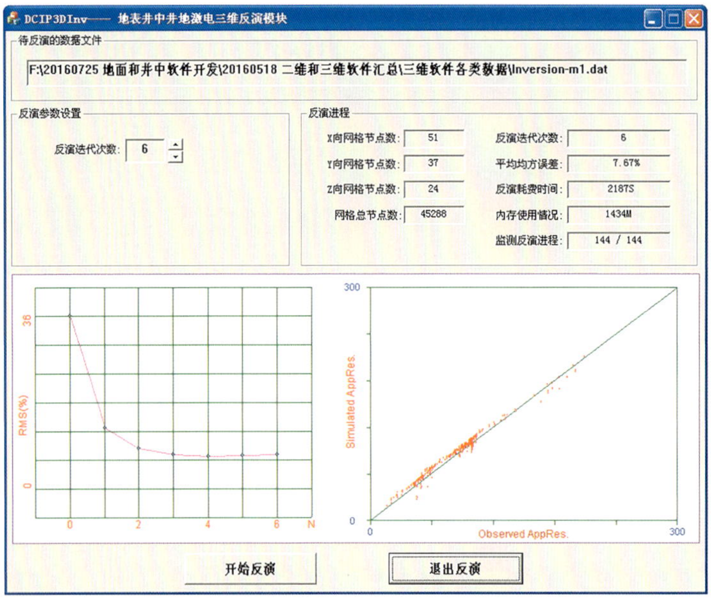

图 14. 1. 34　反演计算迭代过程

2）反演终止

当反演尚未完成设定的反演迭代次数，或者用户已经满意当前完成的迭代结果时，用户可以提前终止（结束）反演运算。

软件提供了两种终止反演的方式：第一种就是直接点击三维反演对话框中的“退出反演”按钮，或直接关闭三维反演对话框，系统会跳出是否确定退出当前反演的对话框，选择“是（Y）”确定退出，选择“否（N）”则返回，反演继续进行。第二种结束反演的操作是在主窗体通过菜单项“反演计算”→“终止当前反演”或点击工具栏 ● 快捷按钮，直接终止反演运算。

⑥反演结果的显示和保存

1）反演结果的显示和编辑

软件提供了二维断面和切片形式显示三维反演结果。具体操作是：用户在主窗体左侧的文件管理子框体，通过鼠标选择到软件反演结果文件夹（2D），并在子窗体的下方显示出三维反演结果的 X、Y 和 Z 的二维数据文件，鼠标选择任一文件后，在主窗体右侧的数据和结果显示子窗体对应显示出该断面的二维结果，也可通过键盘上下键遍历显示所有断面和切面的反演结果，选中文件对应于测区的 X、Y 断面位置也会在电极编号图示中以红线标示出来，另外，显示的具体的测线的左边位置也在数据和结果显示子窗体右上方以红字显示出来，以便于用户对照查看。

此外，在数据和结果显示子窗体“反演结果显示”选项卡上方提供了“X（Y）-H 断面”、“X-Y切片”、“电阻率对数”和“参数标注”4 个选项，方便用户编辑查看反演结果。在数据和结果显示子窗体右上方的滑动条，用于调整显示图形的上下边界，便于更合理显示反演结果。

对于显示的反演结果图，用户可以通过鼠标进行缩放、偏移等显示。具体操作：鼠标左键点击向右拖动并松开放大图形，鼠标左键点击向左拖动松开还原为原始图形，鼠标右键点击并移动图形整体跟着移动，鼠标滚轮调整图形上下翻动。

2）反演结果保存

用户可以对当前的反演结果图进行保存，可保存成 JPG、BMP 等各种格式。通过“反演结果”主菜单选项或快捷方式实现。

⑦注意事项

1）数据表格编辑问题

当进行数据表格导入数据时，要保证列与表头上方的提示项对应一致，每个表格内只允许有一个数值，一个表格中多个数值或者是文字、字母等都将当做无效数值对待，但无效的数字符号不会影响程序的运行和判断。如果表格出现混乱用户感觉无从编辑，用户可删除表格中的数据重新编辑。

数据表格的拷贝-粘贴操作需要在鼠标左键双击后弹出的表格控件中编辑，但完成编辑后，只需关闭该表格窗体，数据自然会留在软件的对应表格中。

2）反演结果图的比例问题

软件显示的反演结果图的横纵比例不是严格的等比例的，只是一个大致的示意图，需要用户调整，选择使用。

3）数据文件和工程文件等说明

软件读取和保存实测数据文件都是在实测数据窗体切换到相应的数据选项卡，才能执行保存和文件读取的操作。所有实测数据和反演结果数据保存和读取的默认文件扩展名是 .dat 文本文件，工程文件的默认扩展名为 .gcp，保存的图形文件默认扩展名为 .jpg。

14.2 磁性源瞬变电磁数据正反演

磁性源瞬变电磁数据正反演包括一维正反演和 2.5 维人机交互正反演（图 14.2.1）。

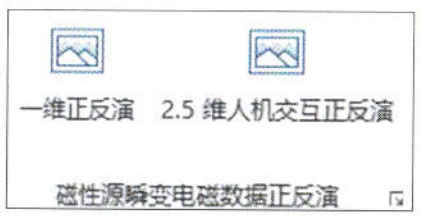

图 14.2.1 磁性源瞬变电磁数据正反演功能展示

14.2.1 一维正反演

【说明】

程序为垂直磁偶源激励下磁感电动势和垂直磁场一维层状介质正反演软件，正反演计算适用于中心回线、重叠回线装置。也能用于大回线装置。具有适用延迟时段范围广、计算精度高、计算速度快等特点，程序功能如下：

可以进行不同收发射回线面积，延迟时间 $1.0e^{-6}$~10 秒以上的上述两种场值的一维正演计算，并能换算全区视电阻率。

可以利用在 $1.0e^{-6}$~1 秒之间、不同收发射回线面积、实测的垂直磁感电动势或垂直磁场，进行一维层状介质的反演计算。并具有全区视电阻率、视纵向电导等参数的换算功能。

本软件可以按对数比例、算术间隔和任意取数 3 种方式延迟时间间隔计算。其中第 3 种方式需用户输入时间值。这便于适应国内外各种仪器延迟时间计算。

在等值性不强的条件下，在 $1.0e^{-6}$~0.1 秒时段范围内，经 5~6 层不同理论曲线反演，均稳定地收敛于理论值（最大误差≤1%~2%）。所用时间在 1~2 分钟之间。

无论实测或正演计算的垂直磁感电动势和垂直磁场均可换算为全区视电阻率和视深度（有效深度）。即便用户所使用参数已进入电磁场早期，仍可算得连续、光滑的全区视电阻率曲线（前枝一般收敛于地表电阻率值)。软件还提供真实的早晚期电磁场的分界点和时间，这是本软件的特色之一。

在反演过程通过图选法确定初值时，提供了视电阻率、视纵向电导和烟圈法定义的似电阻率资料。可以方便用户半定量分层和确定层的厚度（是目前国内外常用的方法)。

众所周知，瞬变电磁测深中存在较强的等值性致使反演结果不易取得单一性。由于等值性与中间层纵向电导和横向电阻有关，本软件采用半定量分层和确定层的厚度作为“约束”。实践证明这大大地减小了反演的等值性，较稳定地收敛于理论值。

【操作】

①程序启动

操作“电法数据处理与反演”→“一维磁源瞬变电磁法正反演”，系统弹出如图 14.2.2 所示界面。

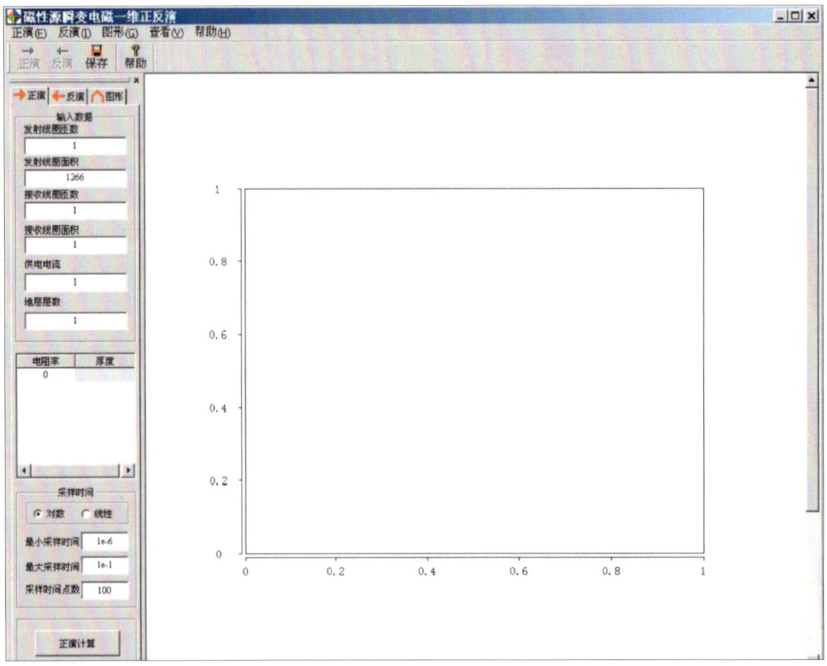

图 14.2.2　磁性源瞬变电磁一维正反演程序主界面

②导入正演数据

选择“正演”→“导入数据”，用户在文件输入对话框里选择相应的正演数据。数据准确无误后程序会有相应提示。

③正演计算

选择“正演”→“正演计算”，程序开始正演计算，计算时间与用户正演计算的层数和采样时间点数有关。正演计算完成后程序会有相应提示。

选择“正演”→“数据显示”，用户可以查看正演后的各类数据显示。包括：垂直磁场曲线、感应电动势曲线、由垂直磁场和感应电动势计算的视电阻率曲线、由垂直磁场和感应电动势计算的视深度-视电阻率等曲线。其中视电阻率曲线和深度-视电阻率等曲线可以单独显示，也可以一起显示。如图 14.2.3 所示。

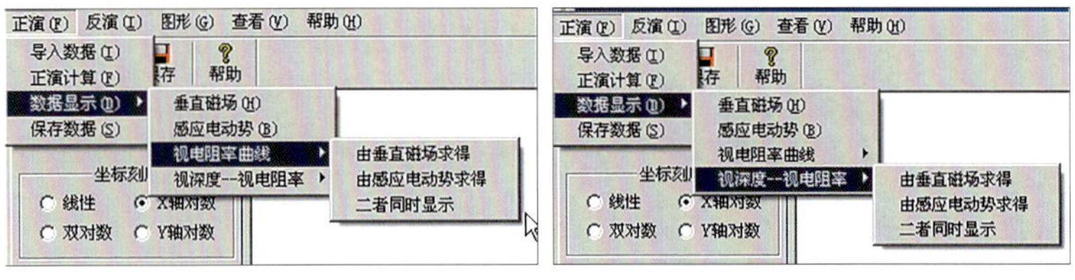

图 14.2.3　正演数据显示

选择“正演”→“数据显示”→“垂直磁场”，用户可以查看正演后的垂直磁场曲线，如图 14.2.4 所示。选择“正演”→“数据显示”→“感应电动势”，用户可以查看正演后的感应电动势曲线，如图 14.2.5 所示。

类似地，用户可以查看正演后的视电阻率和视深度-视电阻率曲线，如图 14.2.6 和图 14.2.7 所示。

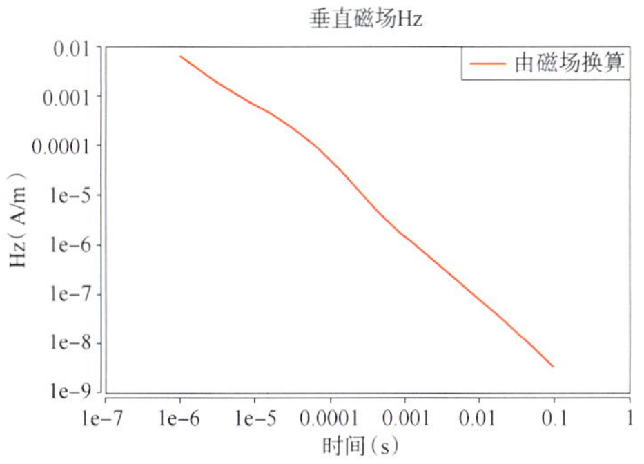

图 14.2.4 垂直磁场曲线

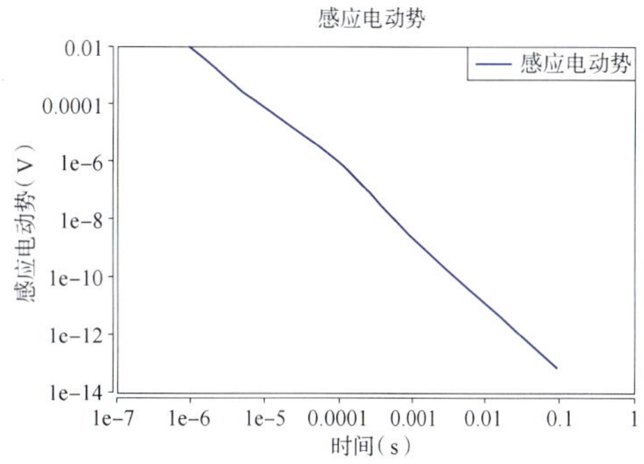

图 14.2.5 感应电动势曲线

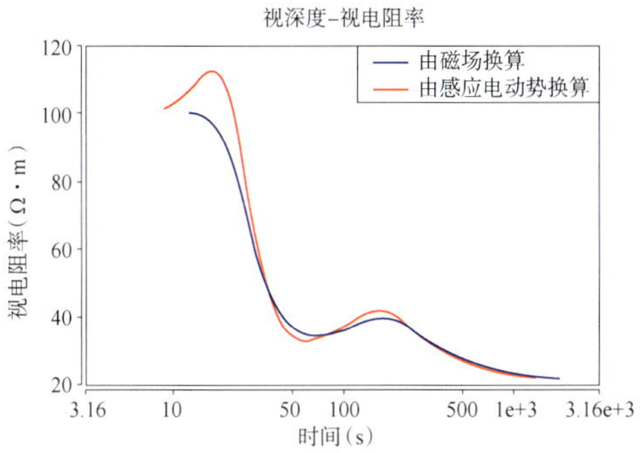

图 14.2.6 视电阻率曲线

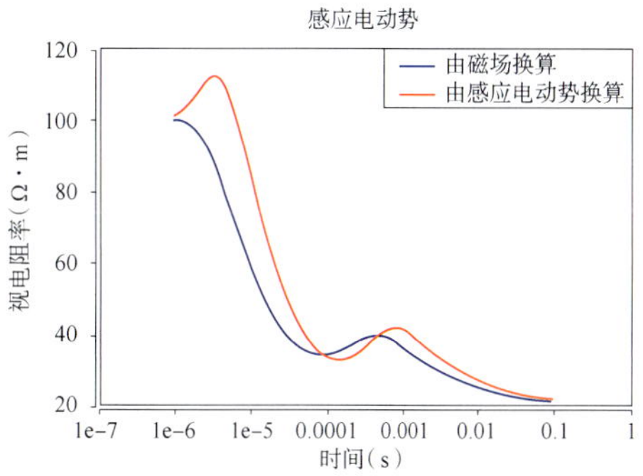

图 14.2.7 视深度-视电阻率曲线

④保存正演结果

选择“正演”→“保存数据”，用户可以保存正演结果数据。

⑤导入反演数据

选择“反演”→“导入数据”，用户在文件输入对话框里选择相应的反演数据。数据准确无误后程序会有相应提示。

选择“反演”→“数据显示”，用户可以查看反演的各类数据显示。包括：垂直磁场曲线或感应电动势曲线、视电阻率曲线和视深度-视电阻率等曲线。如图 14.2.8 和图 14.2.9 所示。垂直磁场曲线或感应电动势曲线的显示依据用户输入的数据类型而定。

选择“反演”→“设置初值”，程序提供了有两种方式设置初值，即文件读取和图上拾取。如图 14.2.10 所示。

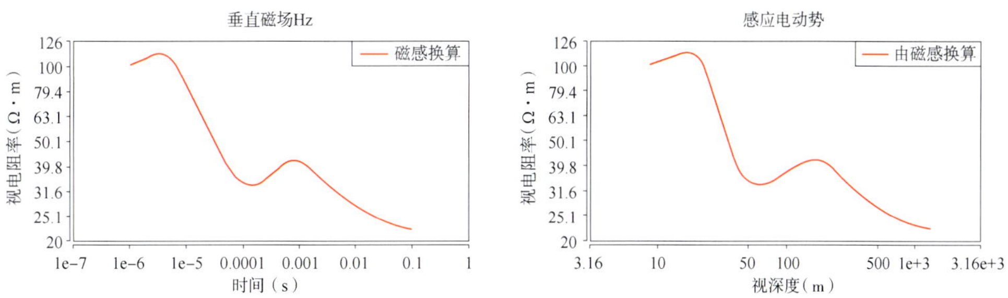

图 14.2.8 垂直磁场曲线和视深度-视电阻率曲线

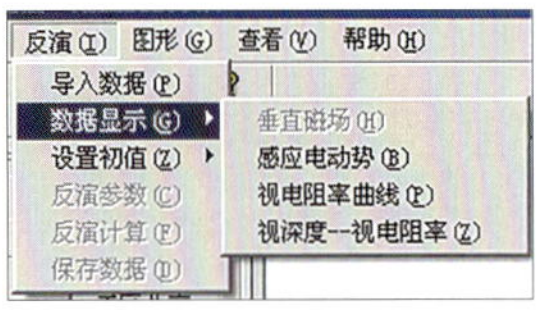

图 14.2.9 反演数据显示

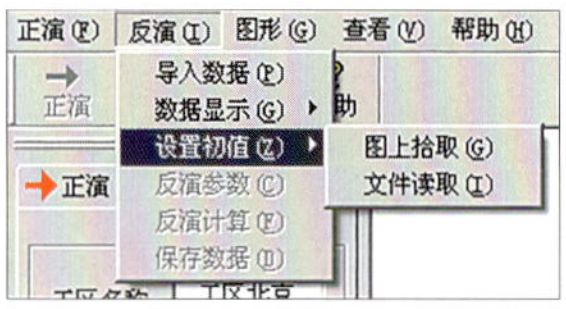

图 14.2.10 设置反演初值

选取“文件读取”时，用户需输入反演初值文件；选取“图上拾取”时，用户需要先输入反演初始层参数，可以观察曲线，由拐点确定反演初始地层层数。

对话框消失后，即可利用鼠标左键在计算机屏幕上选取曲线拐点作为反演初值，软件提供了视电阻率、视纵向电导和烟圈法定义的似电阻率资料。可以方便用户半定量分层和确定层的厚度。

通过文件读取和图上拾取获得的反演地层的层参数初值都将显示在左侧的面板的反演初值表格里。如图 14.2.11 所示。

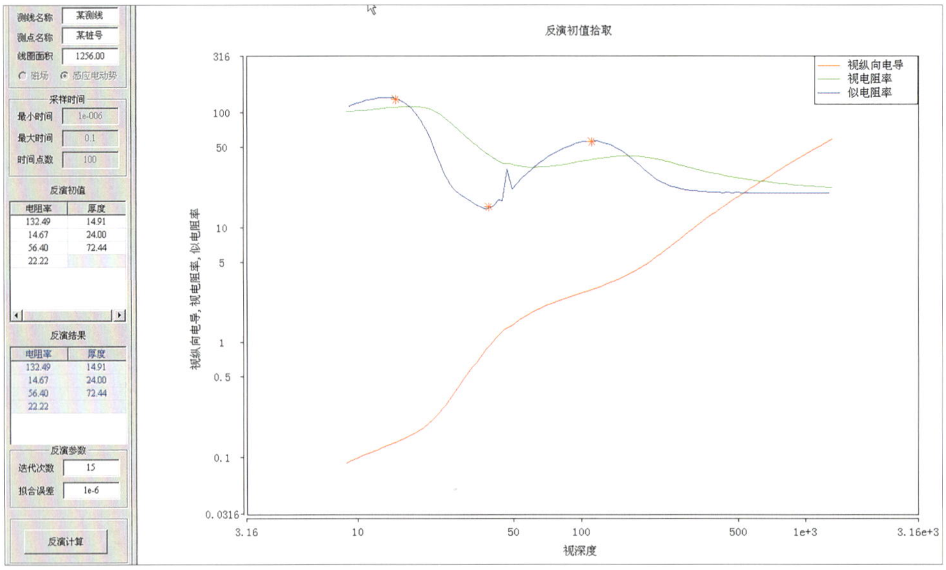

图 14.2.11 图上拾取确定反演初值

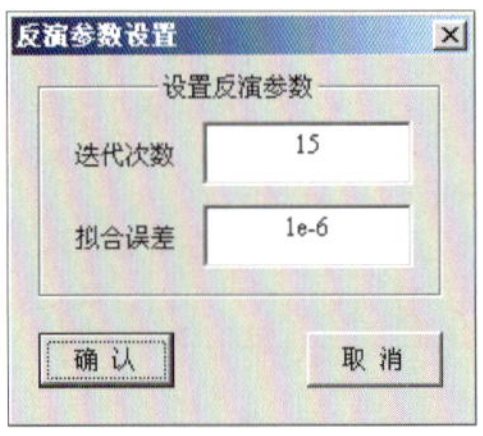

图 14.2.12 反演参数输入

注意：*N* 层断面仅仅需要 *N*-1 个拐点。鼠标左键单击，确定拐点位置。对当前选取的拐点位置不满意，可右键取消当前选取的一个点。最后一个点用左键双击确定。

选择“反演”→“反演参数”，程序要求用户输入迭代次数和拟合误差，如图 14.2.12 所示。建议用户一般情况下取程序默认值。

⑥反演计算

选择“反演”→“反演计算”，程序开始反演计算，逐次迭代反演过程中，软件绘出了每次的视电阻率曲线和迭代拟合差曲线，同时每次的反演层参数也显示在左侧面板的反演结果表格内，方便用于观察比较。如图 14.2.13 所示。

当反演结果满足用户输入迭代次数或拟合误差要求时，反演计算完成，此时程序会有相应提示。反演结果如图 14.2.14 所示。

⑦保存反演结果

选择“反演”→“保存数据”，用户可以保存反演结果数据。

反演时需注意之处：

1）由于磁感电动势是磁场对时间的导数，分辨力高于磁场，反演电动势时的结果优于反演磁场。经计算实例证实，磁感电动势的等值性远小于磁场。

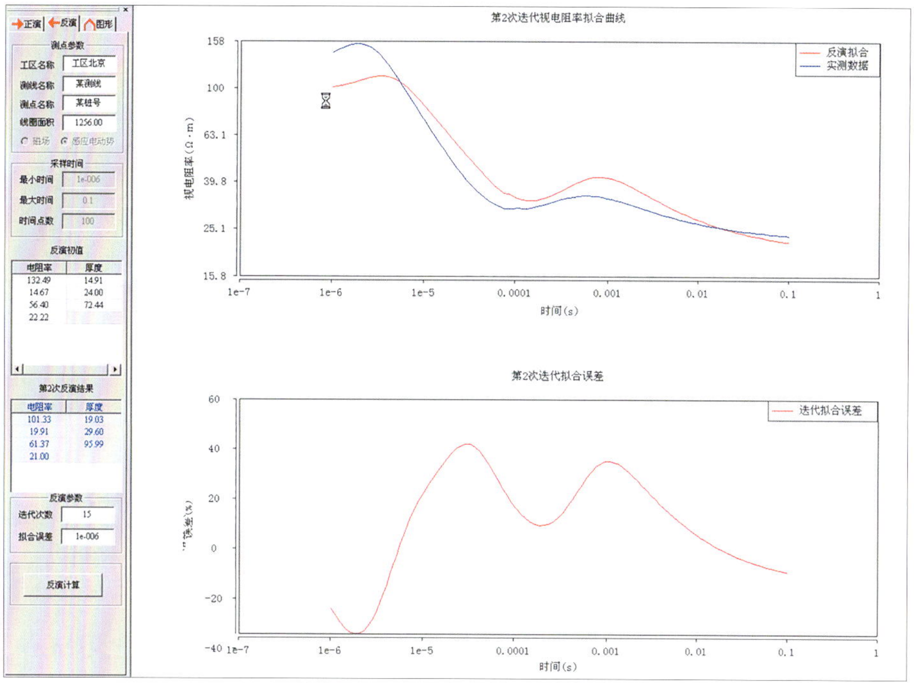

图 14.2.13　反演参数和曲线对比

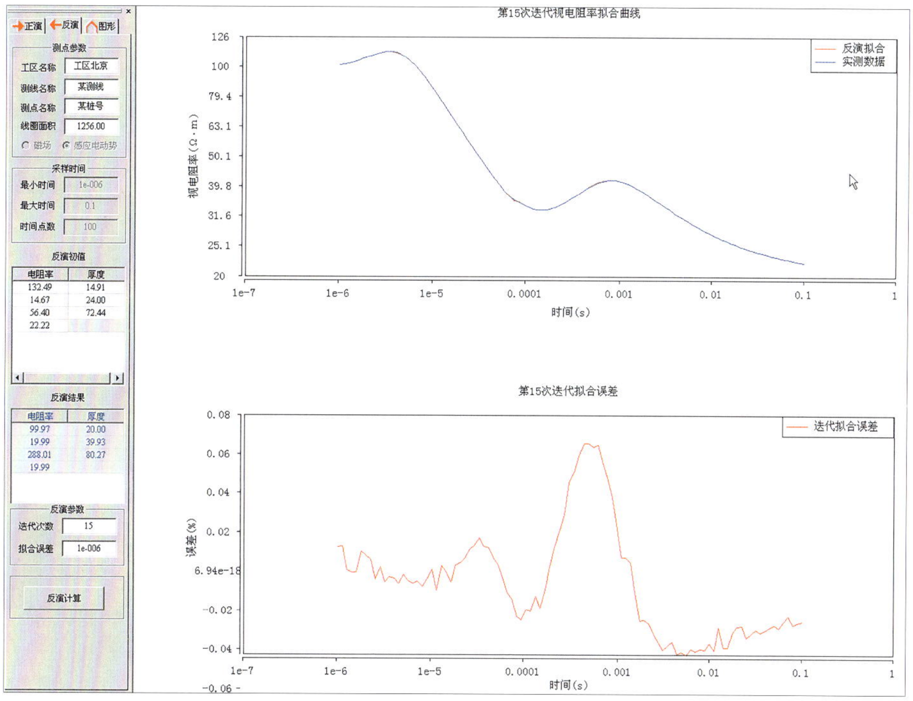

图 14.2.14　反演最终结果

2）由于磁感电动势随时间快速衰减，尾枝的误差远大于前枝。加之，尾枝收敛于渐进值较慢。实例证实，如同直流电测深求尾枝收敛于渐进值的反演，常常适得其反。一般仅需有一段上升或下降即可。大致为最深目的层后的时间 3~5 倍即可。

3）图选初值时，一般而言，所有厚度均可使用。但电阻率相差较大，可适当修改。方法是：高阻层电阻率适当加大，低阻层电阻率适当减小。一般先用图选初值反演。如误差曲线逐渐平直为一直线，反演结果良好。否则可再修改中间层电阻率。

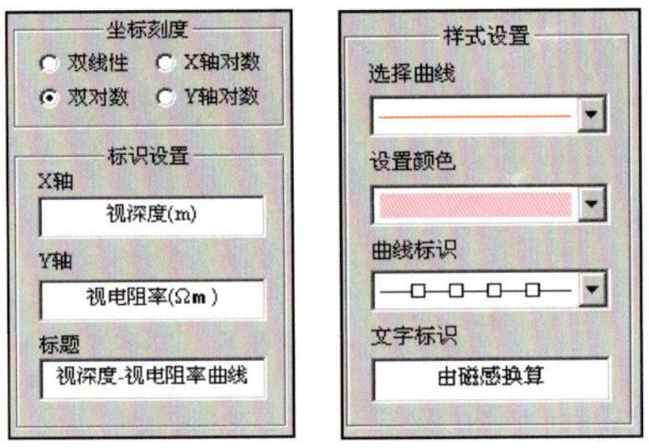

图 14.2.15　图形设置

图形设置包括坐标轴刻度设置、坐标轴标识设置和曲线样式设置等三项。如图 14.2.15 所示。

各项设置的详细选项如下：

1）坐标轴刻度设置用于设置坐标轴的刻度模式，包括：双线性、双对数、X 轴对数和 Y 轴对数等 4 项；

2）坐标轴标识设置用于设置坐标轴的各项标识，包括：X 轴、Y 轴、标题等 3 项；

3）曲线样式设置用于设置图形曲线的各项标识，包括：曲线颜色、曲线样式和文字标识等 4 项。

在图形设置面板内点击“应用设置”，可使用户的图形设置生效。

在图形设置面板内点击“保存图形”，用户可以以位图形式保存图形。

一维电阻率极化率测深正反演程序的输入输出文件格式见第 15 章。

14.2.2　2.5 维人机交互正反演

2.5 维瞬变电磁法正反演软件具有以下功能：

1）由给定的二维带起伏地形的地电阻率断面，正演计算磁感应电动势或垂直磁场。

2）依计算或实测的磁感应电动势或垂直磁场计算全区视电阻率（或虚拟视电阻率）。

3）2.5 维正演，其计算时间范围为 0.000001~0.01 秒，可满足野外要求，计算时间均为对数间隔。

4）可由用户依计算或实测的磁感应电动势或垂直磁场计算全区视电阻率（或虚拟视电阻率）的拟合程度，在图上修改地电阻率断面，用试凑法反演。

5）针对 2.5 维软件正演耗时较长，在用试凑法反演时，软件提供了“反演工程保存”功能，该功能可以保存每次正演后的网格剖分信息和网格电性信息，使得用户在因故终止反演后重启程序时可以从上一次的结果开始。

【操作】

①程序启动

鼠标点击“2.5 维人机交互正反演”，弹出如图 14.2.16 所示程序主界面。瞬变电磁 2.5 维正反演程序主界面分为两部分，上半部是曲线显示区，下半部为网格剖分区。

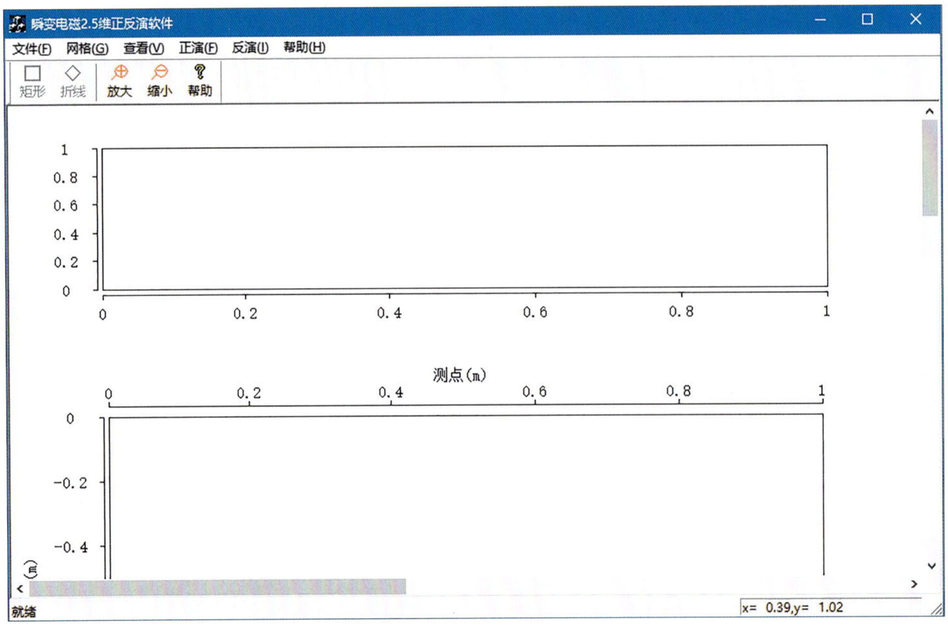

图 14.2.16　瞬变电磁 2.5 维正反演主界面

②导入测点数据

选择“文件”→“导入测点数据”，用户在文件输入对话框里选择相应的测点数据。数据准确无误后在程序下方会显示剖分网格。如图 14.2.17 所示。

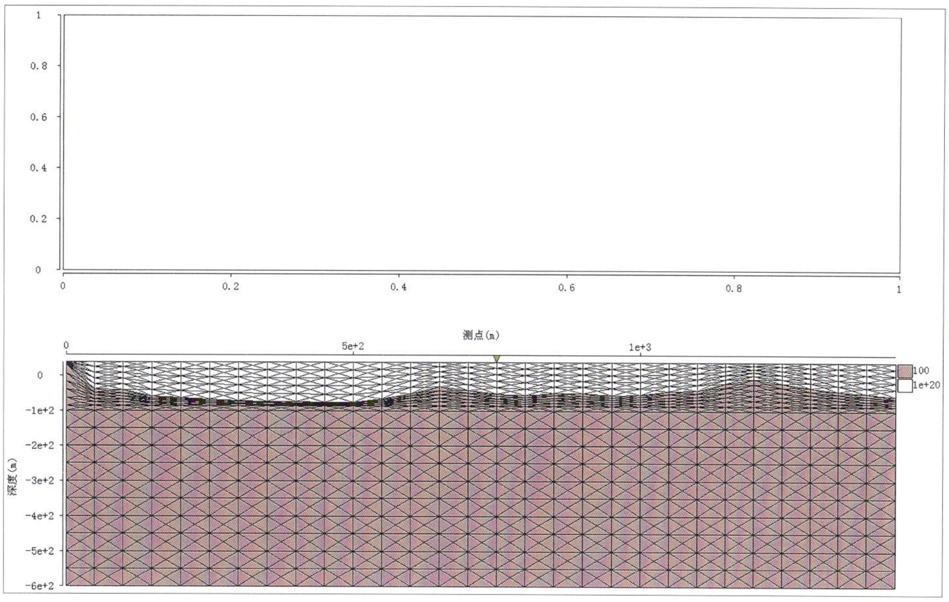

图 14.2.17　剖分网格

不论正反演数据都通过导入测点数据完成，另外还可以通过“导入正演工程”和“导入反演工程”导入数据。

③建立模型

利用鼠标选择工具栏上的“矩形”或“折线”图标后，可以利用鼠标很方便地在图 14.2.16 剖分网格部分建模。

利用折线建模时，注意鼠标的起点和终点闭合时不要有太多的交叉。通过点击鼠标右键完成建模，此时弹出如图 14.2.18 所示的地电单元赋值对话框。

当网格较稀时，一种解决办法是退出程序，在测点数据里重新设计较密的网格，另一种方法是部分点之间加密网格。操作方法是鼠标先点击“网格”→“增加网格线”，然后鼠标在网格剖分区右键单击，弹出如图 14.2.19 所示的右键菜单。加密网格分为横向增加一条线和纵向增加一条线两种。一次操作只能增加一条线。

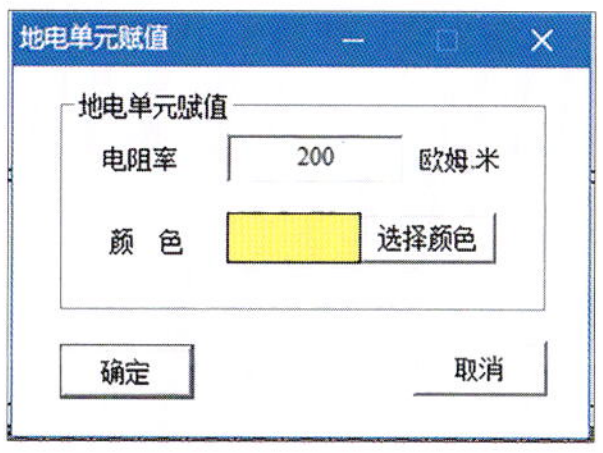

图 14.2.18　地电单元赋值对话框

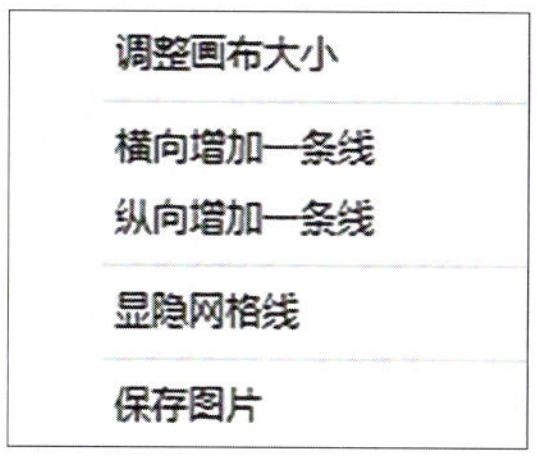

图 14.2.19　右键菜单

模型剖分和地电单元赋值完毕后，可以保存“正演工程”，下次再计算时只需导入正演工程即可。

④正演计算

点击“正演计算”，程序开始正演计算。正演计算耗时较长，请耐心等待。计算完毕后会有相应提示。

⑤正演数据显示

正演计算结束后，可以查看正演计算结果。查看正演计算结果通过点击“正演”→“正演数据显示”来实现。具体的正演计算内容见如图14.2.20所示的对话框。包括：磁场和感应电动势衰减曲线、由磁场和磁感应电动势换算的视电阻率曲线、由磁场和磁感应电动势换算的视电阻率-视深度曲线。以上6种曲线可以单个测点显示或多个测点同时显示。

⑥正演结果保存

包括保存正演数据、保存正演曲线图、保存正演模型图等3项。其中正演数据保存为文本文件，正演曲线图和正演模型图保存为位图文件。

⑦反演计算

由于程序采用试凑法进行反演，因此反演过程和正演过程的操作基本上是相同的。输入数据和建立模型的操作和正演完全一样。

需要说明的是：正演计算时，磁场和磁感应电动势同时计算；在反演计算时，磁场和磁感应电动势的计算是分开的。

⑧反演数据显示

反演数据输入后，可以查看反演数据。查看反演数据通过点击“反演”→“反演数据显示”来实现。具体的显示内容见如图14.2.21所示的对话框。包括：各个测点的衰减曲线、视电阻率曲线、视深度曲线等。以上3种曲线可以单个测点显示或多个测点同时显示。

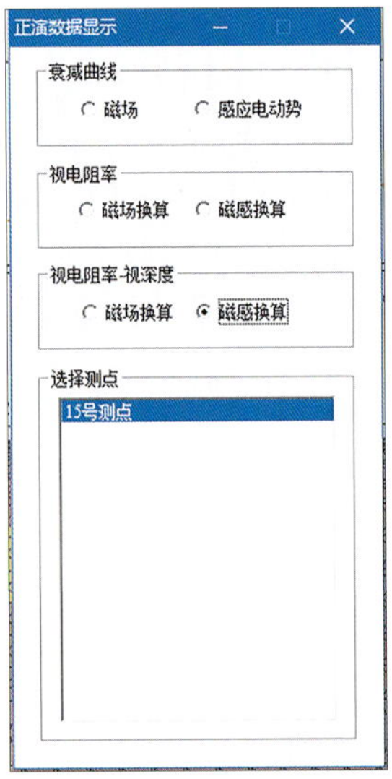

图14.2.20　正演数据显示

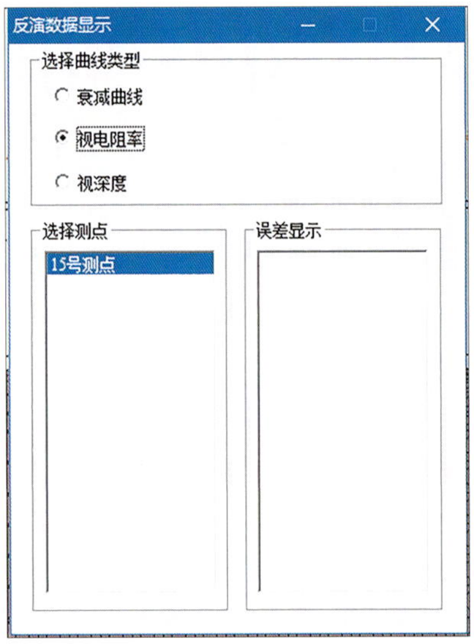

图14.2.21　反演数据显示

⑨反演结果保存

包括保存反演数据、保存反演曲线图、保存反演模型图、保存反演结果图等4项。其中反演数据保存为文本文件，反演曲线图、反演模型图和反演结果图保存为位图文件。

14.3　可控源音频大地电磁数据正反演

14.3.1　2.5维正反演

（1）功能说明

该模块功能包括：

1）CSAMT数据预处理功能；

2）起伏地形条件下 2.5 维 CSAMT 正演计算功能；

3）起伏地形条件下 2.5 维 CSAMT 反演计算功能；

4）正演、反演计算过程中使用了并行算法。

软件的主要功能框架如图 14.3.1 所示。

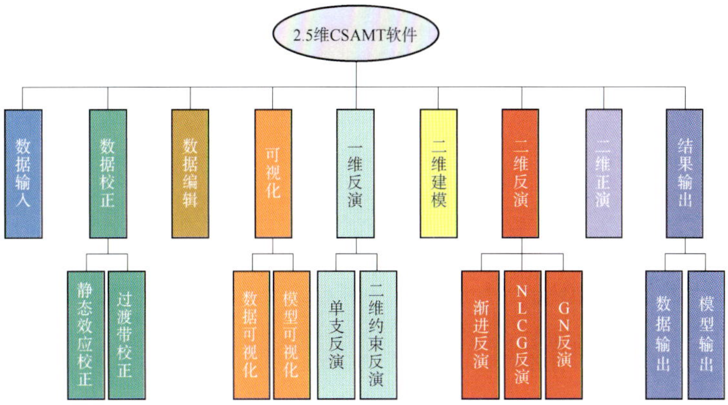

图 14.3.1　软件主要功能框图

软件主要包括以下模块：

①数据导入与数据管理模块

主要功能是完成数据的输入与输出。当前版本支持 4 种数据输入：

1）自定义内部格式（见附录）：程序运行过程中完整数据记录，宜作为数据预处理后的中间结果的保存。

2）自定义数据导入格式（见附录）：可通过对仪器输出的文本文件进行简单编辑得到，实现数据快速导入。

3）统一测深格式（USF）：该格式为电测深数据统一格式，Phoenix V8 预处理软件 CMTPro 提供了该数据格式输出。

4）Zonge GDP 32 输出（mde、avg、stn 文件组）格式：对 GDP 32 数据导入提供支持（注意使用时删除文件结尾的空行；由于当前版本没有提供测点排序功能，请调整数据由测线起点到终点；修改 avg 文件中非数输出；调整 stn 文件中坐标位置为测点记录为位置）。

数据输出格式包括：正演数据、观测数据、列模式正演数据输出、列模式观测数据输出、二维反演模型输出（vtk）、二维反演模型输出（xyz）、一维反演模型输出（xyz）等。

②数据编辑与预处理模块

主要功能是通过人机交互方式对观测数据进行编辑。

③数据校正模块

对实测数据进行校正，包括两种校正：一是静态效应校正，一是近区与过渡带校正。

④可视化模块

对数据与模型进行可视化显示，其中数据显示包括：一维曲线显示与二维拟断面显示；模型显示包括：一维曲线显示与二维块状模型显示。

⑤一维反演模块

对数据进行一维反演，包括单支曲线人机交互手机调整反演、自动反演，与自动反演的批处理；所有曲线的拟二维反演，即正演采用层状模型、反演采用二维约束。

⑥二维地质单元建模与离散模块

人机交互方式进行建模，包括模型边线形式建模与离散、离散模型电阻率编辑。

⑦二维正演模块

对当前二维模型进行正演，计算视电阻率与相位。

⑧二维反演模块

进行二维反演，采用最小结构约束进行正则化反演，另外可进行渐进网格反演。

（2）软件主界面

软件主界面包括菜单与工具栏、测点列表视图、主显示区三部分，如图 14.3.2 所示。

软件主要功能集中在 10 组菜单上，包括：文件、编辑、视图、校正、一维反演、二维反演、正演、设置、窗口、帮助。

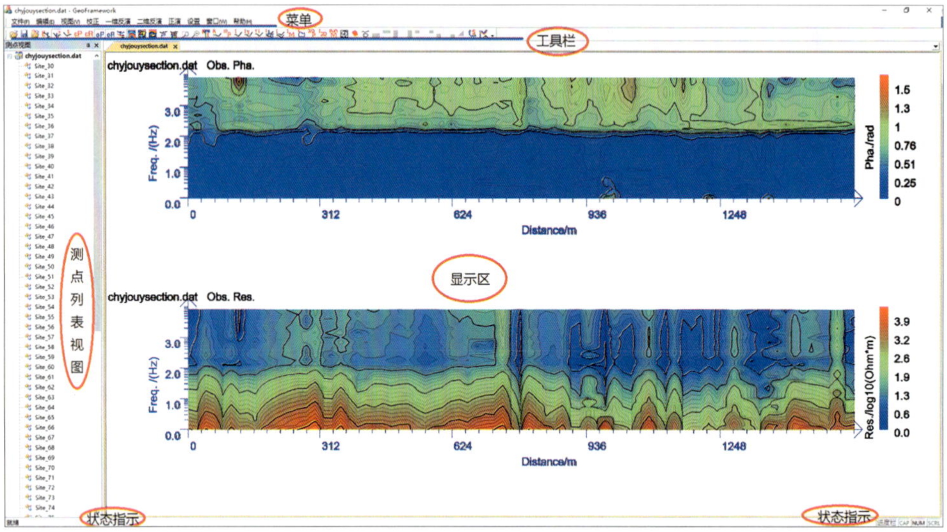

图 14.3.2　软件主界面

①文件

对数据进行输入与输出的文件菜单在未打开或导入数据之前如图 14.3.3（A）所示，打开或导入数据后如图 14.3.3（B）所示。

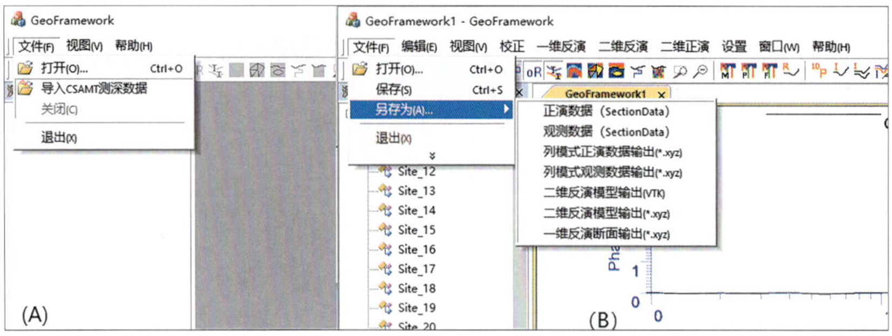

图 14.3.3　文件输入和输出功能

文件输入和输出功能如下：

打开：打开软件默认数据格式，数据格式定义见第 15 章。

导入 CSAMT 测深数据：列形式测深数据导入，数据格式定义见第 15 章。

关闭：关闭当前文件。

保存：保存当前数据文件。

保存为：数据另存功能，包括：ⅰ. 正演数据：当前模型正演数据，默认数据格式存储；ⅱ. 观测数据：当前观测数据存为默认格式，默认数据格式存储；ⅲ. 列模式正演数据输出：按列输出正演数据，方便 Surfer 作图；ⅳ. 列模式观测数据输出：按列输出观测数据，方便 Surfer 作图；ⅴ. 二维反演模型输出（vtk）：标准 vtk 格式模型文件输出；ⅵ. 二维反演模型输出（xyz）：模型按列文件输出，方便 surfer 作图；ⅶ. 一维反演模型输出（xyz）：模型按列文件输出，方便 Surfer 作图。

退出：退出程序。

②编辑

包括编辑曲线功能和编辑操作（曲线整体平移和单点移动），如图 14.3.4 所示。

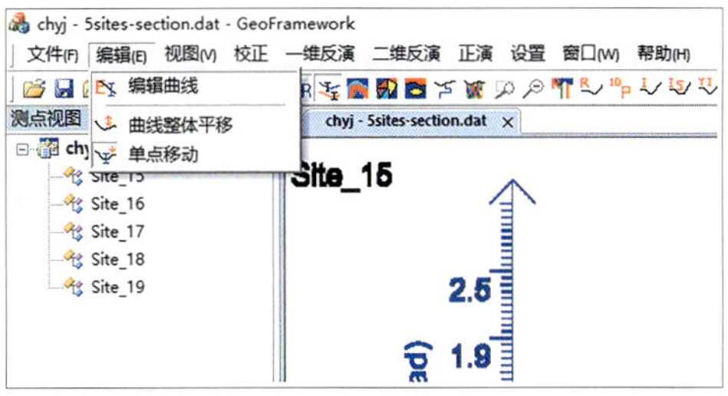

图 14.3.4　编辑功能

编辑曲线：点击进入编辑状态，可进行曲线整体平移与单点移动。

曲线整体平移：视电阻率曲线平移操作，用于静态效应校正手动操作，当选中时，可进行曲线下整体平移。操作方法：在要编辑曲线上按下鼠标左键，向上、向下移动鼠标并释放，完成曲线平移。

单点移动：视电阻率与相位编辑时单点移动，当选中时，可进行视电阻率与相位平移。操作方法：在要编辑曲线频点附近按下鼠标左键，向上、向下移动鼠标并释放，完成当前频点调整。

③视图

用于控制显示区和显示内容，包括：模型显示与数据显示，如图 14.3.5 所示。具体功能如下：

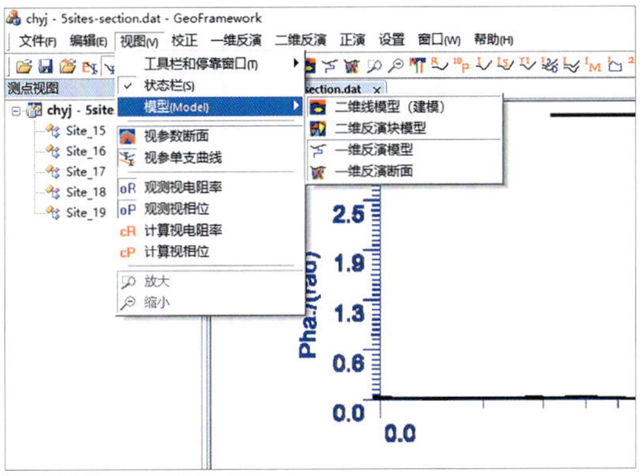

图 14.3.5　视图功能

模型：用于模型显示，主要包括：ⅰ. 二维线模型（建模）：显示线形模型，用于显示建模异常体，在模型建模时采用；ⅱ. 二维反演块模型：显示离散模型；ⅲ. 一维反演模型：单支曲线反演的一维模型；ⅳ. 一维反演断面：通过二维断面形式显示一维反演结果。

视参数断面：用于显示视参数断面。

视参单支曲线：用于显示测点视电阻率或视相位曲线。

观测视电阻率：与视参数断面、视参数单支曲线显示配合，当选择后将显示观测视电阻率。

观测视相位：与视参数断面、视参数单支曲线显示配合，当选择后将显示观测视相位。

计算视电阻率：与视参数断面、视参数单支曲线显示配合，当选择后将显示正演视电阻率。

计算视相位：与视参数断面、视参数单支曲线显示配合，当选择后将显示正演视相位。

放大：当模型显示时，通过鼠标拖动选择区域进行放大。选择放大菜单后，按下鼠标左键选择放大区间启点，拖动那鼠标到放大区终点，释放鼠标。

缩小：当模型显示时，单击恢复到完整区域显示。

④校正

对视参数进行校正，包括：静态效应校正与过渡带自动校正，如图 14.3.6 所示。

静态效应校正：对数据中的静态效应进行校正，有平移算法、相位算法、滤波算法 3 种方法可选。平移算法与相位算法，运行以最高频电阻率为参考进行，运行之前应当对最高频电阻率进行确定。

平移算法：以最高频电阻率为依据进行曲线平移。算法原理：在双对数坐标系下静态效应使视电阻率曲线整体平移。通过求取所有测点最高频电阻率平均值并以其为依据进行平移。相位算法：静态效应不影响相位，通过相位反算视电阻率，与平移算法相同，也要以最高频电阻率平均值为依据。滤波算法：静态效应从高频到低频均有影响，通过二维断面的空间特征，采用滤波技术进行滤除。

过渡带自动校正：通过全区电阻率定义进行过渡带与近区校正，需要输入场源点相对测线坐标，如图 14.3.7 所示。**注意：一维反演无需进行全区定义**。

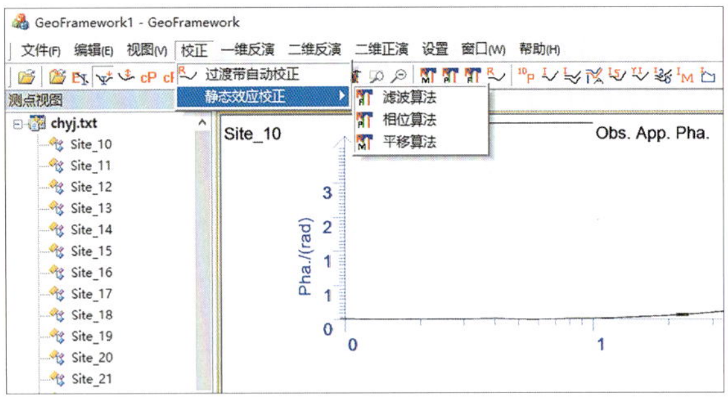

图 14.3.6　校正功能

图 14.3.7　场源位值设置

⑤一维反演

主要功能是一维反演相关操作，如图 14.3.8 所示。

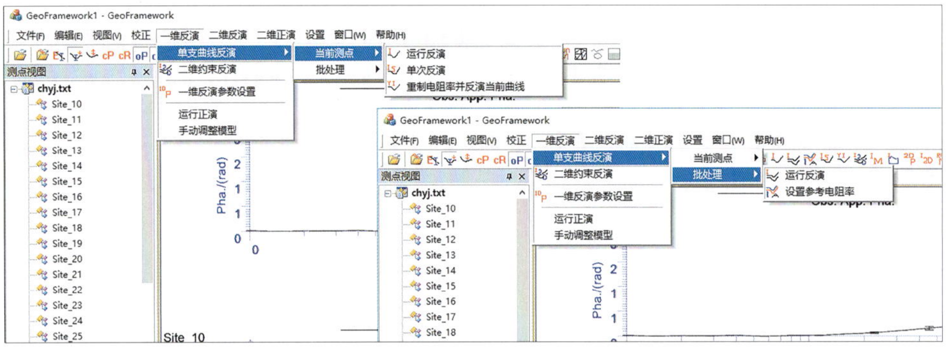

图 14.3.8　一维反演功能

图 14.3.9　一维反演参数设置

1）一维反演参数设置：一维反演参数设置对话框用于设置一维反演参数，点击后先后弹出如图 14.3.9 所示的参数设置对话框与如图 14.3.7 所示的场源坐标对话框。

对话框参数分为 6 个部分：

一维反演类型：提供平滑反演（只反演电阻率）、层状介质反演（同时反演电阻率与层厚度）两种反演方式。

反演数据：提供视电阻率、视相位、视电阻率与相位 3 种选择。

优化方法：提供非线性共轭梯度与高斯牛顿两种方法选择，当选择高斯牛顿时需设定内循环条件，最大迭代次数与收敛条件。

正则化：用于设定正则化因子，最小结构反演的 3 个部分的比例系数，其中最小模型比例系数用于设定参考模型系数，水平平滑比例系数用于设定水平方向平滑系数，垂直平滑比例系数用于设定垂直方向平滑系数。大的最小模型系数将使反演结果与参考模型更接近，大的水平平滑系数有利于突出水平结构，而大的垂直平滑系数将有利于突出直立构造。**注意：当进行单支曲线反演时程序将不用水平平滑。**

迭代终止条件：用于设定迭代终止的最大迭代次数和收敛率。

层参数：用于设定反演的层数、首层厚度、厚度递增系数、初始电阻率与反演深度的显示。初始电阻率，用于设定各层电阻率的初值。

2）二维约束反演：用于二维正则化下的一维反演，即正演采用一维算法，而约束采用二维算法。目的是提高水平约束，避免横向电阻率突变。

3）单支曲线反演：分别对当前所选测点与所有测点进行反演，具体如下：

A. 当前测点。包括：运行反演、单次反演、重置电阻率并反演当前曲线。

运行反演：根据一维反演参数，对当前测点进行反演。

单次反演：单步反演。

重置电阻率并反演当前曲线：重新设定当前测点模型电阻率，并运行反演；运行该菜单出现如图 14. 3. 10 所示的电阻率输入对话框。

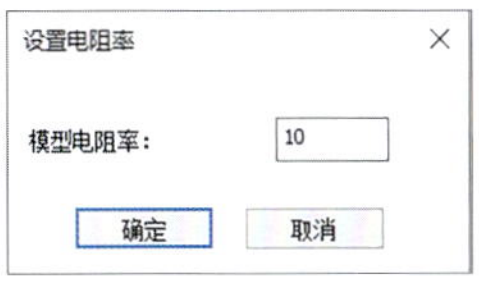

图 14. 3. 10　电阻率输入

B. 批处理。包括：对所有测点按设置参数进行反演、设置参考电阻率，如图 14. 3. 11 所示。设置参考电阻率：通过设定最大与最小频率之间视电阻率平均值为模型电阻率。

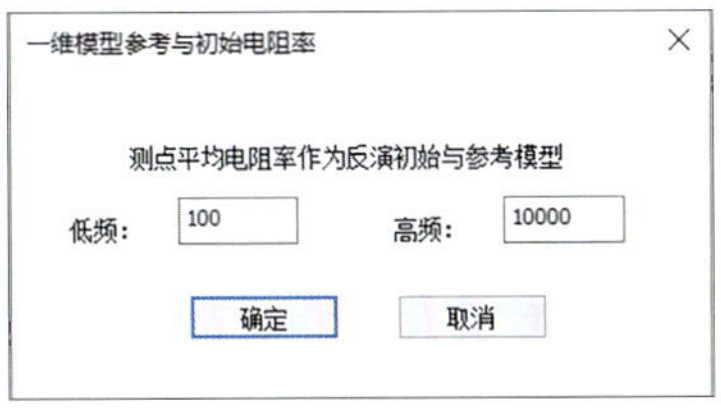

图 14. 3. 11　模型电阻率初值与参考模型设置

C. 运行正演。对当前模型设置，进行一维正演计算。

D. 手动调整模型。点击出现模型各层参数设置对话框如图 14. 3. 12所示。下拉列表框，用于选择当前设定层；文本框分别用于输入电阻率与层厚度。复选框实时正演，当选中时数据将实时正演。

⑥二维反演

用于二维反演相关操作，主要功能有优化反演网络、反演区域选择、二维反演参数设置及运行反演，点击“二维反演”，菜单如图 14. 3. 13 所示。

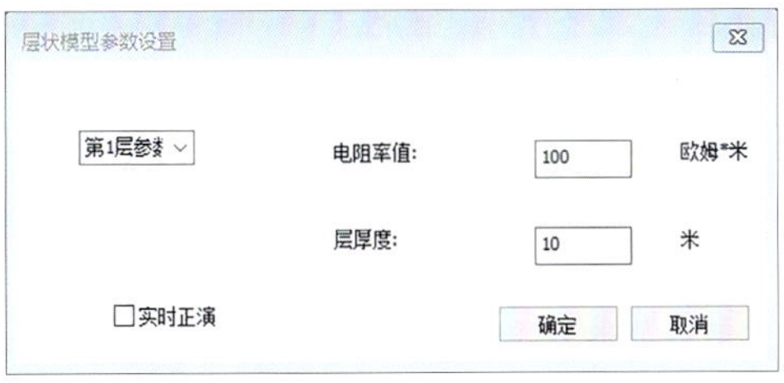

图 14. 3. 12　一维正演参数设置

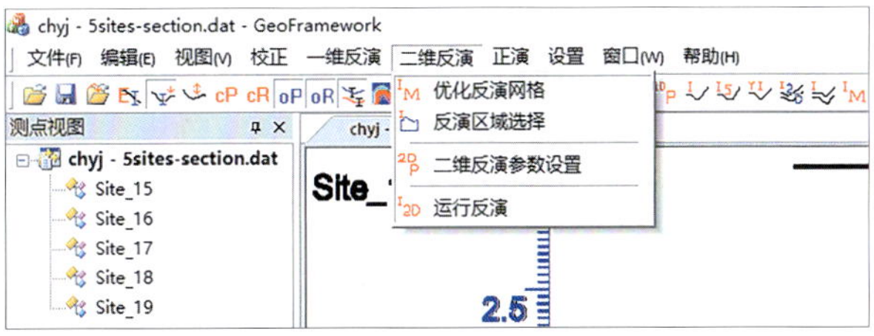

图 14. 3. 13　二维反演功能

1）二维反演参数设置。点击“二维反演参数设置”，二维反演参数设置对话框如图 14. 3. 14 所示。

对话框与一维部分相同，作用也类似，主要的不同是渐进网格反演、钻孔参数引入及模糊聚类反演约束、反演数据类型。

A. 渐进网格反演：由粗网格到细，逐步细化、渐进反演。参数如下：

使用渐进网格：当选择时将进行渐进网格反演。

细化次数：渐进网格反演网格细化次数，也就是渐进网格变化的次数。

最小单元面积：用于设计细化网格单元的最小单元面积，当单元面积小于该值时不进行细化，作用是避免单元过度细化。

细化比例：用于选择细化单元的比例系数，该值越大所选细化的网格越多。

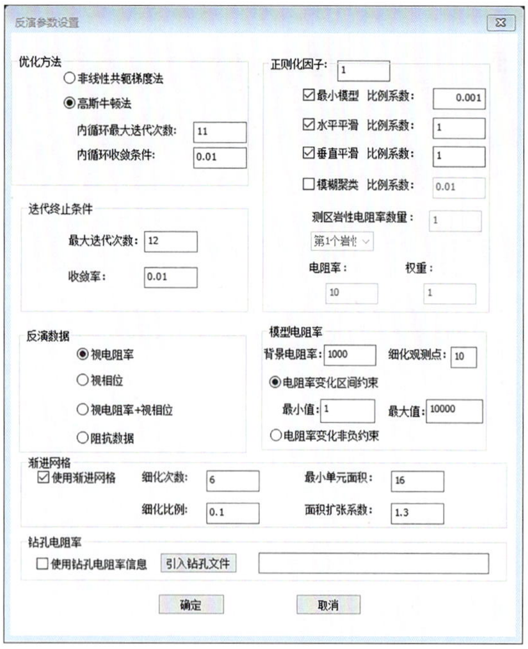

图 14.3.14　二维反演参数设置

面积扩张细数 κ：渐进网格生成过程中，最小单元面积 $S_{\min}$ 也进行修改，计算公式如下：

$$^{i}S_{\min} = {}^{i-1}S_{\min}\kappa$$

其中：上标 i 示渐进反演网格变化次数。

B. 初始模型参数如下：

背景电阻率：当采用渐进反演时模型的初始电阻率设置；

初始模型的细化观测点参数 c 作用是在地表下插入点，以实现测点区域局部细化，提高正演计算精度，其中插入点的位置计算如下：

$$z = \frac{503}{c}\sqrt{\frac{\rho_0}{f_{\max}}}$$

c 越大细化的单元越小，当然使用过大的 c 将产生过细的网格，将增加计算量。

电阻率变化区间，用于设定反演过程中模型电阻率的最大值与最小值。

C. 模糊聚类反演约束参数如下：

模糊聚类：用于选择模糊聚类稳定因子选择，当选中时将采用模糊聚类约束。该稳定因子的作用是通过对模型电阻率进行模糊聚类分析，将反演电阻率分类；另外，可以通过输入参考的电阻率聚类中心，使反演电阻率与参考电阻率更接近。

测区岩性电阻率数量：用于设置研究区电阻率数量，一般情况下与岩性数量相同。

测区岩性电阻率编号：用于选择设置岩性，电阻率文本框用于输入电阻率；权重文本框用于输入权重系数，当为零时将采用自组织方式。钻孔电阻率文本内用于钻孔电阻率信息输入。

钻孔电阻率：当复选框选中时，将在反演中采用钻孔信息；打开文件对话框，选择文件后，信息将出现在静态文本框。钻孔文件格式见第 15 章。

反演数据类型：在一维视电阻率、视相位、视电阻率与相位三种选择上添加了阻抗选项。

2）反演区域选择。用于设定反演区域，点击出现如图 14.3.15 所示的对话框。

3）优化反演网格。生成优化的反演网格，点击出现如图 14.3.16 所示的对话框，作用同二维反演对话框的渐进网格。

图 14.3.15　反演区域设置

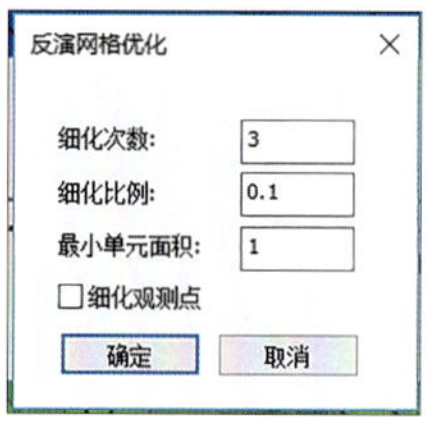

图 14.3.16　反演网格优化

4）运行反演。点击“运行反演”，进行反演计算。

⑦二维正演

用于二维正演相关操作，点击“正演”，其菜单显示如图 14.3.17 所示。

1）填加多边形：在模型线显示条件下，加入多边形异常体，非模型线显示将自动切换到该显示模式。具体操作：鼠标左键点击生成多边形控制点，双击左键生成闭合多边形；闭合前，右键单击取消前一个控制点；闭合后出显对话框，输入异常体电阻率，如图 14.3.18 所示。

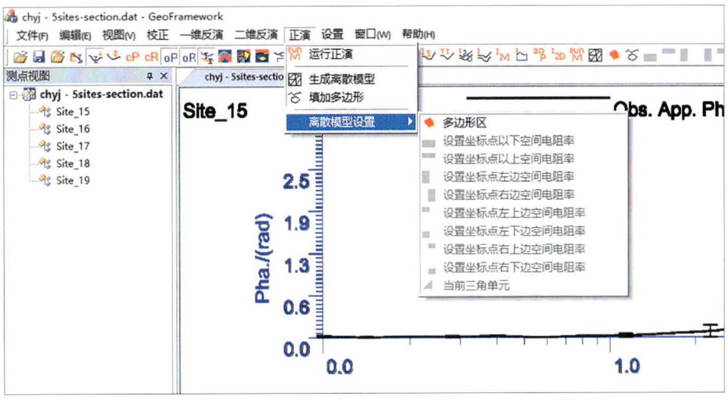

图 14.3.17 正演功能

2）生成离散模型：生成非结构化离散模型。

3）离散模型设置：用于对离散模型进行区域赋值。包括：多边形区、当前三角形、坐标点以下空间电阻率、坐标点以上空间电阻率、坐标点左边空间电阻率、坐标点右边空间电阻率、坐标点左上边空间电阻率、坐标点左下边空间电阻率、坐标点右上边空间电阻率、坐标点右下边空间电阻率。

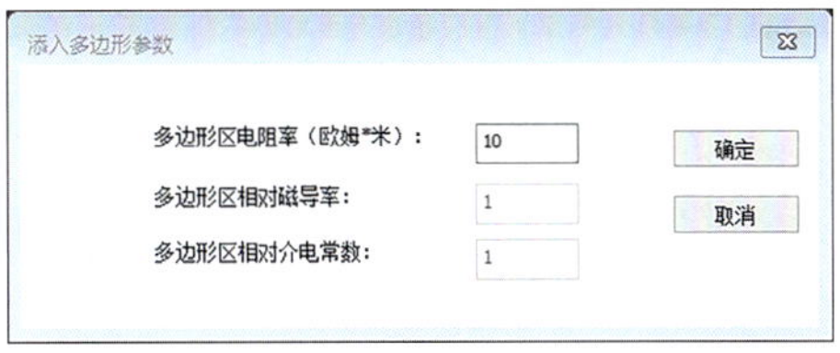

图 14.3.18 多边形区电阻率输入对话框

具体作用如下：

多边形区：操作方法同插入多边形，将多边形区内三角单元设定为给定值；非离散模型显示将自动切换为该显示模式。

当前三角形：选择该菜单，在离散模型视图中双击，对当前点击位置三角单元进行电阻率设置。

坐标点以下空间电阻率：选择该菜单，在离散模型视图中双击，对当前点击位置以下三角单元进行电阻率设置。

坐标点以上空间电阻率：选择该菜单，在离散模型视图中双击，对当前点击位置以上三角单元进行电阻率设置。

坐标点左边空间电阻率：选择该菜单，在离散模型视图中双击，对当前点击位置左边三角单元进行电阻率设置。

坐标点右边空间电阻率：选择该菜单，在离散模型视图中双击，对当前点击位置右边三角单元进行电阻率设置。

坐标点左上边空间电阻率：选择该菜单，在离散模型视图中双击，对当前点击位置左上三角单元进行电阻率设置。

坐标点左下边空间电阻率：选择该菜单，在离散模型视图中双击，对当前点击位置左下三角单元进行电阻率设置。

坐标点右上边空间电阻率：选择该菜单，在离散模型视图中双击，对当前点击位置右上三角单元进行电阻率设置。

坐标点右下边空间电阻率：选择该菜单，在离散模型视图中双击，对当前点击位置右下三角单元进行电阻率设置。

4）运行正演：执行正演计算。

⑧设置

用于设置显示参数，如图 14.3.19 所示。

用户可以设置的显示参数包括：视电阻率与视

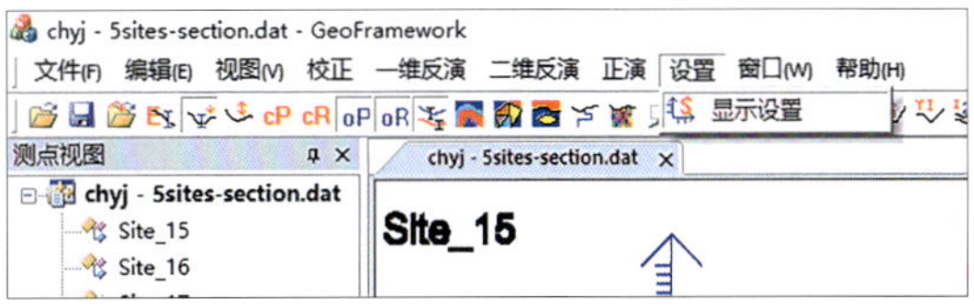

图 14.3.19 设置功能

相位相关设置将影响曲线与拟断面显示；模型电阻率显示影响二维线模型、离散模型，一维线模型与拟二维断面显示，如图 14. 3. 20 所示。

图 14. 3. 20　显示参数设置对话框

视电阻率：设置视电阻率显示的最小与最大值及等值线数量与是否显示等值线，视相位相关设置将影响曲线与拟断面显示。

视相位：设置视相位显示的最小与最大值及等值线数量与是否显示等值线，相关设置将影响曲线与拟断面显示。

模型电阻率：设置模型电阻率显示的最小与最大值及色阶数与是否显示单元边界，相关设置影响二维线模型、离散模型，一维线模型与拟二维断面显示。

择复选框“自动设定数据区间”，则自动搜索视电阻率、相位与模型电阻率最小与最大值进行显示，这时将不在采用前面关于视电阻率、相位及模型电阻率最大最小值的设置。

颜色映射：提供了几个颜色映射模型，可以通过下位框进行选择。

（3）数据编辑方法

1）打开或导入数据，如图 14. 3. 21 所示。

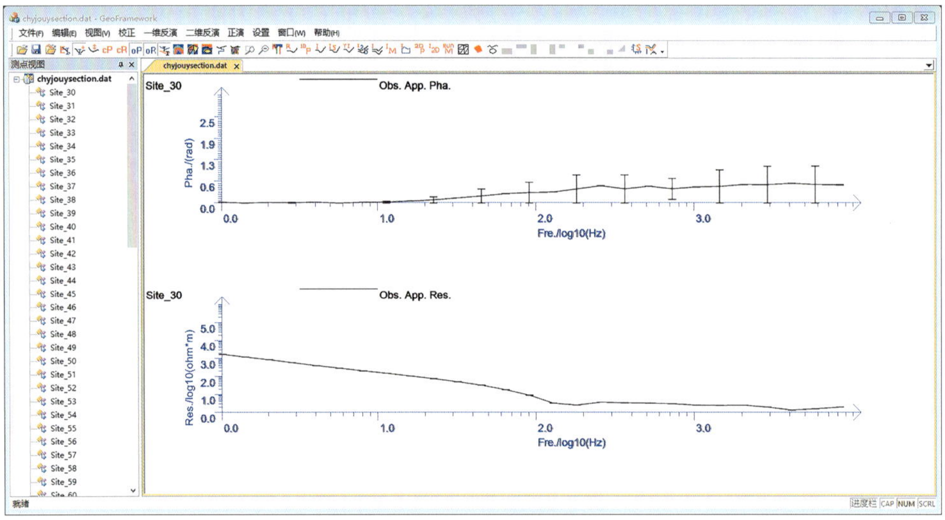

图 14. 3. 21　读入数据

2）通过编辑菜单或工具栏，切换到编辑模式，如图 14. 3. 22 所示。

3）通过编辑菜单或工具栏，选择单点编辑或曲线平移，操作方法见菜单功能。

4）单点编辑条件下，鼠标左键按下，选择编辑点，向上或向下移动并释放实现编辑；曲线平移条件下，鼠标左键按下，向上或向下移动并释放实现整条曲线移动编辑。

5）完成当前测点编辑后，通过鼠标在测点视图选择测点实现测点选择，也可以通过键盘上下键进行测点选择，重复第 3 步与第 4 步对当前测点进行编辑。

6）关闭编辑模式完成编辑。

（4）建模与正演方法

1）打开或导入数据，如图 14. 3. 23 所示。正演以实测的地形数据与观测点坐标及频点设置为基础。

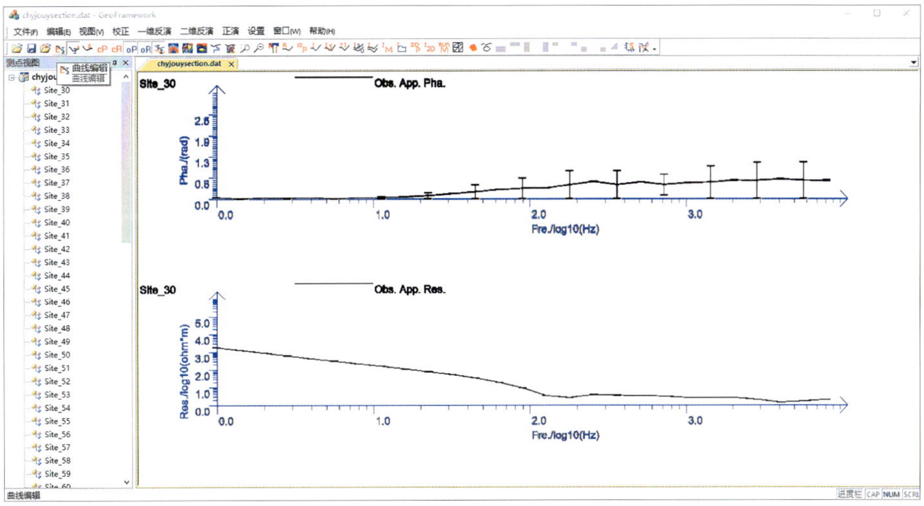

图 14.3.22　切换编辑模式

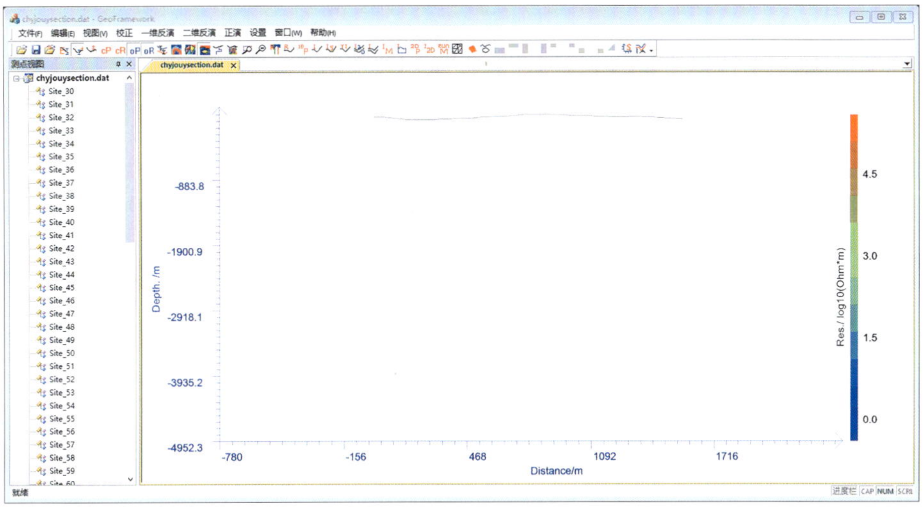

图 14.3.23　建模模式

2）异常体设置，首先切换到二维线模型显示（菜单“视图”→“模型”→“二维线模型”或点击对应工具栏）；也可直接选择填加多边形（菜单“正演”→“填加多边形”或对应工具栏）进入建模模式，如图 14.3.24 所示。

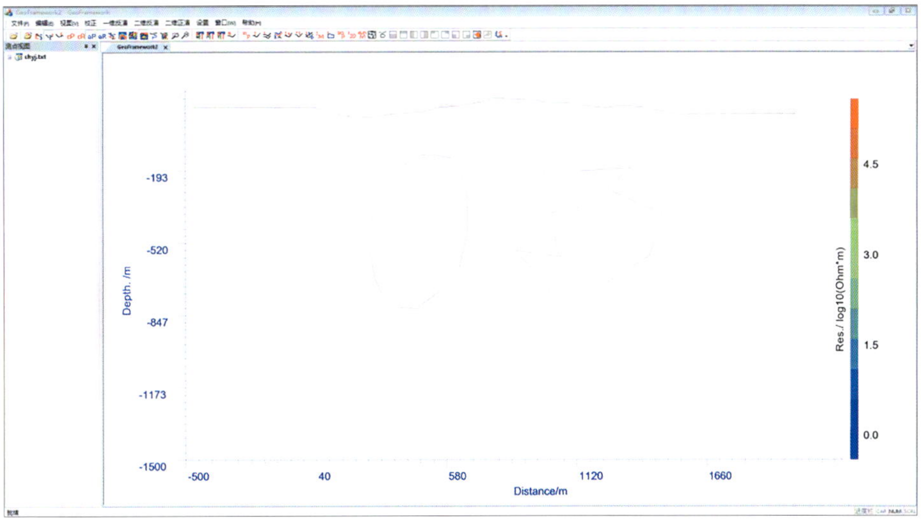

图 14.3.24　插入多边形

3）填加多边形，选择填加多边形功能（菜单“正演”→“填加多边形”或对应工具栏）。鼠标左键点击生成多边形控制点，双击左键生成闭合多边形；闭合前，右键单击取消前一个控制点。闭合后出现对话框，输入异常体电阻率（图 14. 3. 18）。

4）生成离散模型：菜单“正演”→“生成离散模型”或点击对应工具栏。

5）离散模型编辑：菜单“正演”→“离散模型设置”→选择编辑方法（图 14. 3. 25）。

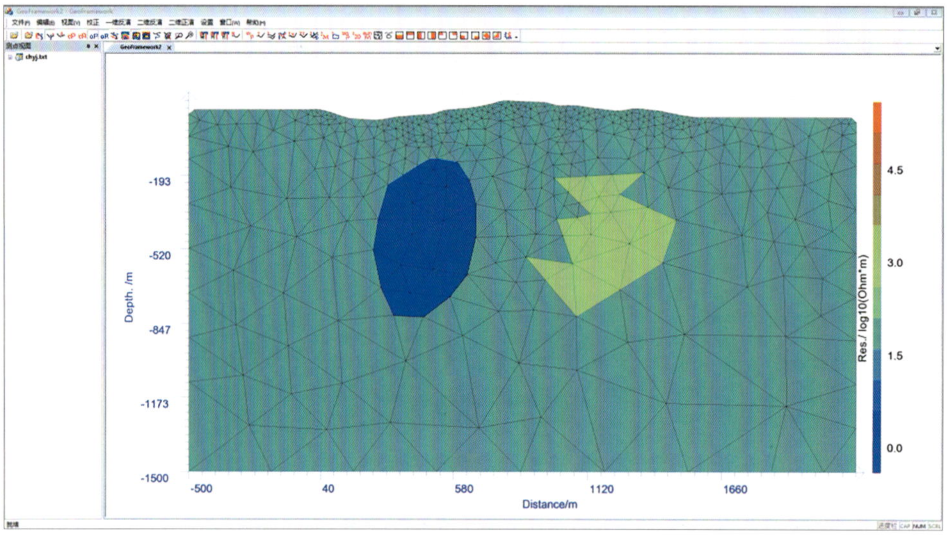

图 14. 3. 25　模型离散

6）运行正演：菜单“正演”→“运行正演”。

7）查看结果：切换到数据视图（“视图”→“视参数拟断面”；“视图”→“视参数单支曲线”）；切换到正演数据显示（“视图”→“计算视电阻率”；“视图”→“计算视相位”）。

8）计算结果输出：“文件”→“保存为”→“正演数据”，输出正演数据（软件默认格式）；“文件”→“保存为”→“列模式观测数据（ * . xyz）”，可用于 Golden Surfer 等软件成图。

（5）一维反演步骤

1）打开、读入数据。

2）数据编辑。

3）静态效应校正，如果频点够高，建议不做。

4）设置一维反演参数，见图 14. 3. 7 和图 14. 3. 9，完成反演参数与场源点坐标设置。

注：图 14. 3. 9 参数设置并确定后，将对反演模型进行内存分配，这也会将以前完成的反演结果删除。

5）通过单支曲线反演，确定所设参数是否合理，如参数不好返回第 4 步进行修改。

6）批处理反演所有曲线，或者二维约束反演，对所有测点进行反演。

7）通过单支曲线查看反演结果，对有问题的反演曲线重新反演。重新反演方法：选择需要重新反演测点，通过菜单“一维反演”→“当前观测点”下的三维菜单进行重新反演。

（6）二维反演步骤

1）打开、读入数据。

2）数据编辑。

3）静态效应校正，如果频点够高，建议不做。

4）过渡带与近区校正（如果存在过渡带与近区数据，可进行校正）。

5）设置二维反演参数，见图 14. 3. 14。

6）设置反演区域，见图 14. 3. 15。

7）生成优化反演网格，见图 14. 3. 16，非渐进网格反演使用。

8）运行反演。

注意：生成优化网格与渐进网格时合理选择参数，过多的网格将影响反演计算效率。

操作建议：

1）观测点下插入点 z 选择为高频趋肤深度的 1/4～1/20，即 $4 \leqslant c \leqslant 20$；

2）最小单元面积 $S_{\min}$：

$$S_{\min} > z^2$$

3）当采用渐进网格反演时，宜随渐进网格的进行增加 $S_{\min}$，即设置面积扩张系数大于 1。

注：打开、引入数据目录将产生三类中间文件：i. 记录反演过程中正则化因子、数据误差、模型误差的变化，该文件会在反演的过程中重写；ii. 反演模型以 *.vtk 格式输出；iii. 反演模型的按列输出。

（7）输出文件说明

打开或引入文件目录即为软件工作目录，反演软件运行过程将在该目录下生成一些中间文件，这些文件可以用来制作相关图件和查看软件运行情况。生成文件的数据均采用文本格式，可采用文本编辑器打看查看，推荐文件编辑工具为记事本（https：//notepad-plus-plus. org/）。下面对这些文件进行介绍，假定输入数据文件名为 TestCSAMT. dat。

1）TestCSAMT_unstrutgrid_inv 1-0 . vtk 系列文件为 vkt 格式反演模型输出文件，其中数字 1 与 0 分别为反演次数与当前反演迭代次数（格式见 https：//www. vtk. org/wp-content/uploads/2015/04/file-formats. pdf）。

2）estCSAMT_unstrutgrid_inv 1-0 . dat 系列文件为反演模型按列格式输出，其中数字 1 与 0 分别为反演次数与当前反演迭代次数；包括：第一列为水平坐标，第二列为垂向坐标，第三列为模型电导率。

3）TestCSAMTInvLog. dat 为二维反演迭代过程参数输出，包括：第一列为当前迭代次数，第二列为正则化因子，第三列为数据均方根误差，第四列为数据误差，第五列为模型误差。

4）TestCSAMT1D_Site 1 _InvLog. dat 为一维反演迭代过程参数输出，1 为测点序号，包括：第一列为当前迭代次数，第二列为正则化因子，第三列为数据均方根误差，第四列为数据误差，第五列为模型误差。

（8）图形显示

为了方便查看正演和反演结果，下面介绍几种主要操作时的图形显示设置。

1）一维单支曲线反演，建议同时打开一维模型显示、单支曲线计算视电阻率与相位、单支曲线观测电阻率与相位，如图 14. 3. 26 所示，可以进行的操作包括：“视图”→“模型”→“一维反演模型”；“视图”→“视参数单支曲线”；“视图”→“观测视电阻率”；“视图”→“观测视相位”；“视图”→“计算视电阻率”；“视图”→“计算视相位”。

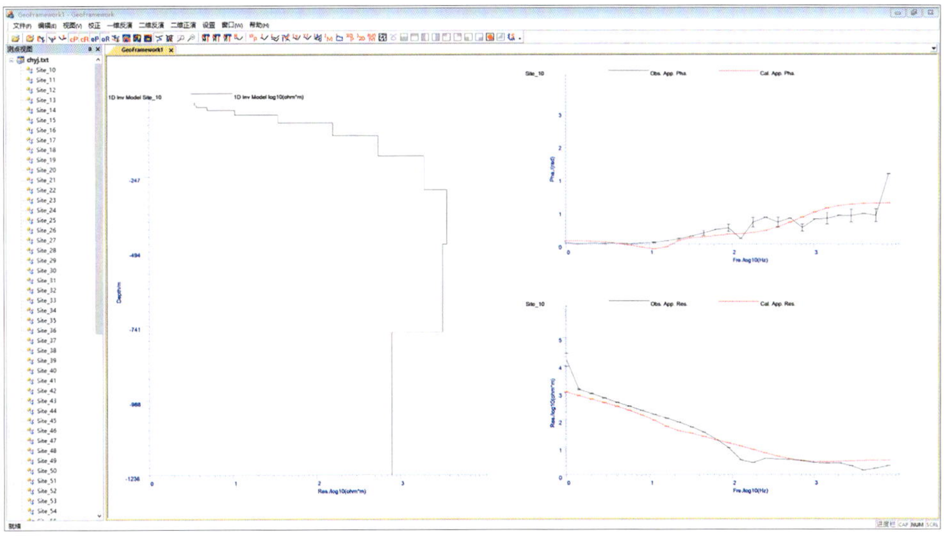

图 14. 3. 26　一维单支曲线反演视图

2）一维单支曲线批处理反演，建议同时打开一维模型显示、单支曲线计算视电阻率与相位、单支曲线观测电阻率与相位；可以进行的操作包括：“视图”→“模型”→“一维反演断面”，如图 14.3.27 所示。

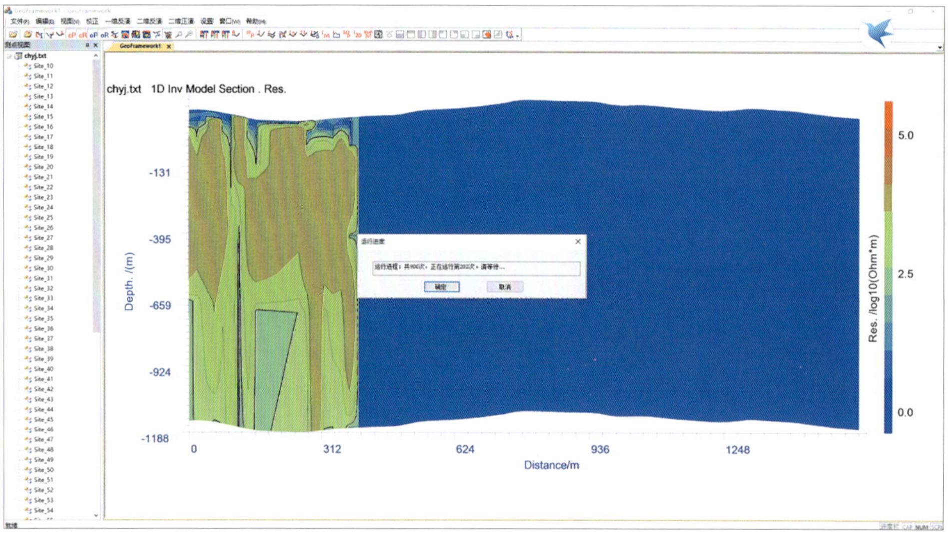

图 14.3.27　一维批处理反演视图

3）二维反演，建议打开视参数比较视图，如图 14.3.28 所示。可以进行的操作包括：“视图”→“视参数单支曲线”；“视图”→“观测视电阻率”；“视图”→“观测视相位”；“视图”→“计算视电阻率”；“视图”→“计算视相位”。

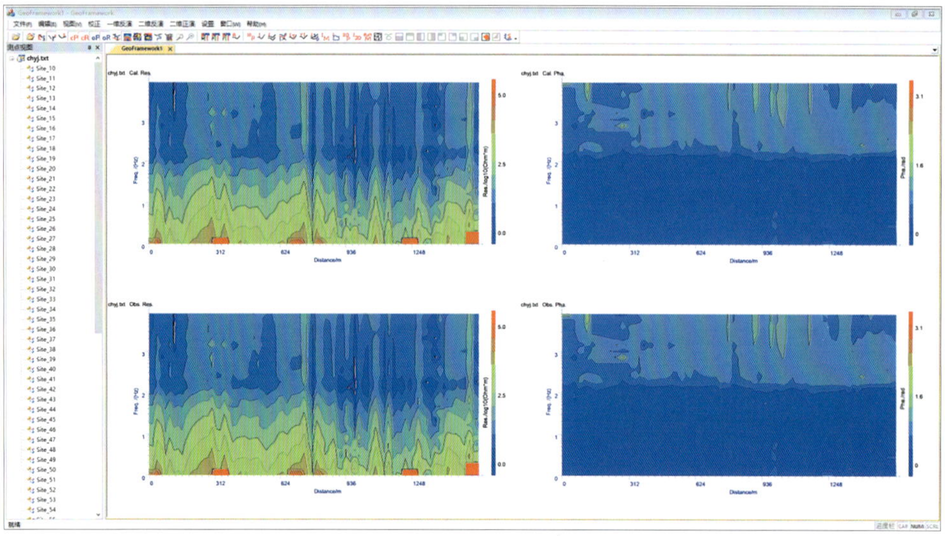

图 14.3.28　二维反演视图（视参数对比视图）

二维反演也可直接显示模型视图，如图 14.3.29 所示，可以进行的操作包括：“视图”→“模型”→“二维块状模型”。

（9）二维正演参数说明

二维正演采用有限单元法，网格生成采用了当前流行的非结构化三角网格。为实现高精度正演，网格的生成采用了局部细化技术，即对观测点进行加密。加密策略是在观测点下方插入结点，插入结点的位置由下式计算：

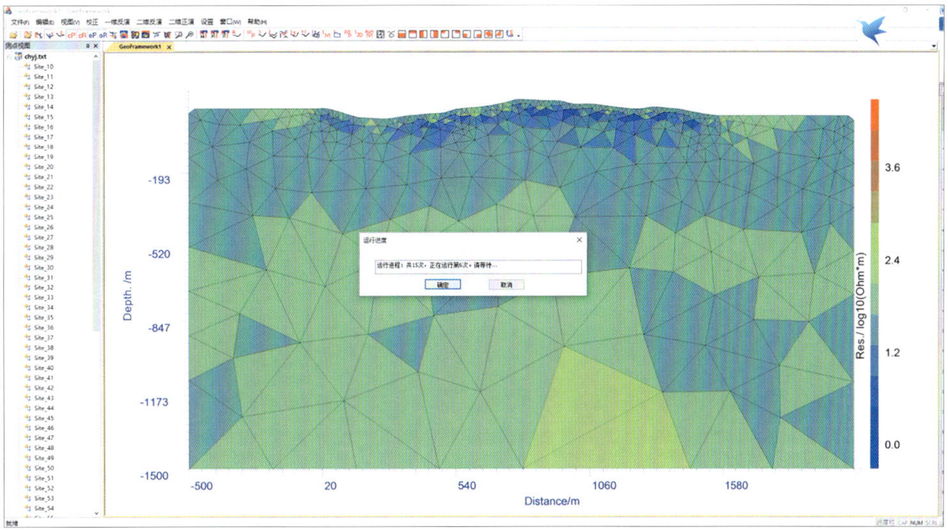

图 14.3.29　二维反演视图（二维离散模型图）

$$z=\frac{503}{c}\sqrt{\frac{\rho_0}{f_{max}}}$$

式中：ρ_0 为背景电阻率；f_{max} 为最大的计算频率；c 为细化系数；z 为插入点位于观测点下方的距离。分析可知，当背景电阻率低、c 大时插入点与观测点之间的距离变小，网格变密，一般情况下在背景电阻率已知时，建议 $c\geqslant 4$ 可以满足计算精度需要。

14.4　大地电磁数据正反演

14.4.1　二维正反演

【说明】

大地电磁二维正反演功能包括：

1）大地电磁数据预处理功能。

2）起伏地形条件下大地电磁二维正演计算功能。

3）起伏地形条件下大地电磁二维反演计算功能。

4）大地电磁数据正演、反演计算过程中使用并行算法。

程序主要功能框架如图 14.4.1 所示。

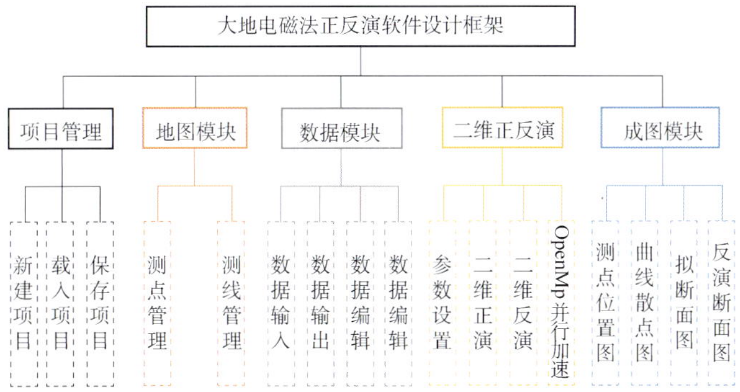

图 14.4.1　软件主要功能框图

主要包括以下模块：

①数据导入与数据管理模块

1）主要功能是完成数据的输入与输出。当前版本，支持4种输入数据格式。

2）自定义内部格式（见第15章）：程序运行过程中完整数据记录，宜作为数据预处理后的中间结果的保存。

3）大地电磁非功率谱EDI数据格式：该格式为大地电磁数据常用格式，WinGLink软件可提供该数据格式输出。

4）数据输出格式包括4种：

自定义内部格式（stn，见第15章）：可分别输出当前软件操作完成后的正演数据、观测数据。

二维反演模型输出（plt）：反演模型输出格式，建议采用tecplot查看。

二维反演模型输出（rho）：输出当前反演后的二维模型，文本文件。

二维反演信息文件（log）：输出反演过程中每次迭代的目标函数值（Value）、拟合差（RMS）、模型范数（nNorm）、正则化因子（Lambda）等，文本文件。

②数据编辑与预处理模块

主要功能是通过人机交互方式对观测数据进行编辑，包括：单频点修正和整体平移。

③数据校正模块

对实测数据进行静态效应校正，用于校正数据中的静态效应，提供自动平移法、滤波法、相位校正法。

④可视化模块

对数据与模型进行可视化显示。其中数据显示包括：

一维曲线显示：以测深曲线形式可视化视电阻率与相位。

二维拟断面显示：以拟断面形式（等值、填充）可视化视电阻率与相位。

二维模型显示：用于显示二维剖分断面。

⑤二维地质单元建模与离散模块

人机交互方式建模：首先设置多边形异常体文件（body），然后通过载入该文件实现典型地电模型的二维建模。

模型离散：采用结构化矩形单元进行模型离散。

⑥二维正演模块

对当前二维模型进行正演，计算视电阻率与相位。

⑦二维反演模块

采用平滑约束进行二维正则化反演，主要功能包括：

反演目标函数优化：提供非线性共轭梯度、L-BFGS和OCCAM法3种方法。

反演网格剖分：采用四边形约束剖分。

反演初始模型设置：本软件采用3种方式，第一种设置简单的初始模型值，第二种将MT响应的视电阻率平均值作为反演电阻率模型的初始值，第三种通过载入自己设定的模型作为初始模型。

【操作】

①主界面介绍

软件主界面包括菜单与工具栏、测点列表视图、主显示区3部分，如图14.4.2所示。

②文件菜单

文件菜单在未打开或导入数据之前如图14.4.3（A）所示，打开或导入数据后如图14.4.3（B）所示。各子菜单功能如下：

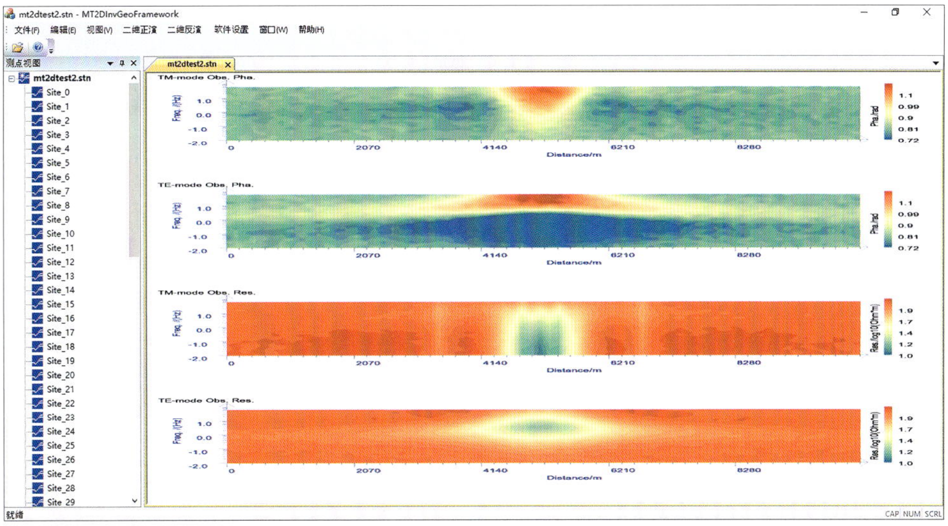

图 14.4.2　软件主界面

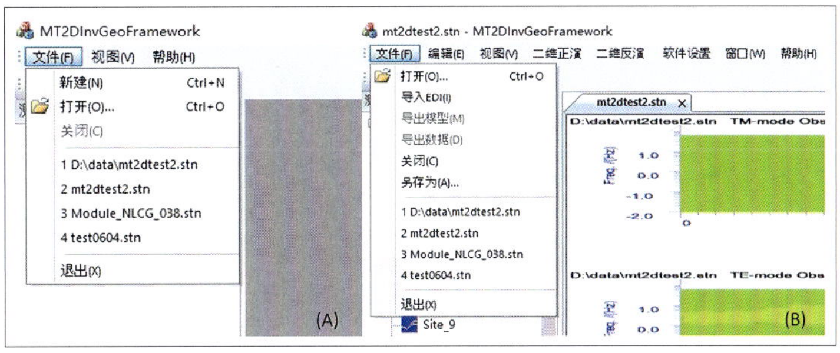

图 14.4.3　文件菜单

1）打开：打开软件默认数据格式，数据格式定义见第 15 章。

2）导入 EDI 数据（对话框如图 14.4.4）：可导入 3 种数据类型。

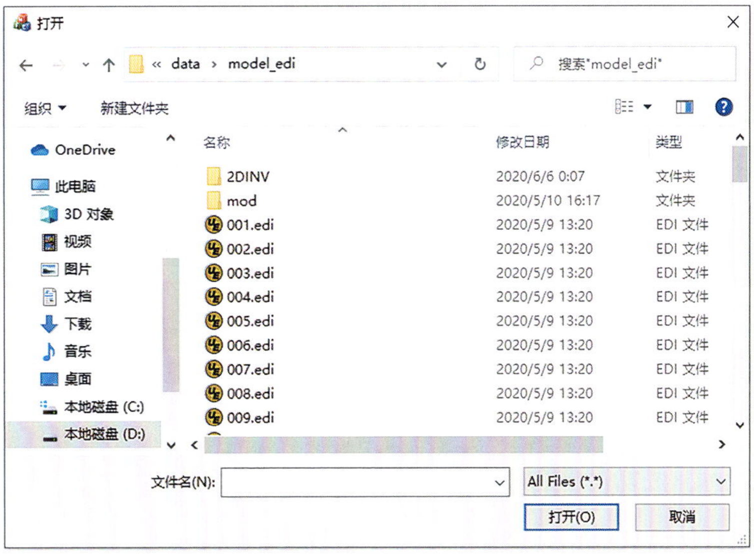

图 14.4.4　导入 EDI 数据对话框

3）另存为：将当前数据文件以软件默认格式保存数据。

4）关闭：关闭当前文件。

5）退出：关闭程序。

③编辑菜单

主要用于测深曲线的编辑。包括：

1）编辑 TE 和 TM 模式数据功能开关：开关量，用于编辑状态打开与关闭。

2）单支曲线编辑：包括整体平移和单频点修正（图 14.4.5），具体介绍如下：

整体平移：视电阻率曲线平移操作，用于静态效应校正手动操作；当选中时，可进行曲线下整体平移。操作方法：在要编辑曲线上按下鼠标左键，向上、向下移动鼠标并释放，即完成曲线平移。

单频点修正：视电阻率与相位编辑，单点移动；当选中时，可进行视电阻率与相位平移。操作方法：在要编辑曲线频点附近按下鼠标左键，向上、向下移动鼠标并释放，完成当前频点调整。

3）静态效应校正：对数据中的静态效应进行校正，该功能包含自动平移、相位算法、滤波算法 3 种方法可选（图 14.4.6）。平移与相位算法，运行以最高频电阻率为参考进行，运行之前应当对最高频电阻率进行确定。

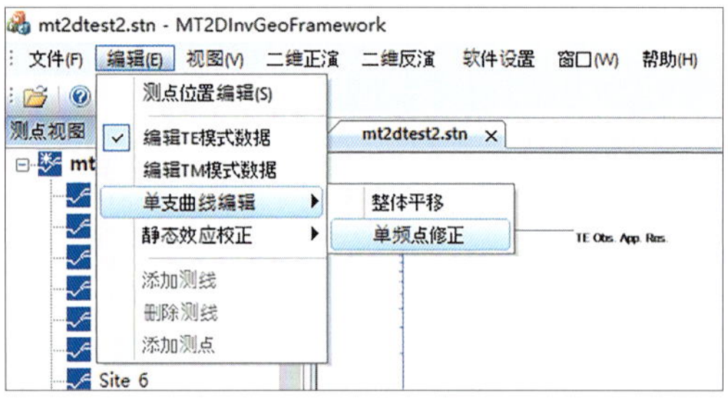

图 14.4.5 编辑菜单——单支曲线编辑

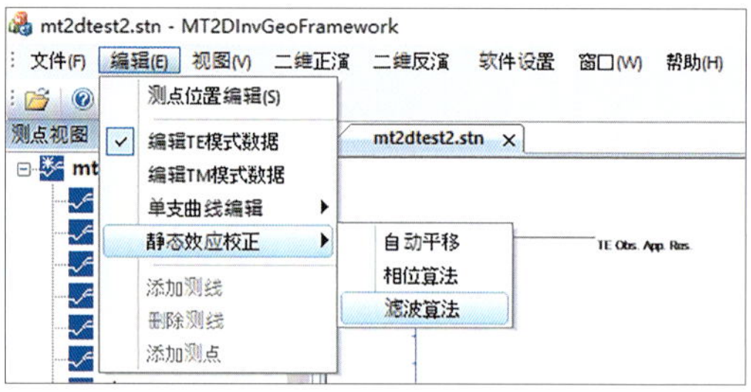

图 14.4.6 编辑菜单——静态效应校正

自动平移：以最高频电阻率为依据进行曲线平移。算法原理：在双对数坐标系下静态效应使视电阻率曲线整体平移。通过求取所有测点最高频电阻率平均值并以其为依据进行平移。

相位算法：静态效应不影响相位，通过相位反算视电阻率，与平移算法相同，也要以最高频电阻率平均值为依据。

滤波算法：静态效应从高频到低频均有影响，通过二维断面的空间特征，采用滤波技术进行滤除。

④视图菜单

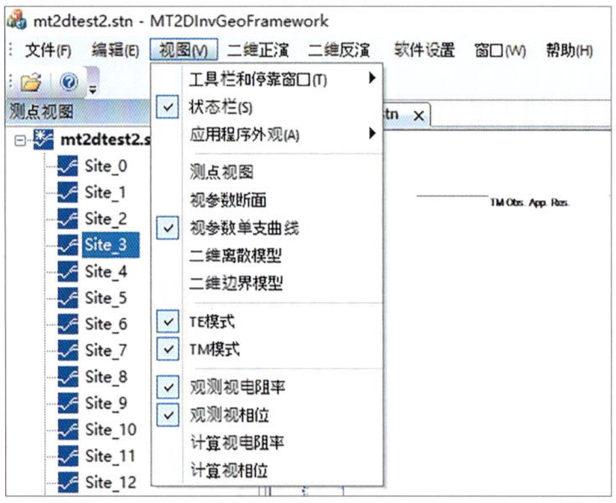

图 14.4.7 视图菜单

视图菜单用于控制显示区内显示的内容，包括：模型显示与数据显示（图 14.4.7），具体功能如下：

1）二维离散模型：用于模型显示。包括，二维正演模型（建模）：显示正演地电模型，用于显示建模异常体，在模型建模时采用；二维反演块模型：显示离散模型。

2）视参数断面：用于显示视参数断面。

3）视参数单支曲线：用于显示测点视电阻率或视相位曲线。

4）TE 模式：与视参数断面、视参数单支曲线显示配合，当选择后将显示 TE 模式视电阻率和相位，开关量。

5）TM 模式：与视参数断面、视参数单支曲线显示配合，当选择后将显示 TM 模式视电阻率和相位，开关量。

6）观测视电阻率：与视参数断面、视参数单支曲线显示配合，当选择后将显示观测视电阻率，开关量。

7）观测视相位：与视参数断面、视参数单支曲线显示配合，当选择后将显示观测视相位，开关量。

8）计算视电阻率：与视参数断面、视参数单支曲线显示配合，当选择后将显示正演视电阻率，开关量。

9）计算视相位：与视参数断面、视参数单支曲线显示配合，当选择后将显示正演视相位，开关量。

⑤二维正演（图 14.4.8）

1）正演参数据设置：包括测点参数、正演频率、地形参数和正演网格设置。

2）载入地质异常体：将包含地质异常体几何信息和电阻率信息的文件载入以完成理论建模，该文件为后缀为 body 的文本文件（ * . body）。

3）正演计算：执行二维正演。

⑥二维反演

用于二维反演相关操作（图 14.4.9），具体如下：

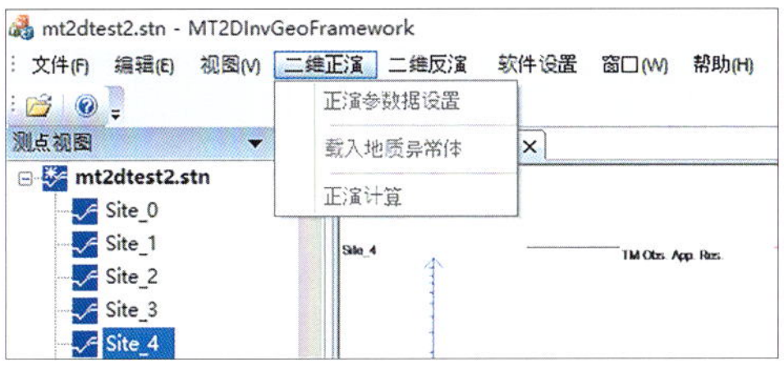

图 14.4.8　二维正演菜单

图 14.4.9　二维反演菜单

1）反演参数设置：设置二维反演参数，点击出现如图 14.4.10 所示对话框。该功能下可以实现对反演数据集、模型电阻率、反演目标函数优化、平滑模型约束和正则化系数初始值这 5 个部分的设置。

反演数据集：提供 TE mode 和 TM mode 两种选项，每种模式（mode）下提供 4 种不同的数据集方案。视电阻率：仅采用视电阻率数据进行反演；视相位：仅采用视相位数据进行反演；视电阻率+视相位：采用视电阻率和视相位数据进行反演；阻抗数据：采用阻抗数据进行反演。

模型电阻率。背景电阻率：设置反演时模型的初始电阻率值；电阻率变化区间约束：用于设定反演过程中模型电阻率的最大值与最小值。

反演目标函数优化。反演最优化算法：提供非线性共轭梯度、LBFGS 和 OCCAM3 种最优化方法选择；最大迭代次数：设置反演终止迭代的最大次数；目标误差：设置反演终止迭代的目标误差。

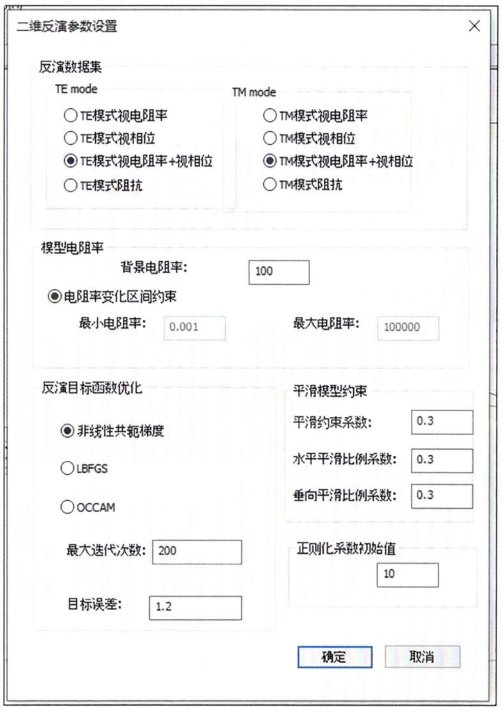

图 14.4.10　二维反演参数设置对话框

平滑模型约束：设置模型平滑项的系数，以及水平方向平滑比例系数和垂直方向平滑比例系数的设置。

正则化系数初始值：设置正则化反演惩罚项的权重系数，即正则化因子。本软件采用冷却法实现正则化因子自动下降，此处可以设置正则化因子的初始值。

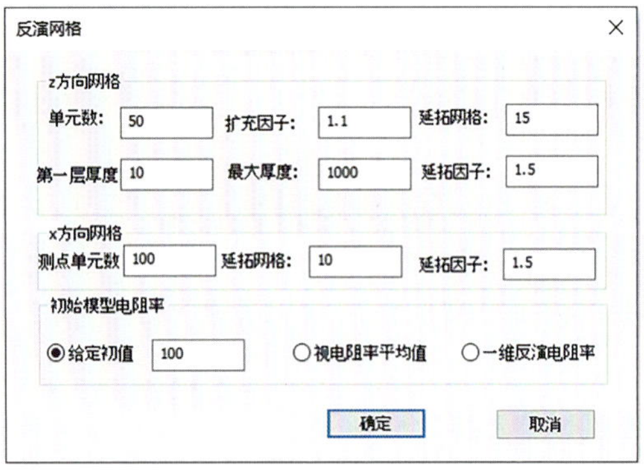

图 14.4.11　反演区域对话框

2）反演初始模型设计：用于设置反演初始模型和反演网格，点击出现如图 14.4.11 所示对话框，包括 z 方向网格、x 方向网格和初始模型电阻率 3 个部分。

z 方向网格：对反演区域垂直方向进行非等间距的网格剖分，其中单元数、扩充因子、第一层厚度和最大层厚度的设置用于确定反演核心区域垂直方向的网格数；延拓网格和延拓因子用于实现扩边网格剖分以满足边界条件。

x 方向网格：对反演区域水平方向进行等间距网格剖分，反演核心区域水平方向网格大小由测点单元数决定；延拓网格和延拓因子可实现水平方向的扩边以满足边界条件。

初始模型电阻率：设置初始模型的电阻率，提供给定初始值、视电阻率平均值和一维反演电阻率 3 种不同的选择。

3）运行反演：开始反演。

⑦软件设置

显示参数：点击出现显示参数设置对话框，如图 14.4.12和图 14.4.13 所示。

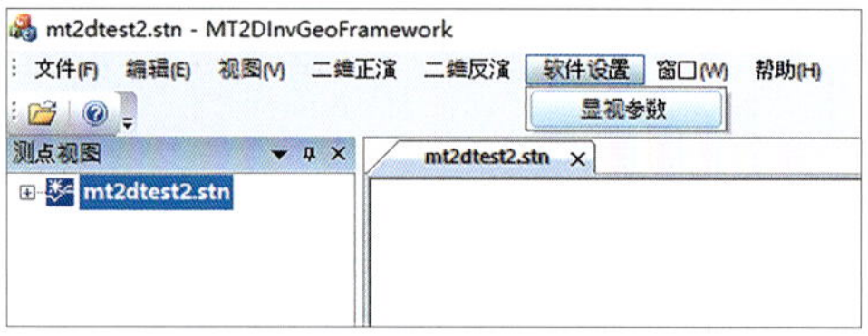

图 14.4.12　软件设置菜单

视电阻率：设置视电阻率显示的最小与最大值及等值线数量与是否显示等值线，视相位相关设置将影响曲线与拟断面显示。

图 14.4.13　显示参数设置对话框

视相位：设置视相位显示的最小与最大值及等值线数量与是否显示等值线，相关设置将影响曲线与拟断面显示。

模型电阻率：设置模型电阻率显示的最小与最大值及色阶数与是否显示单元边界，相关设置影响二维边界模型、离散模型与视参数拟断面显示。

选择复选框“自动设定数据区间”，则自动搜索视电阻率、相位与模型电阻率最小与最大值进行显示，这时将不在采用前面关于视电阻率、相位及模型电阻率最大与最小值的设置。

颜色映射（colormap）：提供了几个颜色映射模型，可以通过下拉菜单进行选择。

⑧工具栏

工具栏与菜单相对应，当鼠标在其上时会出现对应功能提示（如图 14.4.14），具体功能与相应菜单对应，此处不再赘述。

⑨数据编辑操作方法

1）打开或导入数据，其中打开默认数据格式的步骤如图 14.4.15 所示，导入 EDI 数据的步骤如图 14.4.16 所示。打开或导入数据后的界面如图 14.4.17 所示。

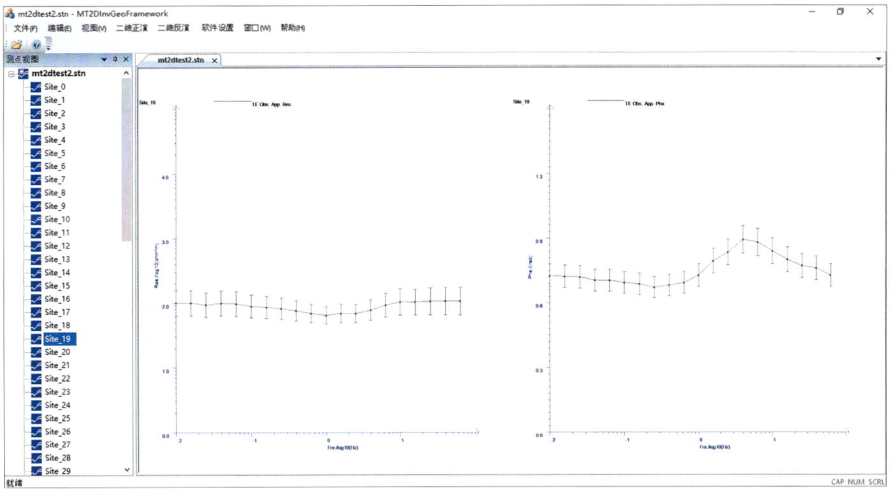

图 14.4.14　工具框与指示

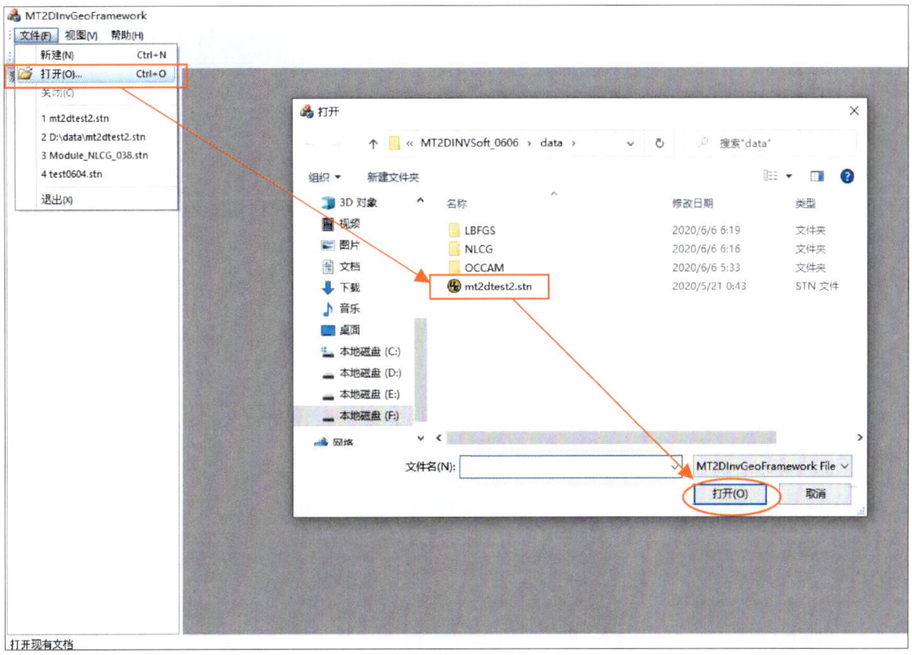

图 14.4.15　打开默认数据格式步骤

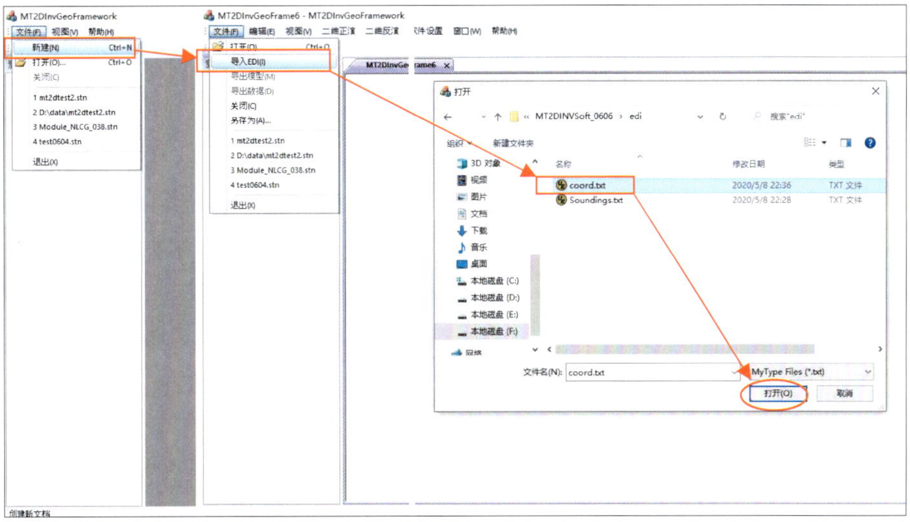

图 14.4.16　导入 EDI 数据步骤

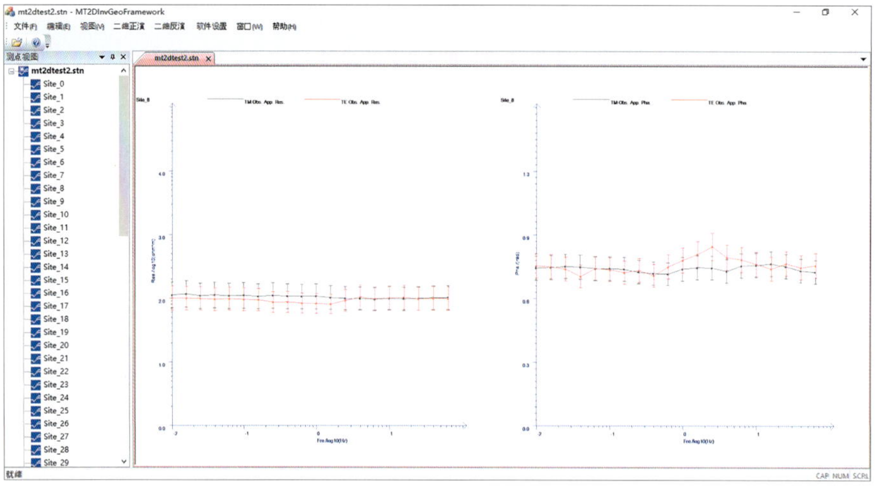

图 14.4.17　打开或导入数据后的软件界面

当导入 EDI 时，需要制作一个坐标汇总文件（cood. txt）与 EDI 文件放在同一个路径下，该文件中测点号应与 EDI 文件名一致。此外，导入的 EDI 文件为非功率谱数据格式。

2）通过编辑菜单，切换到编辑模式，如图 14.4.18 所示。

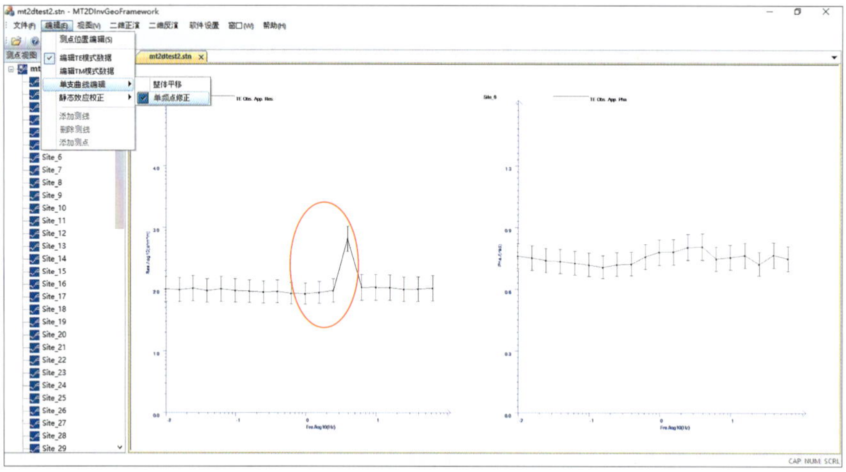

图 14.4.18　进入视电阻率曲线编辑模式

3）通过编辑菜单，选择单频点修正或整体平移，操作方法见菜单功能。

4）单频点修正模式下，鼠标左键按下，选择编辑点，向上或向下移动并释放实现编辑；整体平移模式下，鼠标左键按下，向上或向下移动并释放实现整条曲线移动编辑。

5）完成当前测点编辑后，通过鼠标在测点视图选择测点实现测点选择，也可以通过键盘上下键进行测点选择，重复第 3 与第 4 步对当前测点进行编辑。

图 14.4.19　新建数据库示意图

6）关闭编辑模式完成编辑。

⑩理论建模与二维正演操作流程

1）新建数据库文件，生成一个空白的框架（Frame1），如图 14.4.19 所示。

2）生成正演离散网格和正演参数设置，进入“二维正演”菜单下“正演参数设置”选项。可依次设置测点参数、正演参数、地形参数和正演网格，如图 14.4.20 所示。

3）设置异常体，进入“二维正演”菜单下“载入地质异常体”选项。载入文件对话框如图 14.4.21 所示：

图 14.4.20　正演参数设置

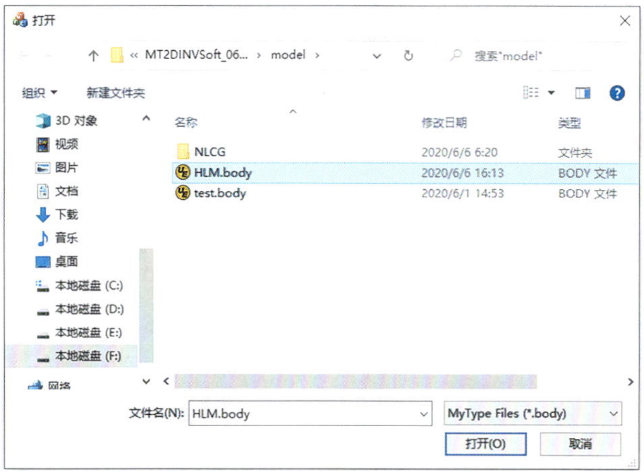

图 14.4.21　载入地质异常体

地质异常体文件为后缀为 body 的文本文件，其中包含多边形异常体个数、多边形异常体边数和异常体电阻率和多边形异常体节点坐标（x，z）等信息，如图 14.4.22 所示；

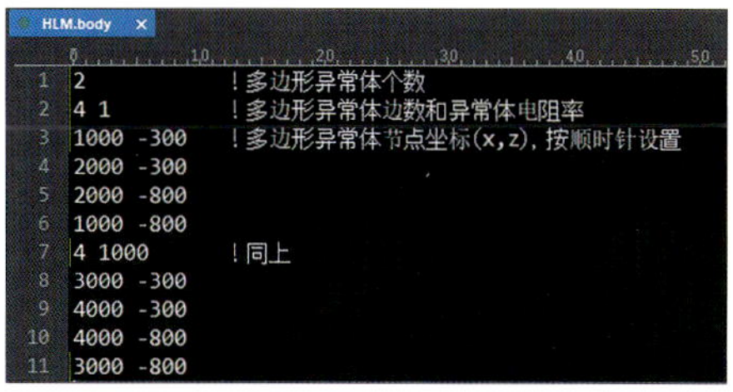

图 14.4.22　地质异常体文件说明

4）生成离散模型，点击“视图”菜单下“二维离散模型”选项，生成的二维离散模型如图 14.4.23 所示。

5）运行正演：点击“正演计算”，选择正演输出的保存路径（默认数据格式，用于存储正演响应数据），点击确定键执行二维反演，如图 14.4.24 所示；

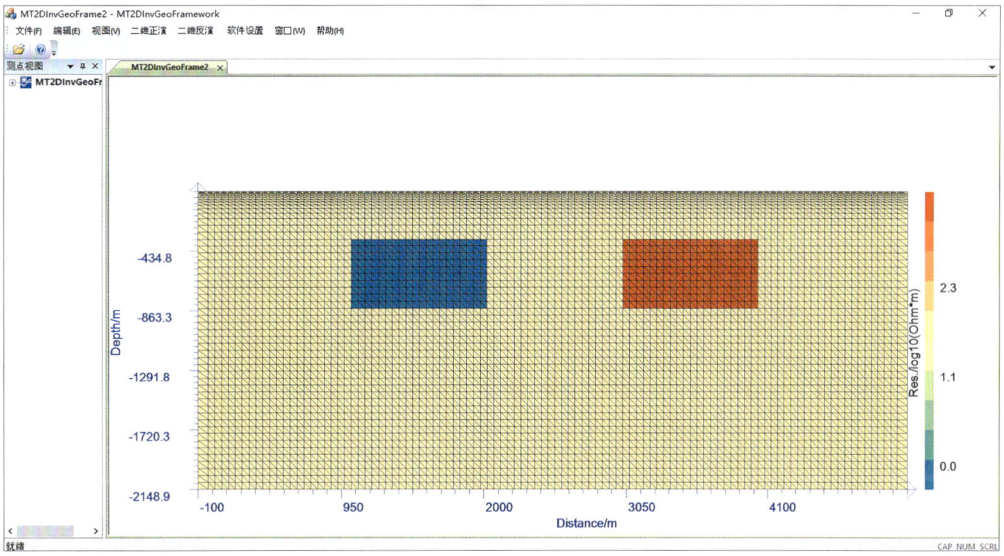

图 14.4.23　二维离散模型示意图

6）查看结果：查看正演响应拟断面（“视图”→“视参数拟断面”），如图 14.4.25 至图 14.4.27所示；查看视参数单支曲线（“视图”→“视参数单支曲线”），如图 14.4.28 所示。

7）计算结果输出：“文件”→“导出数据”，输出正演数据（列模式数据，＊.dat 文件），可用于 Golden surfer 等软件成图，输出步骤如图 14.4.29 所示。

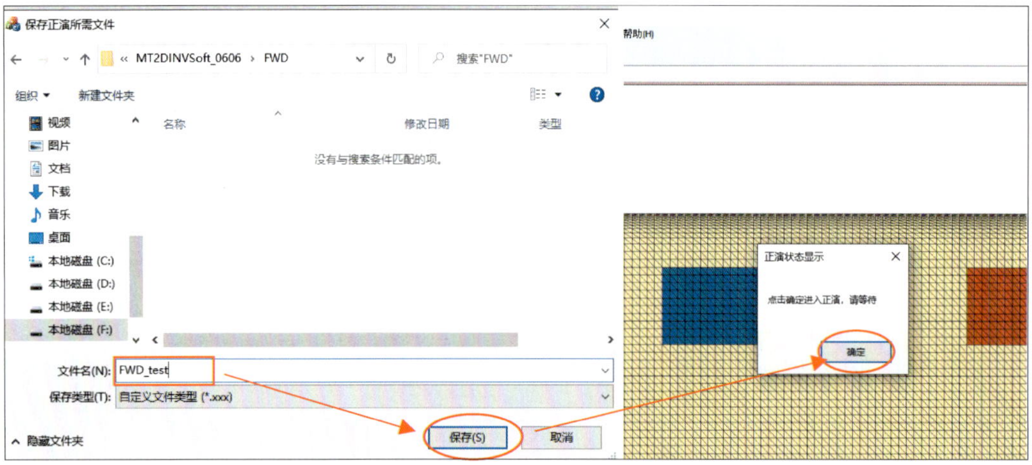

图 14.4.24　执行二维正演操作示意图

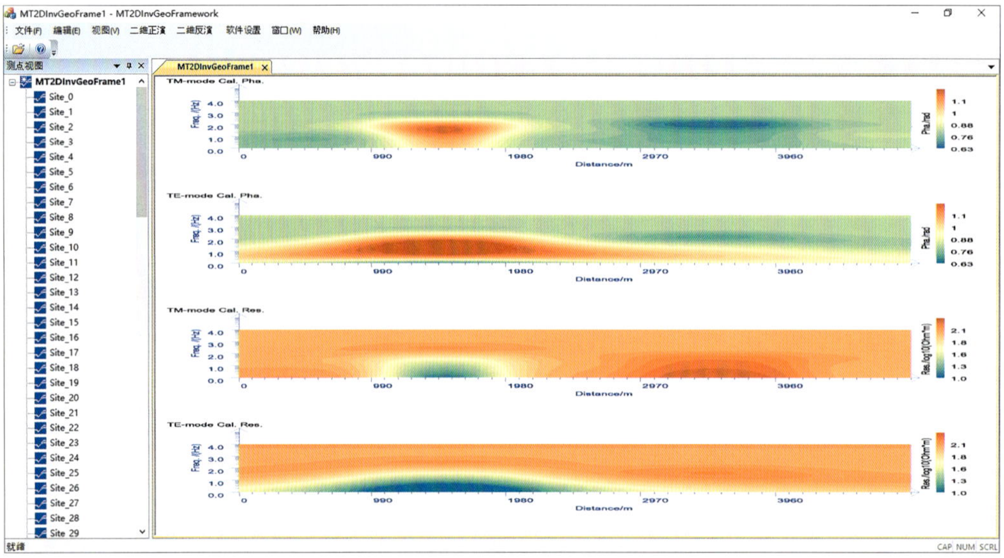

图 14.4.25　二维正演响应拟断面

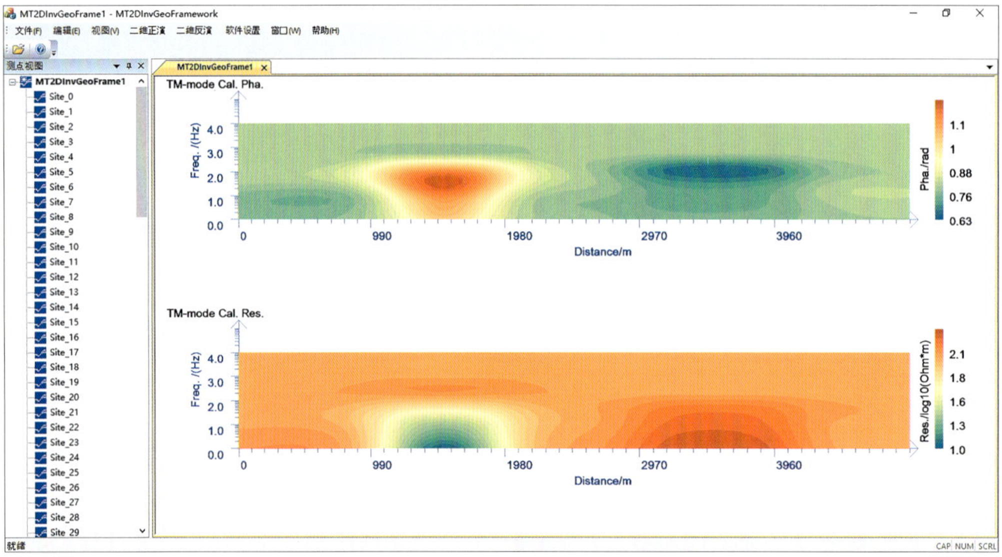

图 14.4.26　二维正演 TM 模式响应拟断面

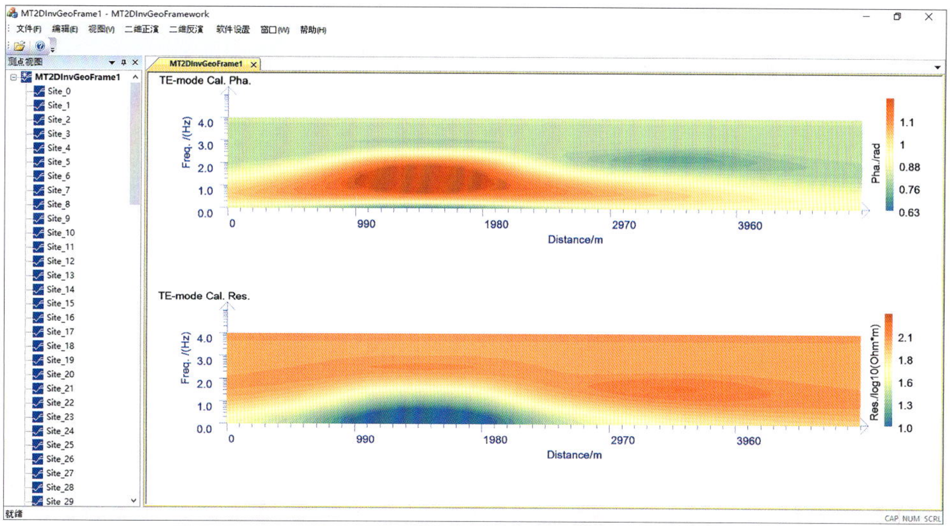

图 14.4.27　二维正演 TE 模式响应拟断面

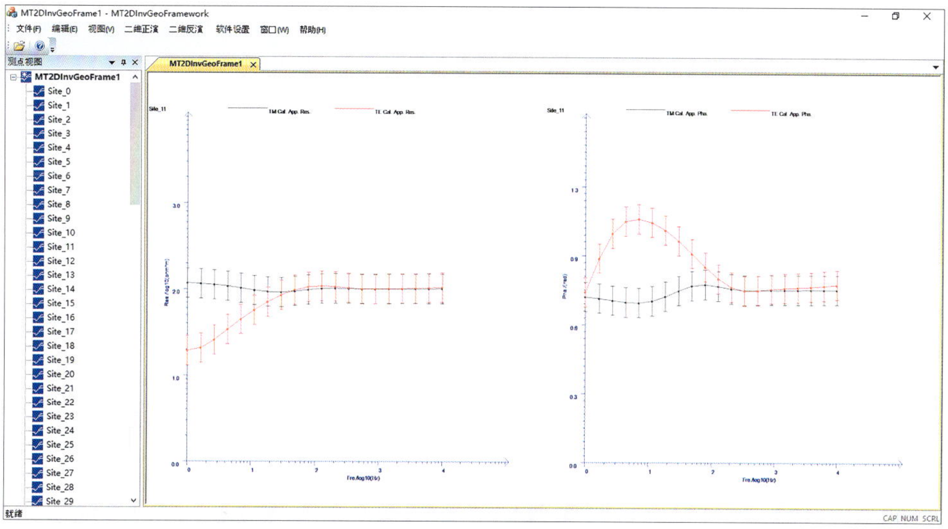

图 14.4.28　二维正演响应单支曲线

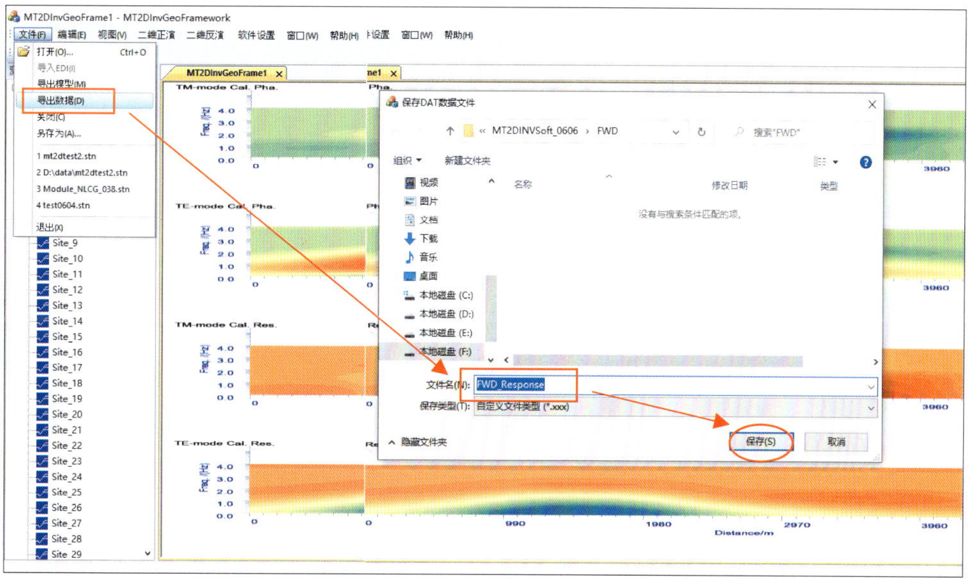

图 14.4.29　二维正演计算结果输出

⑪工作目录文件输出说明

打开或引入文件目录即为软件工作目录，反演软件运行过程将在该目录下生成一些中间文件，这些文件可以用来制作相关图件和查看软件运行情况。生成文件的数据均采用文本格式，可采用文本编辑器打开查看，推荐文本编辑工具 nodepad++（https：//notepad-plus-plus. org/）或文本编辑工具 UltraEdit（https：//www. ultraedit. com/）。下面对这些文件进行介绍：

1）Module_NLCG_001. stn 系列文件为反演模型响应数据输出文件，该文件名分为 3 段，其中第一段为默认头文件名，第二段表示选用的最优化算法，第三段为当前反演迭代次数；该数据格式是本软件默认数据格式。

2）Module_NLCG_001. plt 系列文件为反演模型按列模式输出，文件名含义同上，该文件前两行为头文件信息，第一行为变量名称，第二行为网格参数；从第三行开始，第一列为水平坐标（单位：m），第二列为垂向坐标（网格深度，单位：m），第三列为模型电阻率对数结果（log），第四列为模型电阻率（单位：Ω · m）。

3）Module_NLCG_001. rho 系列文件为反演模型输出文件，按网格的形式存储，每一个网格对应一个电阻率值。第一行为网格参数，第二行为网格坐标原点，接下来若干行为网格横向和纵向剖分的大小，剩下各行为每一个网格内的电阻率数值（以 e 为底取对数 ln）。

4）Module_NLCG. log 为二维反演迭代过程日志文件，第一列为当前迭代次数，第二列为目标函数值，第三列为归一化模型粗糙度，第四列为数据均方根误差，第五列为正则化因子，第六列为迭代求解的搜索步长。

⑫显示视图的选择

为了方便观测结果，下面介绍主要操作的显示设置。

推荐二维反演视图：视参数拟断面对比视图（图 14. 4. 30）。操作方法：

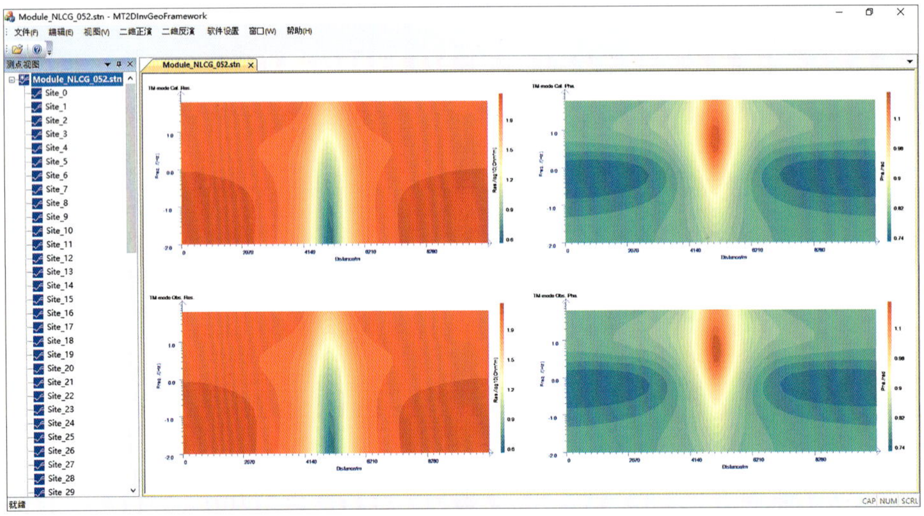

图 14. 4. 30　推荐二维反演视图（视参数拟断面对比视图）

“视图”→“视参数断面”；“视图”→“TE 模式”或“TM 模式”；“视图”→“观测视电阻率”；“视图”→“观测视相位”；“视图”→“计算视电阻率”；“视图”→“计算视相位”。

二维反演也可直接显示模型视图（图 14. 4. 31），操作方法：在反演迭代结束后，软件自动载入反演结果文件，可通过“视图”→“二维离散模型”来直接显示。

⑬二维反演建议操作方法与说明

1）打开、读入数据；

2）数据编辑；

3）静态效应校正（频点够高，建议不做）；

4）设置二维反演参数；

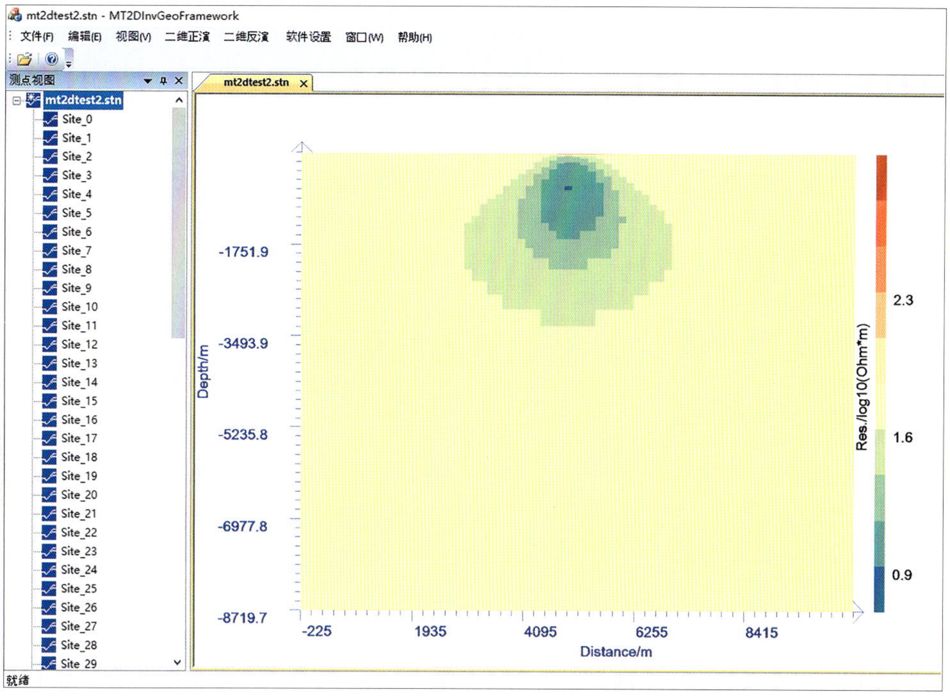

图 14.4.31　推荐二维反演视图（二维离散模型）

5）设置反演区域和反演网格（“二维反演”→“初始模型设计”）；

6）运行反演，“菜单”→“运行反演”。

建议：观测点下插入点 z 选择为高频趋肤深度的 1/4~1/20，即 $4\leqslant c\leqslant 20$。

14.4.2　三维正反演

【说明】

软件的主要功能包括：大地电磁数据预处理；三维正演参数的可视化设置；三维地电模型每个剖分单元可视化电阻率设置；三维地电模型的大地电磁法响应模拟；三维反演参数的可视化设置；三维地电模型的大地电磁法反演；导出三维反演模型。

大地电磁三维反演程序主界面包括标题栏、菜单栏、工具栏、状态栏以及视图区（图 14.4.32）。

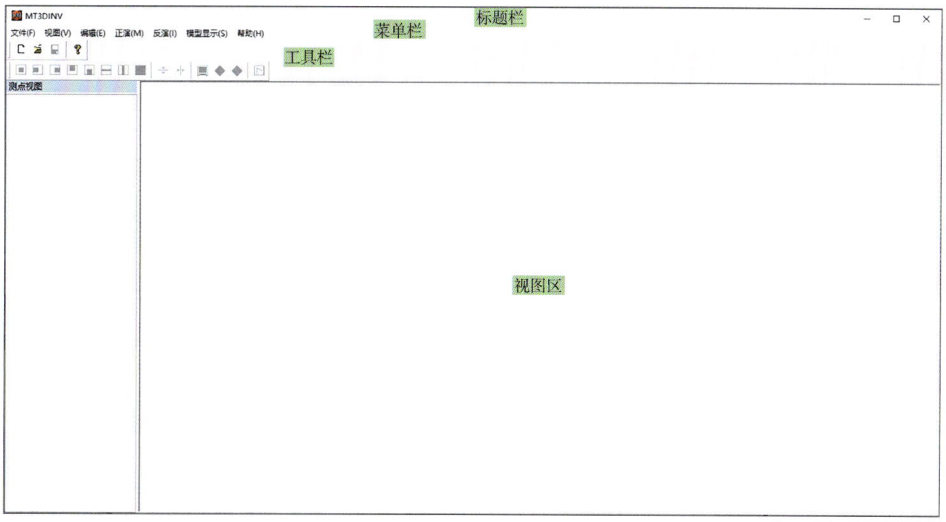

图 14.4.32　程序主界面示意图

【操作】

①文件

1）导入 EDI

导入 EDI 格式数据的坐标文件（文件格式参考第15 章）。

2）导入观测数据

导入 ＊. dat 格式数据文件（图 14. 4. 33）。

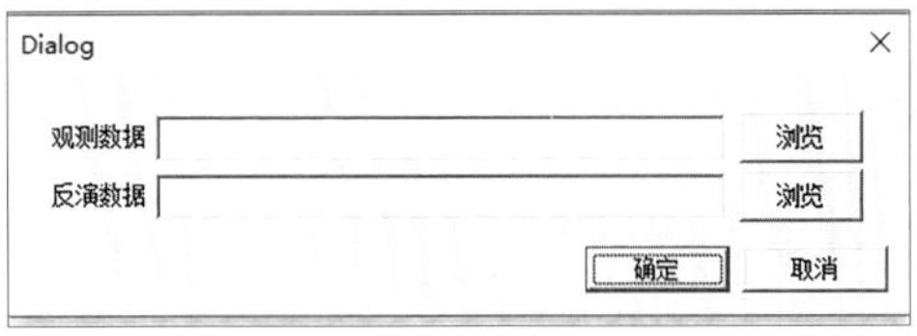

图 14. 4. 33　导入观测数据

3）数据拟合情况

导入观测数据和拟合数据，比较拟合情况。

在此处选择观测数据文件和反演以后得到的拟合数据，可以在成图区域对比两个曲线。

4）导入数据直接反演

导入已经完成的配置文件，直接进行反演（图 14. 4. 34）。

首先选择反演结果的存放位置，然后选择已经建立好的数据文件（＊. dat）、模型文件（＊. rho）、反演参数文件（＊. dat）、地形文件（＊. top），选择要使用的算法，点击“确定”就可以直接进入反演操作界面。

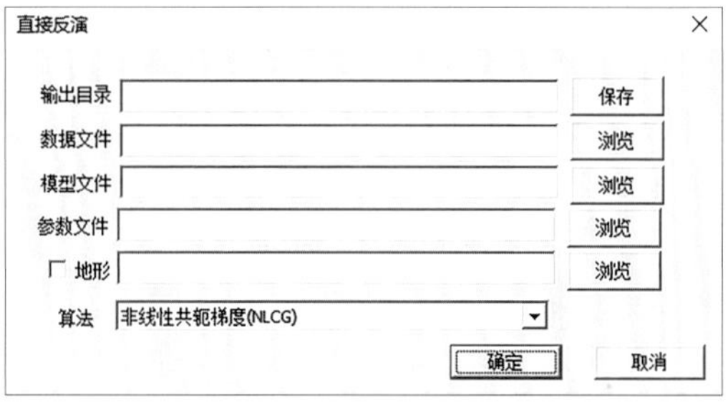

图 14. 4. 34　导入数据直接反演

5）退出

结束本程序。

②视图

用户自定义主程序界面，可以选择是否显示工具栏、状态栏、正演修改工具栏。

③编辑

用户可以根据需要对输入测深数据进行编辑，除了可以显示测点位置和编辑测点位置外，用户还可以编辑 XY 和 YX 模式的视电阻率和相位曲线。对于单支曲线的编辑，分为以下两部分：

曲线整体平移：视电阻率曲线平移操作，用于静态效应校正手动操作；当选中时，可进行曲线下整体平移。操作方法：在要编辑曲线上按下鼠标左键，向上、向下移动鼠标并释放，即完成曲线平移。

单点频点修正：视电阻率与相位编辑，单点移动；当选中时，可进行视电阻率与相位平移。操作方法：在要编辑曲线频点附近按下鼠标左键，向上、向下移动鼠标并释放，完成当前频点调整。

④正演

1）三维正演操作流程

三维正演操作流程如图 14. 4. 35 所示。

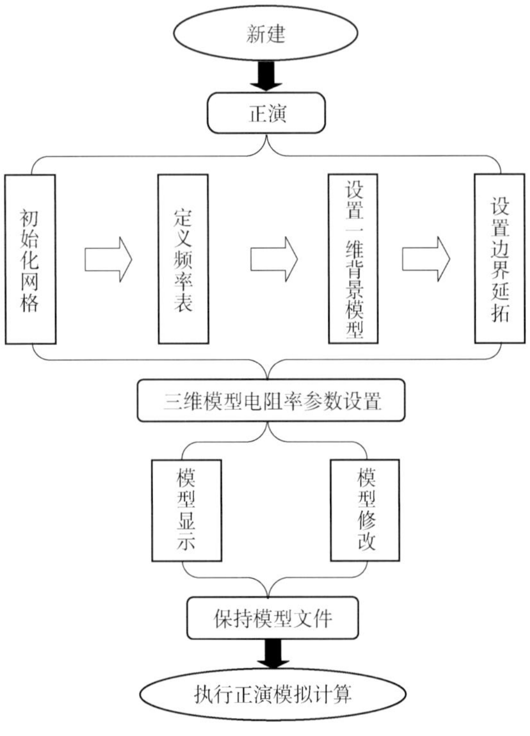

图 14. 4. 35　三维正演操作流程图

2）初始化网格

用户可以根据自己三维模型的需要自定义求解区域 X、Y、Z 的起始点和终点的坐标，以及剖分的步长，同时可以加载地形文件（地形文件格式参考附录），如图 14. 4. 36 所示。

下面以 X 方向剖分为例说明具体的设置步骤，如下：

设置 X 坐标的起始、终点和步长（起始坐标应小于终点坐标）（图 14. 4. 37）。

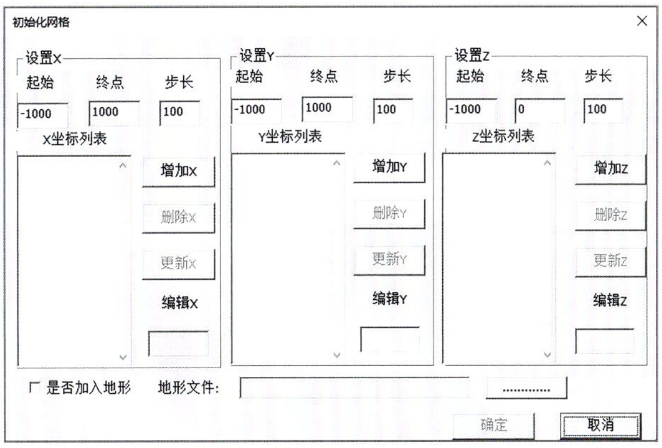

图 14. 4. 36　初始化网格的操作界面

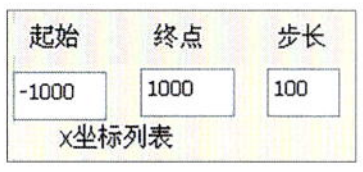

图 14. 4. 37　设置 X 坐标的起始、终点和步长

增加 X 方向某点的坐标。首先用鼠标单击 X 频点表中空白处激活“增加 X”按钮，然后点击“增加 X”按钮增加 X 坐标（图 14. 4. 38）。

删除 X 方向某点的坐标。首先用鼠标单击 X 频点表中该点坐标值来激活“删除 X”按钮，然后点击“删除 X”按钮删除（图 14. 4. 39）。

图 14. 4. 38　增加 X 方向某点的坐标

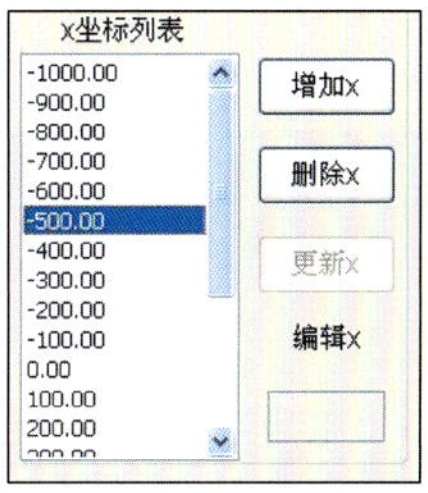

图 14. 4. 39　删除 X 方向某点的坐标

编辑 X 方向某点的坐标。鼠标双击 X 频点表中需要编辑的某点，然后再“编辑 X”文本框内输入想要设置的坐标值，最后点击“更新 X”按钮（图 13. 4. 40）。

加密 X 方向某段剖分。首先在设置 X 框内设置需要加密端的起始和终点坐标以及步长，然后点击“增加 X”按钮，最后点击“更新 X”按钮去除重复点和重排序（图 14. 2. 41）。

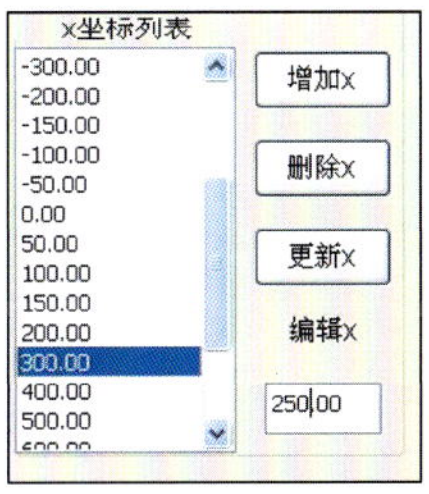

图 14. 4. 40　编辑 X 方向某点的坐标

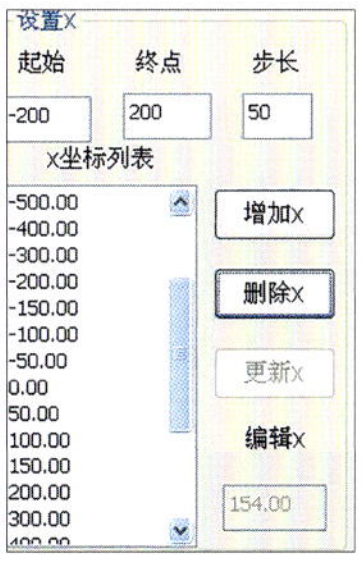

图 14. 4. 41　加密 X 方向某段剖分

Y 和 Z 方向的剖分类似，但是一般情况下，Z 方向的起始点坐标值为地下求解区域底部坐标（负值），终点坐标为地面的坐标（一般为零）。最后设置网 X、Y、Z 方向上的剖分后，点击“确定”按钮（图 14. 4. 42）。

3）定义频率表

用户根据需要自行设置需要计算的频点。首先设置最小频点和最大频点，然后点击需要计算的频点数。程序会在对数坐标系中等间距平分，生产频率表。用户也可以根据自己需要加密、删除和编辑频点（图 14.4.43）。具体操作与初始化网格类似。

图 14.4.42　Y 和 Z 方向的剖分

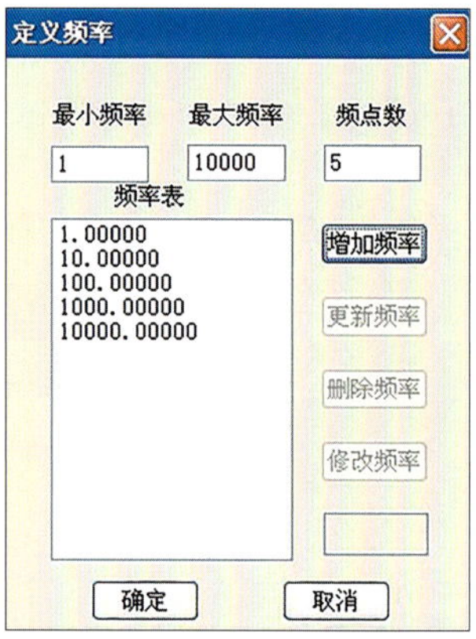

图 14.4.43　定义频率表

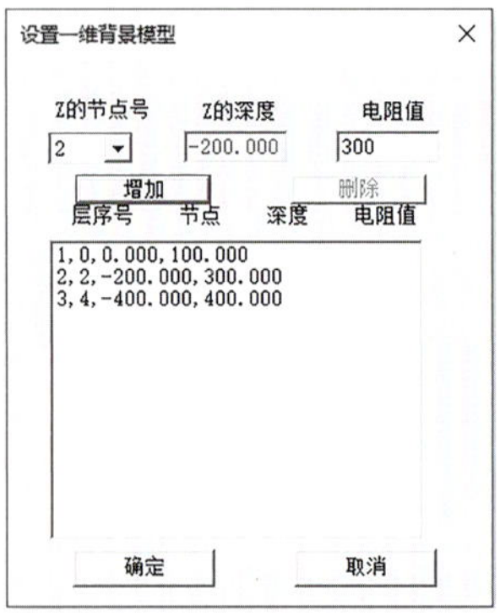

图 14.4.44　设置一维背景模型

4）设置一维背景模型

用户可以根据需要设置一维模型的参数。一维背景模型为层状模型，层序号描述实际地层的层数，节点号为地层模型在网格中的分界面，Z 的深度由节点号控制，不可以直接修改（图 14.4.44）。以两层地电模型为例，假设模型第一层电阻率值为 100，厚度为 500m，第二层电阻率值为 10。用户可以先在 Z 的节点号下拉菜单中选中节点号 0，然后在电阻值框内输入 100（单位为 Ω · m）。后再通过 Z 的节点号下拉菜单选中深度为 -500m 的 5 号节点，并在电阻值框内输入 10（单位为 Ω · m）如表 14.4.1 所示。

表 14.4.1　三层模式示例

节点	深度/m	层序号	电阻率/（Ω · m）
0	0	1	100
1	-100		
2	-200	2	300
3	-300		
4	-400	3	400
5	-500		
6	-600		
⋮	⋮		

5）模型显示

当基本的正演模型参数设置完成后，该项功能才激活。用户可以根据需要设置求解区域内各个单元的电阻率值（图 14.4.45）。

输出设置：用户可以根据需要显示，显示求解区域内任意与地面平行剖面的各个剖分单元的电阻率值。

生成模型：根据输出设置，显示用户设置区域模型电阻率值。

6）模型修改

A. 修改电阻值

为了用户修改模型电阻率值的方便，共设置了 8 个修改命令。分别为：

修改选中某单一的电阻率值；

修改选中单元以左的电阻率值；

修改选中单元以右的电阻率值；

修改选中单元上方的电阻率值；

修改选中单元下方的电阻率值；

修改选中单元整行的电阻率值；

修改选中单元整列的电阻率值；

修改整个显示区域内的电阻率值；

图 14.4.45　模型显示

修改单个网格的电阻率：先选择右边的色标，然后单击要修改的网格即可（图 14.4.46）；

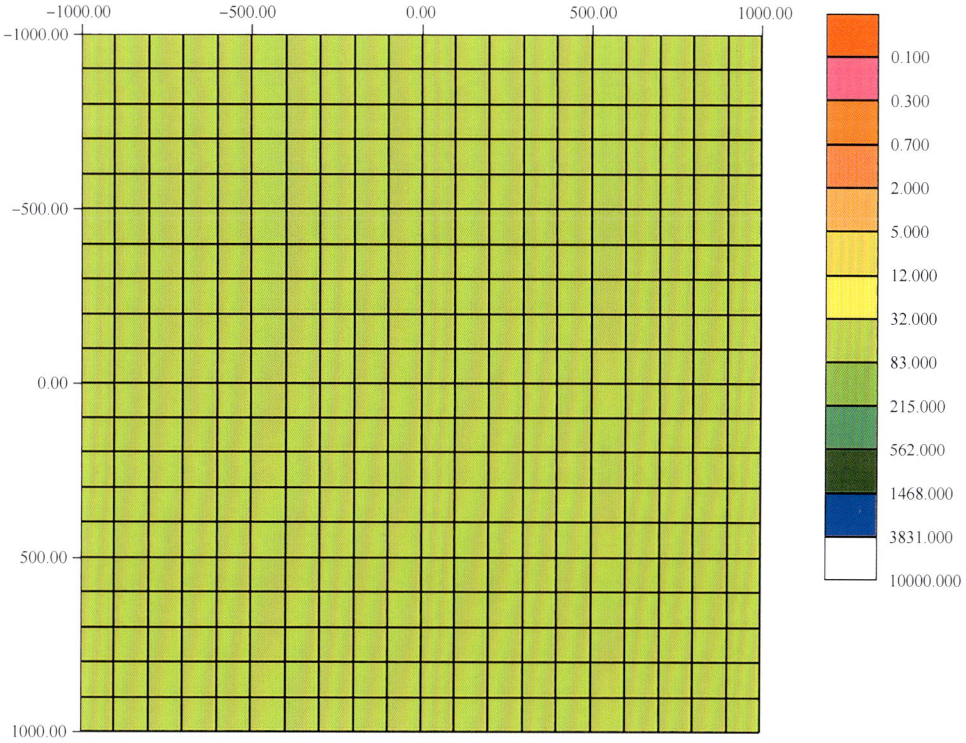

图 14.4.46　修改单个网格的电阻率示意图

自定义电阻率大小：双击修改区域，则可以弹出修改窗口（图 14.4.47）。

图 14.4.47　自定义电阻率大小

B. 修改网格

用户可以根据自己的需要合并相邻行或者列的剖分单元。

合并相邻行单元；

合并相邻列单元。

C. 显示上一层

显示当前区域上一层模型电阻率值。

D. 显示上一层

显示当前区域下一层模型电阻率值。

7）执行正演模拟计算

当模型文件设置完成并且保存后，该功能将激活。点击菜单“正演”→“正演计算”，即可打开三维正演程序，首先需要设置保存文件的路径，然后即可显示正演运行界面。运行前可以选择使用串行模式或者并行模式，再点击“运行”即可（图 14.4.48）。

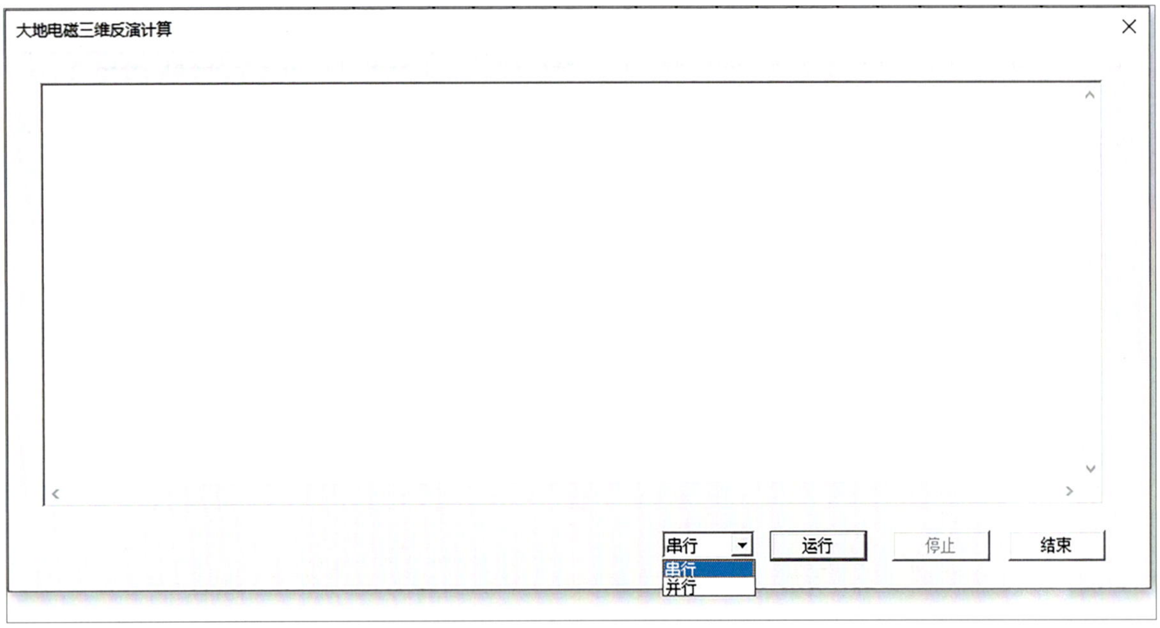

图 14.4.48　执行正演模拟计算界面

⑤反演

1）三维反演操作流程

三维反演操作流程如图 14.4.49 所示。

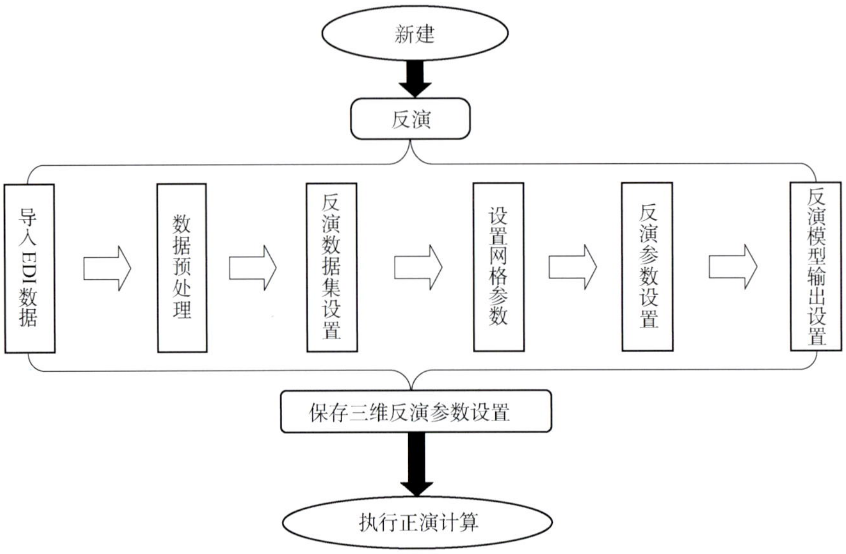

图 14.4.49　三维反演操作流程图

2）反演数据集设置

本软件支持阻抗张量、视电阻率和相位数据的三维反演，并提供 XX、XY、YX 和 YY 4 种数据极化模式，用户可以根据反演计算要求自定义反演输入数据的模式（图 14.4.50）。在三维反演中，过小的数据误差会使搜索方向不稳定，引起反演结果过度拟合小误差数据；反之，较大的误差表明数据受噪声干扰明显，在反演中应压制其影响。因此，用户需要通过设置数据误差限均衡实际误差的方式来保证搜索方向的稳定性，即数据误差较小时采用该误差限，数据误差较大时采用实际误差，以保证反演结果的可靠性。还有一种方法就是直接将数据误差设置成对应模式数据的特定百分比数值，也能保证反演结果的可靠性。

注：视电阻率和阻抗张量模式只能任选一种。选择视电阻率数据时，相位可任选；数据模式只能选 XY 模式和 YX 模式（至少选择一种）。选择阻抗张量数据类型时，数据模式可选 XY、YX、XX、YY 模式（至少选择一种）。

3）设置网格参数

用户可以根据需要设置反演网格参数（图 14.4.51）。

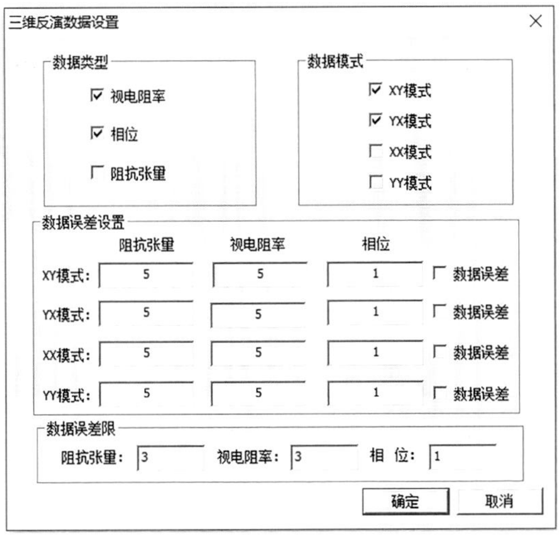

图 14.4.50 三维反演数据设置

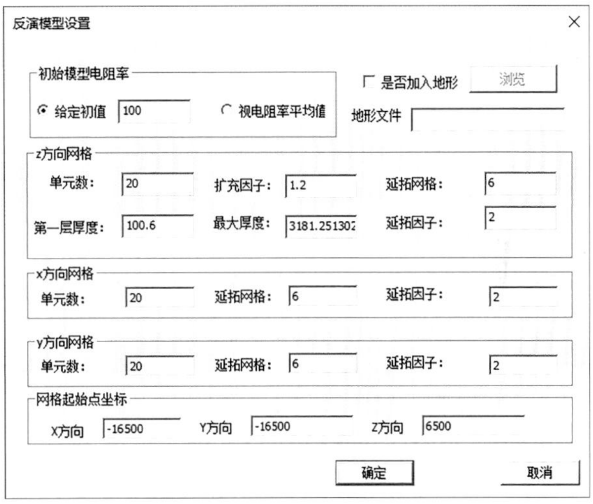

图 14.4.51 三维反演网格参数设置

具体参数设置如下所示：

z 方向网格：用户可以通过单元数、第一层厚度、扩充因子和最大厚度来确定反演核心区域垂向剖分的网格单元尺度和向下延伸的深度。在此基础之上，用户还可以通过延拓网格个数和延拓因子来控制垂向剖分的最大深度。

x 方向网格：用户可以通过测点单元数来确定反演核心区域 x 方向的网格长度。在此基础之上，用户还可以通过延拓网格个数和延拓因子来控制 x 方向剖分的最大长度。

y 方向网格：同 x 方向网格一样，用户可以通过测点单元数来确定反演核心区域 y 方向的网格长度。在此基础之上，用户还可以通过延拓网格个数和延拓因子来控制 y 方向剖分的最大长度。

网格起始点坐标：通过给定的 x、y、z 坐标来确定反演网格的原点位置。

初始模型电阻率：用户可以在给定初值复选框内输入电阻率值来设置初始模型电阻率，也可以选择视电阻率平均值来设置初始模型电阻率。

加载地形：用户还可以勾选“是否加入地形”并通过“浏览”按钮来选择地形文件，实现带地形反演（地形文件为含有三列信息的文本文件，三列分别代表了 x、y 和高程）。不勾选带地形选项，不论数据是否带地形都以平地形反演！

4）反演参数设置

用户可以根据自己的需要设置三维反演参数，包括反演目标函数最优化、平滑模型约束、正则化和目标误差 4 个部分（图 14.4.52）。

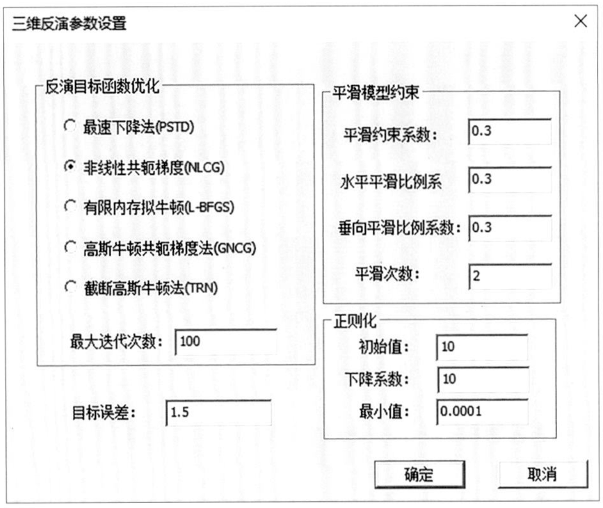

图 14.4.52　三维反演参数设置

具体参数设置如下所示：

A. 反演目标函数最优化

反演最优化算法：提供最速下降法（STD）、非线性共轭梯度（NLCG）、有限内存拟牛顿法（L-BFGS）、高斯牛顿共轭梯度法（GNCG）和截断高斯牛顿法（TRGN）5种最优化方法选择，推荐使用NLCG和L-BFGS，这两种算法反演最快。各方法基本情况如表14.4.2所示。

表 14.4.2　反演最优化算法基本情况表

方法	STD	NLCG	L-BFGS	GNCG	TRGN
步长搜素	线性	线性	超线性	线性	超线性
梯度	是	是	是	是	是
Hessian 矩阵	否	否	否	是	是
优点		内存少	步长搜素时间少	迭代次数和内存需要少	
缺点		收敛速度依赖于正则化因子，有可能导致发散		与NLCG相似，收敛速度依赖于正则化因子	
速度	收敛性不好，不推荐使用	推荐使用，反演速度快	推荐使用，反演速度快	反演速度慢，迭代次数少（精细反演使用）	反演速度慢，改进GNCG算法（精细反演使用）

最大迭代次数：设置反演终止迭代的最大次数。

B. 平滑模型约束

平滑约束系数：设置模型平滑项的系数。

水平平滑比例系数：用于控制水平方向的平滑尺度，通常设置成0.1~0.3，对于盆地反演可以适当增大该参数。

垂直平滑比例系数：用于控制垂向方向的平滑尺度，通常设置成0.1~0.3，如需突出接触带特征，可以适当增大该参数。

平滑次数：控制各方向的平滑次数，通常设置成1~3。

C. 正则化参数

初始值：设置初始正则化反演惩罚项的权重系数。根据Tikhonov正则化理论，在最优化反演前期所得的近似解处于不稳定状态，应当强调模型约束项作用，初始正则化因子应取一个较大值。

下降系数：设置正则化因子的下降系数以实现正则化因子自动下降。随着最优化反演推进及迭代次数增加，近似解逐渐趋于最优解而且稳定，应强调数据拟合项作用，需要正则化因子逐渐变小。因此，在反演算法中加入正则化因子冷却法。该下降系数通常设置成 10，较小的下降系数一定程度上会增加反演耗时。

最小值：设置反演终止迭代的最小正则化因子，通常设置成 10^{-6}。

D. 目标误差：设置反演终止迭代的目标误差。

5）执行反演计算

当反演设置完成并且保存后，该功能将激活。点击菜单中的“执行反演”进行计算（图 14.4.53）。

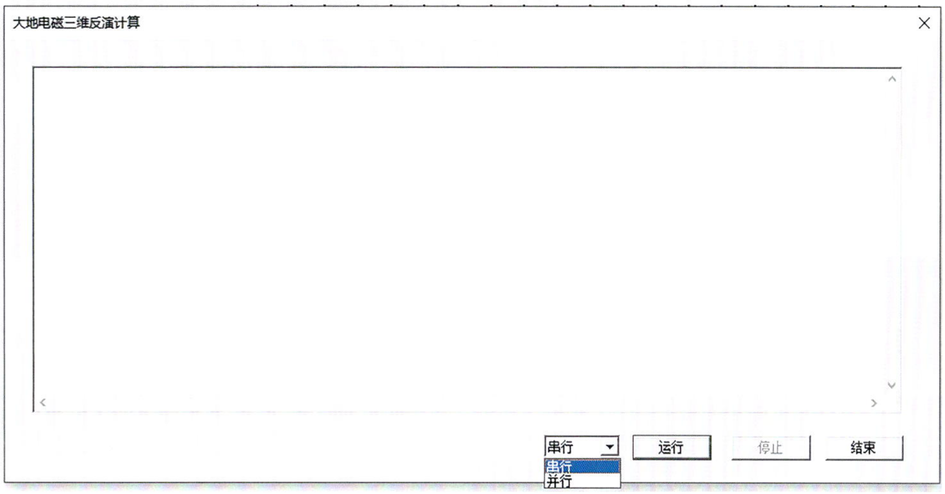

图 14.4.53　执行反演计算操作界面

注：一般情况下，反演拟合差不再下降时可以结束反演；如果拟合差未到达既定目标或者拟合差过大的时候，可以尝试更换初始模型电阻率参数，选择一个更加接近真实模型的初始电阻率模型。通常情况下，初始模型电阻率的选择需要进行多次实验，选择拟合误差最小的初始模型。另外建议，尝试不同算法进行反演，选择与实际情况吻合最好的反演结果。也可以采用多种不同算法进行混合反演。

⑥帮助

关于 MT3Dinv：显示关于 MT3Dinv 的版本号、单位及联系人的信息（图 14.4.54）。

图 14.4.54　关于 MT3Dinv 界面

第 15 章　数据格式

对于本系统中涉及到的各种数据处理方法，其数据格式的要求不尽相同，这里给出各种算法对数据要求的格式实例，供用户参考。其中下面提到的“＊.dat”或“＊.txt”格式的文件间隔均为空格或逗号。

15.1　重力数据格式

重力数据格式与区域重力数据库格式一致，即 RGIS2006 规定的格式。由入库时将表数据文件和信息数据文件读入而形成。表数据文件需为“＊.dat”或“＊.txt”格式的文件。

表数据文件组织方式如下：

No	DD	X	Y	H	Og	2km	20km	166.7km	Bg	Fr	Iso
1	8399	97.7951144	41.3777060	1500.3	96.6	0.05	0.079	-7.417	-202.49	-33.62	32.65
2	8197	97.7790865	41.3648239	1488.9	95.3	0.04	0.073	-7.325	-204.90	-37.28	34.77
3	9804	97.8505064	41.5126687	1556.9	95.1	0.05	0.185	-7.827	-204.81	-29.78	33.92
……											
8	8089	97.6816023	41.3469745	1571.5	72.3	0.05	0.082	-7.97	-209.98	-33.2	34.8

数据的第一行为列标识信息，用户可以随意定义。入库数据文件不要求各列按照以上顺序组织，但入库时必须告诉系统各列所代表的含义。

表头含义如表 15.1.1 所述。

表 15.1.1　表头标识含义

标识	含　义	标识	含　义
No	数据点序列号	DD	测点编号
Gx	测点纵坐标（数据沿纬度方向变化）	Gy	测点横坐标（数据沿经度方向变化）
H	测点高程值	Og	实测重力值
2km	0~2km 近区地改值	20km	2~20km 地改值
166.7km	20~166.7km 地改值	Bg	布格重力异常值
Fr	自由空间重力异常值	Iso	均衡重力异常值

信息数据文件必须按照以下方式组织：

工区名称：M-51-（09）喀喇林场幅

工作单位：黑龙江地调院

工作时间（年）：2002—2002

工作比例尺：1/20 万
重力点数：1028
所控面积（km^2）：5206
重力系统：85 网
重力起算点：57 网哈尔滨马家沟机场 A 等点
近中区地改半径：0~2km
近中区地改精度（$10^{-5}m/s^2$）：0.058
重力仪类型：Z400 型
重力观测精度（$10^{-5}m/s^2$）：0.124
平面坐标测量方法：GPS
平面坐标测量精度（m）：2.42
高程测量方法：GPS
高程测量精度（m）：1.91

15.2 磁测数据格式

入库的磁测数据有两种格式，其一是以“＊.dat”或“＊.txt”保存的表数据文件，数据表中必须包含横坐标、纵坐标和异常值三列，可以包含的其他列有：点号、线号、高程、ΔZ 分量、ΔX 分量。其格式如下：

```
  Y,        X,       line,  point,   dT
603500, 3265200,    35,    652,   71.63
603500, 3265300,    35,    653,   -6.37
603500, 3265400,    35,    654,  -74.33
……
603500, 3265800,    35,    658,   61.49
```

以上各列依次为横坐标、纵坐标、线号、点号和 ΔT 异常。

航磁成果数据文件后缀为“＊.amd”其格式为：

```
//Flight 0
//Date 2007/05/15
Line   8
  646686.00   4566613.00        -132.49
……
  648628.00   4566613.00         -93.49
Line   481
  691352.00   5025896.00         -47.43
  692323.00   5025896.00         -71.17
```

格式说明：

```
//Flight 0    //飞行航次
//Date 2007/05/15   //飞行日期
Line   8      //线号
646686.00   4566613.00        -132.49   //横坐标，纵坐标，异常值
```

15.3 坐标转换数据格式

进行坐标转换的数据文件必须包含有表示地理信息的任意列数据文件。这个地理坐标列数据可以是高斯坐标、地理坐标或等角割圆锥投影模式中的任意一种，数据格式为明码格式的“＊.txt”或“＊.dat”文件，且带有头文件，其格式如下：

No	DD	Gx	Gy	HOg	2km	20km	166.7km	Bg	Fr	Iso
1	8399	4＊02	17＊05	1＊0.3	9＊.6	.05	.09	-7.4	-2.49	-3＊.62	-3＊.65
2	8199	4＊90	17＊44	1＊8.9	9＊.3	.04	.03	-7.3	-2.90	-3＊.28	-3＊.77
……											
	557991	4＊7	17＊18	1＊2.1	9＊.9	.02	.075	-7.7	-2.87	-3＊.31	-3＊.56

数据的文件头信息含义同上述入库数据一致，如果没有文件头行，系统将第一行认作文件头，计算结果将少一行数据，进行坐标转换的数据列数是不定的，可以是包含地理坐标信息的任何多列数据，也可以是只包含两列地理信息的数据。进行坐标转换后，生成的数据文件比原来的数据文件增加了两列，即转换后的坐标值。

15.4 网格化文件数据格式

要求被网格化的数据文件是明码格式的“＊.txt”或“＊.dat”文件，至少包含三列数据，也可以是多列。其中必须有两列标识坐标点位，数据的第一行为标识符行，如下所示：

Gx	Gy	dT
4532002	17235670	10.3
4534590	17246544	18.9
……		
4539807	17248718	16.1

网格化以后生成的数据格式同Surfer的ASCII码“＊.grd”格式，见下面的15.7.1节。

15.5 样条光滑数据格式

样条光滑模块下提供了两种光滑方法，这两种光滑方法所要求的数据为Surfer标准的明码或二进制格式“＊.grd”文件。

15.6 入库数据格式

“＊.txt”和“＊.dat”数据格式：

x	y	h	Og	2km
4583302	17399205	1500.3	××××96.6	0.05
4581890	17397844	1488.9	××××95.3	0.04
4584943	17388055	1565.5	××××76.6	0.02
4585677	17385955	1592	××××64.7	0.03
4596987	17402762	1594.2	××××89.6	0.07

数据列的间隔可以是“Tab”、逗号、空格。

注：表头行的间隔和数据列的间隔必须相同。

“＊.xls”和“＊.mdb”数据格式：这两类数据必须包含有头信息。

15.7 重磁数据处理与反演

15.7.1 网格数据格式

数据处理模块中提供重力资料各种常规处理方法，包括滤波处理、导数换算、位场转换、异常延拓、等常用的处理方法。以上各种方法要求读入数据都为 Golden Surferr 软件的明码或二进制的“＊.grd”格式的文件，明码格式如表 15.7.1 所示。

表 15.7.1 数据明码格式

顺序	数据内容	数据说明
第 1 行	DSAA	Surferr 明码数据标识符，大写
第 2 行	201 101	网格数据列数和行数
第 3 行	0 400	列（X、横）坐标最小值和最大值
第 4 行	0 200	行（Y、纵）坐标最小值和最大值
第 5 行	Z 坐标最小值和最大值	网格数据（Z）最小值和最大值
第 6 行	−30.435939788818 −30.593700408936 ……−30.752780914307	第 1 行 Z 值数据，201 个
第 7 行	空格	每行数据分割符
第 8 行	−28.765499114990 −29.078920364380 ……−29.385129928589	第 2 行 Z 值数据，201 个
第 9 行	空格	每行数据分割符
……	……	……
第 n 行	−27.871459960938 −28.331760406494 ……−28.769500732422	第 101 行 Z 值数据，201 个

“DSAA”为格式标识符，必须为大写，第二行为网格文件的行列数，第三行为网格文件在经向上坐标的最小值和最大值，第四行为网格文件在纬向上坐标的最小值和最大值，第五行为数据的最小值和最大值，然后是每一行上的数据，每行数据之间用空行分隔开来。

数据二进制格式与 ASCII 格式非常相似，唯一的不同是该文件是按二进制存储的，该文件的数据类型定义如表 15.7.2 所示。

表 15.7.2 二进制数据类型及定义

类型	定义
Char	单字节
short	16 位整型
float	32 位单精度
double	64 位双精度

数据文件格式说明如表 15.7.3 所示。

表 15.7.3 数据文件格式

内容	类型	含义
id	char	4 位字符串→DSBB
nx	short	列数
ny	short	行数
xlo	double	最小横坐标 X
xhi	double	最大横坐标 X
ylo	double	最小纵坐标 Y
yhi	double	最大纵坐标 Y
zlo	double	最小 Z 值
zhi	double	最大 Z 值
z11, z12, …	float	第一行 Z 值数据
z21, z22, …	float	第二行 Z 值数据
……	float	……

注：本系统所有功能模块生成的 GRD 文件均是 GS BINARY 文件格式。该格式可以由 MapGIS 或其他软件直接读取，进行等值线绘制或者其他处理。

15.7.2 剖面数据格式

（1）剖面联合反演输入数据格式

RGIS 系统提供的 2.5 维重磁剖面可视化反演功能模块的输入剖面数据以“＊.dat”或“＊.txt”保存，数据各列之间以空格间隔。重磁异常值数据存放于两个不同的文件，数据可以带地形也可以不带地形。重磁异常的起始点坐标可以不同，观测点距可以不同，起始点横坐标可以不为 0。

带地形情况的数据格式如下：

0.000　1.586　-208.782

0.160　1.586　-208.816

……

4.111　1.590　-210.524

第一列为沿测线方向的横坐标值，单位为 m 或 km，不能用点号代替；第二列为测点高程值；第三列为测点异常值（重力或磁异常值）。

对于水平地形或没有高程数据的情况，数据文件仍为三列。第一列为沿测线方向的横坐标值，第二列全为零，第三列为测点异常值（重力或磁异常值）。不带地形的数据格式如下所示：

0.000　0.000　-208.782

0.160　0.000　-208.816

……

0.000　-210.524

（2）剖面数据处理输入数据格式

RGIS 系统的频率域和空间域剖面数据处理功能，要求输入的剖面数据格式与剖面反演输入数据格式相同，但要求等点距，测点数为奇数。

15.7.3 变纬度化极参数数据文件格式

变纬度化极参数数据文件为文本文件，数据存储顺序和对话框基本相同，数据格式如表 15.7.4 所示。

表 15.7.4 变纬度化极参数数据格式

数据内容	数据说明
ParFile	数据文件头，要注意大小写
30 42	测区最小纬度、最大纬度，单位为度
114 130	测区最小经度、最大经度，单位为度
2 2	测区纬度间隔、经度间隔，单位为度
6 8	测区纬度分块数、经度分块数
45.93 45.76 45.56 45.32 45.06 44.78 44.47 44.15	测区地磁倾角，单位为度，左边第一个参数对应测区左下角分块，左边最后一个参数对应测区右下角分块
……	……
59.24 59.01 58.75 58.46 58.15 57.82 57.46 57.09	测区地磁倾角，单位为度，左边第一个参数对应测区左上角分块，左边最后一个参数对应测区右上角分块
-3.59 -3.96 -4.32 -4.65 -4.94 -5.19 -5.39 -5.52	测区地磁偏角，单位为度，左边第一个参数对应测区左下角分块，左边最后一个参数对应测区右下角分块
……	……
-5.63 -6.24 -6.80 -7.32 -7.77 -8.17 -8.49 -8.74	测区地磁偏角，单位为度，左边第一个参数对应测区左上角分块，左边最后一个参数对应测区右上角分块

15.8 2.5 维重磁正反演

```
GMTIModel File Version 1.1          //版本信息
3                                   //    模型总个数
50000   90   -1   12                //地磁场参数（T0，I0，D0）和剖面方位角（a）（十进制）
1  0  0  1                          //模型开始行
3  33  33  5  1                     //第 1 个模型角点数，程序参数
495.243337      -0.19               //模型磁化强度 J，密度（或密度差）
1                                   //模型填色号
14.581395  19.209302  3.186047  8.511628  //模型角点坐标范围（xmin，xmax，zmin，zmax）
1  1                                //  模型参数起始行（第 1 个模型）
495.243337  10  0                   //  模型磁化强度 J，磁化倾角 I，磁化偏角 D
0      -0.19                        //0，密度（或密度差）
-200  200                           //模型向剖面两端延伸长度-Y（出纸面）+Y（进纸面）
17.488372  3.186047                 //第 1 个角点坐标（x1，z1）
…                                   …
19.209302  4.209302                 //   第 n 个角点坐标（xn，zn）
0  0                                //角点坐标结束行；是否与其它模型共点（0 为不共点）
1  0  0  0                          //模型开始行
4  33  33  4  0                     //第 2 个模型角点数，程序参数
```

```
100   1                                //模型磁化强度 J，密度（差）
2                                      //   模型填色号
5.883721   10.744186   3.116279 8.581395   //模型角点坐标范围（xmin，xmax，zmin，zmax）
1   1                                  //模型参数起始行（第 2 个模型）
100   20   0                           //模型磁化强度 J，磁化倾角 I，磁化偏角 D
0   1                                  //0，密度（差）
-220   200                             //模型向剖面两端延伸长度-Y，+Y
10.744186   3.116279                   //第 1 个角点坐标（x1，z1）
6.511628   5.093023                   …
5.883721   8.581395                     …
10.093023   5.534884                   //第 n 个角点坐标（xn，zn）
0   0                                  //角点坐标结束行；是否与其它模型共点（0 为不共点）
1   0   0   0                          //模型开始行
5   33   33   5   0                    //第 3 个模型角点数，程序参数
100   1                                //模型磁化强度 J，密度（差）
3                                      //模型填色号
22   25.3023261.441866.348837          //模型角点坐标范围（xmin，xmax，zmin，zmax）
1   1                                  //模型参数起始行（第 3 个模型）
100   50   0                           //模型磁化强度 J，磁化倾角 I，磁化偏角 D
0   1                                  //   0，密度（差）
-230   230                             //模型向剖面两端延伸长度-Y，+Y
23.465116   1.44186                    //第 1 个角点坐标（x1，z1）
22   4.255814                            …
22.906977   6.348837                       …
25.302326   3.372093                       …
25.186047   1.72093                    //第 n 个角点坐标（xn，zn）
0   0                                  //角点坐标结束行；是否与其它模型共点（0 为不共点）
Background Model Enable：1             //是否设置背景模型参数（1 是，0 否）
1   0   0   0                          //背景模型开始行
37   33   0   37   0                   //背景模型角点数，程序参数
99.99   2.67                           //背景模型磁化强度 J，密度
0                                      //背景模型填色号
-4999999.55000032   1   500001         //背景模型尺寸
1   1                                  //背景模型参数起始行
99.9966   -5                           //背景模型磁化强度 J，磁化倾角 I，磁化偏角 D
0   2.67                               //0，背景模型密度
-511111   511111                       //背景模型角点坐标范围（xmin，xmax，zmin，zmax）
-4999999.51                            //第 1 个角点坐标（x1，z1）
-4999999.5500000                      …
5000032   500001                     …
5000032   1                            //第 4 个角点坐标（x4，z4）
32   1                                 //背景模型连到剖面右端点的坐标
```

31　1　　　　　　　　　…
30　1　　　　　　　　　…
……
1　1　　　　　　　　　…
0.5　1　　　　　　　　//背景模型连到剖面左端点的坐标
0　0　　　　　　　　　//背景模型角点坐标结束行

15.9　三维重磁异常自动反演

15.9.1　三维重磁异常自动反演模型数据文件

三维重磁异常自动反演模型数据文件格式（*.vol）和Sufer网格数据类似，相当于多层网格数据，为文本文件，数据格式如表15.9.1所示。

表15.9.1　三维重磁异常自动反演模型数据格式

数据内容	数据说明
VOLUME	体数据文件标识符
81　71　12	体数据列、行、层数
24000.00　28000.00	列方向坐标最小、最大值
66500.00　70000.00	行方向坐标最小、最大值
250.0000　800.0000	垂直方向坐标最小、最大值
−0.0569400　0.4803000	密度或磁化率最小、最大值
−0.002450 −0.002193 …… −0.001649　−0.001363	第1层网格数据，81*71个
−0.001073　−0.000784 …… −0.000502　−0.000236	第2层网格数据，81*71个
……	第 *n* 层网格数据，81*71个
0.000208　0.000365 ……　0.000464　0.000449	第12层网格数据，81*71个

15.9.2　三维重磁异常自动反演控制参数文件格式

自动反演控制参数文件（*.par）为文本文件，数据格式如下。

[注释：文件首行，(需要)] ===下面为计算项列表及其参数：

[注释：条目首行，(需要)] ===开始新计算项===CA=RV，“CA”表示计算，“RV”指随机变尺度反演；

CA=RV

[注释：参数说明，(需要)] === 局部循环次数；

4

[注释：参数说明，(需要)] ===第一个参数表示将异常分解成组合异常进行反演（1或0），第二个参数表示反演的组合异常形式（0：简单的层状权异常，1：准确的模型权异常）；

1　1

[注释：参数说明，(需要)] ===第一个参数表示是否在反演过程中使用物性范围约束；第二和第三个参数表示物性约束数值范围，重力数据反演时，物性为密度（剩余密度），单位是 g/cm^3；磁

力数据反演时，物性为磁化强度，单位是 0.01A/m；

1　-1.0　1.0

[注释：参数说明，(需要)] = = =深度权，第一个参数表示总节点数，(i) 1. 位置；及 (i) 2. 权值；

7

0.00　0.00

0.25　0.25

0.50　0.30

0.75　0.40

0.80　0.80

0.90　0.70

1.00　0.50

[注释：参数说明，(需要)] = = =随机模型尺度大小变化范围，相当于半径（最小半径和最大半径）；

0　5

[注释：参数说明，(需要)] = = =体数据权，1. VW=（1 起作用，或 0 不起作用）；2. 体数据映射的权值范围（如 0.1⟷1.0），体数据坐标确认（1 起作用，或 0 不起作用）；3. 体数据文件；

VW=0

0.1　1.0

0

layers.vol

[注释：参数说明，(需要)] = = = =是否输出该计算结果。1→保存；0→不保存；

1

[注释：条目首行，(需要)] =开始新计算项= = =CA=F3，“CA” 表示计算，“F3” 表示使用矩阵（3x3x3）进行物性平均滤波；

CA=F3

[注释：参数说明，(需要)] = = = =该计算项无外部参数；

[注释：参数说明，(需要)] = = = =是否输出该计算结果。1→保存；0→不保存；

1

[注释：条目首行，(需要)] = =开始新计算项= = =CA=FS，“FS” 表示使用（3x3x3）的 24 子域方法进行物性光滑；

CA=FS

[注释：参数说明，(需要)] = = = =该计算项无外部参数；

[注释：参数说明，(需要)] = = = =是否输出该计算结果。1→保存；0→不保存；

1

[注释：条目，(需要)] = = = = = =end= = = =

以上参数控制文件加灰部分为注释文件，使用时要注意保留，不必修改。下面对该参数文件的参数加以说明。

参数格式：

第 1 行：[注释：条目首行，(需要)]

第 2 行：CA=RV　　　←“CA” 表示计算，“RV” 指随机变尺度反演方法

第 3 行：[注释：参数说明，(需要)]

第 4 行：4　　　　　←1 个参数：局部循环次数

第 5 行：[注释：参数说明，(需要)]

第 6 行：1　1　　　　←2 个参数：1. 是否将异常分解成组合异常进行反演（1 或 0，表示是或否），2. 反演的组合异常形式（0：简单的层状权异常，1：准确的模型权异常）

第 7 行：[注释：参数说明，(需要)]

第 8 行：1　−1.0　1.0 ←3 个参数：1. 是否在反演中使用物性范围约束；2. 物性约束数值范围

第 9 行：[注释：参数说明，(需要)]

第 10 行：7　　　　　←1 个参数：深度权，总节点数

第 11 行开始：　　　←n 对数据：1. 位置；及 2. 权值． 其中 n 为深度权的总节点数。位置以及权值都是归一化的，对位置来说，0 代表最浅处；1 代表最深处。对权重来说，其中最大值相当于 1，深度控制节点之间位置的权重由这两个相关节点处的权重线性插值得到。(对于本例，有 7 个深度控制节点)

第 11 行：0.00　0.00

第 12 行：0.25　0.25

第 13 行：0.50　0.30

第 14 行：0.75　0.40

第 15 行：0.80　0.80

第 16 行：0.90　0.70

第 17 行：1.00　0.50

第 18 行：[注释：参数说明，(需要)]

第 19 行：0　5　　　←2 个参数：随机模型尺度大小变化范围，相当于半径（最小←→最大）

第 20 行：[注释：参数说明，(需要)]

第 21 行：VW=0　　　←1 个命令及参数：体数据权．VW=（1 起作用，或 0 不起作用）

第 22 行：0.1　1.0　　←2 个参数：体数据映射的权值范围（如 0.1←→1.0)，及体数据真值转换成的权值范围

第 23 行：0　　　　←1 个参数：体数据坐标确认（1 起作用，或 0 不起作用)。坐标确认是指以作为权重的体数据的真实坐标与反演数据范围的坐标进行对比，重合范围内权重起作用；不起作用指考虑相对坐标，权重体数据的左下角与反演体数据的左下角对应，右上角与右上角对应

第 24 行：layers.vol　←1 个字符串参数，指作为权重的体数据文件

第 25 行：[注释：参数说明，(需要)]

第 26 行：1　　　　←1 个参数：是否输出该模块的计算结果：1→保存；0→不保存

15.10　三维重磁异常人机交互正反演

15.10.1　网格化数据文件

模块支持 Surfer 软件的 ASCII、Binary 和 Surfer 7 等 3 种格式的网格化数据，文件后缀为 grd，具体数据格式参考 RGIS 手册。

15.10.2　人机交互反演模型数据文件

模型数据文件后缀为 mdl，文本格式，数据格式如表 15.10.1 所示。

表 15.10.1　人机交互反演模型数据格式

数据内容	数据说明
14	模型角点数目
2009.571　1644.025　-508.956	模型的角点 X、Y、Z 坐标，共 14 个，编号 0~13
24	模型剖分的三角形数目
0　1　12	模型的三角形顶点编号索引表，共 24 条记录，编号 0~23
3	模型数目
10	第 1 个模型剖分的三角形数目
6000　4000　8000	重力模型，第 1 个模型密度的平均值、最小值和最大值，单位：g/cm^3；磁力模型，第 1 个模型的磁化强度、磁化倾角和磁化偏角，单位：0.01A/m（磁化强度）和度（磁化倾角和磁化偏角）
0 1 2 3 4 5 6 7 8 9	第 1 个模型剖分的所有三角形编号
8	第 2 个模型剖分的三角形数目
5000　4000　6000	重力模型，第 2 个模型密度的平均值、最小值和最大值，单位：g/cm^3；磁力模型，第 1 个模型的磁化强度、磁化倾角和磁化偏角，单位：0.01A/m（磁化强度）和度（磁化倾角和磁化偏角）
10 11 12 13 14 15 16 17	第 2 个模型剖分的所有三角形编号
6	第 3 个模型剖分的三角形数目
6000　4000　8000	重力模型，第 3 个模型密度的平均值、最小值和最大值，单位：g/cm^3；磁力模型，第 1 个模型的磁化强度、磁化倾角和磁化偏角，单位：0.01A/m（磁化强度）和度（磁化倾角和磁化偏角）
18 19 20 21 22 23	第 3 个模型剖分的所有三角形编号

15.10.3　RGIS 格式模型数据文件

RGIS 格式模型数据文件后缀为 gm3，文本格式，数据格式如表 15.10.2 所示。

表 15.10.2　RGIS 格式模型数据格式

数据内容	数据说明
1	实测场类型，重力取 0，磁力取 1
2　1.000000　55.000000	磁参数标志，Za 取 2，ΔT 取 3，如果是重力省略 磁化偏角、磁化倾角，单位：度，如果是重力省略
61　75	测点的行、列数
0.0　0.0　50.0　50.0	测区左下角 X、Y 坐标、点距和线距，单位：m（下同）
1	地形起伏标志，地形水平取 0，地形起伏取 1
27.4688　……　18.1026	测点高程，个数为行 * 列，存放顺序先东西、后南北
74.7749　……　91.2583	实测场值，个数为行 * 列，单位：mGal 或 nT，存放顺序同上
14	模型角点数目
2009.571　1644.025　-508.956	模型的角点 X、Y、Z 坐标，共 14 个，编号 0~13
24	模型剖分的三角形数目
0　1　12	模型的三角形顶点编号索引表，共 24 条记录，编号 0~23

续表

数据内容	数据说明
3	模型数目
10	第 1 个模型剖分的三角形数目
6000　4000　8000	重力模型，第 1 个模型密度的平均值、最小值和最大值，单位：g/cm^3；磁力模型，第 1 个模型的磁化强度、磁化倾角和磁化偏角，单位：0.01A/m（磁化强度）和度（磁化倾角和磁化偏角）
0　1　2　3　4　5　6　7　8　9	第 1 个模型剖分的所有三角形编号
8	第 2 个模型剖分的三角形数目
5000　4000　6000	重力模型，第 1 个模型密度的平均值、最小值和最大值，单位：g/cm^3；磁力模型，第 1 个模型的磁化强度、磁化倾角和磁化偏角，单位：0.01A/m（磁化强度）和度（磁化倾角和磁化偏角）
10　11　12　13　14　15　16　17	第 2 个模型剖分的所有三角形编号
6	第 3 个模型剖分的三角形数目
6000　4000　8000	重力模型，第 1 个模型密度的平均值、最小值和最大值，单位：g/cm^3；磁力模型，第 1 个模型的磁化强度、磁化倾角和磁化偏角，单位：0.01A/m（磁化强度）和度（磁化倾角和磁化偏角）
18　19　20　21　22　23	第 3 个模型剖分的所有三角形编号

模型数据（＊.mdl）和 RGIS 格式模型数据文件（＊.gm3）数据格式几乎相同，只是少了表 15.10.2 中的开头部分。

15.10.4　环数据文件

环数据文件后缀为 rng，文本格式，数据格式如表 15.10.3 所示。

表 15.10.3　环数据格式

数据内容	数据说明
2	环的总数目，这里共有 2 个环
4	第一个环的顶点数目，这里为 4（大于 3 的任意整数）
230000　350000　1000	第一个环的 1 个顶点坐标，注意 Z 坐标是点的高度，同一个环点的高度可以不同
300000　350000　1100	第一个环的 2 个顶点坐标
300000　400000　1050	第一个环的 3 个顶点坐标
230000　400000　1000	第一个环的 4 个顶点坐标
4	第二个环的顶点数目，这里为 4（大于 3 的任意整数）
250000　370000　1000	第二个环的 1 个顶点坐标
280000　370000　1000	第二个环的 2 个顶点坐标
280000　390000　1000	第二个环的 3 个顶点坐标
250000　390000　1000	第二个环的 4 个顶点坐标

第一个环是最大的外环，后面的环是内环，内环在外环之中。但内环不能再嵌套其他环了，内环和外环不能交叉。

15.11 三维重磁异常模型编辑

15.11.1 剖面反演模型数据文件

剖面反演模型数据（＊.mod）来自 RGIS 软件的 2.5 维剖面重磁反演模块，其文件格式可参考 RGIS 软件用户书。

15.11.2 剖面模型信息数据文件

剖面信息文件（＊.fig）为 ASCII 文本格式，包含模型的坐标单位、模型类型（重力或磁力）、每条剖面对应的模型文件名，剖面起点平面 X、Y 坐标，剖面方位角（单位：度）。数据示例如下：

1

0

Test01_3207.mod 671.239 2828.265 136.3

Test01_3208.mod 674.157 2836.816 136.4

Test01_3209.mod 682.815 2839.310 136.4

参数说明：

第一行：剖面反演模型坐标单位参数，0 表示坐标单位：m，1 表示坐标单位：km。

第二行：模型场值类别参数，0 表示重力模型，1 表示磁力模型。

第三行：第一个剖面模型文件，剖面起点平面坐标 X、Y，剖面方位角。

第四行：第二个剖面模型文件，剖面起点平面坐标 X、Y，剖面方位角。

第五行：第三个剖面模型文件，剖面起点平面坐标 X、Y，剖面方位角。

其中剖面起点平面坐标的单位必须和剖面模型文件坐标单位一致，剖面方位角的单位必须是度。

15.11.3 断面位图信息数据文件

断面位图信息文件（＊.fig）为 ASCII 文本格式，包含断面的坐标单位、断面模型类型（重力或磁力）、每条断面对应的模型文件名，断面左上角起点平面 X、Y、Z 坐标，断面宽度，断面高度，断面方位角（单位：度）。数据示例如下：

0

0

Jpeg_006.jpg -205000 246000 0 30000 12000 90

Jpeg_009.jpg -205000 249000 0 30000 12000 90

Jpeg_011.jpg -205000 251000 0 30000 12000 90

Jpeg_016.jpg -205000 256000 0 30000 12000 90

参数说明：

第一行：断面坐标单位参数，0 表示坐标单位：m，1 表示坐标单位：km。

第二行：模型场值类别参数，0 表示重力模型，1 表示磁力模型。

第三行：第一条断面对应的位图文件名，断面的左上角起点 X、Y、Z 坐标，断面宽度、高度和断面方位角。

第四行：第二条断面对应的位图文件名，断面的左上角起点 X、Y、Z 坐标，断面宽度、高度和断面方位角。

第五行：第三条断面对应的位图文件名，断面的左上角起点 X、Y、Z 坐标，断面宽度、高度和断面方位角。

第六行：第四条断面对应的位图文件名，断面的左上角起点 X、Y、Z 坐标，断面宽度、高度和断面方位角。

其中断面起点平面坐标的单位必须和剖面模型文件坐标单位一致，剖面方位角的单位必须是度。

15.11.4 断面网格信息数据文件

断面网格信息文件（*.fig）为 ASCII 文本格式，包含网格的坐标单位、网格模型类型（重力或磁力）、网格文件名，网格左上角起点平面 X、Y 坐标，网格断面方位角（单位：度）。数据示例如下：

0

0

Grid_006.grd -205000 246000 90

Grid_009.grd -205000 249000 90

Grid_011.grd -205000 251000 90

Grid_016.grd -205000 256000 90

参数说明：

第一行：网格坐标单位参数，0 表示坐标单位：m，1 表示坐标单位：km。

第二行：模型场值类别参数，0 表示重力模型，1 表示磁力模型。

第三行：第一个网格数据文件名，网格左上角起点 X、Y 坐标，网格断面方位角。

第四行：第二个网格数据文件名，网格左上角起点 X、Y 坐标，网格断面方位角。

第五行：第三个网格数据文件名，网格左上角起点 X、Y 坐标，网格断面方位角。

第六行：第四个网格数据文件名，网格左上角起点 X、Y 坐标，网格断面方位角。

其中网格起点平面坐标的单位必须和网格文件坐标单位一致，网格断面方位角的单位必须是度。

15.11.5 剖面信息数据文件

剖面信息文件（*.txt）为 ASCII 文本格式，包含剖面数，剖面起点的平面 X、Y 坐标，剖面终点的平面 X、Y 坐标。数据示例如下：

9

1 0 600 600 0

2 0 700 700 0

3 0 800 800 0

4 0 900 900 0

5 0 1000 1000 0

6 100 1000 1000 100

7 200 1000 1000 200

8 300 1000 1000 300

9 400 1000 1000 400

参数说明：

第一行：剖面数目。

第二行：第一条剖面编号，剖面起点的平面 X、Y 坐标，终点的平面 X、Y 坐标。

第三行：第二条剖面编号，剖面起点的平面 X、Y 坐标，终点的平面 X、Y 坐标。

第四行：第三条剖面编号，剖面起点的平面 X、Y 坐标，终点的平面 X、Y 坐标。

……

第 N 行：第 $N-1$ 条剖面编号，剖面起点的平面 X、Y 坐标，终点的平面 X、Y 坐标。

15.11.6 标注文件

4

0 A 岩体 658000 2812000 0 95 255 255 255 1.5

1 B 市 640000 2820000 0 30 255 0 0 1.8

1 C 县 650000 2830000 0 45 0 255 0 1.6

1 D 乡 660000 2830000 0 90 0 0 255 1.2

参数说明：

第一行：标注个数。

第二行：第一个标注的子图代号，X 坐标、Y 坐标、Z 坐标，标注旋转角度，标注的 RGB 颜色值，标注大小。

第三行：第二个标注的子图代号，X 坐标、Y 坐标、Z 坐标，标注旋转角度，标注的 RGB 颜色值，标注大小。

第四行：第三个标注的子图代号，X 坐标、Y 坐标、Z 坐标，标注旋转角度，标注的 RGB 颜色值，标注大小。

第五行：第四个标注的子图代号，X 坐标、Y 坐标、Z 坐标，标注旋转角度，标注的 RGB 颜色值，标注大小。

其中：

1）标注需要添加子图时子图代号取 1，不需要添加子图时子图代号取 1 取 0。

2）标注大小是相对的，有别于字体大小，可以先给定一个初值，然后通过对话框的滑动条调整，并保存输出。

3）标注的 X 坐标、Y 坐标必须在体数据的范围之内。

15.11.7 钻孔文件

2 1.0

1640000 2820000 0 9

1 159.03 255 0 0

2 261.07 255 31 0

3 378.38 255 63 0

4 586.04 255 95 0

5 792.61 255 127 0

6 911.58 255 159 0

7 1027.08 255 191 0

8 1148.86 255 223 0

9 1267.83 255 255 0

2650000 2841000 0 5

1 249.22 255 0 0

2 382.33 255 63 0

3 568.39 255 127 0

4 956.77 255 191 0

5 1283.65 255 255 0

参数说明：

第一行：钻孔个数，钻孔绘制大小。

第二行：第一个钻孔的编号，*X* 坐标、*Y* 坐标、*Z* 坐标（向下为正），钻孔岩性分层数。

第三行：第一个钻孔的第一个岩性分层编号，层深度，对应的 RGB 值。

第四行：第一个钻孔的第二个岩性分层编号，层深度，对应的 RGB 值。

……

第 *N* 行：第二个钻孔的编号，*X* 坐标、*Y* 坐标、*Z* 坐标（向下为正），钻孔岩性分层数。

第 *N*+1 行：第二个钻孔的钻孔第一个岩性分层编号，层深度，对应的 RGB 值。

……

所有坐标和深度单位均为米。

15.12 野外磁测资料整理

15.12.1 噪声试验

噪声试验数据是以“＊.txt”保存的文本文件，数据中必须至少包含一列场值数据和对应的表头，列与列之间用空格间隔，数据格式如下：

仪器一	仪器二	仪器三
47889.28	47891.94	47888.02
47889.30	47891.96	47888.04
47888.91	47891.67	47887.63
47889.33	47891.94	47888.08
47889.21	47891.79	47887.93
47889.48	47891.97	47888.22
47889.36	47892.18	47888.09
47889.30	47891.84	47888.04
47889.32	47891.78	47888.06

15.12.2 观测误差计算

观测误差计算数据是以“＊.txt”保存的文本文件，数据中必须至少包含一列场值数据和对应的表头，列与列之间用空格间隔，数据格式和噪声试验数据相同。

15.12.3 日变改正

日变数据是以“＊.txt”保存的文本文件，数据中必须包含时间、场值表头和两列数据，列与列之间用空格间隔，数据格式如下：

时间	场值
15：17：43	47925.5
15：17：53	47925.9
15：18：03	47923.4
15：18：13	47918.4
15：18：23	47918.4
15：18：33	47918.4
15：18：43	47918.6
15：18：53	47919.1
15：19：03	47918.8

测量数据是以“*.txt”保存的文本文件，数据中必须至少包含时间、场值两列数据和相应的表头，列与列之间用空格间隔，数据格式如下。

序号	线号	点号	时间	场值
1	100	840	15：18：27	47900.6
2	100	841	15：19：20	47910.7
3	100	842	15：20：28	47941.2
4	100	843	15：21：41	47923.5
5	100	844	15：22：51	47937.8
6	100	845	15：24：02	47890.1
7	100	846	15：25：11	47932.9
8	100	847	15：26：37	47960.3
9	100	848	15：27：52	47937.6

15.12.4 正常场改正

正常场改正数据是以“*.txt”保存的文本文件，数据中必须至少包含日期、经度、纬度、高程、测量值表头和5列数据，列与列之间用空格间隔，数据格式如下。

序号	日期	时间	经度	纬度	高程	测量值
1	2012-10-11	15：18：01	99.406862751	26.389035661	2302.152	47900.720
2	2012-10-11	15：20：27	99.407379855	26.388879825	2327.136	47822.975
3	2012-10-11	15：21：33	99.407677823	26.389035174	2349.493	47897.495
4	2012-10-11	15：24：11	99.408067136	26.389025012	2327.876	47895.420
5	2012-10-11	15：33：32	99.408473291	26.389027960	2312.298	47902.750
6	2012-10-11	15：37：55	99.408933704	26.389028902	2319.721	47902.545
7	2012-10-11	15：41：12	99.409285201	26.389059893	2342.412	47899.700

15.12.5 一致性试验

一致性试验数据是以“*.txt”保存的文本文件，数据中必须至少包含两台仪器的测量数据和对应的表头，列与列之间用空格间隔，数据格式和噪声试验数据一致。

15.12.6 延时校正

延时校正数据是以“*.txt”保存的文本文件，数据中必须至少包含点号、测量值（场值）两列数据和相应的表头，列与列之间用空格间隔，数据格式如下。

序号	点号	经度	纬度	高程	测量值
1	600	99.406862751	26.389035661	2302.152	47900.720
2	640	99.407379855	26.388879825	2327.136	47822.975
3	680	99.407677823	26.389035174	2349.493	47897.495
4	720	99.408067136	26.389025012	2327.876	47895.420
5	760	99.408473291	26.389027960	2312.298	47902.750
6	800	99.408933704	26.389028902	2319.721	47902.545
7	840	99.409285201	26.389059893	2342.412	47899.700
8	880	99.409730729	26.388898143	2371.635	47910.000
9	920	99.410177939	26.388951458	2370.270	47912.430

15.13 电法数据处理与反演

15.13.1 一维电阻率极化率测深正反演

（1）正演数据文件格式

正演数据文件只需存入电极距（AB/2、AM、OO′/2）和测量电极距 MN/2(m) 值。正演数据文件具有通用性，只是文件头有些变化。正演数据文件格式如下：

第一行：计算方式（正演计算时取“1”）、计算参数（只正演视电阻率时取“1”，同时正演视电阻率和视极化率时取“2”）、装置类型（依据类型不同分别取值 1～5，其中：二极装置取“1”，对称四极（MN>0）取“2”，对称四极（MN=0）取“3”，轴向偶极测深（MN>0）取“4”，轴向偶极测深（MN=0）取“5”）。

第二行：电极数目、数据行数。

第三行：电极距（或 AB/2、或 AM、或 OO′/2），自小到大排列。

第四行：对应于 AB/2 排列的 MN/2。当装置类型=1，3，5，该行缺失。

例：对称四级装置电阻率正演输入文件，后缀为 .s2f：

1 1 2 //正演计算取“1”、正演视电阻率时取“1”、对称四极（MN>0）取“2”

18 2 //电极数目、数据行数

3.500 5.000 7.500 10.00 15.00 22.50 35.00 50.00 75.00 100.0 150.0 225.0 350.0 500.0 750.0 1000 1500 2250 //18 个电极距（自小到大排列）

0.500 0.500 0.500 0.500 0.500 5.000 5.000 5.000 5.000 5.000 5.000 50.00 50.00 50.00 50.00 50.00 50.00 50.00 //对应于 AB/2 排列的 MN/2。当装置类型=1，3，5，该行缺失。

对称四级装置电阻率和视极化率正演输出文件，后缀为 .dat：

一维对称四极装置（MN>0）电测深正演计算结果

层参数如下：

层数：2

层号	电阻率（Ω·m）	厚度（m）
1	50.000	50.000
2	100.000	

电极距（m）	视电阻率（Ω·m）
3.500	50.569
5.000	50.572

7.500	50.582
10.000	50.602
15.000	50.681
22.500	50.918
35.000	51.804
50.000	53.689
75.000	58.269
100.000	63.448
150.000	72.544
225.000	80.653
350.000	89.234
500.000	93.880
750.000	97.121
1000.000	98.474

（2）反演数据文件格式

反演数据需准备2个文件：反演数据文件和工区位置文件。前者存放一个工区多个测深点的电极距与实测视电阻率和视极化率，后者以对应顺序存放各个测深点的位置信息，以便为反演图件冠名。程序内部通过测深点的顺序自动对应寻找。

反演数据文件的格式如下：

第一行：计算方式（反演计算时取“2”）、计算参数（只反演视电阻率时取“1”，同时反演视电阻率和视极化率时取“2”）、装置类型（依据类型不同分别取值1~5，其中：二极装置取“1”，对称四极（MN>0）取“2”，对称四极（MN=0）取“3”，轴向偶极测深（MN>0）取“4”，轴向偶极测深（MN=0）取“5”）。

第二行：电极数目、测深点数目和数据行数。

第三行：自小到大排列的AB/2、AM、OO′/2值。

第四行：对应的MN/2值，对装置类型取值为1，3，5时此行缺省。

第五行：第一个测深点的ρ_s视电阻率值。

第六行：第一个测深点的η_s视极化率值，当计算参数取“1”时，该行缺省。

…… ……

第2×N+5行：第N个测深点的ρ_s视电阻率值（测深点数目>1）。

第2×N+6行：第N个测深点的η_s视极化率值，当计算参数取“1”时，该行缺省（测深点数目>1）。

例：对称四极（MN>0）装置，只反演电阻率，后缀为.s2i：

2 1 2//反演计算时取“2”、只反演视电阻率时取“1”、对称四极（MN>0）取“2”

18 1 3　//电极数目、测深点数目、数据行数

3.5 5.0 7.50 10.0 15.0 22.50 35.0 50.0 75.0 100.0 150.0 225.0 350.0 500.0 750.0　1000.0 1500.0　2250.0　//电极距（自小到大排列的AB/2）

0.5　0.5 0.5　0.5　0.5　5.0　5.0　5.0　5.0　5.0 5.0　50.0　50.0　50.0　50.0　50.0 50.0　50.0　//对应的MN/2值，对装置类型取值为1，3，5时此行缺省

100.4　99.04　94.79　88.16　70.71　48.69　25.62　20.14　24.69　31.71　45.76　63.44 93.86　125.7　170.4　207.4　264.9　324.2　//第1个测深点的ρ_s视电阻率值

（3）数据文件后缀

一维直流测深装置的视电阻率和视极化率正反演程序所有的输入文件均为ASCII格式，后缀见表15.13.1所示。

表 15.13.1　一维直流测深装置文件后缀

装置类型	正演计算	反演计算
二极装置	.s1f	.s1i
对称四极（MN>0）装置	.s2f	.s2i
对称四极（MN=0）装置	.s3f	.s3i
轴向偶极（MN>0）装置	.s4f	.s4i
轴向偶极（MN=0）装置	.s5f	.s5i

注：反演数据文件中电极距行应输入本工区最大的电极距；各测深点应按实测视电阻率个数输入，不足部分可空缺，但不能充填0值。实测视电阻率往往存在接头点，本软件不允许接头点双值表示，请用户自取接头点均值输入。

数据文件准备中的注意事项：

1）电极距及MN/2数据，必须各为一行输入完毕，不允许换行。行头不允许留存空格。数据间以空格分隔。

2）数据允许使用d，e，f格式，不能使用FORTRAN中双精度表示1.0d3，应用1.0e3。也不允许使用简易输入将0.5输入.5。此外，相同数据必须逐一输入，不能使用3*0.5表示0.5、0.5、0.5三个数。

3）电极距及MN/2均以米（m）为单位，视电阻率以欧姆·米（Ω·m）为单位，视极化率以百分数（%）为单位。

15.13.2　二维电阻率极化率人机交互反演

（1）输入数据文件格式

二维电阻率极化率人机交互式正反演程序适用众多装置类型，各种装置所用装置参数不尽相同，因此必须仔细阅读本节，了解数据文件格式，才能正确使用程序。

正反演数据文件依据观测装置分为与观测装置无关的通用数据部分和与观测装置有关的相关数据部分。

观测装置参数表二维电阻率极化率人机交互式正反演程序适用的观测装置对应的参数如表15.13.2所示。

表 15.13.2　观测装置与参数

参数值	观测装置名称
Wq=1	充电装置
Wq=2	中间梯度装置
Wq=3	二极电位剖面装置
Wq=4	联合剖面装置
Wq=5	对称四极剖面装置
Wq=6	偶极剖面装置
Wq=7	二极电位测深装置
Wq=8	三极测深装置
Wq=9	对称四极测深装置
Wq=10	偶极测深装置

（2）通用数据部分的数据格式

通用数据部分的数据格式如表15.13.3所示。

表 15.13.3　通用数据格式

序号	参数	参数说明
第 1 行	计算方式 ww、计算参数 wu、地形参数 wh 和装置类型 wq	1. 正演计算时 ww 取 1，反演计算时 ww 取 2 2. 视电阻率计算时 wu 取 1，同时计算视电阻率和视极化率时 wu 取 2 3. 地形平坦时 wh 选择 0，地形不平坦时 wh 选择 1 4. 依据观测装置不同 wq 分别取值 1~10，详见表 15.3.3
第 2 行	计算区域（即地电断面范围）的起始测量点号 nb、终止测量点号 ne 及测点间距 dn	1. dn 的单位为 m 2. nb、ne 必须整型数据 3. 对于 wq<7 前的各种装置，该范围必须涵盖电剖面的 A、B、M、N 电极，即最边部的电极必须处于该测量点范围内（中梯装置，A、B 供电极例外）并且在地形不平坦时，必须有该部分每点的测量相对高程
第 3 行	各测点的相对高程	1. 相对高程数据个数为 ne-nb+1 个 2. 在地形平坦时，该部分数据缺省

二维电阻率极化率人机交互式正反演程序要求工作者提供影响测深结果范围内的高程，电极距很大时，有限的地形不平可忽略不计；当电极距很小时，也可视为地形平坦。即取为起始和终止点号范围内高程，例如高程最大相差 30~50m 时，可以认为将影响数百米极距范围的视电阻率，应给出计算区域的地形高程。程序对余下不足部分自动取边部高程外延计算，算区范围也自动调整到最大测深极距稍远处。

（3）相关数据部分的数据格式

正反演数据文件的相关数据部分数据是与观测装置相关的数据，现分别叙述之，如表 15.13.4 所示。

表 15.13.4　相关数据格式

装置	序号	参数	参数说明
充电装置	1	计算物理场参数 wi	1. 该数据必须整型，表示是计算电位或计算电位梯度 2. wi=1 表示由电位计算视电阻率，wi=2 表示由电位梯度计算视电阻率 3. 两者都依据等效电阻率法计算视极化率
	2	计算点数 mp、计算点距 dm、计算的起始点号 mb 和终止点号 me	1. mp 必须是整型数，后 3 个数据可为实型数据 2. 4 个数据的关系为 mp=(me-mb)*dm/dn，并且 mb≥nb，me≤ne 3. dm 的单位为 m
	3	MN 极距值	当 wi=2 时才有该项，MN 的单位为 m
	4	充电电源个数 Ni	Ni 为整型数
	5	各充电点位置、充电点的高程和电源电流强度	1. 排列如下：充电点的测点号，充电点的高程（m），电源电流强度（A） 2. 多个供电点应依上次序排列，电流强度允许负值 3. 无穷远供电点不必输入
	6	实测视电阻率值	1. 正演计算时缺省 2. 视电阻率值依点号大小次序排列 3. 视电阻率数据个数为 mp 个
	7	实测视极化率值	1. 正演计算时缺省 2. 视极化率值依点号大小次序排列 3. 视极化率数据个数为 mp 个

续表

装置	序号	参数	参数说明
中间梯度装置	1	计算点数 mp、计算点距 dm（m）、计算的起始点号 mb 和终止点号 me	1. mp 必须是整型数，后 3 个数据可为实型数据 2. 4 个数据的关系为 mp=（me-mb）＊dm/dn，且 mb≥nb，me≤ne 3. dm 的单位为 m
	2	MN 极距值	当 wi=2 时才有该项，MN 的单位为 m
	3	供电点 A 极位置	1. 输入格式为：源所在的点号，相对高程（m） 2. 电流强度自定义为 1A 及-1A
	4	供电点 B 极位置	输入格式同上
	5	实测视电阻率值	1. 正演计算时缺省 2. 视电阻率值依点号大小次序排列 3. 视电阻率数据个数为 mp 个
	6	实测视极化率值	1. 正演计算时缺省 2. 视极化率值依点号大小次序排列 3. 视极化率数据个数为 mp 个
二极电位剖面装置	1	计算点数 mp、计算点距 dm、计算的起始点号 mb 和终止点号 me	1. mp 必须是整型数，后 3 个数据可为实型数据 2. 4 个数据的关系为 mp=（me-mb）＊dm/dn，且 mb≥nb，me≤ne 3. dm 的单位为 m
	2	AO 电极距值	1. 记录点位于 AM 的中点，AO 的单位为 m 2. A、M 电极应位于算区测量点范围内
	3	实测视电阻率值	1. 正演计算时缺省 2. 视电阻率值依点号大小次序排列 3. 视电阻率数据个数为 mp 个
	4	实测视极化率值	1. 正演计算时缺省 2. 视极化率值依点号大小次序排列 3. 视极化率数据个数为 mp 个
联合剖面装置	1	计算点数 mp、计算点距 dm、计算的起始点号 mb 和终止点号 me	1. mp 必须是整型数，后 3 个数据可为实型数据 2. 4 个数据的关系为 mp=（me-mb）＊dm/dn，且 mb≥nb，me≤ne 3. dm 的单位为 m
	2	MN 电极距值	MN 的单位为 m
	3	AO 电极距值	1. AO=BO，AO 的单位为 m 2. A、B 极应位于算区范围内
	4	实测视电阻率 ρ_s^a 值	1. 正演计算时缺省 2. 视电阻率值依点号大小次序排列 3. 视电阻率数据个数为 mp 个
	5	实测视电阻率 ρ_s^b 值	
	6	实测视极化率 η_s^a 值	1. 正演计算时缺省 2. 视极化率值依点号大小次序排列 3. 视极化率数据个数为 mp 个
	7	实测视极化率 η_s^b 值	

续表

装置	序号	参数	参数说明
对称四极剖面装置	1	计算点数 mp、计算点距 dm、计算的起始点号 mb 和终止点号 me	1. mp 必须是整型数，后 3 个数据可为实型数据 2. 4 个数据的关系为 mp=(me−mb) * dm/dn，且 mb≥nb，me≤ne 3. dm 的单位为 m
	2	测量极距 MN	MN 的单位为 m
	3	电极距值 AO	AO=AB/2，单位为 m
	4	实测视电阻率值	1. 正演计算时缺省 2. 电阻率值依点号大小次序排列 3. 电阻率数据个数为 mp 个
	5	实测视极化率值	1. 正演计算时缺省 2. 视极化率值依点号大小次序排列 3. 视极化率数据个数为 mp 个
偶极剖面装置	1	计算点数 mp、计算点距 dm、计算的起始点号 mb 和终止点号 me	1. mp 必须是整型数，后 3 个数据可为实型数据 2. 4 个数据的关系为 mp=(me−mb) * dm/dn，且 mb≥nb，me≤ne 3. dm 的单位为 m
	2	MN 电极距值	MN 的单位为 m
	3	最大间隔系数 N_{max}	1. N_{max} 为整型，一般不宜大于 6~8 2. 间隔系数 N=BM/AB=BM/MN 3. AB=MN=dm（计算点距离） 4. N=1 时计算视电阻率和视极化率范围为 mb 到 me，随 N 加大，不同间隔系数下计算的视电阻率和视极化率个数逐一减少 5. 在 N_{max} 间隔系数时，AB，MN 电极必须位于地电断面算区范围 nb 和 ne 之内，否则将造成无值
	4	实测视电阻率值	1. 正演计算时缺省 2. 视电阻率数据依 N 大小由小点号到大点号次序排列 3. N 增加 1，视电阻率数值个数减少 1
	5	实测视极化率值	1. 正演计算时缺省 2. 视极化率数据依 N 大小由小点号到大点号次序排列 3. N 增加 1，视极化率数值个数减少 1
二极测深装置	1	测深点号 QO	1. QO 一般为整型，也可以是实型 2. 即 M 电极位置
	2	电极距 AM（m）的个数 NQ	NQ 为整型
	3	电极距 AM（m）的值	AM（m）共 NQ 个，由小到大排列
	4	实测视电阻率 ρ_s^a 值	1. 正演计算时缺省 2. 视电阻率数据依 AM（m）大小由小到大排列 3. 视电阻率数据个数为 NQ 个
	5	实测视电阻率 ρ_s^b 值	
	6	实测视极化率 η_s^a 值	1. 正演计算时缺省 2. 视极化率数据依 AM（m）大小由小到大排列 3. 视极化率数据个数为 NQ 个
	7	实测视极化率 η_s^b 值	

续表

装置	序号	参数	参数说明
三极测深装置	1	测深点号 QO	1. QO 一般为整型，也可以是实型 2. 即 MN 中心点号
	2	最小 MN 测量极距 smn	smn 为实型
	3	电极距 AO（m）的个数 NQ	NQ 为整型
	4	电极距 AO（m）的值	AO（m）共 NQ 个，由小到大排列
	5	实测视电阻率 ρ_s^a 值	1. 正演计算时缺省 2. 视电阻率数据依 AO（m）大小由小到大排列 3. 视电阻率数据个数为 NQ 个
	6	实测视电阻率 ρ_s^b 值	
	7	实测视极化率 η_s^a 值	1. 正演计算时缺省 2. 视极化率数据依 AO（m）大小由小到大排列 3. 视极化率数据个数为 NQ 个
	8	实测视极化率 η_s^b 值	
对称四极测深装置	1	测深点号 QO	1. QO 一般为整型，也可以是实型 2. 即 MN 中心点号
	2	最小 MN 测量极距 smn	smn 为实型
	3	电极距 AO（m）的个数 NQ	NQ 为整型
	4	电极距 AO（m）的值	AO（m）共 NQ 个，由小到大排列
	5	实测视电阻率值	1. 正演计算时缺省 2. 视电阻率数据依 AO（m）大小由小到大排列 3. 视电阻率数据个数为 NQ 个
	6	实测视极化率值	1. 正演计算时缺省 2. 视极化率数据依 AO（m）大小由小到大排列 3. 视极化率数据个数为 NQ 个
偶极测深装置	1	测深点号 QO	1. QO 一般为整型，也可以是实型 2. 即 MN 中心点号
	2	最小 MN 测量极距 smn	smn 为实型
	3	电极距 AO（m）的个数 NQ	NQ 为整型
	4	电极距 AO（m）的值	AO（m）共 NQ 个，由小到大排列
	5	实测视电阻率 ρ_s^a 值	1. 正演计算时缺省 2. 视电阻率数据依 AO（m）大小由小到大排列 3. 视电阻率数据个数为 NQ 个
	6	实测视电阻率 ρ_s^b 值	
	7	实测视极化率 η_s^a 值	1. 正演计算时缺省 2. 视极化率数据依 AO（m）大小由小到大排列 3. 视极化率数据个数为 NQ 个
	8	实测视极化率 η_s^b 值	

注：对于电位梯度测量，计算点号为其 MN 的中心点号。对于中梯装置测量，计算点号位于 MN中心。A、B 通常位于算区以外，其点号应按测量点距由用户外推而得。对于二极剖面测量，计算点号为其 AM 的中心点号。对于联合剖面测量，计算点号为其 MN 的中心点号。对于对称四极剖面测量，计算点号为其 MN 的中心点号。对于偶极剖面测量，计算点号整个装置中心点，即 BM 中心点处。

二维电阻率极化率人机交互式正反演程序仅允许计算一个测深点数据，若需计算多个测深点数据，请修改数据文件中 QO 即可再次进行计算；本系统规定供电点在 MN 测量电极左方时计算的为 ρ_s^a 和 η_s^a，供电点在 MN 电极右方计算的为 ρ_s^b 和 η_s^a；反演拟合计算的误差显示于图上，保存在输出数据文件中，其中视电阻率 ρ_s 按均方相对误差计算（单位为%），视极化率 η_s 按平均相对误差计算（单位为%），若需反演，计算范围内实测数据不能有缺失，否则将发生错误；上述数据文件中的数据，除已注明为整型数据外，其他均可按 d、e、f 格式输入。数据之间空格分隔。同一类数据如高程数据可以多行输入。应注意数据个数不能少且位置格式需正确。此外，不能用简化输入，如 0.5 为 .5，也不允许 3 * 0.5 表示 3 个相同数据。

（4）文件后缀

二维电阻率、极化率人机交互正反演程序所有的输入文件均为 ASCII 格式，后缀格式见表 15.13.5。

表 15.13.5　二维电阻率、极化率正反演输入文件名后缀一览表

方法	方法分类			正演计算	反演计算
剖面法	充电法	电阻率计算	平坦地形	*.pm1	*.pm5
			起伏地形	*.pm2	*.pm6
		电阻率和极化率计算	平坦地形	*.pm3	*.pm7
			起伏地形	*.pm4	*.pm8
	中间梯度	电阻率计算	平坦地形	*.pg1	*.pg5
			起伏地形	*.pg2	*.pg6
		电阻率和极化率计算	平坦地形	*.pg3	*.pg7
			起伏地形	*.pg4	*.pg8
	二极电位	电阻率计算	平坦地形	*.p21	*.p25
			起伏地形	*.p22	*.p26
		电阻率和极化率计算	平坦地形	*.p23	*.p27
			起伏地形	*.p24	*.p28
	联合剖面	电阻率计算	平坦地形	*.p31	*.p35
			起伏地形	*.p32	*.p36
		电阻率和极化率计算	平坦地形	*.p33	*.p37
			起伏地形	*.p34	*.p38
	对称四极	电阻率计算	平坦地形	*.p41	*.p45
			起伏地形	*.p42	*.p46
		电阻率和极化率计算	平坦地形	*.p43	*.p47
			起伏地形	*.p44	*.p48
	偶极	电阻率计算	平坦地形	*.po1	*.po5
			起伏地形	*.po2	*.po6
		电阻率和极化率计算	平坦地形	*.po3	*.po7
			起伏地形	*.po4	*.po8

续表

方法	方法分类			正演计算	反演计算
测深法	二极	电阻率计算	平坦地形	*.s21	*.s25
			起伏地形	*.s22	*.s26
		电阻率和极化率计算	平坦地形	*.s23	*.s27
			起伏地形	*.s24	*.s28
	三极	电阻率计算	平坦地形	*.s31	*.s35
			起伏地形	*.s32	*.s36
		电阻率和极化率计算	平坦地形	*.s33	*.s37
			起伏地形	*.s34	*.s38
	对称四极	电阻率计算	平坦地形	*.s41	*.s45
			起伏地形	*.s42	*.s46
		电阻率和极化率计算	平坦地形	*.s43	*.s47
			起伏地形	*.s44	*.s48
	偶极	电阻率计算	平坦地形	*.so1	*.so5
			起伏地形	*.so2	*.so6
		电阻率和极化率计算	平坦地形	*.so3	*.so7
			起伏地形	*.so4	*.so8

15.13.3 一维磁源瞬变电磁正反演

（1）正演数据文件格式

正演数据输入文件格式：正演数据输入文件为 ASCII 码文本文档，可以是 *.txt 文件。数据格式如下：

11　　　　　//正演计算标示符

1　1256.63　　//发射线圈匝数，发射线圈面积

1　1　　　　//接收线圈匝数，接收线圈面积

1　　　　　//供电电流大小

某工区　　　//工区名称

某测线　　　//测线名称

某桩号　　　//桩号名称

3　　　　　//正演地层层数 N

10 300 10　　//N 层（从上到下第一层、第二层、第三层）电阻率

10 50　　　　//N-1 层（从上到下第一层、第二层）厚度

100 1e-6　1e-1　//采样时间点数 m=100，最小采样时间，最大采样时间

0　　　　　//采样方式（可取 0、1 或 2：0 表示自定义数据，1 表示对数采样，2 表示线性采样。采样方式取 0 时，列出所有的采样时间点，取 1 或 2 时，采样时间点由程序自动计算

1e-006　　　//第 1 个点采样时间

1.12332403e-006　//第 2 个点采样时间

1.26185688e-006　//第 3 个点采样时间

……　　　　……

0.1　　　　　//第 m=100 个点采样时间

正演数据输出文件格式：正演数据输入文件为 ASCII 码文本文档。数据格式如下：

TEM1D 某工区某测线某桩号正演结果：

发射线圈匝数：	1	
发射线圈面积：	1256.6	
接收线圈匝数：	1	
接收线圈面积：	1.0	
供电电流：	1	
采样时间点数	100	
最小采样时间	1e-006	
最大采样时间	0.1	
采样方式	自定义	
地层层数	4	
电阻率	厚度	
100.00	20.00	//第 1 层电阻率，第 1 层厚度
20.00	40.00	//第 2 层电阻率，第 1 层厚度
300.00	80.00	//第 3 层电阻率，第 1 层厚度
20.00		//第 4 层电阻率

早晚期电磁场分界点：第 15 个测道，采样时间 5.72237e-006

时间	磁感电动势	磁感视深度	磁感视电阻率	磁场	磁场视深度	磁感视电阻率
1.00000e-006	8.38073891e-003	8.98	101.32	6.45460574e-003	12.60	99.89
1.12332e-006	6.81798726e-003	9.55	101.99	5.71232026e-003	13.35	99.77
1.26186e-006	5.48087264e-003	10.17	102.86	5.03783224e-003	14.13	99.50
……			……			
1.00000e-001	6.02945698e-014	1330.27	22.22	3.32848413e-009	1854.82	21.64

（2）反演数据文件格式

反演数据输入文件格式：反演数据输入文件为 ASCII 码文本文档。数据格式如下：

22	//正演计算标示符
1 1256	//发射线圈匝数，发射线圈面积
1 1	//接收线圈匝数，接收线圈面积
1	//发射电流
工区北京	//工区名称
某测线	//测线名称
某桩号	//测点名称
1	//反演磁场或感应电动势的标识符。1 代表磁场。2 代表感应电动势
100	//时间采样点数
1e-6　1e-1	//最小采样时间，最大采样时间

1.000000000000000e-006　　6.453910000000000e-003　　//时间，实测场值（对应的磁场或感应电动势）

1.123320000000000e-006　　5.711840000000000e-003

1.261860000000000e-006　　5.037670000000000e-003

……　　　　　　　　　　　……

8.902150000000000e-002　　3.935480000000000e-009

1. 000000000000000e-001　　3. 328700000000000e-009

反演初值输入文件格式：反演初值输入文件为 ASCII 码文本文档。数据格式如下：

```
4                                   //地层层数
  107.0   18.45   91.9   28.4       //各层电阻率
  21.75   27.23   105.1             //各层厚度
```

反演数据输出文件格式：反演数据输出文件为 ASCII 码文本文档。数据格式如下：

```
TEM1D 工区北京某测线某桩号反演结果  //输出文件说明
发射线圈匝数：          1
发射线圈面积：          1256.0
接收线圈匝数：          1
接收线圈面积：          1.0
供电电流：              1
采样时间点数          100
最小采样时间          1e-006
最大采样时间          0.1
反演地层层数：          4
反演初值
  电阻率      厚度
  107.00      21.75
  18.45       27.23
  91.90       105.10
  28.40
反演结果
  电阻率      厚度
  99.97       20.00
  19.99       39.94
  289.68      80.23
  19.99
时间 磁感电动势 磁感视深度 磁感视电阻率 拟合磁感电动势 拟合磁感视深度 拟合磁感视电阻率
1.00000e-006   8.38060000e-003   8.98    101.31   8.38164226e-003   12.69   101.29
1.12330e-006   6.81800000e-003   9.55    101.97   6.81887374e-003   13.49   101.96
1.26190e-006   5.48090000e-003   10.17   102.85   5.48092425e-003   14.36   102.83
……                                                                          ……
8.90220e-002   7.98920000e-014 1258.81   22.35   7.98739187e-014 1778.74   22.36
1.00000e-001   6.02950000e-014 1330.05   22.22   6.02818390e-014 1879.38   22.22
```

注：面积以平方米（m^2）为单位，电阻率以欧姆·米（Ω·m）为单位，供电电流以安培（A）为单位，厚度和深度以米（m）为单位，采样时间以秒（s）为单位，磁感电动势以伏特（V）为单位。

15.13.4　二维大地电磁测深反演

（1）反演数据文件格式

大地电磁二维反演时涉及到的观测资料是包括垂直构造走向的整条测线上的各个测点在不同频率时的函数响应值，无论是待反演的模型参数，还是参与反演的测量数据，数据量都急剧增加。相对一维反演，二维反演有其一定的特殊性，相应的数据文件格式也很复杂。在反演前，了解大地电磁二维反演的相关参数和文件格式有助于用户正确使用该程序。

大地电磁二维反演程序的输入文件有五类，它们分别是：基本信息数据文件、网格剖分数据文件、初始模型数据文件、测点数据文件和测点路径数据文件，其中最为复杂的文件是网格剖分数据文件。

①基本信息数据文件

基本信息数据文件用于存放大地电磁二维反演程序的一些基本参数，默认的文件后缀为 .mt1，ASCII 明码格式存放。具体内容为：

```
2DMT Inverse Based Information File    //文件头
2   45   30   15   121   100           //基本参数
```

其中第一行字符为文件头，第二行字符为 6 个数字，对应 6 个基本信息参数：

第一个数据为反演模式参数，取“1”时为单模式反演，取“2”时为 TE、TM 联合反演。

第二个数据为观测点数目。

第三个数据为观测时采用的频率数目。

第四个数据为垂直方向地上部分网格剖分节点的数目。

第五个数据为水平方向剖分网格节点的数目。

第六个数据为垂直方向地下部分网格剖分节点的数目。

注：基本信息数据文件的文件头必须是字符串“2DMT Inverse Based Information File”，否则程序出错。第二行字符为 6 个数字，它们必须横向排列，数字之间用空格分开，顺序不能出错，否则反演不能进行。

②网格剖分数据文件

网格剖分数据文件用于存放观测点的坐标值、观测时采用的频率值、垂直方向地上部分网格剖分节点的坐标值、水平方向剖分网格节点数目的坐标值、垂直方向地下部分网格剖分节点的坐标值、地形网格剖分节点的编号。网格剖分数据文件默认的文件后缀为 .mt2，ASCII 明码格式。具体内容为：

```
2DMT Inverse Grids Information File  //文件头
coordinate of sites                  //观测点沿剖面方向的坐标值，单位为 m
0.   13875.   31789.  47483.  60834.   79704.   96632.  121638.
……
frequency                            //观测时采用的从高频到低频的所有频率值，单位为 Hz
  320.00000   240.00000   160.00000   120.00000    80.00000
  ……
grid_y                               //各网格节点沿剖面方向的坐标值，单位为 m
    -3284204.2 -2189469.5 -1459646.2   -973097.5   -648731.7   -432487.8   -288325.2
……
grid_air                             //各网格剖分节点沿空中垂直方向的坐标值，单位为 m
-163840.        -81920.      -40960.      -20480.      -10240.
……
grid_z                               //各网格剖分节点沿地下垂直方向的坐标值，单位为 m
0.0         10.0         20.0         30.9         42.6         55.4         69.3
  ……
grid of topography                   //起伏地表沿 y 方向从左到右对应的 z 方向地形网格节点号
1 1 1 1 1 1 1 1 1 1 1 1 1 1 1 1 1 1 1 1 1 1 1 1 1 1 1 1 1 1 1 1 1 1 1 1 1 1 1 1 1 1 1 1 1 1 1 1
……
```

注：网格剖分数据文件的文件头必须是字符串“2DMT Inverse Grids Information File”，否则程序出错。“coordinate of sites”、“frequency”、“grid_y”、“grid_air”、“grid_z”、和“grid of topography”等6行字符为相应的数据标识字符，它们在数据文件中必不可少，而且顺序不能出错，数据之间用空格分开，否则反演不能进行。

③初始模型数据文件

实际的二维反演中，在模型剖分后，为了启动反演过程，需要对每个剖分子区域赋以合适的初始电阻率即模型初值。通常初始模型由一维反演获得。但更简单的方法是采用均匀导电半空间模型。初始模型文件存放大地电磁二维反演程序的初始模型的电性参数信息，默认的文件后缀为 .mt3，ASCII 明码格式。以下是均匀导电半空间模型的具体内容：

```
2DMT Inverse Model Information File        //文件头
starting model                             //任意一行描述
model_ID      0.                           //模型编号
yvalues 1                                  //水平方向剖分节点数
            0. 0                           //水平方向剖分节点值
zvalues 2                                  //垂直方向地下部分剖分节点数
0. 0 50000. 0                              //垂直方向地下部分剖分节点值
log10res's
      0. 0      2. 00                      //垂直节点处的电阻率对数值
50000. 0     2. 00
```

注：初始模型数据文件的文件头必须是字符串“2DMT Inverse Model Information File”，否则程序出错。“starting model”、“model_ID”、“yvalues”、“zvalues”和“log10 res's”等5行字符为相应的数据标识字符，它们在数据文件中必不可少，而且顺序不能出错，数据之间用空格分开，否则反演不能进行。

④测点路径数据文件

测点路径数据文件用来存放各测点 TE、TM 模式的实测资料的文件存储的路径信息，默认的文件后缀为 .mt4，ASCII 明码格式。

在单模式反演时，TM 模式的测点路径数据文件的具体内容为：

```
2DMT Inverse Point Information File        //文件头
TM                                         //TM 模式
E：\temp\Prof_Dat\2DMT\TBT405X. MTD
E：\temp\Prof_Dat\2DMT\TBT407X. MTD
……
```

在单模式反演时，TE 模式的测点路径数据文件的具体内容为：

```
2DMT Inverse Point Information File        //文件头
TE                                         //TE 模式
E：\temp\Prof_Dat\2DMT\TBT405Y. MTD
E：\temp\Prof_Dat\2DMT\TBT407Y. MTD
……
```

在联合反演时，测点路径数据文件的具体内容为：

```
2DMT Inverse Point Information File        //文件头
TE                                         //TE 模式
E：\temp\Prof_Dat\2DMT\TBT405Y. MTD
```

E：\ temp \ Prof_Dat \ 2DMT \ TBT407Y. MTD
……
TM //TM 模式
E：\ temp \ Prof_Dat \ 2DMT \ TBT405X. MTD
E：\ temp \ Prof_Dat \ 2DMT \ TBT407X. MTD
……

注：测点路径数据文件的文件头必须是字符串“2DMT Inverse Point Information File”，否则程序出错。“TE”和“TM”等两行字符为相应的数据标识字符，它们在数据文件中必不可少，而且在联合反演时顺序不能出错，否则反演不能进行。

⑤测点数据文件

测点数据文件用来存放各测点的频率、视电阻率、相位、视电阻率的相对误差（%）和相位的绝对误差（%）信息，默认的文件后缀为 . mtd，ASCII 明码格式。它的具体内容为：

```
250.0    1454.    45.95    6.430    0.1300
203.3    1576.    46.21    5.720    0.1000
163.9    1581.    46.58    6.100    0.1100
136.8    1572.    46.45    6.050    0.1100
……
```

（2）反演输出文件格式

大地电磁二维反演程序的输出文件有反演拟合差输出文件 Iteration. log，输入实测数据文件 Field. TE（TE 模式反演）、Field. TM（TM 模式反演）或 Field. TETM（联合反演），反演结果输出文件 Mt2dinvout. * *

①反演拟合差输出文件

Iteration. log 反演拟合差输出文件 Iteration. log 用于存放每次的迭代误差值，它的具体内容为：

```
No. of iterations:   1      rms_fit:    16.654  //迭代次数：1  误差：16.654
  No. of iterations:   2rms_fit:    14.597
……
  No. of iterations: 26     rms_fit:    2.135
```

②实测数据文件 Field. *

文件 Field. TE 中按 ASCII 格式存放 TE 模式的实测数据。它的具体内容为：

```
  45          30                               //测点数和频点数
0.0 320.00   27.2500   -138.6000               //测点坐标，频率值，视电阻率，相位
        0.0   240.00   30.0100   -139.2000
     ……
```

文件 Field. TM 用于存放 TE 模式的实测数据。与 Field. TE 完全类似。

文件 Field. TETM 用于存放联合反演的实测数据。它的具体内容为：

```
45          30                               //测点数和频点数
0.0 320.00 27.2500 41.4000   1454.0000   45.9500 //测点坐标，频率值，TE 视电阻率，TE 相位，TM 视电阻率，TM 相位
0.0    240.00    30.0100    40.8000    1576.0000    46.2100
     ……
```

③反演结果输出文件 Mt2dinvout. * *

反演结果输出文件 Mt2dinvout. * *，用于存放每次迭代反演的结果。其中文件后缀为 2 位数字，

对应于反演拟合次数。下面是文件 Mt2dinvout. 18 的具体内容：

```
No. of iterations   18                       //第 18 次迭代反演结果
resistivity model (log10)                    //电阻率模型
        121          100                     //水平节点数    垂直节点数
-3284204.2        0.0          2.6632        //水平节点坐标，垂直节点坐标，电阻率对数值
  -3284204.2        20.0          2.6637
  -3284204.2        30.9          2.6638
……
                                             //空行
the response of the model                    //模型响应
    2          45          30                //模式数，测点数，频点数
                                             //空行
TE res                                       //TE 模式电阻率
0.0    320.00      401.04358                 //测点坐标      频率值          视电阻率值
         0.0    120.00      369.08718
         0.0    80.000     354.47976
……
                                             //空行
TE phase                                     //TE 模式相位值
       0.0      320.00          48.3323      //测点坐标      频率值          相位值
       0.0      120.00          49.2308
       0.0      80.000          49.5873
……
```

15.13.5 2.5 维磁源瞬变电磁正反演

```
3   1    //计算参数和地形参数，正演计算取 1，反演磁场数据取 2，反演磁感应电动势数据取 3
//带地形计算取 1，不带地形计算取 0
1   1600                             //发射线圈匝数，面积（单位：m²）
1    1                               //接收线圈匝数，面积（单位：m²）
1                                    //发射电流（单位：A）
30                                   //采样时间点数
1e-006                               //第一个采样时间（单位：s）
……
0.1                                  //第三十个采样时间
1    34   25                         //最小桩号，最大桩号，点距（单位：m）
11                                   //测点个数
7 9 11 13 15 17 19 21 23 25 27       //测点号
700                                  //最大深度（单位：m）
3                                    //垂向网格剖分方式 1：对数；2：算术；3：自定义
11                                   //自定义垂向节点个数
-100 -150 -200 -250 -300 -350 -400 -450 -500 -550 -600
                                     //取 3 时，要自定义节点高程（单位：m）
```

30　　　　　　　　　　　　　　　　　　//地形高程数据个数（不带地形缺）

-39.4000　-41.3000　-60.0000　-63.3000　-68.1000

　　　　　　　　　　　　　　　　　　//地形高程数据（单位：m）（不带地形缺）

-71.0000　-73.7000　-74.5000　-75.3000　-75.3000

-66.0000　-50.1000　-31.1000　-40.0000　-51.0000

-55.8000　-48.0000　-49.0000　-54.2000　-52.6000

-43.5000　-41.0000　-20.0000　-7.3000　-20.0000

-32.7000　-42.4000　-49.6000　-57.0000　-63.7000

0.00848398258　0.00442830257　0.00219283742　0.00102398786　0.000460735734 ……

7.29323718e-012　2.64789203e-012　9.49691342e-013　3.53882694e-013　1.85751859e-013

　　　　　　　　　　　　　　　　　　//30＊11 个采样时间对应的磁感应电动势（正演计算缺）

15.13.6　2.5 维可控源音频大地电磁正反演

（1）CSAMT 默认数据

软件数据输入采用文本文件，为程序开发完整数据格式，包括三部分：文件头、坐标、数据体。

第一部分：文件头

第一行：nSites 测点数；

第二行：nAirNodes 空气剖分结点数；

第三行：nEarthNodes 地下剖分结点数；

第四行：nTerrainNodes 地表地形结点数。

第二部分：坐标

第一行：nSites 个浮点数，空气结点剖分垂向坐标；

第二行：nEarthNodes 个浮点数，地下结点剖分垂向坐标；

第三行：nTerrainNodes 个浮点数二维坐标点，每组由水平坐标、垂向坐标组成。

第三部分：数据体

nSites 个数据体，每个数据体格式如下：

第一行：atvSite 反演使用标识，1 为采用、0 为不采用；

第二行：IDSite 测点 ID；

第三行：nFre 频点数；

第四行到第 4 加 nFre 行：

第一列：频率；第二列：TE 模式视电阻率；第三列：TE 模式视电阻率误差；第四列：TE 模式视相位；第五列：TE 模式视相位误差；第六列：TM 模式视电阻率；第七列：TM 模式视电阻率误差；第八列：TM 模式视相位；第九列：TM 模式视相位误差。

另一种为 CSAMT 导入数据，包括三部分。

第一部分：文件头

第一行：n1 测点数；

第二行：dx 点距；

第三行：n2 扩边点数；

第四行：ceo 扩边系统；

第五行：nf 频点数；

第六行：地形坐标标识　　　//0：无地表地形数据，1：有地表地形数据；

第七行：数据方差数据标识　//0：无误差数据，1：有误差数据。

第二部分：四列，n1 行

第 1 列	第 2 列	第 3 列	第 4 列
点号	X 坐标	Y 坐标	Z 坐标

第三部分：四列，n1 * nf 列

无误差数据记录格式：

第 1 列	第 2 列	第 3 列	第 4 列
点号	频率	视电阻率	视相位（角度）

有误差数据记录格式：

第 1 列	第 2 列	第 3 列	第 4 列	第 5 列	第 6 列
点号	频率	视电阻率	视电阻率方差	视相位（角度）	视相位方差

（2）CSAMT 正反演模型定义与扩边说明

两种文件输入均包含了模型区域定义信息（图 15.13.1）。通过地形坐标与扩边生成地表地形，其中的扩边，是通过点距与扩边系数，由式（15.13.1）实现扩展：

$$dSC = dS * dCeo^{|i-B|} \tag{15.13.1}$$

式中：dSC 为扩边点距；dS 为点距；$dCeo$ 为扩边系数；i 为扩边点；以第一个测点与最后一个测点为基础向左向右扩展；B 为第一个和最后一个测点编号。

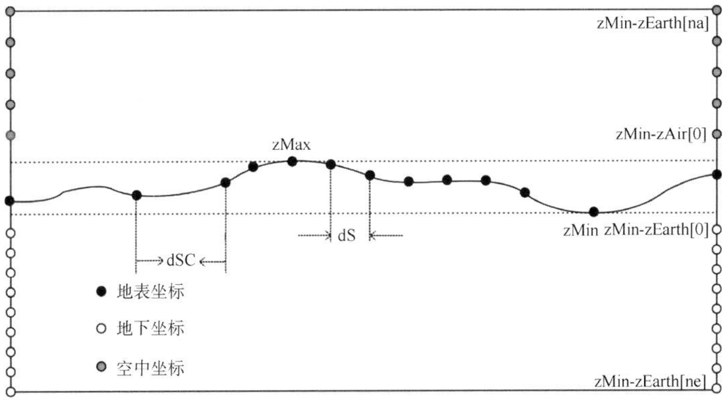

图 15.13.1　模型定义

注意：过大的模型与过密的点，将影响计算速度，宜在满足计算精度条件下适当减小模型与扩边点数。

（3）钻孔文件

第一行：钻孔数 M；

第二行：第一个钻孔，结点数 N1；

第三行：第一个结点数据，第一列 X 坐标，第二列 Z 坐标，第三列当前点到下一点之间的电阻率；

第四行：第二个结点数据，第一列 X 坐标，第二列 Z 坐标，第三列当前点到下一点之间的电阻率；

第 2+N1 行：第 N1 个结点数据，第一列 X 坐标，第二列 Z 坐标；

第 3+N1 行：第二个钻孔，结点数 N2；

第 4+N1 行：第一个结点数据，第一列 X 坐标，第二列 Z 坐标，第三列当前点到下一点之间的电阻率；

第四行：第二个结点数据，第一列 X 坐标，第二列 Z 坐标，第三列当前点到下一点之间的电阻率；

……

第 2+N1+N2 行：第 N2 个结点数据，第一列 X 坐标，第二列 Z 坐标。

举例说明如下，假设有两个钻孔，第一个钻孔有 6 个控制点，第二个钻孔有 5 个控制点，文件如下：

2

6

500 -100 10

500 -200 20

500 -300 100

500 -500 200

500 -800 1000

500 -1200

5

1500 -100 10

1500 -200 20

1500 -400 100

1500 -1100 1000

1500 -1200

15.14 二维大地电磁数据正反演

15.14.1 默认数据格式

软件数据输入采用文本文件，为程序开发完整数据格式，包括三部分：文件头、坐标、数据体。

文件头：

第一行：数据类型说明行，由 5 个 0/1 整数组成，0 表示不选，1 表示选择；5 个整数依次代表 TE 模式阻抗、TM 模式阻抗、TZ 模式阻抗、TE 模式相位视电阻率、TM 模式相位视电阻率。如 0 0 0 1 1 表示 TE 模式相位视电阻率+TM 模式相位视电阻率；1 1 0 0 0 表示 TE 模式阻抗+TM 模式阻抗；

第一行：nSites 测点数；

第二行：nAirNodes 空气剖分结点数；

第三行：nEarthNodes 地下剖分结点数；

第四行：nTerrainNodes 地表地形结点数。

坐标：

第一行：nSites 个浮点数，空气结点剖分垂向坐标；

第二行：nEarthNodes 个浮点数，地下结点剖分垂向坐标；

第三行：nTerrainNodes 个浮点数二维坐标点，每组由水平坐标、垂向坐标组成。

数据体：

nSites 个数据体，每个数据体格式如下：

第一行：atvSite 反演使用标识，1 为采用、0 为不用；

第二行：IDSite 测点 ID；

第三行：nFre 频点数；

第四行到第 4 加 nFre 行：

第一列：频率；第二列：TE 模式视电阻率；第三列：TE 模式视电阻率误差；第四列：TE 模式视相位；第五列：TE 模式视相位误差；第六列：TM 模式视电阻率；第七列：TM 模式视电阻率误差；第八列：TM 模式视相位；第九列：TM 模式视相位误差；第十—十一列 TE 模式阻抗实部和虚部；第十二—十三列 TM 模式阻抗实部和虚部。

15.14.2 模型文件格式说明

模型文件里面包含了网格参数和每个网格的电阻率数据（图 15.14.1）。

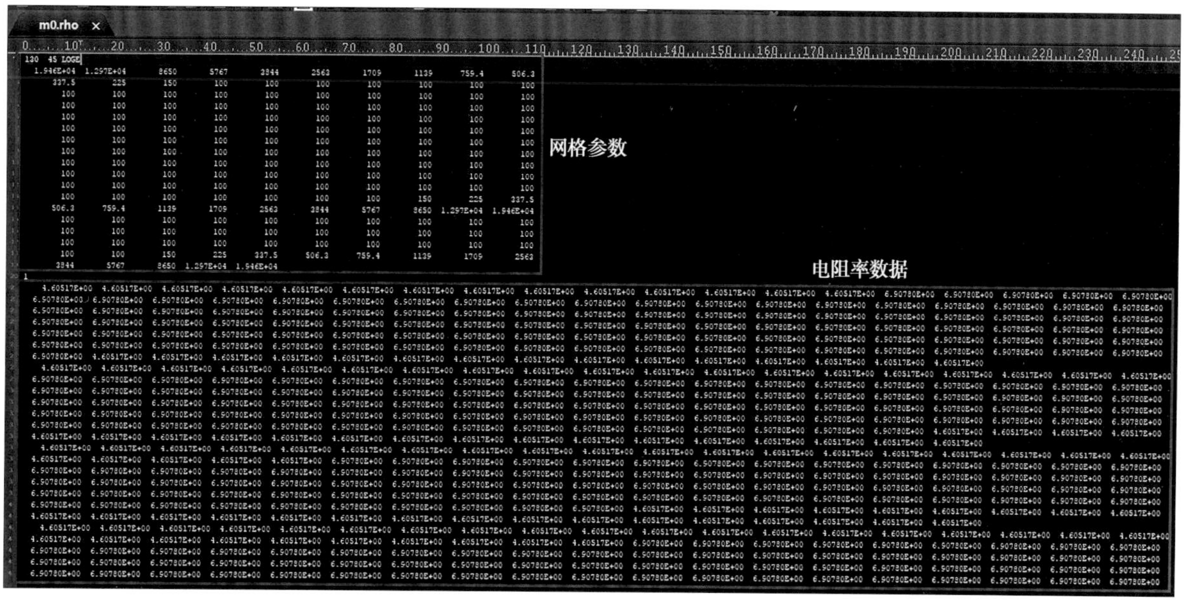

图 15.14.1 二维大地电磁模型文件

①网格参数

第一行的 130 和 45，分别代表横向网格 130 个，纵向网格 45 个。LOGE 代表该模型参数的电阻率值取了对数。

第二行开始的数字是每一个网格的大小，前面 130 个数据为从左到右 130 个横向网格大小，后面 45 个数据为从上到下 45 个纵向网格大小。

②电阻率数据

该模型横向网格 130 个，纵向网格 45 个。从第一个数据开始，每 130 个数据为纵向上一行网格的电阻率值，纵向剖分 45 个网格，则共有 130 * 45 个数据。通过模型文件第一行 LOGE 知道模型参数的电阻率值取了对数，值得注意的是这里用的是以 e 为底的自然对数（图 15.14.2）。

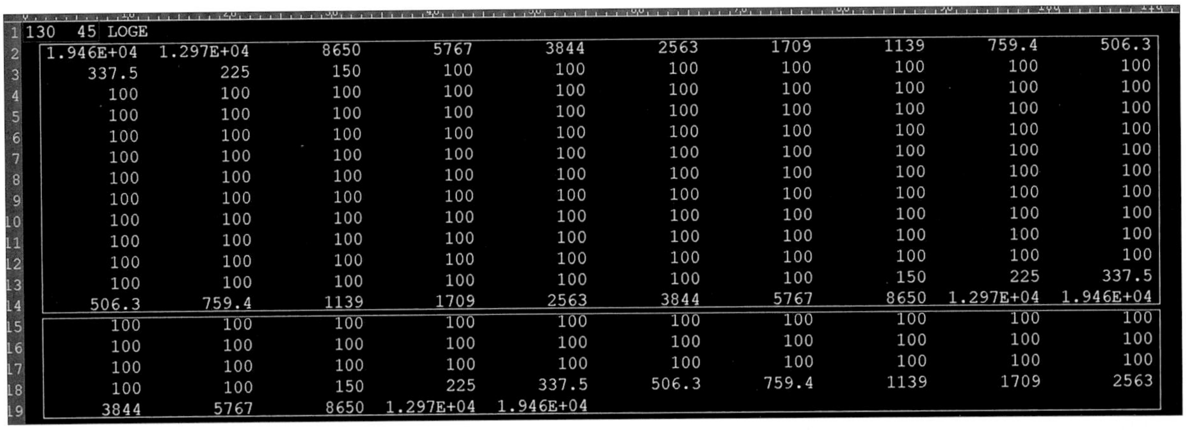

```
130   45 LOGE
 1.946E+04  1.297E+04   8650   5767   3844   2563   1709   1139   759.4   506.3
   337.5   225   150   100   100   100   100   100   100   100
   100   100   100   100   100   100   100   100   100   100
   100   100   100   100   100   100   100   100   100   100
   100   100   100   100   100   100   100   100   100   100
   100   100   100   100   100   100   100   100   100   100
   100   100   100   100   100   100   100   100   100   100
   100   100   100   100   100   100   100   100   100   100
   100   100   100   100   100   100   100   100   100   100
   100   100   100   100   100   100   100   100   100   100
   100   100   100   100   100   100   100   100   100   100
   100   100   100   100   100   100   100   150   225   337.5
   506.3   759.4   1139   1709   2563   3844   5767   8650  1.297E+04  1.946E+04
   100   100   100   100   100   100   100   100   100   100
   100   100   100   100   100   100   100   100   100   100
   100   100   100   100   100   100   100   100   100   100
   100   100   150   225   337.5   506.3   759.4   1139   1709   2563
   3844   5767   8650  1.297E+04  1.946E+04
```

图 15.14.2　二维大地电磁电阻率数据（示例）

15.15　三维大地电磁数据正反演

15.15.1　测点坐标文件

为了导入 EDI 文件，需要人工生产一个测点坐标文本文件，格式为“＊.txt”，文件中包含三列信息，分别为测点号，平面坐标系的 X、Y 和高程 Z（海拔，向上为正）。其中测点号必须和 EDI 文件名一致，并且坐标文件和 EDI 要在同一目录下。另外测点坐标的高程在本软件里面不做任何作用。坐标文件具体格式如下：

iteId	X	Y	Z
0. edi	-16500	-16500	0
1. edi	-12000	-16500	0
10. edi	6000	-16500	0
100. edi	6000	10000	0
101. edi	8000	10000	0
102. edi	10000	10000	0
103. edi	12000	10000	0
104. edi	16500	10000	0
105. edi	-16500	16500	0
106. edi	-12000	16500	0

107. edi	-10000	16500	0
108. edi	-8000	16500	0
109. edi	-6000	16500	0
11. edi	8000	-16500	0
110. edi	-4000	16500	0
111. edi	-2000	16500	0
112. edi	0	16500	0
113. edi	2000	16500	0
114. edi	4000	16500	0
115. edi	6000	16500	0
116. edi	8000	16500	0
117. edi	10000	16500	0
118. edi	12000	16500	0
119. edi	16500	16500	0
12. edi	10000	-16500	0
13. edi	12000	-16500	0
14. edi	16500	-16500	0
……	……	……	……

15.15.2 模型文件说明（＊.rho）

用户设置完成三维正反演网格和模型设置保存后，会生产一个模型文件（＊.rho）。其具体格式如下：

```
# Written byMatlab script                    ！文件注释行
60 40 51 0                                   ！X、Y、Z 方向总的剖分网格数
32000 …… 1000 1000 …… 32000                  ！X 方向上的剖分网格的大小
32000 …… 1000 1000 …… 32000                  ！Y 方向上的剖分网格的大小
100 …… 4000 8000 16000 32000                 ！Z 方向上的剖分网格的大小
！每个剖分单元电阻率的值，以下仅展示部分内容
1.00E+13 1.00E+13 1.00E+13 1.00E+13 1.00E+13 1.00E+13 1.00E+13 1.00E+13 1.00E+13
1.00E+13 1.00E+13 1.00E+13 1.00E+13 1.00E+13 1.00E+13 1.00E+13 1.00E+13 1.00E+13
1.00E+13 1.00E+13 1.00E+13 1.00E+13 1.00E+13 1.00E+13 1.00E+13 1.00E+13 1.00E+13
1.00E+13 1.00E+13 1.00E+13 1.00E+13 1.00E+13 1.00E+13 1.00E+13 1.00E+13 1.00E+13
1.00E+02 1.00E+02 1.00E+02 1.00E+13 1.00E+13 1.00E+13 1.00E+02 1.00E+02 1.00E+02
1.00E+02 1.00E+02 1.00E+02 1.00E+02 1.00E+13 1.00E+02 1.00E+02 1.00E+02 1.00E+02
1.00E+02 1.00E+02 1.00E+02 1.00E+02 1.00E+13 1.00E+02 1.00E+02 1.00E+02 1.00E+02
1.00E+13 1.00E+021.00E+02 1.00E+13 1.00E+13 1.00E+13 1.00E+02 1.00E+02 1.00E+13
！网格起始点坐标
-87000 -77000 0
```

注：反演计算过程中会产生新的模型文件，该文件格式与上面的格式一样，但显示的电阻率是以 e 为底 $f=\ln(\rho)$。

15.15.3 数据文件格式说明（*.dat）

正反演计算完成后会生成一个数据文件“*.dat”，以单频点卡尼亚视电阻率的形式进行存储，具体数据格式如下所示：

! 正演结果文件前 8 行为文件头信息

model1 data by error 3%! 前两行为文件注释行

Period(s) CodeGG_Lat GG_Lon X(m) Y(m) Z(m) Component Value Error

>Off_Diagonal_Rho_Phase ! 数据类型 阻抗和视电阻程序自动生成

> exp(-i\omega t) ! 时谐因子及符号

> ohm! 数据单位

> 0.00! 数据坐标系方位（默认与模型网格坐标系重合）

> 0.000 0.000! 坐标系原点经纬度（反演时不读取）

> 23 216! 频点（前）和测点（后）个数

! 周期	点号	纬度	经度	X	Y	Z	类型	数据	误差
3.000000E-03	000_001	0.000	0.000	-26000.000	-19000.000	0.000	RHOXY	5.515655E+02	1.628419E+01
3.000000E-03	000_001	0.000	0.000	-26000.000	-19000.000	0.000	PHSXY	4.352293E+01	8.700000E-01
3.000000E-03	000_001	0.000	0.000	-26000.000	-19000.000	0.000	RHOYX	5.396725E+02	1.628419E+01
3.000000E-03	000_001	0.000	0.000	-26000.000	-19000.000	0.000	PHSYX	4.308183E+01	8.700000E-01
5.347630E-03	000_001	0.000	0.000	-26000.000	-19000.000	0.000	RHOXY	5.645724E+02	1.727595E+01
5.347630E-03	000_001	0.000	0.000	-26000.000	-19000.000	0.000	PHSXY	4.141709E+01	8.700000E-01
5.347630E-03	000_001	0.000	0.000	-26000.000	-19000.000	0.000	RHOYX	5.849759E+02	1.727595E+01
5.347630E-03	000_001	0.000	0.000	-26000.000	-19000.000	0.000	PHSYX	4.060026E+01	8.700000E-01
9.532380E-03	000_001	0.000	0.000	-26000.000	-19000.000	0.000	RHOXY	6.105113E+02	1.877303E+01

15.15.4 地形文件格式说明（*.top）

地形文件为一个文本文件，格式为“*.top”，文件中包含三列信息，分别为平面坐标系的 X、Y 和地形高度（海拔，向上为正）。建议地形数据范围比测区大 2 倍以上，网格间距小于测点间距，地形插值会更加准确 具体格式如下：

-1.57E+04	4.13E+03	0
-1.40E+04	4.13E+03	0
-1.24E+04	4.13E+03	0
-1.07E+04	4.13E+03	0
-9.08E+03	4.13E+03	0
-7.43E+03	4.13E+03	300
-5.78E+03	4.13E+03	450
-4.13E+03	4.13E+03	600
-2.48E+03	4.13E+03	600
-8.25E+02	4.13E+03	600
8.25E+02	4.13E+03	600
2.48E+03	4.13E+03	600
4.13E+03	4.13E+03	600
5.78E+03	4.13E+03	450
7.43E+03	4.13E+03	300

9. 08E+03	4. 13E+03	0
1. 07E+04	4. 13E+03	0
-2. 31E+04	5. 78E+03	0
-1. 82E+04	5. 78E+03	0
-1. 57E+04	5. 78E+03	0
-1. 40E+04	5. 78E+03	0
-1. 07E+04	5. 78E+03	0
-9. 08E+03	5. 78E+03	0
-7. 43E+03	5. 78E+03	300
-5. 78E+03	5. 78E+03	450
-4. 13E+03	5. 78E+03	450
-2. 48E+03	5. 78E+03	450
-8. 25E+02	5. 78E+03	450
8. 25E+02	5. 78E+03	450
2. 48E+03	5. 78E+03	450
4. 13E+03	5. 78E+03	450
5. 78E+03	5. 78E+03	450
7. 43E+03	5. 78E+03	300
……	……	……

15. 15. 5 模型平滑约束文件格式说明（＊. cov）

在大地电磁三维反演过程中，如果执行带地形反演需要生产模型平滑约束文件（＊. cov），用于控制模型的平滑性。具体格式如下：

32 32 27！模型 X Y Z 方向的剖分数

0. 3 0. 3 0. 3 0. 3 0. 3 0. 3 0. 3 0. 3 0. 3 0. 3 0. 3 0. 3 0. 3 0. 3 0. 3 0. 3 0. 3 0. 3 0. 3 0. 3 0. 3 0. 3 0. 3 0. 3
0. 3 0. 3 0. 3 0. 3 0. 3 0. 3 0. 3 0. 3！X 方向水平平滑系数

0. 3 0. 3 0. 3 0. 3 0. 3 0. 3 0. 3 0. 3 0. 3 0. 3 0. 3 0. 3 0. 3 0. 3 0. 3 0. 3 0. 3 0. 3 0. 3 0. 3 0. 3 0. 3 0. 3 0. 3
0. 3 0. 3 0. 3 0. 3 0. 3 0. 3 0. 3 0. 3！Y 方向水平平滑系数

0. 3！Z 方向水平平滑系数

2！平滑次数

0！标识符 无特殊含义

1 1！水平层第 1-1 层的平滑系数，0 表示空气，1 表示地下

0 0 0 0 0 0 0 0 0 0 0 0 0 0 0 0 0 0 0 0 0 0 0 0 0 0 0 0 0 0 0 0
0 0 0 0 0 0 0 0 0 0 0 0 0 0 0 0 0 0 0 0 0 0 0 0 0 0 0 0 0 0 0 0
0 0 0 0 0 0 0 0 0 0 0 0 0 0 0 0 0 0 0 0 0 0 0 0 0 0 0 0 0 0 0 0
0 0 0 0 0 0 0 0 0 0 0 0 0 0 0 0 0 0 0 0 0 0 0 0 0 0 0 0 0 0 0 0
0 0 0 0 0 0 0 0 0 0 0 0 0 0 0 0 0 0 0 0 0 0 0 0 0 0 0 0 0 0 0 0
0 0 0 0 0 0 0 0 0 0 0 0 0 0 0 0 0 0 0 0 0 0 0 0 0 0 0 0 0 0 0 0
0 0 0 0 0 0 0 0 0 0 0 0 0 0 0 0 0 0 0 0 0 0 0 0 0 0 0 0 0 0 0 0
0 0 0 0 0 0 0 0 0 0 0 0 0 0 0 0 0 0 0 0 0 0 0 0 0 0 0 0 0 0 0 0
0 0 0 0 0 0 0 0 0 0 0 0 0 0 0 0 0 0 0 0 0 0 0 0 0 0 0 0 0 0 0 0
0 0 0 0 0 0 0 0 0 0 0 0 0 0 0 0 0 0 0 0 0 0 0 0 0 0 0 0 0 0 0 0

0	0	0	0	0	0	0	0	0	0	0	0	0	0	0	0	0	0	0	0	0	0	0	0	0	0	0	0	0	0	0	0
0	0	0	0	0	0	0	0	0	0	0	0	0	0	0	0	0	0	0	0	0	0	0	0	0	0	0	0	0	0	0	0
0	0	0	0	0	0	0	0	0	0	0	1	1	1	1	1	1	1	1	1	1	1	0	0	0	0	0	0	0	0	0	0
0	0	0	0	0	0	0	0	0	0	0	1	1	1	1	1	1	1	1	1	1	1	0	0	0	0	0	0	0	0	0	0
0	0	0	0	0	0	0	0	0	0	0	1	1	1	1	1	1	1	1	1	1	1	0	0	0	0	0	0	0	0	0	0
0	0	0	0	0	0	0	0	0	0	0	1	1	1	1	1	1	1	1	1	1	1	0	0	0	0	0	0	0	0	0	0
0	0	0	0	0	0	0	0	0	0	0	1	1	1	1	1	1	1	1	1	1	1	0	0	0	0	0	0	0	0	0	0
0	0	0	0	0	0	0	0	0	0	0	1	1	1	1	1	1	1	1	1	1	1	0	0	0	0	0	0	0	0	0	0
0	0	0	0	0	0	0	0	0	0	0	1	1	1	1	1	1	1	1	1	1	1	0	0	0	0	0	0	0	0	0	0
0	0	0	0	0	0	0	0	0	0	0	1	1	1	1	1	1	1	1	1	1	1	0	0	0	0	0	0	0	0	0	0
0	0	0	0	0	0	0	0	0	0	0	0	0	0	0	0	0	0	0	0	0	0	0	0	0	0	0	0	0	0	0	0
0	0	0	0	0	0	0	0	0	0	0	0	0	0	0	0	0	0	0	0	0	0	0	0	0	0	0	0	0	0	0	0
0	0	0	0	0	0	0	0	0	0	0	0	0	0	0	0	0	0	0	0	0	0	0	0	0	0	0	0	0	0	0	0
0	0	0	0	0	0	0	0	0	0	0	0	0	0	0	0	0	0	0	0	0	0	0	0	0	0	0	0	0	0	0	0
0	0	0	0	0	0	0	0	0	0	0	0	0	0	0	0	0	0	0	0	0	0	0	0	0	0	0	0	0	0	0	0
0	0	0	0	0	0	0	0	0	0	0	0	0	0	0	0	0	0	0	0	0	0	0	0	0	0	0	0	0	0	0	0
0	0	0	0	0	0	0	0	0	0	0	0	0	0	0	0	0	0	0	0	0	0	0	0	0	0	0	0	0	0	0	0
0	0	0	0	0	0	0	0	0	0	0	0	0	0	0	0	0	0	0	0	0	0	0	0	0	0	0	0	0	0	0	0
0	0	0	0	0	0	0	0	0	0	0	0	0	0	0	0	0	0	0	0	0	0	0	0	0	0	0	0	0	0	0	0
0	0	0	0	0	0	0	0	0	0	0	0	0	0	0	0	0	0	0	0	0	0	0	0	0	0	0	0	0	0	0	0
0	0	0	0	0	0	0	0	0	0	0	0	0	0	0	0	0	0	0	0	0	0	0	0	0	0	0	0	0	0	0	0
0	0	0	0	0	0	0	0	0	0	0	0	0	0	0	0	0	0	0	0	0	0	0	0	0	0	0	0	0	0	0	0

第 16 章　RGIS 软件数据处理与正反演方法原理简介

实测的重力、磁法、电法数据中所含的地质构造信息比较复杂，因此，对实测数据的处理一方面应用数学方法去除干扰、分离异常，另一方面是通过应用位场和电磁场理论进行数据转换处理与基于地质地球物理模型的反演解释，从而强化目标体的异常信息或获取新的有用信息，得出观测异常所揭示的关于地下地质构造和形体分布的推断解释与认识。RGIS 软件提供的数据处理方法，可以辅助用户解决重、磁、电异常解释方面的诸多问题。

16.1　数据预处理

16.1.1　离散数据网格化

（1）功能

对离散数据通过选择不同的几何参数（数据范围、网格距），数据搜索范围和计算方法进行网格化处理，为空间分析模块及其他数据处理提供数据源。

（2）算法描述

本程序采用以插值点为中心，按给定区域搜索数据的方式，由用户确定搜索范围和网格距的大小，并提供多种插值计算方法供用户选择。

①克里金（Kriging）

克里金（Kriging）法是从变量相关性和变异性出发，在有限区域内对区域化变量的取值进行无偏、最优估计的一种方法；从插值角度讲是对空间分布的数据求线性最优、无偏内插估计的一种方法。克里金法的适用条件是区域化变量存在空间相关性。

设 $Z(x)$ 为区域化变量，满足二阶平稳和本征假设，其数学期望为 m，协方差函数 $c(h)$ 及变异函数 $\lambda(h)$ 存在。即：

$$E[Z(x)]=m$$
$$c(h)=E[Z(x)Z(x+h)]-m^2 \tag{16.1.1}$$
$$\lambda(h)=\frac{1}{2}E[Z(x)-Z(x+h)]^2$$

于中心位于 x_0 的块段为 V，其平均值为 $Z_V(x_0)$ 的估计值以

$$Z_V(x_0)=\frac{1}{V}\int_V Z(x)\,\mathrm{d}x \tag{16.1.2}$$

进行估计。

在待估区段 V 的邻域内，有一组 n 个已知样本 $v(x_i)(i=1,2,\cdots,n)$，其实测值为 $Z(x_i)(i=1,2,\cdots,n)$。克里金法的目标是求一组权重系数 $\lambda_i(i=1,2,\cdots,n)$，使得加权平均值：

$$Z_V^*=\sum_{i=1}^{n}\lambda_i Z(x_i) \tag{16.1.3}$$

成为待估块段 V 的平均值 $Z_V(x_0)$ 的线性、无偏最优估计量，即克里金估计量。为此，要满足以

下两个条件：

1）无偏性。要使 $Z_V^*(x)$ 成为 $Z_V(x)$ 的无偏估计量，即 $E[Z_V^*]=E[Z_V]$，当 $E[Z_V^*]=m$ 时，也就是当 $E\left[\sum_{i=1}^{n}\lambda_i Z(x_i)\right]=\sum_{i=1}^{n}\lambda_i E[Z(x_i)]=m$ 时，则有：$\sum_{i=1}^{n}\lambda_i=1$。这时，$Z_V^*$ 是 Z_V 的无偏估计量。

2）最优性。在满足无偏性条件下，估计方差 δ_E^2：

$$\delta_E^2=E[Z_V-Z_V^*]^2=E\left[Z_V-\sum_{i=1}^{n}\lambda_i Z(x_i)\right]^2 \tag{16.1.4}$$

由方差估计可知

$$\delta_E^2=\bar{c}(V,V)+\sum_{i=1}^{n}\lambda_i\lambda_j\bar{c}(v_i,v_j)-2\sum_{i=1}^{n}\lambda_i\bar{c}(v_i,V) \tag{16.1.5}$$

为使估计方差 δ_E^2 最小，根据拉格朗日乘数原理，令估计方差的公式为：

$$F=\delta_E^2-2\mu\left(\sum_{i=1}^{n}\lambda_i-1\right) \tag{16.1.6}$$

求上式对 λ 和 μ 的偏导数，并令其为 0，得克里金方程组

$$\begin{cases}\dfrac{\partial F}{\partial\lambda_i}=2\sum_{i=1}^{n}\lambda_i\,\bar{c}(v_i,v_j)-2\,\bar{c}(v_i,V)-2\mu=0\\[2ex]\dfrac{\partial F}{\partial\mu}=-2\left(\sum_{i=1}^{n}\lambda_i-1\right)=0\end{cases} \tag{16.1.7}$$

整理后得：

$$\begin{cases}\sum_{j=1}^{n}\lambda_i\,\bar{c}(v_i,v_j)-\mu=\bar{c}(v_i,V)\\[2ex]\sum_{i=1}^{n}\lambda_i=1\end{cases} \tag{16.1.8}$$

解上述 $n+1$ 阶线性方程组，求出权重系数 λ_i 和拉格朗日乘数 μ，并带入公式（16.1.5）。经过计算可得克里金估计方差 δ_E^2，即：

$$\delta_E^2=\bar{c}(V,V)-\sum_{i=1}^{n}\lambda_i\,\bar{c}(v_i,V)+\mu \tag{16.1.9}$$

②距离倒数加权

考虑到搜索域内数据点对一值点的影响程度不同，即距离愈远，影响愈小，因此我们将权函数定义为 $P_i=1/d^s$，其中 d 为数据点距插值点的距离，s 为距离指数（由用户确定），P_i 为数据点的权函数，则：$V_f=\sum_{i=1}^{n}\frac{V_i}{P_i}\Big/\sum_{i=1}^{n}\frac{1}{P_i}$。平均值：计算搜索域内数据的平均值。

即 $V_f=\sum V_i/n$，其中 $V_i(i=1,2,\cdots,n)$ 为搜索域内的数据，n 为搜索域内的数据点数，V_f 为插值点数据。

③累加

将搜索域内的数据求的平均和为插值点数据。

④最近点

搜索域内离插值点最近点的数据作为插值点数据。

⑤指数函数加权

这是一种改进的距离加权数据插值方法，即：

$$V_f=\sum_{i=1}^{n}\frac{V_i}{\mathrm{e}^{a\frac{r_i}{R}}}\Bigg/\sum_{i=1}^{n}\frac{1}{\mathrm{e}^{a\frac{r_i}{R}}} \tag{16.1.10}$$

式中：V_f 为插值点数据；V_i 为搜索域内的数据值；e 为自然数；r_i 插值点与参与计算数据点间的距离；R 为搜索半径。

16.1.2 网格化数据样条光滑

（1）功能

在网格数据的基础上，选择不同的数学模型，进行加密插值，上面提到的算法也适用于本功能的计算，下面仅对未涉及到的算法进行描述。

（2）算法描述

①二元全区间插值

对给定矩形域上 $n\times m$ 个结点 $(x_i, y_i)(i=0,1,\cdots,n-1; j=0,1,\cdots,m-1)$ 上的函数值 $z_{ij}=z(x_i, y_i)$，利用二元插值公式计算指定插值点（u，v）处的函数近似值 $w=z(u,v)$。

设给定矩形域上的 $n\times m$ 个结点在两个方向上的坐标分别为

$$x_0<x_1<\cdots<x_{n-1}$$

$$y_0<y_1<\cdots<y_{m-1}$$

相应的函数值为

$$z_{ij}=z(x_i, y_i), i=0,1,\cdots,n-1, j=0,1\cdots,m-1$$

计算插值点（u，v）处的函数值 $w=z(u,v)$。

以插值点（u，v）为中心，在 X 方向上，前后各取 4 个坐标：

$$x_p<x_{p+1}<x_{p+2}<x_{p+3}<u<x_{p+4}<x_{p+5}<x_{p+6}<x_{p+7}$$

在 Y 方向上，前后也各取 4 个坐标：

$$y_q<y_{q+1}<y_{q+2}<y_{q+3}<v<y_{q+4}<y_{q+5}<y_{q+6}<y_{q+7}$$

然后用二元插值公式

$$z(x,y)=\sum_{i=p}^{p+7}\sum_{j=q}^{q+7}\left(\prod_{\substack{k=p\\k\neq i}}^{p+7}\frac{x-x_k}{x_i-x_k}\right)\left(\prod_{\substack{l=q\\l\neq j}}^{q+7}\frac{y-y_l}{y_j-y_l}\right)z_{ij} \tag{16.1.11}$$

计算插值点（u，v）处的函数近似值。

②二元拉格朗日插值

给定函数 $y=f(x)$ 在 n 个不同插值节点 $x_i(i=1,\cdots,n)$ 的函数值 $y_i=f(x_i)(i=1,\cdots,n)$，用拉格朗日（Lagrange）插值多项式 P 求函数在 x 处的函数值 y 的似近值。

拉格朗日的经典公式：

$$P(x)=\sum_{k=1}^{n}f(x_k)l_k(x) \tag{16.1.12}$$

其中 $l_k(x)=\prod_{\substack{j=1\\j\neq k}}^{n}\frac{x-x_j}{x_k-x_j}$。

递推关系（Neville 算法）：

记 $P_{j,k+1}(x)$ 为 $f(x)$ 关于节点 x_i，x_{j+1}，x_{j+k} 的 k 次拉格朗日插值多项式，则

$$P_{j,k+1}(x)=\frac{(x-x_j)P_{j+1,k}(x)-(x-x_{j+k})P_{j,k}(x)}{x_{j+k}-x_j} \tag{16.1.13}$$

其中 $P_{j,k}(1)=y_j, j=1,\cdots,n; k=1,\cdots,n-1$

为改善精度，保持小的误差，定义

$$C_{j,k}\equiv P_{j,k}-P_{j,k-1}$$

$$D_{j,k}\equiv P_{j,k}-P_{j+1,k}, j=2,\cdots,n-k+1$$

$$C_{j,1}\equiv D_{j,1}\equiv P_{j,1}=y_i, k=1,\cdots,n$$

则

$$C_{j,k+1}=\frac{(x-x_i)(C_{j+1,k}-D_{j,k})}{x_{j+k}-x_j}$$

$$D_{j,k+1}=\frac{(x-x_{j+k})(C_{j+1,k}-D_{j,k})}{x_{j+k}-x_j}$$

$$j=1,\cdots,n-k;k=1,\cdots,n-1 \tag{16.1.14}$$

最终结果 $P_{1,n}(x)$ 由 $P_{j,k-1}+C_{j,k-1}+D_{j,k}$计算。

③双三次样条插值

给定插值节点（x_i，y_i）及对应的函数值$z_{ij}=f(x_i,y_i)(i=1,\cdots,m;j=1,\cdots,n)$。用双三次样条函数求函数在给定点（$x$，$y$）处的值。

这里有两个子过程：一是计算函数在节点处关于 y 的二阶偏导数$f_y y(x_i,y_j)(i=1,\cdots,m;j=1,\cdots,n)$，二是计算插值结果。对每个（$i=1$，…，$m$）以 $y_i(j=1$，…，n）为插值节点，$z_{ij}(j=1$，…，n）为对应函数值，y 为插值变量，作一元三次自然样条插值得 $s_i(i=1$，…，m）。以 $x_i(i=1$，…，m）为节点，s_i为对函数值，x 为插值变元，作一元三次自然样条插值则得所求结果。

16.2 异常分析

16.2.1 趋势分析

如果某一异常场的分布在一定范围内可以用多次曲面拟合时，则可通过数学的方法求取趋势背景场的分布。如，对于一个可以以二次曲面拟合的异常，则平滑后的异常值 $g(x$，y）可以用下面的方程式表示，即：

$$\check{g}(x,y)=a_0+a_1x+a_2y+a_3x^2+a_4xy+a_5y^2 \tag{16.2.1}$$

式（16.2.1）中各系数可利用最小二乘法求得，

当 $x=0$，$y=0$ 时，a_0的值便是相应点的平滑值。即：

$$\check{g}(0,0)=a_0 \tag{16.2.2}$$

对可以用二次以上的多次，如三次、四次，或更多次曲面来拟合的情况，其原理是一样的。

16.2.2 回归分析

一元线性回归分析是研究两个变量的线性相关性，它不仅可以说明两个变量是否一起变化，还可以计算出预测方程以预计这两个变量是如何一起变化的。预测方程的形式为：$\hat{y}=a+bx$，通常叫作回归方程。y 叫做因变量，x 叫做自变量，其中 a 是常数项，b 为一元回归系数，它与相关系数 r 类似，公式为：

$$b=\frac{\sum_{i=1}^{n}(X_i-\bar{X})(Y_i-\bar{Y})}{\sum_{i=1}^{n}(X_i-\bar{X})^2} \tag{16.2.3}$$

式中：n 为样本量；X_i、Y_i、X、Y 分别为两个变量的观测值和均值。若 $b\to0$，表明两变量是正相关；若 $b<0$，表明两变量是负相关。另外，b 的大小还表明若变量 x 发生一个单位变化时，变量 y 的变化量。对于总体回归系数为 0 的原假设，也可以用 t 统计量进行检验。当 t 检验显著时，拒绝原假设，即总体回归系数不为 0，两个变量呈线性关系；当 t 检验不显著时，不能拒绝原假设，两个变量不是线性相关。

在研究重力异常和高程的关系时，常常用回归分析来研究高程对异常的影响。

16.2.3 相关分析

物理量之间的相互联系，常表现为一定的关系，其中一个或若干个起着影响作用的变量用 x 表示，与之相关的另一物理量变量用 y 表示。它们的平均值分别用 $\bar{x}$ 和 $\bar{y}$ 表示。通常用相关系数 r 来表征这两个量的相互关联程度。

$$r=\frac{\sum(x-\bar{x})(y-\bar{y})}{\sqrt{\sum(x-\bar{x})^2}\sqrt{\sum(y-\bar{y})^2}} \tag{16.2.4}$$

相关系数 r 的取值范围：$-1\leqslant r\leqslant 1$。若

$r>0$ 为正相关，$r<0$ 为负相关；

$|r|=0$ 表示不存在相关关系；

$|r|=1$ 表示完全线性相关；

$0<|r|<1$ 表示存在不同程度线性相关；

$|r|\leqslant 0.3$ 为不存在线性相关；

$0.3<|r|\leqslant 0.5$ 为低度线性相关；

$0.5<|r|\leqslant 0.8$ 为显著线性相关；

$|r|\to 0.8$ 为高度线性相关。

16.2.4 线性增强

针对重磁场数据的特点，特别是重力异常，采取异常梯级带滤波增强技术，可突出异常中的线性构造特特征。

梯级带滤波增强技术处理过程很简单，分下几个步骤：

1）在每个区域内分别计算异常均值和方差；

$$\delta_i=\sqrt{\sum_{j=1}^{n}(\bar{g}_i-g_i(j))/m_i} \tag{16.2.5}$$

式中：m_i 为第 i 个区域异常测点数；$\bar{g}_i$ 为第 i 个区域异常平均值；$g_i(j)$ 为第 i 个区域内第 j 个点上的异常值；δ_i 则为第 i 个区域的异常方差。

2）选择 δ_i 中最小者 $\delta_{\min}$；

3）把 $\delta_{\min}$ 所对应区域的异常均值作为处理结果；

4）窗口滑动到下一点上重复步骤 1)～3)。

梯级带滤波增强技术对重力梯级带有强烈的放大作用，是一种提高断层信息分辨率的有效方法。经梯级带滤波增强技术滤波后求取的水平总梯度异常，与单纯进行水平总梯度处理相比，能更为准确地确定断裂位置。

16.3 重磁异常转换处理与反演

RGIS 具备主要的重磁数据转换处理功能模块。各方法模块的方法原理依次简介如下。

16.3.1 频率域重磁异常转换处理

重磁异常是地下由地表到地球内部各个相应密度不均匀和磁性变化场源的综合效应，而且实际勘探中往往只观测地表或某一高度平面内一个分量，因而在重磁勘探中异常的转换应用得较为普遍。转

换的目的就是将原始带干扰的重磁异常去除干扰，转换到更适合于，或易于定性、定量解释的有利状态重磁异常或磁异常分量。

重磁异常的基本转换包括空间转换（即解析延拓、导数转换等）和异常分离（滤波法、函数逼近法等）。目前的异常转换计算主要有空间域和频率域两种，但主要还是在频率域中进行。

设场源体内坐标为(ξ,η)，场源外点$p(x,y)$的场值为$f(x,y)$。则空间域内重力位场的各种转换可以写为褶积形式：

$$f_b(x,y)=\int_{-\infty}^{\infty}\int_{-\infty}^{\infty}f_a(\xi,\eta)p(x-\xi,y-\eta)\mathrm{d}\xi\mathrm{d}\eta=f_a(x,y)*\varphi(x,y) \tag{16.3.1}$$

式中：$f_a(x,y)$，$f_b(x,y)$分别为转换前后的位场；$\varphi(x,y)$ 为权函数，亦称为滤波脉冲响应函数。

利用傅氏变换的褶积定理，上述褶积关系在频率域内就变为简单的乘积关系：

$$F_b(u,v)=F_a(u,v)\cdot\varphi(u,v) \tag{16.3.2}$$

式中：$F_a(u,v)$，$F_b(u,v)$和$\varphi(u,v)$分别为$f_a(x,y)$，$f_b(x,y)$和$\varphi(x,y)$的频谱；u，v分别为X和Y方向上的圆频率；$\varphi(u,v)$ 称为权函数频谱，亦称为滤波器的频率响应函数。

频率域内重磁异常转换过程一般分为三步：

1）利用傅氏正变换由已知实测重力异常求谱；

2）由异常谱乘上转换的频率响应函数得到转换后场的谱；

3）应用傅氏反变换由转换后场的谱求得转换后的重力异常。

傅氏正、反变换有现成的计算公式和简易快速的算法可以实现。因此，对重磁数据处理来说，重要的一点是要了解各种转换的频率响应。以下就是常用常规处理方法中的频率响应。

（1）向上、向下延拓

向上、向下延拓转换计算的频率响应函数$\varphi(u,v)$ 为

$$\varphi(u,v)=\mathrm{e}^{h\sqrt{u^2+v^2}} \tag{16.3.3}$$

式中：h为延拓高度，向上为负，向下为正。

（2）任意方向的一阶导数

频率响应函数$\varphi(u,v)$ 为

$$\varphi(u,v)=q=i(\alpha u+\beta v)+\gamma\sqrt{u^2+v^2} \tag{16.3.4}$$

式中：α，β，γ分别为求导数方向的3个方向余弦；q为所求导数方向一阶导数的频率响应。

（3）任意方向的任意阶导数

频率响应函数$\varphi(u,v)$ 为

$$\varphi(u,v)=q^n=\left[i(\alpha u+\beta v)+\gamma\sqrt{u^2+v^2}\right]^n \tag{16.3.5}$$

式中：α，β，γ，q同前。垂向二次导数的频率响应就等于（u^2+v^2）。

（4）水平总梯度模

$$\Delta g_u=(V_{xz}^2+V_{yz}^2)^{1/2} \tag{16.3.6}$$

式中：V_{xz}^2是重力异常沿X方向的一阶导数；V_{yz}^2是重力异常沿Y方向的一阶导数。

（5）正则化滤波

详细方法原理参阅《区域磁异常定量解释》（管志宁等，1991），正则化方法有一套具体的滤波器。

（6）二维正则化稳定因子

①似圆形正则化稳定因子

完全依照推导一维正则化稳定因子的过程，导出如下形式的似圆形正则化稳定因子，即

$$f_\alpha^{mn}=\frac{1}{1+\alpha\mathrm{e}^{\beta(f-f_0)x_x}} \tag{16.3.7}$$

式中：f_0为要消除的高频干扰信号的最小波数，等于其最大水平尺寸的倒数 λ_0^{-1}；$\beta \geqslant 2$；λ_0 是要消除的高频信号场的最大水平尺寸。

②似矩形正则化稳定因子

根据前式，可写出两个一维正则化稳定因子，即：

$$\begin{cases} f_\alpha^m = \dfrac{1}{1+\alpha e^{\beta(|u|-u_0)\lambda_x}} \\ f_\alpha^n = \dfrac{1}{1+\alpha e^{\beta(|v|-v_0)\lambda_x}} \end{cases} \tag{16.3.8}$$

式中 v_0 的意义与 u_0 的意义完全相同。把f_α^m与f_α^n相乘，即得似矩形正则化稳定因子

$$f_\alpha^{mn} = f_\alpha^m \cdot f_\alpha^n = \frac{1}{1+\alpha e^{\beta(|u|-u_0)\lambda_x}} \cdot \frac{1}{1+\alpha e^{\beta(|v|-v_0)\lambda_x}} \tag{16.3.9}$$

经过实践证明，二维近圆形正则化稳定因子中的正则参数 α 可以直接取 $2 \leqslant \alpha \leqslant 3$，这有利于它的推广应用，如取

$$f_\alpha^{mn} = \frac{1}{1+2.8e^{\beta(f-f_0)\lambda_x}} \quad (\beta \geqslant 2) \tag{16.3.10}$$

即可直接用于滤波除高频干扰。

（7）滤波参数 λ_0与f_0的确定

正则化稳定因子中，参数 λ_0与f_0具有重要意义，它们表明要消除的局部异常场的尺度。这两个参数可以直接从原始重磁异常剖面图或平面等值线图上量取。

（8）补偿圆滑滤波

参见《地磁场与磁力勘探》（管志宁，2005）

16.3.2 空间域重磁异常转换处理

（1）向上延拓

如果一个地质体在观测平面上产生的重力异常 $\Delta g(\xi,\eta,0)$为已知，则可将这个观测平面看成一个无穷的单层物质面，其密度为：

$$\sigma(\xi,\eta,0) = \frac{1}{2\pi G}\Delta g(\xi,\eta,0) \tag{16.3.11}$$

该物质面在其上方空间任意点产生的重力异常与面下方的地质体产生的重力异常等效，因此可以用这个等效的单层物质面代替地质体，用于计算观测面上方的重力异常，一个密度不均匀的无限大物质面在其上方任意点（x，y，$-z$）产生的重磁场为：

$$\Delta g(x,y,-z) = G\int_{-\infty}^{\infty}\int_{-\infty}^{\infty}\frac{\sigma(\xi,\eta,0z)\,d\xi d\eta}{\{(\xi-x)^2+(\eta-y)^2+z^2\}^{3/2}} = \frac{z}{2\pi}\int_{-\infty}^{\infty}\int_{-\infty}^{\infty}\frac{\Delta g(\xi,\eta,0z)\,d\xi d\eta}{\{(\xi-x)^2+(\eta-y)^2+z^2\}^{3/2}} \tag{16.3.12}$$

式（16.3.12）是实现空间域各项处理的基本公式。采用式（16.3.12）实现三度异常向上延拓，其算法是以平面上网格化的观测数据点为中心，点距 $\Delta x=2a$ 和线距 $\Delta y=2a$ 为宽度和长度，把计算区划分成 M 个矩形小区，假定每个水平矩形小区上的密度均为常数，第 k 个小区的密度为 σ_k 则上式变为：

$$\Delta g(x,y,-z) = \sum_{k=1}^{M}\Delta g_k(x,y,-z) = \sum_{k=1}^{M}\left\{\sigma_k \left\| -\arctan\frac{(-z\sqrt{(\xi-x)^2+(\eta-y)^2+z^2})}{(\xi-x)(\eta-y)}\right|_{\xi_{k1}}^{\xi_{k2}}\right|_{\mu_{k1}}^{\eta_{k2}} \tag{16.3.13}$$

以上就是实现三度体重力异常向上延拓的计算公式。

（2）向下延拓

向下延拓是向上延拓的反过程，做向下延拓时，首先把观测面上的重磁异常分别向上延拓 1～4 个点距，然后根据这些延拓值和观测面上的观测值采用插值算法，外推计算出向下延拓值。

（3）水平一阶、二阶导数

对于一个密度不均匀的无限大物质面在其上方任意点（x，y，$-z$）产生的重力场为：

$$\Delta g(x,y,-z)=G\int_{-\infty}^{\infty}\int_{-\infty}^{\infty}\frac{\sigma(\xi,\eta,0z)\,\mathrm{d}\xi\mathrm{d}\eta}{\{(\xi-x)^2+(\eta-y)^2+z^2\}^{3/2}}=\frac{z}{2\pi}\int_{-\infty}^{\infty}\int_{-\infty}^{\infty}\frac{\Delta g(\xi,\eta,0z)\,\mathrm{d}\xi\mathrm{d}\eta}{\{(\xi-x)^2+(\eta-y)^2+z^2\}^{3/2}} \tag{16.3.14}$$

求其水平方向的导数，实质是求其在 x 方向的变化率，这一变化率可以近似的表示为：

$$(V_{xz})_0=\frac{\Delta g(\Delta x)-\Delta g(-x)}{2\Delta x} \tag{16.3.15}$$

令 $\Delta g(x)=\sum_{k=0}^{m}a_kx^k$，并对 x 求导，可得重力异常的一阶导数表达式：

$$V_{xz}(x)=\Delta g'(x)=\sum_{k=0}^{m}ka_kx^{k-1} \tag{16.3.16}$$

将式（16.3.16）再求其在 X 方向的变化率，即可得到水平二次导数。

（4）垂向一阶导数

垂向一阶导数是将：

$$\Delta g(x,y,-z)=G\int_{-\infty}^{\infty}\int_{-\infty}^{\infty}\frac{\sigma(\xi,\eta,0z)\,\mathrm{d}\xi\mathrm{d}\eta}{\{(\xi-x)^2+(\eta-y)^2+z^2\}^{3/2}}=\frac{z}{2\pi}\int_{-\infty}^{\infty}\int_{-\infty}^{\infty}\frac{\Delta g(\xi,\eta,0z)\,\mathrm{d}\xi\mathrm{d}\eta}{\{(\xi-x)^2+(\eta-y)^2+z^2\}^{3/2}} \tag{16.3.17}$$

求 z 的二次导数，可以得到原点上方 $P(0,0,h)$ 点的 V_{zz} 表达式：

$$V_{zz}(0,0,-h)=\frac{1}{2\pi}\int_0^{2\pi}\mathrm{d}a\int_0^{\infty}\Delta g(r,a,0)\,\frac{(r^2-2h^2)r}{(r^2+h^2)^{5/2}}\mathrm{d}r \tag{16.3.18}$$

令 $\Delta\overline{g}(r,0)$ 为半径 r 的圆周上重力异常平均值，即：

$$\Delta\overline{g}(r,0)=\frac{1}{2\pi}\int_0^{2\pi}\Delta g(r,a,0)\,\mathrm{d}a \tag{16.3.19}$$

则 V_{zz} 的表达式为：

$$V_{zz}(0,0,-h)=-\int_0^{\infty}\Delta\overline{g}(r,0)\,\frac{(r^2-2h^2)r}{(r^2+h^2)^{5/2}}\mathrm{d}r \tag{16.3.20}$$

式（16.3.20）是利用地面上实测重力异常换算高于地面 h 处的垂向一阶导数计算公式，当 $h=0$ 时，可得

$$V_{zz}(0,0,0)=-\int_0^{\infty}\Delta\overline{g}(r,0)\,\frac{1}{r^2}\mathrm{d}r \tag{16.3.21}$$

因为常数的高阶导数为零，为计算方便，在式（16.3.21）的被积函数中引进一个常数 $\Delta g(0,0,0)$ 减去 $\Delta\overline{g}(r,0)$ 再积分，式（16.3.21）变为：

$$V_{zz}(0,0,0)=-\int_0^{\infty}[\Delta g(0,0,0)-\Delta\overline{g}(r,0)]\,\frac{1}{r^2}\mathrm{d}r \tag{16.3.22}$$

式（16.3.22）即为重磁位场一阶导数计算公式，该积分可以分为三段进行计算，然后求和。

（5）垂向二阶导数

三度体重力异常位函数满足拉普拉斯方程，因此有：

$$\frac{\partial^2 \Delta g}{\partial z^2}=-\left(\frac{\partial^2 \Delta g}{\partial x^2}+\frac{\partial^2 \Delta g}{\partial y^2}\right) \tag{16.3.23}$$

此式即为由 Δg 观测值换算其垂向二次导数的众多数值算法的原理公式。用 $\Delta g(R,a)$ 和 $\Delta\overline{g}(R)$ 分别表示以坐标原点为中心，R 为半径的圆周上的某一点重力值和重力异常平均值，则有：

$$\Delta\overline{g}(R)=\frac{1}{2\pi}\int_0^{2\pi}\Delta g(R,a)\,\mathrm{d}a \tag{16.3.24}$$

将式（16.3.24）展开成坐标原点处重力异常的泰勒级数：

$$\begin{aligned}\Delta g(R,a)&=\Delta g(x,y)\\&=\Delta g(0,0)+\left(\frac{\partial \Delta g}{\partial x}\right)x+\left(\frac{\partial \Delta g}{\partial y}\right)y+\frac{1}{2!}\left\{\left(\frac{\partial^2 \Delta g}{\partial x^2}\right)_0 x^2+\left(\frac{\partial^2 \Delta g}{\partial y^2}\right)y^2+\left(\frac{\partial^2 \Delta g}{\partial x\partial y}\right)xy\right\}+\\&\quad\frac{1}{3!}\left\{\left(\frac{\partial^3 \Delta g}{\partial x^3}\right)_0 x^3+\left(\frac{\partial^3 \Delta g}{\partial y^3}\right)y^3+\cdots\right\}+\frac{1}{4!}\left\{\left(\frac{\partial 4 \Delta g}{\partial x^4}\right)_0 x^4+\left(\frac{\partial^4 \Delta g}{\partial y^4}\right)y^4+\cdots\right\}\end{aligned} \tag{16.3.25}$$

设 $x=R\cos a$，$y=R\sin a$，将式（16.3.25）积分后得到：

$$\overline{g}\ (R)\ =a_0+a_1R^2+a_2R^4+\cdots$$

式中 R 的奇次项在积分后代入上、下限时均已消去。a_0，a_1，a_2 的表达式为

$$a_0=\Delta g(0,0)$$

$$a_1=\frac{1}{4}\left(\frac{\partial^2 \Delta g}{\partial x^2}+\frac{\partial^2 \Delta g}{\partial y^2}\right)=-\frac{1}{4}\ \frac{\partial^2 \Delta g}{\partial z^2}$$

$$a_2=\frac{1}{64}\left(\frac{\partial^4 g}{\partial x^4}+2\ \frac{\partial^4 g}{\partial x^2\partial y^2}+\frac{\partial^4 g}{\partial y^4}\right)$$

其他系数均不含二次以下的导数项，所以计算点为坐标原点，只要求得了系数 a_1，再乘上（-4），就可得到计算点处的重力异常二次导数值即：

$$V_{zz}(0,0)=\frac{\partial^2 \Delta g}{\partial z^2}=-\ 4a_1 \tag{16.3.26}$$

以不同的方法确定系数 a_1 时，就可得到不同的数值计算公式，如哈克公式、埃勒金斯 3 个公式、罗森巴赫公式等。各方法的具体计算公式如下：

1）哈克公式：$g_{zz}=\dfrac{4}{R^2}[g(0)-\overline{g}(R)]$

2）埃勒金斯第Ⅱ公式：$g_{zz}=\dfrac{1}{28R^2}[16g(0)+8\overline{g}(R)-24\overline{g}(\sqrt{5}R)]$

3）埃勒金斯第Ⅰ公式：$g_{zz}=\dfrac{1}{60R^2}[64g(0)-8\overline{g}(R)-16\overline{g}(\sqrt{2}R)-40\overline{g}(\sqrt{5}R)]$

4）埃勒金斯第Ⅲ公式：$g_{zz}=\dfrac{1}{62R^2}[44g(0)-16\overline{g}(R)-12\overline{g}(\sqrt{2}R)-48\overline{g}(\sqrt{5}R)]$

5）罗森巴赫第Ⅱ公式：$g_{zz}=\dfrac{1}{24R^2}[96g(0)-72\overline{g}(R)-32\overline{g}(\sqrt{2}R)+8\overline{g}(\sqrt{5}R)]$

（6）曲化平

根据偶层位理论，具有单位偶极强度、偶极方向与层面垂直的偶层面的位场值等于它在观测点处所张的立体角。在 Hansen 和 Miyazaki 的偶层位延拓方案中，假定偶层等效源是由倾斜平行四边形平面组合而成。该倾斜偶层面的数量与观测网格点数相同，每个偶层面中心的水平投影等于对应测点的水平坐标，其层面平行于起伏观测面在对应测点处的切线方向，其偶极矩方向与层面垂直。Hansen 和 Miyazaki 给出的平行四边形倾斜偶层面位场公式非常简单，只含有纯 arctan( ) 项，与立体角相符。

假设：平行四边形倾斜偶层面中心位于$(\xi,\eta,0)$，计算点位于(x,y,z)，测线数、测点数、x和y方向网格距分别为M、N、Δx、Δy。适合于上述位场等效源，则位场$U(x,y,z)$表达式为

$$U(x,y,z)=\sum_{i=1}^{M}\sum_{j=1}^{N}\mu(\xi_i,\eta_j)\cdot I_{ij}(x,y,z) \tag{16.3.27}$$

其中，

$$I_{ij}(x,y,z)=\left\{\arctan\left(\frac{\dfrac{(1+A^2+B^2)uv}{Z}-Bu-Av}{\sqrt{u^2+v^2+[Z-Au-Bv]^2}}\right)\Bigg|_{V_1}^{V_2}\right\}\Bigg|_{u_1}^{u_2} \tag{16.3.28}$$

式中：$u=\xi-x$，$v=\eta-y$，$Z=z-Ax-By$；$u_1=-\Delta x/2-x$，$u_2=+\Delta x/2-x$；$v_1=-\Delta y/2-y$，$v_2=+\Delta y/2-y$；A、B分别为偶层平面沿x和y方向的斜率。

实现位场曲化平的关键是由观测得到的位场值$U(x,y,z)$求解偶极强度$\mu(\xi_i,\eta_j)$。由式（16.3.27）可以建立求解$\mu(\xi_i,\eta_j)$的联立方程组，系数矩阵的元素就是$I_{ij}(x,y,z)$。根据上面对$I_{ij}(x,y,z)$取值的分析得知：当倾斜偶层面组位于观测曲面上时，$I_{ij}(x_i,y_j,z_{ij})=-2\pi$；而由坡度$A$、$B$的连续性，有的$ij$面周围紧邻的面在$ij$面中心产生的位场值近似为0；那些远离$ij$面的面在$ij$面中心产生的位场值随距离增大而变小。这样，方程组系数矩阵的主对角线元素具有绝对优势。还可以进一步推知：当倾斜偶层面组位于观测曲面下一个很小距离（一般小于等于1个点距）时，方程组系数矩阵的主对角线元素仍然具有较大优势。由此可见，可以采用高斯-赛德尔迭代解法求取偶极强度$\mu(\xi_i,\eta_j)$。

求得所有倾斜偶层面的偶极强度$\mu(\xi_i,\eta_j)$后，在选定的起伏面或平面上的计算点，按式（16.3.27）进行计算，即可得到位场曲面延拓或曲化平结果。

该位场曲化平方法优点是：计算公式简单，因而计算速度很快；求解偶极强度$\mu(\xi_i,\eta_j)$的方程组系数主对角线占较大优势，可采用高斯-赛德尔迭代解法求解，速度快、稳定性强；又进一步采用迭代技术，故有很高精度；准备工作简单，使用方便；能求解大数据量的化平问题。

（7）重磁异常扩边方法

具体作法如下：

1）读入网格化数据块文件，并设数据块的4个边界上所有点的位场值为0，或等于原数据块位场平均值，原网格化文件的保留网格点上的位场值始终保持不变。

2）以Δg扩边为例，根据下式计算空白区域内ij号点的Δg值，即

$$\Delta g(i,j)\cong(\Delta g(i-1,j)+\Delta g(i+1,j)+\Delta g(i,j-1)+\Delta g(i,j+1))/4 \tag{16.3.29}$$

3）所有扩充点计算一遍为一次迭代，经数千余次迭代，直到所有$\Delta g(i,j)$数值不变为止。这个迭代过程很快，而且肯定收敛。

这种复杂扩边方法的优点是以位场理论为依据，扩充部分的等值线接近原图等值线的衰变趋势（特别是原数据块边界上位场值处于下降趋势时），简单易行，同样适用于地形高程扩边。

在重磁异常转换处理之前，一般需要先进行扩边处理，形成经扩边处理的较大的矩形数据块，供以后转换处理和反演用。

（8）磁异常化磁极

无论是定性还是定量解释，都希望磁异常尽量简单。通过磁化方向转换计算，消除倾斜磁化方向造成的影响，使得异常中心更加接近场源体的磁矩中心，有利于解释推断。化磁极就是在一定区域（中、高纬度地区）消除斜磁化造成的影响，使磁异常的解释相对简单的一种措施。

化极计算涉及到磁化方向转换与测量方向转换，该方向转换因子一般形式为：

$$H(u,v)=\frac{q_2q_3}{q_0q_1} \tag{16.3.30}$$

其中 $q_k=i(ul_k+vm_k)+n_k\sqrt{u^2+v^2}\,(k=0,1,2,3),i=\sqrt{-1}$，$u$，$v$ 为空间坐标系下 x，y 方向的圆频率；$l_k=\cos I_k\cdot\cos D_k$，$m_k=\cos I_k\cdot\sin D_k$，$n_k=\sin I_k$ 为方向余弦，I_k，D_k 分别为磁化方向的倾角和偏角；q_0、q_1 分别为测量方向和磁化强度方向的频率域因子；q_2、q_3 分别为转化后的测量方向和磁化强度方向因子。

当为化极时：$q_2=q_3=\sqrt{u^2+v^2}$，且现在经常测量的是总场磁异常 ΔT，其对应的测量方向就是地磁场方向。假设磁化强度方向与地磁场方向一致（特别是稍大一点测区，总是这样考虑），因此有 $q_0=q_1$，具体化极因子可简化为

$$H(u,v)=\frac{u^2+v^2}{\left[i(ul_0+vm_0)+n_0\sqrt{u^2+v^2}\right]^2} \tag{16.3.31}$$

16.3.3 重磁单界面异常反演

RGIS 软件的界面反演，采用了常密度和不变磁化强度的单界面深度计算的 Parker 方法。

16.3.4 剖面反演

RGIS 2016 采用人机交互修改模型参数与计算机自动迭代计算相结合的方式，利用二度半棱柱体（也称似二度，简写作 2.5 维）组合模拟地下密度和磁性地质体和地质构造的方法（参见图 16.3.1），进行剖面重磁异常或二者的联合反演，对重磁异常进行定量解释。

所有方法技术包括计算机交互修改 2.5 维形体重磁场正演计算、非线性优化求解及计算机程序设计。非线性优化求解方法是在对反演残差目标函数进行线性化处理的基础上，应用广义逆理论，采用奇异值分解（SVD）求解，对形体角点及物性参数进行迭代修改。

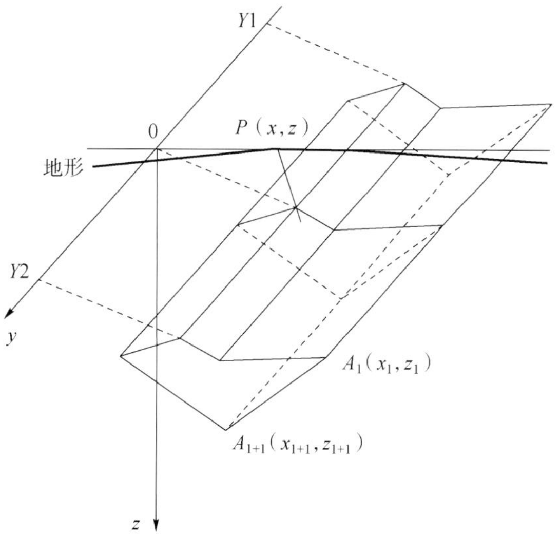

图 16.3.1　多边形棱柱体模型示意图

计算机交互修改 2.5 维形体是根据屏幕显示的形体，通过鼠标拾取、拖拉形体角点，改变形体角点空间位置，屏幕对话修改形体两端延展长度，对话修改或反演形体密度和（或）磁化强度，最终改变模型体的形状与物性。

重磁似二度体模拟：

RGIS 2016 具备应用似二度（也称二度半，简写作 2.5 维）模型体组合进行三维空间重磁异常联合模拟反演，主要用于重磁异常剖面解释，也可用于面积性异常反演解释。以重力为例，简述方法原理如下：

剖面多边形棱柱体重力异常的计算，经过简化，对图 16.3.1 所示直角坐标系下的一个多边形 2.5 维棱柱体，设其密度为 σ，则在空间任一点 $P(r)$ 引起的重力异常$\Delta g(r)$ 为：

$$\Delta g(r)=G\sigma\sum_{i=1}^{N}\cos\varphi_i[I(Y_2,i)+I(Y_1,i)] \tag{16.3.32}$$

其中，

$$I(Y,i)=Y\ln\frac{u_{i+1}+R_{i+1}}{u_i+R_i}+u_{i+1}\ln\left(\frac{R_{i+1}+Y}{r_{i+1}}\right)-u_i\ln\left(\frac{R_{i+1}+Y}{r_i}\right)-$$
$$w_i\left(\arctan\frac{u_{i+1}R_{i+1}+r_{i+1}^2}{Yw_i}-\arctan\frac{u_iR_i+r_i^2}{Yw_i}\right)$$

对于一个多边形棱柱体磁荷面组合，每个磁荷面均可建立一个新坐标系 $ox'y'z'$，使其 $ox'y'$ 面平行于该磁荷面，进而可由水平磁荷面的磁场公式计算观测点的 $H_{ax'}$、$H_{ay'}$ 及 $Z_{a'}$。利用新老坐标的系的转换关系，可以计算出观测点的 H_{ax}、H_{ay} 及 Z_a。将各磁荷面的磁场叠加即可得到一个多边形截面水平柱体的磁场。

总磁场异常与磁异常分量为：

$$\Delta T=H_{ax}\cos I_0\cos D_0+H_{ay}\cos I_0\sin D_0+Z_a\sin I_0 \tag{16.3.33}$$

$$H_{ax}=-\frac{\mu_0}{4\pi}\sum_{i=1}^{N}\sin\varphi_i(M_xI_{1i}+M_yI_{2i}+M_zI_{3i})$$

$$H_{ay}=-\frac{\mu_0}{4\pi}\sum_{i=1}^{N}[(M_x\cos\varphi_i-M_z\cos\varphi_i)I_{2i}-M_y(\sin\varphi_iI_{1i}-\cos\varphi_iI_{3i})]$$

$$Z_a=\frac{\mu_0}{4\pi}(M_xI_{1i}+M_yI_{2i}+M_zI_{3i})$$

其中：

$$I_{1i}=P_{1i}(Y_2)-P_{1i}(Y_1),I_{2i}=P_{2i}(Y_2)-P_{2i}(Y_1),I_{3i}=P_{3i}(Y_2)-P_{3i}(Y_1),$$

$$P_{1i}(y)=\cos\varphi_i\ln\frac{R_i+y}{R_{i+1}+y}-\sin\varphi_i\left(\arctan\frac{u_{i+1}y}{w_iR_{i+1}}-\arctan\frac{u_iy}{w_iR_i}\right)$$

$$P_{1i}(y)=\ln\frac{R_i+u_i}{R_{i+1}+u_{i=1}}$$

$$P_{3i}(y)=\sin\varphi_i\ln\frac{R_i+y}{R_{i+1}+y}+\cos\varphi_i\left(\arctan\frac{u_{i+1}y}{w_iR_{i+1}}-\arctan\frac{u_iy}{w_iR_i}\right)$$

以上各式中符号意义如下：G 为引力常数；i 为棱柱体角点标号；N 为棱柱体的边数；I_0、D_0 为地磁场的倾角、偏角；I、D 为磁化强度方向的倾角、偏角。其中：

$$u_i=x_i\cos\varphi_i+z_i\sin\varphi_i$$

$$u_{i+1}=x_{i+1}\cos\varphi_i+z_{i+1}\sin\varphi_i$$

$$w_i=-x_i\sin\varphi_i+z_i\cos\varphi_i$$

$$r_i=(u_i^2+w_i^2)^{1/2}$$

$$r_{i+1}=(u_{i+1}^2+w_{i+1}^2)^{1/2}$$

$$R_i=(u_i^2+Y^2+w_i^2)^{1/2}$$

$$R_{i+1}=(u_{i+1}^2+Y^2+w_{i+1}^2)^{1/2}$$

$$\varphi_i=\arctan\frac{z_{i+1}-z_i}{x_{i+1}-x_i}$$

$$M_x=M\cos I\cos D$$

$$M_y=M\cos I\sin D$$

$$M_z=M\sin I$$

RGIS 系统中重磁异常正演计算采用的就是这里的公式。

16.4 规则形体重磁异常正演公式

16.4.1 重力模型库计算公式

重磁异常模型库中所有公式的变量均采用国际单位制，万有引力常数 $G=6.672\times10^{-11}\mathrm{m^3/(kg\cdot s^2)}$，距离单位为 m，质量单位为 kg，体密度单位为$10^3\mathrm{kg/m^3}$，面密度单位为$10^3\mathrm{kg/m^2}$，线密度单位为$10^3\mathrm{kg/m}$，引力位单位为 $\mathrm{m^2/s^2}$，重力位一阶导数（重力异常）单位为$10^{-5}\mathrm{m/s^2}$，重力位二阶导数单位为$10^{-9}/\mathrm{s^2}$，

重力位三阶导数单位为$10^{-12}/(m \cdot s^2)$。

以下公式主要摘自《重力场与重力勘探》（曾华霖，2005），垂直圆柱体重力正演公式摘自《重力勘探资料解释手册》（周国藩等，1983），简单模型的正演曲线均根据正演公式进行正演计算所得。

（1）密度均匀的球体

球体是较多地质体的简化，对于平坦地形，把地面当作水平面，建立坐标系，如图 16.4.1 所示，亦即 XOY 坐标面，Z 轴铅垂向下，代表重力方向。对于均匀球体来说，它与将其全部剩余质量集中在球心处的点质量所引起异常完全一样。

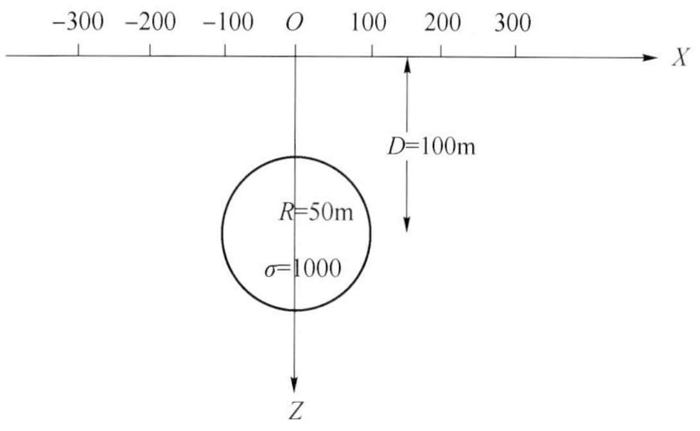

图 16.4.1　密度均匀的球体示意图

将坐标原点 O 选在球心在地面的投影处，因球的对称性，我们只需研究通过 O 点的任意水平剖面上异常的分布即可。设球心的埋藏深度为 D，球的半径为 R，剩余密度为 σ，则它的剩余质量为$M=\frac{4}{3}\pi R^3\sigma$。设该剖面与 X 轴重合，则在剖面上任一点 $P(x,\ 0)$ 处的重力异常，可得到密度均匀的球体表达式为

$$\Delta g=\frac{GMD}{(x^2+D^2)^{3/2}} \tag{16.4.1}$$

对于 X 剖面上点 $P(x,\ 0)$ 处的重力高次导数 V_{xz}，V_{zz}和 V_{zzz}的公式，分别是：

$$\begin{aligned} V_{xz}&=-3GM\frac{Dx}{(x^2+D^2)^{5/2}} \\ V_{zz}&=GM\frac{2D^2-x^2}{(x^2+D^2)^{5/2}} \\ V_{zzz}&=3GM\frac{2D^2-3x^2}{(x^2+D^2)^{7/2}} \end{aligned} \tag{16.4.2}$$

（2）无限长水平圆柱体

对于无限长水平圆柱体所引起的异常，可以把它当作剩余质量集中在中轴线上的物质线看待；设圆柱体沿 Y 方向延伸，长度为 $2L$，半径为 R，中轴线埋藏深度为 D，剩余密度为 σ，则单位长度圆柱体的剩余质量称为剩余线密度 λ，按定义有：

$$\lambda=\left(\sigma\int d\xi\int d\eta\int d\zeta\right)\Big/\int d\eta=\sigma\int d\xi\int d\zeta=\sigma\cdot S \tag{16.4.3}$$

式中：S 为圆柱体的横截面积，因而 $\lambda=\sigma\pi R^2$。

计算时，若取坐标原点处在中轴线中点在地面的投影处，且让 Y 轴平行中轴线，则由基本公式可得计算 X 轴上任意点 $P(x,\ 0)$ 处的重力异常的表达式为

$$\Delta g_{2L}=G\lambda\int_{-L}^{L}\frac{D\,d\eta}{(x^2+\eta^2+D^2)^{3/2}}=\frac{2G\lambda DL}{(x^2+D^2)(x^2+L^2+D^2)^{1/2}} \tag{16.4.4}$$

当 $L\to\infty$ 时，式（16.4.4）可简化为

$$\Delta g=\frac{2G\lambda D}{x^2+D^2} \tag{16.4.5}$$

同理可获得当 $L\to\infty$ 时重力异常各阶导数的表达式

$$\begin{aligned} V_{xz}&=-\frac{4G\lambda Dx}{(x^2+D^2)^2} \\ V_{zz}&=\frac{2G\lambda(D^2-x^2)}{(x^2+D^2)^2} \\ V_{zzz}&=4G\lambda D\frac{D^2-3x^2}{(x^2+D^2)^3} \end{aligned} \tag{16.4.6}$$

(3) 铅垂台阶

一些界线清楚的接触带以及高角度的断裂构造，可以用铅垂台阶模型研究其异常的基本特征。将坐标原点选在台阶铅垂面与地面的交线上，让 X 轴与台阶铅垂面垂直，台阶沿 X 轴正方向及沿 Y 轴均为无限延伸。若台阶顶面与底面深度分别为 h 和 H，剩余密度为 σ，则由二度体的 Δg 公式，可得台阶在 X 轴上 $P(x,0)$ 点处引起的重力异常为

$$\Delta g = 2G\sigma\int_0^{\infty}\mathrm{d}\xi\int_h^H\frac{\zeta\mathrm{d}\zeta}{(\xi-x)^2+\zeta^2}$$

$$=G\sigma\left[\pi(H-h)+x\ln\frac{x^2+H^2}{x^2+h^2}+2H\arctan\frac{x}{H}-2h\arctan\frac{x}{h}\right] \tag{16.4.7}$$

由二度体重力异常各阶导数的公式，可得相应的解析式为

$$V_{xz}=G\sigma\ln\frac{H^2+x^2}{h^2+x^2}$$

$$V_{zz}=2G\sigma\left(\arctan\frac{H}{x}-\arctan\frac{h}{x}\right)=2G\sigma\arctan\frac{x(H-h)}{x^2+Hh} \tag{16.4.8}$$

$$V_{zzz}=2G\sigma x\left(\frac{1}{x^2+h^2}-\frac{1}{x^2+H^2}\right)=2G\sigma\frac{x(H^2-h^2)}{(x^2+H^2)(x^2+h^2)}$$

(4) 水平物质半平面

如果铅垂台阶的顶面深度和底面深度相差很小，便可以把它当成如图 16.4.2 所示的水平物质半平面看待。设物质半平面的中心深度为 D，则 $D=(H+h)/2$，令 σ 为单位面积上的剩余质量，称为剩余面密度，因此有：

$$\mu=\left(\sigma\int\mathrm{d}\xi\int\mathrm{d}\eta\int\mathrm{d}\zeta/\int\mathrm{d}\xi\int\mathrm{d}\eta\right)=\sigma\int\mathrm{d}\zeta=\sigma(H-h)=\sigma t \tag{16.4.9}$$

t 为台阶厚度，由基本公式，则在 $P(x,0)$ 点上有：

$$V_z=G\mu\left(\pi+2\arctan\frac{x}{D}\right)$$

$$V_{xz}=\frac{2G\mu D}{x^2+D^2}$$

$$V_{zz}=\frac{2G\mu x}{x^2+D^2} \tag{16.4.10}$$

$$V_{zzz}=\frac{4G\mu Dx}{(x^2+D^2)^2}$$

(5) 倾斜台阶

倾斜台阶是最常见的一类构造，在计算它的异常时，选取坐标系如图 16.4.3 所示。原点选在斜面延伸线与地面交线上，X 轴垂直其走向。

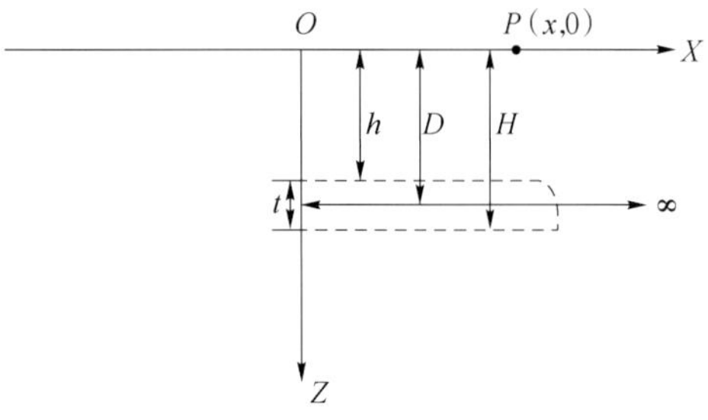

图 16.4.2　水平物质半平面示意图

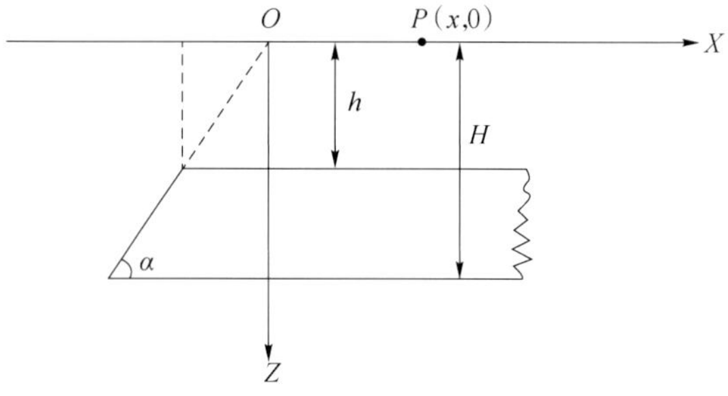

图 16.4.3　倾斜台阶及坐标系

设台阶的顶面与底面埋藏深度分别为 h 和 H，剩余密度为 σ，斜面倾角为 α，则计算其异常的理论公式为

$$\begin{aligned}\Delta g &= 2G\sigma\int_h^H \mathrm{d}\zeta\int_{-\zeta\cot\alpha}^{\infty}\frac{\zeta\mathrm{d}\zeta}{(\xi-x)^2+\zeta^2}\\ &=G\sigma\Big[\pi(H-h)+2H\arctan\frac{x+H\cot\alpha}{H}-2h\arctan\frac{x+h\cot\alpha}{h}\\ &\quad+x\sin^2\alpha\ln\frac{H^2+2xH\sin\alpha\cos\alpha+x^2\sin^2\alpha\cos^2\alpha+x^2\sin^4\alpha}{h^2+2xh\sin\alpha\cos\alpha+x^2\sin^2\alpha\cos^2\alpha+x^2\sin^4\alpha}\\ &\quad-2x\sin\alpha\cos\alpha\arctan\frac{x(H-h)\sin^2\alpha}{x\sin^2\alpha+(H+h)\cos\alpha\sin\alpha+Hh}\Big]\end{aligned} \quad (16.4.11)$$

$$\begin{aligned}V_{xz}&=G\sigma\left\{\sin^2\alpha\ln\frac{(H\cot\alpha+x)^2+H^2}{(h\cot\alpha+x)^2+h^2}\right.\\ &\quad\left.-\sin 2\alpha\left(\arctan\frac{\frac{H}{\sin\alpha}+x\cos\alpha}{x\sin\alpha}-\arctan\frac{\frac{h}{\sin\alpha}+x\cos\alpha}{x\sin\alpha}\right)\right\}\\ V_{zz}&=G\sigma\left\{\frac{1}{2}\sin 2\alpha\ln\frac{(H\cot\alpha+x)^2+H^2}{(h\cot\alpha+x)^2+h^2}\right.\\ &\quad\left.+2\sin^2\alpha\left(\arctan\frac{\frac{H}{\sin\alpha}+x\cos\alpha}{x\sin\alpha}-\arctan\frac{\frac{h}{\sin\alpha}+x\cos\alpha}{x\sin\alpha}\right)\right\}\\ V_{zzz}&=2G\sigma\sin^2\alpha\left[\frac{x+2h\cot\alpha}{(h\cot\alpha+x)^2+h^2}-\frac{x+2H\cot\alpha}{(H\cot\alpha+x)^2+H^2}\right]\end{aligned} \quad (16.4.12)$$

（6）二度长方体（横截面近于矩形的水平柱体）

沿水平方向延伸较长而横截面近于矩形的矿脉，可以当成二度长方体来研究。在计算它的异常时，坐标系及有关参数的选取见图 16.4.4，用 $x+a$ 与 $x-a$ 分别代替铅垂台阶各公式中的 x，并将结果相减，即获得这一长方体的重力异常及各阶导数异常的公式。

$$\begin{aligned}\Delta g &= G\sigma\Big[(x+a)\ln\frac{(x+a)^2+H^2}{(x+a)^2+h^2}-(x-a)\ln\frac{(x-a)^2+H^2}{(x-a)^2+h^2}+\\ &\quad 2H\left(\arctan\frac{x+a}{H}-\arctan\frac{x-a}{H}\right)-2h\left(\arctan\frac{x+a}{h}-\arctan\frac{x-a}{h}\right)\Big]\end{aligned} \quad (16.4.13)$$

$$\begin{aligned}V_{xz}&=G\sigma\ln\frac{[(x+a)^2+H^2][(x-a)^2+h^2]}{[(x-a)^2+H^2][(x+a)^2+h^2]}\\ V_{zz}&=2G\sigma\left(\arctan\frac{H}{x+a}-\arctan\frac{h}{x+a}-\arctan\frac{H}{x-a}+\arctan\frac{h}{x-a}\right)\\ V_{zzz}&=2G\sigma\left[\frac{x+a}{(x+a)^2+h^2}-\frac{x+a}{(x+a)^2+H^2}-\frac{x-a}{(x-a)^2+h^2}+\frac{x-a}{(x-a)^2+H^2}\right]\end{aligned} \quad (16.4.14)$$

（7）水平物质带（厚度可以忽略的水平薄长板）

当横截面为矩形的水平柱体顶面深度 h 和底面深度 H 相差很小时，此时可以把它作为一个如图 16.4.5 所示水平物质带看待。

设其延 Y 轴无限延伸，其水平宽度为 $2a$，单位面积的剩余面密度为 μ，深度为 D，则在 $P(x, 0)$ 点上有：

$$V_z=2G\mu\left(\arctan\frac{x+a}{D}-\arctan\frac{x-a}{D}\right) \quad (16.4.15)$$

$$V_{xz}=2G\mu D\left[\frac{1}{(x+a)^2+D^2}-\frac{1}{(x-a)^2+D^2}\right]$$

$$V_{zz}=2G\mu\left[\frac{x+a}{(x+a)^2+D^2}-\frac{x-a}{(x-a)^2+D^2}\right] \quad (16.4.16)$$

$$V_{zzz}=4G\mu D\left\{\frac{x+a}{[(x+a)^2+D^2]^2}-\frac{x-a}{[(x-a)^2+D^2]^2}\right\}$$

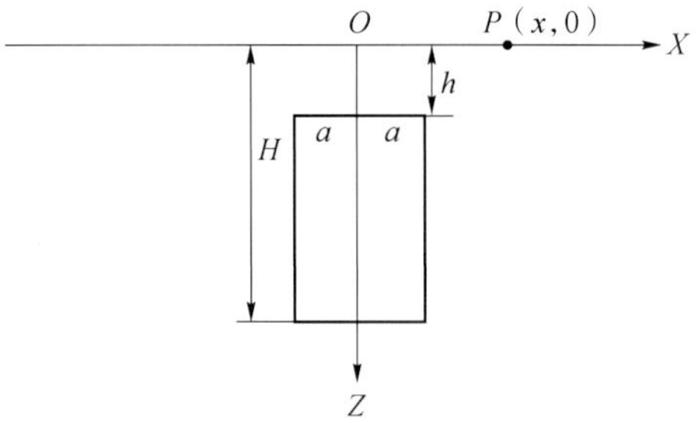

图 16.4.4　二度长方体及坐标系

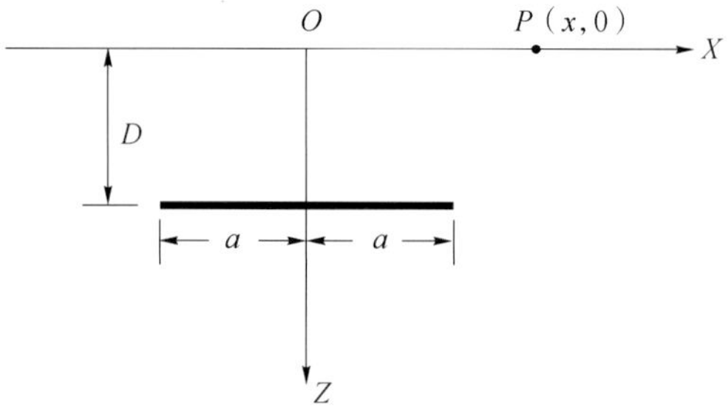

图 16.4.5　水平物质带示意图

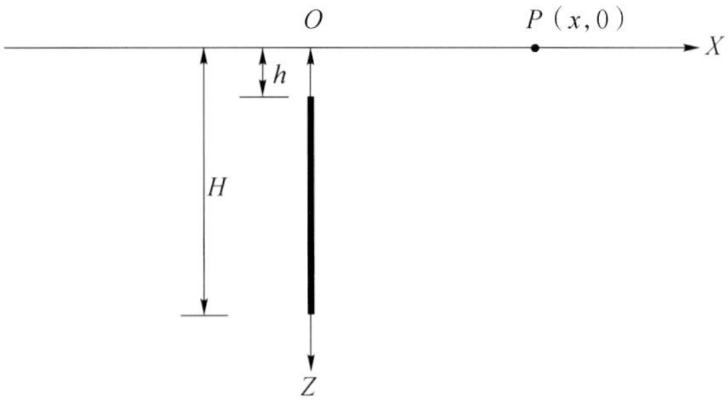

图 16.4.6　铅垂物质带示意图

（8）铅垂物质带（水平宽度可以忽略的铅垂薄板）

如果横截面为矩形的水平柱体沿水平方向的厚度远小于铅垂方向的厚度和顶面深度，铅垂物质带延 Y 轴无限延伸，便可以把它当成一个如图 16.4.6 所示的铅垂物质带来看待。

设此物质带的剩余面密度为 μ，且 $\mu=2a\sigma$（σ 横截面为矩形的水平柱体的密度）；顶面深度为 h，底部深度为 H，则在 $P(x,0)$ 点上有：

$$V_z=G\mu\ln\frac{x^2+H^2}{x^2+h^2} \quad (16.4.17)$$

$$V_{xz}=2G\mu x\left(\frac{1}{x^2+H^2}-\frac{1}{x^2+h^2}\right)$$

$$V_{zz}=2G\mu\left(\frac{h}{x^2+h^2}-\frac{H}{x^2+H^2}\right) \quad (16.4.18)$$

$$V_{zzz}=2G\mu\left[\frac{x^2-H^2}{(x^2+H^2)^2}-\frac{x^2-h^2}{(x^2+h^2)^2}\right]$$

（9）倾斜脉（横截面为斜平行四边形的水平柱体）

沿水平方向走向无限延伸，宽度为 $2a$、顶面与底面深度分别为 h 和 H、剩余密度为 σ、倾角为 α 的倾斜脉，如图 16.4.7 所示。

倾斜脉的计算公式很复杂，一种更为简单的计算方式是利用倾斜台阶（16.4.11）和（16.4.12）公式中的 x，分别用 x 和 $x-2a$ 代替，并将结果相减，重磁异常模型库采用的就是这种方法。

（10）铅垂物质线段（横截面积可忽略的铅垂柱体）

当铅垂圆柱体的直径比其延伸小很多时，可将其剩余质量向它中轴线压缩成铅垂物质线段。该线段剩余线密度为 λ，其中 $\lambda=\sigma\pi R^2$，其中 R 为铅垂圆柱体的半径，σ 为铅垂圆柱体的密度，物质线段的上端深度为 h，下端深度为 H，坐标原点选在物质线向上延伸线与地面交点上，取 Z 轴向下，物质线段与 Z 轴重合，如图 16.4.8 所示。

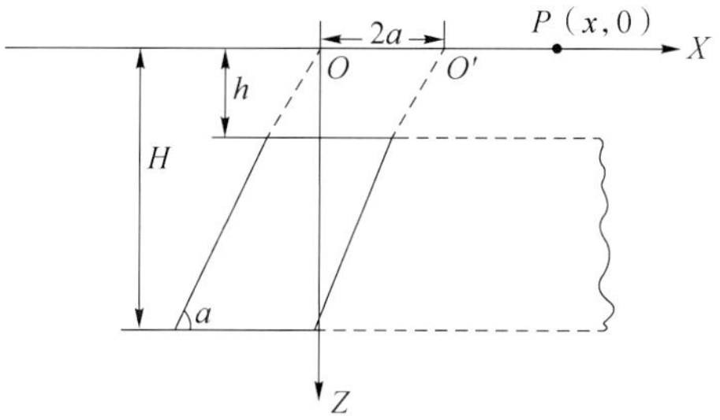

图 16.4.7　倾斜脉及坐标系

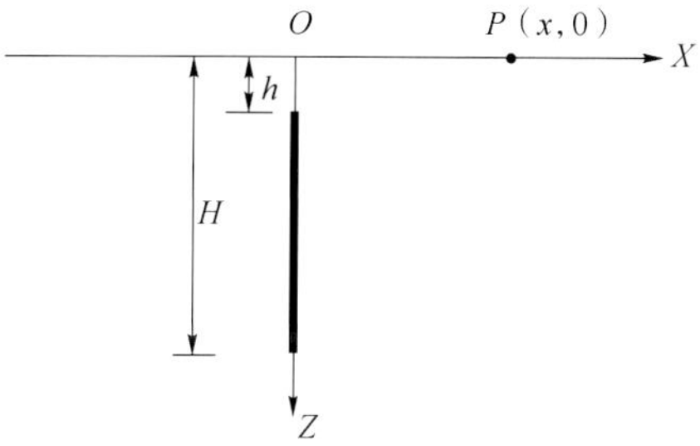

图 16.4.8　铅垂物质线段示意图

则在 $P(x,\ 0)$ 点上处引起的重力异常及其各阶导数的表达式为：

$$V_z=G\lambda\left(\frac{1}{\sqrt{x^2+h^2}}-\frac{1}{\sqrt{x^2+H^2}}\right) \tag{16.4.19}$$

$$\begin{aligned}V_{xz}&=G\lambda x\left[\frac{1}{(x^2+H^2)^{3/2}}-\frac{1}{(x^2+h^2)^{3/2}}\right]\\V_{zz}&=G\lambda\left[\frac{h}{(x^2+h^2)^{3/2}}-\frac{H}{(x^2+H^2)^{3/2}}\right]\\V_{zzz}&=G\lambda\left[\frac{x^2-2H^2}{(x^2+H^2)^{5/2}}-\frac{x^2-2h^2}{(x^2+h^2)^{5/2}}\right]\end{aligned} \tag{16.4.20}$$

（11）铅垂圆柱体

对于剩余密度为 σ、半径为 R、上顶及下底深度分别为 h 和 H 的铅垂圆柱体，计算其异常时，可取坐标原点在圆柱体轴线与水平地面的交点处，如图 16.4.9 所示。

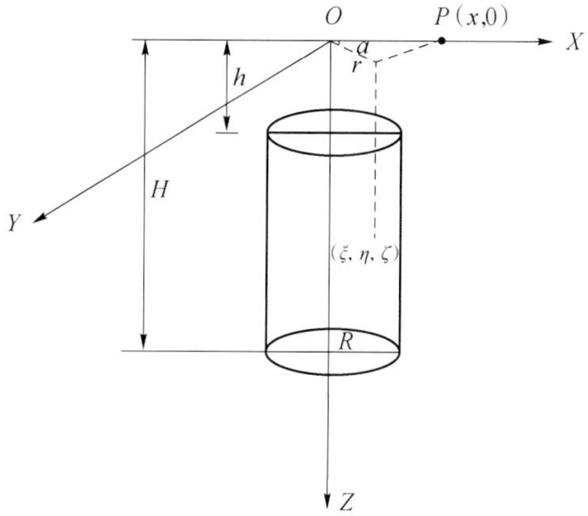

图 16.4.9　铅垂圆柱体及坐标系

该圆柱体在 X 轴上 $P(x,\ 0,\ 0)$ 点处引起的异常可用下面的积分计算：

$$V_z=G\sigma\int_0^{2\pi}\int_0^R\int_h^H\frac{\zeta r\mathrm{d}\alpha\mathrm{d}r\mathrm{d}\zeta}{(x^2+r^2-2xr\cos\alpha+\zeta^2)^{3/2}} \tag{16.4.21}$$

该式的积分结果很复杂，但对于点 $P(x,\ 0,\ 0)$，其异常值可表示为：

$$V_z=2G\sigma R\left[\varphi\left(\frac{x}{R},\frac{H}{R}\right)-\varphi\left(\frac{x}{R},\frac{h}{R}\right)\right] \tag{16.4.22}$$

其中：

$$\begin{aligned}\varphi\left(\frac{x}{R},\frac{h}{R}\right)=\pi\Bigg\{&\left[\left(1+\left(\frac{x}{R}\right)^2+\left(\frac{h}{R}\right)^2\right)^{1/2}-\left(\left(\frac{x}{R}\right)^2+\left(\frac{h}{R}\right)^2\right)^{1/2}\right]+\left(\frac{x}{R}\right)^2\left[\frac{1}{2\left(\left(\frac{x}{R}\right)^2+\left(\frac{h}{R}\right)^2\right)^{1/2}}\right.\\&\left.-\frac{1}{2\left(1+\left(\frac{x}{R}\right)^2+\left(\frac{h}{R}\right)^2\right)^{1/2}}-\frac{1}{4\left(1+\left(\frac{x}{R}\right)^2+\left(\frac{h}{R}\right)^2\right)^{3/2}}\right]+\left(\frac{x}{R}\right)^4\left[\frac{1}{8\left(\left(\frac{x}{R}\right)^2+\left(\frac{h}{R}\right)^2\right)^{3/2}}\right.\\&\left.-\frac{1}{8\left(1+\left(\frac{x}{R}\right)^2+\left(\frac{h}{R}\right)^2\right)^{3/2}}-\frac{15}{16\left(1+\left(\frac{x}{R}\right)^2+\left(\frac{h}{R}\right)^2\right)^{5/2}}-\frac{15}{64\left(1+\left(\frac{x}{R}\right)^2+\left(\frac{h}{R}\right)^2\right)^{7/2}}\right]+\cdots\Bigg\}\end{aligned}$$

$$\varphi\left(\frac{x}{R},\frac{H}{R}\right)=\pi\left\{\left[\left(1+\left(\frac{x}{R}\right)^2+\left(\frac{H}{R}\right)^2\right)^{1/2}-\left(\left(\frac{x}{R}\right)^2+\left(\frac{H}{R}\right)^2\right)^{1/2}\right]+\left(\frac{x}{R}\right)^2\left[\frac{1}{2\left(\left(\frac{x}{R}\right)^2+\left(\frac{H}{R}\right)^2\right)^{1/2}}\right.\right.$$

$$\left.-\frac{1}{2\left(1+\left(\frac{x}{R}\right)^2+\left(\frac{H}{R}\right)^2\right)^{1/2}}-\frac{1}{4\left(1+\left(\frac{x}{R}\right)^2+\left(\frac{H}{R}\right)^2\right)^{3/2}}\right]+\left(\frac{x}{R}\right)^4\left[\frac{1}{8\left(\left(\frac{x}{R}\right)^2+\left(\frac{H}{R}\right)^2\right)^{3/2}}\right.$$

$$\left.\left.-\frac{1}{8\left(1+\left(\frac{x}{R}\right)^2+\left(\frac{H}{R}\right)^2\right)^{3/2}}-\frac{15}{16\left(1+\left(\frac{x}{R}\right)^2+\left(\frac{H}{R}\right)^2\right)^{5/2}}-\frac{15}{64\left(1+\left(\frac{x}{R}\right)^2+\left(\frac{H}{R}\right)^2\right)^{7/2}}\right]+\cdots\right\}$$

令圆柱体的中心深度为 z_0，长度为 $2D$，则 $H=z_0+D$，$h=z_0-D$，其垂向导数为：

$$V_{zz}=2G\sigma R\left\{\frac{\mathrm{d}\left[\varphi\left(\frac{x}{R},\frac{H}{R}\right)\right]}{\mathrm{d}z_0}-\frac{\mathrm{d}\left[\varphi\left(\frac{x}{R},\frac{h}{R}\right)\right]}{\mathrm{d}z_0}\right\} \tag{16.4.23}$$

其中：

$$\frac{\mathrm{d}\left[\varphi\left(\frac{x}{R},\frac{h}{R}\right)\right]}{\mathrm{d}z_0}=\frac{\mathrm{d}\left[\varphi\left(\frac{x}{R},\frac{z_0-D}{R}\right)\right]}{\mathrm{d}z_0}=\frac{\pi h}{R^2}\left\{\left[\frac{1}{\left(1+\left(\frac{x}{R}\right)^2+\left(\frac{h}{R}\right)^2\right)^{1/2}}-\frac{1}{\left(\left(\frac{x}{R}\right)^2+\left(\frac{h}{R}\right)^2\right)^{1/2}}\right]\right.$$

$$+\left(\frac{x}{R}\right)^2\left[\frac{1}{2\left(1+\left(\frac{x}{R}\right)^2+\left(\frac{h}{R}\right)^2\right)^{3/2}}-\frac{1}{2\left(\left(\frac{x}{R}\right)^2+\left(\frac{h}{R}\right)^2\right)^{3/2}}+\frac{3}{4\left(1+\left(\frac{x}{R}\right)^2+\left(\frac{h}{R}\right)^2\right)^{5/2}}\right]$$

$$+\left(\frac{x}{R}\right)^4\left[\frac{3}{8\left(1+\left(\frac{x}{R}\right)^2+\left(\frac{h}{R}\right)^2\right)^{5/2}}-\frac{3}{8\left(\left(\frac{x}{R}\right)^2+\left(\frac{h}{R}\right)^2\right)^{5/2}}+\frac{15}{16\left(1+\left(\frac{x}{R}\right)^2+\left(\frac{h}{R}\right)^2\right)^{7/2}}\right.$$

$$\left.\left.+\frac{105}{64\left(1+\left(\frac{x}{R}\right)^2+\left(\frac{h}{R}\right)^2\right)^{9/2}}\right]+\cdots\right\}$$

$$\frac{\mathrm{d}\left[\varphi\left(\frac{x}{R},\frac{H}{R}\right)\right]}{\mathrm{d}z_0}=\frac{\mathrm{d}\left[\varphi\left(\frac{x}{R},\frac{z_0+D}{R}\right)\right]}{\mathrm{d}z_0}=\frac{\pi H}{R^2}\left\{\left[\frac{1}{\left(1+\left(\frac{x}{R}\right)^2+\left(\frac{H}{R}\right)^2\right)^{1/2}}-\frac{1}{\left(\left(\frac{x}{R}\right)^2+\left(\frac{H}{R}\right)^2\right)^{1/2}}\right]\right.$$

$$+\left(\frac{x}{R}\right)^2\left[\frac{1}{2\left(1+\left(\frac{x}{R}\right)^2+\left(\frac{H}{R}\right)^2\right)^{3/2}}-\frac{1}{2\left(\left(\frac{x}{R}\right)^2+\left(\frac{H}{R}\right)^2\right)^{3/2}}+\frac{3}{4\left(1+\left(\frac{x}{R}\right)^2+\left(\frac{H}{R}\right)^2\right)^{5/2}}\right]$$

$$+\left(\frac{x}{R}\right)^4\left[\frac{3}{8\left(1+\left(\frac{x}{R}\right)^2+\left(\frac{H}{R}\right)^2\right)^{5/2}}-\frac{3}{8\left(\left(\frac{x}{R}\right)^2+\left(\frac{H}{R}\right)^2\right)^{5/2}}+\frac{15}{16\left(1+\left(\frac{x}{R}\right)^2+\left(\frac{H}{R}\right)^2\right)^{7/2}}\right.$$

$$\left.\left.+\frac{105}{64\left(1+\left(\frac{x}{R}\right)^2+\left(\frac{H}{R}\right)^2\right)^{9/2}}\right]+\cdots\right\}$$

（12）直立长方体

直立长方体如图 16.4.10 所示，设长方体的各边长度分别为 $2a$、$2b$、$2c$，分别平行于坐标轴 X、Y、Z，其剩余密度为 σ，则在 $P(x,y,z)$ 点上有：

$$V_z=G\sigma\left|\left|\left|\left[\xi\ln(\eta+\rho)+\eta\ln(\xi+\rho)+\zeta\arctan\frac{\zeta\rho}{\xi\eta}\right]\right|_{\xi_1}^{\xi_2}\right|_{\eta_1}^{\eta_2}\right|_{\zeta_1}^{\zeta_2} \tag{16.4.24}$$

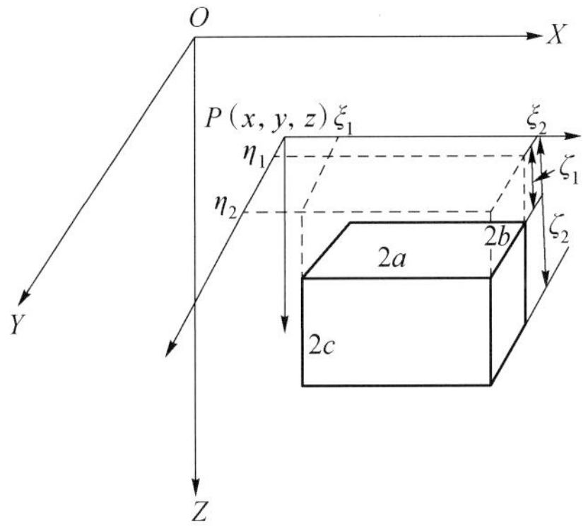

图 16.4.10　直立长方体及坐标系

式中：

$$\rho=(\xi^2+\eta^2+\zeta^2)^{1/2}$$
$$\xi_1=\xi_c-a-x,\eta_1=\eta_c-b-y,\zeta_1=\zeta_c-c-z$$
$$\xi_2=\xi_c+a-x,\eta_2=\eta_c+b-y,\zeta_2=\zeta_c+c-z$$

ξ_c，η_c，ζ_c 是长方体中心点坐标；x，y，z 是观测点坐标。

以上的积分形式可以表示为：

$$V_z=-G\sigma\sum_{i=1}^{2}\sum_{j=1}^{2}\sum_{k=1}^{2}(-1)^{i+j+k}\left[\xi_i\ln(\eta_i+\rho_{i,j,k})+\eta_j\ln(\xi_i+\rho_{i,j,k})+\zeta_i\arctan\frac{\zeta_k\rho_{i,j,k}}{\xi_i\eta_i}\right] \tag{16.4.25}$$

其中：

$$\rho_{i,j,k}=\sqrt{\xi_i^2+\eta_j^2+\zeta_k^2}$$
$$\xi_i=\xi_c+(-1)^i a-x$$
$$\eta_j=\eta_c+(-1)^j b-y \qquad (i,\ j,\ k=1,\ 2)$$
$$\zeta_i=\zeta_c+(-1)^k c-z$$

在式中，V 的反正切函数为多值函数，其取值范围应为 0 至 π 之间。其一阶方向导数表达式（郭志宏等，2004）为：

$$V''_{xx}=-G\sigma\arctan\frac{(\xi-x)(\eta-y)}{(\xi-x^2)+r(\zeta-z)+(\zeta-z)^2}\Bigg|_{x_0-\frac{a}{2}}^{x_0+\frac{a}{2}}\Bigg|_{y_0-\frac{b}{2}}^{y_0+\frac{b}{2}}\Bigg|_{z_0-\frac{c}{2}}^{z_0+\frac{c}{2}}$$

$$V''_{yy}=-G\sigma\arctan\frac{(\xi-x)(\eta-y)}{(\eta-y^2)+r(\zeta-z)+(\zeta-z)^2}\Bigg|_{x_0-\frac{a}{2}}^{x_0+\frac{a}{2}}\Bigg|_{y_0-\frac{b}{2}}^{y_0+\frac{b}{2}}\Bigg|_{z_0-\frac{c}{2}}^{z_0+\frac{c}{2}}$$

$$V''_{zz}=-G\sigma\arctan\frac{(\xi-x)(\eta-y)}{r(\zeta-z)}\Bigg|_{x_0-\frac{a}{2}}^{x_0+\frac{a}{2}}\Bigg|_{y_0-\frac{b}{2}}^{y_0+\frac{b}{2}}\Bigg|_{z_0-\frac{c}{2}}^{z_0+\frac{c}{2}} \tag{16.4.26}$$

$$V''_{xz}=-G\sigma\ln[r+(\eta-y)]\Big|_{x_0-\frac{a}{2}}^{x_0+\frac{a}{2}}\Big|_{y_0-\frac{b}{2}}^{y_0+\frac{b}{2}}\Big|_{z_0-\frac{c}{2}}^{z_0+\frac{c}{2}}$$

$$V''_{xy}=-G\sigma\ln[r+(\zeta-z)]\Big|_{x_0-\frac{a}{2}}^{x_0+\frac{a}{2}}\Big|_{y_0-\frac{b}{2}}^{y_0+\frac{b}{2}}\Big|_{z_0-\frac{c}{2}}^{z_0+\frac{c}{2}}$$

$$V''_{yz}=-G\sigma\ln[r+(\xi-x)]\Big|_{x_0-\frac{a}{2}}^{x_0+\frac{a}{2}}\Big|_{y_0-\frac{b}{2}}^{y_0+\frac{b}{2}}\Big|_{z_0-\frac{c}{2}}^{z_0+\frac{c}{2}}$$

16.4.2　磁力模型库计算公式

在磁力模型正演的公式中，只给出了垂直磁场强度、水平 X 方向磁场强度、水平 Y 方向磁场分量计算公式（三度体），磁异常总强度ΔT可以从三分量合成得到，当地磁场方向与磁化方向任意时（即不一定与磁化方向一致时），若设地磁场方向余弦为L_0、M_0、N_0，则有：

$$\Delta T=H_{ax}L_0+H_{ay}M_0+Z_aN_0 \qquad (16.4.27)$$

式中：

$$L_0=\cos I_0\cos A_0',\ M_0=\cos I_0\sin A_0',\ N_0=\sin I_0$$

其中：I_0为地磁倾角；A_0'为剖面与磁北方向的夹角。

本系统所有公式中的变量均采用国际单位制，$\mu_0=4\pi\times10^{-7}$（H/m），距离单位为m，磁化强度单位为A/m，磁场强度单位为nT。

（1）均匀磁化球体

如图16.4.11所示，设球体中心埋深为R，磁化强度为M，体积为V，磁矩$m=MV$；球心坐标为$Q(0,0,R)$，球心到空间任意一点$P(x,y,0)$的距离$r=(x^2+y^2+(z-R)^2)^{1/2}$。

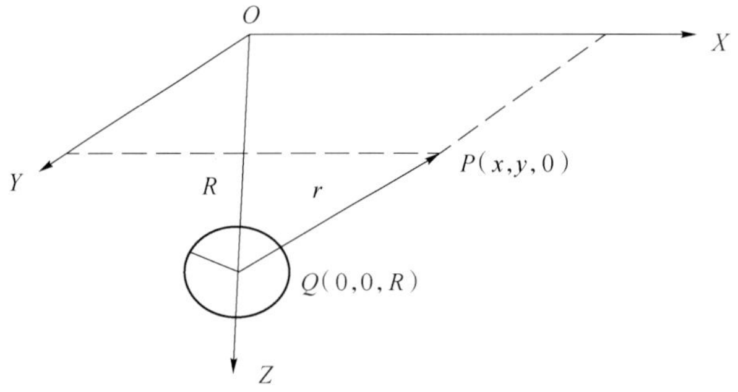

图16.4.11　球体与坐标的关系图

设I为磁化强度的倾角，剖面与磁化强度的夹角为A'，由引力位的泊松公式可求出均匀磁化球体的磁场分量为：

$$\begin{aligned}H_{ax}&=\frac{\mu_0}{4\pi}\frac{m}{(x^2+y^2+R^2)^{5/2}}[(2x^2-y^2-R^2)\cos I\cos A'-3Rx\sin I+3xy\cos I\sin A']\\H_{ay}&=\frac{\mu_0}{4\pi}\frac{m}{(x^2+y^2+R^2)^{5/2}}[(2y^2-x^2-R^2)\cos I\sin A'-3Ry\sin I+3xy\cos I\cos A']\\Z_a&=\frac{\mu_0}{4\pi}\frac{m}{(x^2+y^2+R^2)^{5/2}}[(2R^2-x^2-y^2)\sin I-3Rx\cos I\cos A'-3Ry\cos I\sin A']\end{aligned} \qquad (16.4.28)$$

（2）二度水平圆柱体

如图16.4.12所示，设水平圆柱体沿走向无限延伸，横截面积为S，中心埋深为R，有效磁化强度为M_s，有效磁化倾角为i_s。

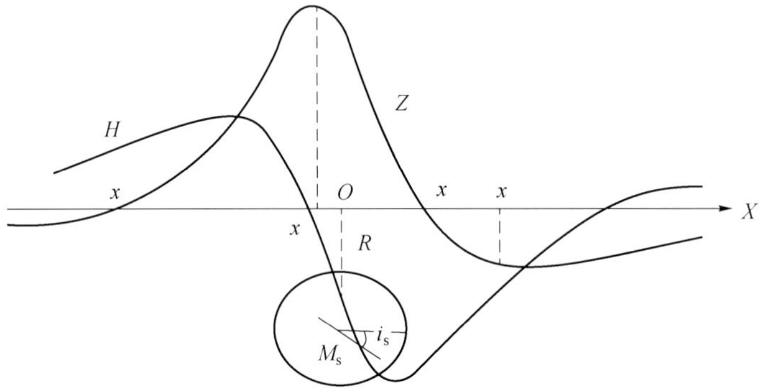

图16.4.12　水平圆柱体剖面曲线图

设圆柱体的中心坐标为（0，0，R），计算点坐标为（x，y，z），M_s 是磁化强度 M 在 XOZ 断面内的投影，令 $m_s=M_sS$ 为单位长度的有效磁矩，则有：

$$\begin{aligned} Z_a &= \frac{\mu_0 m_s}{2\pi}\frac{1}{(x^2+R^2)^2}[(R^2-x^2)\sin i_s-2Rx\cos i_s] \\ H_{ax} &= \frac{\mu_0 m_s}{2\pi}\frac{1}{(x^2+R^2)^2}[(R^2-x^2)\cos i_s+2Rx\sin i_s] \end{aligned} \tag{16.4.29}$$

（3）延伸有限厚板状体

许多地质体都可简化为板状体。如岩墙、岩脉、沉积变质的含铁石英岩系，地台基底中的变质岩系和杂岩系，各种磁性矿脉等，只要它们沿走向长度较大，都可看作是厚度、产状不同的板状体。

板状体被均匀磁化时，仅有面磁荷分布，且同一磁荷面的磁荷密度相同。板状体在地面任一点 $P(x, 0)$ 产生的磁场，是各个磁荷面在该点产生磁场的总和。因此，计算板状体的磁场可归结为计算磁荷面磁场而后求和。

设斜磁化板状体沿走向无限延长，如图 16.4.13 所示，它的磁场为 6 个磁荷面分别在 $P(x, 0)$ 点产生磁场之和。由于其走向端面位于无限远，这两端面在 $P(x, 0)$ 点的磁场视为零。设斜面倾角为 α，$\alpha=i_s+\gamma$，r_A，r_B，r_C，r_D 分别是 $P(x, 0)$ 点与板状体 A，B，C，D 四个顶点的距离，φ_A，φ_B，φ_C，φ_D 分别是 r_A，r_B，r_C，r_D 与 $P(x, 0)$ 点垂线的夹角，可参考图 16.4.14。因此，板状体磁场可表示为：

$$\begin{aligned} Z_a &= \frac{\mu_0 M_s\sin\alpha}{2\pi}\left\{\sin\gamma\cdot\ln\frac{r_B\cdot r_C}{r_A\cdot r_D}+\cos\gamma[(\varphi_A-\varphi_B)-(\varphi_C-\varphi_D)]\right\} \\ H_{ax} &= \frac{\mu_0 M_s\sin\alpha}{2\pi}\left\{\cos\gamma\cdot\ln\frac{r_B\cdot r_C}{r_A\cdot r_D}-\sin\gamma[(\varphi_A-\varphi_B)-(\varphi_C-\varphi_D)]\right\} \end{aligned} \tag{16.4.30}$$

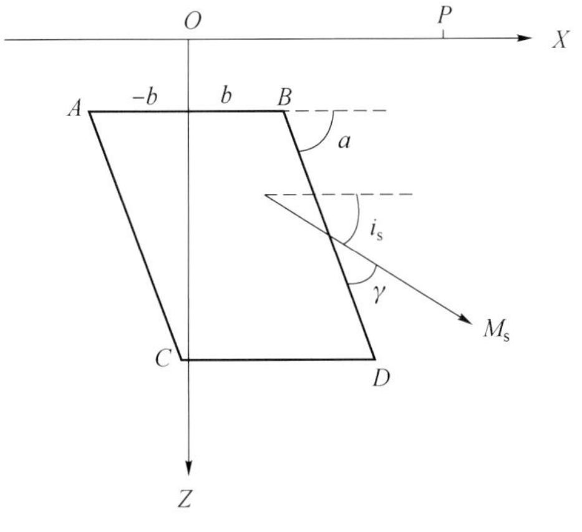

图 16.4.13　有限延伸厚板状体坐标示意图

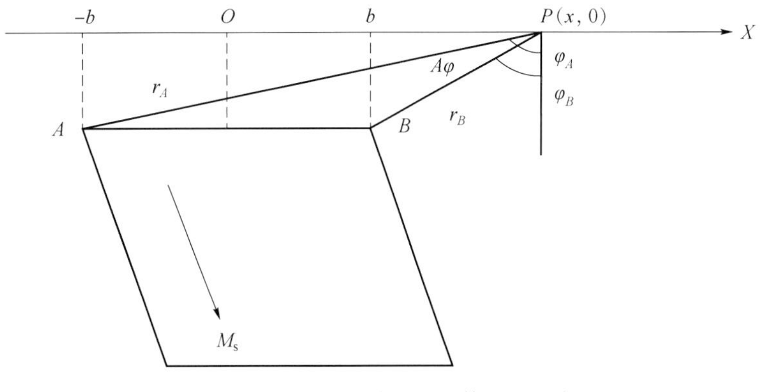

图 16.4.14　无限延伸厚板状体坐标示意图

（4）延伸无限厚板状体

当板状体向下无限延深时，图 16.4.13 中 AC、BD 是无限长的，有 $r_C\approx r_D$，$\varphi_C\approx\varphi_D$。设 b 是板状体宽度的一半，h 是板状体埋深，有：

$$\begin{aligned} Z_a &= \frac{\mu_0 M_s\sin\alpha}{2\pi}\left\{\frac{1}{2}\sin\gamma\cdot\ln\frac{(x-b)^2+h^2}{(x+b)^2+h^2}+\cos\gamma\left[\arctan\frac{x+b}{h}-\arctan\frac{x-b}{h}\right]\right\} \\ H_{ax} &= \frac{\mu_0 M_s\sin\alpha}{2\pi}\left\{\frac{1}{2}\cos\gamma\cdot\ln\frac{(x-b)^2+h^2}{(x+b)^2+h^2}-\sin\gamma\left[\arctan\frac{x+b}{h}-\arctan\frac{x-b}{h}\right]\right\} \end{aligned} \tag{16.4.31}$$

（5）延伸无限薄板状体

薄板状体可看作是厚板的特殊情况。在一定限度内当板状体的 $2b\ll h$ 时称其为薄板，反之为厚板，如图 16. 4. 15 所示。薄板的磁场表达式可从厚板的磁场表达式简化导出。可将水平磁荷面的磁场表达式中的反正切项和对数项展成 b/h 的级数，然后略去 b/h 的高次项，即可得薄板的磁场表达式。

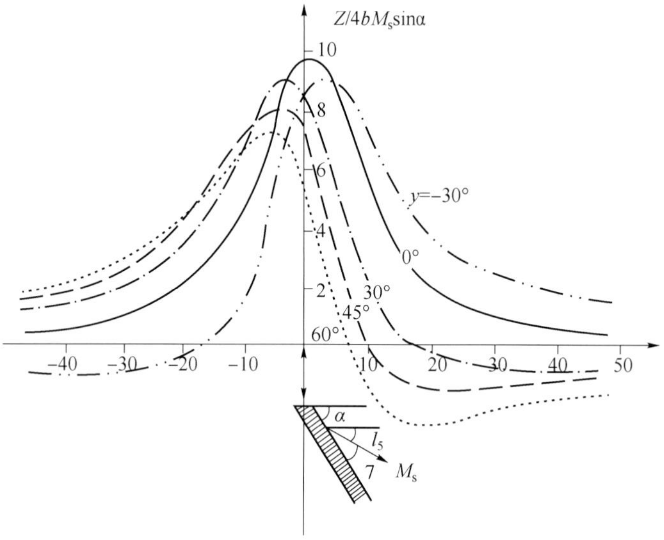

图 16. 4. 15　延伸无限薄板状体剖面曲线图

$$
\begin{aligned}
Z_a &= \frac{\mu_0}{2\pi}\frac{2bM_s\sin\alpha}{(x^2+h^2)}(h\cos\gamma - x\sin\gamma) \\
H_{ax} &= -\frac{\mu_0}{2\pi}\frac{2bM_s\sin\alpha}{(x^2+h^2)}\{h\sin\gamma + x\cos\gamma\}
\end{aligned}
\tag{16. 4. 32}
$$

（6）延伸有限的薄板状体

设 L 是板状体的长度，如图 16. 4. 16 所示，由一个顶点坐标为（0，h）的斜磁化无限延深薄板的磁场减去沿倾向向下移动 $2l$ 后同样条件下的另一个顶点坐标为（$2l\cos\alpha$，$h+2l\sin\alpha$）的薄板磁场，可得斜磁化有限延深薄板的磁场公式：

$$
\begin{aligned}
Z_a &= \frac{\mu_0 M_s 2b\sin\alpha}{2\pi}\left[\frac{h\cos\gamma - x\sin\gamma}{x^2+h^2} - \frac{(h+2l\sin\alpha)\cos\gamma - (x-2l\cos\alpha)\sin\gamma}{(x-2l\cos\alpha)^2+(h+2l\sin\alpha)^2}\right] \\
H_{ac} &= \frac{\mu_0 M_s 2b\sin\alpha}{2\pi}\left[\frac{h\sin\gamma + x\cos\gamma}{x^2+h^2} - \frac{(h+2l\sin\alpha)\sin\gamma - (x-2l\cos\alpha)\cos\gamma}{(x-2l\cos\alpha)^2+(h+2l\sin\alpha)^2}\right]
\end{aligned}
\tag{16. 4. 33}
$$

（7）水平薄板状体

水平薄板状体的磁场可利用（16. 4. 30）式求导得出，令（16. 4. 30）式中 $\alpha=90°$，由顶深分别为 h 和 $h+\Delta h$ 的两个厚板状体磁场表达式相减得到。可表示为：

$$
Z_a = Z_a(h) - Z_a(h+\Delta h) \tag{16. 4. 34}
$$

如图 16. 4. 17 所示，当 Δh 很小时，式（16. 4. 34）可写为：$Z_a = \frac{\partial Z_a(h)}{\partial h}\Delta h$，可见，由（16. 4. 30）式对 h 求一次微商，即得水平薄板的磁场表达式。令 $m_s = M_s 2b\Delta h$，有：

$$
\begin{aligned}
Z_a &= \frac{\mu_0 m_s}{2\pi}\left[\frac{(h^2+b^2-x^2)\sin i_s - 2hx\cos i_s}{[(x-b)^2+h^2][(x+b)^2+h^2]}\right] \\
H_{ax} &= \frac{-\mu_0 m_s}{2\pi}\left[\frac{2hx\sin i_s + (h^2+b^2-x^2)\cos i_s}{[(x-b)^2+h^2][(x+b)^2+h^2]}\right]
\end{aligned}
\tag{16. 4. 35}
$$

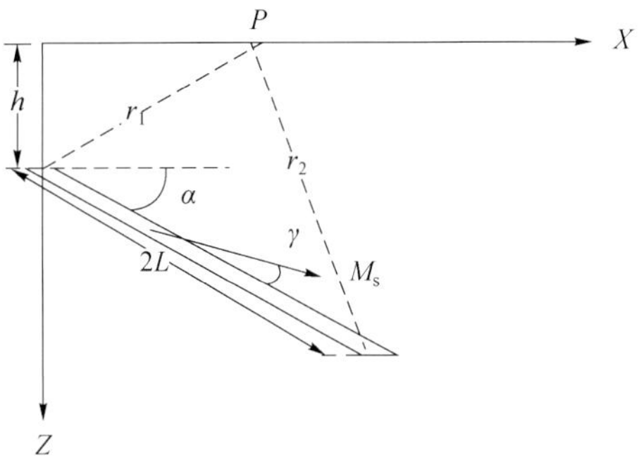

图 16.4.16　有限延伸薄板状体坐标示意图

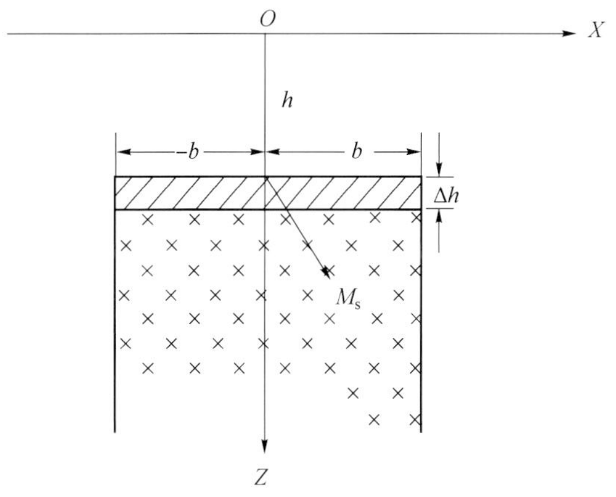

图 16.4.17　水平薄板状体坐标示意图

(8) 台阶

图 16.4.18 为磁性接触带台阶，可将其看作是有限延深二度厚板特例，即一个层面趋于无穷远。当 B、D 面趋于无限远时，$r_B \approx r_D$，$\varphi_B \approx \varphi_D = \pi/2$，由（16.4.30）式可得：

$$Z_a = \pm\frac{\mu_0 2M_s \sin\beta}{2\pi}\left[\cos\gamma(\varphi_A-\varphi_C)+\sin\gamma\cdot\ln\frac{\gamma_C}{\gamma_A}\right]$$

$$H_{ax} = \pm\frac{\mu_0 2M_s \sin\beta}{2\pi}\left[\cos\gamma\cdot\ln\frac{\gamma_C}{\gamma_A}-\sin\gamma(\varphi_A-\varphi_C)\right] \qquad (16.4.36)$$

(9) 直立长方体磁性体

设长方体 X 方向为 a，Y 方向为 b，Z 方向为 c，长方体中心坐标为（x_0，y_0，z_0），如图 16.4.19 所示，令 $r=[(x-\xi)^2+(y-\eta)^2+(z-\zeta)^2]^{1/2}$，则有：

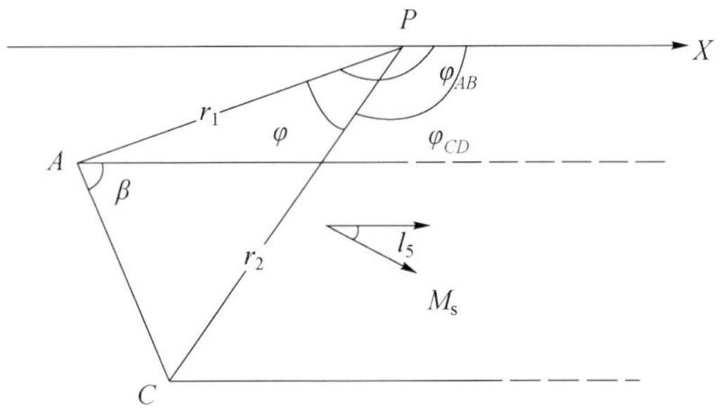

图 16.4.18　台阶状体坐标示意图

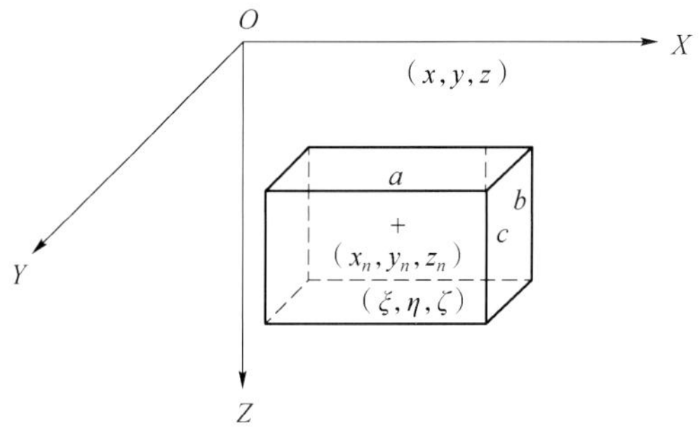

图 16.4.19　直立长方体示意图

$$H_{ax}(x,y,z) = \frac{\mu_0}{4\pi}\left\{M_x\arctan\frac{(\xi-x)(\eta-y)}{(\xi-x)^2+r(\zeta-z)+(\zeta-z)^2}+M_y\ln[r+(\zeta-z)]+M_z\ln[r+(\eta-y)]\right\}\Bigg|_{x_0-\frac{a}{2}}^{x_0+\frac{a}{2}}\Bigg|_{y_0-\frac{b}{2}}^{y_0+\frac{b}{2}}\Bigg|_{z_0-\frac{c}{2}}^{z_0+\frac{c}{2}}$$

$$H_{ay}(x,y,z) = \frac{\mu_0}{4\pi}\left\{M_x\ln[r+(\zeta-z)]+M_y\arctan\frac{(\xi-x)(\eta-y)}{(\eta-y)^2+r(\zeta-z)+(\zeta-z)^2}+M_z\ln[r+(\xi-x)]\right\}\Bigg|_{x_0-\frac{a}{2}}^{x_0+\frac{a}{2}}\Bigg|_{y_0-\frac{b}{2}}^{y_0+\frac{b}{2}}\Bigg|_{z_0-\frac{c}{2}}^{z_0+\frac{c}{2}}$$

$$H_a(x,y,z)=\frac{\mu_0}{4\pi}\left\{M_x\ln[r+(\eta-y)]+M_y\ln[r+(\xi-x)]\right.$$

$$\left.-M_z\arctan\frac{(\xi-x)(\eta-y)}{r(\zeta-z)}\right\}\Bigg|_{x_0-\frac{a}{2}}^{x_0+\frac{a}{2}}\Bigg|_{y_0-\frac{b}{2}}^{y_0+\frac{b}{2}}\Bigg|_{z_0-\frac{c}{2}}^{z_0+\frac{c}{2}} \quad (16.4.37)$$

16.5 重力测量地形改正

16.5.1 1∶5 万重力测量中区地形改正

中区地形改正采用《重力调查规定（1∶50 000）》（DZ 0004—91）推荐的共用点法，主要原理是在计算重力测点（自由网点）的地形改正值时，先计算测点附近 4 个节点的地形改正值，计算节点地形改正值时都用测点高程值代替 4 个节点高程值，然后将 4 个节点地形改正值内插到测点位置上作为测点地形改正值。中区地形改正方域计算方法，要求高程数据采用 1∶5 万地形高程或者更加详细的地形高程数据。适用于测点采用自由网观测的重力数据的中区地形改正计算。计算公式如下：

$$\Delta g_D = G\sigma\Delta x\Delta y\sum_i\sum_j -\frac{C_{ij}}{r_{ij}}\left(1-\frac{1}{\sqrt{1+(h_{ij}/r_{ij})^2}}\right) \quad (16.5.1)$$

式中：G 为万有引力常数；σ 为岩石密度；h_{ij} 为节点与中心点的高差；r_{ij} 为节点与中心点的距离；Δx，Δy 为网格距；C_{ij} 为取梯形系数。

完成测点附近的 4 个节点的测点重力值计算后，采用双线性插值公式计算出测点重力数据的中区改正值。双线性插值计算公式如下：

$$\begin{aligned}g(x,y)=&\left[1-\frac{|x-x_i|}{\Delta x}\right]\left[1-\frac{|y-y_j|}{\Delta y}\right]g(x_i,y_j)\\&+\left[1-\frac{|x-x_i|}{\Delta x}\right]\left[1-\frac{|y-y_{j+1}|}{\Delta y}\right]g(x_i,y_{j+1})\\&+\left[1-\frac{|x-x_{i+1}|}{\Delta x}\right]\left[1-\frac{|y-y_j|}{\Delta y}\right]g(x_{i+1},y_j)\\&+\left[1-\frac{|x-x_{i+1}|}{\Delta x}\right]\left[1-\frac{|y-y_{j+1}|}{\Delta y}\right]g(x_{i+1},y_{j+1})\end{aligned} \quad (16.5.2)$$

式中：$g(x,y)$ 为地改值双线性插值结果；$g(x_i,y_j)$，$g(x_i,y_{j+1})$，$g(x_{i+1},y_j)$，$g(x_{i+1},y_{j+1})$ 为 4 个顶点的地改值；x_i，x_{i+1}，y_j，y_{j+1} 为节点坐标值；Δx，Δy 为节点距。

16.6 大地电磁数据正反演关键参数说明

16.6.1 二维正演相关参数

二维正演采用有限体积法，网格生成采用规则网格剖分。在规则网格下，有限体积和有限差分的推导思想一致，为了方便描述，本书采用有限差分思路进行推导。有限差分的基本思想差分代替微分和差商代替微商。首先，将二维求解区域沿着 X 和 Z 轴剖分成 $Nx\times Nz$ 网格。为了表示方便，对于剖分区域内任意节点记为“O”，该节点左、上、右、下节点分别标为：“1”，“2”，“3”，“4”。X 方向步长分别为：d_1 和 d_3；Z 方向步长分别为：d_2 和 d_4；各个区域内的 η 值（$\eta^2=\mu\sigma\omega$）分别设为 η_1，η_2，η_3，η_4（图 16.6.1）。

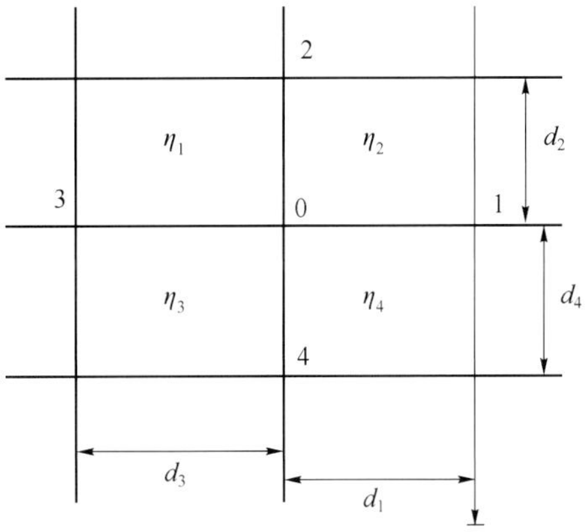

图 16.6.1　求解区域内任意节点五点有限差分示意图

16.6.2　正则化反演

一般而言，地球物理反演是根据观测到的地球物理数据推测地球内部介质的物性结构或空间变化。根据 Backus-Gilbert 反演理论可知，地球物理反演问题是非唯一的病态问题。为了减少反演的非唯一性和提高稳定性，通常采用 Tikhonov 正则化反演思想，在目标函数中施加模型约束项。软件算法采用平滑约束模型。则大地电磁反演问题可以归结为求解如下目标函数的极小值：

$$\varphi(m,\lambda)=(d-f(m))^{\mathrm{T}}C_d^{-1}(d-f(m))+\lambda(m-m_0)^{\mathrm{T}}C_{\mathrm{m}}^{-1}(m-m_0) \tag{16.6.1}$$

式中：$d=(d_1,d_2,\cdots,d_N)^{\mathrm{T}}$ 为数据空间，N 为观测数据大小；模型空间表示为 $m=(m_1,m_2,\cdots,m_M)^{\mathrm{T}}$，$M$ 为模型参数大小；$f(m)$ 为正演算子，表示模型空间 m 到数据空间 d 的映射，采用正六面体剖分的交错采样有限差分算法实现；C_d 是数据协方差矩阵，为一个与数据误差相关的对角矩阵；m_0 为初始模型参数；C_m 是模型协方差矩阵，约束模型光滑度；λ 为正则化因子，是平衡数据拟合项和模型约束项的一个参数。为了简化目标函数的表达形式，消除数据协方差矩阵 C_d 和模型协方差矩阵 C_m。根据 Egbert 和 Kelbert（2012）提出的变换方法，将模型空间 m 及数据空间 d 和正演算子$F(m)$ 分别变换为 $C_m^{-1/2}(m-m_0)$、$C_d^{-1/2}d$ 和 $C_d^{-1/2}f(m)$，并记为 $\tilde{m}$、$\tilde{d}$ 和 $\tilde{f}(m)$。从而目标函数可简化为：

$$\varphi(\tilde{m},\lambda)=(\tilde{d}-\tilde{f}(\tilde{m}))^{\mathrm{T}}C_d^{-1}(\tilde{d}-\tilde{f}(\tilde{m}))+\lambda\,\tilde{m}^{\mathrm{T}}\tilde{m}=\|\tilde{d}-\tilde{f}(\tilde{m})\|^2+\lambda\|\tilde{m}\|^2 \tag{16.6.2}$$

由式（16.6.2）可知，目标函数变成标准的数据拟合项和模型约束项的 L_2 范数形式，即最小二乘形式。

参 考 文 献

Edward Angel 著，吴文国译. 2006. 交互式计算机图形学一基于 OpenGL 的自顶向下的方法. 北京：清华大学出版社.

陈乐寿等. 1990. 大地电磁测深法. 北京：地质出版社.

傅良魁等. 1991. 应用地球物理教程——电法、放射性、地热. 北京：地质出版社.

管志宁，安玉林. 1991. 区域磁异常定量解释. 北京：地质出版社.

管志宁. 2005. 地磁场与磁力勘探. 北京：地质出版社.

蒋邦远. 1998. 实用近区磁源瞬变电磁法勘探. 北京：地质出版社.

李金铭. 2005. 地电场与电法勘探. 北京：地质出版社.

李胜乐. 1998. Maplnfo 地理信息系统二次开发实例. 北京：电子工业出版社.

刘天佑. 2007. 位场勘探数据处理新方法. 北京：科学出版社.

罗孝宽等. 1991. 应用地球物理教程——重力磁法. 北京：地质出版社.

罗延钟，张桂青. 1987. 电子计算机在电法勘探中的应用. 武汉：武汉地质学院出版社.

区域重力调查规范编写组. 2006. 区域重力调查规范（DZ/T 0082—2006）.

阮百尧等. 1999. 电阻率/激发激化率数据的二维反演程序. 物探化探计算技术，21（2）.

宋正范. 1997. 航磁剖面数据的频谱分析与磁性界面深度的计算. 航空物探论文集.

孙文珂，乔计花，许德树等. 2017. 重力勘查资料解释手册. 北京：地质出版社.

唐泽圣等. 1999. 三维数据场可视化. 北京：清华大学出版社.

唐章宏等. 2000. Visual Fortran 程序设计. 北京：人民邮电出版社.

田黔宁等. 2001. 任意形状重磁异常三度体人机联作反演. 物探化探计算技术，23（2）.

翁爱华. 2003. 电法勘探数据处理与解释. 吉林大学内部教材.

邬伦，张晶，刘瑜等. 2001. 地理信息系统：原理、方法和应用. 北京：科学出版社.

肖明顺. 2008. 带地形的瞬变电磁 2.5 维有限元数值模拟研究. 武汉：中国地质大学硕士学位论文.

徐士良. 1998. 常用算法程序集. 北京：清华大学出版社.

徐世浙. 1994. 地球物理中的有限单元法. 北京：科学出版社.

姚长利等. 2003. 低纬度化极一压制因子法. 地球物理学报，（5）.

姚长利等. 2002. 重磁反演约束条件及三维物性反演技术策略. 物探与化探，（3）.

袁炳强，张春灌. 2015. 重磁勘探. 北京：石油工业出版社.

曾华霖. 2005. 重力场与重力勘探. 北京：地质出版社.

张明华，黄金明，王成锡等. 2005. 物探资料处理和解释方法技术的对比、优选与集成项目技术总结报告. 中国调查局发展研究中心.

张明华，乔计花，黄金明等. 2011. 重磁电数据处理解释软件 RGIS. 北京：地质出版社.

中华人民共和国国土资源部. 区域重力调查规范（DZ/T 0082—2006）. 中华人民共和国地质矿产行业标准.